教育部高等学校材料类专业教学指导委员会规划教材

特种铸造 第二版

▶ 周志明　胡 励　黄伟九　主编

TEZHONG
ZHUZAO

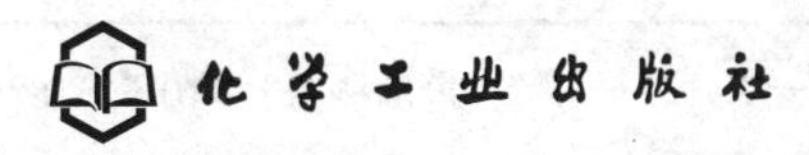

·北京·

内容简介

本书是编者根据多年从事特种铸造的科研和教学经验编写而成的，共分8章，第1～6章分别系统地介绍了熔模精密铸造、消失模铸造、金属型铸造、反重力铸造、压力铸造、离心铸造等特种铸造方法的工艺特点、基本原理、应用领域，并着重阐述特种铸造的生产流程、生产工序以及主要技术参数、铸件缺陷分析和铸件应用实例。第7章对石膏型精密铸造、陶瓷型铸造、挤压铸造、半固态铸造、连续铸造、喷射成形和快速铸造等其他先进铸造技术进行了简单介绍。第8章简述了计算机技术在铸造技术中的应用。为方便教学，配套视频动画、电子课件。

本书可作为普通高等院校机械、材料类专业本科生、研究生的教材，也可以作为相关专业大专院校师生及相关工程技术人员的参考书。

图书在版编目（CIP）数据

特种铸造 / 周志明，胡励，黄伟九主编．-- 2版．-- 北京：化学工业出版社，2024.7
ISBN 978-7-122-44953-5

Ⅰ．①特… Ⅱ．①周… ②胡… ③黄… Ⅲ．①特种铸造－高等学校－教材 Ⅳ．① TG249

中国国家版本馆 CIP 数据核字（2024）第 038489 号

责任编辑：韩庆利　　文字编辑：宋　旋
责任校对：王鹏飞　　装帧设计：史利平

出版发行：化学工业出版社
（北京市东城区青年湖南街13号　邮政编码100011）
印　　装：河北鑫兆源印刷有限公司
787mm×1092mm　1/16　印张 $19^3/_4$　字数495千字
2024年8月北京第2版第1次印刷

购书咨询：010-64518888　　售后服务：010-64518899
网　　址：http：//www.cip.com.cn
凡购买本书，如有缺损质量问题，本社销售中心负责调换。

定　　价：59.80元

第二版前言

铸造是汽车、电力、钢铁、石化、造船、装备制造等支柱产业的基础制造技术。随着科学技术的发展和人类生活需求的多样化，对铸件生产提出了新的、更高的要求，如要求铸件的尺寸精度更接近零件的最终形状和尺寸，以实现少切削或无切削加工；要求铸件的质量好，力学性能高；要求改善劳动条件和环境；要求尽可能简化生产工艺过程，提高生产效率，便于实现机械化和自动化；要求铸件生产所消耗的资源和能源越来越少，生产成本低，经济效益和社会效益高。特种铸造有利于解决铸造产业经济效益差、铸件质量低、材料利用率低、能耗高、劳动条件恶劣和环境污染严重等问题，满足我国经济建设快速发展与铸造行业水平不断提高的需要。我国作为全球最大的铸造市场，铸造企业需要面向全球市场，调整产业结构，优化资源配置，通过特种铸造技术来优化生产工艺，提升铸件质量、提高劳动生产率、降低能源消耗和环境污染等实现可持续生产。

中国作为世界上有色金属铸件的生产和消费大国之一，有色金属铸造已成为支撑国民经济发展的重要新兴产业。汽车工业是铸件最大需求用户。 国内近年来一体化压铸的发展更为迅速，从一体化压铸的减震塔、后纵梁到一体化车身后舱和后底板等不断实现突破。

为适应国家对应用型人才培养的需要，本书以立德树人为根本目标，在坚持以“应用为主”的前提下，从内容上兼顾理论基础和工艺设计两个方面，突出学生工程实践意识和创新能力的培养。本书较详细地介绍了各类特种铸造的基本原理、工艺特点、应用、材料的使用、铸造成形工艺设计等，尤其注重产品的设计特点、铸造成形技术和工艺的设计及优化等。

本书可作为普通高等院校机械、材料类专业本科生、研究生的教材，也可以作为相关专业大专院校师生及相关工程技术人员的参考书。

全书共分为 8 章，第 1 ~ 6 章分别系统地介绍了熔模精密铸造、消失模铸造、金属型铸造、反重力铸造、压力铸造、离心铸造等特种铸造方法的工艺特点、基本原理、应用领域，并着重阐述特种铸造的生产流程、生产工序以及主要技术参数、铸件缺陷分析和铸件应用实例。第7章对石膏型精密铸造、陶瓷型铸造、挤压铸造、半固态铸造、连续铸造、喷射成形和快速铸造等其他先进铸造技术进行了简单介绍。第 8 章简述了计算机技术在铸造技术中的应用。本书取材经典而新颖，在每一章的前面都有应用案例作为导读，在每一章的后面都有相关的参考资料以供补充，内容丰富、全面，突出应用实例，辅以大量数据图表，极富启发性和实用性。

本书由重庆理工大学的周志明、胡励、黄伟九主编，王春欢、涂坚、黄灿副主编。全书由周志明进行统稿。重庆理工大学的陈建伟和桑卓越等研究生参加了部分编写与校正工作。胡励、王春欢编写第 1 ~ 4 章，周志明、黄伟九编写第 5 章并撰写了前言，胡励、黄灿编写第 6 章，王春欢和黄伟九编写第 7 章，涂坚编写第 8 章。

本书在编写过程中得到化学工业出版社、重庆市研究生教育教学改革研究重点项目、重庆市高等教育教学改革研究项目、重庆理工大学研究生高质量教材项目等支持与帮助，在此谨致谢意。

由于编者水平有限，书中难免有不妥之处，敬请广大读者批评指正！

编者

目录

第1章

熔模精密铸造

001

第 5 章

压力铸造

135

第8章

计算机技术在铸造技术中的应用

第1章 熔模精密铸造

1.0 概述

熔模精密铸造，简称熔模铸造（investment casting），是将液态金属浇入由熔模熔失后形成的中空型壳并在其中成形从而获得精密铸件的方法。由于熔模广泛地采用蜡质材料来制作，故常将熔模铸造称为失蜡铸造（lost wax casting）。

我国失蜡铸造历史悠久。事实上，失蜡铸造是在焚失法铸造工艺（商代中晚期出现的运用可燃烧成灰的材料，如绳索等作为模型，制整体外范后烧去可燃烧材料即可浇注金属液，即无范线构件的"焚失法"铸造工艺）原理的基础上，运用蜂蜡、松香、油脂等制造蜡模，从而创造了失蜡铸造法。我国古代劳动人民运用失蜡铸造技术创造出了众多精美青铜器物，如春秋晚期的王子午鼎，透空云纹铜禁，战国的曾侯乙尊盘，汉代的错金铜博山炉，长信宫灯，隋朝的弥陀鎏金铜像，明代的浑天仪，武当真武帝君像，清代的故宫太和门铜狮等，部分器物如图 1-1 所示。

(a) 王子午鼎

(b) 错金铜博山炉

图 1-1

(c) 透空云纹铜禁

图 1-1　我国熔模铸造精美青铜器物赏析

近代熔模铸造于 1907 年由维利耶姆丁首创，用于制造金牙，但该方法在工业中一直未能获得应用。在第二次世界大战期间，兵工制造业对铸造零件性能和批量生产的需求以及航空喷气发动机要求制造如叶片、叶轮、喷嘴等形状复杂、尺寸精确以及表面光洁的耐热合金零件，使得熔模铸造得到了迅速的发展。由于耐热合金材料难以机械加工、零件形状复杂以至于难以用其他方法进行批量制造，所以航空工业的发展也推动了熔模铸造的不断改进和完善，如图 1-2 所示。另外，熔模铸造还可应用于其他工业部门，特别是电子、石油、化工、能源和医疗器械等。

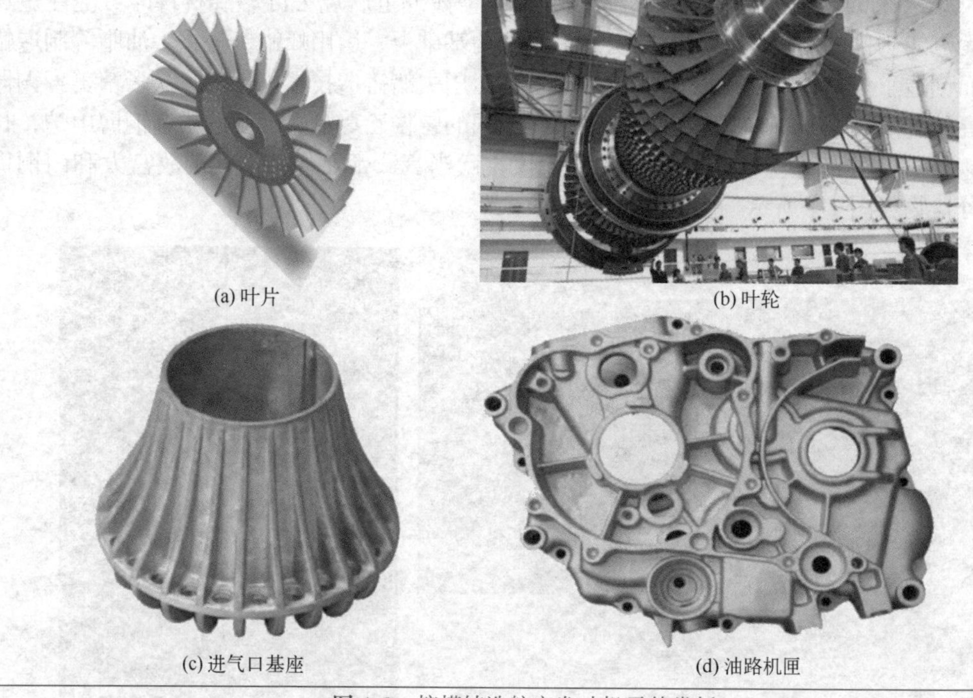
(a) 叶片　(b) 叶轮　(c) 进气口基座　(d) 油路机匣

图 1-2　熔模铸造航空发动机零件赏析

目前，熔模铸造生产技术已发展到很高的水平，其生产的铸件精密、复杂，接近于零件最后的形状，可不经加工直接使用或只经很少加工后使用，是一种近净形技术，已成为航空航天和军工领域制造复杂结构件的重要材料成形方法。

当前，虽然熔模铸造技术不断进步，但随着装备制造业的发展，金属结构件的形状更复杂，精度要求更高，特别是航空航天、军工、能源等产业对铸件的要求更趋于严苛。熔模铸造工艺也面临一些困难和挑战[1]。

① 熔模铸件组织和性能控制更加严格。组织是铸件获得优良性能的保障，但在熔模铸造工艺过程中，影响组织的因素多，机理复杂，特别是定向凝固组织和单晶的实现，对于航空发动机和燃气轮机涡轮叶片的高温性能实现具有重要意义。

② 复杂陶瓷型芯制造和脱芯技术需求更加迫切。陶瓷型芯是熔模铸造形成内腔的重要手段。陶瓷型芯的难度在于既要保证力学强度，还要有利于从铸件中脱除。如何平衡型芯抗破坏和变形能力与方便脱除的矛盾是工艺难点。当铸件内腔结构日趋复杂时，对陶瓷型芯的成形工艺也会提出更大挑战。

③ 大型铸件生产中需要适用装备和采用相应工艺措施。尺寸精度控制、金属液充型能力和补缩能力保证等技术手段也要相应提高。

④ 熔模铸造的数字化、智能化存在挑战。由于熔模铸件形状复杂、热型浇注、充型方案多样等特点使其模型的边界条件更加复杂，材料热物性参数对铸造过程的模拟结果影响更大。熔模铸件的合金种类也更多，关键热物性参数的获得和特殊条件下工艺模型的建立是技术难点和需要解决的问题。熔模铸造因为工艺环节多，人为因素对整个工艺的可靠性影响大，通过机械化特别是智能化改造，有利于熔模铸造工艺技术水平的整体提升，但实现上存在技术难度。

⑤ 绿色铸造的挑战。为了适应不断提高的环保要求，型壳材料的回收和废物利用问题，如废水、废气处理和除尘、噪声控制等仍需要关注与进一步解决。

目前，随着我国航空发动机叶片、机匣、登机与应急舱门、进气道唇口、机翼及平尾支座等精密构件的研制进展，我国熔模铸造的工艺水平及工业化进程也加速提升。近年来，北京航空材料研究院与中科院金属所在大尺寸叶片细晶整体制备技术方面不断取得突破，成功制造了 ϕ380mm 细晶整体叶盘（图 1-3），其轮毂部位晶粒度为 ASTM 2 ～ 3 级，叶片部位晶粒度为 ASTM 3 ～ 5 级，实现了启动机叶轮因发动机叶盘叶片断裂而失效的技术瓶颈的突破，细晶整体叶盘的服役寿命得到了显著提高。此外，北京航空材料研究院与哈尔滨工业大学陈玉勇教授联合研制的熔模精密铸造 TiAl 合金隔栅精密铸件，目前已在航天科工某型导弹上实现了批量生产交付[2]。

图 1-3　细晶整体叶盘剖分组织

1.1　工艺分析

1.1.1　工艺过程

熔模精密铸造生产工艺流程如图 1-4、图 1-5 所示。

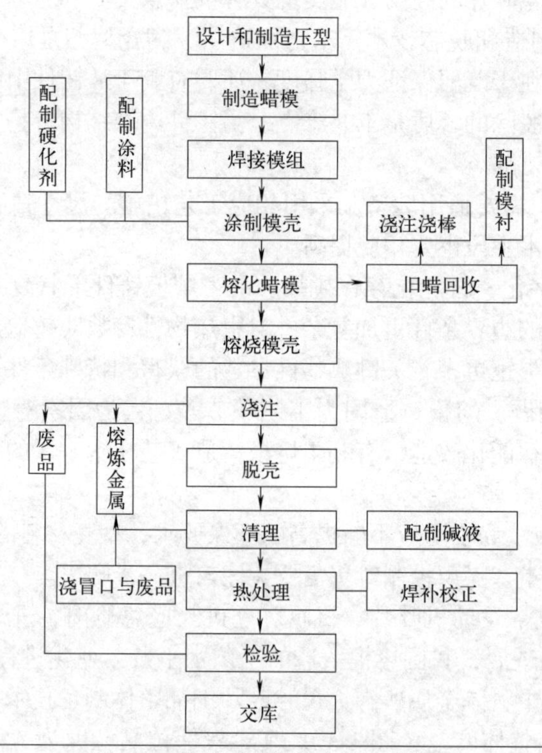

图 1-4　熔模精密铸造生产工艺流程

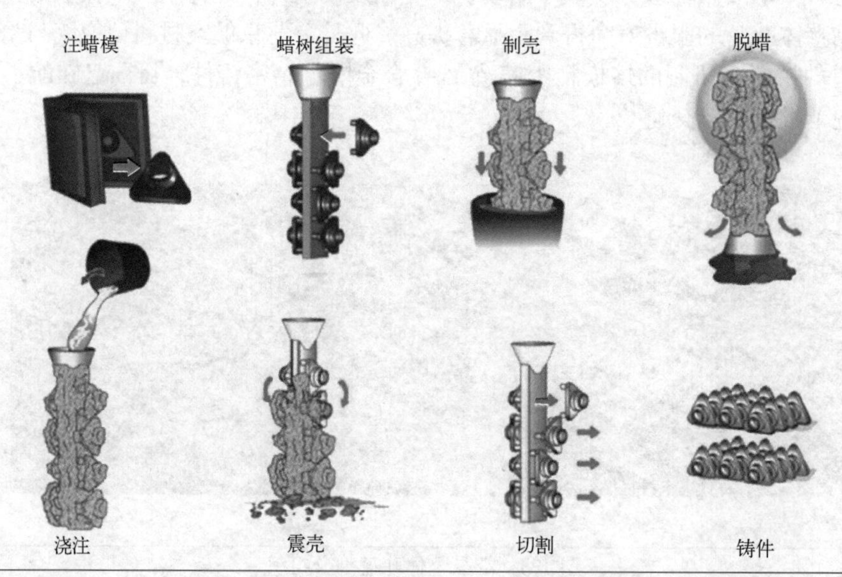

图 1-5　熔模精密铸造生产工艺流程示意图

1.1.2 工艺特点

与其他铸造方法和零件成形方法比较，熔模铸造具有以下特点：

① 铸件尺寸精确。一般其精度可达 CT4 ～ CT7，有时尺寸公差可小于 ±0.005cm。表面粗糙度最小可达 *Ra*0.63 ～ 1.25μm，故可使铸件达到少切削，甚至无余量的要求。

② 可铸造形状复杂的铸件。铸件壁厚最小可为 0.5mm，可铸最小孔径为 0.5mm，最小的铸件质量可达 1g，而重的铸件可达 10kg 以上，最重的熔模铸件有达 80kg 的纪录。还可把由几个零件组装、焊接起来的组合件进行整体铸造，减轻机件质量，缩短生产过程。

③ 不受铸件材料的限制。熔模铸造可用来制造碳钢、合金钢、球墨铸铁、铜合金、铝合金、镁合金、钛合金、高温合金、贵重金属的铸件。一些难以锻造、焊接或切削加工的精密铸件用熔模铸造法生产具有很大的经济效益。

④ 铸件尺寸不能太大，质量大小也有限制，不像砂型铸造那样可生产几吨甚至几十吨重的铸件。

⑤ 工艺过程复杂、工序繁多，使生产过程控制难度大增。消耗的材料较贵，对模具和设备要求较严，生产周期长。

⑥ 铸件冷却速度慢，故铸件晶粒粗大。除特殊产品，如定向结晶件、单晶叶片外，一般铸件的力学性能都有所降低，需要通过热处理来提高铸件性能等。碳钢件还易表面脱碳。

1.1.3 应用范围

熔模铸造应用于几乎所有的工业部门，特别是航空航天、造船、汽轮机和燃气轮机、兵器、电子、石油、核能、机械等。同时，熔模铸造适用于形状复杂、难以用其他方法加工成形的精密铸件的生产，如航空发动机的叶片、叶轮，复杂的薄壁框架，雷达天线，带有很多散热薄片、柱、销轴的框体、齿套等。图 1-6 和图 1-7 为熔模铸件典型应用实例。

图 1-6　发动机缸体

图 1-7　大型复杂熔模铸件

1.2 模料

1.2.1 模料的性能要求

（1）熔化温度和凝固温度范围

模料的熔化温度范围通常控制在 50 ～ 80℃，凝固温度范围则以 6 ～ 10℃为宜。

（2）耐热性

耐热性是指当温度升高时模料抗软化变形的能力。通常有两种表示方法：一种是软化点，另一种是热变形量，后者测试更方便些。一般要求35℃下模料的热变形量为

$$\Delta H_{35-2} \leqslant 2\text{mm} \tag{1-1}$$

式中　ΔH_{35-2}——35℃、2h时悬臂试样伸出端下垂量。

（3）收缩率

模料热胀冷缩小，可以提高熔模的尺寸精度，也可减少脱蜡时胀裂型壳的可能性。所以，收缩率是模料最重要的性能指标之一，模料线收缩率一般应小于1.0%，优质模料线收缩率为0.3%～0.5%。

（4）强度

模料在常温下应有足够的强度和硬度，以保证在制模、制壳、运输等生产过程中熔模不发生破损、断裂或表面擦伤。模料强度通常以抗弯强度来衡量。模料的抗弯强度一般不低于2.0MPa，最好为5.0～8.0MPa。

（5）硬度

为保持熔模的表面质量，模料应有足够的硬度，以防摩擦损伤。模料硬度常以针入度来表示。模料的针入度多在4～6度（1度=10^{-1}mm）。

（6）黏度

黏度指模料在液态下（如99℃）的黏度。为便于脱蜡和模料回收，模料在90℃附近的黏度应为3×10^{-2}～3×10^{-1}Pa·s。黏度大会影响脱蜡速度，使水分、粉尘分离困难，影响模料回收。

（7）流动性

流动性指模料（压注状态通常为膏状）充填压型型腔的能力。模料应具有良好的流动性，以利于充满压型型腔，获得棱角清晰、尺寸精确、表面平滑光洁的熔模；此外，也便于模料在脱蜡时从型壳中流出。

（8）涂挂性

模料应能很好地为耐火材料所润湿，并形成均匀的覆盖层，模料的涂挂性可用测定熔模与黏结剂之间的润湿角来衡量。

（9）灰分

灰分指模料经高温（900℃以上）焙烧后的残留物，也是模料最主要的指标之一。一般灰分应低于0.05%，钛合金用模料灰分要求低于0.01%。

此外，还希望模料的化学性质稳定，长期使用不易老化或变质，模料成分中应不含有毒及有害物质，价格低廉，复用性好，回收方便。

1.2.2　模料的分类

按照模料熔点的高低将其分为高温、中温及低温模料。低温模料的熔点低于60℃，主要为蜡基模料，如石蜡-硬脂酸（1∶1）模料；高温模料的熔点高于120℃，如组成为松香50%、微晶蜡20%、聚苯乙烯30%的模料；中温模料的熔点介于上述两类模料之间。实际生产中使用较多的是中低温模料。还可按模料基体材料的成分来分，模料可分为蜡基模料、树脂基模料、填料模料及水溶性模料等。国内使用较广泛的为蜡基模料和树脂基模料。

表 1-1 是熔模材料的类型和特点。

表 1-1　熔模材料的类型和特点

类型	成分	特点	应用范围
蜡基模料	蜡基模料是以矿物蜡、动植物蜡为主要成分的模料；使用最广泛的蜡基模料系由石蜡和硬脂酸组成	此类模料一般成分比较简单，成本较低，便于脱蜡和回收，但强度和热稳定性较低，收缩大	多用于要求较低的铸件
树脂基模料	树脂基模料是以树脂及改性树脂为主要组分的模料	此类模料一般成分比较复杂，强度较高，热稳定性较好，收缩较小，制成的熔模的质量和尺寸稳定性较高，但模料易老化、寿命短，成本较高	多用于质量要求较高的熔模铸件，如涡轮叶片等航空件的生产
系列商品模料	由专门的模料厂研制的系列模料，供熔模铸造生产单位按不同要求选用		
填料模料	在实际生产中用得最多的是固体填料，固体填料主要有聚乙烯、聚苯乙烯、聚乙烯醇、聚氯乙烯、合成树脂、多聚乙烯乙二醇、橡胶、尿素粉、炭黑等	在蜡基或树脂基模料中加入一定数量与之不相溶的充填材料，填料的主要作用是减少收缩，防止熔模变形和表面缩陷，从而提高蜡模表面质量和尺寸精度。填料模料回收利用较难，不利于降低生产成本	适用于制作高精度件和大型件
水溶性模料	一种水溶性模料，常用的有尿素 - 聚合物水溶性模料和聚乙二醇基水溶性模料	其优点是收缩小、刚度大、耐热性好，脱蜡时型壳胀裂的可能性小，缺点是密度大、易吸潮、熔点高、质脆	适用于大批量生产，生产复杂型腔型芯的产品

1.2.3　模料的配制

配制模料的目的是将组成模料的各种原材料混合成均匀的一体，并使模料的状态符合压制熔模的要求。配制时主要用加热的方法使各种原材料熔化混合成一体，而后在冷却情况下，将模料剧烈搅拌，使模料成为糊膏状态供压制熔模用。有时也有将模料熔化为液体直接浇注熔模的情况。

（1）蜡基模料的配制

因为蜡基模料的原材料的熔点都低于100℃，为防止模料加热时温度太高所发生的分解炭化现象，大多采用蒸气加热或热水槽加热的方法。图 1-8 即为一种用水槽加热熔化模料的装置，通过电加热器 7 把水加热，以水为媒介，热量通过蜡桶传给模料 4，将模料熔化。如将该装置中的电加热器去除，往水箱通入蒸汽，该加热槽便相应地被改成蒸汽加热熔化模料的装置了。

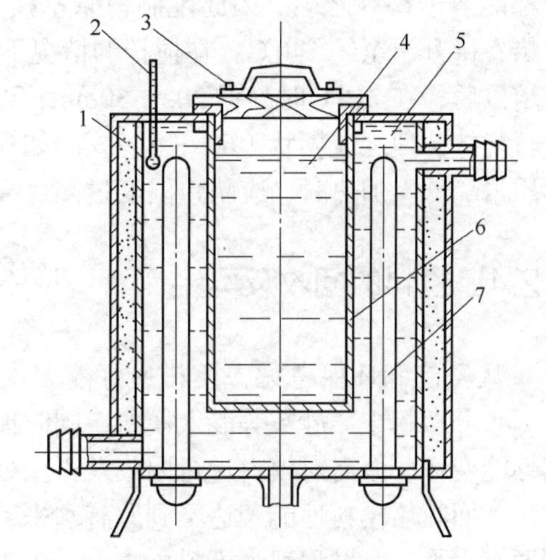

图 1-8　熔化蜡基模料的加热槽

1—绝热层；2—温度计；3—盖；4—模料；5—水；6—蜡桶；7—电加热器

对熔化后的模料要搅拌均匀，并用 100 号或 140 号筛过滤除去杂质。而后放入容器中，在冷却过程中将蜡料制成糊状，其办法有两种。

① 旋转桨叶搅拌法。这是一种用得较广

泛的方法，即将三分之一左右熔融蜡料和三分之二的固态小块蜡料放在容器中，旋转的桨叶（见图 1-9）把固态蜡块充分粉碎，并和液态蜡均匀混成糊状。搅拌时应注意使蜡料表面尽可能平稳，防止卷入过多的空气使蜡料中存有大的气泡，造成熔模表面因气泡外露而出现孔洞。

② 活塞搅拌法。把熔融的模料放入如图 1-10 所示的活塞缸中，借助活塞的往复运动，使模料被迫通过活塞上的小孔在活塞的两侧往返，模料被搅成糊状。根据放入活塞缸中模料的数量，可以控制混入模料中的空气量。通过活塞搅拌，可使模料中的空气以细小的气泡形式存在，这样可减小制熔模时的收缩率。

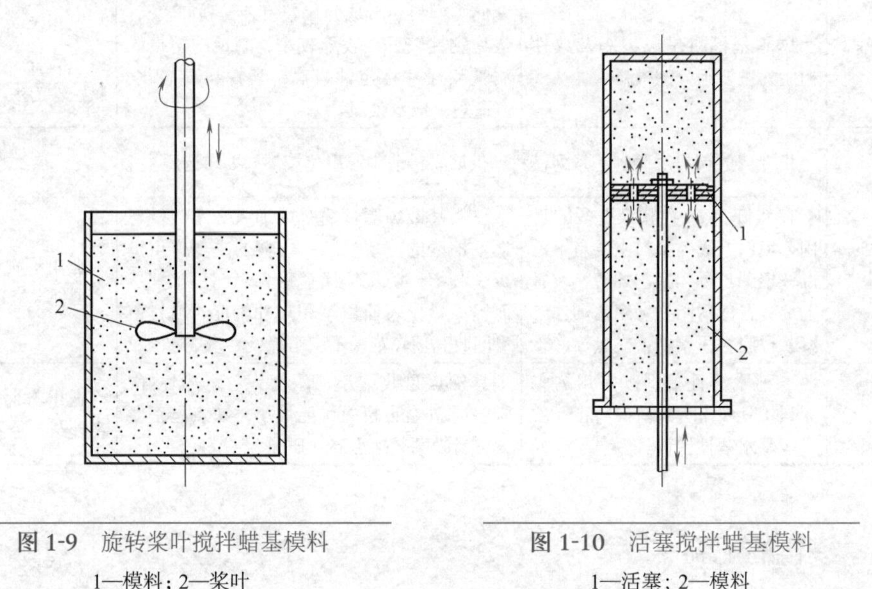

图 1-9　旋转桨叶搅拌蜡基模料

1—模料；2—桨叶

图 1-10　活塞搅拌蜡基模料

1—活塞；2—模料

（2）树脂基模料的配制

树脂基模料的熔点较高，一般用电阻炉加热熔化，树脂基模料的成分复杂，有的原材料不能互溶，如聚乙烯不溶于松香，但它却能和川蜡、微晶蜡溶在一起，并且它们的溶合物又都能溶于松香之中。因此配制树脂基模料时，要注意加料次序：先熔化川蜡、微晶蜡或石蜡，待升温至约 140℃，在搅拌的情况下逐渐加入聚乙烯，再升温至约 220℃，加入松香。全熔以后，在 210℃时静置 20 ～ 30min，以排除气体。最后滤去杂质，在降温情况下对模料进行搅拌，使之成糊状（60 ～ 80℃）。如模料溶合不好，它的黏度会增大，晶粒粗大，使熔模质量降低。加热时，应防止温度过高，模料变质燃烧。

1.2.4　模料的回收及再生

从经济和环保考虑，模料最好能多次重复长期使用，但在制模、制壳和脱蜡过程中，常因水分、粉尘、砂粒等混入模料，同时模料中的一些成分还会发生皂化、老化等，从而使其性能变坏，故需对模料进行回收及再生处理。不同的模料其组成不同，应采用不同的回收方法。回收后模料性能若达不到原有水平，则需补加部分新蜡或其他添加剂，使其性能恢复到原有水平，此过程称为模料再生。

（1）石蜡硬脂酸模料回收及再生

该种模料在使用过程中，硬脂酸会发生皂化反应生成皂化物，模料还会混入粉尘、砂粒和水分等。回收的方法有酸处理法、电解法和活性白土法。酸处理法效果明显且方法简单，应用最广；电解法效果好，但需专门设备，使用较少；活性白土法是将酸处理后的模料去除杂质的一种方法，但所得的回收蜡中残留的白土不易除净，应用很少。

酸处理法是通过化学反应将皂化物还原成硬脂酸，再经静置沉淀将模料与水、粉尘和砂粒分开。基本原理是在待回收模料中加入硫酸或盐酸，使硬脂酸盐（皂化物）还原为硬脂酸，即：

$$MeC_{17}H_{35}COO+HCl \longrightarrow C_{17}H_{35}COOH+MeCl$$

$$Me(C_{17}H_{35}COO)_2+H_2SO_4 \longrightarrow 2C_{17}H_{35}COOH+MeSO_4$$

式中，Me 代表某种金属离子。反应生成的盐为水溶性盐，只要处理时加适量水，即可将生成的盐与模料分离。具体处理方法是，在待处理的旧蜡液中加入体积分数为 2% ～ 3% 的浓硫酸或 3% ～ 5% 的工业盐酸，在沸腾状态下保持 1 ～ 2h，直至蜡液中的白色皂化物颗粒消失为止。静置约 2h，待杂质下沉后，去除杂质，上部清蜡液即可使用。但此法难于将模料中的硬脂酸铁去除干净，因为硬脂酸铁与酸的反应是可逆的。所以，生产中应防止模料生成硬脂酸铁而变红。防止措施主要是化蜡、脱蜡槽使用不锈钢或有保护层的碳钢槽，不让模料与碳钢直接接触，防止高温时硬脂酸与铁反应。

可测定回收处理后模料的酸值，并将它与新模料酸值进行比较，两者相等则说明皂化物已全部被还原成硬脂酸，如处理后模料酸值偏低，则表明处理尚不彻底。

用石蜡硬脂酸模料的工厂通常自行进行模料回收，并适量地加入 5% ～ 20% 的新模料重新使用。石蜡硬脂酸模料可以长期反复使用，一些工厂采用上述回收、再生措施使模料使用长达 40 ～ 50 年，性能仍然保持得较好。

（2）树脂基模料的回收和再生

树脂基模料在使用过程中某些组分因加热挥发分解，树脂化和析出碳分，还会混入水分、粉尘和砂粒。如采用蒸气脱蜡后的旧模料常会含质量分数 5% ～ 15% 的水，0.5% 的粉尘和砂粒。因为组分的变化难以控制，所以回收的主要任务就是去除模料中的水分、粉尘和砂粒。国外有专业模料处理厂进行模料的回收和再生。

国内工厂多自行进行模料的回收。由于树脂基模料黏度高于蜡基模料，要分离模料中的夹杂物就需较高的温度和较长的时间。提高处理的温度可降低模料黏度，以利于夹杂物的去除，并缩短处理时间。但提高温度会使树脂模料中其他成分容易氧化，从而增加其脆性、恶化性能，因此处理温度应适当。现国内这类模料回收处理有两种流程，第一种为静置脱水→搅拌蒸发脱水→静置去污；第二种是快速蒸发脱水→搅拌蒸发脱水→静置去污。相较而言，第二种流程中的快速蒸发脱水其温度高，模料易变质，建议采用第一种回收处理流程。第一种回收处理流程的工艺及设备见表 1-2。值得注意的是搅拌蒸发脱水时的温度，建议小于 100℃，最高 110℃。不少工厂为提高效率搅拌蒸发脱水温度采用 110 ～ 120℃，甚至高到 130℃，但温度高，模料很容易氧化变质，从外观看模料颜色很快就变深，性能恶化。

表 1-2　模料第一种回收处理工艺及设备

工序名称	设备	操作要点	备注
静置脱水	静置桶	温度＜ 90℃、时间 4 ～ 8h	静置完毕，把沉淀水放掉
搅拌蒸发脱水	除水桶	搅拌温度＜ 100℃、时间＞ 12h	蜡液表面无泡沫即可停止搅拌，蜡液经 60 号筛过滤后开始静置去污
静置去污	静置桶	温度＜ 90℃、时间＞ 12h	定期放掉底部污物

在回收旧蜡中加入适量新的原材料，使其性能经严格检验达到标准规定的要求，由此所得产品称为再生蜡。通常必须检测线收缩率、灰分、软化点以及针入度四项性能。

1.3 熔模的制造与组装

1.3.1 熔模的制造

熔模的制作是熔模精密铸造工艺的核心环节之一，优质熔模是获得优质铸件的前提。铸件尺寸精度和表面粗糙度首先取决于模样的制备，制模材料（简称模料）、压型及制模工艺则直接影响熔模的质量。

（1）制模方法

将模料压注成型是生产熔模最常用的方法。目前，国内大多数熔模铸造工厂采用商品模料，在0.2～0.3MPa低压下或用手工压制易熔模。也有如河南平原光电有限公司精密铸造中心等少数厂家采用国际熔模铸造常用工艺及设备，采用收缩小、强度高的优质模料，在恒温条件下，在较高压下压制光亮、精确的易熔模，在制作高精度铸件时甚至使用液态压蜡方法制作易熔模。压制熔模的方法有三种：柱塞加压法、气压法和活塞加压法。图1-11～图1-13是三种压制熔模方法的示意图。

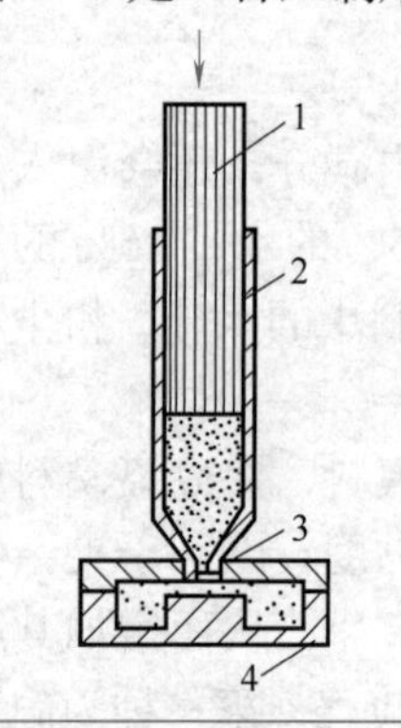

图1-11 柱塞加压法

1—柱塞；2—压蜡筒；3—注蜡口；4—压型

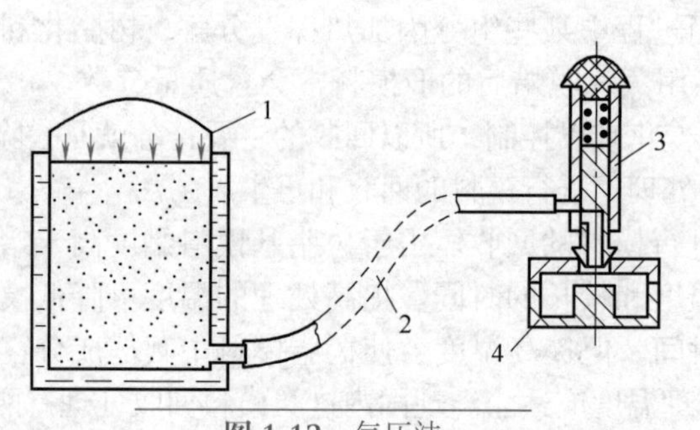

图1-12 气压法

1—密闭保温压力罐；2—导管；3—注料口头；4—压型

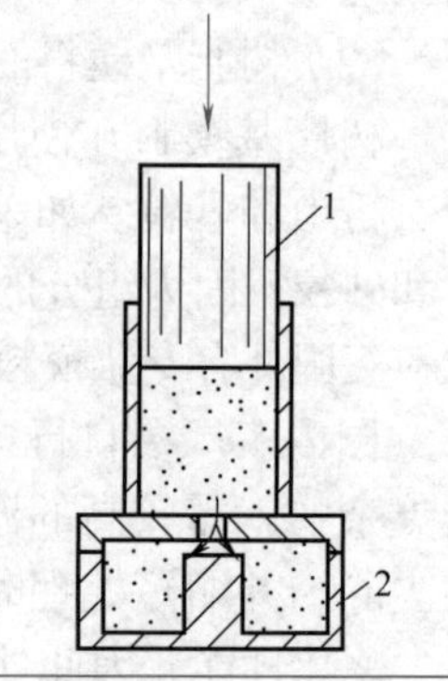

图1-13 活塞加压法

1—活塞；2—压型

（2）制模设备

制模的设备是压蜡机，压蜡机有气力压蜡机、气动活塞压蜡机和液压压蜡机等几种，其中液压压蜡机压射力大、整机体积小、结构紧凑、应用较广。

（3）制模主要工艺参数

在熔模铸造生产中，必须根据模料的性能和铸件的要求，合理制订制模工艺，在制备熔模时，应按照工艺规范，准确控制压注时模料温度（压蜡温度）、压型温度、压注压力和保压时间等因素。

① 压蜡温度。压蜡温度对熔模表面粗糙度影响很大。压蜡温度越高，熔模表面粗糙度越低，但收缩率大，熔模表面容易缩陷；压蜡温度越低，则表面粗糙度越高。

使用液态模料或糊状模料制模时，在保证充型良好的情况下，尽量采用低的压蜡温度，以减少模料的收缩，提高熔模的尺寸精度。

② 压型温度。压型温度将影响熔模的质量和生产率。压型温度过高，使得熔模在压型中冷却缓慢，不但使生产率降低，而且还易产生变形、缩陷等缺陷；过低则熔模的冷却速度过快，会降低熔模的表面质量，或产生冷隔、浇不足等缺陷，且在局部易出现裂纹。

③ 压注压力。压注压力的大小主要由模料的性能、压蜡温度、压型温度以及熔模结构等因素所决定。黏度较大的模料流动性差，就需要较高的压注压力；反之，若模料的黏度较小，则压注压力就可低些。虽然压力越大熔模线收缩率越小，但压力也不是越大越好。压力过大，会使熔模表面不光滑，产生"鼓泡"（熔模表皮下气泡膨胀），同时易使模料飞溅。压力过低，则熔模易产生缩陷、冷隔等缺陷。

④ 保压时间。模料在充满压型的型腔后，保压时间越长，则熔模的线收缩率越小。保压时间的长短取决于压蜡温度、熔模壁厚及冷却条件等。若保压时间过短即从压型中取出熔模，其表面会出现"鼓泡"，但保压时间过长会降低生产率。

表 1-3 为我国典型制模工艺。

表 1-3 国内典型的制模工艺

模料	制模设备	压蜡温度 /℃	压射压力 /MPa	压型温度 /℃	保压时间①/s	起模时间①/s	脱模剂
石蜡硬脂酸模料	气力压蜡机	45 ～ 48	0.3 ～ 0.5	18 ～ 25	3 ～ 10 或更长	20 ～ 100 或更长	10# 变压器油或松节油
松香基模料	液压压蜡机	54 ～ 62	2.5 ～ 15	冷却水温度 6 ～ 12	3 ～ 10 或更长	20 ～ 100 或更长	210 ～ 20 甲基硅油或雾化硅油

① 按熔模大小和壁厚调整。

1.3.2 熔模的组装

根据工艺设计的要求将经修整检验合格的铸件熔模与浇口棒熔模（或浇冒口系统）组装成整体模组称模组组装。组装的方法有焊接法、黏结法和机械组装法。前两种方法虽劳动强度较大、效率较低，但简便灵活、适应性强、适用较广泛。

① 焊接法：生产中广泛应用热刀将铸件熔模与浇注系统熔模连接处局部加热熔化、黏结达到焊接在一起的目的。使用的热刀有酒精灯烧的热刀片、电烙铁、低压电热刀等，其中以低压电热刀使用较方便和安全可靠。

② 黏结法：它是用专用的黏结蜡将熔模和浇注系统黏结成一体。黏结蜡有较高的黏度和黏结强度，黏结后很快凝固，燃烧后几乎无残留物。

③ 机械组装法：为提高生产效率，大量生产小熔模铸件时可使用机械组装法，图 1-14 所示是一种机械组装模组的方法。它是将模组沿直浇道高度分成若干个小模组 5，分别压制。组装时先放浇口杯熔模 6，然后将这些小模组 5 一层层套在浇口棒 7 上，套好后将浇口棒 7 向

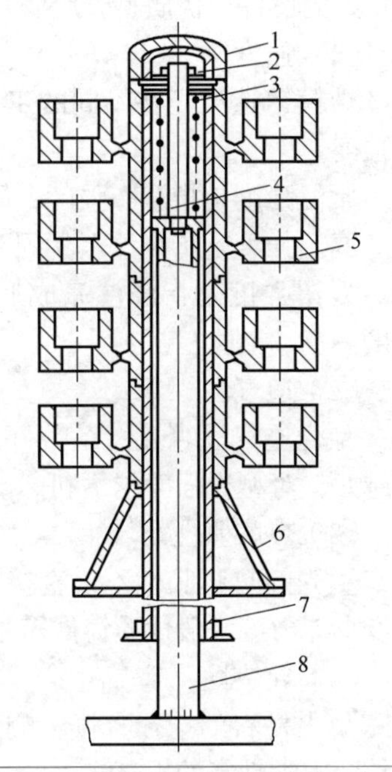

图 1-14 机械组装

1—金属帽；2—销子；3—弹簧；4—杆；5—小模组；6—浇口杯熔模；7—浇口棒；8—管子

下压，管子 8 将浇口棒 7 中的弹簧 3 压缩，带有销子 2 的杆 4 向上伸出，用金属帽 1 拧上，压紧直浇道上的小模组，使多层模组形成一体。

1.3.3 熔模的清洗

为了清除熔模表面附着的蜡屑、脱模剂等，提高涂料对模组的润湿性，熔模及浇注系统在注塑和涂挂前必须进行清洗，常用清洗剂及使用方法见表 1-4。

表 1-4 常用熔模清洗剂及使用方法

清洗剂类别	组成	清洗温度 /℃	清洗方法
乙醇基清洗剂	体积分数为 50% 的工业乙醇 +50% 的水	22 ～ 25	在清洗剂中清洗 3 ～ 5s，清洗后在 22 ～ 25℃的清水中擦洗数遍后晾干
肥皂水清洗剂	质量分数为 0.5% 的肥皂水		
复合清洗剂	质量分数为 70% 的三氯乙烷 +30% 的工业乙醇或纯丁酮		

1.4 型壳的制作

熔模铸造普遍采用的是多层型壳，即将易熔模组经浸涂、撒砂、干燥硬化，如此反复多次，使型壳达到一定厚度，再经脱蜡、高温焙烧等工序制作而成。型壳质量的好坏与黏结剂、耐火材料的组成密切相关，并关系到能否获得表面光滑、棱角清晰、尺寸精度高、内部质量好的铸件。优质型壳应满足如下基本要求。

（1）强度

熔模铸造型壳在不同的工艺阶段有三种不同的强度指标，即常温强度、高温强度、残留强度。

常温强度是指湿态强度，制壳阶段一般要求该强度适中，不易发生变形或破裂。

高温强度是指浇注至凝固阶段的强度，不同金属材质对该强度的要求不尽相同。

残留强度是指浇注完成后，清理阶段的强度，若残留强度过大，将增加脱壳清理的难度。

（2）透气性

型壳透气性直接关系铸件成型能力和内部质量，尤其是高温透气性，但型壳高温透气性越好，对型壳强度越不利。

（3）热膨胀性

型壳的热膨胀性不仅直接关系铸件的尺寸精度，还影响铸型的抗急冷急热性能和抗高温变形能力。一般优质铸件需采用热膨胀量低且膨胀均匀的型壳。

（4）导热性

耐火材料的选择直接影响型壳导热性，一般粒度越大，型壳导热性越好，越有利于铸件综合力学性能的提高。

（5）其他性能

除上述因素外，型壳的抗热震性、热化学稳定性、脱壳性等性能对铸件成型工艺过程也有较大影响。优质铸件要求型壳具有良好的抗热震性和热化学稳定性，脱壳性越好，越有利于生产效能的提高。

用于型壳制作的黏结剂种类很多，按所用黏结剂的不同分为硅溶胶型壳、水玻璃型壳、硅酸乙酯型壳和复合型壳。目前应用较为广泛的为硅溶胶型壳。表 1-5 为熔模铸造用硅溶胶技术要求。

表 1-5 熔模铸造用硅溶胶技术要求（HB 5346—1986）

牌号	化学成分（质量分数）/%		物理性能				其他	
	SiO_2	Na_2O	密度 /（g·cm^{-3}）	pH 值	运动黏度 /（mm^2·s^{-1}）	SiO_2 胶粒直径 /mm	外观	稳定期
GRJ-26	24 ～ 28	≤ 0.3	1.15 ～ 1.19	9 ～ 9.5	≤ 6	7 ～ 15	乳白色或淡青色，无外来杂物	≥ 1 年
GRJ-30	29 ～ 31	≤ 0.5	1.20 ～ 1.22	9 ～ 10	≤ 8	9 ～ 20	乳白色或淡青色，无外来杂物	

1.4.1 型壳耐火材料

制造型壳用的材料可分为两种类型，一种是用来直接形成型壳的，如耐火材料、黏结剂等；另一类是为了获得优质的型壳，简化操作、改善工艺用的材料，如熔剂、硬化剂、表面活性剂等。

目前熔模铸造中所用的耐火材料主要为石英、刚玉以及硅酸铝耐火材料，如耐火黏土、铝矾土、黏土熟料等，有时也用锆石、镁砂（MgO）等。

（1）人造石英（SiO_2）

天然石英含有较多的杂质，不宜用于熔模铸造，故只能用人造石英。人造石英来源丰富，但热膨胀系数大，尤其是在 573℃时，由 β- 石英转为 α- 石英，发生突变性体积膨胀，线胀系数达 1.4%，会使焙烧的型壳开裂，降低强度。一般在生产碳素钢、低合金钢、铜合金铸件时，才采用人造石英作为耐火材料。在生产高温合金、高铬、高锰钢铸件时，它们所含的铝、钛、锰、铬等元素会与酸性的石英壳发生反应导致铸件表面恶化。另外，石英粉尘对人体有害。

（2）熔融石英

熔融石英又称石英玻璃，是用天然高纯度 SiO_2 经电炉在高于 1760℃以上的温度熔融，随后快速冷却而得到的一种非晶态石英，有透明和不透明两种。

熔融石英熔化温度约 1713℃，热导率低，热膨胀系数几乎是所有耐火材料中最低的，因而具有极高的抗热震性，在型壳焙烧和浇注过程中很少发生破裂。它的力学性能也很高。熔融石英在高温下会转变为方石英，铸件冷却时方石英又从高温型转变为低温型，同时体积突变，使型壳出现无数裂纹，强度剧降，有利于脱壳。但熔融石英价格较高。

熔融石英在国内外已被广泛用于各种合金的熔模铸造生产中，可作为面层或背层涂料用的耐火粉料以及撒砂材料，并可用于陶瓷型芯中。熔模铸造用熔融石英中 SiO_2 的质量分数应为 99.5%，配涂料用的粉料最好是：270 目或 320 目细粉占 50%（质量分数），200 目和 120 目细粉各占 25%。

（3）电熔刚玉

熔模铸造用电熔刚玉为 α-Al_2O_3，即白刚玉。它是用铝矾土在电炉中加热到 2000 ～

2400℃和碳反应，除去SiO_2、Fe_2O_3等杂质后得到的结晶体，是冷却结晶成的锭块经破碎、挑选、加工筛选而得。

电熔刚玉熔点高（2030℃），密度大，结构致密，导热性好，热膨胀系数小且均匀。它属两性氧化物，在高温下常呈弱碱性或中性，有良好的化学稳定性，抗酸碱能力强，在氧化剂、还原剂或各种金属液的作用下都不发生变化。但刚玉价格昂贵，货源紧缺，目前仅仅用于高合金钢、高温合金以及镁合金等铸件表面层制壳材料，也可用于制作陶瓷型芯。

（4）锆砂

锆砂又称硅酸锆，是天然存在的矿物材料，其分子式为$ZrO_2 \cdot SiO_2$或$ZrSiO_4$，主要是酸性火成岩风化与其他矿物沉积在一起而形成的，因此天然锆砂中总有杂质。

锆砂属四方晶系，密度变动范围大，热导率大，热膨胀系数较小，高纯度时热化学稳定性较好。它主要用于面层中，亦可用于过渡层，作为涂料中耐火粉料和撒砂材料。

（5）硅酸铝耐火材料

硅酸铝耐火材料是以氧化铝和二氧化硅为基本化学组成的铝硅酸盐，在自然界蕴藏量很大。该类耐火材料的耐火度高，线胀系数比较小，抗热震性和高温下的化学稳定性都比较好，价格便宜，已成为国内外广泛采用的重要制壳材料。随着材料中Al_2O_3和SiO_2含量不同，材料的组成也发生变化。硅酸铝材料按照Al_2O_3含量的不同可依次分为半硅质（含Al_2O_3 15%～30%）、黏土质（含Al_2O_3 30%～45%）和高铝质（含Al_2O_3 ＞45%）三类。目前使用最广泛的是高岭石类熟料，它被广泛应用于制背层的耐火粉、砂中。高岭石（$Al_2O_3 \cdot 2SiO_2$）是高岭土的主要成分。

高岭石类熟料是由高岭石经高温煅烧再破碎而成的。其主要组成相为莫来石、玻璃相或少量的方石英，是一种线胀系数很低的优良制壳耐火材料，而且我国高岭土的资源比较丰富。

铝矾土熟料是铝矾土（主要矿物组成是水铝石和高岭石）经煅烧后得到。主要由莫来石二次再结晶产物和部分硅酸盐玻璃组成。不同化学成分的铝矾土煅烧后的组成相不同，GB/T 12215—2019对熔模铸造用铝矾土砂、粉的主要组成相、化学成分、粒度作了规定。

（6）特种耐火材料

在生产高活性金属合金铸件时，如生产钛合金和某些金属间化合物或单晶铸造合金等精密铸件时，常用的耐火材料因会与合金液发生反应，均不能作为面层型壳材料，而必须用高温下化学性质非常稳定的特殊耐火材料。

比较有代表性的是美国Saint-Cobain Industrial Ceramics，Specialty Ceramics Grains Division生产的，品牌为Z-Cast的氧化钇和氧化锆基耐火材料。Z-Cast1是经过二次重熔的以钙为稳定剂的氧化锆粉（ZrO 95.47%，CaO 3.75%），它的粒度分布宽并经严格控制，可以配制出粉液比高、黏度稳定的涂料浆，可与除碳酸锆铵（AZC）以外的大多数黏结剂配合用于钛合金精铸型壳面层涂料；Z-Cast2是经二次重熔的以镁为稳定剂的氧化锆粉（ZrO 95.97%，CaO 3.10%），主要与碳酸锆铵（AZC）黏结剂配合使用制作钛合金精铸型壳面层；Z-Cast3是一种高纯度的电熔煅烧氧化锆粉，属单斜晶系，可与所有的黏结剂配合使用。

1.4.2 型壳黏结剂

目前国内熔模铸造常用的黏结剂主要有水玻璃、硅酸乙酯、硅溶胶等。近净形熔模铸造常用黏结剂为硅溶胶和硅酸乙酯，而水玻璃用得较少。

① 水玻璃。水玻璃俗称泡花碱，是可溶性碱金属的硅酸盐溶于水后形成的，其化学分子式为 $Na_2O \cdot mSiO_2 \cdot nH_2O$。水玻璃的主要参数是模数（水玻璃中的 SiO_2 与 Na_2O 摩尔数之比）、密度和 pH，它们对型壳的质量及制壳工艺有较大的影响。纯净的水玻璃是一种无色透明的黏滞性溶液，含有杂质时则呈青灰色或淡黄色。水玻璃溶液呈碱性，其与模数有关。一般高、中模数水玻璃的 pH 为 11 ～ 13。熔模铸造常用的水玻璃模数为 3.0 ～ 3.4，相对密度不超过 1.34。模数高则型壳的湿态强度和高温强度高，因而在制壳工艺过程和型壳工作过程中型壳的破损率较低。但模数过高，使涂料的稳定性降低、易老化，制壳时涂层表面易结皮而黏不上砂粒，造成型壳分层缺陷。在水玻璃密度不变的情况下，模数越高，在水玻璃的黏度也越大，致使涂料的粉液比较低，影响型壳的表面质量及型壳强度。若水玻璃的模数过低，则会使型壳的强度下降。市售水玻璃模数若不能满足要求，可以加碱或酸进行调整。

水玻璃作黏结剂具有成本低、硬化速度快（化学硬化）、湿态强度高、制壳周期短等优点。缺点是表面质量差，尺寸精度不高，在近净形熔模铸造中用得较少。

② 硅酸乙酯。硅酸乙酯是一种聚合物，分子式为（C_2H_5O）$_4Si$，是一种无色透明液体，密度为 $0.934g \cdot cm^{-3}$，具有特有酯味。硅酸乙酯本身不能作为黏结剂，需经水解反应后成为硅酸乙酯水解液才能使用。硅酸乙酯水解液的原材料主要有硅酸乙酯、酒精（溶剂）、盐酸（催化剂）和水。熔模铸造用硅酸乙酯主要有硅酸乙酯 32 和硅酸乙酯 40。

硅酸乙酯的表面张力低，黏度小，对模料的润湿性能好。所制型壳耐火度高，尺寸稳定，高温时变形及开裂的倾向小，表面粗糙度低，铸件表面质量好，较硅溶胶的制壳周期短，但价格较贵，且对环境有一定污染，工业发达国家现对其的使用有下降的趋势。

③ 硅溶胶。硅溶胶是熔模铸造中常用的一种优质黏结剂。它是由无定形二氧化硅的微小颗粒分散在水中而形成的稳定胶体溶液，SiO_2 的含量在 30% 左右。硅溶胶的主要物化参数有 SiO_2 含量、Na_2O 含量、密度、pH、黏度及胶粒直径等，它们与硅溶胶涂料和型壳性能关系密切。硅溶胶中 SiO_2 含量及密度都反映其胶体含量的多少，即黏结力的强弱。一般来说，硅溶胶中 SiO_2 含量增加，硅溶胶密度越高，则型壳强度越高。而 Na_2O 含量影响硅溶胶的 pH，它们都影响硅溶胶及其涂料的稳定性。硅溶胶的黏度反映其黏稠程度，将影响所配涂料的粉液比，黏度低的硅溶胶可配成高粉液比涂料，所制型壳表面粗糙度值低、强度较好。硅溶胶的另一参数是胶体粒子直径，它影响硅溶胶的稳定性和型壳强度。粒子越小，凝胶结构中胶粒接触点越多，凝胶致密，型壳强度越高，但溶胶稳定性越差。市售硅溶胶可不经任何处理直接配制涂料，但也有加水稀释后使用的。

硅溶胶使用方便，易配成高粉液比（耐火材料与黏结剂之比）的优质涂料，涂料稳定性好。型壳制造时不需化学硬化，工序简单，所制型壳高温性能好，有高的型壳高温强度及高温抗变形能力。但硅溶胶涂料对熔模润湿性差，需加表面活性剂改善涂料的涂挂性。另外，硅溶胶型壳干燥速度慢，型壳湿态强度较低，制壳周期长。

水玻璃、硅酸乙酯和硅溶胶等铸造常用黏结剂，只能用作钛合金熔模铸造型壳的背层材料。对于面层，需要的是比 SiO_2 更稳定的氧化物（如 Al_2O_3、ZrO_2、CaO 和 Y_2O_3）黏结剂。铸钛型壳面层用黏结剂主要有胶体氧化物类（如胶体氧化锆、胶体氧化钇等）和金属有机化合物类（如二醋酸锆、硝酸锆等）黏结剂两类。

1.4.3 型壳涂料的配制

涂料的配制是保证涂料质量的重要一环，配制时应让各组分均匀分散，相互充分混合

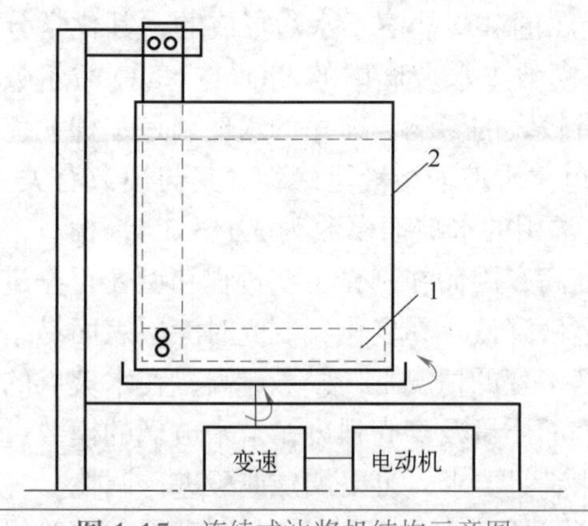

图 1-15　连续式沾浆机结构示意图

1—L 形叶片；2—涂料桶

和润湿。涂料配制用设备、加料次序和搅拌时间等均会影响涂料的质量。

涂料配制常采用连续式沾浆机（图 1-15）。一般先加黏结剂（对于硅溶胶黏结剂，还应加入润湿剂、消泡剂以及增黏剂等），在搅拌中再加入粉料总量的 90% 左右进行充分搅拌混合后，最后加入剩余的粉料以调整涂料黏度。

从涂料开始混制到涂料完全稳定的熟化时间，硅溶胶涂料约需 3h，硅酸乙酯约需 5h。待涂料熟化以后还需继续搅拌 9h 左右才能获得性能最佳的涂料。为防止涂料分层，应充分搅拌，因为如果发生分层，涂料的密度、黏度等性能将发生变化。

对于面层涂料，涂料的粉液比稍微偏高，使涂料黏度及密度稍高，以保证涂料有良好的涂挂性，获得表面质量好的型壳。

为控制涂料的性能，需做多项性能测定：黏度、密度、温度及 pH 等。其中涂料黏度是主要控制性能。生产中常用流杯黏度来测定涂料黏度。流杯黏度是测定一定容积的涂料，在变压头作用下，排出孔径大小一定的孔所需的时间。此流出时间反映了涂料的稀稠程度，在一定程度上也反映了涂料的粉液比。

涂挂涂料时应根据熔模结构特点，让熔模在涂料桶中转动和上下移动，保持熔模表面各处的涂料均匀，避免空白和局部堆积。涂挂每层涂料前应清理掉前一层上的浮砂。涂挂涂料以及后面的撒砂和干燥过程一般要重复 5 ～ 10 次，以获得必要的型壳厚度。涂挂过程中要定时搅拌涂料，掌握和调整涂料的黏度。

1.4.4　型壳的制造

熔模铸造采用的铸型常称型壳，型壳与铸件质量有密切的关系。生产中应重视型壳的制造环节。

型壳按制造工艺过程可分为：实体型壳和多层型壳两种。现应用较广的为多层型壳；在生产薄壁铸件或要求铸型有一定温度的高温合金铸件时可将多层型壳置于有底砂箱内，填干砂造型，形成干法实体型壳使用。图 1-16 所示为多层型壳制造工艺流程图，先制 1 ～ 2 层面层型壳，然后制 3 ～ 6 层背层型壳，最后做一层封闭层（只上涂料不撒砂）。

从宏观上看，型壳除硅凝胶和耐火粉、砂这些固体外，还存在着气孔和裂隙。从微观上看，型壳有多种化学成分及矿相组织，它们在高温下主要形成晶相和非晶相两种物相。总之，从宏观到微观，型壳都是一种多相非均质体系。仔细分析起来，多层型壳从结构上看有两种构造：整体型壳和分层型壳，其构造图、优缺点及影响因素见表 1-6。一般中小件型壳以整体型壳较佳，分层型壳适合于大型铸件。可根据影响构造因素来分别制造不同构造的型壳。

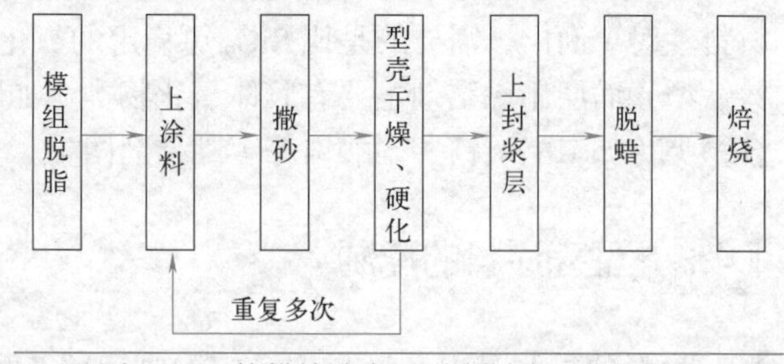

图 1-16　熔模铸造多层型壳制造工艺流程图

表 1-6　两种不同构造的型壳构造图、优缺点及影响因素

名称	构造图	优缺点	影响构造的因素
整体型壳		型壳致密而且强度高。但一旦出现裂纹，裂纹扩张迅速	①型壳构造与涂料黏度、撒砂粒度等因素有关。如用黏度较低、流动性好的涂料，配粒度合适的撒砂就可获得薄而致密的整体型壳。而使用黏度较大的涂料，配合适当地撒砂，可获得分层型壳 ②型壳的干燥硬化工艺会影响型壳构造 ③其他制壳工艺参数也会影响型壳构造
分层型壳		型壳强度不如整体型壳。但当裂纹出现时，能通过撒砂层的间隙有效地阻止裂纹的扩散	

为保证铸件质量，对型壳有一系列性能要求：强度、抗变形能力、透气性、热膨胀性、抗热震性、热化学稳定性、导热性等。强度是型壳最基本的性能，从制壳、浇注到清理三个不同阶段，对塑壳有三种强度要求，即常温强度、高温强度和残留强度。

型壳的这些性能又与制壳用耐火材料、黏结剂及制壳工艺相关，并最终会在型壳结构上反映出来。如型壳的高温力学性能主要取决于晶相存在状态和发育程度，以及非晶相玻璃相的数量、黏度及黏度随温度的变化等因素。因此，要从制壳原材料及工艺上严格加以控制，以保证型壳质量。

制壳过程中的主要工序和工艺有以下几步。

（1）模组的除油和脱脂

在采用蜡基模料制熔模时，为了提高涂料润湿模组表面的能力，需将模组表面的油污去除掉，故在涂挂涂料前，先要将模组浸泡在中性肥皂片或表面活性剂（如烷基苯磺钠、洗衣粉）的水溶液中，中性肥皂片在水溶液中的含量约 0.2% ～ 0.3%，而表面活性剂的含量约为 0.5%。表面活性剂的分子一般由两种性质不同的原子基团组成，一种是非极性的亲油基团，另一种是极性的亲水基团。两种基团各处于一个分子的两端，形成不对称结构。因此，表面活性剂分子是既亲水又亲油的双亲分子。通过表面活性剂，涂料就易覆盖在蜡模表面。模组自浸泡液中取出稍晾干后，即可涂挂模料。用硅酸乙酯涂挂树脂基模料组时，因它们之间能很好润湿，故可省略此工序。

（2）挂涂料和撒砂

挂涂料以前，应先把涂料搅拌均匀，尽可能减少涂料桶中耐火材料的沉淀，调整好涂料的黏度和密度。如熔模上有小的孔、槽，则面层涂料（涂第一、二层型壳用）的黏度和密度应较小，以使涂料能很好地充填和润湿这些部位。挂涂料时，把模组浸泡在涂料中，左右上下晃动，使涂料能很好润湿熔模，并均匀覆盖模组表面。模组上不应有局部涂料堆积和缺料的现象，且不包裹气泡。为了改善涂料的涂覆质量，可用毛笔涂刷模组表面，涂料涂好后，即可进行撒砂。

撒砂是指在涂料层外面粘上一层粒状耐火材料，其目的是迅速增厚型壳，分散型壳在以后工序中可能产生的应力，并使下一层涂料能与前一层很好粘合在一起。撒砂方法有两种：雨淋法和沸腾法。

雨淋撒砂就是耐火材料像雨点一样掉在涂有涂料并且缓慢旋转着的模组上，使砂粒能均匀地在涂料层上面粘一层。沸腾法就是将粒状耐火材料放在容器中，向容器下部送入压缩空气或鼓风，空气经过毛毡把上部的砂层均匀吹起，砂层呈轻微沸腾状态。撒砂时只需将涂有涂料的模组往流态化的砂层中一浸，耐火材料便能均匀地粘在涂料表面。

生产小型铸件时，涂料撒砂层为 5 ～ 6 层，而大型铸件可为 6 ～ 9 层。第一、二层型壳所用砂的粒度较细，一般为 40/70 ～ 50/100。而以后几层（加固层）所用砂的粒度稍粗，一般为 20/40 ～ 6/20。

（3）型壳干燥和硬化

涂覆好一层型壳以后，就要对它进行干燥和硬化，使涂料中的黏结剂由溶胶向冻胶、凝胶转变，把耐火材料连在一起。所用的黏结剂不同，其干燥、硬化方法也不同。

（4）型壳脱蜡

型壳脱除熔模的过程称为脱蜡，是熔模铸造的主要工序之一。目前，除水玻璃型壳部分采用热水脱蜡法，国内外广泛使用高压蒸气脱蜡法。

脱蜡时熔模被型壳包围着，型壳在熔模外面，而熔模的热膨胀系数大于型壳的热膨胀系数，如长期缓慢加热，熔模尚不能顺利脱除，型壳因受到熔模的胀力，可能会被胀裂。故熔模铸造脱蜡的要点是高温快速脱蜡，以确保型壳在脱蜡过程中不开裂。表 1-7 为常用脱蜡方法工艺特点及应用。

表 1-7　常用脱蜡方法工艺特点及应用

脱蜡	工艺条件	工艺特点	应用
热水法	控制水温为（95±5）℃，当为水玻璃型壳时，可加入质量分数为 1% ～ 3% 的氯化铵、工业盐酸或硼酸，脱蜡时间一般不大于 30min	（1）适用于熔点 80℃以下的模料，模料回收率可达 90% 以上； （2）砂粒易掉入型壳内，增大铸件产生缺陷的概率，并降低型壳强度	广泛应用于水玻璃型壳，少量应用于硅酸乙酯和硅溶胶型壳
高压蒸气法	控制脱蜡压力为 0.4 ～ 0.8MPa，要求 14s 内达到 0.6MPa 高压；温度为 140 ～ 170℃，时间一般为 6 ～ 15min	（1）适用于熔点 100℃以下的松香和蜡基模料； （2）热容量大，脱蜡时间短，能减少型壳开裂	广泛应用

（5）型壳焙烧

焙烧的目的首先是去除型壳中的挥发物，如水分、残余蜡料、皂化物、盐分等，从而防止气孔、漏壳、浇不足等缺陷的产生。同时，经高温焙烧，可进一步提高型壳强度和透气性，并达到适当的待浇注温度。焙烧良好的型壳表面呈白色或浅色，出炉时不冒黑烟。反复焙烧型壳会使型壳强度下降，故一般不能反复焙烧型壳。

硅溶胶或硅酸乙酯型壳焙烧时，焙烧温度常为 950 ～ 1100℃，保温 0.5 ～ 2h；对于水玻璃型壳，因其型壳高温强度低，一般焙烧温度为 800 ～ 900℃，保温 0.5 ～ 2h；对于复合型壳，其焙烧温度及保温时间与选用的复合黏结剂有关，视具体情况而定。型壳焙烧保温后，降到工艺指定温度保温待浇注。在浇薄壁铸件时，可适当提高型壳的焙烧温度。

1.4.5　复合型壳

所谓复合型壳就是制壳时，表面 1 ～ 2 层采用性能较好的黏结剂涂料，而加固层则采用另外一种黏结剂涂料而获得的型壳。复合型壳的目的在于扬长避短，各尽所能，并降低成本。复合型壳有：硅溶胶 - 水玻璃复合型壳、硅酸乙酯 - 水玻璃复合型壳、硅溶胶 - 硅酸乙酯型壳等。生产中常用硅溶胶 - 水玻璃复合型壳，即面层采用硅溶胶制壳，而加固层采用水玻璃制壳。因为水玻璃型壳的表面质量不高，所生产的熔模铸件表面粗糙度值较大，一般约为 12.5μm，而硅溶胶型壳的铸件表面粗糙度可达 3.2μm。因此采用复合型壳既提高了铸件的表面质量，又可降低生产成本。

1.5 熔模铸造型芯

熔模铸造一般情况下不用专制型芯，铸件内腔是与外形一起通过涂挂涂料、撒砂、干燥等工序形成的。当铸件形状复杂或内腔过于窄小，内腔无法上涂料、撒砂时，或内腔型壳无法干燥硬化时，就必须使用预制型芯来形成铸件内腔，如飞机发动机的空心涡轮叶片就必须使用陶瓷型芯。熔模铸造用型芯工作条件恶劣，还需经受住脱蜡和焙烧。对型芯要求有耐火度高、热膨胀系数小、强度足够、化学稳定性好、铸件成形后易脱除等。

1.5.1 熔模铸造用型芯的分类

熔模铸造用型芯的分类见表 1-8。

表 1-8 熔模铸造用型芯分类

型芯种类	成形及工艺特点	应用
热压注陶瓷型芯	以热塑性材料为增塑剂配制陶瓷浆料，热压注成形，再高温烧结成型芯	内腔复杂、小而精细，高温合金和不锈钢铸件，定向凝固和单晶叶片
传统成形陶瓷型芯	将混有高、低温黏结剂的陶瓷粉末在高压下压入热芯盒成形	主要用于真空熔铸高温合金铸件
水溶型芯	在陶瓷浆料中加入固化剂，灌注在芯盒中自硬成形	用于内腔宽厚的铸件
水玻璃砂型芯	将水玻璃芯砂紧实在芯盒中制芯，再把制成的型芯浸入硬化剂硬化	与水玻璃型壳配合使用
细管型芯	将金属或玻璃薄壁管材弯曲、焊接成复杂管道型芯使用	主要适合于非铁合金细孔铸件

1.5.2 热压注陶瓷型芯

① 浆料组成：基体材料、矿化剂、增塑剂及表面活性剂。

基体材料有石英玻璃、电熔刚玉、氧化镁、锆石等，以石英玻璃使用最多。石英玻璃在 1100 ～ 1200℃会转变为方石英，称“析晶”，同时体积增大。析晶对陶瓷型芯性能有两方面影响。有利的一面是，二氧化硅由玻璃态转为晶态后，可有效抑制玻璃态软化的黏性流动，显著提高型芯的高温抗变形能力，同时析晶的体积膨胀还可以抵消一部分因烧结而引起的收缩；不利的一面是，析晶产生的体积变化会使陶瓷型芯产生网状裂纹，降低强度，严重时甚至使型芯断裂。因此，要正确把握和利用析晶，以提高型芯性能。石英玻璃的粒度、杂质含量均影响析晶、烧结过程和陶瓷型芯性能，要严格加以控制。

石英玻璃的烧结和析晶几乎在 1100 ～ 1200℃同时开始，这就使这类型芯的烧结温度难以掌握。若温度偏低，则型芯没完全烧结，强度低。若温度偏高则型芯析出的方石英过量，冷却后由于 α 方石英转变为 β 方石英，体积变化造成常温强度很低。为此，需加入矿化剂以适当降低陶瓷型芯的烧结温度。常用的矿化剂有氧化铝系、氧化钙系、氧化锆系等几种。为使浆料顺利压注成形，需加增塑剂，如石蜡、蜂蜡、硬脂酸等。为提高型芯坯体强度可加入少量高聚物。为使粉料与增塑剂能很好地混合、包覆，需加入表面活性剂减少两者间界面张力，如加油酸、脂肪酸等物质。

② 制芯工艺：详见表 1-9。

表 1-9 热压注陶瓷型芯制芯工艺

工序名称	工艺内容
浆料制备	①确定浆料配方，如质量分数：石英玻璃 80% ～ 90%、矿化剂锆石粉 20% 或氧化铝 15%（外加）$B_2O_3$0.4% 或氧化铝 5% 加 $Cr_2O_3$5%。外加增塑剂 15% ～ 20% ②将粉料和矿化剂装入球磨机混磨 2h 以上，取出烘干，使水的质量分数低于 0.2% ③把增塑剂加入容器内，加热至 85 ～ 90℃，搅拌的情况下加入混好的粉料与矿化剂，再加入质量分数 0.5% ～ 1% 的油酸，继续搅拌 4 ～ 5h，就可制芯或浇成锭块备用
热压成形	压力 2.7 ～ 4.0MPa、浆料温度 80 ～ 100℃、压型温度 30 ～ 50℃、保压时间 10 ～ 30s
修整及校正	对压制好的陶瓷型芯坯体进行修整。如有变形可加热到 50 ～ 60℃，再放回压型或在型内校正，冷却后取出
装钵	把型芯坯体用工业氧化铝作填料埋入钵中。坯体离钵壁大于 20mm，坯体间距不小于 15mm。在振动台上振实，振幅为 0.2 ～ 0.5mm
焙烧	按右图工艺焙烧。分排蜡期（600℃以下）和烧结期（900℃以上）两个阶段。终烧温度在 1100 ～ 1400℃之间 温度/℃ 0 200 400 600 800 1000 1200 1400 200 1 400 1 550 1 900 1 1200 4 随炉冷却 时间/h 硅质陶瓷型芯的焙烧工艺规范
强化	①为提高烧成后的型芯强度，可进行低温或高温强化 ②低温强化是将型芯浸入强化剂（如酚醛树脂 32g、乙醇 65mL、六亚甲基四胺 3g）中 30min，到表面不再冒气泡后，取出擦干，进行固化处理自干（4 ～ 6h）、烘干（120 ～ 180℃，30min） ③高温强化是将型芯浸入强化剂硅酸乙酯水解液或硅溶胶中，直至不冒气泡，取出后自干加氨干或自干

③ 型芯脱除：陶瓷型芯除形状简单尺寸较大的可用机械脱除外，其余都需采用化学腐蚀法脱除，如混合碱法、碱溶液法、压力脱芯、氢氟酸法。例如，用 ω(NaOH)30% ～ 40% 水溶液，在 0.10 ～ 0.25MPa 压力下，经 0.4 ～ 0.6h 可脱除型芯，然后清洗和中和。这种压力脱芯法腐蚀较小，脱芯速度较快，适合大批量生产，但需专门设备。

1.5.3 水溶型芯

遇水能溶解或溃散的型芯称水溶型芯，如水溶石膏型芯、水溶陶瓷型芯。但这些型芯必须经受住脱蜡时水溶液或水蒸气的侵蚀，为此在生产中要在水溶性型芯表面涂上一层抗水膜。

① 水溶石膏型芯：它适用于铝、锌等浇注温度低于 900℃的合金。型芯对铝合金几乎没有腐蚀作用，脱芯后无需任何附加处理。制水溶石膏型芯的工艺过程为：石膏浆料制备、灌注成形、烘干、涂防水膜。表 1-10 为几种水溶石膏型芯浆料配比。

表 1-10　水溶石膏型芯浆料配比　　单位：g

石膏混合料			硫酸镁	水
石膏	硅石粉 200 ～ 270 筛号	滑石粉		
60 ～ 85（β 半水石膏）	10 ～ 30	5 ～ 10	16 ～ 25	50 ～ 80
70（以 α 半水石膏为主的模型石膏）			30	35
80（以 α 半水石膏为主的模型石膏）			20	30

② 水溶陶瓷型芯：水溶陶瓷型芯是用水溶性盐为黏结剂，耐火材料为基体，加入增塑剂制成混合料，经捣实、挤压、压注或灌注成形，最后经烘干、焙烧成的型芯。其应用范围较广，几乎可用于所有合金，使用温度为 700 ～ 1600℃。表 1-11 为几种水溶陶瓷型芯浆料配方。挤压成形的压力为 30MPa，压注成形的压力为 3.0 ～ 3.5MPa，烘干温度 200 ～ 250℃（时间 0.5 ～ 2.0h），烧结温度 700 ～ 900℃（时间 0.5 ～ 2.0h）。表 1-12 为几种防水涂料的成分和成膜方法。

表 1-11　几种水溶陶瓷型芯浆料配方　　单位：g

成形方法	耐火粉料（120 筛号电熔刚玉）	水溶性盐	增塑剂（粗制聚乙二醇）	水
捣实成形	92	碳酸钾 8	—	6.4
	90	磷酸钠 8、铝酸钾 2	—	8
压注成形	7 ～ 14	食盐 60 ～ 74	24 ～ 28	—
灌注成形	80	氢氧化钡 20	—	59

表 1-12　几种防水涂料的成分和成膜方法

成分			成膜方法
树脂或油漆	固化剂	溶剂	
醇酸树脂漆 95mL	—	二甲苯 5mL	自然风干
6101 环氧树脂 100g	多乙烯多胺 10mL	丙酮 75mL	自然风干，而后在 100℃下保温 60min
酚醛树脂 32g	六次甲基四胺 3g	丙酮 50mL	

1.5.4 水玻璃砂型芯

在生产尺寸精度要求较低的复杂铸件时，考虑到陶瓷型芯价格贵，可使用水玻璃砂型芯。

将普通水玻璃砂型芯用于熔模铸造的难点在于：在水脱蜡时普通水玻璃型芯易损坏，清理困难，尺寸精度也较差。为解决以上问题，首先不使用砂铸用的低模数（M2.0 ～ 2.5）水玻璃，而改用精铸用的高模数（M3.0 ～ 3.4）水玻璃以增加型芯抗水性。另外，使用较细的型砂，增加水玻璃用量以提高型芯的强度，并在型芯外面涂一层水玻璃面层涂料或喷水玻璃等，以解决强度低和表面粗糙问题。但这样的型芯就更难清理。最好在水玻璃型芯中加入溃散剂解决型芯清理问题。溃散剂有在高温下能分解出气体的物质，如煤粉、重油、$CaCO_3$、磷酸盐等，或能改变水玻璃相出现温度和数量的物质，如 CaO、MgO、云母、长石等。这里介绍两类在水玻璃型壳中应用的水玻璃型芯实例。

（1）有溃散剂的水玻璃砂型芯

这种型芯制芯后可加热或用 CO_2 硬化，然后在型芯表面上浸涂一层面层涂料，在一定温度下烘干后便可使用。水玻璃砂的配方见表 1-13 中序号 1。

表 1-13　水玻璃砂型芯的水玻璃砂配方　　单位：g

序号	配方					
	硅砂	水玻璃（M3.0 ～ 3.4）	膨润土	NaOH（浓度 10%）	溃散剂	总水分
1	100	7 ～ 10	1 ～ 3	0 ～ 1.5	0.5 ～ 1.0①	4 ～ 5
2	100	6 ～ 8	—	—	—	4 ～ 5

① 重油。

（2）无溃散剂的水玻璃砂型芯

表 1-13 中序号 2 的型砂无溃散剂，用它制芯并用 0.05 ～ 0.10MPa CO_2 硬化后，在 80℃下保温 1 ～ 2h。在型芯表面喷 3 ～ 4 次 M3.1 ～ 3.4、密度为 1.38 ～ 1.40g/cm^3 的水玻璃，在 50 ～ 70℃下干燥，小芯 1h、大芯 3 ～ 4h。然后在型芯表面浸刷一层面层涂料，再在 50 ～ 70℃下干燥。最后用 ω（NH_4Cl）18% ～ 22% 硬化，取出风干后待用。这种型芯可用碱煮法脱芯。

1.6　熔模铸件的浇注

1.6.1　常用的浇注方法

（1）重力浇注法

重力浇注法又分为转包浇注、从熔炉直接浇注和翻转浇注。生产中最常用的是转包浇注。只有在浇注质量要求较高的小型精铸件时，为保证较高的型壳温度、减少钢液氧化和热损失，可使用从熔炉直接浇入型壳浇口杯的从熔炉直接浇注法。当生产质量要求高，又含有铝、钛、铌等易氧化元素的小型铸件时，可预先将型壳倒扣在坩埚上，再将熔炉炉体缓慢匀速翻转，使钢液注入型壳中，即为翻转浇注。

（2）真空吸铸法（CLA 法）

将型壳置于密封室内，通过抽真空使型壳内形成一定的负压。在压力差的作用下，金属液被吸入型腔。当铸件内浇道凝固后，去除真空，直浇道中未凝固的金属液靠自重流回熔池中。这种浇注方法的优点是提高合金液的充型能力，铸件最小壁厚可达 0.2mm，同时减少气孔、夹渣等缺陷，可显著提高铸件的工艺出品率（＞ 90%），特别适合生产质量要求较高的小型精细薄壁铸件。

（3）离心浇注法

为提高金属液的充型能力和铸件的致密度，常采用离心浇注法。航天用的钛合金熔模铸件几乎全部采用离心浇注。

（4）调压铸造

在真空中一定压差下将金属液压入型腔，充型压差为 0.01 ～ 0.02MPa。随后保持压差并增大压力至 0.5 ～ 0.6MPa，使铸件在此压力下结晶。浇注铝合金时浇注温度为 680 ～ 700℃，型壳温度为 200 ～ 300℃。

（5）低压铸造

一般的熔模铸造型壳难以承受低压铸造时的保压压力，所以必须使用实体熔模铸型，即用耐火材料颗粒干法造型或湿法造型，或用熔模陶瓷型、熔模石膏型等来进行低压浇注。该法充型性好，铸件疏松较少。

（6）定向凝固

一些熔模铸件如飞机发动机叶片，需要采取定向凝固技术以获得力学性能优良的单晶体或柱状晶。图 1-17 为叶片定向凝固装置的原理示意图。浇注之前，将型壳放在石墨电阻加热器中的水冷底座上。当型壳被加热到一定过热温度时，向型壳内浇入过热金属液，通过底座下的循环水将铸件结晶时所放出的热量带走，这时根据铸件晶体生长方向与散热方向相反的规律，晶粒就按垂直于底座的方向向上生长。为保证凝固界面和界面前沿温度梯度的稳定，与此同时，铸件以一定的速度从炉中移出或炉子移离铸件，而使铸件空冷，保证晶体的顺利生长。最后叶片全部由单晶体或柱状晶组成。

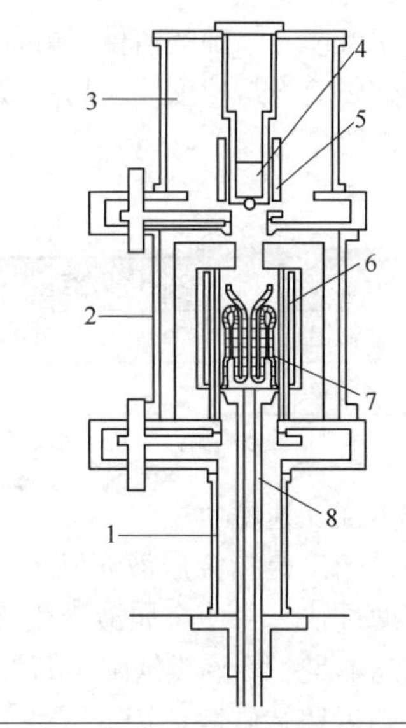

图 1-17 叶片定向凝固装置原理示意图

1—拉模室；2—模室；3—熔化室；4—坩埚和原料；5—水冷底座和杆；6—石墨电阻加热器；7—型壳；8—水冷感应圈

1.6.2 浇注工艺参数

浇注温度、铸型温度、浇注速度等浇注工艺参数对确保浇铸件质量均有影响。

（1）浇注温度

浇注温度主要取决于合金类别和铸件结构，熔模铸造根据不同合金选择不同温度。表 1-14 为几种常用合金浇注温度。合适的浇注温度对获得合格铸件具有重要意义。浇注温度过高，铸件易产生缩孔缩松、热裂和脱碳等缺陷，同时还会引起金属氧化、组织粗大等缺陷。浇注温度过低，金属液流动性差，充填能力下降，易产生冷隔、浇不足、夹渣、疏松等缺陷。当型腔复杂，壁较薄时，浇注温度应适当提高；对于形状简单和壁厚大件、热倾向大的合金铸件，浇注温度应适当降低。

表 1-14 几种常用合金浇注温度

合金种类	浇注温度 /℃	合金种类	浇注温度 /℃
铸铝	690 ～ 750	铸钢	1530 ～ 1580
铸镁	720 ～ 760	不锈钢	1570 ～ 1630
铸铜	1080 ～ 1200	高温合金	1410 ~ 1500

（2）铸型温度

熔模铸造浇注的最大特点是热型浇注。由于铸件的结构特点和合金种类不同，型壳的温度也有所不同。熔模铸造常用合金浇注时对型壳温度的要求见表 1-15。型壳在高温下浇注有利于获得尺寸精确的铸件，并能有效地减少薄壁件和复杂结构件热裂倾向。但由于铸型温度高，金属液冷却速度慢，易造成铸件晶粒粗大。因此，在保证获得合格铸件的前提下，应适当降低铸型温度。

表 1-15　几种合金浇注时型壳温度

合金种类	型壳温度①/℃	合金种类	型壳温度①/℃
铸铝	300 ～ 500	铸钢	700 ～ 900
铸铜	500 ～ 700	高温合金	800 ～ 1050

① 通常薄壁铸件取高温，厚大铸件取低温。

（3）浇注速度

浇注速度是指金属液充满型腔的时间，通常依据铸件质量、结构特点及合金特性确定。浇注速度过快，将使金属液产生飞溅，对型壳产生较大冲击，易造成跑火；浇注速度过低，易产生浇不足、冷隔类缺陷。若浇注时发生断流或不均匀，则易将气体、氧化皮和杂质带入型腔，产生铸造缺陷。因此，当浇注薄壁、复杂、有较大平面及型壳温度和浇注温度较低时，浇注速度要快些；对于形状简单、厚壁铸件及底注式浇注系统，可采用开始以快而宽的金属流浇注，并随型腔内金属液增加而逐渐减少金属流量的浇注方法。在浇注密度大、导热性好、易氧化类金属铸件时，金属液注入铸型过程中应保持平稳、连续；而对于密度小、易氧化的铝合金、镁合金时，浇注速度要快些。

1.7　铸件的清理

1.7.1　清除型壳

铸件清除型壳的方法及应用范围见表 1-16。

表 1-16　清除型壳的方法及应用范围

脱壳方法	工作原理及特点	应用
机械脱壳	用机械振击的方法，使铸件组在高速冲击下去除型壳。该法生产效率较高，但劳动条件差，噪声和粉尘较大。对小孔、深孔、深槽及复杂内腔的铸件的型壳难于清除干净	国内应用较广
电液压清砂	利用水中电极和铸件间高压放电产生的冲击波和冲击压力将型壳去除。该法效率高、无粉尘、劳动条件好。但设备一次投资大，容易使复杂、薄壁的铸件在清砂中变形	主要用于砂型铸钢件清理中，熔模铸件使用少
高压水清砂	利用喷嘴将 20 ～ 136MPa 高压水射到铸件表面型壳上进行清砂。该法生产效率高、无粉尘、劳动条件好，并对铸件有光饰作用。对不同合金铸件应采用不同水压：铝铸件 8.0 ～ 20.0MPa，铸钢件 40 ～ 136MPa	国外熔模铸件清砂应用广泛

1.7.2　切割浇冒口

切除浇冒口的方法较多，有砂轮切割、气割、压力冲击切割、锯切、气刨切割等。主要切除浇冒口的方法、特点及应用见表 1-17。

表 1-17　切除浇冒口的方法、特点及应用

切除方法	特点	应用
气割	使用灵活，便于切割结构复杂的浇注系统和厚大断面，切割效率较高，但切面不平整，浇口余根较长，切口处硬度增高	适用于碳钢、低合金钢件
砂轮切割	切面平整，效率较高，但噪声大，需配置除尘和防护装置	适用于合金钢、碳钢、高温合金钢、钛合金、铜合金中小铸件
锯切	切口平整，切割硬度不高的金属时效率高，劳动条件好	适用于铝、铜合金铸件

1.7.3　铸件表面的清理

铸件经脱壳和切除浇冒口后，铸件表面上尤其是具有复杂内腔、深槽、不通孔的铸件，不能完全清理干净，必须进行表面清理。常用的清理方法有抛丸清理、喷砂清理、化学清理和电化学清理等。

（1）抛丸清理

抛丸清理是在专用的抛丸设备中，利用高速运转的抛丸器叶轮产生的离心力，将铁丸抛向铸件表面，把铸件表面的残砂、黏砂或氧化皮清除。抛丸清理对铸件尺寸没有要求，工艺灵活，但抛丸使铸件精度和表面粗糙度恶化，因此只能用于精度要求不高的熔模铸件。

（2）喷砂清理

喷砂清理是在压缩空气或水力作用下，铁丸（砂）随气流或水流高速喷到铸件表面，把铸件表面的残砂、黏砂或氧化皮清除。与抛丸清理相比，此法一般不会恶化铸件精度和表面粗糙度，但风动喷砂需要专用的除尘装置。喷砂的工艺参数应根据铸件和对其表面质量的要求选定砂型、粒度和压力参数，表 1-18 为该工艺参数选用简表。

表 1-18　喷砂工艺参数简表

喷砂（丸）方法	砂（丸）材料	粒度	喷砂压力 /MPa	使用范围
压缩空气喷砂（丸）	硅砂或刚玉砂 铁砂	20/40 目筛 0.5 ～ 2mm	0.3 ～ 0.6 0.5 ～ 0.6	铸钢、低合金钢和高温合金铸件
	硅砂 铁砂	40/70 目筛 0.5 ～ 1.5mm	0.1 ～ 0.15 0.3 ～ 0.4	非铁合金铸件
水力喷砂	整形砂或玻璃砂	80/100 目筛	0.2 ～ 0.3	碳钢、耐热合金有特殊要求的铸件
	碳化硅砂	120/200 目筛	0.1 ～ 0.15	非铁合金和有特殊要求的铸件

（3）化学清理

当铸件表面的型壳用机械清理法不能完全排除时，可采用化学清理法清理。化学清理是利用碱或酸对型壳的化学作用，以破坏砂粒间的黏结，达到清砂的效果。化学清理的主要方法包括：碱煮、碱爆、电化学清理和泡酸等。

碱煮基本原理是将带残壳的铸件放入钠质量分数为 20% ～ 30% 的苛性钠溶液，或钾质量分数为 40% ～ 50% 的苛性钾溶液中加热煮沸，让黏结剂中的 SiO_2 与碱液产生化学反应，生成硅酸钠或硅酸钾稠状液体，从而使型壳松散分离而达到清除残留型壳的目的。

当碱煮仍不能清除铸件深孔、窄槽中的残砂时，可用碱爆清理。其原理是将铸件放入温度为 500 ～ 520℃，钠质量分数为 90% ～ 95% 的苛性钠溶液中，当铸件上的残砂与苛性钠形成熔融玻璃状时，将铸件迅速置于水中，产生高压蒸气而爆炸，从而使铸件上残留的型壳脱除。

（4）电化学清理

电化学清理的基本原理是将铸件放置在一定浓度的沸腾苛性钠溶液中，通以低压直流电，通过一系列化学反应和电解还原，铸件表面和内腔都得到清理，时间短，铸件表面光洁。电化学清理的工艺流程是：铸件装框→电化学清砂→冷水清洗→热水清洗→铸件吹干。电化学清理主要工艺参数见表 1-19。

表 1-19 电化学清理主要工艺参数

序号	碱液成分（质量分数）/%				液温 /℃	电解				清洗
	NaOH	NaCl	NaF	硼砂		阳极	阴极	电压 /V	电流 /A	
1	89 ～ 90	10 ～ 15	—	—	400 ～ 500	坩埚	件框	6 ～ 12	800 ～ 1200	冷水或热水清洗 8min
2	75 ～ 95	—	1 ～ 15	1 ～ 5	450 ～ 500	坩埚	件框	2 ～ 6	电流密度为 4 ～ 6A/cm^2	冷水或热水清洗

1.7.4 铸件的修补和清整

（1）铸件的修补

在满足铸件技术要求的前提下，对一些缺陷可进行修补。较大的空洞类缺陷可采用补焊法修补；铸件上存在与表面连通的细小空洞可采用浸渗处理法修补；重要铸件内部封闭的缩松等缺陷可用热等静压法处理。

① 不同合金铸件可采用不同的补焊方法，碳钢与低合金钢可采用焊条电弧焊补焊，不锈钢与高温合金宜采用氩弧焊或微束等离子焊补焊，铝、镁合金用氩弧焊补焊，钛合金件则使用钨极氩弧焊或真空充氩钨极氩弧焊补焊。

② 浸渗处理是在真空和压力下，将浸渗剂渗透到缩松、针孔等细小铸造缺陷孔隙中，经过加温使浸渗剂固化，堵塞缺陷孔洞，使铸件达到防渗、防漏、耐压的技术要求。浸渗剂有硅酸盐类、厌氧类、沥青与亚麻油类，可用于不同合金铸件。

③ 热等静压法是将铸件置于密封耐压容器内，抽真空后充入惰性气体介质，升温加压。在高温和均匀的高压下，铸件内部封闭的孔隙（气孔、缩松等）被压实闭合，铸件缺陷得到修复，性能得到明显改善。热等静压法已广泛用于航空高温合金和钛合金铸件中。

（2）铸件清整

铸件清整是指将砂清干净、初检合格的铸件和经修补的铸件，进行精细修整、矫正、光饰和表面处理以达到铸件技术要求的工序。

因蜡模变形、金属凝固收缩、热处理、清理等原因，导致铸件变形时，应对变形铸件进行矫正。矫正通常在热处理后进行，可用冷矫或热矫，矫后的铸件应进行回火以消除应力。

当铸件表面粗糙度尚不能满足技术要求时，可进行光饰加工。光饰的方法有：液体喷砂、机械抛光、普通滚光、振动光饰、离心光饰、磨粒流光饰和电解抛光。

1.7.5 铸件的热处理

由于熔模铸造型壳一般导热性较差，铸件内部晶粒度一般较粗大，且内部往往存在较大铸造应力，尤其是结构复杂或经过矫正的铸件，其内部应力更大。因此，熔模铸件需经过热处理，改善合金组织，消除内应力，提高铸件的力学性能。

熔模铸造碳钢件的热处理方法有全退火、正火、正火加回火、渗碳和淬火等。对中、低碳合金钢铸件，为发挥合金元素优势，其主要热处理方法还包括淬火加回火或正火加回火。对于高锰钢铸件，为消除成型过程中形成的碳化物，需对其进行水韧处理。对于不锈钢类铸件，往往采取退火、淬火和回火三个步骤的热处理工艺。对于铝合金、镁合金等铸件，往往也需要采取固溶、时效等热处理方法提高合金综合力学性能。关于热处理工艺及参数，将在热处理类专业教材中讲述。

1.8 熔模铸造工艺设计

熔模铸造工艺设计是根据铸件结构、产量、质量要求和生产条件，确定合理的工艺方案，并采取必要的工艺措施，保证生产正常进行。熔模铸件的工艺设计主要包括：铸件结构工艺设计、工艺参数选择及浇冒口系统设计等。

1.8.1 铸件结构工艺设计

铸件结构工艺性对生产过程的简繁程度及铸件质量的影响极大，结构工艺设计不合理的铸件，不仅给生产带来一定困难，甚至潜伏着产生铸造缺陷的可能性。因此，工艺设计首先应分析铸件结构是否适合熔模铸造生产的要求，对存在的问题应采取哪些相应工艺技术措施等。熔模铸件结构设计应尽量满足如下条件。

（1）孔（槽）设计要求

为便于生产，铸件孔（槽）不应太小、太窄、太深。一般孔深 h 与孔径 d 之比值大于 5 的孔为通孔，而孔深 h 与孔径 d 之比为 2.5 ～ 3.0 的为盲孔，盲孔一般不铸出。表 1-20 为熔模铸造最小铸出的孔径与深度。

表 1-20 熔模铸造最小铸出的孔径与深度

孔径 /mm	最大孔深 /mm	
	通孔	盲孔
3 ～ 5	5 ～ 10	～ 5
＞ 5 ～ 10	10 ～ 30	5 ～ 15
＞ 10 ～ 20	30 ～ 60	15 ～ 25
＞ 20 ～ 40	60 ～ 120	25 ～ 50
＞ 40 ～ 60	120 ～ 200	50 ～ 80
＞ 60 ～ 100	200 ～ 300	80 ～ 100
＞ 100	300 ～ 350	100 ～ 120

（2）最小壁厚

熔模铸造的型壳面层光洁，且一般为热型壳浇注，因此熔模铸件壁厚允许设计得较薄。但铸件壁厚应尽可能均匀，以减少热节，便于补缩，为防止浇不足等缺陷，各种合金铸件均规定有可铸出的最小壁厚。表 1-21 为熔模铸件的最小铸出壁厚。

表 1-21 熔模铸件的最小铸出壁厚

铸件材料	铸件轮廓尺寸 /mm				
	10 ～ 50	50 ～ 100	100 ～ 200	200 ～ 350	＞ 350
	最小壁厚 /mm				
铸铁	1.0 ～ 1.5	1.5 ～ 2.0	2.0 ～ 2.5	2.5 ～ 3.0	3.0 ～ 3.5
碳钢	1.5 ～ 2.0	2.0 ～ 2.5	2.5 ～ 3.0	3.0 ～ 3.5	3.5 ～ 4.0
锌合金	1.0 ～ 1.5	1.5 ～ 2.0	2.0 ～ 2.5	2.5 ～ 3.0	3.0 ～ 3.5
铅锡合金	0.7 ～ 1.0	1.0 ～ 1.5	1.5 ～ 2.0	2.0 ～ 2.5	2.5 ～ 3.0
铝合金	1.5 ～ 2.0	2.0 ～ 2.5	2.5 ～ 3.0	3.0 ～ 3.5	3.5 ～ 4.0
镁合金	1.5 ～ 2.0	2.0 ～ 2.5	2.5 ～ 3.0	3.0 ～ 3.5	3.5 ～ 4.0
铜合金	1.5 ～ 2.0	2.0 ～ 2.5	2.5 ～ 3.0	3.0 ～ 3.5	3.5 ～ 4.0
高温合金	0.6 ～ 0.9	0.8 ～ 1.5	1.0 ～ 2.0	—	—

（3）铸造圆角

一般情况下，铸件上各转角处都设计成圆角，壁厚不同的连接处应平缓地逐渐过渡，否则容易产生裂纹和缩孔、缩松缺陷。铸件上的内、外圆角根据连接壁的壁厚和圆角系数按 1mm、2mm、3mm、5mm、8mm、10mm、15mm、20mm、25mm、30mm、40mm 系列取值。

（4）其他条件

防止夹砂、鼠尾等缺陷，平面一般不应大于 200mm × 200mm，必要时可在平面上设工艺孔和工艺筋。

1.8.2 铸造工艺方案确定

熔模铸件的铸造工艺方案包括浇注位置确定，压型分型面确定和铸造基准面选择。对于复杂铸件还需要确定是否采用型芯，熔模是否分开来制造，再组合等。如图 1-18 所示的壳体铸件，其最大外轮廓尺寸为 232mm × 183mm × 156mm，由 3 个圆形接口组成，整体壁厚为 6mm，内部有很多复杂结构，包括一些凸台、孔和肋板，为此将其分为多个蜡模生产，然后再组装成整体熔模使用。

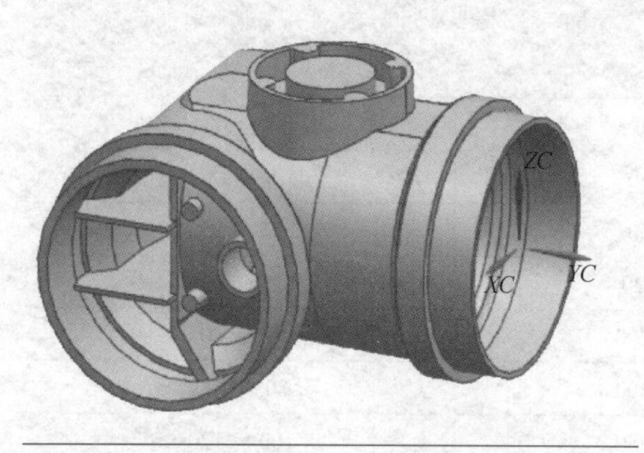

图 1-18 壳体

（1）浇注位置确定

铸件的浇注位置是指浇注时铸件所处位置，它对铸件质量有很大影响。确定浇注位置主要考虑以下原则：

① 铸件重要部位尽量处于下部。

② 重要加工面应朝下或呈直立状态，因气孔和夹杂缺陷多出现在上表面。

③ 铸件大平面应向下或呈斜面，防止夹砂等情况产生。

④ 应保证浇注时金属液能充满型腔并有利于铸件补缩，防止浇不足和产生缩孔。

（2）压型分型面确定

压型分型面的选择会影响压型的加工、使用及制模效率，应主要考虑以下原则：

① 保证熔模能方便地从压型中取出。

② 方便压型加工和取模操作。

③ 保证熔模的精度要求。

④ 有利于内浇道的设计。

⑤ 有利于型腔中气体排出，避免压制时形成气袋。

（3）铸件基准面选择

压型型腔尺寸检查、铸件划线、机械加工都需要确定基准面。铸件上的外圆、平面和端面都可以作为基准面。选择基准面原则为：尽可能让铸件基准面与设计基准面和机械加工基准面一致；铸件基准面一般选择非加工面，若选择加工面时，最好是加工量较少的面；基准面的数目应能约束六个自由度、符合六点定位原则；基准面应是尺寸比较稳定的平整、光洁表面，其上不应有浇冒口残余、斜度和飞边等。

1.8.3 工艺参数选择

（1）熔模铸件尺寸公差

熔模铸件一般尺寸公差为 CT4 ～ CT6 级，特殊的可做到 CT3 级。水玻璃型壳熔模铸造工艺所生产铸件尺寸公差一般为 CT7 ～ CT8 级，特殊的为 CT6 级，见表 1-22。除线形尺寸公差外，熔模铸件有圆角半径公差、角度允许偏差、形位公差（铸件平面度、直线度、圆度等）。

表 1-22 铸件尺寸公差值（GB/T 6414—2017） 单位：mm

公称尺寸		铸件尺寸公差等级（DCTG）及相应的线性尺寸公差值															
大于	至	DCTG 1	DCTG 2	DCTG 3	DCTG 4	DCTG 5	DCTG 6	DCTG 7	DCTG 8	DCTG 9	DCTG 10	DCTG 11	DCTG 12	DCTG 13	DCTG 14	DCTG 15	DCTG 16
—	10	0.09	0.13	0.18	0.26	0.36	0.52	0.74	1	1.5	2	2.8	4.2	—	—	—	—
10	16	0.1	0.14	0.2	0.28	0.38	0.54	0.78	1.1	1.6	2.2	3	4.4	—	—	—	—
16	25	0.11	0.15	0.22	0.3	0.42	0.58	0.82	1.2	1.7	2.4	3.2	4.6	6	8	10	12
25	40	0.12	0.17	0.24	0.32	0.46	0.64	0.9	1.3	1.8	2.6	3.6	5	7	9	11	14
40	63	0.13	0.18	0.26	0.36	0.5	0.7	1	1.4	2	2.8	4	5.6	8	10	12	16
63	100	0.14	0.2	0.28	0.4	0.56	0.78	1.1	1.6	2.2	3.2	4.4	6	9	11	14	18
100	160	0.15	0.22	0.3	0.44	0.62	0.88	1.2	1.8	2.5	3.6	5	7	10	12	16	20
160	250	—	0.24	0.34	0.5	0.7	1	1.4	2	2.8	4	5.6	8	11	14	18	22
250	400	—	—	0.4	0.56	0.78	1.1	1.6	2.2	3.2	4.4	6.2	9	12	16	20	25
400	630	—	—	—	0.64	0.9	1.2	1.8	2.6	3.6	5	7	10	14	18	22	28
630	1000	—	—	—	0.72	1.0	1.4	2	2.8	4	6	8	11	16	20	25	32
1000	1600	—	—	—	0.80	1.1	1.6	2.2	3.2	4.6	7	9	13	18	23	29	37
1600	2500	—	—	—	—	—	—	2.6	3.8	5.4	8	10	15	21	26	33	42
2500	4000	—	—	—	—	—	—	—	4.4	6.2	9	12	17	24	30	38	49
4000	6300	—	—	—	—	—	—	—	—	7	10	14	20	28	35	44	56
6300	10000	—	—	—	—	—	—	—	—	—	11	16	23	32	40	50	64

（2）熔模铸件表面粗糙度

熔模铸件表面粗糙度为 $Ra3.2 \sim 12.5\mu m$，精整后可达 $Ra0.8 \sim 3.2\mu m$，但不同工艺方法所获得铸件表面粗糙度不同，见表 1-23。

表 1-23　熔模铸件表面粗糙度 *Ra*　　单位：μm

工艺方法	铸态	精整后
水玻璃型壳工艺	12.5 ～ 6.3	3.2
硅溶胶、硅酸乙酯工艺	6.3 ～ 3.2	1.6 ～ 0.8

（3）熔模铸件加工余量

熔模铸件精度高，其加工余量小于其他铸造方法，其数值与铸件大小、铸件结构、生产工艺和加工方法有关，见表 1-24。

表 1-24　熔模铸件单面加工余量　　单位：mm

铸件基本尺寸	切削加工	磨削加工	冒口设置处
＜ 40	0.7 ～ 1.0	0.2 ～ 0.5	2.0
＞ 40 ～ 100	1.0 ～ 1.5	0.5 ～ 0.7	3.0
＞ 100 ～ 250	1.5 ～ 2.0	0.7 ～ 1.0	4.0
＞ 250 ～ 500	2.0 ～ 3.0	1.0 ～ 1.5	5.0

（4）铸造斜度

为了便于取出熔模和抽芯，在熔模和型芯取出方向表面上应设有铸造斜度，具体数值见表 1-25。

表 1-25　熔模铸件的铸造斜度

斜度形式	种类	增大铸件壁厚	减小铸件壁厚	增减铸件壁厚
	图例	h　α	α	α　$\frac{h}{2}$
	适用范围	1. 加工面 2. 壁厚＜ 5mm 的非加工面	壁厚＞ 10mm 的非加工面	壁厚 5 ～ 10mm 的非加工面
取值	铸造斜度面高 *h*/mm		非加工面斜度 α	
			外表面	内表面
	≤ 20		0° 20′	1°
	＞ 20 ～ 50		0° 15′	0° 30′
	＞ 50 ～ 100		0° 10′	0° 30′
	＞ 100		0° 10′	0° 15′

（5）综合线收缩率

熔模铸造工艺复杂，铸造收缩率与砂型铸造不同，不能只考虑合金的收缩和铸件结构，还要考虑制熔模时模料的收缩。而型壳是在室温制作、高温浇注的，所以还要考虑型壳的膨胀。综合线收缩率 δ 包括金属收缩、模料收缩和型壳膨胀。表 1-26、表 1-27 是综合线收缩率参考数据。生产中设计人员可按经验选定，重要件需经试制再对数据进行修正。

表 1-26　碳钢、合金结构钢熔模铸件综合线收缩率参考数据

铸件壁厚 /mm	模料型壳分类[1]	综合线收缩率[2] /%		
		自由收缩	部分受阻收缩	受阻收缩
1 ～ 3	Ⅰ	0.6 ～ 1.2	0.4 ～ 1.0	0.2 ～ 1.8
	Ⅱ	1.2 ～ 1.8	1.0 ～ 1.6	0.8 ～ 1.4
	Ⅲ	0.6 ～ 2.2	1.4 ～ 2.0	1.1 ～ 1.7
＞ 3 ～ 10	Ⅰ	0.8 ～ 1.4	0.6 ～ 1.2	0.4 ～ 1.0
	Ⅱ	1.4 ～ 2.0	1.2 ～ 1.8	1.0 ～ 1.6
	Ⅲ	1.8 ～ 2.4	1.6 ～ 2.2	1.3 ～ 1.9
＞ 10 ～ 20	Ⅰ	1.0 ～ 1.6	0.8 ～ 1.4	0.6 ～ 1.2
	Ⅱ	1.6 ～ 2.2	1.4 ～ 2.0	1.2 ～ 1.8
	Ⅲ	2.0 ～ 2.6	1.8 ～ 2.4	1.5 ～ 2.1
＞ 20 ～ 30	Ⅰ	1.2 ～ 1.8	1.0 ～ 1.6	0.8 ～ 1.4
	Ⅱ	1.8 ～ 2.4	1.6 ～ 2.2	1.4 ～ 2.0
	Ⅲ	2.2 ～ 2.8	2.0 ～ 2.6	1.7 ～ 2.3
＞ 30	Ⅰ	1.4 ～ 2.0	1.2 ～ 1.8	1.0 ～ 1.6
	Ⅱ	2.0 ～ 2.6	1.8 ～ 2.4	1.6 ～ 2.2
	Ⅲ	2.4 ～ 3.0	2.2 ～ 2.8	1.9 ～ 2.5

① 指所采用的模料和型壳材料：

Ⅰ——低温模料，硅酸乙酯或硅溶胶 - 硅石粉涂料，多层型壳。

Ⅱ——低温模料，水玻璃 - 硅石粉涂料，多层型壳。

Ⅲ——中温模料，硅酸乙酯或硅溶胶 - 电熔刚玉涂料，多层型壳。

② 高温合金综合线收缩率可参照表中Ⅲ选用。

表 1-27　非铁合金熔模铸件的综合线收缩率参考数据

合金类型	铸件壁厚 /mm	模料型壳分类	综合线收缩率 /%		
			自由收缩	部分受阻收缩	受阻收缩
无锡青铜	1 ～ 3	Ⅰ Ⅱ	1.3 ～ 1.7 1.5 ～ 1.8	1.0 ～ 1.2 1.2 ～ 1.5	— —
	＞ 3 ～ 10	Ⅰ Ⅱ	1.8 ～ 2.2 2.0 ～ 2.4	1.3 ～ 1.7 1.5 ～ 2.0	— —
	＞ 10 ～ 20	Ⅰ Ⅱ	2.2 ～ 2.5 2.5 ～ 2.8	1.8 ～ 2.0 2.0 ～ 2.2	— —
锡青铜	1 ～ 3	Ⅰ Ⅱ	1.0 ～ 1.3 1.1 ～ 1.5	0.8 ～ 1.0 1.0 ～ 1.4	0.4 ～ 0.8 0.8 ～ 1.2
	＞ 3 ～ 10	Ⅰ Ⅱ	1.5 ～ 1.8 1.6 ～ 2.0	1.0 ～ 1.5 1.2 ～ 1.8	0.8 ～ 1.2 0.9 ～ 1.4
	＞ 10 ～ 20	Ⅰ Ⅱ	1.8 ～ 2.0 2.0 ～ 2.4	1.5 ～ 1.8 1.6 ～ 2.0	1.0 ～ 1.4 1.4 ～ 1.6
锌黄铜	1 ～ 3	Ⅰ Ⅱ	1.6 ～ 1.9 1.8 ～ 2.0	1.0 ～ 1.4 1.2 ～ 1.8	— —
	＞ 3 ～ 10	Ⅰ Ⅱ	1.8 ～ 2.1 2.1 ～ 2.3	1.4 ～ 1.8 1.8 ～ 2.2	— —
	＞ 10 ～ 20	Ⅰ Ⅱ	2.2 ～ 2.4 2.4 ～ 2.6	1.8 ～ 2.2 2.0 ～ 2.4	— —
铝合金	1 ～ 3	Ⅰ Ⅱ	0.9 ～ 1.2 1.0 ～ 1.3	0.7 ～ 0.9 0.8 ～ 1.0	0.3 ～ 0.5 0.3 ～ 0.6
	＞ 3 ～ 10	Ⅰ Ⅱ	1.2 ～ 1.4 1.3 ～ 1.5	0.8 ～ 1.1 1.0 ～ 1.3	0.5 ～ 0.7 0.6 ～ 0.8
	＞ 10 ～ 20	Ⅰ Ⅱ	1.3 ～ 1.5 1.5 ～ 1.7	1.1 ～ 1.3 1.2 ～ 1.5	0.6 ～ 0.8 0.8 ～ 1.0

注：Ⅰ——低温模料，硅酸乙酯、硅溶胶、硅石粉涂料，多层型壳。

Ⅱ——中温模料，硅酸乙酯、硅溶胶、硅石粉涂料，多层型壳。

1.8.4 浇冒口系统设计

（1）浇冒口系统的作用

浇冒口系统在熔模铸造中不仅能引导金属液充填型腔，而且在铸件凝固过程中它还能补缩铸件，在制壳过程中支撑型壳，脱蜡时作为脱蜡通道。

（2）浇冒口系统的结构形式

浇冒口系统的结构形式有很多种，这里仅介绍最常见的四种形式。

① 由浇口杯、直浇道和内浇道组成的浇注系统，直浇道兼有冒口的作用。不同铸件在直浇道周围按不同的数目和层次分布着。为便于生产组织、简化设计，可将直浇道相应分成几种规格，见表 1-28。

表 1-28 直浇道和浇口杯的结构参考尺寸 单位：mm

浇口杯尺寸					直浇道截面尺寸						
					圆形		正方形	三角形	长方形		正六边形
D_2	D_3	H	h	R	D	D_1	a	b	c	e	d
50	63	250	10	5	20	18	20	27	18	25	20
58	70	280	10	5	25	23	25	31	22	30	25
66	78	300	10	5	30	28	30	—	25	35	30
73	85	300	10	5	35	33	35	—	—	—	35
80	92	320	12	5	40	37	40	—	—	—	40
87	98	320	12	5	45	42	45	—	—	—	45
94	106	360	12	5	50	47	—	—	—	—	—
100	113	360	12	5	55	52	—	—	—	—	—
108	120	360	12	5	60	57	—	—	—	—	—

为保证直浇道有足够的补缩能力，根据生产经验，直浇道的断面积应为内浇道面积的 1.4 倍。直浇道直径为 20 ～ 60mm、高度为 250 ～ 360mm。为保证建立起有效的液体金属静压力，通常最上层的熔模与浇口杯顶面的距离不应小于 60 ～ 100mm。为减轻液体金属的冲击作用和避免产生飞溅现象，应使最下层熔模内浇道离直浇道底部有 10 ～ 20mm 的距离，先进入下层内浇道以下的直浇道部分的液体金属在此处起液垫作用。

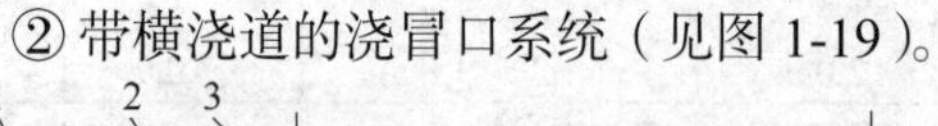

② 带横浇道的浇冒口系统（见图 1-19）。

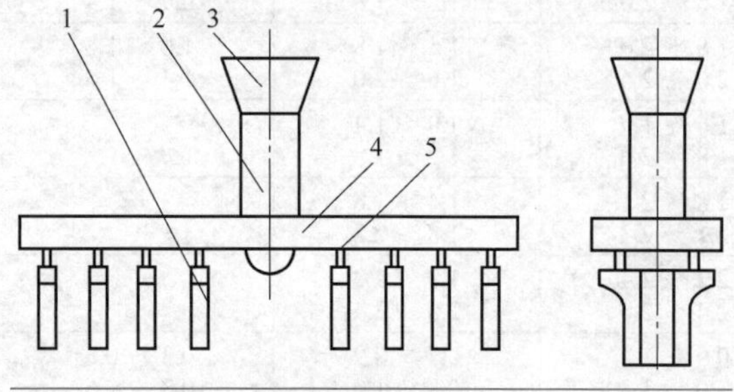

图 1-19 带横浇道的浇冒口系统

1—铸件；2—直浇道；3—浇口杯；4—横浇道；5—内浇道

③ 由直浇道（或冒口）直接引入铸件的浇冒口系统。图 1-20 所示为整铸涡轮，外缘有 14 个叶片，液体金属由冒口引入铸件，球形冒口热模数大，加上离心浇注，大大改善了充填和补缩能力，可得到合格铸件。

④ 带补缩冒口的浇冒口系统。对于中型、小型熔模铸件常用直浇道（横浇道）来实现补缩，一个模组有多个铸件。但对尺寸较大、形状复杂且又有多个热节的铸件，或质量要求高的铸件，往往需要一个铸件单独设置浇冒口系统，如图 1-21 所示。冒口有顶冒门、侧冒口、明冒口、暗冒口几种形式。

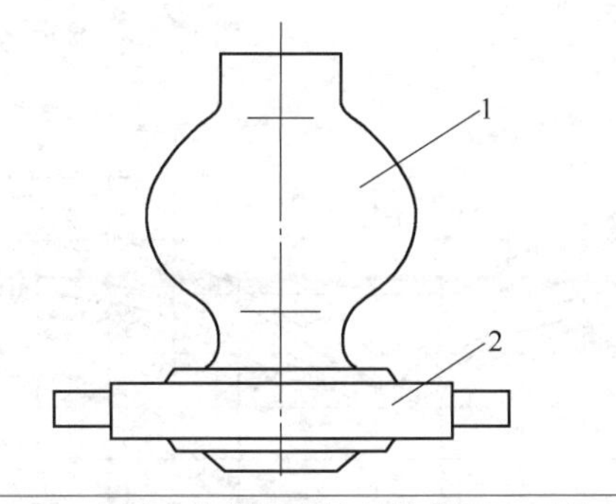

图 1-20 由冒口直接引入铸件的浇冒口系统

1—冒口；2—铸件

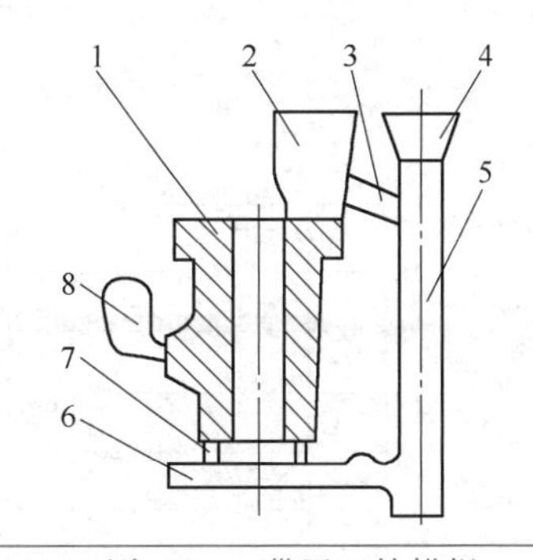

图 1-21 带冒口的模组

1—铸件；2—顶（明）冒口；3—连接桥；4—浇口杯；5—直浇道；6—横浇道；7—内浇口；8—边（暗）冒口

（3）浇注系统计算

① 比例系数法。根据铸件上热节圆直径或热节截面积，相应内浇道的直径或截面积的计算公式为

$$D_g=(0.6\sim1)D_c \tag{1-2}$$

$$F_g=(0.4\sim0.9)F_c \tag{1-3}$$

式中 D_c，F_c——铸件热节处热节圆直径（mm）和截面积（mm^2）；

D_g，F_g——内浇道的直径（mm）和截面积（mm^2）。

② 亨金法。对于单一浇道的直浇道 - 内浇道式浇注系统，直浇道和内浇道尺寸的计算公式为

$$M_g=\frac{k\cdot\sqrt[4]{M_c^3G}\cdot\sqrt[3]{L_g}}{M_s} \tag{1-4}$$

式中 M_g——内浇道截面的热模数，mm；

M_c——铸件热节部位的热模数，mm；

M_s——直浇道截面的热模数，mm；

G——单个铸件质量，kg；

L_g——内浇道长度，mm；

k——比例系数，中碳钢 $k\approx2$；硅黄铜 $k\approx1.8$；铝硅合金 $k\approx1.6$。

图 1-22 为与式（1-2）相应的直浇道、内浇道截面热模数计算图。

这种浇注系统的铸件组的最大允许铸件数量为

$$n_{max}=\frac{F_sH(0.2-\beta)}{\beta\dfrac{G}{\rho}} \tag{1-5}$$

式中 F_s——直浇道截面积，cm^2；

H——直浇道总高，cm；

β——合金的体收缩系数，中碳钢 $\beta\approx4\%$；硅黄铜 $\beta\approx5\%$；硅铝黄铜 $\beta\approx5.6\%$；

ρ——合金密度，$g\cdot cm^{-3}$。

对于带有补缩环的直浇道 - 内浇道式浇注系统，其补缩环直径 D_1 和高 h_1 由式（1-6）确定

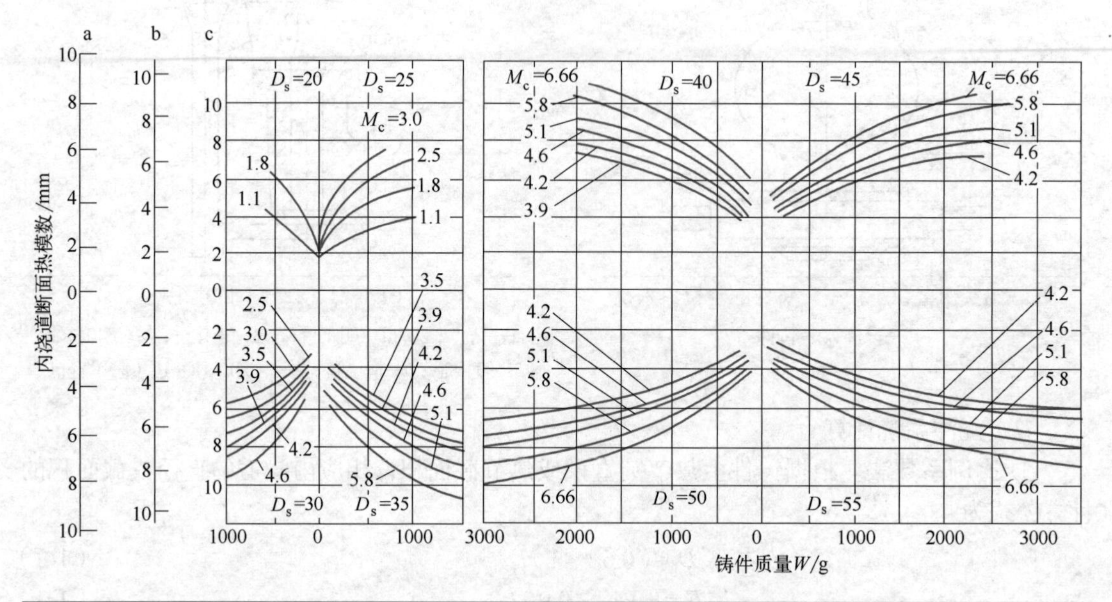

图 1-22　直浇道、内浇道截面热模数计算图

a—L_g=15mm；b—L_g=12mm；c—L_g=8mm；D_s—直浇道直径

$$D_1 \approx 4.6D_s \quad h_1 \geqslant D_1 \tag{1-6}$$

式中　D_s——直浇道直径，cm。

采用补缩环时，每个补缩环上的最大允许铸件数量为

$$n_{max} = \frac{V(0.2-\beta)}{\beta \frac{G}{\rho}} \tag{1-7}$$

式中　V——补缩环体积，cm^3。

对于横浇道 - 内浇道系统，横浇道截面积 F_{ru} 的计算公式为

一般情况时　　F_{ru}=（0.7 ～ 0.9）F_s　　（1-8）

代替冒口起主要补缩作用时

$$F_{ru}=（1.0 \sim 1.3）F_s \tag{1-9}$$

（4）冒口计算

中小型熔模铸件多数情况下是利用直浇道（浇口杯）或横浇道实现补缩。但对于较大的、结构复杂的件往往需要单独设置冒口进行补缩。冒口计算方法很多，这里仅介绍热节比例法，该法是根据铸件补缩部位的热节圆直径确定冒口尺寸的，见表 1-29。

（5）设计浇冒口时应注意的事项

设计浇冒口的注意事项如下。

① 浇冒口系统应保证模组有足够的强度，使模组在运输、涂挂时不会断裂。

② 浇冒口系统与铸件间的相互位置应保证铸件的变形和应力最小。如图 1-23 所示，上

表 1-29　熔模铸造冒口尺寸与铸件热节圆直径的比例关系

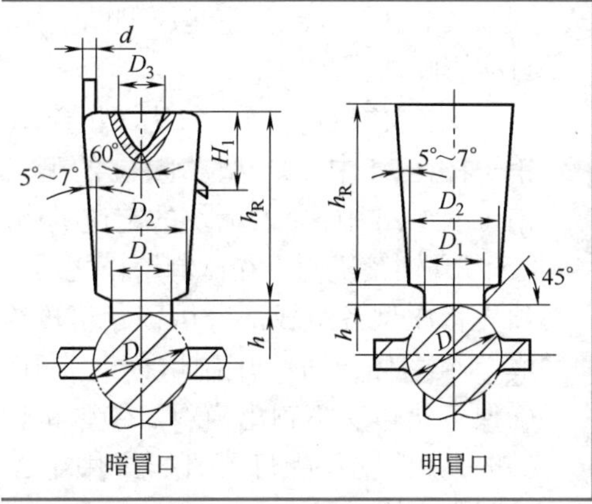

铸件热节圆直径		D
冒口颈	高度 h	4 ～ 10mm
	直径 D_1	$D_2 \approx$（0.7 ～ 1.0）D
冒口根部直径 D_2		$D_2 \approx$（1.3 ～ 1.5）D
冒口高度 h_R	明冒口	$h_R \approx$（1.8 ～ 2.5）D
	暗冒口	$h_R \approx$（1.5 ～ 2.0）D
出气口直径 d		$d \approx$（0.1 ～ 0.2）D
连接桥位置 H_1		$H_1 = \frac{1}{3}H$
D_3		$D_3 \approx$（0.3 ～ 0.5）D

边铸件由于它在冷却时两面的冷却条件不同，铸件本身又薄，故易出现如实线所示的变形。而右边的铸件虽然两面的冷却速度不一样，但它本身抗变形的刚度大，故不易变形。

③ 浇冒口系统和铸件在冷却发生线收缩时要尽可能不互相妨碍。如铸件只有一个内浇道，问题尚不大；如铸件有两个以上的内浇道，则易出现相互阻碍收缩的情况。由于它们的壁厚不同，冷却速度不一样，如浇冒口系统妨碍铸件收缩，则易使铸件出现热裂；如果相反，则受压的铸件便易裂。

④ 尽可能减少消耗在浇冒口系统中金属液的比例。

⑤ 为防止脱模时模料不易外逸而产生的型壳胀裂现象，以及使浇注时型内气体易于外逸，可在模组相应处设置排蜡口和出气口。

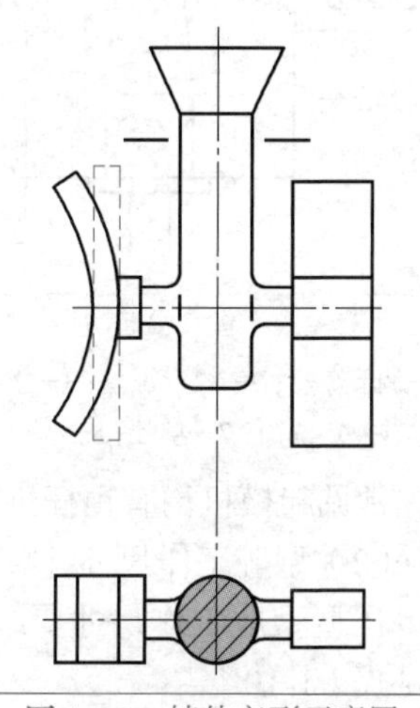

图 1-23　铸件变形示意图

1.9　压型设计

压型是制造熔模的模具。型腔和型芯的尺寸精度及表面粗糙度直接影响熔模的尺寸精度和表面粗糙度，压型的结构会影响熔模的生产率及成本。

压型分机械加工压型、易熔合金压型、石膏压型、硅橡胶压型、环氧树脂压型等，应根据生产条件、铸件的生产批量和精度要求加以选择。

1.9.1　机械加工压型

机械加工压型可用钢、铝合金加工制成，具有尺寸精度高、表面粗糙度低（Ra1.6 ～ 0.4μm）、使用寿命长（可达十万次以上）、导热性好、生产效率高等优点，但加工周期较长、成本较高，适用于大批量生产。

（1）压型的基本结构

图 1-24 所示为一个简单的压型，它由上、下两个半型组成，共包括如下几个部分。

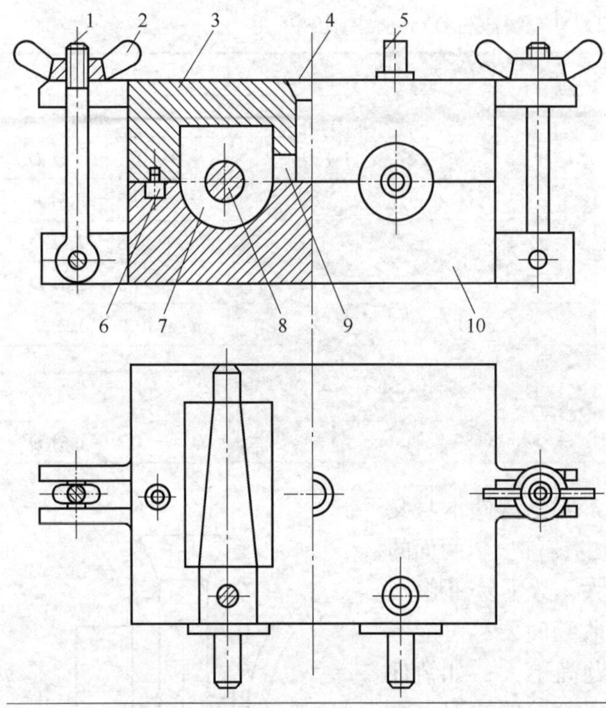

图 1-24　压型的基本结构图

1—调节螺栓；2—蝶形螺母；3—上压型；4—注蜡口；5—型芯销；6—定位销；7—型腔；8—型芯；9—内浇口；10—下压型

① 成形部分。包括型腔和型芯（图 1-24 中 7 和 8），它是压型的主体，直接影响熔模的质量。

② 定位机构。上、下压型的定位销（图 1-24 中 6），型芯限位的型芯销（图 1-24 中 5）及活块的定位机构。

③ 锁紧机构。在压制熔模之前需预先将压型各组成部分用锁紧机构连成一个整体，防止压制熔模时胀开，确保不错位、不跑出模料。锁紧机构一般采用螺栓 - 螺母（图 1-24 中 1、2）或固定夹钳、活动套夹等。

④ 注蜡系统。包括注蜡口（图 1-24 中 4）及内浇口（图 1-24 中 9）。

⑤ 排气槽。为使型腔中的气体在压制熔模时能及时排出，通常在型块或型块与型芯之间的接触面上开出深 0.3 ～ 0.5mm 的排气槽。

⑥ 起模机构。为便于熔模取出，除形状简单的熔模外均需设置起模机构。常见起模机构有顶杆机构等。

（2）型腔工作尺寸计算

压型型腔工作尺寸要综合考虑铸件的综合收缩率和铸件尺寸精度要求等因素，具体计算见式（1-10）。

$$\varepsilon=\varepsilon_1+\varepsilon_2+\varepsilon_3 \tag{1-10}$$

式中　ε——综合收缩率，%；

ε_1——合金收缩率，%；

ε_2——熔模收缩率，%；

ε_3——型壳的膨胀率（一般取负值），%。

综合收缩率 ε 可查表得出，型腔或型芯尺寸则可按式（1-11）确定：

$$Ax=(A+\varepsilon A)\pm\Delta Ax \tag{1-11}$$

式中　Ax——型腔（或型芯）尺寸，mm；

A——铸件基本尺寸，mm；

ε——综合收缩率，%；

ΔAx——制造公差，mm。

制造公差由压型的制造精度等级来决定。为使压型试制后留有修刮余地，型芯的制造公差取正值，型腔的制造公差取负值。

1.9.2　易熔合金、石膏、硅橡胶压型

易熔合金、石膏、硅橡胶压型均采用浇注方法制成。这类压型制造周期短、成本低，

但压制的熔模精度和表面光洁程度低，生产效率也低，压型使用寿命短，故适用于单件或小批量和精度要求不高的铸件或艺术品铸件。

下面以易熔合金压型为例说明其制造过程。图 1-25 为易熔合金压型的制造过程示意图。

先准备好母模。母模用金属材料加工而成，并做出起模斜度、加工余量、芯头 1 及注蜡通道 2。浇注压型前，先将母模嵌入橡皮泥衬垫 3，如图 1-25（a）所示，然后放上型框，用石膏浆料浇灌成假型，如图 1-25（b）所示。石膏假型经 100℃烘干 24h，去除水分，再在石膏假型上放上压型型框，并在分型面上放置定位销座或螺母，如图 1-25（c）所示。然后将熔融的易熔合金液浇入型框内，冷凝后，下半个压型铸制完毕。随后，在下半型上放置上半型型框，并在定位销座（或螺母）上放定位销（或螺柱），浇注上半压型，如图 1-25（d）所示，冷凝后制成上半型。最后经适当修整并在分型面上开出排气槽，压型则制成。如图 1-25（e）为合好型的易熔合金压型。

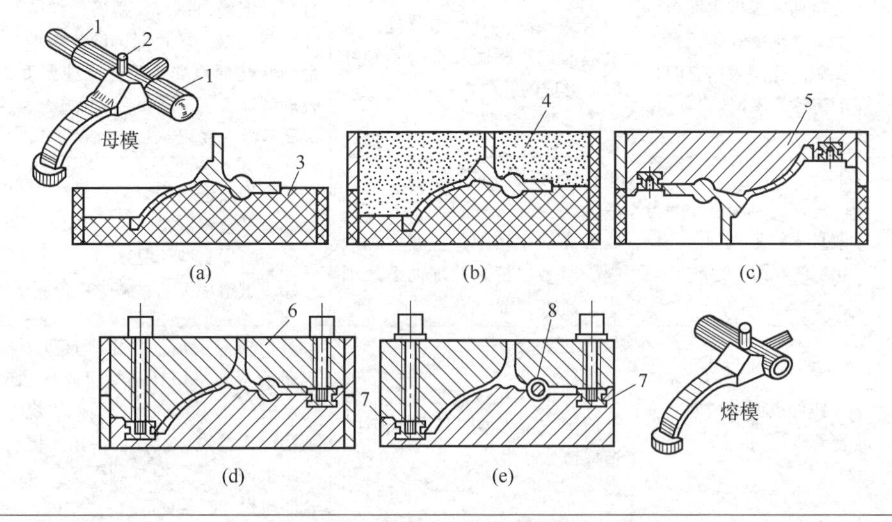

图 1-25　易熔合金压型的制造过程

1—芯头；2—注蜡通道；3—衬垫；4—石膏假型；5，6—两半易熔合金压型；7—螺母；8—型芯

1.10　熔模铸件常见缺陷及预防措施

熔模铸造工序繁多，质量要求高，铸件缺陷种类也多，有多肉类缺陷、孔洞类缺陷、裂纹冷隔类缺陷、表面类缺陷、残缺类缺陷、形状及重量差错类缺陷、夹杂类缺陷等。本节将讲述主要常见缺陷特征与产生原因及防治措施，见表 1-30。

表 1-30　主要常见缺陷特征与产生原因及防治措施

名称	特征	产生原因	防治措施
侵入性气孔	在铸件上有单个或多个光滑孔眼，有时呈氧化颜色	型壳焙烧不充分，浇注时产生气体侵入合金液；或型腔中气体未能排出而侵入合金液；或浇注时卷入气体从而在铸件中形成气孔	①型壳焙烧要充分 ②改善型壳透气性，必要时增设排气孔 ③合理设置浇注系统 ④浇注时防止卷入气体

续表

名称	特征	产生原因	防治措施
析出性气孔	铸件上有细小的分散或密集的光滑小圆孔，直径为0.5～2.0mm或稍大，或呈泪珠状	合金液中所含气体随温度下降溶解度减小而析出，但未能在铸件凝固前浮出，而造成铸件气孔	①使用干燥清洁的炉料，配料时回炉料比例不可过高 ②严格控制熔炼工艺，熔炼温度不可过高，熔炼过程中合金液面要覆盖，脱氧应充分 ③浇注前合金液应适当静置
反应性气孔	铸件表皮下有针状或蝌蚪状或圆形孔眼；或铸件上有蜂窝状孔眼，孔中含夹杂物	合金液与型壳，或合金液中某些元素与渣和夹杂物间发生反应而生成的气孔	①型壳耐火材料灼减量应低，型壳要充分焙烧 ②炉料应干燥清洁，炉衬、炉嘴及浇包等也要干净 ③合金液脱氧充分、扒渣干净
缩孔	铸件内部或表面有形状不规则的孔壁粗糙的孔洞，孔洞表面有明显的树枝晶末梢	铸造某部位（如热节处）合金液液态和凝固收缩得不到补缩而形成的孔洞	改进铸件结构、力求壁厚均匀，减少热节；合理设置浇口系统，使各处都能补缩到；合理组装模组，防止局部散热困难；型壳和合金液浇注温度要合适，浇注温度不可过高；改进熔炼工艺，减少合金液中气体及氧化物，提高其流动性和补缩能力
缩松	铸件内部有细小、分散且形状不规则、孔壁粗糙的孔眼	合金液凝固时，枝晶生长连成骨架，使未凝固合金液分割成孤立的小熔池，这些合金液凝固时难以得到补缩而造成细小、分散小孔	①合理改进铸件结构 ②合理设置浇冒口 ③适当提高型壳温度 ④改进熔炼工艺、减少合金液含气
砂眼	铸件表面或内部有充塞着砂粒的孔眼	型壳的砂粒或其他砂粒因各种原因被带入型腔和合金液中，造成铸件砂眼	浇口棒应清洁；模组焊接处不应有缝隙；脱蜡前型壳浇口杯边缘应修平涂一层涂料；热水脱蜡水不可沸腾；型壳焙烧时应防止夹杂物掉入型壳；浇注前应用压缩空气吸出型壳中散砂；严格控制制壳工艺等，防止型壳表面疏松、剥落
夹渣	铸件内部或表面夹有渣或其他杂物	渣或其他杂物随合金液流入型腔造成铸件夹渣	采用清洁炉料；严格熔炼工艺，充分脱氧；浇注时防止二次成渣，防止渣流入型壳；采用过滤技术
热裂	铸件表面或内部有不连续的、扭曲、走向不规则的晶间裂纹，裂纹表面呈氧化色	热裂是在一定范围内形成的，在此温度范围内，合金处于“脆性”，合金收缩受阻，局部形成应力及塑性变形超过该温度下合金的强度极限和伸长率而造成的	控制好合金成分，特别像硫、磷等促进热裂的元素应严加控制；改进铸件结构，必要时可增设防裂工艺肋或加大过渡圆角；正确设计浇注系统和控制铸件冷却速度；减小型壳强度等
冷裂	铸件上有连续的直线状裂纹，断口光亮或轻度氧化	冷裂是铸件该处铸造应力（热应力、相变应力、收缩应力）超过合金强度极限而造成的	改进铸件结构，在易产生冷裂的部位增设加强肋；严格控制增大合金冷裂的元素如C、Cr、Mn、P等；提高型壳的可退让性；后处理工艺中应避免铸件受剧烈撞击
麻点	铸件表面局部有许多圆形浅洼斑点，为凹坑。通常出现在不锈钢铸件上	合金液中的氧化物（Cr_2O_3、MnO等）与型壳材料（SiO_2、Fe_2O_3、FeO等）发生化学反应形成的产物以及小砂粒存在于型壳表面，造成铸件凹坑	①防止和减少合金液氧化 ②合理选用型壳材料，不锈钢铸件使用的锆石粉要严格控制杂质含量，必要时用刚玉粉 ③适当降低浇注温度和型壳温度，加快铸件冷却速度

续表

名称	特征	产生原因	防治措施
粘砂	指铸件表面上粘附一层金属与型壳的化合物或型壳材料。分机械粘砂和化学粘砂两种	合金液渗入型壳孔隙中，凝固后将型壳机械地粘连在铸件表面，称机械粘砂	①型壳面层涂料粉液比应足够高、涂料黏度与撒砂粗细配合合理，以使型壳面层空隙小 ②合金液脱氧好 ③浇注温度合理，不过高
		在高温下金属氧化物与型壳间发生化学反应，使铸件与型壳粘连在一起，称化学粘砂	①正确选择型壳耐火材料种类，面层耐火材料要纯 ②合金液脱氧好 ③适当降低浇注温度，改善型壳散热条件
浇不到（足）	铸件局部未被充满，造成铸件“缺肉”，其末端呈圆弧状	合金液因温度低或流速慢或断流或压力不足，或因型腔中反压力太大等未能充满	适当提高合金液浇注温度和型壳温度；浇注速度不可过慢，浇注时不能断流；浇注系统应保证足够高的金属液压头，并尽可能缩短合金液流程；改善型壳透气性；必要时采用离心或真空吸铸等工艺
冷隔	铸件上有未完全融合的缝隙，其交接的边缘是圆滑的	合金液充型时两股合金液汇合时因温度太低等造成不相融合	
鼓胀	铸件局部鼓出，水玻璃型壳所制铸件这种缺陷多于硅溶胶和硅酸乙酯型壳铸件	型壳强度不够，型壳在脱蜡时受蜡料膨胀而局部变形，或浇注时型壳在合金液作用下变形，造成铸件局部鼓出	①严格控制原材料及制壳工艺，保证型壳强度 ②严格控制脱蜡工艺，防止脱蜡时型壳变形
铸件尺寸超差	铸件尺寸超过规定的公差范围	压型中有关尺寸不正确，或熔模制模工艺不稳定；型壳种类选择不当和制壳工艺参数不稳定；浇注工艺参数波动；清理造成铸件变形和尺寸变化	①正确设计压型、选择工艺参数，严格控制加工精度以保证压型尺寸正确 ②稳定制模工艺 ③正确选择型壳种类 ④稳定浇注工艺 ⑤防止清理造成铸件尺寸变化
铸件表面粗糙	铸件表面粗糙度达不到规定要求	压型型腔表面粗糙度达不到要求；熔模表面粗糙度差；型壳表面粗糙度差；浇注时合金液复型能力差；浇注后工序中铸件表面氧化等	①确保压型型腔表面粗糙度合格 ②控制模料及制模工艺参数，保证熔模表面粗糙度合格 ③保证面层涂料能很好湿润熔模，并且面层型壳致密，使型壳表面粗糙度合格 ④保证合金液流动性和复型能力 ⑤防止浇注后铸件氧化等
脱碳	铸件表面层的碳含量低于基体	可能是空气中的氧与合金液中的碳及铸件表面的渗碳体、奥氏体中的碳发生反应，造成铸件表面脱碳	①适当降低合金液浇注温度和型壳温度，加大铸件的冷却速度 ②减少或消除型壳中的氧气，使铸件在非氧化性气氛中冷凝，能有效地控制脱碳层深度

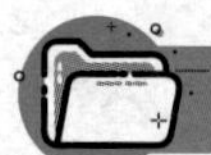

拓展阅读材料

[1] 中国机械工程学会铸造分会．铸造技术路线图[M]．北京：中国科学技术出版社，2016.

[2] 中华人民共和国工业和信息化部．《中国制造 2025》重点领域技术路线图[M]．北京：电子工业出版社，2015.

[3] 吕志刚．我国熔模精密铸造的历史回顾和发展展望[J]．铸造，2012，61（4）：347-356.

[4] 樊振中，徐秀利，王玉灵，等．熔模精密铸造技术在航空工业的应用及发展[J]，特种铸造及有色合金，2014，34：285-289.

[5] R. Sharon Uwanyuze, Janos E. Kanyo, Sarah F. Myrick, et al. A review on alpha case formation and modeling of mass transfer during investment casting of titanium alloys[J]. Journal of Alloys and Compounds, 2021, 865: 158558.

习题

1. 简述熔模铸造的工艺过程。
2. 熔模铸造与普通的砂型铸造有何本质区别？
3. 常用模料有两类，其基本组成、特点和应用范围如何？
4. 熔模铸造用型芯的分类有哪些？
5. 熔模铸造的型壳耐火材料有哪些？其适用范围如何？
6. 型壳焙烧的目的是什么？
7. 熔模铸造浇注的工艺参数有哪些？对于熔模的质量有怎样的影响？
8. 熔模铸件结构设计需要满足哪些条件？
9. 熔模铸造浇注位置的确定原则。
10. 熔模铸造的浇冒口有哪些常见的形式？
11. 熔模铸造常见缺陷及预防措施？
12. 结合零件图，对铸件结构进行工艺分析。

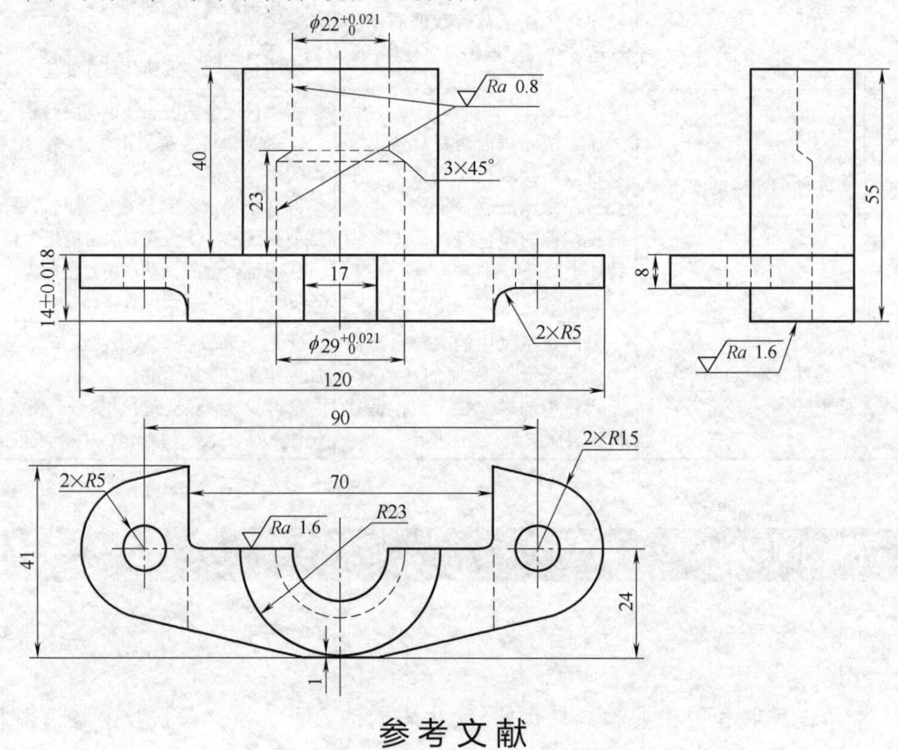

参考文献

[1] 中国机械工程学会铸造分会．铸造技术路线图 [M]. 北京：中国科学技术出版社，2016.

[2] 樊振中．熔模精密铸造在航空航天领域的应用现状与发展趋势 [J]. 航空制造技术，2019，62（9）：38-52.

第2章
消失模铸造

2.0 概述

消失模铸造（expandable pattern casting 或 lost-foam casting），又称实型铸造，是将尺寸形状与铸件相似的泡沫塑料模型组成模型簇，然后涂刷耐火涂料并烘干，接着埋在无黏结剂的干石英砂中振动紧实，最后在负压状态下浇注，模型气化，液体金属占据模型位置，待其凝固冷却后形成铸件。这种铸造技术是21世纪的新型铸造技术，被称为“铸造中的绿色工程”[1]。

1958年，美国人Shroyer.H.F发明了用可发性泡沫塑料模样制造金属铸件的专利技术并取得了专利（专利号US2830343）[2]，如图2-1（a）所示。最初所用的模样采用可发性聚苯乙烯（EPS）板材加工制成，采用黏土砂造型，用来生产艺术品铸件。采用这种方法造型后泡沫塑料模样不必起出，而是在浇入液态金属后，聚苯乙烯在高温下分子裂解而让出空间充满金属液，凝固后形成铸件。

1961年，德国的Wittemoser和Hartman公司购买了这一专利技术加以开发，并于1962年在工业上得到应用。采用无黏结剂干砂生产铸件的技术由德国的Nellen.H和美国的Smith.T.R于1964年申请了专利。1967年，德国的Wittemoser.A采用了可以被磁化的铁丸来代替硅砂作为造型材料，用磁力场作为“黏结剂”。这就是所谓“磁型铸造”（简称M法），如图2-1（b）所示。

1969年，日本的秋田株式会社和长野县工艺试验所发明了真空铸造法（简称V法），消失模铸造在很多地方也采用抽真空的办法来固定型砂。在1980年以前，使用无黏结剂的干砂工艺必须得到美国“实型铸造工艺公司”（Full Mold Process，Inc）的批准。在此以后，该专利无效，消失模铸造技术也在全世界范围内得到了迅速的发展，相关消失模铸造件如图2-1（c）和（d）所示。

经过数十年的发展，美国、德国、荷兰、法国、加拿大、意大利等工业发达国家先后对铸造市场、消失模技术、产品设计、铸造模拟、铸件检测等内容进行了深入研究。目前，消失模铸造技术研究及应用的重点是铝合金消失模铸造。在国外，铝合金消失模技术的大规模应用开始于二十世纪八九十年代，尤其在美国、德国等发达国家的汽车行业应用广泛。西方发达国家的铝合金消失模铸造技术，特别是在泡沫模样材料、金属液充型和凝固过程以及消失模铸件缺陷控制等方面，都有较多的技术优势。

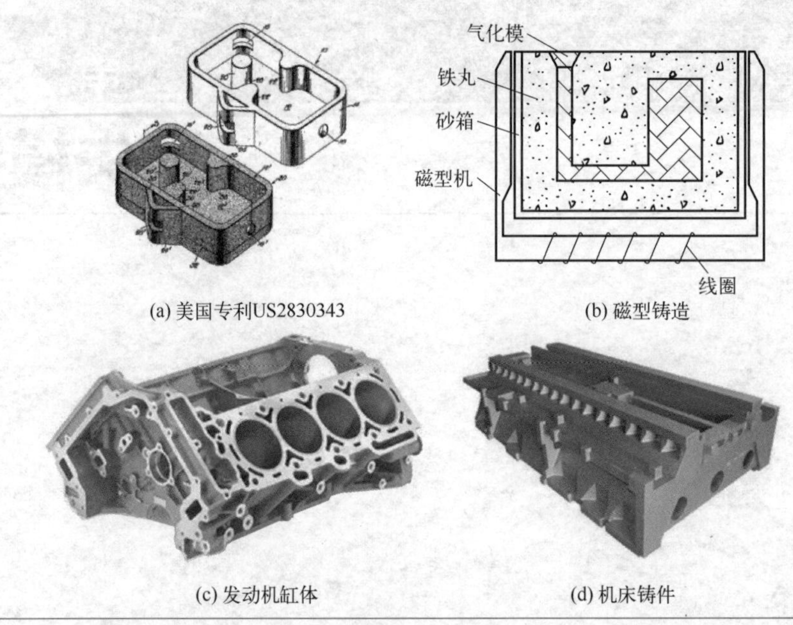

(a) 美国专利US2830343　(b) 磁型铸造

(c) 发动机缸体　(d) 机床铸件

图 2-1　消失模铸件

1985 年，通用汽车公司在 Massena 建成第一条消失模铸造铝合金生产线，主要生产铝合金缸体、缸盖。1993 年，德国宝马汽车公司开始建设一条年产 20 万个各种规格铝合金气缸盖的消失模生产线，1995 年 5 月正式投产，成品率在 90% 以上，每天可生产 1500 个铝合金气缸盖。此外，还有英国的斯坦顿公司、北爱尔兰的 Montupet 公司、意大利的 Franco Tosi（CastiSpA）公司、法国雪铁龙的 Charleville 公司等，先后建成了铝合金消失模铸造生产线。根据报道，2009 年美国的铝合金消失模铸件产量达到 22 万吨。

近年来消失模铸造在国内的发展较快，发展成果也是可喜，部分研究成果如图 2-2 所示。一大批工厂利用国产设备和本土技术，建成了年产消失模件达百吨甚至千吨的简易生产

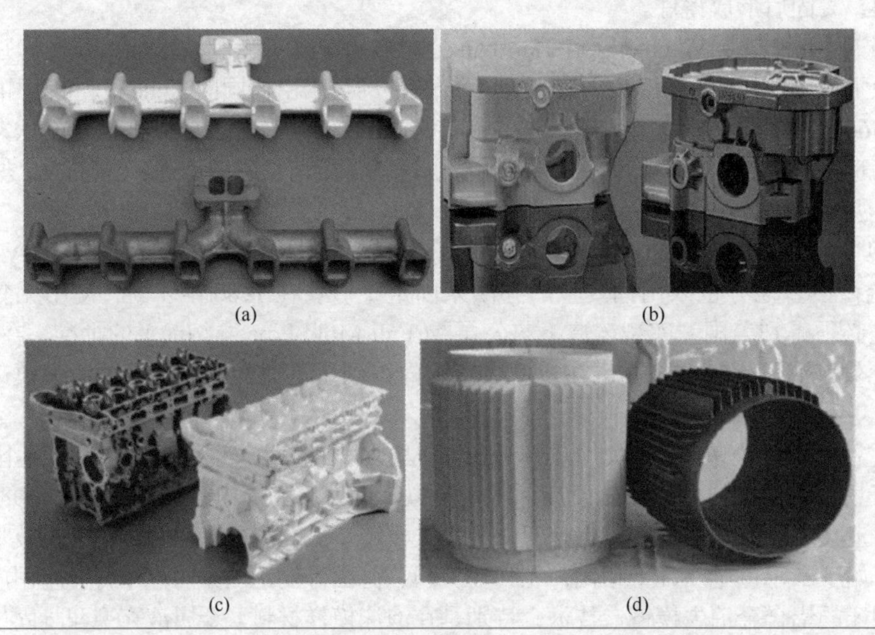

(a)　(b)

(c)　(d)

图 2-2　消失模铸造进气管和箱体铸件及其泡沫模样

线。部分工厂积极引进了国外先进设备和技术，如一汽公司轻型发动机厂，从美国引进了制模的成套设备和振动台，在国内配套组成生产线，专门生产汽车进气管；赤峰富龙集团铸业有限公司从日本引进了两条生产气管等球铁铸件的气化模生产线。2007 年，中国消失模铸件年产量已达到 64.8 万吨，约为 1999 年的 42 倍，相关企业数据及其产量均列世界第一位。2023 年，高成勋等人采用消失模工艺生产的发动机缸体铸件毛坯成品率＞ 95%，经检验合格的铸件加工合格率达 99%，铸件工艺出品率高达 91%。

当前，虽然我国消失模铸造技术发展迅速，但在生产中仍然存在诸多困难，相关主要难点如下[3]。

① 消失模铸造工艺设计理论及过程准确模拟。消失模铸造工艺复杂，目前还没有较为准确的设计、计算消失模铸造工艺参数（浇冒系统）的理论依据，并且我国还没有成熟好用的消失模铸造模拟软件。

② 适用于铝（镁）合金消失模铸造的泡沫模样材料及特种工艺。铝（镁）合金消失模铸造浇注温度要求高，铸件易产生浇不足、针孔、夹渣、缩松等缺陷。

③ 复杂铸件泡沫模样的散砂振动紧实理论、技术与装备。我国用于消失模铸造的多维振动紧实理论研究还不够深入，振动装备相对简单，无法满足复杂铸件泡沫模样的紧实要求。

④ 适于不同金属消失模铸造的涂料。目前我国消失模铸造涂料的整体质量不高，较大地影响了消失模铸造技术水平。研发适于不同合金消失模铸造的高性价比的涂料，是我国消失模铸造技术进步的重要方向。

⑤ 泡沫塑料精确加工的高速加工方法与空心刀具。目前机械加工的泡沫模样表面质量差，组装成形精度低。研发泡沫塑料精确加工的高速加工方法、装备与专用空心刀具，是采用消失模铸造方法快速铸造高品质的单件、小批量铸件的装备保障。

⑥ 适于消失模铸造的零件结构、材料种类。消失模铸造技术特点明显，但它有一定的应用范围，必须经过技术上的可行性及经济上的合理性的充分认证。有组织地研究、归类适于消失模铸造的零件结构、材料种类等，对我国现阶段消失模铸造技术的推广应用与发展具有指导意义。

⑦ 预发泡沫模样成形设备与质量控制。国内的成形设备仅能生产质量要求不高的模样，对于发动机缸体、缸盖，双层水冷电机壳等高难度的薄壁零件难以达到其成形要求。另外，国内泡沫模样成形设备的自动化程度也较低。因此，开发图形界面、成形工艺自动化监测控制的预发泡机及成形机是提升国内消失模铸造水平的重要基础。

作为 21 世纪的新一代精密铸造成形技术，实践证明该技术具有其他铸造方法无可替代的先进性。目前，我国已成功研制出了桂林 6 号通用化水基粉状涂料和桂林 7 号高温强化型水基粉状涂料[4]。桂林 6 号通用化水基粉状涂料广泛用于取代以锆石、刚玉和铬矿粉为耐火骨料的涂料，消失模铸件质量不会逊色，同时成本大大降低。桂林 7 号高温强化型水基粉状涂料成功问世，打开了一个更新的广阔天地，尤其是薄壁高难度复杂铸件和铝镁合金件空壳铸造的难题将会得到很好的解决，担心烧过头或烧而垮塌的忧虑可以解除。

另外，目前国内一些企业也在积极进行消失模铸造新工艺的研发工作。例如，河南安阳市凯创科技有限公司与先进成形技术研究院合作研发消失模铸造的新工艺[5]：利用提前制作的独立的型壳形成隔绝空间，隔绝砂、水分及 C（EPS 白模分解析出），借助于真空负压（或真空负压 + 振动）物理条件，提高金属液充型和凝固补缩能力，形成利于铸件成形的环境，充分发挥消失模铸造工艺优势，能有效解决皱皮、夹渣、气孔、增碳等缺陷问题。

同时型壳具有一定强度，可以有效防止塌型发生，从而避免粘砂缺陷。近年来，陆续试验用于不锈钢、高低合金钢、球墨铸铁等用于不同行业、不同质量要求的铸件（部分铸件如图 2-3 所示），质量和工艺方法得到客户认可。

图 2-3 消失模铸造工艺生产的铸件

2.1 工艺分析

消失模铸造的基本原理是将泡沫塑料模样涂挂耐火涂料层后，置于砂箱中，模样周围填入干砂，经过振动紧实造型，然后浇注金属液，高温金属液的热作用造成泡沫塑料热解消失，金属液充填到泡沫塑料模分解后的空间，最终完成充型（见图 2-4）。

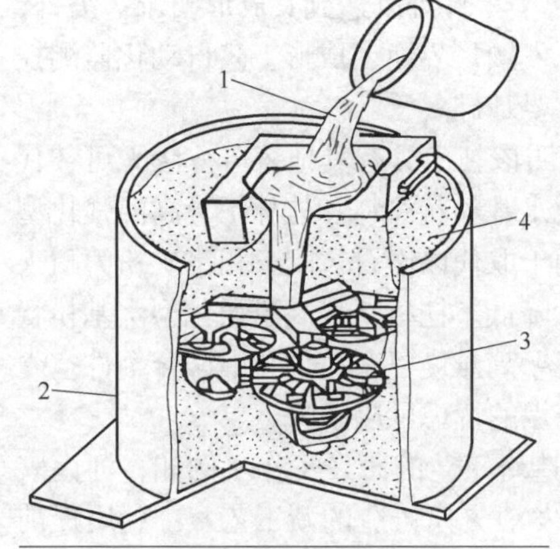

图 2-4 消失模铸造原理

1—金属液；2—砂箱；3—泡沫塑料模；4—干砂

2.1.1 消失模铸造成型原理分析

消失模铸造的最大优点源于无需起模、下芯与合箱操作，给工艺操作带来极大好处，生产效率大大提高；但其最大缺点也源于此，实体模样的存在使金属液充型过程变得极为复杂，由此带来铸件的各种铸造缺陷。另外，浇注过程中负压的作用也使金属液充型变得更加复杂。由于消失模铸件是靠液态金属将模样热解汽化，由液态金属取代模样原有位置，凝固后形成铸件。在液态金属充型流动的前沿存在着十分复杂的物理与化学反应，传热、传质与动量传递过程复杂交错。

① 在液态金属前沿，与尚未汽化的模样之间形成一定厚度的气隙，在该气隙中高温液态金属与涂层、干砂及未汽化的模样之间，存在着传导、对流、辐射等热量传输作用和化学反应。

② 消失模模样在高温金属液作用下形成的热解产物，与液态金属、涂料及干砂之间，也存在着物理化学反应和质量传输。

③ 在金属液充型过程中，气隙中的气压升高，模样热解吸热反应，使金属液流动前沿的温度不断降低，对液态金属充型的动量传输具有一定的影响。

图 2-5 所示为消失模铸造液态金属的充型过程，以及金属流动前沿热量、质量和动量的传输过程。与传统的砂型铸造相比，消失模铸造成形过程要复杂得多，不仅直接关系到铸件成形成败以及铸件质量高低，而且对铸件内在质量有至关重要的影响。众所周知，铸造缺陷基本来自金属液充型到凝固的短时间内，在这短短的一瞬间，铸型型腔内发生着“翻天覆地”的变化，存在模样受热分解、模样与前进中的液态金属充型前沿之间出现气隙、液态金属充型前进受阻、液态金属充型流动状态发生极大紊乱、负压造成液态金属充型流动产生严重的附壁效应、热解产物通过涂料层向型砂中排出、热节残留固态产物在液态金属的充型流动中被卷入型腔、液态金属中的各种夹杂物在上浮移动中受负压的作用变得缓慢而部分滞留在铸件内等。所发生的种种物理化学现象都是无法“看得到”的，成为铸造生产中的“黑匣子”。解开“黑匣子”，找到产生铸造缺陷的“病因”，是消失模铸造工作者梦寐以求的愿望和向往的目标。

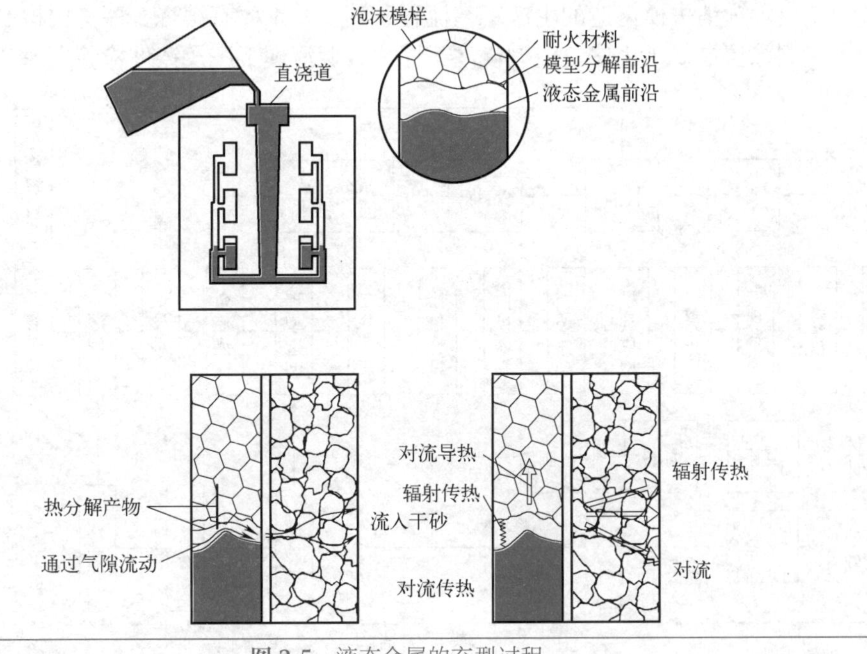

图 2-5 液态金属的充型过程

2.1.2 消失模工艺流程

图 2-6 为消失模铸造工艺过程示意图。

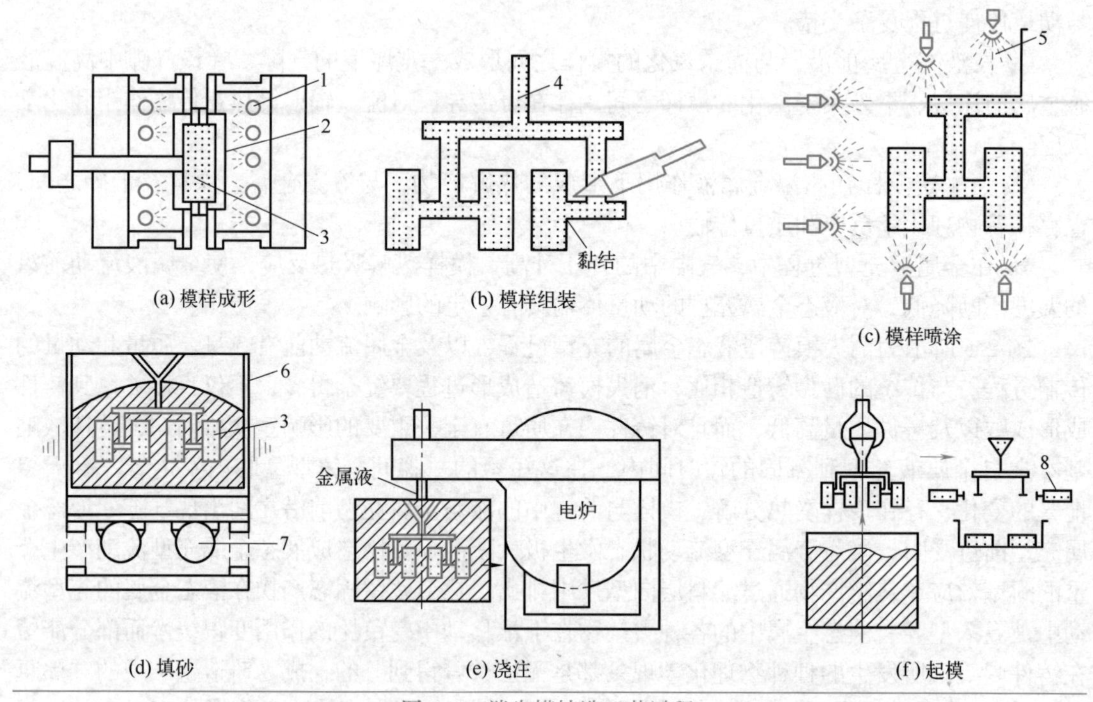

图 2-6　消失模铸造工艺过程

1—蒸汽管；2—型腔；3—模样；4—浇注系统；5—涂料；6—砂箱；7—振动台；8—铸件

图 2-7 所示为消失模铸造的生产工艺流程，其主要工序有熔炼工序、白模制造工序、白模组合及涂料涂覆层烘干工序、造型浇注工序、砂型清理工序及铸件检验入库工序。

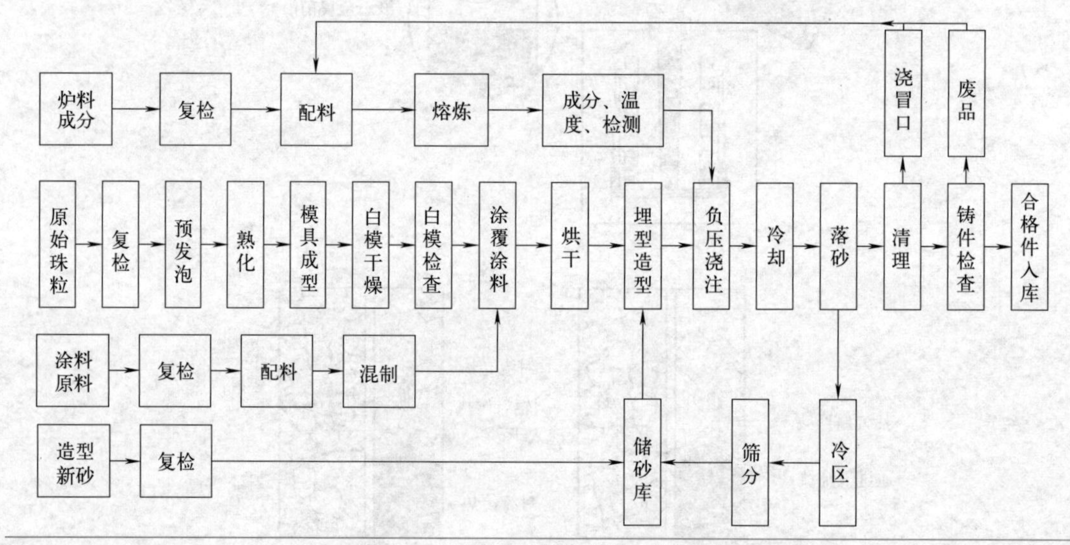

图 2-7　消失模铸造的生产工艺流程

2.1.3　消失模铸造的特点

（1）铸件尺寸精度高，表面粗糙度低

消失模铸造不用取模、分型，无起模斜度，不需要型芯，并避免了由于型芯组合、合型而造成的尺寸误差，因而铸件尺寸精度高。消失模铸件尺寸精度可达 CT5 ～ CT6 级，表面粗糙度可达 *Ra*6.3 ～ 12.5μm。

（2）工序简单、生产效率高

由于采用干砂造型，无型芯，因此造型和落砂清理工艺都十分简单，同时在砂箱中可将泡沫模样串联起来进行浇注，生产效率高。

（3）设计自由度大

为铸件结构设计提供充分的自由度。可通过泡沫塑料模片组合铸造出高度复杂的铸件。

（4）清洁生产

一方面型砂中无化学黏结剂，低温下泡沫塑料对环境无害；另一方面采用干砂造型，大大减少铸件落砂、清理工作量，大大降低车间的噪声和粉尘，有利于工人的身体健康和实现清洁生产。

（5）投资少、成本低

消失模铸造生产工序少，砂处理设备简单，旧砂的回收率高达 95% 以上；另外没有化学黏结剂等开销；模具寿命长；铸件加工余量小，减轻了铸件毛坯质量，铸件综合生产成本低。

2.1.4 消失模铸造的应用概况

考虑能否采用消失模铸造工艺生产铸件，应注意以下方面。

（1）铸件材质

一般情况下，消失模可以生产铸铁、铸钢、铝、镁、铜等多种材质的铸件。但不同材质铸件，泡沫塑料分解产物引发缺陷的敏感性不同，因此生产的工艺难度也各不相同，在选用时要结合铸件具体要求考虑。

（2）铸件结构

由于消失模铸造采用干砂振动紧实造型，对于一些有内腔的铸件可以不使用砂芯，从而节约了砂芯的制造、安装和清理等费用。因此，消失模铸造在一些箱体类铸件中得到了很好的应用。但也要注意铸件结构中是否存在一些不易充填干砂的结构，如狭窄的内腔、夹层等，要考虑由此带来的工艺难度。

（3）批量

消失模铸造生产每一个铸件，要消耗一个泡沫塑料模。泡沫塑料模一般通过模具发泡制得，需考虑一定批量摊销模具等投入。消失模生产设备投入具有一定灵活性，当批量小时，也可采用切割、黏结成形泡沫塑料板材制作模样，以及采用简易的造型、浇注装备。而大批量生产可采用机械化、流水线作业装备。目前，国内外采用消失模铸造工艺已经生产的铸件实例见表 2-1 和图 2-8 ～图 2-11 所示。

表 2-1　消失模铸件实例

类别	典型铸件
汽车	气缸体、缸盖、差速器壳体、进气歧管、曲轴、后桥壳体等
工程机械	斗齿、齿轮、齿条等
箱体类	变速器壳体、差速器壳体、转向器壳体、电动机壳体等
阀门、管件	阀体、阀盖、各种灰铸铁、球墨铸铁管件
其他	炉箅条、热处理料筐、磨球、衬板、锤头

图 2-8　四缸发动机缸体

图 2-9　铸铁曲轴

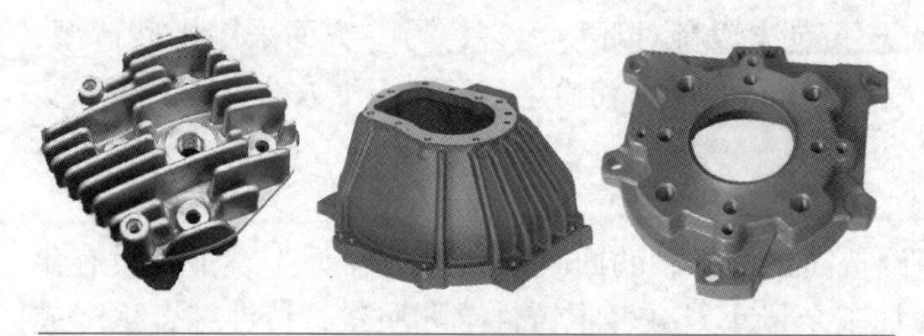

图 2-10　汽车类零件

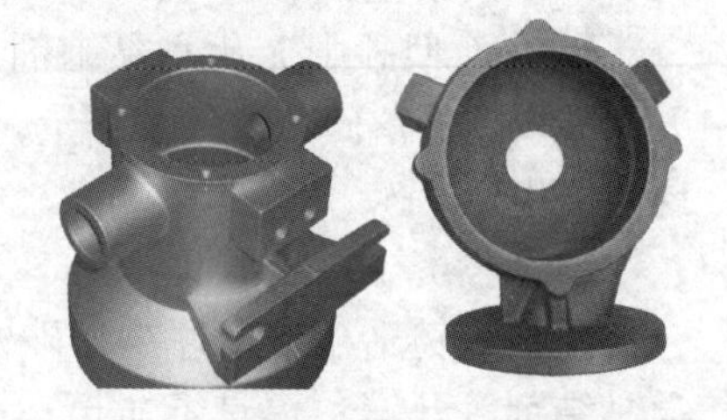

图 2-11　工程机械零件

2.2　模样的制造

2.2.1　模样的要求

模样是消失模铸造成败的关键，没有高质量的模样，绝对不可能得到高质量的消失模铸件。对于传统的砂型铸造，模样和芯盒仅仅决定着铸件的形状、尺寸等外部质量，而消失模铸造的模样，除了决定着铸件的外部质量之外，还直接与金属液接触并参与热量、质量、动量的传输和复杂的化学、物理反应，对铸件的内在质量也有着重要影响。一切从事消失模铸件生产的人们，务必十分重视模样的制造质量，尤其是某些从包装材料厂购买模样的工厂，必须把好模样质量的验收关。与传统砂型铸造的模样和芯盒仅仅是生产准备阶段的工艺装备不同，消失模铸造的模样是生产过程必不可少的消耗品，每生产一个铸件，就要消耗一个模样。模样的生产效率必须与消失模生产线的效率匹配。

消失模铸造用的泡沫模样在浇注过程中要被溶解掉，金属液将取代其空间位置而成型铸件，因此模样的外部及内在质量要满足以下要求：

① 气化温度和发气量低，以减少浇注时的烟雾；

② 气化迅速、完全，残留物少；

③ 密度小，强度和表面刚度好，使得模样在制造、搬运和造型过程中不易损伤，确保模样尺寸和形状稳定；

④ 珠粒均匀，结构致密，加工性能好。

2.2.2　模样生产的工艺流程

模样制造工艺流程如图 2-12 所示。

2.2.3 模样材料

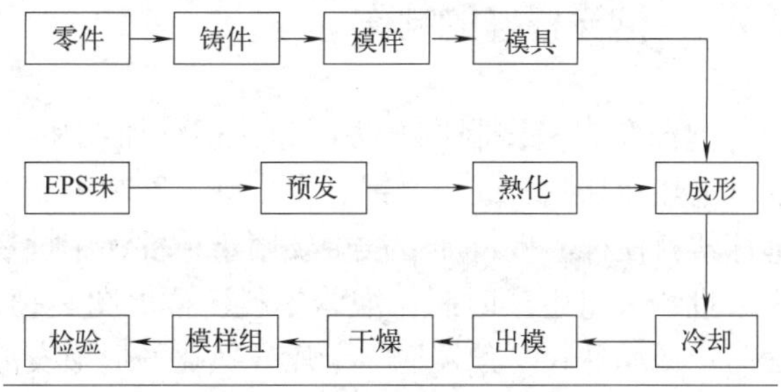

零件 → 铸件 → 模样 → 模具

EPS珠 → 预发 → 熟化 → 成形

冷却 → 出模 → 干燥 → 模样组 → 检验

图 2-12 模样制造工艺流程

目前用于消失模铸造的模样材料主要有可发性聚苯乙烯（简称 EPS）、可发性聚甲基丙烯酸甲酯（简称 EPMMA）和可发性苯乙烯与甲基丙烯酸甲酯共聚树脂（简称 STMMA）。

（1）可发性聚苯乙烯（EPS）

聚苯乙烯是一种碳氢化合物，其分子式为（$C_6H_5 \cdot C_2H_3$）$_n$。EPS 具有密度低、气化迅速、易加工成形等优点，是最早用于消失模铸造的模样材料。因其价格低廉来源广泛，应用于铝合金、铜合金、灰铸铁及一般铸钢件的生产。

（2）可发性聚甲基丙烯酸甲酯（EPMMA）和共聚树脂（STMMA）

聚甲基丙烯酸甲酯（EPMMA）是针对生产低碳钢或球墨铸铁铸件容易产生增碳和炭黑缺陷而研发出来的消失模铸造专用模样材料。但 EPMMA 的发气量和发气速度都比较大，浇注时容易产生反喷。因此又开发出了 EPS 和 MMA 以一定比例配合的共聚树脂 STMMA（ST——苯乙烯，MMA——甲基丙烯酸甲酯），在解决碳缺陷和发气量大引起的反喷缺陷两方面都取得较好的效果，成为目前铸钢和球铁件生产中广泛采用的新材料。

（3）泡沫材料的选用

首先根据铸件材质及对铸件的质量要求来选择泡沫材料种类，再根据铸件的最小壁厚选择泡沫珠粒尺寸。一般情况下，厚大铸件选用较粗粒径的珠粒，薄壁铸件选用较细粒径的珠粒，使铸件最薄部位保持三个珠粒以上为宜。

表 2-2 与表 2-3 分别为消失模铸造常用泡沫珠粒规格和泡沫塑料的性能，供选用时参考。

表 2-2 三种国产珠粒的性能指标

指标	EPS	STMMA	EPMMA
色泽	半透明珠粒	半透明乳白色珠粒	乳白色珠粒
含碳量（质量分数）/%	92	60 ～ 90	60
表观密度 /（g・cm^{-3}）	0.55 ～ 0.67		
珠粒直径 /mm	1#（0.60 ～ 0.8）; 2#（0.40 ～ 0.60）; 3#（0.30 ～ 0.40）; 4#（0.25 ～ 0.30）; 5#（0.20 ～ 0.25）		
预发泡倍数	≥ 50	≥ 45	≥ 40

表 2-3 EPS、STMMA 及 EPMMA 泡沫塑料的性能及应用范围

指标	EPS	STMMA	EPMMA
裂解性能	苯环结构，裂解相对较难	介于 EPS 与 EPMMA 之间	链状结构，容易裂解
残碳量	多	居中	少
预发温度	低	居中	高
气化温度	高	居中	低
发气量及发气速度	量少，速度慢	居中	量大，速度快，易反喷
应用范围	铝、铜合金、灰铁及一般钢铸件	灰铁、球铁、低碳钢及低碳合金钢	球铁、可锻铸铁、低碳钢、低碳合金钢及不锈钢铸件

2.2.4 泡沫模样的制作

泡沫塑料模样制作方法可分为板材加工和模具发泡成形。板材加工是将泡沫塑料板材通过电热丝切割，或铣、锯、车、刨、磨削机械加工，或手工加工，然后胶合装配成所需的泡沫塑料模样。板材加工法主要用于单件、小批量生产时的大中型模样。发泡成形工艺则用于成批、大量生产时制作泡沫塑料模样。图 2-13 为制造成形发泡模的工艺过程，其工艺过程为：原始珠粒→预发泡→干燥、熟化→成形发泡→发泡塑料模。

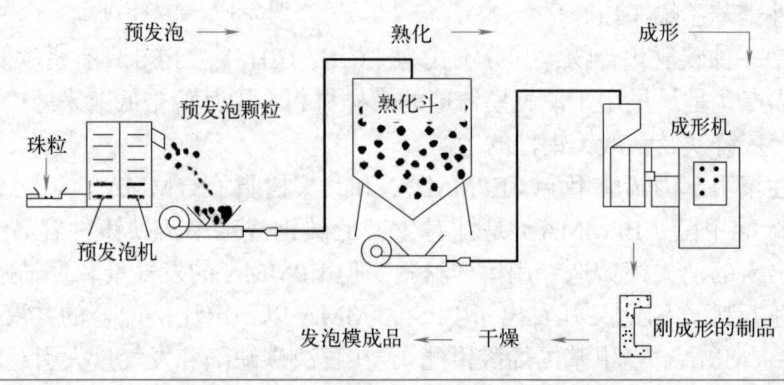

图 2-13　制造成形发泡模的工艺过程

（1）预发泡

微小的珠粒经过加热，体积膨胀至预定大小的过程称为预发泡。预发泡工艺是泡沫模样成形的一个至关重要的环节。一般而言，泡沫模样的密度调整主要是通过调整预发泡的倍数来实现。

消失模铸造用珠粒的预发泡通常都采用间歇式预发泡机来实现。预发方式主要有真空预发和 蒸汽预发两种。

① 真空预发。图 2-14 为真空预发泡机结构示意图，筒体带夹层，中间通蒸汽或油加热，筒体内加入待预发的原始珠粒，加热搅拌后抽真空，然后喷水雾化冷却定形。

由于真空预发泡机的加热介质（蒸汽或油）不直接接触珠粒，珠粒的发泡是真空和加热的双重作用而使发泡剂加速气化逸出的结果。因此，预热温度和预发时间、真空度的大小和抽真空的时间是影响预发珠粒质量的关键因素，必须进行优化组合。一般真空度设定为 0.06 ～ 0.08MPa，抽真空时间 20 ～ 30s，预热时间和温度由夹层蒸汽压来控制。

真空预发的珠粒含水量低、相对干燥；有利于获得超低密度泡沫模样，如模样密度达到 $16kg \cdot m^{-3}$，EPMMA 密度达到 $20kg \cdot m^{-3}$。

② 蒸汽预发。图 2-15 为蒸汽预发泡机结构示意图。珠粒从上部定量加入搅拌筒体，高压蒸汽从底部进入加热预发，筒体内的搅拌器不停转动，当预发珠粒的高度达到光电管的控制高度时，自动发出信号，停止进气并卸料。

蒸汽预发泡机不是通过时间而是通过预发泡后的容积定量（即珠粒的预发密度定量）来控制预发倍率的。不同模样材料的预发温度参数见表 2-4。

表 2-4　蒸汽预发温度参数

珠粒材料	EPS	STMMA	EPMMA
预发温度 /℃	100 ～ 105	105 ～ 115	120 ～ 130

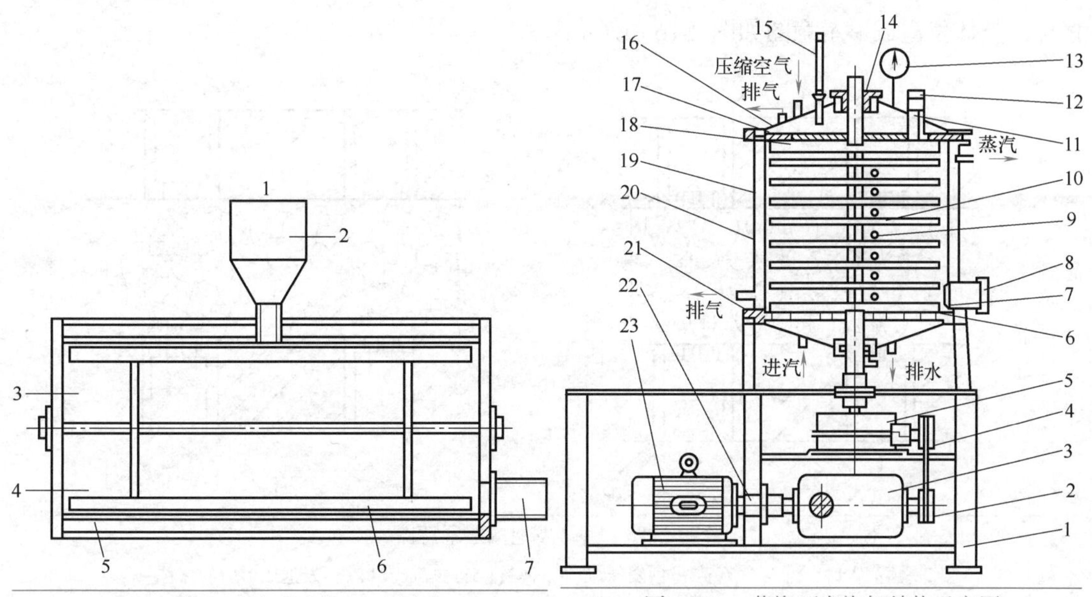

图 2-14 真空预发泡机示意图

1—原料入口；2—料斗；3—加水；4—抽真空；5—双壁加热膨胀室；6—搅拌叶片；7—卸料口

图 2-15 蒸汽预发泡机结构示意图

1—机架；2—带轮；3—无级减速器；4—V 带；5—减速器；6—下盖；7—下刮板；8—出料口；9—固定棒；10—轴；11—加料口；12—堵头；13—压力表；14—压盖；15—温度表；16—上盖；17—上栅板；18—上刮板；19—活动棒；20—筒体；21—下栅板；22—联轴器；23—电动机

采用蒸汽预发泡时，由于珠粒直接与水蒸气接触，预发珠粒水分含量高达 10% 左右，因此卸料后必须经过干燥处理。

（2）熟化

刚刚预发的珠粒不能立即用来在模具中进行二次发泡成形，这主要是因为预发珠粒从预发泡机卸料到储料仓时，由于骤冷造成泡孔中发泡剂和渗入蒸汽的冷凝，从而使泡孔内部处于真空状态。此时的预发珠粒弹性不足，流动性较差，不利于充填紧实模具型腔和获得较好表面质量的泡沫模样。预发泡后的珠粒，必须放置一段时间，让空气渗入泡孔中，保持泡孔内外压力的平衡，使珠粒富有弹性，以便最终发泡成形，这个过程称为熟化处理。最合适的熟化温度是 20 ～ 25℃。温度过高，发泡剂的损失增大；温度过低，减慢了空气渗入和发泡剂扩散的速度。最佳熟化时间取决于熟化前预发珠粒的湿度和密度，一般来说，预发珠粒的密度越低，熟化时间越长；预发珠粒的湿度越大，熟化的时间越长。表 2-5 列出了含水质量分数在 2% 以下不同密度的预发泡珠粒熟化时间参考值。

表 2-5 EPS 预发泡珠粒熟化时间参考值

堆积密度 / (g • m^{-3})	15	20	25	30
最佳熟化时间 /h	48 ～ 72	24 ～ 48	10 ～ 30	5 ～ 25
最小熟化时间 /h	10	5	2	0.5

（3）发泡成形

发泡成形是指将熟化后的珠粒充填到模具的型腔内，再次加热使珠粒二次发泡，发泡珠粒相互黏结成一个整体，经冷却定形后脱模，形成与模具形状和尺寸一致的整体泡沫塑料模样，整体发泡成形示意图如图 2-16 所示。

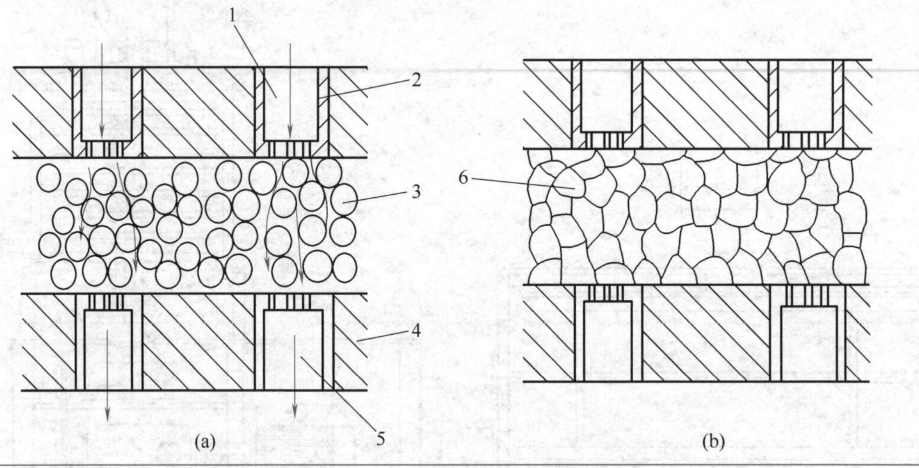

图 2-16　整体发泡成形示意图

1—蒸汽入口；2—通气塞；3—预发珠粒；4—模具；5—蒸汽出口；6—发泡成形后的珠粒

① 发泡成形机。发泡成形机有立式和卧式之分。

立式成形机［图 2-17（a）］的开模方式为水平分型，模具分为上模和下模。其特点为：a. 模具拆卸和安装方便；b. 模具内便于安放嵌件（或活块）；c. 易于手工取模；d. 占地面积小。

卧式成形机［图 2-17（b）］的开模方式为垂直分型，模具分为左模和右模。其特点为：a. 模具前后上下空间开阔，可灵活设置气动抽芯机构，便于制作有多抽芯的复杂泡沫模样；b. 模具中的水和气排放顺畅，有利于泡沫模样的脱水和干燥；c. 生产效率高，易实现计算机全自动控制；d. 结构较复杂、价格较贵。

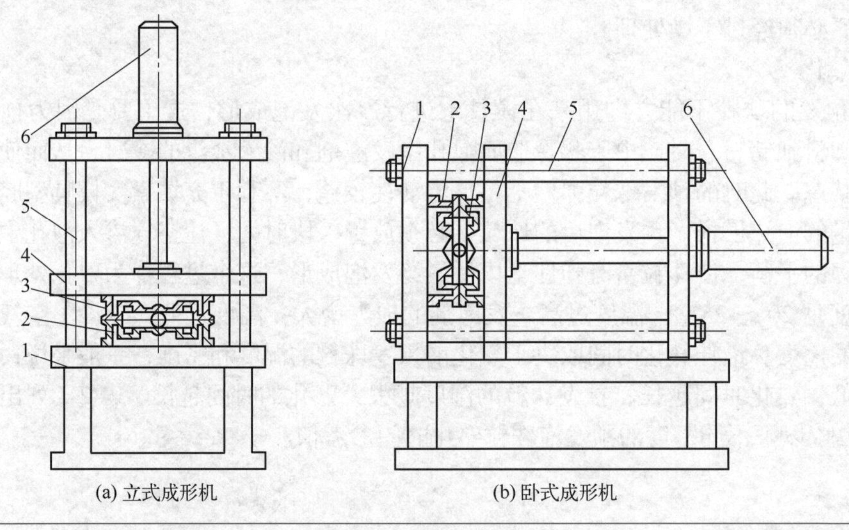

(a) 立式成形机　　(b) 卧式成形机

图 2-17　成形机示意图

1—固定工作台；2—固定模；3—移动模；4—移动工作台；5—导杆；6—液压缸

图 2-18 及图 2-19 分别为德国 Teubert 机器公司的 TVZ LF 间歇式蒸汽预发泡机和 Teubert（TVZ）型全自动消失模模样成形机。

② 发泡成型工艺。发泡成形工艺流程如图 2-20 所示。合理的发泡成形工艺是获得高质量泡沫模样的必要条件。

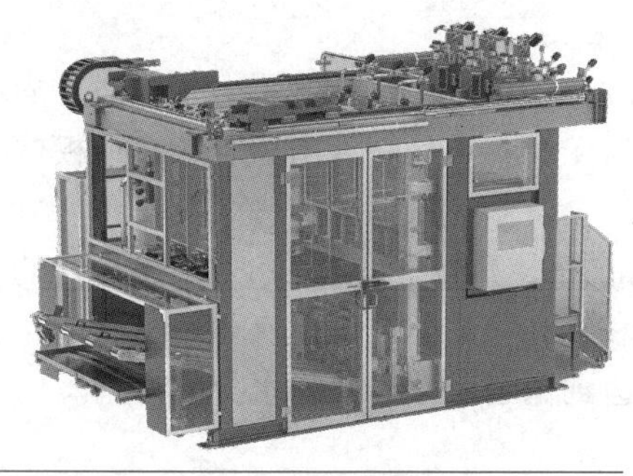

图 2-18　TVZ LF 间歇式蒸汽预发泡机

图 2-19　Teubert（TVZ）型全自动消失模模样成形机

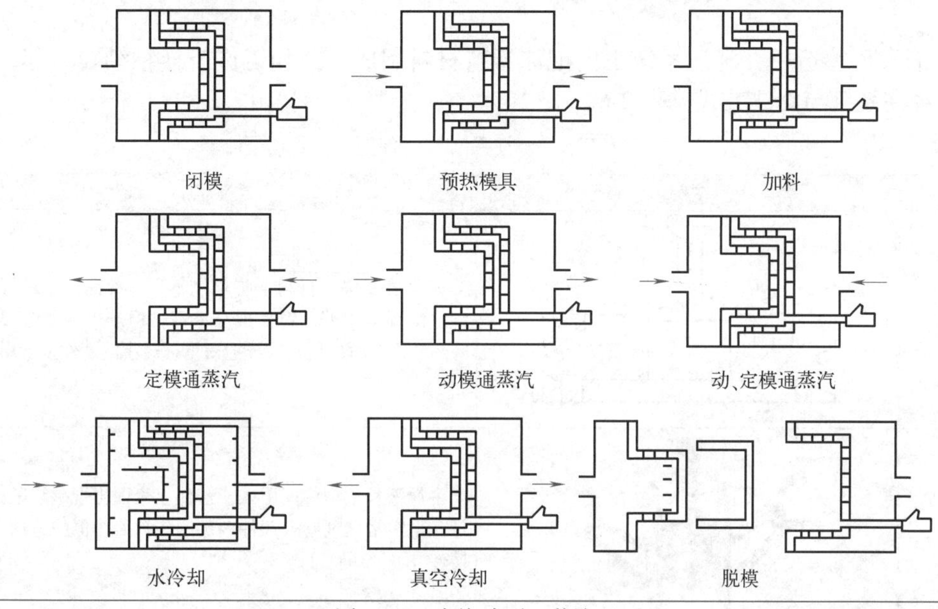

图 2-20　发泡成形工艺流程

a. 合模预热。模具合模以后，要将它预热到 100℃，保证在正式制模之前模具是热态和干燥的，预热不足，将造成发泡不充分的珠粒状不良表面，模具中残存的水分会导致模样中的空隙和孔洞。

b. 填料。泡沫珠粒的充填对于获得优质泡沫模样非常重要。泡沫珠粒在模具中填充不均匀或不紧实会使模样出现残缺不全或融合不充分等缺陷，影响产品的表面质量。充填珠粒的方法有手工填料、料枪射料和负压吸料等，其中料枪射料用得最普遍。泡沫珠粒能否充满模具型腔，主要取决于压缩空气和模具上的排气孔设置。压缩空气的压力一般为 0.2 ～ 0.3MPa。

c. 加热。预发珠粒填满模具型腔后，通入温度大约为 120℃、压力为 0.1 ～ 0.15MPa 的蒸汽，保压时间视模具厚度而定，从几十秒至几分钟。此时珠粒的膨胀仅能填补珠粒间空隙，使珠粒表面熔化并相互黏结在一起，形成平滑的表面，密度基本不变。

d. 冷却。模样在出模前必须进行冷却，以抑制出模后继续长大，即抑制第三次膨胀。冷却时使模样降温至发泡材料的软化点以下，模样进入玻璃态，硬化定形，这样才能获得与模具形状、尺寸一致的模样冷却。

冷却方法一般采用喷水冷却，将模具冷却到 40 ～ 50℃，有的模样喷水雾后接着抽真空，使水雾蒸发、蒸汽凝结，实现理想的冷却，同时真空使保留的水分、戊烷减少，使模样具有较好的尺寸稳定性。

e. 脱模。一般根据成形机开模方向，并结合模样的结构特点，选定起模方式。对于简易立式成形机，常采用水与压缩空气叠加压力推模法；对于自动成形机，有机械顶杆取模法和真空吸盘取模法。

模样从模具中取出时，一般存在 0.2% ～ 0.4% 的收缩，并且含 6% ～ 8% 质量分数的水分和少量发泡剂。水分和发泡剂的存在容易导致反喷和气孔等缺陷。因此在生产实际中，常将模样置入 50 ～ 70℃的烘干室中强制干燥 5 ～ 6h，达到稳定尺寸、去除水分的目的。

2.2.5 泡沫塑料模浇注系统及模组粘结

在消失模铸造中，浇注系统也由泡沫塑料材料制成，并和铸件模样粘结在一起，形成模组，浇注系统与浇注方式见表 2-6。

表 2-6 浇注系统与浇注方式

浇注方式	图例	特点
顶注		充型速度快，有利于防止浇不足、冷隔、塌箱等缺陷，顺序凝固效果好，铸件成品率高。但难于控制金属液流，容易卷入热解残留物。一般薄壁、矮小的铸件多采用顶注
侧注		金属液从模型中间引入，铸件上表面出现碳缺陷的概率低。但常常出现卷入铸件内部的碳缺陷。侧注适用于一般铸件
底注		从模样底部引入金属液，上升平稳，充型速度慢，铸件上表面容易出现碳缺陷。一般厚大件采用底注方式
阶梯注		分两层或多层引入金属液，如果采用空心直浇道，底层内浇道引入金属最多，上层内浇道也同时进入金属液。如果采用实心直浇道，大部分金属液从上层内浇道引入，多层内浇道作用减弱。阶梯浇道引入容易引起冷隔缺陷。一般在高大铸件上采用

消失模的浇注系统设计尚无成熟的方法，可以借鉴传统砂型铸造的浇注系统设计，并进行适当调整，一般浇注系统要增大 15% ～ 20%。

由于消失模实型浇注的特殊性，一般消失模浇注系统不考虑采用复杂结构形式（如离心式、阻流式、牛角式等），尽量减少浇注系统组成，如不设横浇道以缩短金属液流动的距离，还要注意直浇道与铸件之间的距离，应保证充型过程中不因温度升高而使模样变形，以及保持足够的金属压头，以防浇注时呛火。

在生产高质量铸件时，浇注系统也应由模具发泡而成，以保证发泡质量和控制密度。虽然浇注系统的泡沫模并不是铸件的母模，但一旦它产生问题，造成分解产物卷入金属液或造成金属液反喷、铸型破坏等问题，依然会影响铸件质量。

在消失模铸造白区生产中，浇注系统与铸件模样需要粘结，复杂铸件模样如果不能一次发泡制得，可以通过分块发泡再组合的方式，也需要粘结操作。

可以实现粘结的黏结剂有热熔胶、冷粘胶等。热熔胶由于粘结效率高，粘结质量好，被广泛使用。粘结质量对铸件质量会产生影响，应注意在保证粘结强度的情况下，减少用胶量。因为胶与高温金属液接触也会发生热解反应，生成分解产物而影响铸件质量。还要注意粘结面要密闭，不能有缝隙，以防止后续操作时，涂料进入缝隙，而成为铸件夹杂。

在不同模样分块进行粘结时，粘结精度还将影响泡沫塑料模的尺寸和形状精度，而最终影响铸件质量。为了保证粘结质量，应适当使用粘结胎具。

为了提高粘结效率，可以使用机械化的粘结操作装置。热粘合机工作步骤如图 2-21 所示。

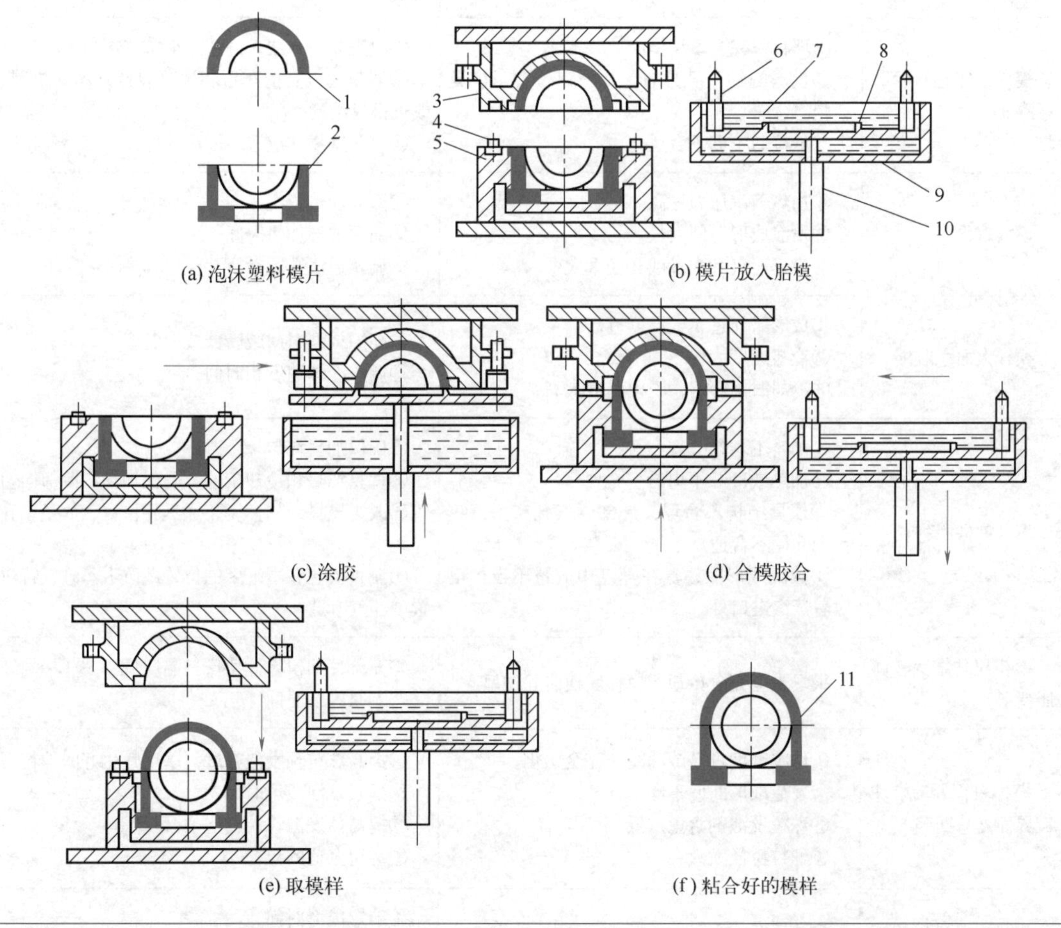

图 2-21 热粘合机工作步骤

1—上膜片；2—下膜片；3—上胎模；4—胎模定位销；5—下胎模；6—印刷板定位销；7—热熔胶；8—印刷板；9—熔池；10—升降缸；11—泡沫模样

2.2.6 模样常见缺陷的原因及预防方法

在采用发泡成形制造模样时，影响模样质量的因素很多，除与原始树脂珠粒的品种、规格和质量有关外，在很大程度上取决于模具结构是否合理，预发泡机和发泡成形设备是否合适，预发泡及发泡成形工艺是否规范以及预发泡珠粒的干燥、熟化和保存是否得当等。表 2-7 列出了发泡成形模样的常见缺陷及对策。

表 2-7 发泡成形模样的常见缺陷及对策

缺陷名称	产生原因	对策措施
模样外观正常，内部熔结不良	①成形加热时间短，或蒸汽压力低，成形温度低 ②预发泡珠粒干燥、熟化温度高或时间过长，发泡剂含量不够	①提高加热蒸汽压力，提高成形温度，延长发泡成形时间 ②控制珠粒干燥、熟化温度和时间 ③调整发泡剂含量
内部结构松弛，大部分熔结不良	①珠粒充填不均匀 ②成形温度偏低，时间短 ③珠粒密度过低或发泡剂含量低	①改进充填方法和条件 ②提高加热蒸汽压力，延长加热时间 ③控制预发泡珠粒密度和发泡剂含量
模样不完整，轮廓不清晰	①珠粒未完全填满模腔 ②模具的通气孔分布、加料口位置、模具结构不合理 ③珠粒的粒度不合适	①改进充填方法，调整压缩空气压力 ②调整通气孔的布置和数量以及加料口位置，改进模具结构 ③对薄壁模样应选用较小的珠粒
模样熔化	①加热蒸汽压力过高 ②发泡成形时间太长 ③模具通气孔太多或孔径太大	①降低加热蒸汽压力 ②缩短成形加热时间 ③调整通气孔数量及孔径
模样大面积收缩	①成形时间过长或温度过高 ②冷却速度太快 ③冷却时间不够，脱模温度太高	①缩短成型时间或降低成型温度 ②调整冷却速度和时间
模样局部收缩	①加料不均匀 ②加热或冷却不均匀 ③模具结构不合理，局部通气孔布置、数量或孔径不合适 ④蒸缸成形时模具在蒸缸中放置不当，正对着蒸汽进口处	①确保加料均匀 ②调整加热和冷却条件，确保加热和冷却均匀 ③改进模具结构，调整通气孔位置、数量和孔径大小 ④调整模具在蒸缸中的位置或改进蒸缸气管位置或通气方式
模样尺寸增大，膨胀变形	模具未能充分冷却，模样脱模时间过早	①充分冷却模具，使模具温度低于 80℃ ②调整脱模时间
模样表面粗糙，珠粒界面处有凹陷	①珠粒密度过低或珠粒未完全熟化 ②发泡成形时间不够 ③珠粒发泡剂含量过低 ④珠粒粒径太大	①提高珠粒预发泡密度，采用熟化好的珠粒 ②延长发泡成形时间 ③提高预发泡珠粒发泡剂含量 ④选用合适的粒径
模样表面珠粒界面凸出	①成形时间太长 ②模具的冷却速度太快，冷却时间不够	①缩短成形时间 ②降低模具冷却速度，延长冷却时间，使模样充分定型

续表

缺陷名称	产生原因	对策措施
模样刚脱模时正常，过后收缩变形	①预发泡珠粒密度过低 ②预发泡珠粒熟化时间不够	①缩短预发泡时间，提高预发泡珠粒密度 ②适当延长预发泡珠粒熟化时间
模样中含有冷凝水	①发泡珠粒熔结不良 ②冷却水压力过高和时间过长 ③成形时间长，泡孔有破裂开孔现象 ④预发泡珠粒密度过低	①加热蒸汽压力和成形温度应适当 ②调整冷却水压力和冷却时间 ③缩短成形加热时间 ④提高预发泡珠粒密度
模样由模具中取出时损坏或变形	①模样与模具之间有粘结现象 ②模具结构不合理，模腔内壁表面粗糙	①定期润滑模具工作表面 ②修改模具结构，降低表面粗糙度，增加起模斜度等

关于加工成形模样的常见缺陷主要有拉毛、擦伤、珠粒剥落、表面粗糙及孔洞等。产生这些缺陷的主要原因基本上可归纳为：第一，刀具结构不合理；第二，切削工艺不规范或加工方法选用不当；第三，所选用的泡沫塑料板材质量不好，如泡沫塑料珠粒大小不均匀，珠粒间粘结不牢，泡沫塑料中有杂质、密度过低或密度梯度较大等。此外，制模工人技术不熟练或操作上的失误也是加工成形模样产生缺陷的重要原因。

2.3 发泡模具的设计及制造

发泡成形模具是决定模样质量最主要、最直接的因素，粗劣的模具绝不可能获得优质的模样。与此同时，模具的加工制造成本，操作的方便程度，对模样制作的效率和铸件的成本也起着十分重要的作用。

2.3.1 发泡成形工艺设计

（1）发泡模具分型面确定

采用成形机制模，无论是水平分型还是垂直分型，多为两开模分型结构。两开模分型面的基本形式和普通铸造的分型形式一样有直线分型、折线分型、曲线分型三种。此外还有水平垂直双分型、水平垂直三分型以及多开模分型等形式。分型面的选择应根据铸件的具体结构来选择，应尽量减少分型数量，使复杂模样能一次整体做出。分型面的选择原则主要有三条：①保证泡沫模样的精度；②便于泡沫模样从模具中取出；③有利于模具加工。

（2）注射料口位置选择

注料口位置的设计，直接影响模样的质量。选择注射料口时应遵循的原则是：进料顺，排气畅，受阻小，使泡沫模样充紧实、密度均匀。对于大件或复杂件，若一个注料口不够，可设计多个注料口。注料口的位置一般有中心进料方式、切线进料方式、从内浇道进料方式和多进料口进料方式。表 2-8 是典型的泡沫塑料模样注料口设计。

表 2-8　典型的泡沫塑料模样进料口设计

进料口位置	图例	说明
中心进料		进料通畅，各处密度均匀，适合对称均匀排布泡沫塑料模样
切线进料		进料口应让泡沫珠粒在模具中切线进料，旋转充填，避免与型壁或芯壁垂直，适合环状盘类模样
从内浇道进料	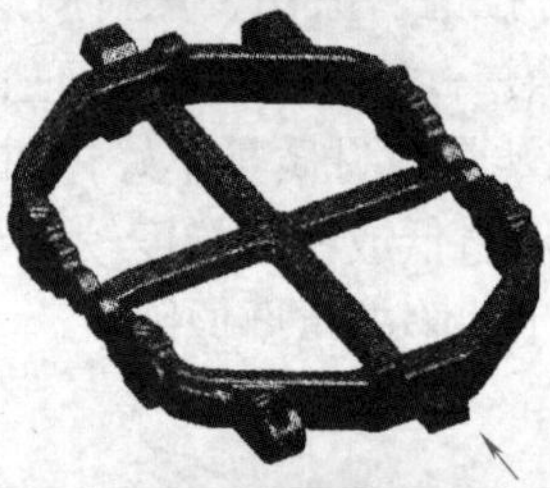	将内浇道与泡沫塑料模样做成整体，泡沫珠粒通过内浇道进入模具型腔，此方式适合薄壁小模样
主辅进料口		对于箱体模样，若采用手工料枪进料，可设计主、辅进料口。主进料口先进料，辅助进料口后补料
多个手工料枪同时进料		适合较小尺寸的复杂薄壁泡沫塑料模样（如电动机壳体泡沫塑料模样）的手工开合模具
多个气动料枪进料	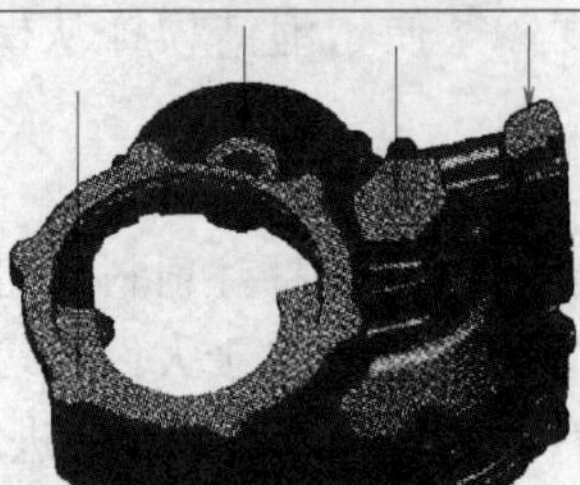	适合较大尺寸的复杂薄壁泡沫塑料模样的机械开合模具

（3）模样的分片

形状复杂的泡沫模样若不能一次整体发泡成形，则需将其进行分片处理，即将一个整体模样切割成几个小的模样，各个小片模样单独成形，然后再进行粘结，将各个模片组合成一个整体。

图 2-22 为汽车排气管泡沫模样分片图。该零件的流道曲面复杂，采用三维 CAD 软件，将其分解成三个模片，且分割面均为曲面。各模片在粘结时，借用粘结胎模完成模片的曲面精确粘结。

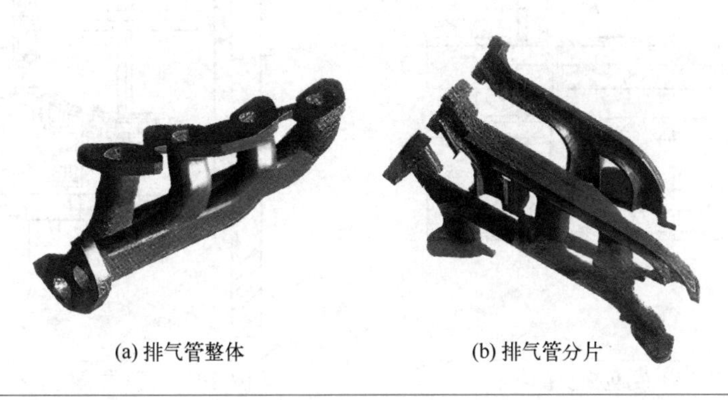

(a) 排气管整体　(b) 排气管分片

图 2-22　排气管泡沫模样分片图

2.3.2　发泡成形模具设计

影响发泡成形模样质量的另一个重要因素是模具设计和制造。选择合适的模具材料和设计最佳的模具结构，不仅可提高模样质量，还可降低制模成本。

（1）发泡模具种类

① 蒸缸模具（图 2-23）。其结构随模样形状而变化。由于蒸缸模具属手工操作，生产周期长，效率低，劳动强度大，仅适用于小批量生产泡沫塑料模样。

② 压机气室发泡模具（图 2-24、图 2-25）。压机气室发泡模具（简称压机气室模具），常采用上下或左右开型的结构形式。模芯与模框分别固定在上下气室上，并在模框的适当位置开设加料口，使预发泡珠粒能顺利填满型腔，上下气室均设有进出气口。

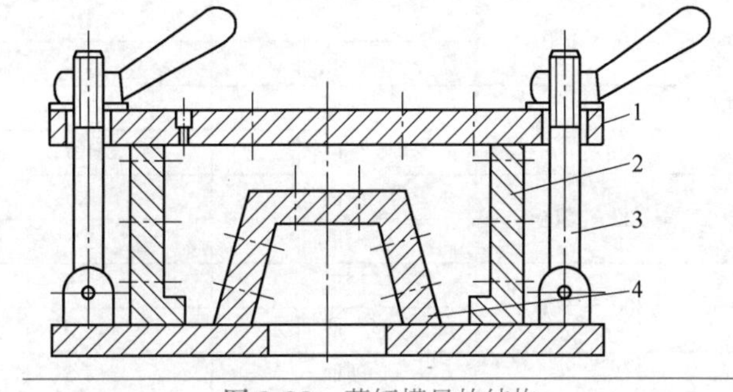

图 2-23　蒸缸模具的结构

1—上盖板；2—外框；3—紧固螺栓；4—下底板（包括模芯）

（2）铸件加工余量

根据我国铸件公差等级，并结合国外消失模铸件的应用实践，确定消失模铸件的尺寸公差为 CT6 ～ CT8（高出机械造型砂型铸件尺寸公差 1 ～ 2 个等级），壁厚公差等级为 CT5 ～ CT7（与熔模铸件的尺寸公差相当）。消失模铸件的毛坯加工余量为砂型铸件加工余量的 30% ～ 50%，大于熔模铸件加工余量的 30% ～ 50%。消失模铸件的机械加工余量的取值见表 2-9。

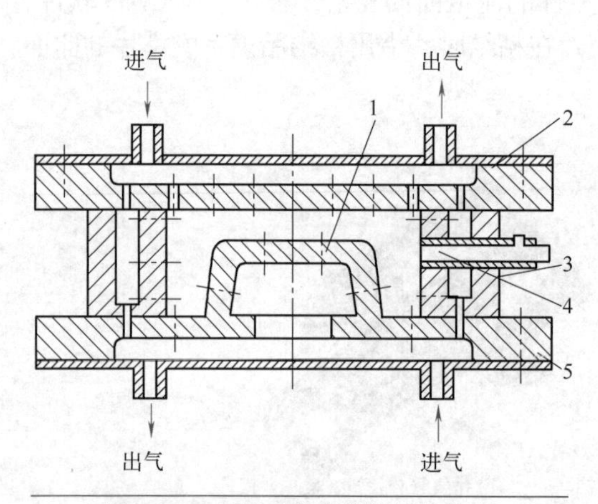

图 2-24 压机气室发泡模具的结构

1—模芯；2—上盖板；3—模框；
4—进料口；5—下底板

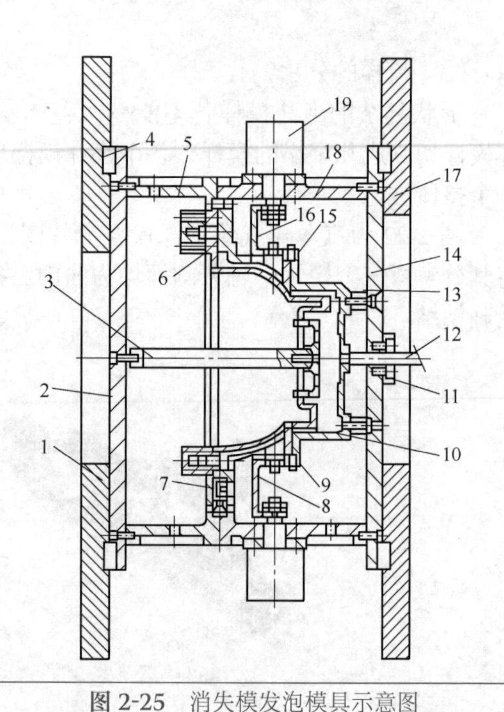

图 2-25 消失模发泡模具示意图

1—动模底板；2—凸模底板；3—支撑柱；4—定位滑块；
5—凸模框架；6—凸模面板；7—凸凹模定位块；
8—下抽芯连接架；9—下抽芯；10—凸模体；11—注料枪紧固板；12—注料枪；13—凹模体；
14—凹模底板；15—上抽芯；16—连接架；17—定模底模；
18—凹模模板；19—气缸

表 2-9 消失模铸件的机械加工余量 单位：mm

铸件最大外轮廓尺寸		铸铝件	铸铁件	铸钢件
≤ 50	顶面	1.0	2.0	2.5
	侧、底面	1.0	2.0	2.5
＞ 50 ～ 100	顶面	1.5	3.0	3.5
	侧、底面	1.0	2.0	2.5
＞ 100 ～ 200	顶面	2.0	3.5	4.0
	侧、底面	1.5	3.0	3.0
＞ 200 ～ 300	顶面	2.5	4.0	4.5
	侧、底面	2.5	4.0	3.5
＞ 300 ～ 500	顶面	3.5	5.0	5.0
	侧、底面	3.0	4.0	4.0
＞ 500	顶面	4.5	6.0	6.0
	侧、底面	4.0	5.0	5.0

（3）收缩率

在确定发泡模具的型腔尺寸时，应将铸件的收缩和泡沫模样的收缩都计算在内。对于密度为 22 ～ 25kg・cm^{-3} 的泡沫模样，EPS 的线收缩率为 0.3% ～ 0.4%，共聚物（STMMA）的线收缩率为 0.2% ～ 0.3%。用共聚物制造的泡沫模样的尺寸稳定性要高于 EPS 泡沫模样。

（4）泡沫模样的起模斜度

泡沫模样从发泡模具中取出，需要一定的起模斜度，在设计和制造发泡模具时应将起模斜度考虑在内。选择泡沫模样的起模斜度有三种方法：增大壁厚法、增减壁厚法和减小壁厚法。对起模斜度的具体取值应考虑如下情况。

① 泡沫模样在模具中，因冷却和干燥收缩，造成凹模易起、凸模难起的现象，故凸模的起模斜度应大于凹模的起模斜度。

② 若无辅助取模措施，起模斜度应取大值。采用负压吸模或顶杆推模等取模方法，模具的起模斜度可取小值。

在模具设计时，泡沫模样的起模斜度一般在 0.5° ～ 1.5° 选择，具体视型腔的深度、模样尺寸大小及铸件的精度要求而定。

2.3.3 发泡模具制造

（1）模具材料的选择

发泡模具在制模过程中，要经受周期性蒸汽加热和喷水冷却，因此要求模具材料具有良好的导热性能和耐蚀性，能适应快速加热和冷却，而且不易生锈。生产中常选用锻造铝合金或铸造铝合金来制造消失模发泡成形模具。

（2）模具加工

如前所述，消失模模具通常采用铝合金材质，而且为薄壳随形结构，因此其制造方法主要为铸造成形和机械加工两种方法。

① 铸造成形方法。

a. 传统的铸造成形工艺。传统的铸造成形工艺流程为：首先根据模具的二维设计图制作木模，然后造型、浇注，获得模具毛坯，再用普通的机械加工方法，制作出最终使用的模具。

铸造成形工艺存在精度差、速度慢等问题，尤其是随形面的制作难以做到真正意义上的薄壳随形（二维设计及木模制作所限）。

b. 基于快速原型制模工艺。基于快速原型制模工艺流程为：首先完成模具的三维设计，而后借助快速成形设备在几个或几十小时内快速制作出模具的原型，然后结合熔模铸造、石膏型铸造、转移涂料等铸造工艺，快速翻制出精确的模具毛坯。

② 现代机械加工方法。目前在消失模发泡模具制造中，最常见的是电火花加工和数控加工两种方法，它们相对铸造成形方法而言，精度更高，但成本也较高。

a. 电火花加工。电火花加工方法主要是制作纯铜或石墨电极，利用电化学腐蚀作用，实现对模具的型腔加工。该工艺获得的模具表面粗糙度值最低，但其电极的设计和加工比较麻烦，一般要通过数控加工和钳工修整来完成，因此一般用于凹模和局部清理。

b. 数控加工。数控加工是高档模具制造过程中最常见的加工方法。由于模具是薄壳随形结构，如果采用锻坯材料，在加工过程中要十分注意加工顺序，尽可能降低模具加工过程中的变形。

（3）模具型腔的排气结构

模具型腔面加工完成后，需在整个型腔面上开设透气孔、透气塞、透气槽，使发泡模具有较高的透气性，以达到发泡工艺的如下要求。

① 注料时，压缩空气能迅速从型腔排走。

② 成形时，蒸汽穿过模具进入泡沫珠粒间隙使其融合。

③ 冷却阶段，水能直接对泡沫模样进行降温。

④ 负压干燥阶段，模样中的水分可通过模具迅速排出。

可见，模具的透气结构对泡沫模样的质量至关重要，不能忽视。

① 透气孔的大小和布置。透气孔的直径为 0.4 ～ 0.5mm，过小，易折断钻头；过大，影响泡沫模样的表面美观。有资料介绍，透气孔的通气面积为模具型腔表面总面积的 1% ～ 2% 为宜。据此估算，在 100mm × 100mm 的模具型腔面积上，若钻 ϕ0.5 的孔，需均匀布置 200 ～ 400 个，即孔间距为 3 ～ 6mm。透气孔采用外大内小的形式，其间距和结构如图 2-26 所示。

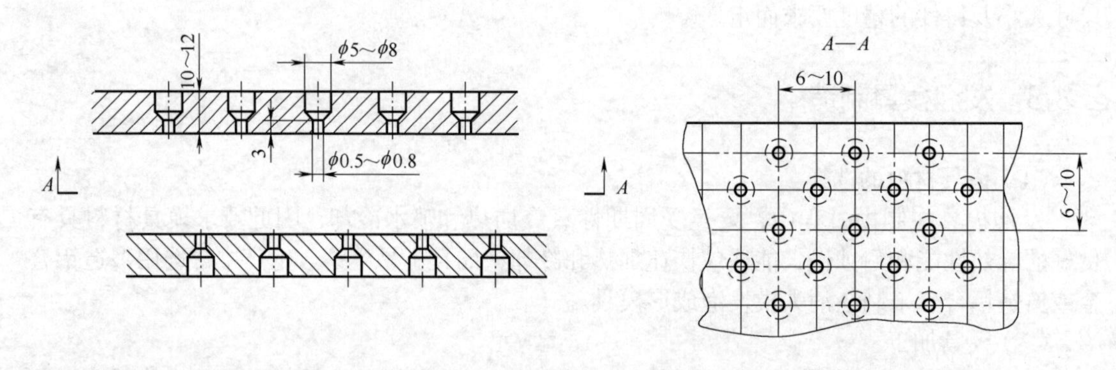

图 2-26　透气孔的间距和结构

② 透气塞的形式、大小和布置尺寸。透气塞有铝质和铜质两种，有孔点式、缝隙式和梅花式等形式，主要规格有 ϕ4、ϕ6、ϕ8 和 ϕ10 四种。按透气塞的通气面积约为模具型腔的表面总面积的 1% 估算，在 100mm × 100mm 的模具面积上，若要安装 ϕ8 的孔点式透气塞（该透气塞上共有 ϕ0.5 的通气小孔 7 个），需均匀布置 6 ～ 8 个，各种规格的透气塞的安装距离推荐值见表 2-10。

表 2-10　透气塞的安装距离参考尺寸　　单位：mm

透气塞直径	ϕ4	ϕ6	ϕ8	ϕ10
安装距离	10，10	14，14	25，25	30，30
透气塞种类	孔点式		缝隙式	梅花式

③ 透气槽。对于难以钻透气孔或安装透气塞的部位，可设计透气槽来解决模具的透气问题。例如，电机壳模具上的散热片处不易安透气塞。但可在拼装的每个模具块之间开数条宽度为 10 ～ 20mm，深度为 0.3 ～ 0.5mm 的透气槽，如图 2-27 所示。

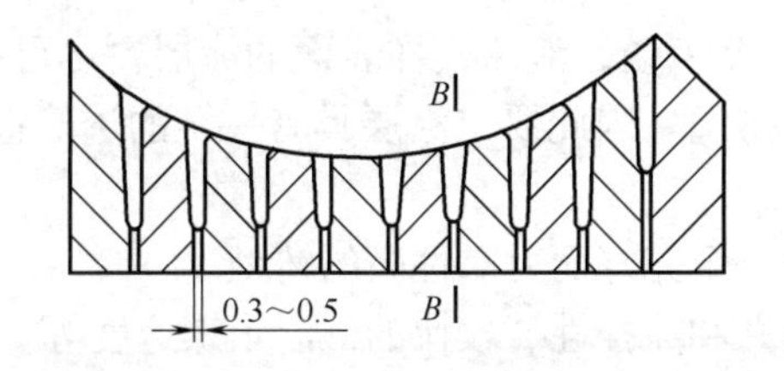

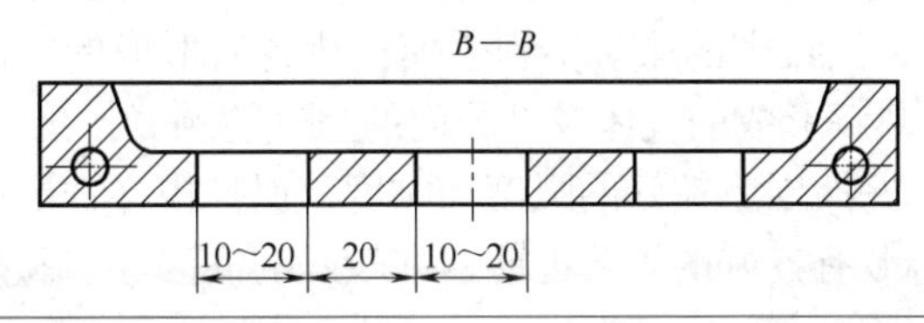

图 2-27　透气槽的开设

2.4　涂料

2.4.1　涂料的作用及性能要求

（1）涂料的作用

① 可以降低铸件表面粗糙度，提高铸件的表面质量和使用性能。

② 有助于防止或减少铸件粘砂、砂眼等缺陷，因为涂料层建立了一道耐火性、热化学稳定性高的屏障，将金属液与干砂隔开来。

③ 有利于提高铸件落砂、清理效率。

④ 能使金属液流动前沿气隙中模样热解的气体和液体产物顺利通过，排到铸型中去，但又要防止金属液的渗入，这是防止铸件产生气孔、金属渗透和碳缺陷十分重要的条件。

⑤ 能提高泡沫模样的强度和刚度。

⑥ 对铝合金铸件，尤其是薄壁铝合金铸件，有良好的保温绝热作用，以防止由于模样热解吸热时金属液流动前沿温度下降过快，避免冷隔和浇不足缺陷。

消失模铸造涂料和普通砂型铸造涂料的比较见表 2-11。

表 2-11　消失模铸造涂料和普通砂型铸造涂料的比较

比较项目	消失模铸造涂料	普通砂型铸造涂料
涂覆对象	密度小（是涂料密度的 1/100）、强度小的泡沫模样，对水不润湿、不渗透	密度大、强度高的砂型（砂芯），对水可润湿、可渗透
涂覆过程	适合浸涂，涂覆时要注意，防止浮力大、刚性差的模组被折断	刷涂、喷涂、浸涂、流涂都可以，涂覆时砂型（砂芯）不易损坏
造型工艺	先有模样的涂层，再进行造型，涂层要经受干砂的冲刷	先有砂型（砂芯），再涂覆涂料，涂层除浇注时受金属液冲刷外，不受其他冲刷
成形过程	所有发泡模样的热解产物（气态和液态）都要通过涂层排出，但涂层不允许金属液渗入	型腔内的气体一般通过浇冒口、出气孔排出，不必通过涂层，相反要防止型砂中的气体通过涂层侵入金属液
涂料类别	涂层的厚薄不影响铸件尺寸精度，属于不占位涂料	涂层的厚薄直接关系到铸件尺寸精度，属于占位涂料

（2）涂料的性能要求

对涂料的性能要求如下：

① 有较高的耐火度和化学稳定性，在浇注时不被高温金属熔化或与金属氧化物发生化学反应，形成化学黏砂。

② 涂层有较好的透气性。从防止铸件粘砂的角度来说，泡沫模样表面的涂层要尽可能致密，但致密的涂层不利于模样热解后形成的气体排逸。因此要求涂层具有一定的透气性，以便热解形成的气体及型腔内的空气能顺畅排出。

③ 涂层有较好的强度和刚度，保护模样并形成一个完好而可靠性高的铸型。

④ 有良好的工艺性能，如较好的润湿性、黏附性和涂挂性、较快的低温干燥速度等。

2.4.2 涂料的组成、制备与使用

（1）涂层的组成

消失模涂料一般由耐火材料、黏结剂、载体（溶剂）、表面活性剂、悬浮剂、触变剂以及其他添加剂组成。

① 耐火材料。耐火材料是涂料的主体，它决定涂料的耐火度、化学稳定性和绝热性。表 2-12 是几种常用耐火材料的物理化学性质。

表 2-12 几种常用耐火材料的物理化学性质

耐火材料	化学性能	熔点 /℃	密度 /（$g \cdot cm^{-3}$）	线胀系数 /（10^{-6} ℃$^{-1}$）	热导率 /[$W \cdot (m \cdot K)^{-1}$]
刚玉粉	中性	2000 ～ 2050	3.8 ～ 4.0	8.6	5.2 ～ 12.5
锆砂粉	弱酸性	＜ 1948	3.9 ～ 4.9	4.6	2.1
石英粉	酸性	1713	2.65	12. 5	1.8
铝矾土熟料	中性	1800	3.1 ～ 3.5	5 ～ 8	—
高岭石熟料	中性	1700 ～ 1790	2. 62 ～ 2. 65	5.0	0.6 ～ 0.8
滑石粉	碱性	800 ～ 1350	2.7	7 ～ 10	—
氧化镁粉	碱性	＞ 1840	3.6	14	2. 9 ～ 5.6
硅藻土粉	中性	—	1.9 ～ 2.3	—	0.14
云母	弱碱性	750 ～ 1100	—	—	
珠光粉	中性	1700	3.3	—	—

生产不同合金的消失模铸件时，应选用不同的耐火材料制作涂料，这是因为不同合金对涂料的耐火度、化学稳定性和绝热性要求各不相同，如铝铸件消失模涂料常用硅藻土、滑石粉等；铸铁件常用石英粉、铝矾土、高岭土熟料、棕刚玉粉等；铸钢件常用刚玉粉、锆英粉、镁砂粉等。

配制消失模涂料除要正确选择耐火材料种类外，还应正确选择耐火材料的粒度大小和分布，以及颗粒形状，以保证涂料的透气性。消失模涂料用耐火材料颗粒以圆形为好，粒度偏粗而集中较合适。

② 黏结剂。黏结剂的作用是将耐火材料颗粒黏结在一起，使涂层具有一定强度，并使耐火材料颗粒黏附在泡沫塑料模样上，防止涂层从泡沫塑料模表面脱落或开裂。涂料在使用过程中的性质及涂层在浇注过程中的表现都与黏结剂的性质有关。

为保证消失模涂料既有高强度又有高的透气性，要合理地选择黏结剂。无机黏结剂可以保证涂层常温和高温强度，而有机黏结剂在常温状态下可以提高涂层的强度，在浇注时被烧失，又能有效地提高涂层的透气性。配制消失模涂料需要正确使用多种黏结剂，以确保涂料性能符合要求。

常用的黏结剂大致可分为无机和有机两类。每种黏结剂又可分为亲水型和憎水型。亲水型黏结剂可溶于水，适用于水基涂料。憎水型黏结剂一般用于醇基涂料，某些憎水型黏结剂经处理后也可用于水基涂料。

③ 载体。液体载体的作用是使耐火材料颗粒悬浮起来，使涂料成为浆状，以便涂敷。水和有机溶剂是两种最常用的载体，以水为载体的涂料称为水基涂料。最常用的有机溶剂为醇类，以各种醇类为载体的涂料称为醇基涂料。生产中使用较多的为水基涂料，国内外消失模商品涂料多是直接配成水基膏状涂料；或是购买时为粉状，使用时加水配成水基涂料。

④ 悬浮剂。悬浮性是指涂料抵抗固体耐火材料分层和沉淀的能力。为防止涂料中的固体耐火材料沉淀而加入的物质称悬浮剂。悬浮剂对调节涂料的流变性和改善涂料的工艺性能方面也有重要作用。

水基涂料常用的悬浮剂有：膨润土、凹凸棒土、羧甲基纤维素（CMC）、聚丙烯酰胺、海藻酸钠等。醇基涂料常用的悬浮有：有机膨润土、锂膨润土、凹凸棒土、聚乙烯醇缩丁醛（PVB）等。

⑤ 添加剂。添加剂是为了改善涂料的某些性能而添加的少量附加物，常见添加剂如下。

a. 润湿剂。为改善水基消失模涂料的涂挂性，需在涂料中加润湿剂。

b. 消泡剂。能消除涂料中气泡的添加剂称为消泡剂。

c. 防腐剂。它是防止水基涂料产生发酵、腐败、变质的添加剂。涂料的配方对其性能影响极大，生产厂家可以购买已配制好的商用涂料或者自行配制。

（2）涂料的制备及使用

① 涂料的制备。涂料的制备工艺对涂料的性能也有一定影响，常见的制备工艺主要有球磨、碾压和搅拌。一般而言，搅拌器的转速越高、搅拌时间越长，涂料混合越均匀，越不易沉淀，涂挂效果越好。球磨机和碾压机配制涂料，因耐火涂料颗粒能被破碎可选用较粗颗粒；而搅拌机配制涂料则没有破碎作用，因而选择较细粒度的耐火材料。球磨机和碾压机配制水基涂料时耐火材料因破碎形成新生表面而有较大的活性，使载体在耐火材料颗粒表面均匀分布，故有较好的稳定性、触变性，强度较高。

② 涂料的涂挂及烘干。

a. 涂料的涂挂。涂料的涂挂方式主要有刷涂法、浸涂法、淋涂法、喷涂法和流涂法等。消失模铸造涂料大都采用浸涂法或浸、淋结合的方法，刷涂用于涂料的修复性补刷和体积较大而无法浸涂的单件生产。

浸涂法具有生产效率高、节省涂料、涂层均匀等优点，但由于泡沫模样密度小（与涂料密度相差几十倍）且本身强度又不高，浸涂时浮力大，容易导致模样变形或折断，因而应采取适当的浸涂工艺。

b. 涂料的烘干。涂料烘干受泡沫塑料软化温度的限制，所以一般采用在55℃以下的气氛中烘干2～10h，烘干时注意空气的流动，以降低湿度，提高烘干效率。

烘干设备有鼓风干燥箱、干燥室及连续式烘干窑等。热源有电热、暖气或热风等。烘干过程中还必须注意模样的合理放置或支撑，防止模样变形，必须烘干透，烘干后的模样要防止吸潮。

2.4.3 涂料常见缺陷及措施

消失模铸造涂料常见缺陷成因及防治措施见表2-13。

表 2-13　涂料常见缺陷成因及防治措施

缺陷	可能形成的原因	防治措施
耐磨性差	(1) 黏结剂数量不足或质量差 (2) 某些黏结剂和悬浮剂未经必要的预处理 (3) 涂层太薄	(1) 适当增加黏结剂的含量或选用质量好的黏结剂 (2) 对这些黏结剂进行预处理后再配制涂料 (3) 适当提高涂料密度，以增加涂层厚度
涂层透气性差	(1) 耐火粉料粒度级配、粒形选择不当 (2) 涂层太厚 (3) 降低透气性的附加物过量	(1) 增加耐火粉料的粒度和粒度分布的集中度，尽可能选用接近圆形的粉料 (2) 适当降低涂料密度，使涂层减薄 (3) 适当减少附加物的加入量
吸附性和绝热性差	(1) 耐火粉料品种选用不当 (2) 提高吸附性和绝热性的粉料含量不足 (3) 涂层太薄	(1) 选择粒度较细的硅藻土、硅灰石、云母粉，并配合吸附性强的凹凸棒黏土或海泡石黏土 (2) 提高吸附和绝热性粉料的比例 (3) 适当提高涂料密度，以增加涂层厚度
耐火度不够	(1) 选用的耐火粉料与合金种类不适应 (2) 耐火粉料中杂质多，耐火度低	(1) 根据铸件的合金种类、壁厚、浇注温度选择适当的耐火粉料 (2) 检验耐火粉料是否符合规格要求
涂料悬浮性差	(1) 耐火粉料颗粒太粗 (2) 悬浮剂选用不当或加入量不足 (3) 悬浮剂未充分引发溶胀 (4) 载液过多 (5) 使用了硬水 (6) 混碾时间太少，混碾不充分	(1) 用粒度更细的耐火粉料 (2) 合理选用悬浮剂的种类，增加加入量 (3) 认真做好悬浮剂的预处理 (4) 减少载液含量，增加涂料密度 (5) 改善水质 (6) 增加混碾时间，检修混碾设备，保证混碾效果，增加分散机转数，延长分散时间或改用更大直径的叶轮
涂刷性差	(1) 载液不足，涂料太稠 (2) 涂料内部结构薄弱，剪切稀释能力差 (3) 模样涂油质分型剂过多	(1) 补充载液，稀释涂料 (2) 提高悬浮性，使涂料有足够的屈服值 (3) 制作模样时减少涂油质分型剂数量，涂料中加入润湿剂
抗流淌性差	(1) 载液过量 (2) 表面活性剂太多 (3) 悬浮性、涂刷性差	(1) 减少载液或添加膏状涂料，以增加稠度 (2) 适当减少表面活性剂 (3) 增加涂料内部结构，提高屈服值

2.5　造型及振动紧实

2.5.1　型砂

消失模铸造工艺中用于填埋发泡模的型砂，最常用的是硅砂。制造高锰钢铸件时，如来源方便，可用镁橄榄石砂；如涂料合适，用硅砂也可以。但是，在铸件尺寸精度要求很高的情况下，硅砂在575℃时的相变膨胀是不能忽视的，就有必要考虑采用镁橄榄石砂、锆砂或人造莫来石质陶粒等膨胀小的砂子代替硅砂。美国 Mercury Marine 铸造厂用消失模铸造工艺生产缸体铸件，采用 Matrix 多传感器空气规（Matrix 空气规用于监测发泡模的尺寸变化，如起模后、熟化后、粘合及运输后的变化，1991 年在美国亚拉巴马 - 伯明翰大学试验、鉴定，1992 年 11 月开始用于生产）测定了发泡模的变形特性。对大量测定数据进行分析之后，现影响铸件尺寸精度的主要因素不在于发泡模的制造，而在于型砂的控制。于是决定采用人造莫来石质陶粒代替硅砂，并取得了很好的效果。干砂造型所用的型砂，以圆粒形为好。圆形砂流动性好，易于填充狭窄部位，而且紧实所需的能量较少。采用硅砂时，宜尽量采用圆粒砂。人造陶粒的圆整度优于任何天然砂，基本上接近球形。天然锆砂以圆粒形为多，也有的呈长椭圆形。镁橄榄石砂是由岩石破碎加工制成的，只能是尖角形或多角形的。型砂的粒度，应与铸造合金的种类、涂料的特性和砂箱中的减压程度等因素综合考虑。一般说来，制造铝合金铸件可用平均粒度为 0.425 ～ 0.212mm 的型砂；制造铸钢件和铸铁件可用平均粒度为 0.212 ～ 0.106mm 的型砂。砂箱内减压程度高时，宜选用较细的型砂。采用 PMMA 发泡模时，因其产气量较大，应采用较粗一些的砂。在干砂振实的情况下，为防止振实时不同粒径的砂粒偏析，型砂的粒度分布不宜太宽，越接近单筛砂越好。浇注以后，回收砂应经处理，其目的有三：

① 砂子温度降到 50℃以下，砂温高易导致消失模变形；

② 除去粉尘；

③ 除去残留的有机物。

制造铝合金铸件时，上述处理尤为重要。因为铝合金的浇注温度低，浇注后砂箱中型砂的温度也低，易使发泡模料热解产生的高分子气体在砂中冷凝，从而影响型砂的振实。批量生产铝合金铸件时，应控制回收砂的灼烧减量（LOI），一般情况下，用过的型砂应分离出 15% 左右，并相应补加新砂。分离出的砂可用热法再生，然后再作为新砂使用。

2.5.2 型砂的紧实

干砂紧实的实质是，通过振动作用使砂箱内的砂粒产生微运动，砂粒获得冲量后克服周围的摩擦力，使砂粒产生相互滑移及重新排列，最终引起砂体的流动变形及紧实。

将发泡模用型砂填埋并使其紧实，要满足三个要求：

① 均匀填埋到发泡模内外表面及各个部位；

② 有足够的紧实度和密度，足以耐受浇注过程中金属液和气体的压力；

③ 既要使型砂处处紧实，又不能造成发泡模损坏或变形。

用不加黏结剂的干砂，当然有可能只靠振实来紧实型砂。但是，对于水平位置的孔或发泡模下面的凹部，均匀而紧实地填砂是不易做到的。考虑到发泡模形状复杂，想达到上述三个要求，在技术上绝非易事。由于填砂及紧实型砂是本工艺中的重要环节，各工业国都有人在探讨、研究，目前还不能说对此已能掌握。实际上，并不是用此工艺时不需要黏结剂，而是要使振实型砂时发泡模不致变形，型砂中加有黏结剂是非常有害的。不过，在制造形状复杂的铸件时，也可以先在难以填砂的凹部塞填自硬砂，再填埋干砂，不必刻意追求无黏结剂。

2.5.3 干砂振动充填紧实的影响因素

（1）振动维数

垂直方向的振动是提高干砂紧实率的主要因素，在垂直振动的基础上，增加水平方向的振动，紧实率有所提高，单纯水平方向的振动，紧实效果较差。

（2）振动时间

在振动开始后的 40s 内紧实率变化很快，振动时间为 40 ～ 60s 时，紧实率的变化较小，振动时间大于 60s 后，紧实率基本不变。

（3）原砂种类

研究表明，原砂种类对紧实率具有一定的影响，自由堆积时，圆形砂的密度大于钝角或尖角形砂，振动紧实后，钝角或尖角形砂的紧实率增加较大，另外颗粒度大小对型砂的紧实率也有影响。

（4）振动加速度

加速度在 14.11 ～ 25.68m/s^2 之间，获得的平均紧实率较高。

（5）振动频率

当振动频率大于 50Hz 后，紧实率的变化不太大。

2.5.4 砂箱中的减压程度

干砂振动紧实后，铸型浇注通常在抽真空的负压下进行。抽真空的目的与作用：将砂箱内砂粒间的空气抽走，使密封的砂箱内部处于负压状态，因此砂箱内部与外部产生一定的压差，在此压差的作用下，砂箱内松散、流动的干砂粒可形成紧实、坚硬的铸型，具有足够高的抵抗金属液作用的抗压、抗剪强度。此外，抽真空可以强化金属液浇注时泡沫模样气化后气体的排出效果，减少铸件的气孔、夹渣等缺陷。

砂箱中适宜的减压程度，与铸造合金种类、铸件特征、发泡模材料、涂料性能及型砂特性等许多因素有关，应在现场通过试验确定。下面列出大致范围，供参考。

铝合金铸件：减压程度为 0 ～ -20kPa；

铸铁件：减压程度为 -20 ～ -40kPa；

铸钢件：减压程度为 -30 ～ -50kPa。

2.6 浇注系统及浇注工艺

2.6.1 浇注工艺参数

金属液浇注充型是获得合格铸件的重要一环。消失模的金属液充型过程伴随有泡沫塑料模的热解过程，金属液的温度和充型速度都会受到影响，因此在制订浇注工艺方案时应加以考虑。

（1）浇注温度

泡沫塑料模的汽化过程是吸热过程，充型时金属液温度将因此下降，为了保证金属液顺利充型，防止冷隔、浇不足等缺陷，消失模铸造的浇注温度一般比普通砂型铸造高 30 ～ 50℃。建议的浇注温度见表 2-14。浇注温度过高，又会造成金属收缩量和含气量增加，对铸型的热作用增强，引发缩孔、缩松、气孔、粘砂等缺陷。另外，高的浇注温度使泡沫塑料热解时发气量增加，有时会引起金属液反喷等问题。

表 2-14　消失模铸造不同合金的建议浇注温度　　单位：℃

合金种类	灰铸铁	球墨铸铁	铸钢	铸铝
浇注温度	1360 ～ 1420	1380 ～ 1450	1450 ～ 1650	720 ～ 800

（2）浇注与充型速度

决定消失模铸造金属液充型速度的因素很多，浇注系统的阻流设计、影响泡沫塑料模汽化产物反压的诸多因素（如泡沫塑料模密度、涂料透气性、浇注温度等）都会影响金属液流动。充型速度过慢容易造成冷隔、浇不足等缺陷，而充型速度过快又容易卷入分解残留物，形成气孔、夹渣等问题。

消失模铸造金属液充型时，泡沫塑料模受热退出空间后，由于采用的是无黏结剂的干砂型，空隙部分不能长时间保持稳定，必须尽快由金属液充填占据空隙空间。因此在金属液浇注过程中，要注意浇注操作不能出现金属液断流的情况。在浇注初期，金属液建立足够的静压头前，慢浇，防止金属液反喷飞溅；浇注系统充满后，应采用快浇，保证充型速度。

（3）真空度

消失模铸造浇注时抽真空，一方面有利于紧实干砂型，防止铸型崩塌导致无法充型或冲砂；另一方面，砂箱中的负压环境有利于泡沫塑料模热解气态产物排出，促进金属液充型和减少铸件表面的碳缺陷。负压还有助于提高铸件的复印性，使铸件轮廓更加清晰。同时，气态分解产物被集中，便于处理，避免扩散到工作环境，导致大范围污染。

在负压条件影响下，金属液充型形态会发生较大变化。对于厚壁模样，高真空度的情况下可能导致充型时的“附壁效应”，如图 2-28（b）所示，即沿型壁的金属液受负压牵引向前形成“包抄”，将泡沫塑料分解残余物卷入金属液，导致气孔、渣孔缺陷。建议的消失模负压范围见表 2-15。

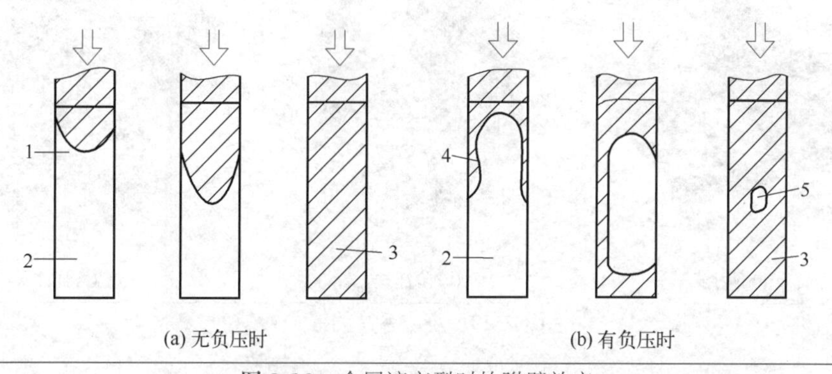

图 2-28　金属液充型时的附壁效应

1—金属液前沿；2—泡沫塑料模；3—铸件；4—附壁效应；5—孔洞类缺陷

表 2-15　消失模铸造建议的负压范围　　单位：MPa

合金种类	铸铝	铸铁	铸钢
负压范围	0.005 ～ 0.010	0.03 ～ 0.04	0.04 ～ 0.05

（4）保压时间

保压时间的计算公式为

$$t=KM^2 \tag{2-1}$$

式中　M——铸件模数，cm；

t——凝固时间，min；

K——常数。

一般铸钢件 K=2.8，铸铁件 $K=0.0075T_{浇}-5$，$T_{浇}$为浇注温度。

2.6.2 浇注位置的确定

确定浇注位置时应考虑以下原则：

① 尽量立浇、斜浇，避免大平面向上浇注，以保证金属液有一定的上升速度。

② 浇注位置应使金属与模型热解速度相同，防止浇注速度慢或出现断流现象，而引起塌箱、对流缺陷。

③ 模型在砂箱中的位置应有利于干砂充填，尽量避免水平面和水平、向下的盲孔。

④ 重要加工面应处在下面或侧面，顶面最好是非加工面。

⑤ 浇注位置应有利于多层铸件的排列，在涂料和干砂充填紧实过程中，应方便支撑和搬运，模型某些部位可以加固以防止变形。

2.6.3 浇注系统的形式

按金属液引入型腔的位置不同，浇注系统可分为顶注式、侧注式、下 1/3 处浇注式、阶梯式、底注式和下雨淋式等多种。顶注式、阶梯式和底注式是最基本的三种形式，如图 2-29 所示。

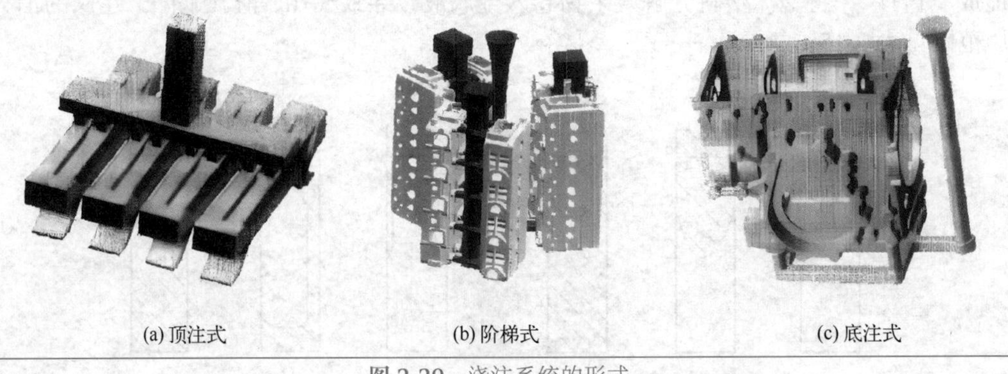

(a) 顶注式　(b) 阶梯式　(c) 底注式

图 2-29　浇注系统的形式

实际生产中，应根据铸件结构特点和铸件材质合理选择浇注系统。

（1）顶注式

顶注式浇注系统充型速度快，金属液温度降低少，有利于防止浇不足和冷隔缺陷；充型后上部温度高于底部，适于铸件自下而上地顺序凝固和冒口补缩。浇注系统简单，工艺出品率高。但分解产物与金属液流运动方向相反，容易产生夹杂。顶注式浇注系统适合高度不大的铸件。

（2）阶梯式

阶梯式浇注系统从铸件侧面，分两层或多层注入金属液，兼有底注式和顶注式的功能。若采用中空直浇道，底层内浇道进入金属液多，然后上层内浇道也很快起作用。若采用实心的直浇道模样，则大部分金属液从最上层内浇道进入，滞后一段时间后，下层内浇道才起作用。为使金属液均匀通过上下内浇道，一般上层内浇道需向上倾斜。阶梯式浇注系统适合薄壁、质量小、形状复杂的铸件。

（3）底注式

底注式浇注系统充型平稳，不易氧化，分解产物与金属液流动方向一致，有利于排气浮渣，但金属液流动前沿与分解产物接触时间较长，温度下降比较多，充填速度最慢，容易在铸件顶部出现皱皮缺陷，尤其厚大件更为严重。在铸件顶部设置集渣冒口收集分解产物，可保证铸件无皱皮缺陷。底注式浇注系统适合于厚、高、大铸件。

2.6.4 浇注系统的设计

消失模铸造工艺浇注系统的基本特点是浇注快速、充型平稳，因此常采用封闭式浇注系统。

（1）内浇道尺寸的确定

与传统砂型铸造工艺一样，首先确定内浇道（最小断面尺寸），再按比例确定直浇道和横浇道。

浇注系统的最小截面积由流体力学公式计算，即

$$A_{内}=\frac{G}{0.31\mu t\sqrt{H_{P}}} \tag{2-2}$$

式中 $A_{内}$——内浇道总面积，cm^2；

G——流经内浇道的金属液总重，kg；

t——浇注时间，s；

H_P——金属液的平均静压头，cm；

μ——流量损耗系数，铸铁件取 0.4 ～ 0.6，铸钢件取 0.3 ～ 0.5。

（2）浇道比例

内浇道尺寸确定后，通过浇注系统各组元断面比例关系，可确定横浇道和直浇道尺寸，各组元比例关系推荐如下：

对于黑色金属铸件，$A_{直}$ ∶ $A_{横}$ ∶ $A_{内}$=（2.2 ～ 1.6）∶（1.25 ～ 1.2）∶ 1。

对于有色金属铸件，$A_{直}$ ∶ $A_{横}$ ∶ $A_{内}$=（2.7 ～ 1.8）∶（1.30 ～ 1.2）∶ 1。

（3）直浇道与铸件模样间的距离

直浇道与铸件模样间的距离 S，与铸件材质、大小有关，可按下面的经验公式计算：

$$S=K+\alpha G+\beta H \tag{2-3}$$

式中 S——直浇道与模样间的距离，mm；

K——常数，浇注铝合金时，K=60mm；浇注铜合金时，K=80mm；浇注铸铁时，K=120mm；浇注铸钢时，K=140mm；

G——铸件质量，kg；

α——修正系数，为 0.08；

β——修正系数，为 0.06。

（4）冒口的设计

消失模的冒口按其功能分为起补缩作用的冒口、排渣排气作用的冒口和两种功能兼而有之的冒口。排渣排气的冒口，一般设置在液体金属最后充满的部分，或两股液流汇合的部位，起到收集液态或气态热解产物，防止出现夹渣、冷隔、气孔缺陷的作用，这类冒口无需考虑金属液的补缩。消失模铸钢件冒口的设计，可参照砂型工艺方法，没有原则性的区别。

2.7 消失模铸造缺陷分析

消失模铸造工艺是一个系统过程、系统工艺，务必从严管理各工序岗位，要进行全程记录，以便引发缺陷后及时分析寻找主要原因加以防治（克服），这样才能稳定地获得合格铸件。至于消失模铸造引起的铸件内在质量，包括力学性能、化学成分、金相组织等内部缺陷，则要针对具体铸件合金种类、铸件结构、工艺，从调整化学成分、冷却速度（停泵开箱时间）、消失模铸造工艺和型内变质细化组织、合金化处理等方法加以克服。

消失模铸造常见缺陷及防治见表 2-16。

表 2-16　消失模铸造常见缺陷及防治

缺陷	产生原因	防治措施
泡沫塑料模样成形不完整，轮廓不明显、清晰	(1) 成形时珠粒数量不足，未填满模具型腔或珠粒充填不均匀； (2) 珠粒粒度不合适，不均匀； (3) 模具型腔分布、结构不合理； (4) 操作时珠粒进料不规范	(1) 珠粒大小要和铸件壁厚匹配，薄壁模样应用小珠粒（最好用 EPMMA、STMMA 珠粒）； (2) 调整模具型腔内部结构及通气孔的布置、大小、数量；手工填料时，适当振动或手工辅助填料； (3) 用压缩空气喷枪填料时应适当提高压力和调整进料方向
泡沫塑料模样融合不良，组合松散	(1) 蒸汽热量和温度不够，熟化时间过长； (2) 珠粒粒度预发太小或发泡剂含量太少； (3) 珠粒充型不均匀或未充满模具型腔	(1) 控制预发珠粒的相对密度，控制熟化； (2) 增加蒸汽的温度、时间和压力
泡沫塑料模样外表正常，内部呈现颗粒未融结	(1) 蒸汽压力不足，未能进入模具型腔中心或型腔内充斥着冷空气； (2) 成形加热时间短，发泡剂含量太少； (3) 珠粒过期变质	(1) 提高模具的预热温度，使模具温度整体均匀； (2) 提高蒸汽压力，延长成形时间；控制珠粒的熟化时间及发泡剂用量； (3) 选用保质的珠粒
泡沫塑料模样熔融、软化	(1) 成形温度过高，超过了珠粒的工艺规范； (2) 成形发泡时间太长； (3) 模具型腔通气孔太多、太大	(1) 降低成形发泡温度、压力； (2) 缩短成形发泡时间； (3) 调整模具型腔通气孔的大小、数量和分布
泡沫塑料模样增大，膨胀变形	(1) 模具未充分冷却，温度过高； (2) 模样起模过早、过快	(1) 冷却模具，使其不烫手； (2) 控制起模时间
泡沫塑料模样大平面收缩	(1) 冷却速度太快，时间太短； (2) 成形时间过长，导致模样大面积过热； (3) 模具过热	(1) 控制冷却速度、冷却时间； (2) 减少成形时间； (3) 将模样放入烘箱（40 ～ 50℃）内进行后处理促其均匀，不使收缩过甚而凹陷
泡沫塑料模样局部收缩	(1) 加料不均匀； (2) 冷却不均匀； (3) 模具结构不合理或模具在蒸缸中放置不当，局部正对着蒸汽进口的过热区	(1) 控制加料均匀； (2) 调整模具壁厚和通气孔大小、数量和分布位置，以此控制冷却速度，使模具冷速均匀； (3) 改变模具在蒸缸中的位置，避免局部位置正对着蒸汽进口过热区
泡沫塑料模样表面颗粒凸出	(1) 成形发泡时间过长； (2) 模具冷却速度太快	(1) 缩短成形发泡时间； (2) 降低模具冷却速度或在空气中缓冷； (3) 保证珠粒的质量

续表

缺陷	产生原因	防治措施
泡沫塑料模样表面颗粒凹陷、粗糙不平	(1) 成形发泡时间太短; (2) 违反预发泡和熟化规范; (3) 发泡剂加入量太少; 模具型腔通气孔大小、数量和分布不合理	(1) 延长成形发泡时间; (2) 缩短预发泡时间, 降低成形加热温度, 延长珠粒的熟化时间; (3) 使用干燥的珠粒或合格的珠粒; 模具型腔通气孔的大小、数量、分布要合理
泡沫塑料模样脱皮 (剥层)、微孔显露	模样与模具型腔表面发生黏合胶着	使用适当的脱模剂或润滑剂 (如甲基硅油)
泡沫塑料模样变形、损坏	(1) 模具工作表面没有润滑剂, 甚至粗糙; (2) 模具结构不合理或取模工艺不当; (3) 冷却时间不够	(1) 及时加润滑油, 保证模具工作表面光滑; (2) 修改模具结构、起模斜度、取模工艺; (3) 延长模具冷却时间
泡沫塑料模样飞边、毛刺	模具在分型面处配合不严或操作时未将模具锁紧闭合	(1) 模具分型面配合务必严密; (2) 飞边可用刀削去或用砂纸磨光 (但务必保持模样尺寸)
泡沫塑料模样含冷凝水	(1) 颗粒融结不完全; (2) 冷却时水压过高、时间过长; (3) 发泡珠粒较粗, 成型加热时破裂成孔	(1) 成型加热时蒸汽压力要适当; (2) 调整冷却水的压力和通水时间; (3) 将模样放置在 50 ~ 60℃的烘箱或干燥室热空气中进行干燥处理

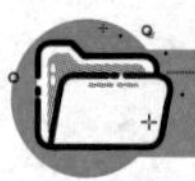

拓展阅读材料

[1] 杨哲，汪磊 . 铸铁用水基消失模铸造涂料研究 [J]. 铸造，2020 (05): 496-500.

[2] 高天娇，娄延春，尹绍奎，等 . 消失模用新型水基快干涂料工艺性能的研究 [J]. 铸造，2020 (05): 485-489.

[3] 李渤渤，程亚珍，杨光，等 . 钛合金消失模覆壳 - 精密铸造技术及应用研究 [J]. 特种铸造及有色合金，2022 (01): 125-128.

[4] 蒋文明，樊自田 . 镁合金消失模铸造新技术研究 [J]. 铸造，2021 (01): 28-37.

[5] 闫登坤，胡磊 . 仿真技术在消失模铸造中的应用 [J]. 铸造设备与工艺，2020(02): 40-42.

习题

1. 消失模铸造的基本原理是什么？
2. 消失模铸造的特点有哪些？
3. 试述消失模铸造用涂料的作用与性能。
4. 消失模铸造常见的缺陷有哪些？形成原因及防治措施有哪些？
5. 消失模铸造与砂型铸造相比，金属液的充型各有何特点？
6. 消失模铸造浇注的工艺参数有哪些？
7. 消失模铸造浇注位置的确定需考虑哪些原则？
8. 确定下图产品的浇注系统形式及浇注位置，并阐明原因。

参考文献

[1] 樊自田，蒋文明．消失模铸造技术现状及发展趋势 [J]. 铸造，2012（06）：583-591.

[2] H.F.SHROYER. CAVITYLESS CASTING MOLD AND METHOD OF MAKING SAME [P]. United States Patent Office，1958.

[3] 中国机械工程学会铸造分会．铸造技术路线图 [M]. 北京：中国科学技术出版社，2016.

[4] 国际消失模涂料领域的最新突破 [C]. 第九届中国铸造科工贸大会论文选集，2009.

[5] 刘天平，王爱丽，李泽同，等．消失模铸造新工艺的试验研究 [J]. 现代铸铁，2021（01）：56-59.

第3章

金属型铸造

3.0 概述

金属型铸造（gravity die casting），是指利用重力将金属液浇入用金属材料制造的铸型中并在铸型中冷却凝固而获得铸件的一种成形方法。一副金属型可浇注几百次甚至数万次，故又称永久型铸造（permanent mold casting），关于其工艺过程的资料请扫描二维码查看。

金属型铸造过程

金属型铸造（铁范铸造）最早可追溯到2000多年前，铁范、泥范和熔模铸造并称古代三大铸造技术。金属型铸造的铸型材料不再使用石头和泥沙，而改用金属，耐用性更强，实现了从一次型向多次型的飞跃，这在铸造史上具有重要意义。1953年，考古学家在河北省兴隆县发现了铁范（图3-1），证明早在战国时期就已经使用白口铁的金属型浇注生铁铸件。这批铁范包括锄、镰、斧、凿、车具等，范的形状和铸件吻合，壁厚均匀，利于散热；范壁带有把手，以便握持，又能增加范的刚度。除铁制金属型外，战国和汉代也使用铜制金属型铸造钱币。金属型生产效率高、使用寿命长、产品规格齐整，又能保证得到白口组织，与铸铁柔化术配合使用，在古代农具铸造上发挥着重要作用。约在13世纪，由于活版印刷的发展，我国曾用金属型浇注锡活字。在19世纪中叶，我国利用泥型铸造铁模，用铁模铸造铁炮，独创出一整套金属型铸造大件的工艺方法。

(a) 车器

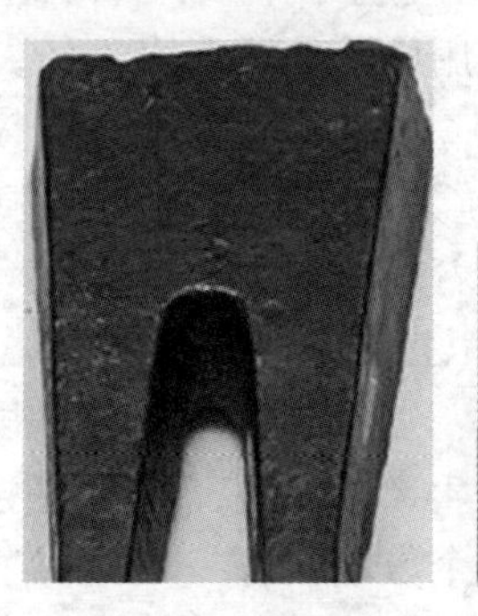

(b) 双凿

(c) 锄

图3-1 战国时期金属型铸造的铁范

金属型铸造工艺在铸件生产上的推广应用已有较长的历史。欧美国家、苏联等从20世纪50年代开始使用金属型铸造工艺生产相关铸铁件，其质量多数在5～15kg/件[1]。到了70年代，由于各国冶铸工作者的进一步研究和开发，铸铁金属型铸造工艺中的关键性技术基本得到解决，使铸铁金属型铸造工艺向着完善化、成熟化方向发展，相关典型铸件如图3-2所示。日本、韩国等亚洲国家对铸铁金属型铸造的研究、开发及生产应用比苏联和欧洲的国家稍晚一些。据1988年的统计，苏联和欧美各国铸铁金属型工艺的普及率约占10%；而日本铸铁金属型铸造生产量每月只有2174～2314t，其普及率较低。随后，日本汽车工业的迅速发展，推动了铸铁金属型铸造工艺向着深度和广度方向高速发展。到了90年代，日本、韩国等亚洲国家建立了众多铸铁金属型铸造生产线，并使之成为铸造界的热门课题。

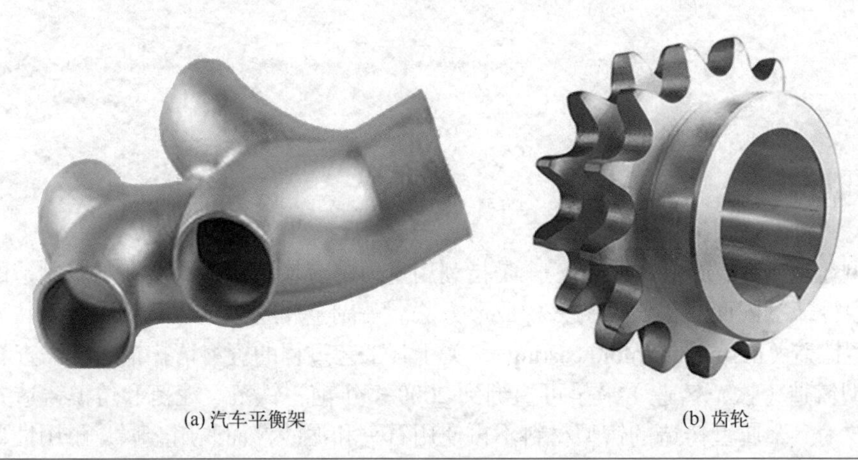

(a) 汽车平衡架　　(b) 齿轮

图3-2　典型金属型铸造产品

目前，金属型铸造生产技术已发展到很高的水平，由于金属型铸造铸件力学性能好、组织致密、精度较高以及良好的经济性，金属型铸造工艺已成为航空航天和军工领域制造复杂结构件的重要成形方法。据报道，2012年7月，英国先进推动系统企业（Reaction Engines Limited，简称REL）获得美国能源部的基金资助，研究开发出了一种铸造方形A206合金储气动罐的铸造技术。该方形储气罐以铝合金通过低压金属型铸造生产，可更好地利用空间，相比于传统储气罐，方形储气罐多储存35%天然气。2021年，美国斯佩里公司（Sperry）公司采用金属型铸造技术生产ALCM（空射巡航导弹）的升降副翼外壳，由于金属型铸造技术的产量高、精度好，相关弹翼的生产费用比原来减少约30%。

当前，随着装备制造业的发展，对金属型铸件的强度、导热性、硬度、表面光洁度、零件复杂程度要求不断提高，特别是航空航天、军工等领域对铸件的要求更趋于严苛。因此，金属型铸造在材料和生产工艺上也面临着一些困难和挑战[2]：

① 寻求更加理想的金属型用新材料，以提高铸件质量和金属型使用寿命。例如，目前采用导热高、硬度高、强度高的铜合金材料，以满足生产要求，铜金属型生产的铸件力学性能较铸铁金属型生产的高，且生产效率高，生产周期短，铸型温度的自动控制方便并容易实现，且铜金属型寿命长（比铸铁金属型高一个数量级）。

② 我国铸铁金属型铸造工艺的优化设计方案尚不完备。

③ 铸铁金属型生产线主机和相关设备的功能有待进一步完善，亟须提高自动化水平，以提高生产效率，降低生产成本。

目前，随着我国计算机和制造业的发展，我国金属型铸造的工艺水平及工业化进程也加速提升，特别是其与计算机数值模拟的结合，大大节约了成本和生产周期。2018 年，江南大学的庄祥鹏等[3]针对铝合金铸造缸盖，提出一种云模型理论，引入 PID（proportion、integral、differential）控制器方法，建立了控制温度变化的系统，如图 3-3 所示，大大节省了工艺实验周期及成本。2019 年，北京交通大学的郭美肖[4]提出了一种新的铸造技术——柔性金属型铸造，即向盛有铁磁性颗粒的砂箱中通过自下而上的方式对铁丸进行强制风冷，以增强铁丸间隙的对流换热，进而提高铸型的冷却强度；并设计了应用柔性金属型铸造技术成形 ZGMn13Cr2 大型球磨机衬板零件的技术方案。

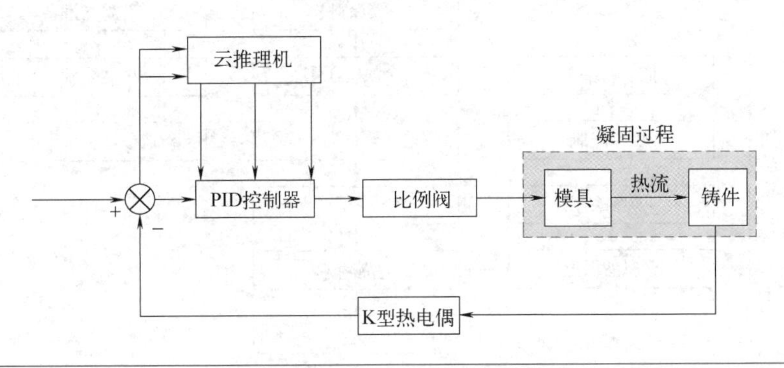

图 3-3　云模型 PID 控制器结构框图

3.1　工艺分析

3.1.1　金属型铸造工艺流程

金属型铸造工艺流程如图 3-4 所示。

3.1.2　金属型铸造的优缺点

（1）优点

与砂型铸造相比，金属型铸造有以下优点：

① 金属型冷速快，有激冷效果，使铸件晶粒细化，力学性能提高，金属型周围的冷却速度快，提高了生产率；

② 金属型尺寸准确，表面光洁，使铸件尺寸精度和表面质量提高，一副金属型可反复浇注成千上万件铸件，仍能保持铸件尺寸的稳定性；

③ 同一铸型可反复使用，节省造型工时，也不需要占用太大的造型面积，可提高铸造车间单位面积上的铸件产量；

④ 易于实现机械化自动化，提高生产率，减轻工人劳动强度，适于大批量生产；

⑤ 因不用或较少用砂子，减少了砂子运输及混砂工作量，减少车间噪声、刺激性气味及粉尘等公害，改善了劳动环境；

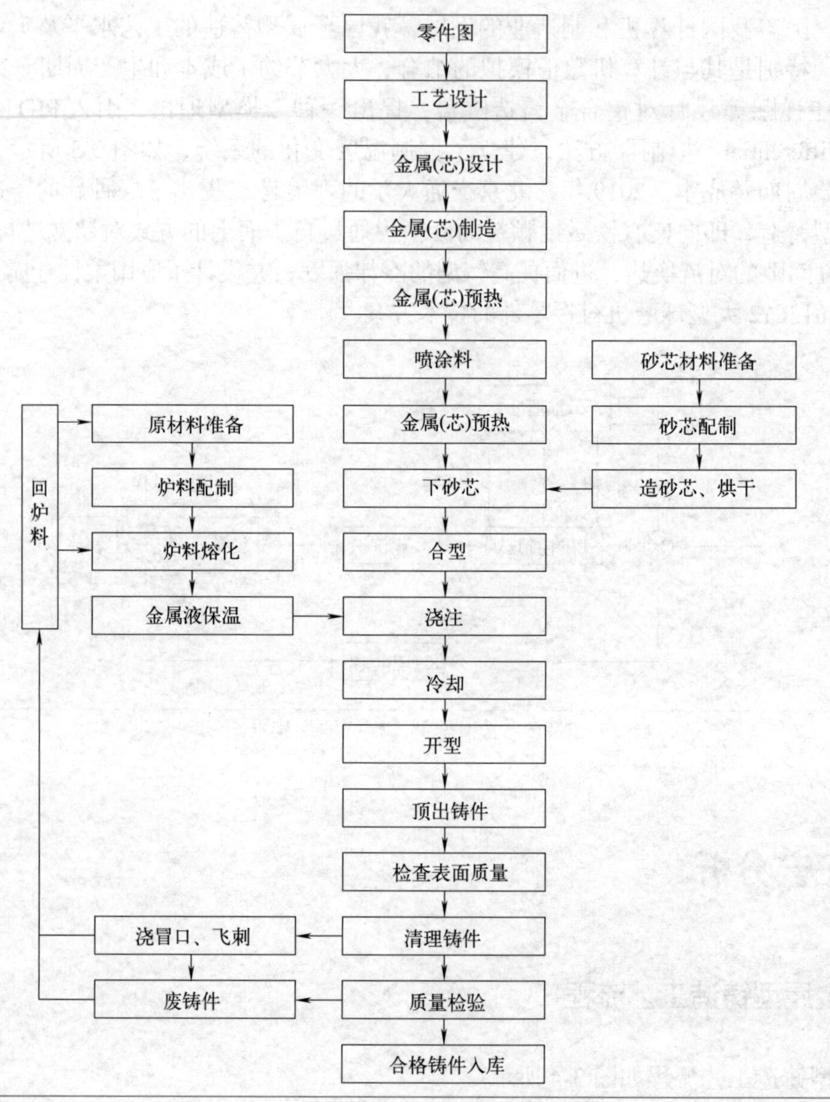

图 3-4　金属型铸造工艺流程示意图

⑥ 由于铸件冷凝快，减少了对铸件的补缩，故浇冒口尺寸减小，金属液利用率提高。

（2）缺点

金属型铸造的主要缺点是：

① 金属型机械加工困难，制造周期长，一次性投资高，故要求铸件有足够的批量，以便补偿制造金属型的成本；

② 新金属型试制时，需对金属型进行反复调试，才能得到合格铸件，当型腔定型后，工艺调整和产品结构修改的余地很小；

③ 金属型排气条件差，工艺设计难度较大；

④ 金属型铸造必须根据产品和产量实现操作机械化，否则并不能降低劳动强度。

3.1.3　金属型铸造的成形特点

金属型铸件成形特点主要是三个方面：金属型导热性比砂型大、无透气性和无退让性。

（1）金属型导热特点对铸件凝固过程中热交换的影响

当液体进入铸型后，随即形成一个“铸件—中间层—铸型”的传热系统。金属型铸造的中间层是由铸型涂料层和铸件冷却收缩或铸型膨胀所形成的间隙组成。中间层热导率远比铸件和铸型小得多（表 3-1）。

表 3-1　部分金属和非金属材料的热导率

材料名称	铸铁	铸钢	铸铝	铸铜	白垩	石棉
热导率 / $[W\cdot(m\cdot K)^{-1}]$	39.5	46.4	272. 6	390. 9	0.6 ～ 0.8	0.1 ～ 0.2
材料名称	黏土	氧化锌	氧化钛	硅藻土	氧化铝	石墨
热导率 / $[W\cdot(m\cdot K)^{-1}]$	0.6 ～ 0.8	～ 10	～ 4	～ 0.04	～ 18	～ 13.7

显然，金属型铸造的传热过程主要取决于中间层的传热过程。调节中间层热阻（如改变涂料层的成分或厚度），就可以控制铸件的凝固速度。

铸件冷凝过程中，通过中间层将热量传至铸型，铸型在吸收热量的同时，通过型壁将热量传至外表面并向周围散发。在自然冷却的情况下，一般铸型吸收的热量往往大于铸型向周围散失的热量，铸型的温度不断升高。在强制冷却条件下，如对金属型外表面采取风冷、水冷等，可加强金属型的散热效果，提高铸件的凝固速度。

（2）由金属型无透气性引起的铸件成形特点

由于金属型无透气性，型腔中气体和涂料、砂芯产生的气体在金属液充填时将不能排出，会形成气阻，造成浇不足缺陷（图 3-5），或因这些气体侵入铸件而造成气孔。

此外，经长期使用的金属型，型腔表面可能出现许多细小裂纹，如果涂料层太薄，当金属液充填后，处于裂纹中的气体受热膨胀，也会通过涂料层渗进金属液中，使铸件出现针孔，如图 3-6 所示。

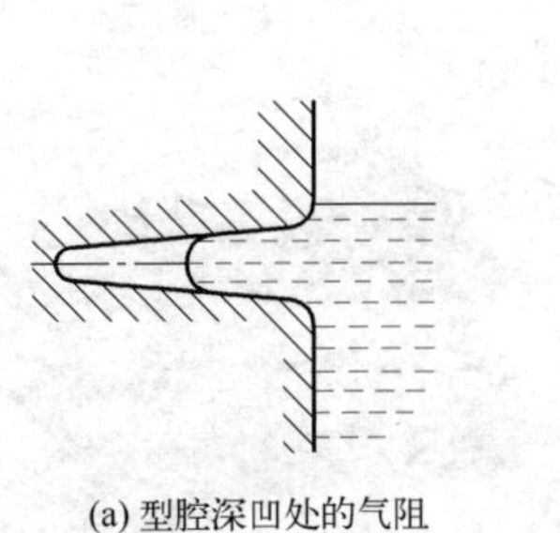

(a) 型腔深凹处的气阻

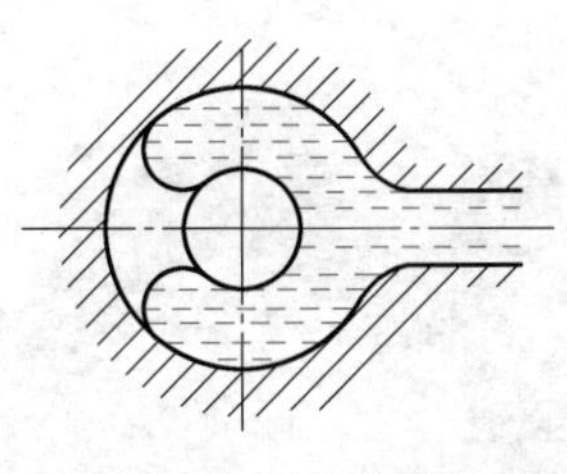

(b) 液流汇合处的气阻

图 3-5　因气阻而造成铸件浇不足的示意图

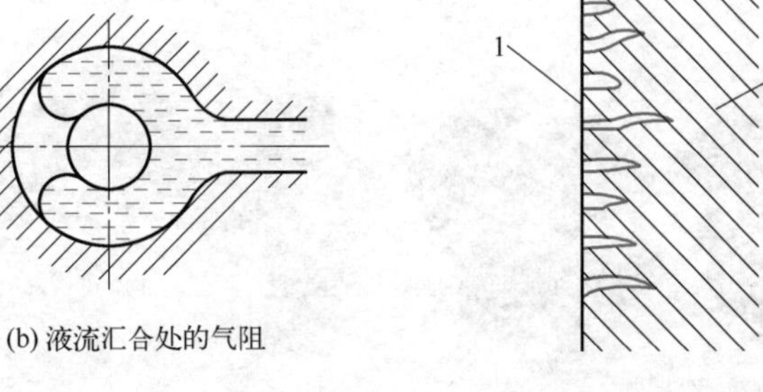

图 3-6　铸件表面的针孔

1—针孔；2—铸件

因此，金属型铸造时，必须采取措施，以消除由于金属型无透气性带来的不良后果。例如在金属型上设置排气槽或排气塞，特别应注意在死角和气体汇集处设置排气槽、塞，以便及时将气体排出。

（3）由金属型无退让性引起的铸件凝固收缩特点

在金属型铸造过程中，铸件凝固至固相形成连续的骨架时，其线收缩便会受到金属型、芯的阻碍。若此时铸件的温度在该合金的再结晶温度以上，处于塑性状态，收缩受阻将使铸件产生塑性变形，其变形值 $\varepsilon_{塑}$ 为

$$\varepsilon_{塑}=\alpha_1(T_{塑}-T_1) \tag{3-1}$$

式中　α_1——合金在 $T_{塑}$至 T_1 温度范围内的线收缩率；

$T_{塑}$——合金开始线收缩时的温度；

T_1——凝固至某一时刻铸件的温度。

当$\varepsilon_{塑}$大于铸件在 T_1 时的塑性变形极限ε_0时，铸件就可能出现裂纹。若铸件上有热节存在，则变形量可能向该处集中并出现裂纹。

当铸件温度降至合金再结晶温度以下时，合金处于弹性状态。金属铸型、芯的阻碍收缩就可能在铸件中产生内应力σ：

$$\sigma–E\alpha_2(T_{弹}-T_2) \tag{3-2}$$

式中　E——合金在 $T_{缩}$至 T_2 温度范围内的弹性模量；

α_2——合金在 $T_{弹}$至 T_2 时的线收缩率；

$T_{弹}$——合金进入弹性状态时的温度；

T_2——铸件冷却至某一时刻的温度。

当σ大于铸件在 T_2 温度时的强度极限σ_0时，铸件就会出现冷裂。因此，考虑到金属型、芯无退让性的特点，为防止铸件产生裂纹，并顺利取出铸件，就要采取一些措施，如尽早地取出型芯和从铸型中取出铸件，需设必要的抽芯和顶件结构，对严重阻碍铸件收缩的金属芯可改用砂芯，增大金属型铸造斜度和涂料层厚度等。

3.1.4 应用概况

由于金属型导热快，铸件的凝固、冷却快，铸件结晶组织细、致密性较好，铸件可以进行热处理提高力学性能，所以广泛用于航空航天、汽车、仪器仪表、家电等行业以及要求高气密性、高力学性能的铸件生产。

金属型铸造铸件实例如图 3-7 所示。

图 3-7　金属型铸造铸件

3.2 金属型铸件的工艺设计

3.2.1 金属型铸件设计

铸件的形状、大小及合金材料对于金属型铸件的工艺性及金属型的结构起决定性的作用。根据金属型铸造铸件成形的特点，为了保证铸件质量、简化金属型结构、充分发挥它的技术经济效益，必须对铸件设计有一定要求，并制订合理的工艺方案。

（1）设计原则

① 铸件外形应该便于铸件从金属型中无阻碍地取出。

② 铸件的结构应该有利于金属液凝固时的顺序凝固。不规则铸件的壁厚不宜相差太大，否则将会妨碍金属液的补缩（见图 3-8）。

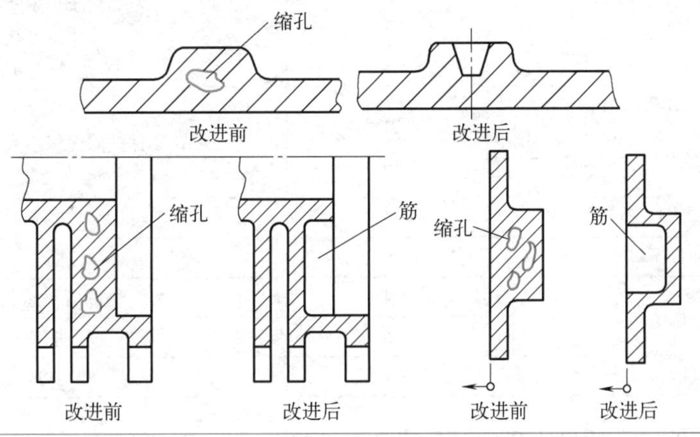

图 3-8　采用孔或肋消除壁厚差

③ 如设计上相邻两壁的厚度必须悬殊的结构，应将厚薄不同的两壁交接处逐渐过渡（见图 3-9）。

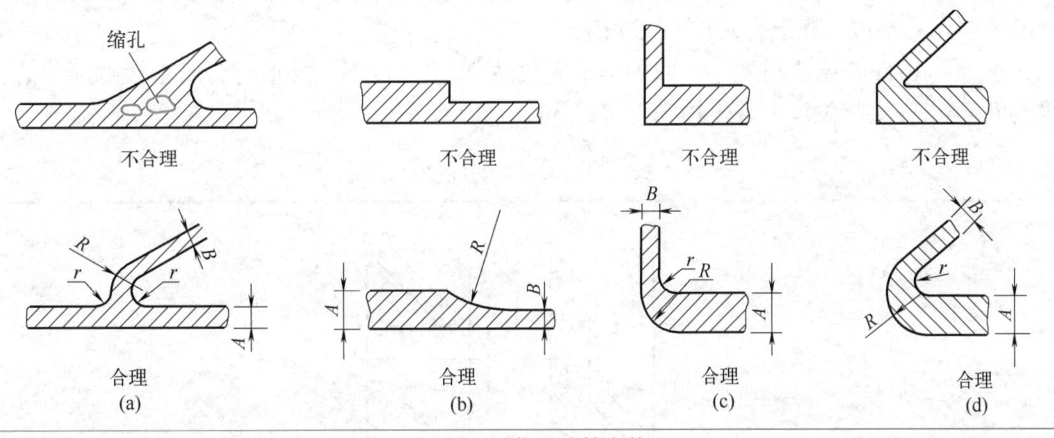

图 3-9　厚薄两壁的交接

④ 为了改善充填条件从而获得优质铸件，又能延长模具的使用寿命，除了模具的镶块、拼块、分型面所形成的转角之外，铸件上所有转角之处均应给以铸造圆角（见图 3-10）。

⑤ 铸件应形状简单。在不影响产品质量的前提下，铸件精度、表面粗糙度要求越低越好，这样，可以简化金属型的设计和制造，并降低其成本。

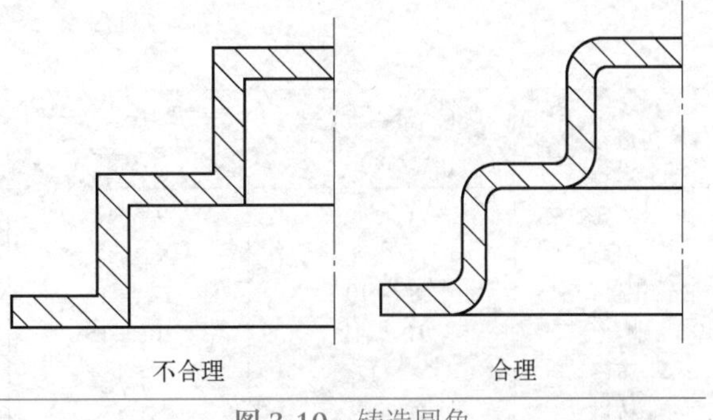

图 3-10　铸造圆角

⑥ 选用的合金要具有最大的流动性，热裂倾向要小，收缩性要小。

（2）金属型铸件结构要素

① 铸件最小壁厚，见表 3-2。

表 3-2　金属型铸件最小壁厚

合金类别		最小壁厚 /mm	备注
镁合金		3 5 8	用于小型铸件 用于中型铸件 用于 Mg-Mn 合金
铝合金	Al-Si，Al-Mg Al-Cu-Si	2.2	在零件壁的面积不大于 $30cm^2$ 时
	Al-Cu	3.5	
锡青铜		4	同上
特种青铜		6	同上
铸铁		4	壁的面积达 $25cm^2$
		6	壁的面积达 25 ～ $125cm^2$
碳钢		7	酸性电炉钢

② 金属型铸件内孔的最小尺寸，见表 3-3。

③ 金属型铸件肋和壁的设计要求，见表 3-4。

④ 金属型铸件壁的连接及要素尺寸，见表 3-5。

⑤ 铸件尺寸公差与铸造斜度。金属型铸件能达到的尺寸公差等级为 CT6 ～ CT9，国标（GB/T 6416—2017）规定为 CT7 ～ CT10。

金属型铸件的铸造斜度，一般内形的斜度为深度的 1.5%，外形与金属型接触部分的斜度为 0.5%，在实际生产中常采用 30′ ～ 2° 30′。

表 3-3　金属型铸件内孔的最小尺寸

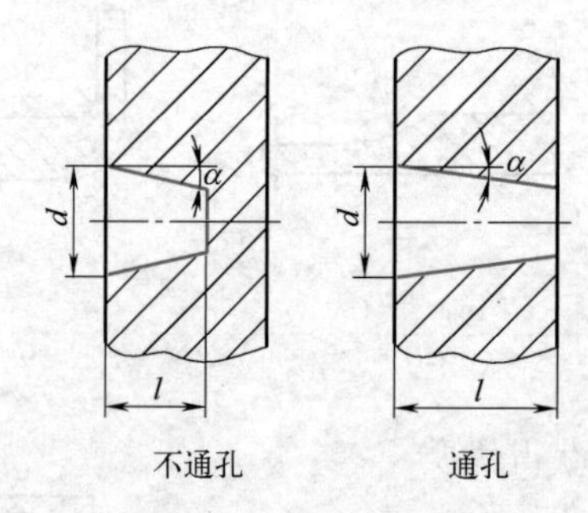

铸造合金	孔的最小直径 d /mm	孔深 /mm		型芯的斜度 α/%
		不通孔	通孔	
锌合金	6 ～ 8	9 ～ 12	12 ～ 20	
镁合金	6 ～ 8	9 ～ 12	12 ～ 20	2 ～ 3
铝合金	8 ～ 10	12 ～ 15	15 ～ 25	2 ～ 3
铜合金	10 ～ 12	10 ～ 15	15 ～ 20	1.5
铸铁	＞ 12	＞ 15	＞ 20	1.5
铸钢	＞ 12	＞ 15	＞ 20	

表 3-4 肋和壁的尺寸

图例	肋和壁间的最小距离 /mm	肋和壁的高度 /mm	要求
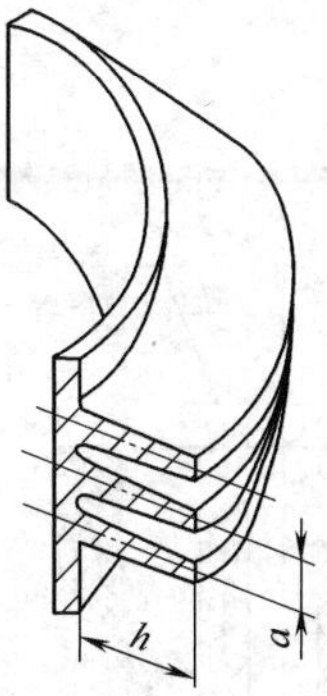	$a>4$	h	$h:a\leqslant 6:1$

表 3-5 壁的连接及要素尺寸

类别		图例	要素尺寸	类别		图例	要素尺寸
直角形断面	壁厚相同	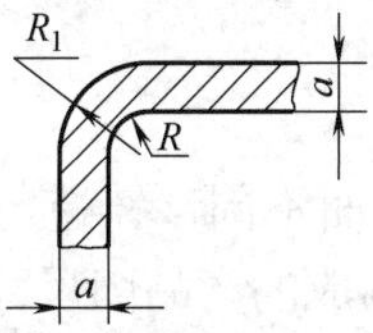	$R\geqslant a/3$ $R_1\geqslant a+R$	T形断面	壁厚相同	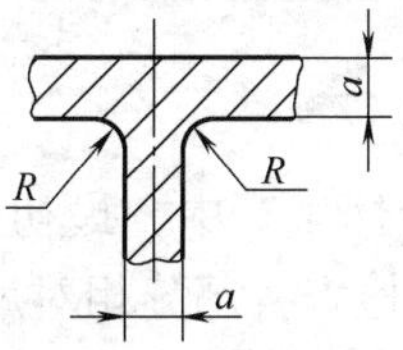	$R\geqslant a/3$
直角形断面	壁厚不同	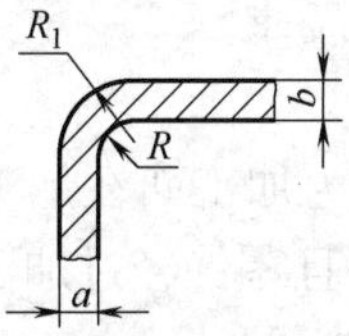	$R\geqslant\frac{a+b}{6}$ $R\geqslant R+\frac{a+b}{2}$	T形断面	壁厚不同	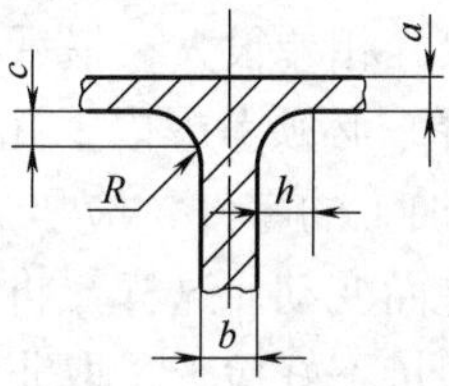	$R\geqslant\frac{a+b}{6}$ $c\geqslant 2\sqrt{b-a}$ $h\geqslant 8c$
十字形断面		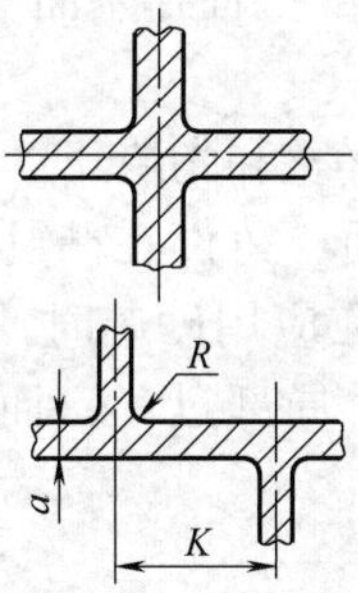	R 按 T 形连接确定，$K\geqslant 6a$	T形断面	壁厚不同	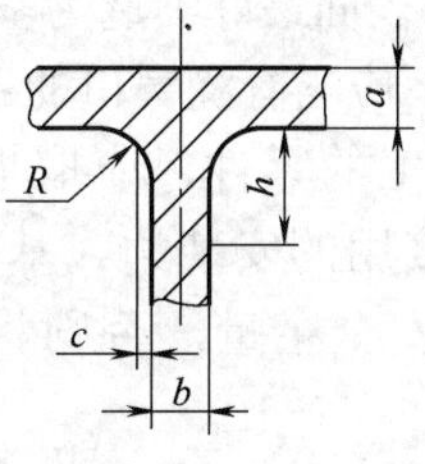	$R\geqslant\frac{a+b}{6}$ $c\geqslant 1.5\sqrt{b-a}$ $h\geqslant 12c$

（3）工艺余量

金属型铸造每个铸件均需设置冒口及高于铸件的浇口，作为充填铸型所必需的重力和补缩之用。这对于小于 2mm 的薄壁铸件就难以成形，只有将其壁加厚到工艺上所需厚度，作为工艺余量，铸造后，再用机械加工的方法切削掉，如图 3-11 所示。

（4）基准面、安全余量

基准面简称基面，它决定零件各部分相对的尺寸位置，所以铸件基面选择时，必须和零件机械加工的加工基面统一。

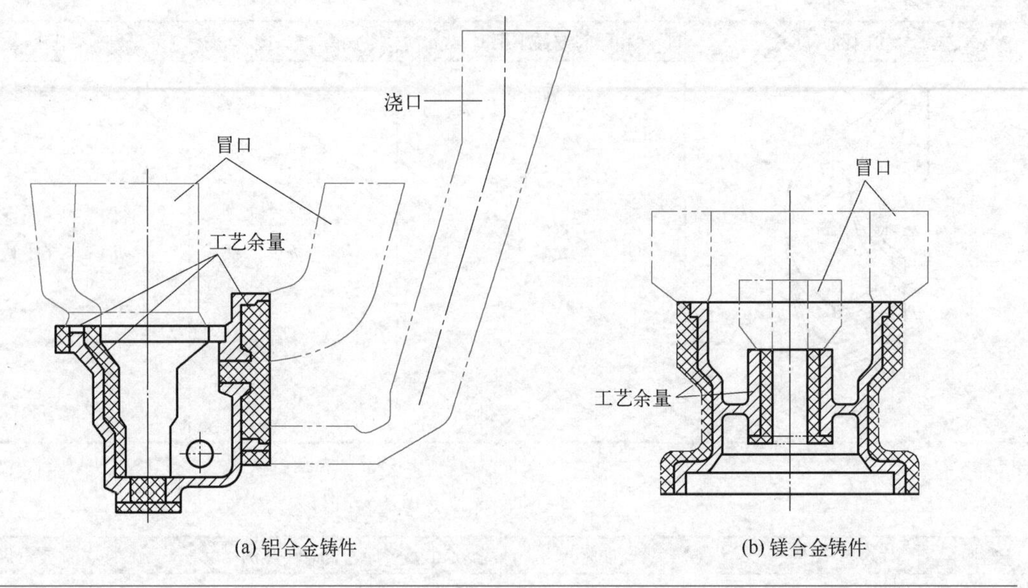

图 3-11　金属型铸件的工艺余量

某厂在某壳体生产中，最初由于铸件铸造和机械加工的基面不同，铸造与机械加工二者，从单方面来检查各部分相对尺寸，都符合公差，但是最后制成的产品因尺寸不符合零件图规定，而大批报废。这主要是由于选的基面不同，相对的尺寸位置会因各个方面造成的误差而使相对的尺寸相差很大，最后制出的零件满足不了零件图的要求。

基面的选择，必须考虑以下几个条件：

① 非全部加工的零件，应尽量取非加工面作为基准面，因为加工面在加工过程中，尺寸会因加工公差而变动，这样，将影响相对尺寸位置的变动，并且零件经过加工后，到底加工去掉了多少余量不好检查，取非加工面作为基面就不需顾虑此问题。

② 采用非加工面作基面时，应该选尺寸变动最小的、最可靠的面作基面。如用活动块做出来的铸件外表面最好不选为基面。

③ 基面上不应当有浇冒口的残余、飞边等。基面应尽可能平整和光洁。

④ 全部加工的零件，应取加工余量最小的表面作为基面。铸件在凸耳和有钻孔的突出部分，连接用的安装边，基准面加工的安装边厚度以及在应用砂芯时，铸件的壁厚一般应该设有安全余量，否则将会因加工后的零件壁厚尺寸局部过小，而引起铸件的报废。

安全余量防置的大小可参考表 3-6。

表 3-6　安全余量防置的大小　　单位：mm

铸件尺寸	1 ～ 3	3 ～ 6	6 ～ 10	10 ～ 15	15 ～ 30	30 ～ 50	50 ～ 80
余量	0.2	0.25 ～ 0.40	0.25 ～ 0.50	0.25 ～ 0.60	0.3 ～ 0.8	0.4 ～ 1.0	0.5 ～ 1.5

但是，在基准面上不应该有安全余量，不然会影响零件加工时的尺寸变化。

（5）金属型铸件设计实例

金属型铸件设计结构工艺性典型实例，见表 3-7。

表 3-7　金属型铸件设计结构工艺性典型实例

不合理结构	合理结构	不合理的原因
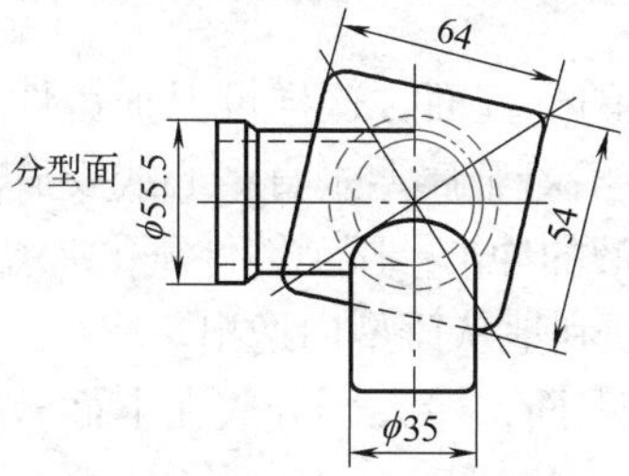 分型面 $\phi55.5$ 64 54 $\phi35$	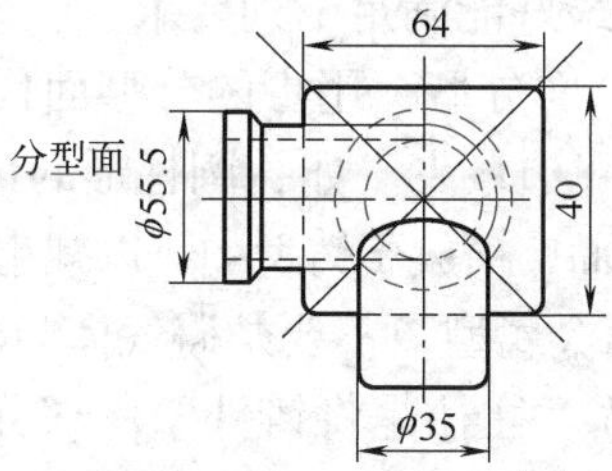 分型面 $\phi55.5$ 64 40 $\phi35$	接头的法兰边歪扭，增加铸件出型困难
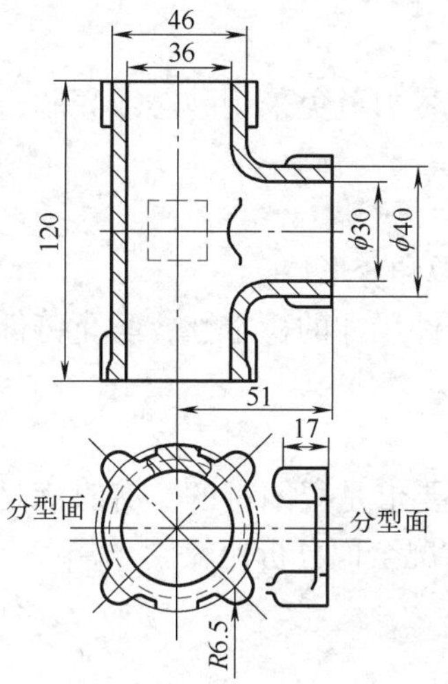 46 36 120 $\phi30$ $\phi40$ 51 17 分型面 分型面 R6.5	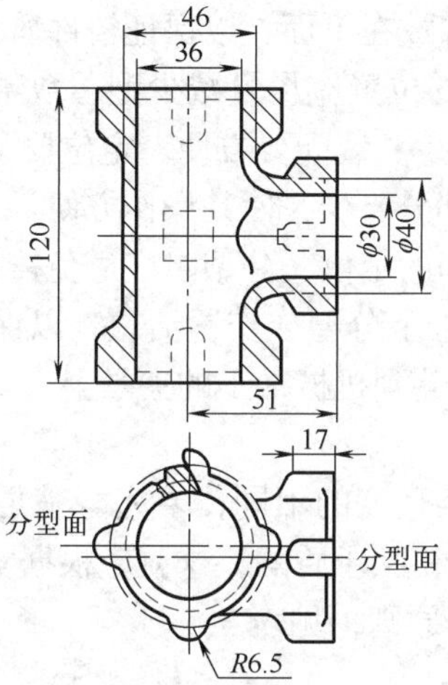 46 36 120 $\phi30$ $\phi40$ 51 17 分型面 分型面 R6.5	三通接头的凸耳分布不便于分型，需要用十二块活块，增加铸件出型困难改为右图情况后，即可避免铸件使用活块
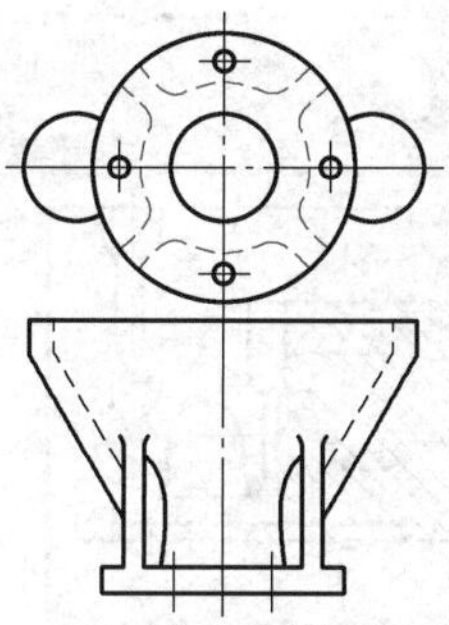	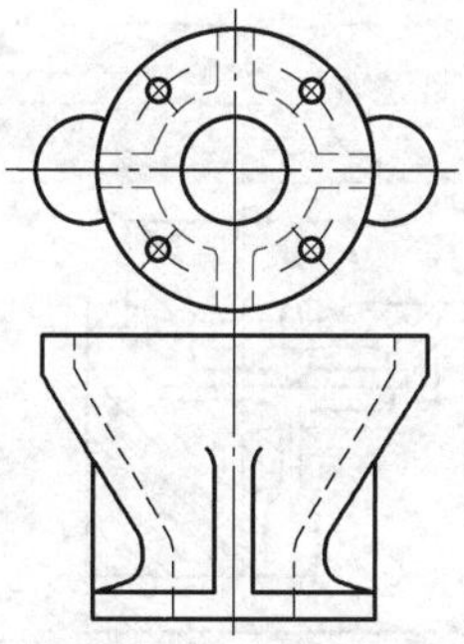	肋的位置需要使用有活块的金属型（或模样），将肋的位置改变成为右图情形后，即可避免使用活块
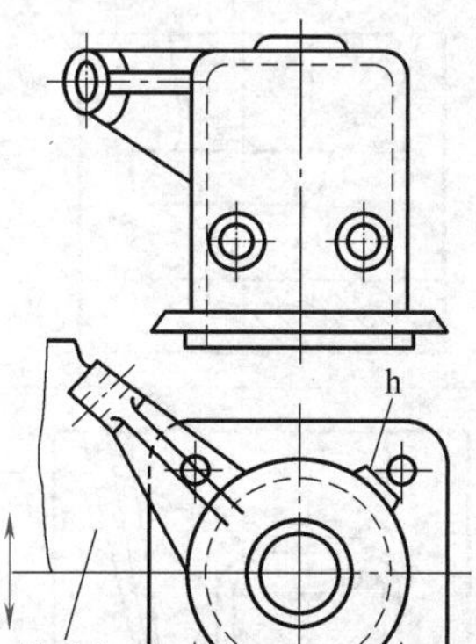 h 侧型芯	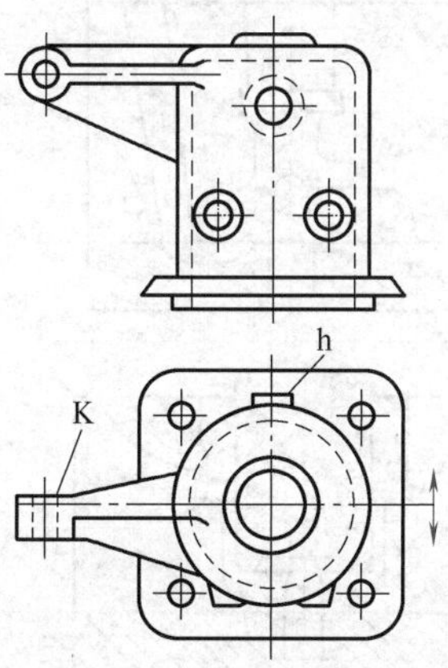 h K	支撑K和凸台h的位置需要使用侧型芯和活块，将支臂扭过来与分型面平行时，零件只用两半铸型及一个中央型芯即可形成，改善了工艺性

3.2.2 铸件在金属中的位置

铸件在金属型中的位置，最好能满足下列要求。

① 争取以平面分型代替曲面分型，用少的分型面代替多的分型面，这样可保证铸件几何尺寸准确，浇注出来的铸件飞边最少。如：圆柱形的铸件应沿着金属型垂直中心线安放。

② 尽可能取高度最低的一面，横放于铸型中，以减小合金液的冲击，避免铸件氧化夹渣。

③ 应使金属液平稳地充满金属型，不要妨碍气体与渣子顺利地从铸型内逸出。

④ 应保证铸件的顺序凝固。往往是将铸件壁薄部分放在下面，厚大部分放在上面，使冒口对铸件能起到良好的补缩作用。

⑤ 零件的主要工作面最好放在下面，以保证铸件质量。

⑥ 铸件选定在金属型中的位置应尽量减少型芯数量，并尽力避免采用砂芯或壳芯，即使要用砂芯或壳芯时，数量要少、装配要方便、定位要可靠。

⑦ 金属型与芯盒的活动部分要少，使其操作方便。

⑧ 铸件在金属型中有稳固的定位，分型时应避免铸件拉裂和变形。

⑨ 应避免在机械加工基准上分型或安置活块，以保证铸件尺寸的稳定性，防止铸件因分型面上残留的飞边，难以安装到机械加工的夹具上。

⑩ 应便于铸件清理。

由于铸件形状大小、复杂程度的不同，要完全满足上述要求是很困难的，有时满足其一，就不能满足其二，甚至是相互矛盾的，这就应根据实际情况全面分析比较。

铸件在金属型中位置选择原则，见表 3-8。

表 3-8　铸件在金属型中位置选择原则

原则	图例	
	不合理	合理
便于安放浇注系统，保证合金液平稳充满铸型	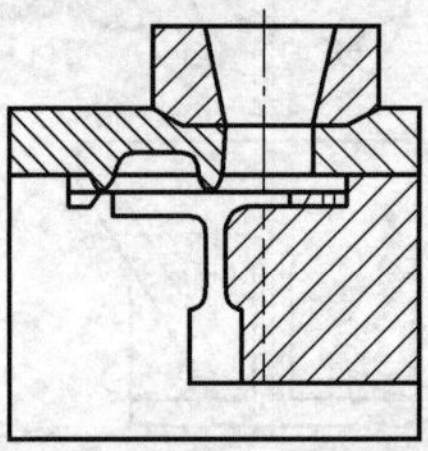	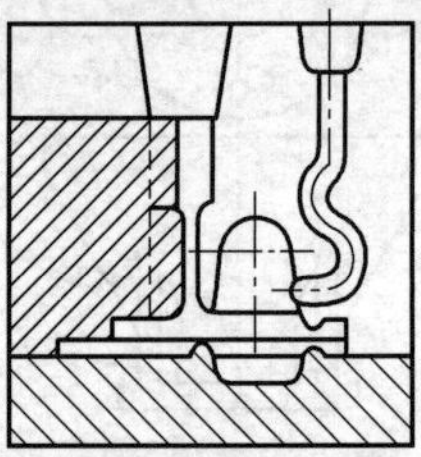
便于合金液顺序凝固，保证补缩	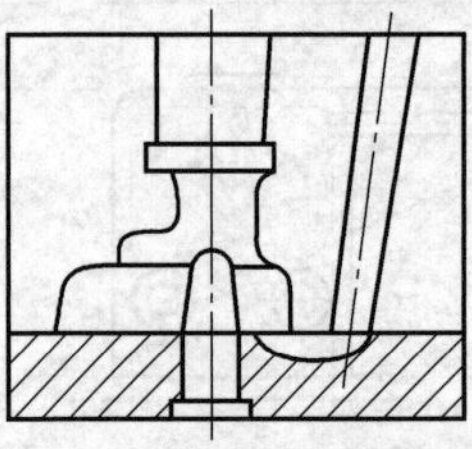	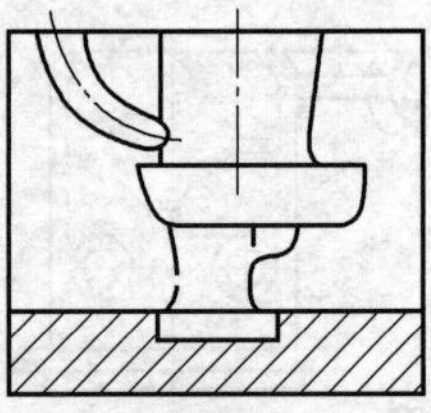
型芯（或活块）数量最少、安装方便、稳固，取出容易	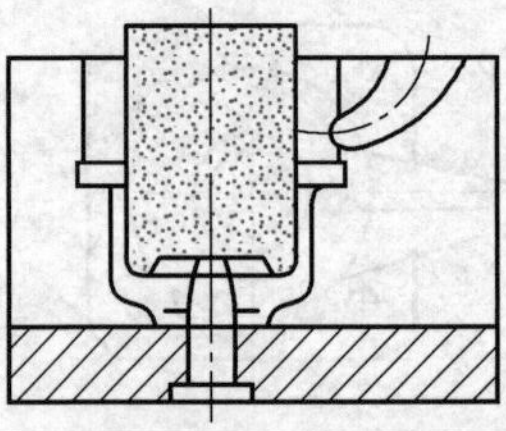	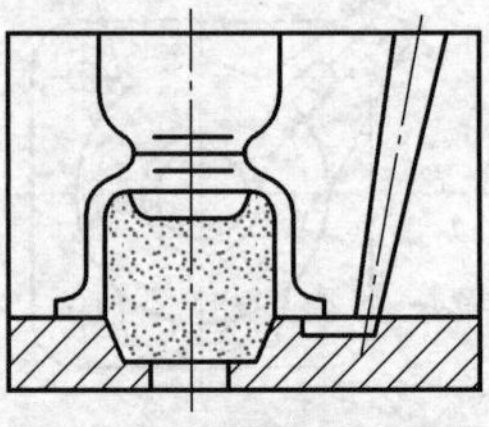

续表

原则	图例	
	不合理	合理
力求铸件内部质量均匀一致，盖子类及碗状铸件可水平安放	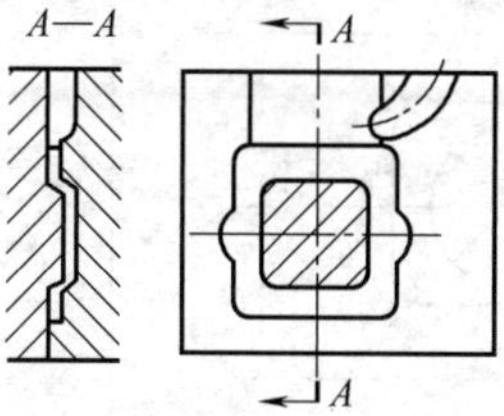	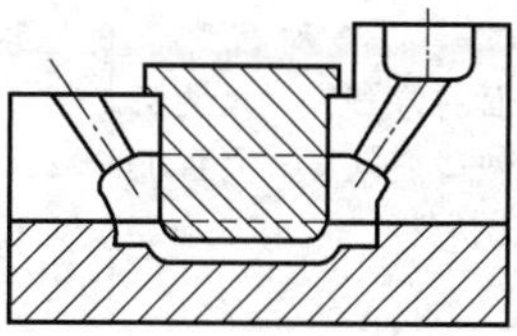
便于铸件取出，不至拉裂变形	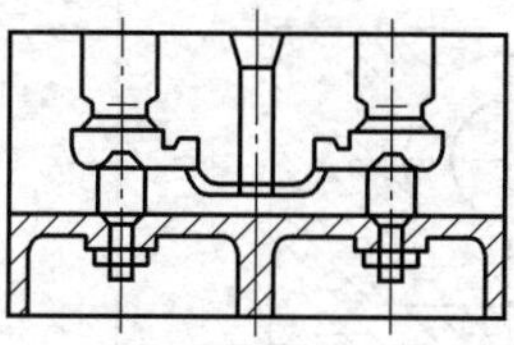	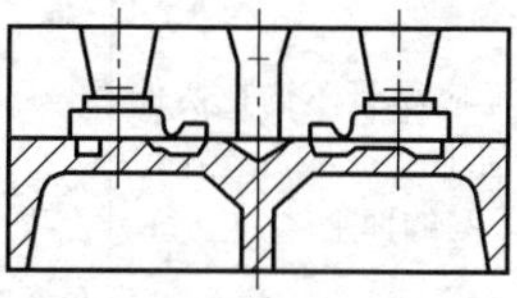

3.2.3 分型面的选择

金属型铸造分型面选择原则见表 3-9。

表 3-9 金属型铸造分型面选择原则

原则	图例	
	不合理	合理
简单铸件的分型面应尽量选在铸件的最大端面上	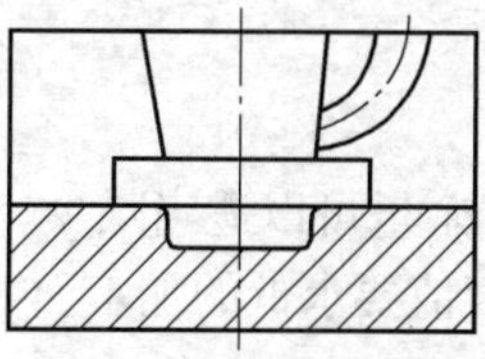	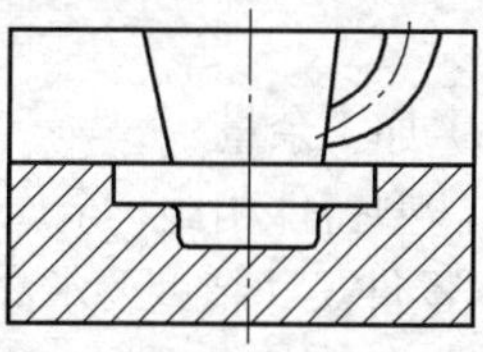
分型面应尽可能地选在同一个平面上	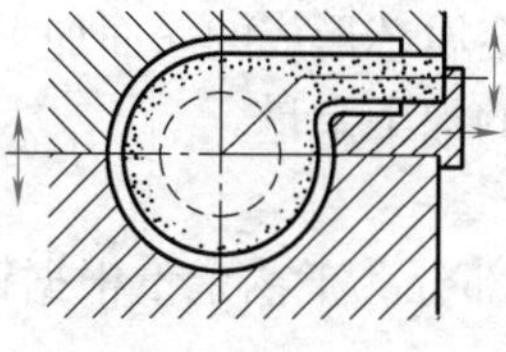	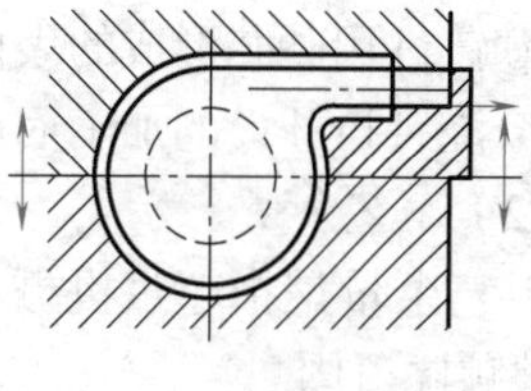
应保证铸件分型方便，尽量少用或不用活块	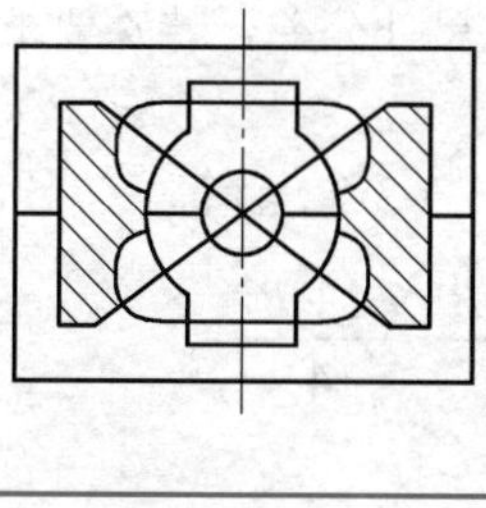	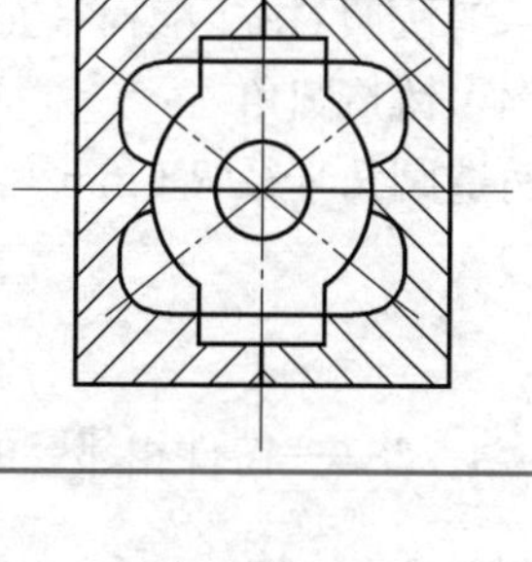

续表

原则	图例	
	不合理	合理
分型面的位置应尽量使铸件避免做铸造斜度，而且很容易取出铸件	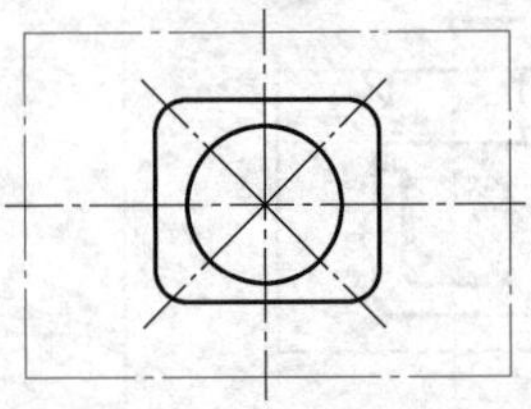	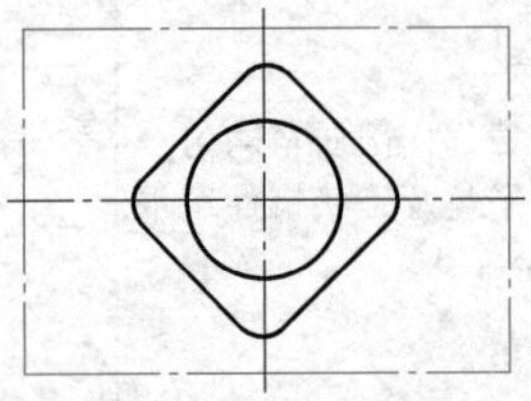
分型面应尽量不选在铸件的基准面上，也不要选在精度要求较高的面上	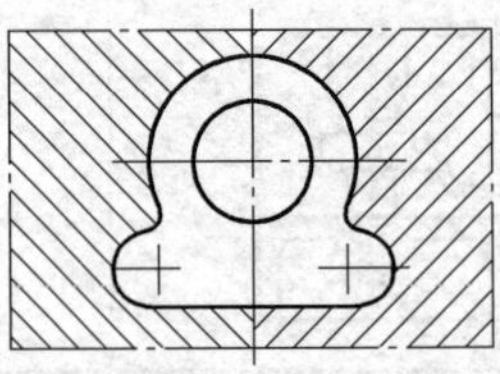	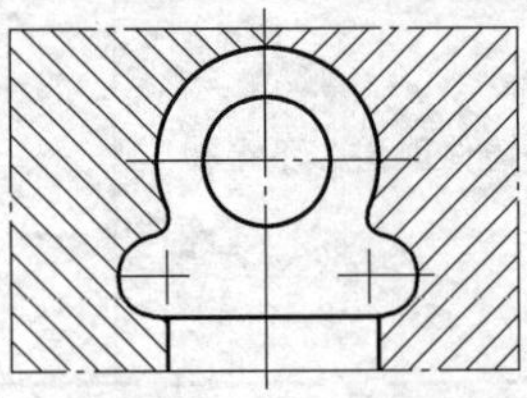
应便于安放冒口和便于气体从铸型中排出	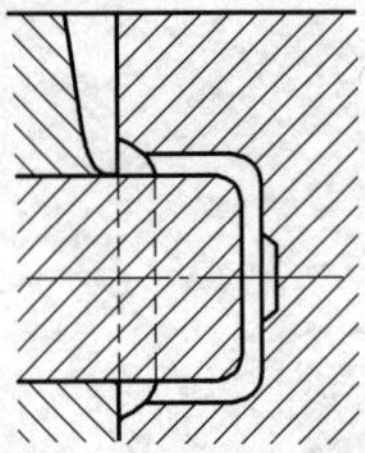	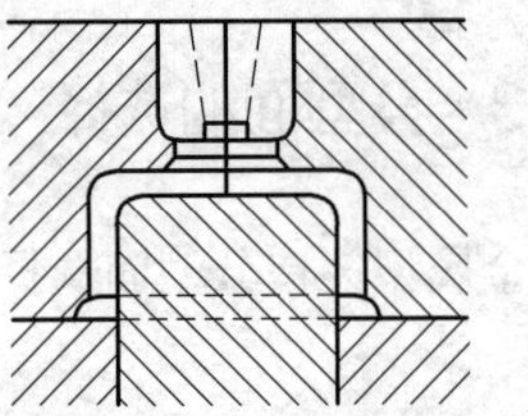

3.2.4 铸造工艺参数选择

（1）加工余量

与砂型铸件相比，金属型铸件的加工余量可以适当减少。其选择原则如下：

① 零件尺寸精度要求高、表面粗糙度值要求低的加工面，应给予较大的加工余量；

② 加工面越大，加工余量应越大；

③ 加工面距加工基准面越远，加工余量应越大；

④ 铸件用砂芯形成的表面，应比用金属芯形成的表面加工余量大；

⑤ 浇冒口开设的加工面应给予较大的加工余量。

（2）工艺余量

工艺余量是指超过机械加工余量的部分。工艺余量根据铸件实际结构情况确定，应保证铸件顺序凝固。

（3）铸件尺寸公差

一般按照 GB/T 6414—2017 确定铸件尺寸公差，特殊要求由供需双方协商确定。

（4）铸造圆角

铸造圆角半径 R（mm）一般可以按式（3-3）计算：

$$R=\frac{A+B}{6}\sim\frac{A+B}{4} \tag{3-3}$$

式中 A，B——铸件相邻壁的厚度，mm。

（5）铸造斜度

铸件铸造斜度的大小，与铸件表面和金属型间的相对位置有关。凡是在铸件冷却时与金属型表面有脱离倾向的面，应给予较小的铸造斜度；凡是铸件冷却时趋向于包紧金属型或芯的面，应给予较大的铸造斜度。

对于铸件尺寸要求精确的非加工面，若不允许有铸造斜度时，可考虑改变分型面，或使用金属活块，以及采用砂芯等方法来解决。

各种合金铸件的金属型铸造斜度，一般可参考表 3-10 选择。

表 3-10　各种合金铸件的金属型铸造斜度

铸件表面位置	铝合金	镁合金	铸铁	铸钢
外表面	0° 30′	≥ 1°	1°	1°～ 1° 30′
内表面	0° 30′～ 2°	≥ 2°	＞ 2°	＞ 2°

3.3　浇注系统的设计

3.3.1　浇注系统的设计原则

金属型铸造的浇注系统设计可以参照砂型铸造浇注系统设计方法，根据合金种类及其铸造性能、铸件的结构特点及对铸件的技术要求，及金属型铸造冷却速度快、排气条件差、浇注位置受限制等特点，综合加以考虑以设计浇注系统。

① 金属型冷却速度快，浇口尺寸应适当加大，但应尽量避免产生紊流。

② 金属液平稳流入型腔，不直接冲击型壁和型芯，并能够起到一定的挡渣作用。

③ 金属型不透气，必须使金属液顺序地充满铸型，以利于排气。

④ 铸型的温度场分布应合理，有利于铸件顺序凝固，浇注系统一般开设在铸件的热节或壁厚处，以便于铸件得到补缩。

⑤ 浇注系统结构应简单，使铸型开合、取件方便。

3.3.2　浇注系统的形式

浇注系统的结构形式见表 3-11 及图 3-12。

表 3-11　浇注系统的结构形式

形式	优点	缺点	适用于 H/L	适用于合金	备注
顶注式	⑴ 具有合理的铸型热分布，有利于合金顺序凝固，便于铸件补缩； ⑵ 能以大流量充填铸型，浇注速度快； ⑶ 浇道消耗的金属量少； ⑷ 铸型设计、制造方便	⑴ 液体金属充填型腔时液流不平稳、易飞溅，冲击现象随液流下降高度的增加而严重； ⑵ 由于飞溅，极易引起金属液氧化，形成二次渣、“豆粒”等缺陷； ⑶ 不利于型腔中气体排出	$H/L < 1$	⑴ 常用于黑色金属铸件，且应是矮面简单的铸件； ⑵ 非铁合金铸件较少运用，或仅用于小件(例如，镁合金铸件高度不大于 80mm，铝合金铸件高度不大于 100mm)	为避免冲击、飞溅，高度较大的铸件浇注时可将铸型倾斜，浇注过程中逐渐将铸型恢复至水平位置

续表

形式	优点	缺点	适用于 H/L	适用于合金	备注
中注式	(1) 金属液充型过程较顶注式平稳; (2) 铸型热分布较底注式合理	不能完全避免金属液流对铸型的冲击及飞溅现象	$H/L≈1$	(1) 用于各种合金; (2) 用于铸件高度适中（在100mm左右），两端及四周均有厚大安装边，难以采用其他浇道的铸件	
底注式	(1) 金属液由下而上平稳充型，有利于型腔中气体排出; (2) 便于设计各种形状的浇道，充分撇渣; (3) 内浇道可在铸件底部均布，能进行大流量浇注	铸型热分布不合理，不利于顺序凝固	$H/L<1$	(1) 用于各种合金; (2) 有色金属用得较多，特别是易产生氧化渣的金属，多用这种方式	为克服热分布不合理现象，可用各种工艺方法（如调整工艺余量、补注冒口、控制金属型预热温度、调整涂料层厚度等）来解决
缝隙式	(1) 液体金属充填铸型过程平稳，有效防止氧化、夹渣及气孔的生成; (2) 铸型热分布合理有利于补缩; (3) 有利于型腔中气体的排出	(1) 清理浇注系统比较困难; (2) 浇注系统消耗金属较多	特别适合于圆形铸件	适用于质量要求较高的铸件	缝隙浇道应用很广，当同时存在几种可能的浇注方式时，可优先考虑采用缝隙浇道

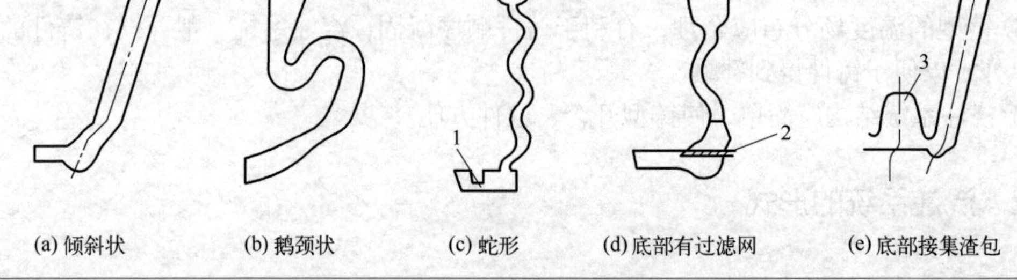

图 3-12 不同形状的直浇道和直浇道底部的挡渣

1—节流器；2—过滤网；3—集渣包

3.3.3 浇注系统的计算

浇注系统尺寸的确定步骤为：先确定浇注时间，再计算最小截面积，然后按比例计算出其他组元的截面积。

（1）浇注时间的确定

金属型冷却速度快，为防止浇不足、冷隔等缺陷，浇注速度应比砂型铸造快。浇注时间计算方法有两种：一种是用砂型铸造浇注时间公式计算，然后将浇注时间减少

20% ～ 40%；另一种是根据金属液在金属型中平均上升速度 $v_{平升}$ 计算出浇注时间。根据实际经验。对铝、镁合金铸件

$$v_{平升}=\frac{h}{t}=\frac{3}{\delta}\sim\frac{4.2}{\delta} \tag{3-4}$$

式中 $v_{平升}$——金属液在金属型中平均上升速度，$cm\cdot s^{-1}$；

δ——铸件平均壁厚，mm；

h——金属型型腔的高度，mm。

浇注时间 t 由式（3-5）决定：

$$t=\frac{h}{v_{平升}} \tag{3-5}$$

如浇注系统由金属型形成，一般浇注时间不应超过 20 ～ 25s，以防止金属液在完成充型之前就失去了流动性。

（2）最小截面积确定

可根据浇注时间、金属液流经浇注系统最小截面处的允许最大流动线速度 v_{max} 来计算出最小截面积 A_{min}。

$$A_{min}=G/\rho v_{max}t \tag{3-6}$$

式中 A_{min}——最小截面积，cm；

G——铸件质量，g；

ρ——金属液密度，$g\cdot cm^{-3}$；

v_{max}——最小截面允许的最大流动线速度，$cm\cdot s^{-1}$。

为防止金属液在浇注时卷入气体和氧化，以及使浇注系统能起挡渣作用，一般 v_{max} 值不能太大。对镁合金 $v_{max}<130cm\cdot s^{-1}$，对铝合金 $v_{max}<150cm\cdot s^{-1}$。

（3）其他组元的截面积

浇注铝、镁合金时，为防止金属液飞溅，出现二次氧化造渣现象，需要降低金属液的流速，常采用开放式浇注系统，此时浇注系统中的最小截面积应当是直浇道的截面积 $A_{直}$，故各组元的截面积比例关系为

大型铸件（＞ 40kg）: $A_{直}:A_{横}:A_{内}=1:(2\sim3):(3\sim6)$

中型铸件（20 ～ 40kg）: $A_{直}:A_{横}:A_{内}=1:(2\sim3):(2\sim4)$

小型铸件（＜ 20kg）: $A_{直}:A_{横}:A_{内}=1:(1.5\sim3):(1.5\sim3)$

内浇道厚度一般应为铸件相连接处对应铸件壁厚的 50% ～ 80%，对薄壁铸件可比铸件壁厚小 2mm。内浇道的宽度一般为内浇道厚度的 3 倍以上。

内浇道长度：小型铸件为 10 ～ 20mm，中型铸件为 20 ～ 40mm，大型铸件为 30 ～ 60mm。

浇注黑色金属时，常采用封闭式浇注系统，此时浇注系统中的最小截面积为内浇口的截面积，各组元截面积比例关系为

$$A_{直}:A_{横}:A_{内}=(1.15\sim1.25):(1.05\sim1.25):1$$

内浇道长度一般应小于 12mm。

3.3.4 冒口设计

金属型中冒口除了起补缩和浮渣作用外，还有另一个重要作用是保证能迅速排除型腔中的气体。金属型冒口可以根据具体的情况设计成不同的形式与结构。设计冒口时需注意以下几点。

① 浇注铝、镁合金时应尽量采用明冒口。因为暗冒口的金属液柱静压力小，仅靠暗冒口进行补缩，效果不好，而明冒口除明冒口的液柱静压力外，还有大气压力的作用，其补缩效果远胜于暗冒口。

② 冒口高度不宜过高，太高时金属液消耗大，在大量金属液通过浇口进入冒口时，有可能引起内浇口过热，铸件靠近浇口处易产生缩松。当然冒口高度也不能过小，过小达不到补缩效果。

③ 应尽量节约金属液。为了提高金属的工艺出品率，同时也为了使冒口起到更好的补缩作用，可采用图 3-13 所示的措施，在冒口中设置砂芯或金属芯，或冷铁和冒口并用，可取得明显的效果。

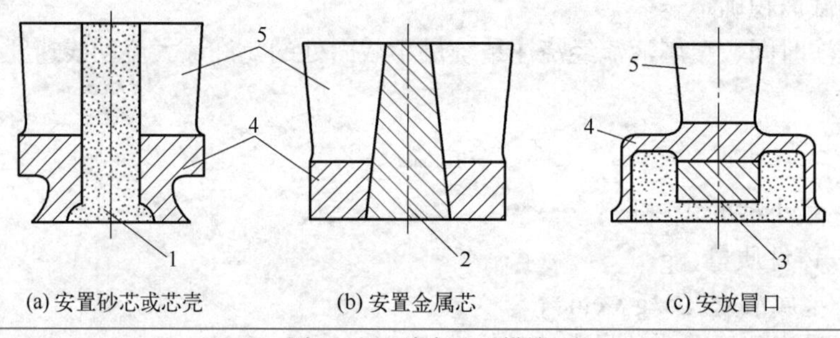

图 3-13 减小冒口措施

1—砂芯；2—金属芯；3—冷铁；4—铸件；5—冒口

3.4 金属型设计

3.4.1 金属型的结构形式

金属型是金属型铸造的基本工艺装备，它在很大程度上影响着铸件质量及效率。金属型的设计包括金属型结构设计、金属型操纵机构的设计、金属型的加热和冷却、金属型材料的选用，还包括确定金属型的尺寸精度、表面粗糙度以及金属型的使用寿命。

金属型的结构取决于铸件形状、尺寸大小、分型面选择等因素。按分型面划分，常见的金属型结构形式有整体金属型、水平分型金属型、垂直分型金属型、综合分型金属型等。

（1）整体金属型

整体金属型（图 3-14）无分型面、结构简单，其上面可以是敞开的或覆以砂芯，在铸型左右两端设有圆柱形转轴，通过转轴将金属型安置在支架上。浇注后待铸件凝固完毕，将金属型绕转轴翻转 180°，铸件则从型中落下。再把铸型翻转至工作位置，又可准备下一循环。其多用于具有较大锥度的简单铸件中。

（2）水平分型金属型

水平分型金属型由上下两部分组成，分型面处于水平位置（图 3-15），铸件主要部分或全部在下半型中。这种金属型可将浇注系统设在铸件的中心部位，金属液在型腔中的流程短，温度分布均匀。由于浇冒口系统贯穿上半型，常用砂芯形成浇冒口系统。此类金属型上型的开合操作不方便，且铸件高度受到限制，多用于简单铸件，特别适合生产高度不大的中型或大型平板类、圆盘类、轮类铸件。

（3）垂直分型金属型

由左右两块半型组成，分型面处于垂直位置（图 3-16）。铸件可配置在一个半型或两个半型中。铸型开合和操作方便，容易实现机械化。其常用于生产小型铸件。

（4）综合分型金属型

对于较复杂的铸件，铸型分型面有两个或两个以上，既有水平分型面，也有垂直分型面（图 3-17），这种金属型称为综合分型金属型。铸件主要部分可配置在铸型本体中，底座主要固定型芯；或铸型本体主要是浇冒口，铸件大部分在底座中。大多数铸件都可应用这种结构。它主要用来生产形状复杂的铸件。

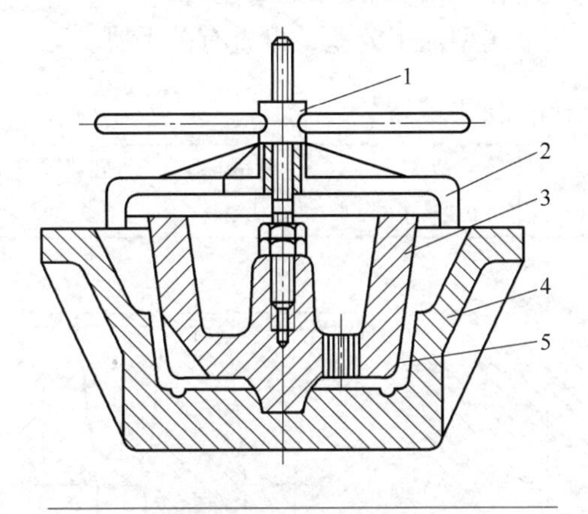

图 3-14　整体金属型

1—铸件；2—金属型；3—型芯；4—支架；5—扳手

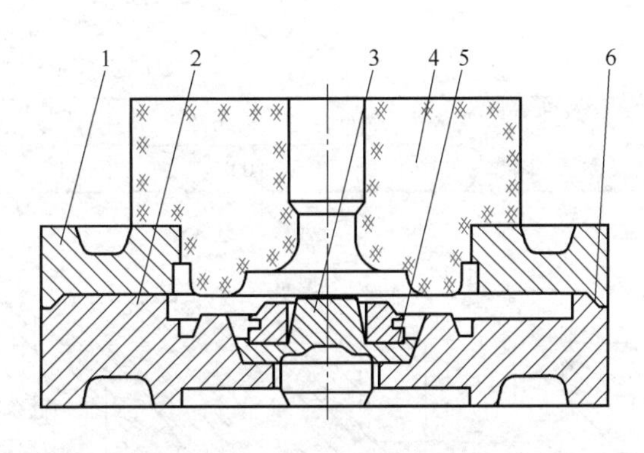

图 3-15　水平分型金属型

1—上半型；2—下半型；3—型块；4—砂芯；5—镶件；6—定位止口

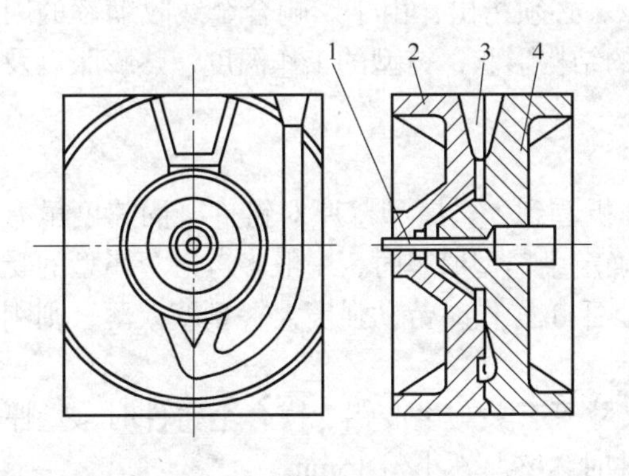

图 3-16　垂直分型金属型

1—金属型芯；2—左半型；3—冒口；4—右半型

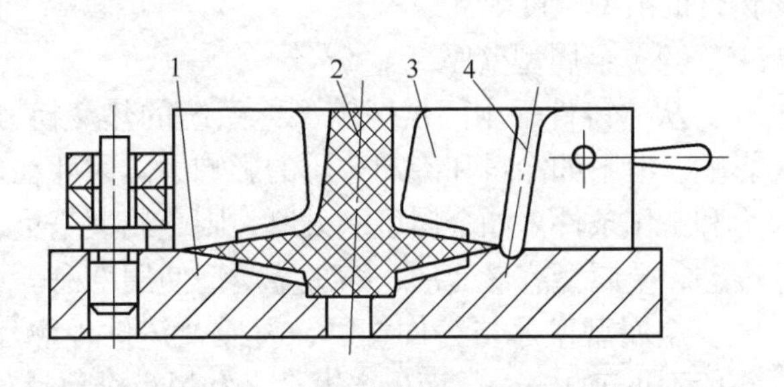

图 3-17　综合分型金属型

1—底板；2—砂芯；3—上半型；4—浇注

3.4.2 金属型型体的设计

（1）型腔尺寸计算

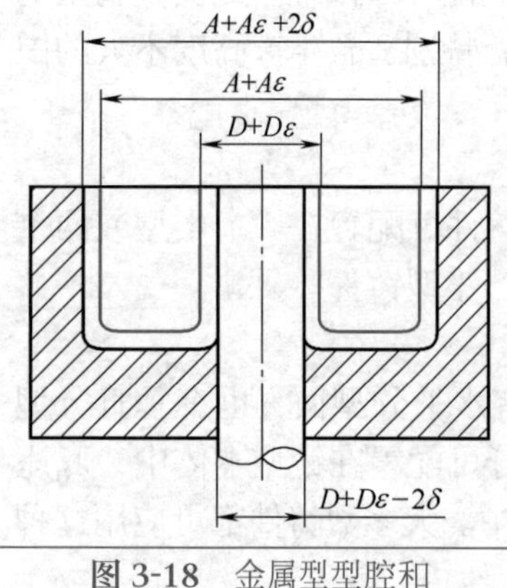

图 3-18 金属型型腔和型芯尺寸的确定

如图 3-18 所示，金属型型腔和型芯尺寸的确定主要根据铸件外形和内腔的名义尺寸，并考虑收缩及公差等因素的影响，计算公式如下：

$$A_x=(A+A\varepsilon+2\delta)\pm\Delta A_x \quad (3\text{-}7)$$

$$D_x=(D+D\varepsilon-2\delta)\pm\Delta D_x \quad (3\text{-}8)$$

式中 A_x，D_x——型腔和型芯尺寸；

A，D——铸件外形和内孔的名义尺寸；

ε——铸件材料的线收缩率，见表 3-12；

δ——涂料层厚度（一般取 0.1 ~ 0.3mm，型腔凹处取上限，凸出取下限，中心距 L 处 δ 等于零，如图 3-19 所示）；

ΔA_x，ΔD_x——金属型加工公差，可查有关手册。

表 3-12 金属型铸造时几种合金的线收缩率

合金种类	铝硅合金、铝铜合金	锡青铜	铸铁	铸钢	硅黄铜
线收缩率	0.6 ~ 0.8	1.3 ~ 1.5	0.8 ~ 1.0	1.5 ~ 2.0	2.2

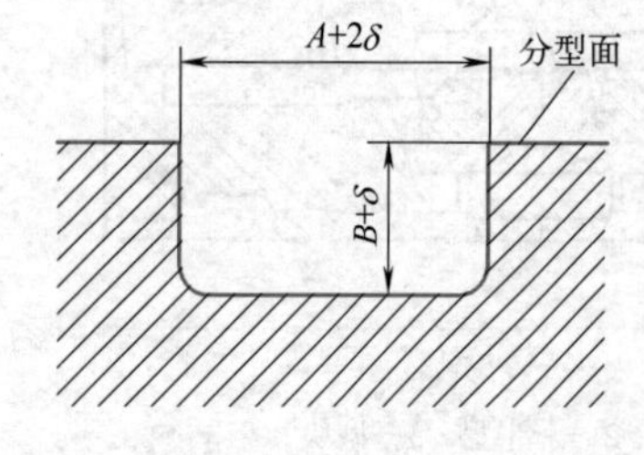

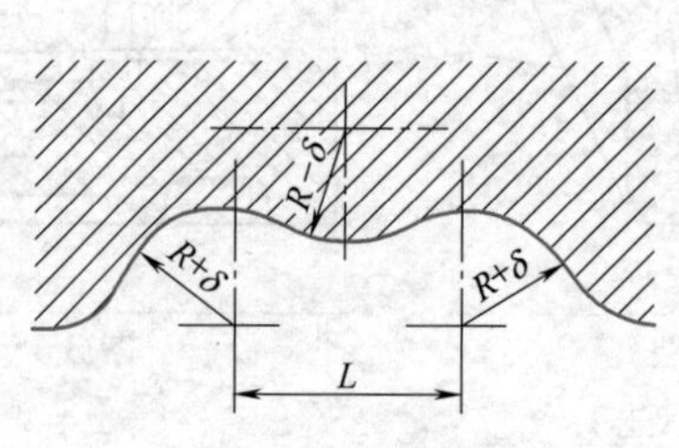

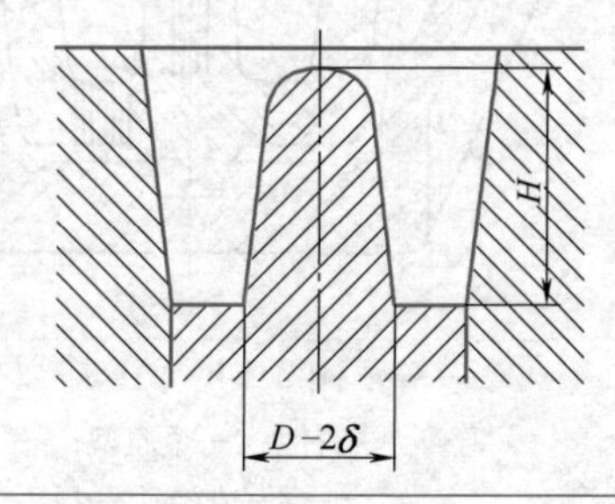

图 3-19 型腔涂料厚度的确定

金属型铸造时几种合金的线收缩率见表 3-12。必须指出，由于影响合金线收缩率的因素多而复杂，主要影响因素为合金的种类，铸件的结构形状，铸型的工作温度，热膨胀以及铸件的出型温度等。

（2）金属型壁厚

从“铸件—中间层—铸型”系统的热交换分析看到，金属型壁厚对铸件凝固速度虽有影响，但不如涂料和冷却介质的影响大。因此在确定金属型壁厚时，一般多考虑金属型的受力和工作条件。如金属型壁太厚，则金属型笨重，手工操作时劳动强度大；型壁太薄，则刚度差，金属型容易变形，缩短金属型使用寿命。

金属型壁厚与铸件壁厚、材质及铸件外廓尺寸等有关。生产铝、镁合金铸件时，壁厚一般不小于 12mm，而生产铜合金和黑色金属铸件时，壁厚不小于 15mm。

为了在不增加壁厚的同时，提高金属型的刚度，并达到减轻重量的目的，通常在金属型外表面设置加强筋形成箱形结构。

（3）分型面上型腔之间、型腔与金属型边缘之间距离的确定

浇注时，为了防止金属液通过分型面的缝隙由一个型腔流入另一个型腔或型外，或者为了保证直浇道有足够的高度及防止型腔间距、型腔离金属型边缘距离太小而引起该处局部过热，在设计金属型时，对上述各尺寸应有一个最小限度（表 3-13）。

表 3-13　金属型分型面上的尺寸

尺寸名称	尺寸值 /mm	附图
型腔边缘至金属型边缘的距离 a	25 ～ 30	
型腔边缘间的距离 b	＞ 30；小件 10 ～ 20	
直浇道边缘至型腔边缘间的距离 c	10 ～ 25	
型腔下缘至金属型底边间的距离 d	30 ～ 25	
型腔上缘至金属型上边间的距离 e	40 ～ 60	

3.4.3　金属型芯的设计

设计金属型芯时，可使用金属芯或砂芯或两者同时兼用，一般情况下，应尽量使用金属芯，避免使用砂芯。因为金属芯有很多优点，如：

① 生产率高，使用操作方便；

② 尺寸稳定，表面粗糙度低，减少零件加工余量，节省金属；

③ 加速铸件冷却，铸件结晶组织细密、均匀，有助于提高铸件的力学性能，减少形成部分铸件缺陷的可能；

④ 便于抽芯机械化自动化，便于组织生产，缩短生产周期；

⑤ 无需制造砂芯而需要的相应设备及工装，节省车间占地面积等。

（1）金属型芯的设计原则

① 在不影响零件使用和外观的情况下，应按铸件图给以足够的铸造斜度。

② 对留有加工余量的铸造表面，其铸造斜度可适当大些，以利于型芯的抽拔。

③ 型芯的定位要很准确，导向要可靠，保证型芯移动时不产生歪斜，避免拉伤铸件。

④ 在能方便地抽拔型芯的情况下，应尽量减少型芯的数目，不仅便于操作，而且可以提高铸件的精度。

⑤ 型芯的结构应考虑加工制造方便，圆形金属芯直径在 Φ50mm 以上时，应制成空心，壁厚为 12 ～ 20mm。

（2）手动抽芯机构

① 撬杆抽芯机构。如图 3-20 所示，型芯利用带有主台阶的型芯头定位，型芯头长度应比型

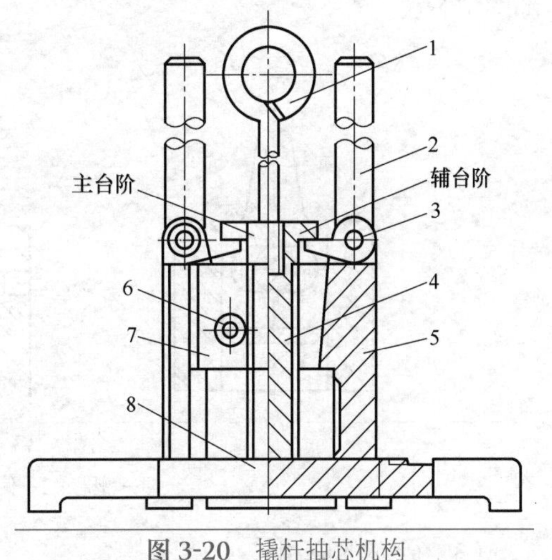

图 3-20　撬杆抽芯机构

1—提手；2—撬杆；3—轴；4—金属芯；5—右半型；6—手柄；7—左半型；8—底座

芯最大直径大 2 ～ 5mm，型芯头长度可取型芯最大直径的 0.05 ～ 2 倍，在主台阶上设计辅台阶，辅台阶用于撬杆进行压撬抽拔型芯，辅台阶的直径应足够撬拔型芯使用。

② 齿轮齿条抽芯机构。如图 3-21 所示，齿轮齿条抽芯机构是应用最广泛的抽芯机构，其特点是抽芯平稳，但结构较复杂。型芯既可做成整体的，也可做成装配式的。整体式齿轮齿条抽芯机构的结构简单，但若型芯报损齿条也跟着报废。装配式齿轮齿条抽芯机构的结构较复杂，但型芯报损时齿条不至于报废。根据型芯的轮廓尺寸及所需抽芯力的大小，齿轮、齿条模数一般取 2.5 ～ 4mm。适用于抽拔金属型底部和侧部的型芯，不适用于抽拔上部型芯，否则影响浇注和取出铸件。

③ 螺杆抽芯机构。如图 3-22 所示，螺杆抽芯机构利用螺母螺杆的相对运动，经压块反作用力可以获得很大的轴向拉力。螺杆抽芯机构制造简单，抽芯平稳可靠，没有跳动，适用于抽拔较长而包紧力较大的型芯，用于拔上型芯和侧型芯。

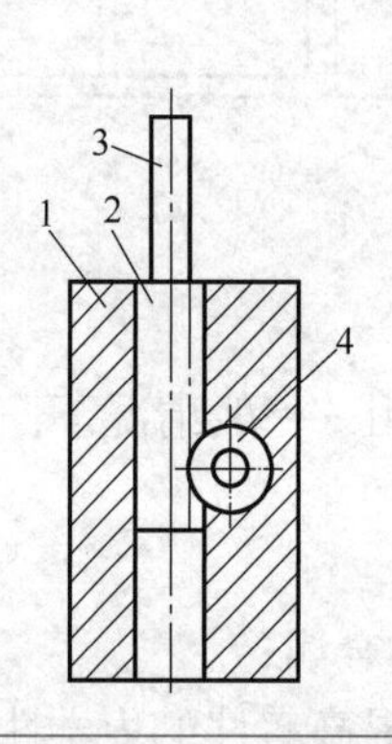

图 3-21　齿轮齿条抽芯机构

1—金属型；2—齿条；3—型芯；4—齿轮

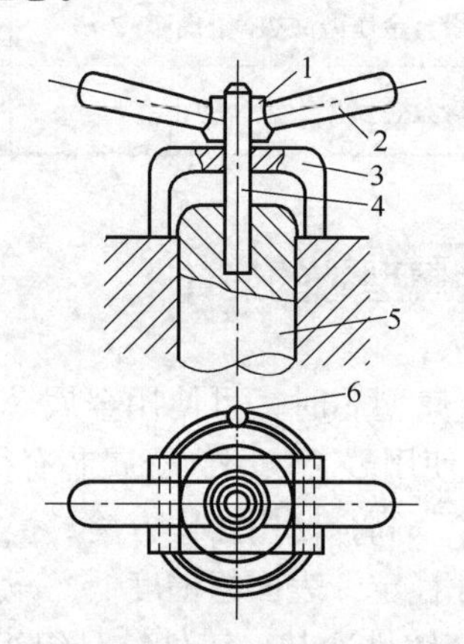

图 3-22　螺杆抽芯机构

1—螺母；2—手把；3—压块；4—螺杆；5—型芯；6—销钉

④ 偏心轴抽芯机构。如图 3-23 所示，偏心轴抽芯机构结构简单，使用方便，缺点是型芯上下运动会产生轻微的旋转，可能会拉伤铸件。偏心轴抽芯机构适用于抽拔位于金属型底部的型芯。

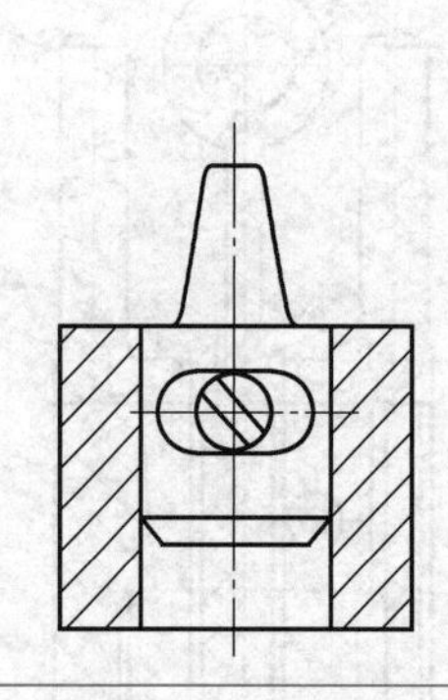

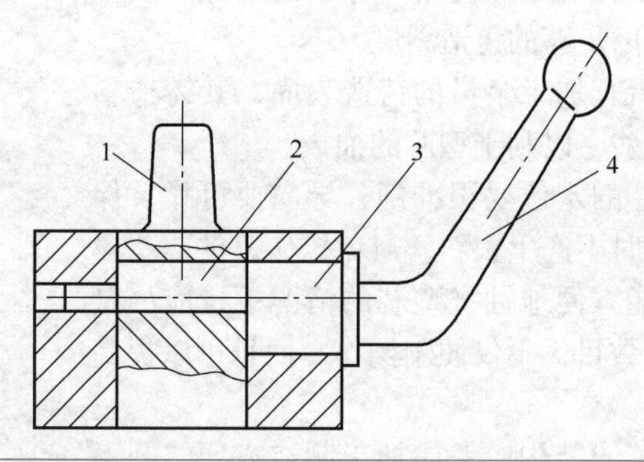

图 3-23　偏心轴抽芯机构

1—型芯；2—偏心轴；3—轴头；4—手把

（3）砂芯的应用

① 允许使用砂芯的情况。铸件上具有复杂形状的孔腔，用金属型芯无法将型芯取出；影响取出铸件的浇冒口系统和活块；需缓慢凝固，从而起到补缩作用的部分，如冒口部分；

金属型易损部位，如浇冒口；金属难以排气部位；局部收缩受阻较大易产生开裂处。

② 砂芯设计注意事项。

a. 砂芯在金属型中便于安装，因安装砂芯是在金属型受热状态下；

b. 垂直式型芯的芯头尺寸应做得尽可能大些，若不可能做大就加大芯头，必须把芯头加长，使型芯安装时不歪斜；

c. 芯头外形越简单，锥度在一定范围内越大，安装越迅速方便，锥度一般取 3° ~ 5°，芯头长度越小，锥度越大；

d. 砂芯排气道应与型体上的排气道相配合，芯盒上应留有排气针的位置，或设计专用排气道压模，这种压模应设有定位销；

e. 芯座四周应做出集砂槽，防止安装砂芯时，芯头和芯座壁摩擦，砂子落入芯座，影响砂芯位置的准确性；

f. 砂芯定位的准确性，不仅决定于砂芯的结构，而且决定于芯头与芯座间的间隙值，间隙的大小又决定于芯头形状、斜度、大小和安装位置，砂芯头与金属型芯座配合间隙见表 3-14；

表 3-14　砂芯头与金属型芯座配合间隙

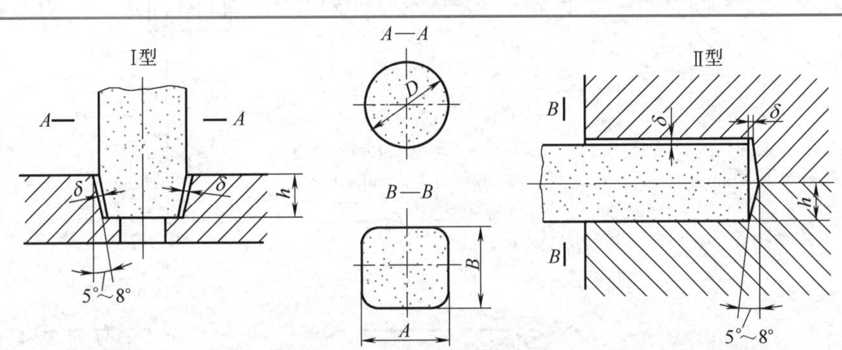

D 或（A+B）/2	h/mm			
	≈ 25	25 ~ 50	50 ~ 100	> 200
	δ/mm			
~ 50	0.15	0.25	0.5	1.0
50 ~ 150	0.15	0.25	0.5	1.0
150 ~ 300	0.25	0.5	1.0	1.0
300 ~ 500	—	1.0	1.0	1.5
> 500	—	1.0	1.0	2.0

g. 芯砂要求用较好的黏结剂，最好使用壳芯，以提高内腔精确度，降低粗糙度，改善劳动条件，提高生产率。

3.4.4　排气系统设计

因金属型材料本身无透气性，排气系统设计得不合理将直接影响型腔内空气的排出，使铸件产生浇不足、冷隔、外形轮廓不清晰、气孔等缺陷，故在金属型中必须设计好排气系统。

确定排气系统在金属型中的位置后，在拟定浇注系统时，必须考虑金属液的充型过程应有利于将型腔中浇注时卷入的和挥发物所产生的气体排出。可能时，最好开设排气冒口，利用排气冒口直接排气；在分型面上可开设排气槽，也可在型腔中的凹处及个别凸起部位钻孔，装入排气塞，以利于排气；型腔各配合面如芯座、活块、顶杆与型体的配合面等，应开设排气槽。排气系统的截面积应等于或大于浇注系统的最小截面积。排气系统的设置应不影响开型及抽芯。

当铸件上部无需安装冒口时，可设置排气孔；暗冒口的顶部也应设计排气孔，排气孔通常为 $\Phi 1 \sim 5$mm 的圆孔。要求既能迅速排出腔中气体，又能防止液体金属侵入，具体可采用扁缝形和三角形排气槽。排气槽又称通气槽、通气沟，如图 3-24 所示。排气塞又称通气塞，可用钢或铜棒制成，如图 3-25、图 3-26 所示，排气塞一般安装在型腔中排气不畅而易产生气窝处，避免铸件缩松、浇不足、成形不良、轮廓不清。为此设计时必须研究金属液充型顺序，确定在型腔中会产生气体聚集而不能排出的部位。利用镶块与金属型本体的结合面排气，在结合面上做出排气槽，如图 3-27 所示。

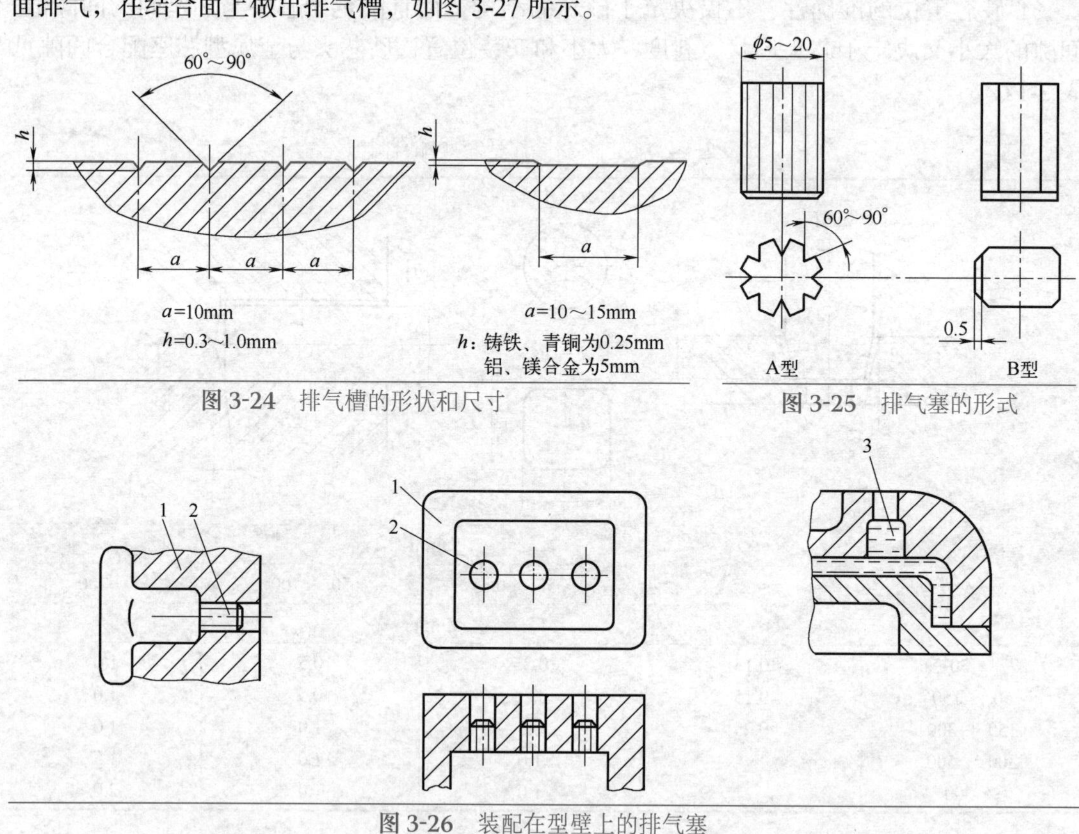

图 3-24　排气槽的形状和尺寸

图 3-25　排气塞的形式

图 3-26　装配在型壁上的排气塞

1—金属型壁；2—金属排气塞；3—水玻璃砂塞

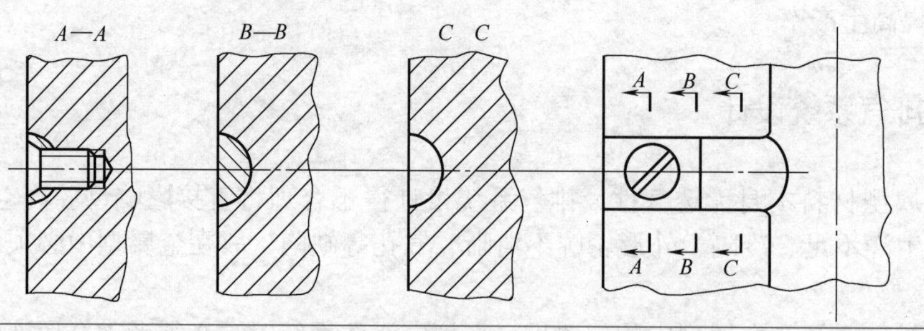

图 3-27　利用镶块排气

不能使用上述方法进行排气的铸件，可在组合铸型的组合块接触面上开排气槽排气。金属芯的固定部分表面可开设三角形槽排气，如图 3-28 所示。

图 3-28 金属芯排气设计

3.4.5 金属型半型间的定位

为了使金属型半型间不发生错位，常采用定位销定位。图 3-29（a）为定位销直接用静配合形式安装在下半型上，上半型定位孔内用静配合形式嵌入衬套（淬火），定位销与衬套用动配合。对于圆盘类金属型也可采用止口定位，如图 3-29（b）所示。

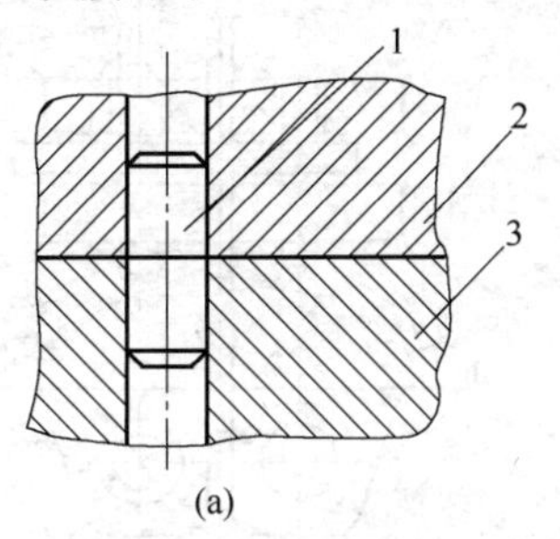

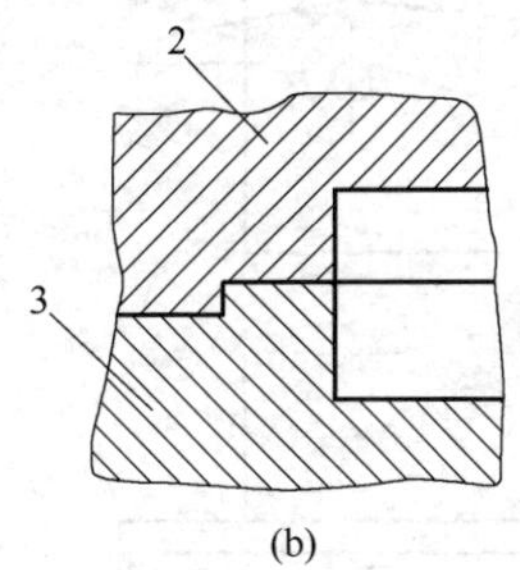

图 3-29 金属型半型间的定位形式

1—定位销；2—上半型；3—下半型

3.4.6 金属型的锁紧机构

手工金属型合型时，需要将两个半型相互锁紧。常用的锁紧机构有摩擦锁紧，如图 3-30 所示；楔形锁紧，如图 3-31 所示；偏心锁紧，如图 3-32 和图 3-33 所示，等等。摩擦锁紧常用于铰链式或对开式中小型金属型，其制造简单，操作方便。

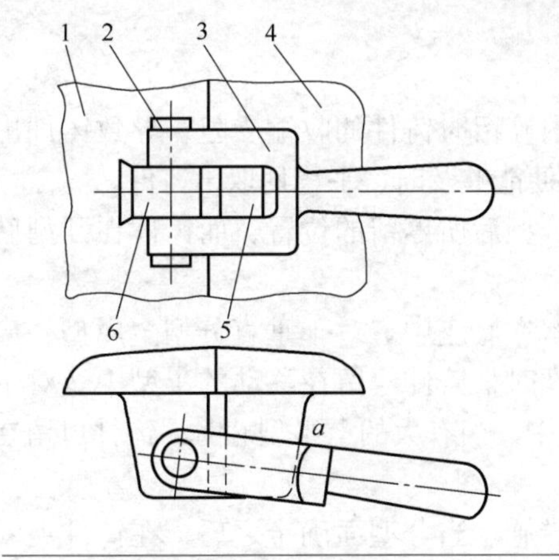

图 3-30 摩擦锁紧机构

1—左半型；2—销子；3—摩擦固紧手把；4—右半型；5，6—凸耳

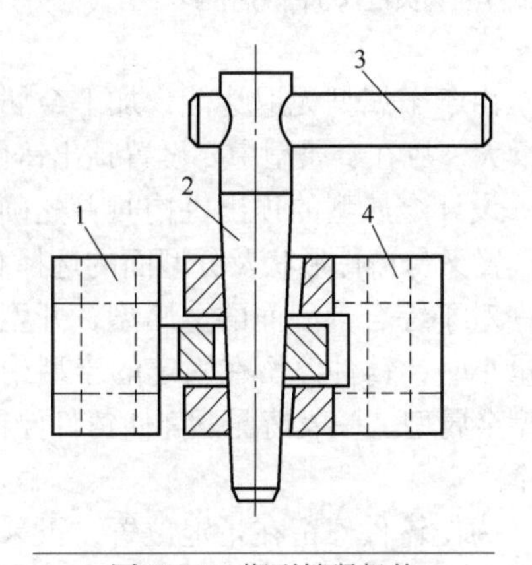

图 3-31 楔形锁紧机构

1，4—凸耳；2—楔销；3—手柄

楔形锁紧主要用于垂直分型铰链式金属型，锥孔斜度4°～5°，在合箱位置时两凸耳上锥孔的中心线偏差为1～1.5mm。

偏心锁是用得最多的一种锁紧机构，有多种形式。

① 如图3-32所示，铰链式金属型偏心锁用安装在金属型上的手柄1、锁扣2，靠偏心手柄3转动，从而夹紧两半型。铰链式金属型偏心锁使用及制造都很方便，偏心手柄经常转动易磨损，需要时常修理，只适用于生产铸件批量不大的小型金属型。

② 如图3-33所示，对开式金属型偏心锁是用开口销5，将锁扣固定在金属型的凸耳之间，通过偏心手柄1的转动，将两半型锁紧。锁紧操作方便可靠效率高，广泛用于中型金属型。

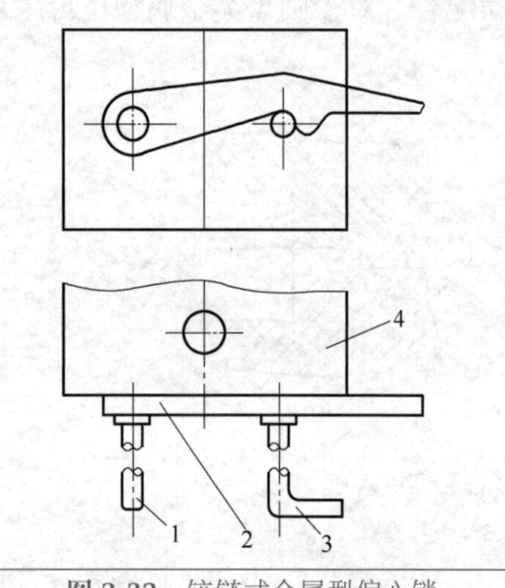

图3-32　铰链式金属型偏心锁

1—手柄；2—锁扣；3—偏心手柄；4—金属型

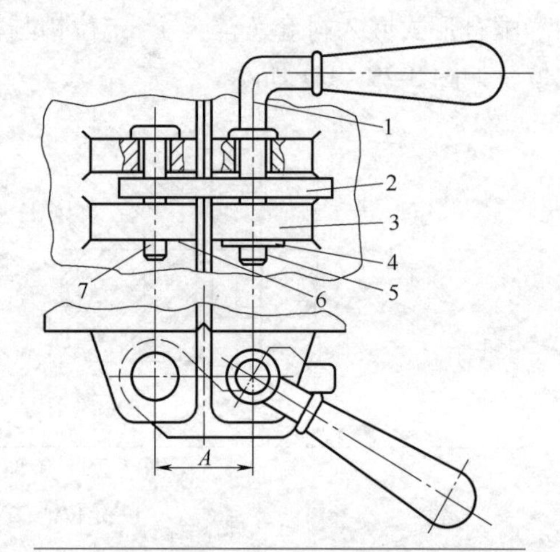

图3-33　对开式金属型偏心锁

1—偏心手柄；2—锁扣；3—凸耳；4，6—垫圈；5—开口销；7—轴销

此外，还有套钳锁（又称螺旋锁），能承受很大的力，工作也很可靠，使用中无需特殊维护，缺点是操作时速度较慢，适用于大中型金属型。

3.4.7　顶出铸件机构

由于金属型无退让性，加上金属铸件在型内停留时铸件的收缩受阻，导致铸件出型阻力增大，故在金属型中要设置顶出铸件机构，以便能够及时、平稳地取出铸件。

设计金属型的顶出机构时首先确定铸件在开型后所停留的位置，而铸件在开型后的停留位置又与铸件形状及分型面的选择有关。

对于综合分型面的金属型，开型后金属停留在底座中。对于垂直分型金属型，当生产批量小时，铸件停留在固定的半型中；当铸大件时，铸件停留在移动的半型中。对于水平分型金属型，一般情况下都使铸件停留在下半型中，当有大的上半型芯时，铸件可留在上半型中。

为使铸件停留在指定位置，可采取相应的措施。当分型面确定之后，在铸件夹紧力较大的半型中设置顶杆机构。铸件对称分布于两半型时，可借助设计两个半型中铸造斜度的差异，将顶杆装在夹紧力较大的半型中，使浇注系统在两半型中分布不对称，预定装顶杆的半型中布置全部或大部分浇冒口及排气口等。在预定安装顶杆的半型中，对应铸件或浇冒口上设置专用工艺凸块，增大夹紧力，铸件在脱型后再将工艺凸块切除。

设置铸件顶出机构的技术关键是顶杆在铸件上布置的正确性。

由于铸件各部分受夹紧力大小不等，故受顶杆的推力不均匀，顶杆顶出过程中可能发生歪斜，造成铸件表面发生变形，顶出部位表面产生凹坑及其他缺陷，故决定顶杆顶出力作用点布置时，应注意许多方面。顶杆应布置在铸件受夹紧力最大的地方。顶杆的数量应足够多，且根据铸件结构分布点，力求铸件受力均匀，避免铸件顶出发生歪斜。顶杆最好布置在铸件厚壁处，顶杆与铸件接触的端面面积应足够大，或增加顶杆数目，以避免铸件局部发生变形、出现表面压痕等。顶杆应尽可能布置在浇冒口上或铸件需要加工的部位。铸件本身结构不宜布置顶杆时，可设置专门的工艺凸台来随顶杆进行顶件。顶杆端面与型腔壁应在同一平面上，以避免在铸件上形成凹坑和凸起。顶杆和顶杆孔一般要求设计成圆形，这样便于使用和加工。

常见顶杆机构有以下几种。

（1）弹簧顶杆机构

弹簧顶杆机构适用于形状简单，只需一根顶杆的铸件，如图 3-34 所示。弹簧顶杆的缺点是弹簧受热后易失去弹性，需经常更换弹簧，故影响广泛应用。

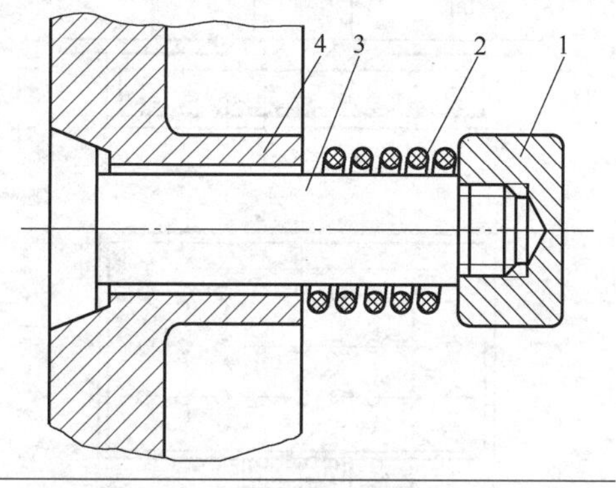

图 3-34　弹簧顶杆机构

1—螺母；2—压缩弹簧；3—顶杆；4—金属型

（2）组合式顶杆机构

组合式顶杆机构类似压铸机顶出机构，一般由电动、液压或机械传动装置完成开合型动作，形式较为复杂，如图 3-35 所示。在完成开型后，铸件必须留在动型板上，以利于正常生产。

（3）楔锁顶杆机构

楔锁顶杆机构相当于在弹簧顶杆机构中，弹簧与金属型接触端面以外，在顶杆上开一个楔形的孔，用紧固楔代替弹簧打入楔形的孔，使顶杆复位浇注，浇注完毕后退出紧固楔，敲击顶杆脱出铸件，如图 3-36 所示。

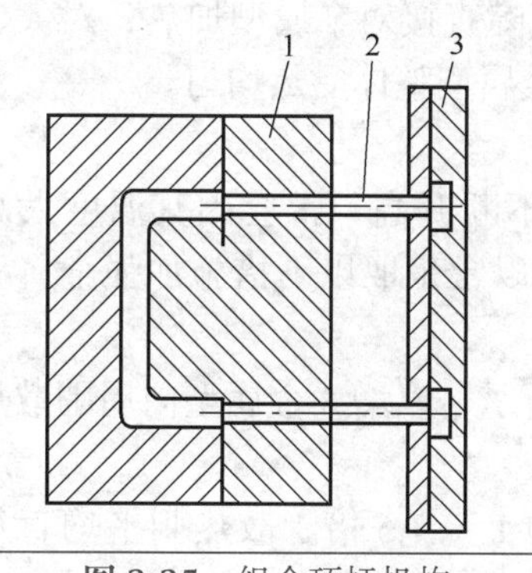

图 3-35　组合顶杆机构

1—金属型；2—顶杆；3—顶杆板

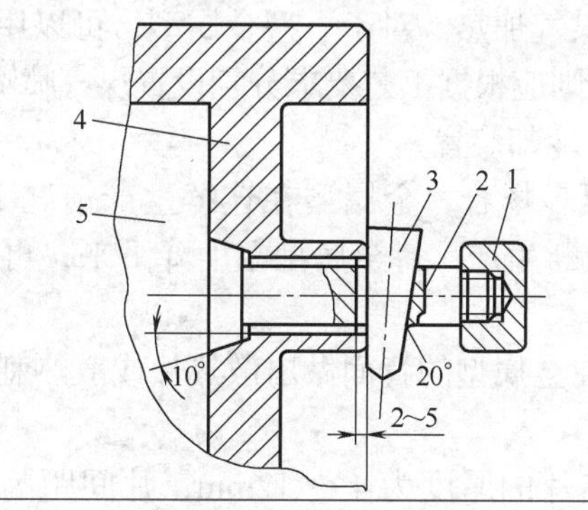

图 3-36　楔锁顶杆机构

1—六角螺母；2—顶杆；3—紧固楔；4—金属型；5—型腔

3.4.8　金属型的预热和冷却装置

为保证铸件质量和提高金属型寿命，金属型工作时有一个合适的温度范围。在开始生产时，就需对金属型进行加热，以达到工作温度，在生产过程中，为保持连续生产，又必须对金属型加热或冷却，以保持金属型温度在合适范围之内。

（1）加热装置

加热方式有电加热、燃气加热等。

① 电阻丝加热。在金属型需加热处设置电阻丝，如图 3-37 所示。该法使用方便，装置紧凑，加热温度可以自动调节。对大型金属型，电阻丝可直接装在金属型型体上；对大中型金属型，也可用活动电阻丝加热器，直接放在敞开的金属型上加热；对小型金属型，则可将电阻丝安装在金属型铸造机上，对整个金属型进行加热。

② 管状加热元件加热。当金属型壁厚超过 35mm 时，可采用管状加热元件加热。这种方法效率高、拆装方便、寿命长。在不影响金属型强度的情况下，管状加热元件的安放离型面越近越好，如图 3-38 所示。

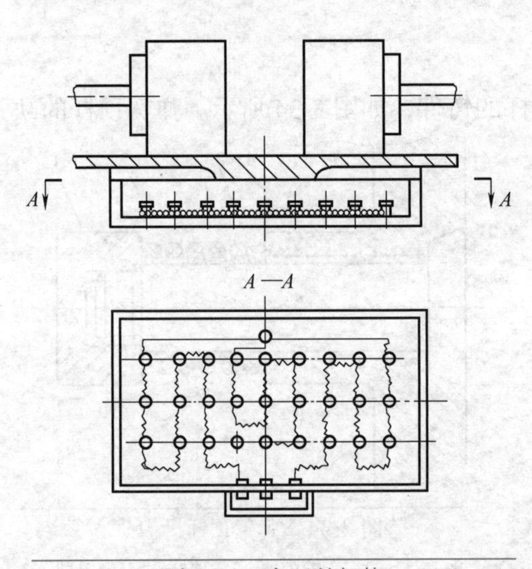

图 3-37　电阻丝加热

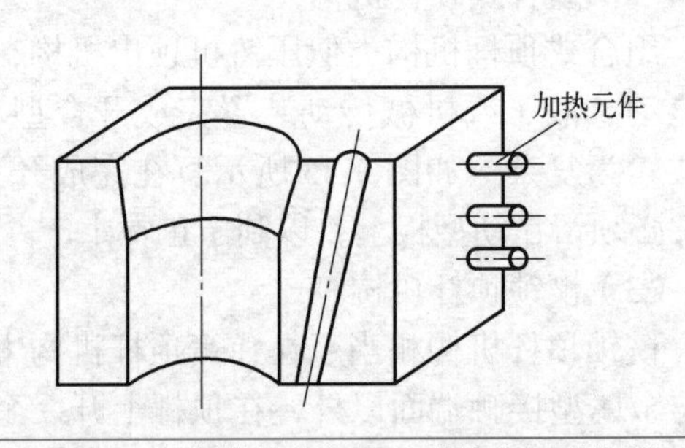

图 3-38　安放管状加热元件的金属型举例

③ 煤气加热。对于小型金属型，可以用移动式煤气喷嘴直接对金属型加热；对大、中型金属型则应根据工艺要求分别设置煤气喷嘴加热，力求金属型整体受热均匀。

（2）冷却装置

在很多场合，金属型在连续生产情况下，其温度会不断升高，常会因其温度太高而不得不中断生产，待金属型温度降下来，再进行浇注。所以常采取以下措施加强金属型的冷却。

① 在金属型的背面做出散热片或散热刺，如图 3-39 所示，以增大金属型向周围散热的效率。

散热片的厚度为 4 ～ 12mm，片间距为散热片厚度的 1 ～ 1.5 倍。散热刺平均直径为 10mm 左右，间距 30 ～ 40mm。该法适用于铸铁制的金属型。

② 在金属型背面留出抽气空间，用抽气机抽气，或用压缩空气吹气，以达到降低金属型温度的目的。此法散热效果好，使用安全，不影响金属型的使用寿命。

③ 用水强制冷却金属型，如图 3-40 所示，即在金属型或型芯的背面通循环水或设喷水管加强铸型的冷却。用水冷却金属型，效果最好，但应避免冷却速度过快而降低金属型使用寿命。此法多用于铜合金铸件上。

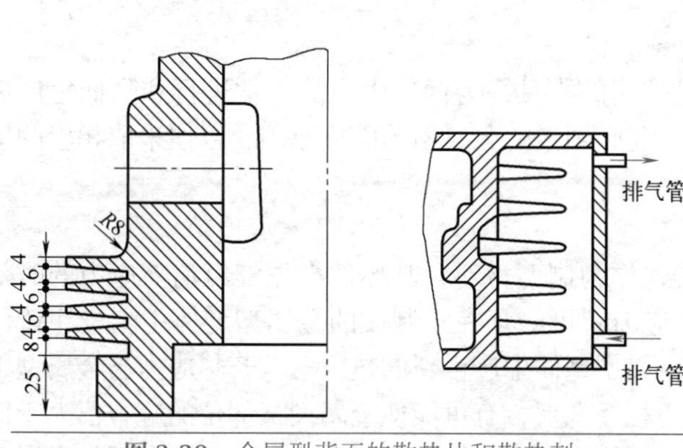

图 3-39　金属型背面的散热片和散热刺

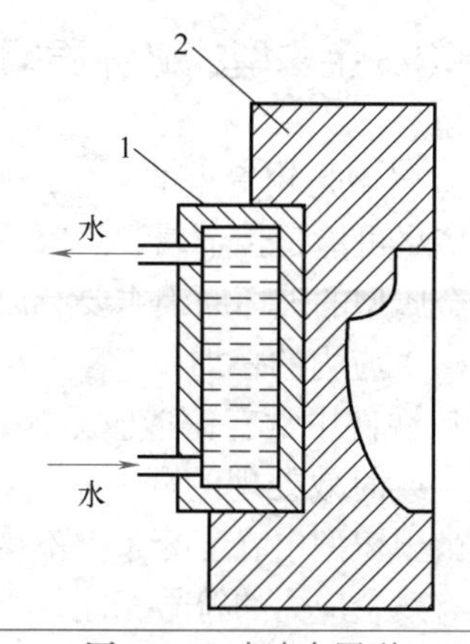

图 3-40　水冷金属型

1—冷却水套；2—金属型

3.4.9　金属型的材料

金属型常用材料为灰铸铁、球铁或钢，常用金属型材料见表 3-15。

表 3-15　金属型材料

材料类别	常用牌号	零件特点	用途	热处理要求
铸铁	灰铸铁（常选用HT150、HT200） 蠕墨铸铁 球墨铸铁	接触液体金属零件及一般件	型体，底座、浇口、冒口、支架，金属型铸造机上的铸造零件等	退火
普通碳素钢			螺钉、螺母、垫圈、手柄等	
优质碳素钢	20 25	要求渗碳	轴、主轴、偏心轴、样板等	渗碳深度: 0.8 ～ 1.2mm; 淬火: 40 ～ 45HRC
	30	常用标准件	螺钉、螺母、螺栓、手柄、底座等	
	45	接触液体金属零件及一般件	型体、型芯、底座、活动块、排气塞等	
		要求耐磨零件	齿轮、齿条、手把、锁扣、定位销、轴、偏心轴、连杆、反推杆、板杆、拉杆等	淬火: 33 ～ 38HRC
弹簧结构钢	65Mn		弹簧垫圈	
			螺旋弹簧	
碳素工具钢	50CrVA	承受冲击负荷零件	顶杆、拉杆、承压零件	淬火: 45 ～ 50HRC
合金结构钢	T7A T8A T10A	特殊要求时应用	镶件、形状复杂同时截面变化急剧的组合型芯、薄片状或细而长的型芯、重负荷面形状复杂的顶杆	淬火、回火
钢	40Cr 35CrMnSiA	高导热性零件	排气塞、激冷块	
铝合金	ZL105		铸件批量不大且需迅速投产时可用铝合金制造金属型型体	阳极处理时得到熔点在2000℃以上，深度达 0.3m 的 Al_2O_3 氧化层

3.4.10 金属型的破坏原因

金属型是较贵重的、生产中起关键作用的模具，为保证生产的正常进行和降低生产成本，应尽可能延长金属型的服役寿命，为此必须了解金属型的破坏原因，以便采取相应的措施。金属型的破坏原因主要有以下几种。

（1）应力的叠加

铸铁件中常有铸造应力，如采用铸铁作为制型材料，其坯件事先没经消除应力的时效处理，或时效处理的程度不够，则铸造应力就可能存在于制成的金属型型体中。浇注铸件时，由于铸型中温度分布得不均，会使金属型型体中产生新的热应力。若热应力与金属型中的原有残余应力的符号相同，则两种应力相互叠加，有可能使金属型某部位的应力值大于该处金属型材料的抗拉强度值，金属型上就可能出现贯通性的裂缝。这种破坏常在新的金属型试浇初期出现。裂缝一般在铸型外表面上有应力集中部位（尖的凸起物、铸造缺陷）处出现。所以铸铁金属型的毛坯应经充分的时效处理后再机械加工；铸型外表面上应尽可能消除易出现应力集中的结构和减少铸型外表面上铸造缺陷的存在。浇注前铸型应先预热。

（2）热应力疲劳

金属型工作时，每生产一次铸件，金属型型壁就会经受一次加热和冷却的过程。如图 3-41 所示，在浇注之前，如认为金属型型壁内厚度方向上的温度基本是一样的，则在高温液态金属进入铸型后，其内表面层上的温度会迅速上升，而型壁中间层和型壁外表面处的温度还来不及同步上升，因此便出现如图 3-41（a）所示的型壁内部在壁厚方向上的温度分布。铸型内表面上的温度升得很高，而中间层和外表面层处的温度尚低。铸型内表层的线膨胀量便比中层和内表面层要大得多，即型壁的中间层和外表面层阻碍内表面层的膨胀，内表面层受压，中间层受拉，而外表面层上的应力很小，因紧靠它的型壁内层温度升得不高。铸件在型内凝固时，型壁的中间层和外表面层上的温度逐渐上升，型壁上的温度分布曲线逐渐平缓［见图 3-41（b）］，但铸型壁靠近内表面层仍受压应力，外表面层上出现了拉应力。自铸型中取出铸件后，金属型内表面直接与空气接触，降温较快，而型壁中间层的温度仍较高，此时铸型内、外表面层需收缩较多，而型壁中间层因温度较高而阻碍表面层的收缩，型壁内、外表面层上产生拉应力，如图 3-41（c）所示。因此每浇注一次铸件，金属型内表面就经受一次交变应力的作用。在长期的工作过程中，金属型内表面就得经受很多次交变热应力的作用，当这种交变应力超过金属型材料的高温疲劳强度值时，金属型内表面就会出现微

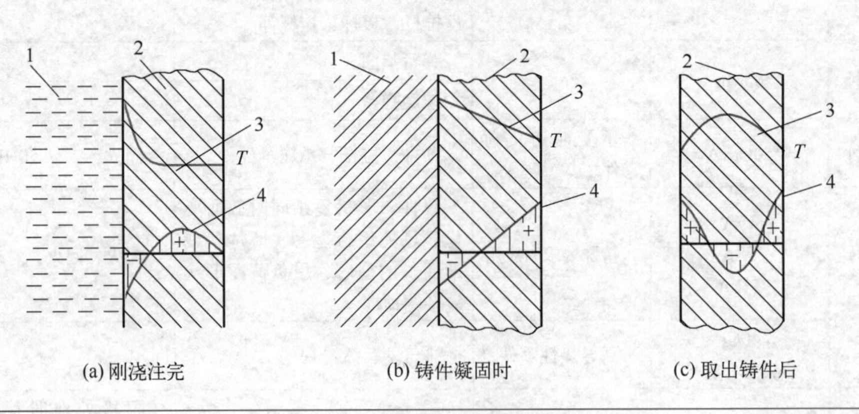

图 3-41　金属型受交变热应力示意图

1—铸件金属；2—金属型壁；3—温度分布曲线；4—应力分布曲线

小裂缝。裂缝处易应力集中，所以随着浇注次数的增多，裂缝扩大，最后在金属型表面形成明显的网状裂缝，严重时，金属型会因此而报废。

网状裂缝中还可能存储空气和积聚氧化铁，浇注时，裂缝中的空气受热膨胀，就可能进入铸件中，使之形成针孔和细小贯穿孔。如浇注的金属为铸铁或钢，则其中的碳会与铁氧化反应，产生气体进入铸件造成同样的气孔缺陷。

热应力疲劳的裂缝还较易在铸型表面切削加工时的刀痕或铸造缺陷处形成，因为这些地方易应力集中。

因此，采用涂料来减轻金属型工作表面的受热程度，尽可能使用光洁程度较高的金属型工作表面，或在铸型内表面上一旦出现微小裂缝时就及时地将其磨去，以延缓裂缝的扩展趋势，适当地减轻热应力疲劳的破坏作用。

（3）铸铁生长

当金属型的材料为铸铁时，铸铁中的珠光体在浇注金属的热作用下，会分解为石墨和铁素体，伴随有体积的增大，这种增大称为铸铁生长，但这种生长是不会在金属型整体内同步均匀地进行的，而是有的部位生长得较多，有的部位则生长很少。如同热应力的形成机理一样，相变得较快的部位的生长受阻，这个部位的材料受压，相变得较慢部位来不及生长，这个部位阻碍相变较快部位的生长，它本身受拉。这种应力如同热应力一样会加快热应力疲劳裂缝的扩展。严重的时候，它还会和铸造应力、热应力一起引起金属型的弯曲变形，以致使型腔尺寸变化，降低铸件的尺寸精度，还会使两个半型不能严密合型，易在铸件上出现飞边。

（4）氧气侵蚀

热应力疲劳裂缝中的空气中的氧会在高温情况下加速与裂缝壁上的金属发生氧化反应，此时也伴随有体积膨胀，与此同时，还使裂缝中的金属变得疏松，使裂缝进一步扩展。

（5）金属液的冲刷

浇注时，液体金属流过金属型表面，有一股冲刷的作用，金属型工作表面在高温金属流的冲刷下，温度迅速升高，其强度也很快降低，故在受冲刷的金属型表面上会较早地出现裂缝。有时受液体金属冲刷侵蚀的金属型表面甚至会和铸件粘合在一起（在压力铸造铝合金铸件时，这种现象常会遇到），因冲刷得厉害，铝与铁又有亲和力，如强力取下铸件，则会进一步破坏金属型的表面。当然这种铸件粘型现象有时还和金属型受冲刷处的裂缝有关，在裂缝较大时，冲刷金属型的金属液有时会钻入裂缝，促使铸件粘型现象的产生。

所以金属型铸造时应合理设计浇注系统，避免金属型某部位受集中剧烈的冲刷，考虑金属型铸造工艺时要选择合适的涂料，尽可能减轻金属液对铸型表面的直接冲刷。

（6）铸件的摩擦

因金属型无退让性，铸型中被铸件包住的部位，会在取出铸件时承受较大的表面接触摩擦，这种摩擦会使金属型受损，浇注后温度升得较高的铸型部位，由于其膨胀量大，强度又下降得多，就更易被摩擦破坏。因此采取选择合适的涂料（如减小摩擦系数的涂料），控制好铸型各处的工作温度，尽可能早地自型中取出铸件等措施，都可减轻铸件对铸型的摩擦破坏。

为了提高金属型的工作寿命，应在考虑金属型破坏原因的基础上合理地选择金属型的材料和机械加工的质量，同时还要制订合理的铸造工艺，规定科学的操作规程和金属型的维护制度。

3.5 金属型铸造工艺

3.5.1 金属型的预热

金属型预热，是浇注前必不可少的工序之一。金属型在喷刷涂料前需先预热，预热温度根据涂料成分和涂敷方法确定。温度过低，涂料中水分不易蒸发，涂料容易流淌；温度过高，涂料不易黏附，会造成涂料层不均匀，使铸件表面粗糙。常用的金属型预热温度见表 3-16。

表 3-16　金属型预热温度

铸造合金	铝、镁合金	铜合金	铸铁	铸钢
预热温度 /℃	150 ～ 200	80 ～ 120	80 ～ 150	100 ～ 250

在金属型喷完涂料之后还需进一步预热至金属型的工作温度。金属型工作温度太低，使金属液冷却速度太快，易造成铸件冷隔、浇不足等缺陷，铸铁件产生白口；金属型工作温度太高，会导致铸件力学性能下降，使操作困难，降低生产效率，缩短金属型寿命。金属型的工作温度与浇注合金的种类、铸件的结构、大小和壁厚有关。表 3-17 为浇注不同合金铸件需要的金属型工作温度。

表 3-17　浇注不同合金铸件时金属型的工作温度

合金种类	铝合金	镁合金	锡青铜	铅青铜	铸铁	铸钢
金属型的工作温度 /℃	200 ～ 300	200 ～ 250	150 ～ 225	100 ～ 125	250 ～ 350	150 ～ 300

3.5.2 涂料及涂敷工艺

在金属型铸造中，应根据铸造合金的性质、铸件的特点选择合适的涂料，这是获得优质铸件和提高金属型寿命的重要环节。

（1）涂料的作用

① 保护金属型。涂料可减轻高温金属液对金属型的热冲击和对型腔表面的直接冲刷；在取出铸件时，减轻铸件对金属型和型芯的磨损，并使铸件易于从型中取出。

② 调节铸件各部位在金属型中的冷却速度。采用不同种类和厚度的涂料能调节铸件在金属型中各部位的冷却速度，控制凝固顺序。

③ 改善铸件表面质量。防止因金属型有较强的激冷作用而导致铸件表面产生冷隔或流痕以及铸件表面形成白口层。

④ 利用涂料层蓄气排气。因为涂料层有一定的孔隙度，因而有一定蓄气排气作用。

⑤ 获得复杂外形及薄壁铸件。

（2）涂敷工艺

喷刷涂敷之前，应仔细清理金属型的工作面和通气塞，去除旧的涂料层、锈蚀以及黏附的金属毛刺等。新投入使用的金属型，可用稀硫酸洗涤，或经轻度喷砂处理，以改善型面对涂料的黏附力。

清理好的金属型预热至表 3-16 的温度时，即可涂敷涂料。

涂敷涂料时应注意金属型不同部位要求的涂料层厚度。例如对非铁合金铸件，通常涂料层厚度为：浇冒口部 0.5 ～ 1mm（个别情况可达 4mm）；铸件厚大部分的金属型型腔 0.05 ～ 0.2mm；铸件薄壁部分的金属型型腔 0.2 ～ 0.5mm；铸件上的凸台、肋板和壁的交界处，为了更快地冷却，可将喷好的涂料刮去。

3.5.3 金属型浇注工艺

（1）浇注温度

确定合金的浇注温度时应考虑下列因素。

① 形状复杂及薄壁铸件，浇注温度应偏高些；形状简单、壁厚及重量大的铸件，浇注温度可适当降低。

② 金属型预热温度低时，应提高合金的浇注温度。为了充满铸件的薄断面，提高合金的浇注温度比提高金属型的温度效果要好。

③ 浇注速度快时，可适当降低浇注温度；需缓慢浇注的铸件，浇注温度应适当提高。

④ 顶注式浇注系统应采用较低的浇注温度；底注式浇注系统应采用较高的浇注温度。

⑤ 当金属型中有很大的砂芯时，可适当降低合金的浇注温度。

几种合金的常用浇注温度见表 3-18。

表 3-18 金属型铸造时合金的浇注温度

钢铁金属			非铁合金		
铸造合金	铸件特点	浇注温度 /℃	铸造合金	铸件特点	浇注温度 /℃
普通灰铸铁	壁厚＞ 20mm	1300 ～ 1350	铝硅合金	—	680 ～ 740
	壁厚＜ 20mm	1360 ～ 1400	铝铜合金	—	700 ～ 750
球墨铸铁	—	1360 ～ 1400	镁合金	—	720 ～ 780
可锻铸铁	—	1320 ～ 1350	锡青铜	—	1050 ～ 1150
普通碳素钢	大件	1420 ～ 1440	铝青铜	—	1130 ～ 1200
	中、小件	1420 ～ 1450	磷青铜	—	980 ～ 1060
高锰钢	—	1320 ～ 1350	锰铁黄铜	—	1000 ～ 1040

（2）浇注工艺

① 常规浇注。常规浇注时浇注一定要平稳，不可中断液流，应尽可能使金属液沿浇道壁流入型腔，以利于消除气孔、渣孔等缺陷；浇注时按照先慢、后快、再慢的浇注原则；浇包嘴应尽可能靠近浇口杯，以免金属液流过长造成氧化使铸件产生氧化夹杂。

② 倾斜浇注。倾斜浇注时开始浇注时将金属型倾斜一个角度（一般为 45°），然后随浇注过程而逐渐放平。倾斜浇注可以有效地防止铝合金铸件产生气孔、夹渣等缺陷。金属型的转动是通过浇注台或铸造机转动机构实现的。

③ 振动浇注。振动浇注可以细化晶粒，提高铸件力学性能，减少铸造缺陷。因振动作用会影响变质效果，所以变质处理后的铝硅合金不宜采用振动浇注。

3.6 金属型铸件常见缺陷及预防措施

金属型铸件常见的缺陷有气孔、缩孔及缩松、裂纹、冷隔、白口等，表3-19为金属型铸件常见缺陷及预防措施。

表3-19 金属型铸件常见缺陷及预防措施

缺陷名称	形成原因	常见金属	预防措施
气孔	金属型排气设计不当，铸型预热温度过低，涂料使用不当，金属型表面不干净，原材料未预热，脱氧不当等	各种合金	采用倾斜浇注；涂料喷涂后彻底烘干；原材料使用前预热；选择较好的脱氧剂；降低熔炼温度等
缩孔及缩松	金属型工作温度控制未达到顺序凝固，涂料选择不当，厚度不合适，铸件在铸型中的位置设计不合理，浇冒口起不到补缩作用，浇注温度过低等	各种合金	提高金属型工作温度；调整涂料层厚度；对金属型进行局部加热或局部保温；对局部进行激冷；设计散热措施；设计加压冒口；选择合适的浇注温度等
裂纹	金属型退让性差，冷却速度快，开型过早或过晚，铸造斜度小，涂料薄等	各种合金	注意审查零件结构工艺合理性；调整涂料厚度；增加铸造斜度；适时开型等
冷隔	金属型排气设计不当，浇道开设位置不当，工作温度太低，涂料质量不合格，浇注速度太慢等	各种合金	正确设计浇注系统和排气系统；采用倾斜浇注；适当提高涂料层厚度；提高金属型工作温度；采用机械振动金属型浇注等
白口	金属型预热温度太低，开型时间太晚，壁太厚，未用涂料等	灰铸铁	选择合理的化学成分；金属型表面喷刷涂料；提高金属型预热温度；铸件壁厚与金属型壁厚之比小于1∶2；高温出炉，提早开型等

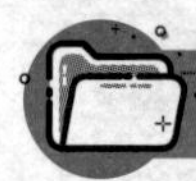

拓展阅读材料

[1] 杜西灵，杜磊．铸造实用技术问答[M]. 机械工业出版社，2007.

[2] 朴东学，李新亚．铸铁金属型铸造工艺现状及发展趋势[J]. 现代铸铁，2001(02): 1-7.

[3] 范金城，王国存．金属型铸铁模的生产实践[J]. 铸造，2010(10): 1091-1093.

[4] 姜延亮，刘鸿羽，马志毅，等．钛合金金属型铸造工艺研究[J]. 铸造，2016，65: 454-458.

[5] A. Hamasaiid, M.S. Dargusch, G.Dour. The impact of the casting thickness on the interfacial heat transfer and solidification of the casting during permanent mold casting of an A356 alloy[J]. Journal of Manufacturing Processes, 2019, 47: 229-237.

习题

1. 金属型铸造时铸件成形有什么特点？它对铸件质量有什么影响？
2. 金属型的浇注系统设计原则是什么？
3. 试述金属型分型面的选择原则与特点。
4. 金属型的排气系统有哪些形式？
5. 金属型铸造型芯的抽芯机构有哪些常见的形式？

6. 金属型浇注前为什么必须预热？

7. 金属型涂料的作用有哪些？如何选用涂料？

8. 下图为哪一种金属型结构形式？序号所代表的是什么？

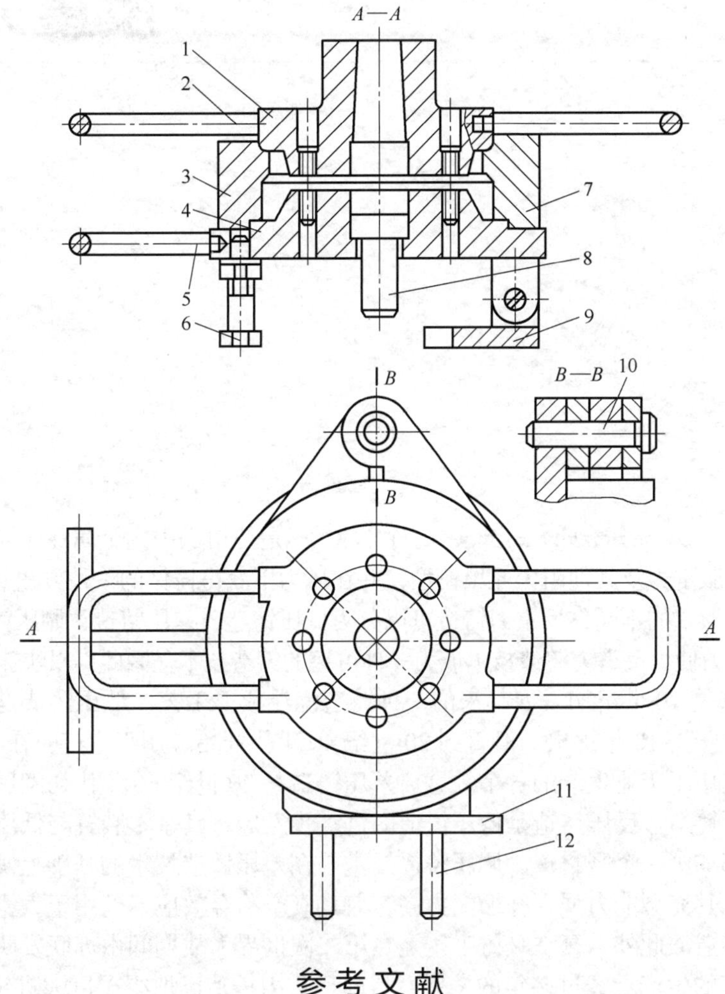

参考文献

[1] 党云鹏 . ZL205A 大型件金属型铸造过程仿真及工艺优化 [D]. 西安，西安工业大学，2022.

[2] 朴东学，李新亚 . 铸铁金属型铸造工艺现状及发展趋势 [J]. 现代铸铁，2001（02）：1-7.

[3] 庄祥鹏，樊启高，陆高春，等 . 基于云模型的铝合金缸盖金属型铸造过程温度控制 [J]. 特种铸造及有色合金，2018，38（7）：724-728.

[4] 郭美肖 . 柔性金属型铸造技术及其凝固组织和性能研究 [D]. 北京：北京交通大学，2019.

第4章

反重力铸造

4.0 概述

反重力铸造（counter-gravity casting，简称CGC），是使坩埚中的金属在压力的作用下沿升液管自下而上克服重力及其他阻力充填铸型，并在压力下获得铸件的一种方法。根据金属液充填铸型施加压力形式的不同，反重力铸造可以分为低压铸造、差压铸造、调压铸造及真空吸铸等。外加的驱动力使得反重力铸造技术成为一种可控的铸造技术，因此得以快速发展[1]。

反重力铸造是20世纪初发展起来的一种铸造浇注成形工艺。低压铸造是最早的反重力铸造技术，原理于1910年提出，但直到20世纪40年代开始应用于生产，在60年代才开始推广，大范围应用于工业生产的各个领域。差压铸造是20世纪60年代初发展起来的铸造新方法，又称反压铸造。反压铸造是低压铸造的进一步发展，其基本装置与低压铸造类似，但是在铸型的外部加了一个密封罩。调压铸造技术是在差压铸造技术的基础上发展而来的一种先进铸造技术，其充型能力强，补缩能力高，兼具真空冶金效应，适用于大型复杂薄壁铸件的高品质精密铸造。此外，真空吸铸工艺是在第二次世界大战期间由苏联发明，当时主要为了解决小型铜套的生产。经过多年的发展，目前反重力铸造已取得了巨大进步，图4-1为反重力铸造技术生产的典型零件。

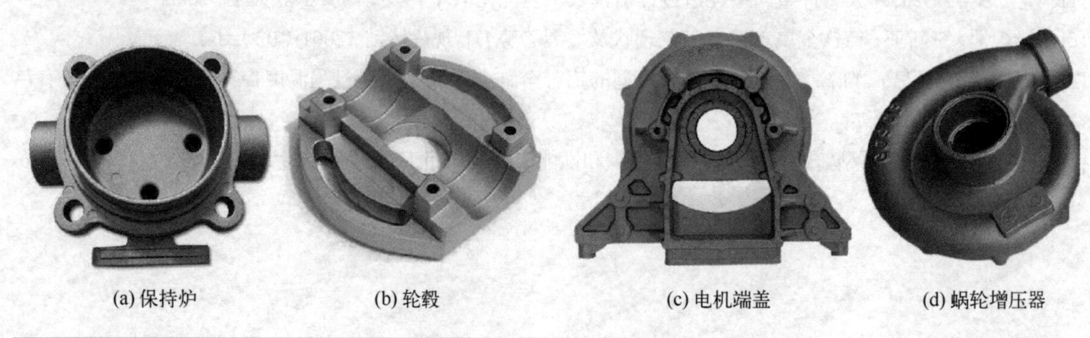

(a) 保持炉　(b) 轮毂　(c) 电机端盖　(d) 蜗轮增压器

图4-1　反重力铸造零件

反重力铸造早期应用于汽车铝合金轮毂的生产。随着铸造技术的发展以及对铸件产品质量要求的提高，目前反重力铸造的范围正在不断扩展，从简单的铸件到薄壁、复杂的铸件，从铝合金、镁合金等低熔点合金扩展到铸铁、铸钢、高温合金等高熔点合金[2]。

反重力铸造装备技术与性能是反重力铸造工艺推广与应用的重要基础，目前国内外在反重力铸造装备的研制方面都投入了大量精力，在装备技术的推广与应用上取得了长足的进展。中国、德国、美国、保加利亚、日本等国家都推出了自己的反重力铸造装备控制系统。控制系统分电控部分和气控部分，相互配合，完成对反重力铸造的过程控制。实际上，反重力铸造过程控制的核心就是对液面加压过程的控制，其控制水平标志着该装备的整体性能[3]。

四立柱式反重力铸造装备如图 4-2 所示，适用于中小型铸件的生产，具有生产效率高、自动化程度高的特点；而压力罐式反重力铸造装备适合砂型、石膏型、精铸模壳等多种铸型材料，不仅可用于不同种类的中小型铸件的生产，还可用于超大型复杂铸件的生产。随着计算机技术和气动技术的发展，反重力铸造装备液面加压控制系统的水平也不断提高。PLC 与工控机组成上下位机结构的控制系统具有很高的可靠性，是未来控制技术发展的趋势。传统 PID 控制技术与模糊控制算法的有效结合以及数字组合阀的应用使液面加压控制精度有了很大的提高。

图 4-2　典型四立柱式反重力铸造设备主体

近年来，国内反重力铸造技术取得了长足的进步，在大型和多功能反重力铸造技术与装备方面具有优势和特色。但与国外相比，尚存在较大差距[4]，主要表现在：

① 在差压铸造、调压铸造、真空吸铸等特种反重力铸造技术方面开展的研究尚不够充分，特别是在应用技术研究方面较为落后，缺乏工艺适应性选择的支撑数据和国际先进水平典型产品批量生产的应用示例。

② 以复杂缸体为代表的“组芯”反重力铸造技术缺乏，对于部分采用反重力铸造成形的铸件产品质量、技术指标和生产效率，无法达到如国外开发的 Cosworth 工艺大批量生产的水平。

③ 满足汽车高要求结构件（如转向节、副车架等）的金属型反重力铸造技术和装备缺乏，该类产品生产装备和模具主要还采用进口。

④ 高温合金、钛合金、铜合金等高温或易氧化合金材料的反重力铸造装备和技术研究较少，满足不了市场需求。

⑤ 反重力与离心、反重力与挤压、反重力浇注翻转凝固、反重力液面悬浮充型重力补缩等创新形式的反重力铸造技术的研究不够深入，反重力铸造技术与国外相比不够系统和完善。

⑥ 满足大批量生产方式的高质量金属液制备和传送模式、模具高效冷却及控制技术、液面位置自动检测及补偿控制系统等反重力铸造辅助技术与主机技术的同步研究较少，高效节能的自动化及智能化反重力铸造技术和装备缺乏。

反重力铸造技术是一种多用途的先进铸造工艺方法，越来越多的科研人员开始投入反重力铸造技术的研发中，使得反重力铸造技术的应用前景更加广阔。目前，我国在该领域的发展已取得诸多成就。例如2020年，上海航天精密机械研究所王先飞团队结合模拟仿真方法，研究了冷铁保压增压值对平板铸件缺陷形成的影响。结果表明增大保压值可有效降低缺陷形成倾向，如图4-3所示。针对典型铝合金大平板铸件，增压保压值需高于一定数值，才能获得高质量的反重力铸件[5]。

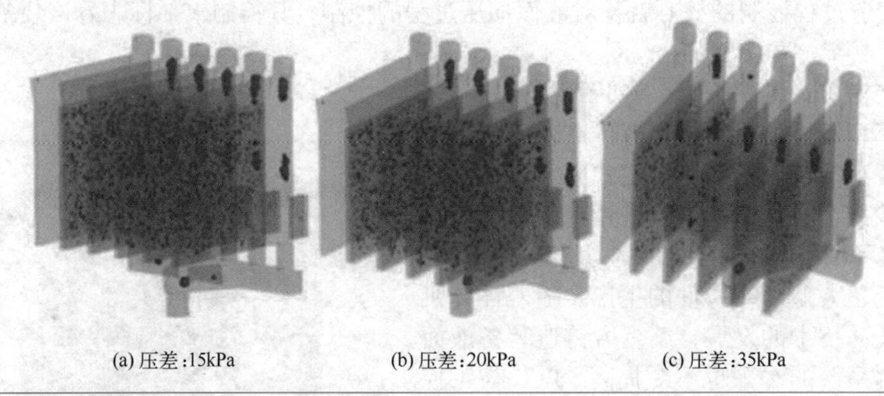

图4-3 不同保压增压值的工艺仿真结果

4.1 低压铸造成形概述

4.1.1 工作原理及浇注工艺过程

（1）工作原理

低压铸造是重力铸造和压力铸造的结合，其实质是帕斯卡原理在铸造中的具体应用。根据帕斯卡原理有

$$p_1F_1h_1=p_2F_2h_2 \tag{4-1}$$

式中 p_1——金属液面上的压力；

F_1——金属液面上的受压面积；

h_1——坩埚内金属液面下降的高度；

p_2——升液管中使金属液上升的压力；

F_2——升液管的内截面积；

h_2——金属液在升液管中上升的高度。

一般条件下 F_1 要远远大于 F_2，因此，当坩埚内金属液面下降高度 h_1 时，只要对坩埚中的金属液面上施加很小的一个压力，升液管中的金属液就会上升一个相应的高度。

低压铸造的基本原理如图4-4所示，将干燥的压缩空气或惰性气体通入压力室1，气体压力作用在金属液面3上，在气体压力的作用下，金属液沿升液管4上升，通过内浇口5进入铸型型腔6中，并在气体压力作用下充满整个型腔。直到铸件完全凝固，切断金属液面3上的气体压力，升液管和内浇口中未凝固的金属液在重力作用下流回到坩埚2中，完成一次浇注。

（2）浇注工艺过程

低压铸造的浇注工艺过程包括升液、充型、增压、保压凝固、卸压及延时冷却阶段。其浇注工艺压力变化过程如图 4-5 所示。

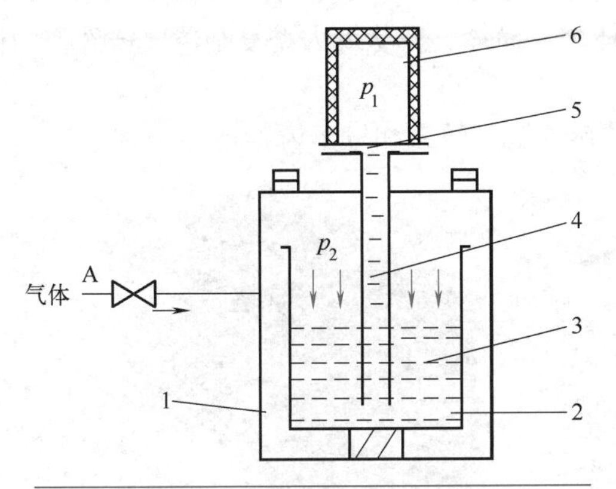

图 4-4　低压铸造工作原理图

1—压力室；2—坩埚；3—金属液面；
4—升液管；5—内浇口；6—铸型型腔

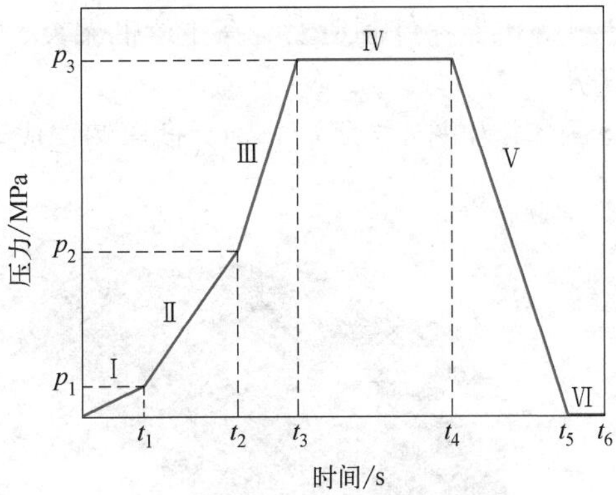

图 4-5　低压铸造浇注工艺压力变化过程

① 升液阶段。将一定压力的干燥空气通入密封坩埚中，使金属液沿着升液管上升到铸型浇道处。

② 充型阶段。金属液由浇道进入型腔，直至充满型腔。

③ 增压阶段。金属液充满型腔后，立即进行增压，使型腔中的金属液在一定的压力作用下结晶凝固。

④ 结晶凝固阶段，又称保压阶段，是型腔中的金属液在压力作用下完成由液态到固态转变的阶段。

⑤ 卸压阶段。铸件凝固完毕（或浇口处已经凝固），即可卸除坩埚中内液面上的压力，使升液管和浇道中尚未凝固的金属液依靠自重流回坩埚中。

⑥ 延时冷却阶段。卸压后，为使铸件完全凝固而具有一定强度，防止铸件在开型、取件时发生变形和损坏，需延时冷却。

4.1.2　工艺特点

低压铸造的工艺特点如下。

① 金属液充型平稳，充型速度可根据铸件结构和铸型材料等因素进行控制，因此可避免金属液充型时产生紊流、冲击和飞溅，减少卷气和氧化，提高铸件质量。

② 金属液在可控压力下充型，流动性增加，有利于生产复杂薄壁铸件。

③ 铸件在压力下结晶，补缩效果好，铸件组织致密，力学性能高。

④ 浇注系统简单，一般不需设冒口，工艺出品率可达 90%。

⑤ 易于实现机械化和自动化，与压铸相比，工艺简单、制造方便、投资少。

⑥ 由于充型速度及凝固过程比较慢，因此低压铸造的单件生产周期比较长，一般为 6 ～ 10min/ 件，生产效率低。

4.1.3 应用概况

低压铸造主要应用于较精密复杂的中大铸件和小件，合金种类几乎不限，尤其适用铝、镁合金，生产批量可为小批、中批、大批。目前已用于航空、航天、军事、汽车、船舶、医疗机械等机器零件制造上。在生产框架类、箱体类、筒体、锥状等大型复杂薄壁铸件方面极具优势。

图 4-6 和图 4-7 所示分别为低压铸造成形的排气进气歧管和汽车齿轮箱。

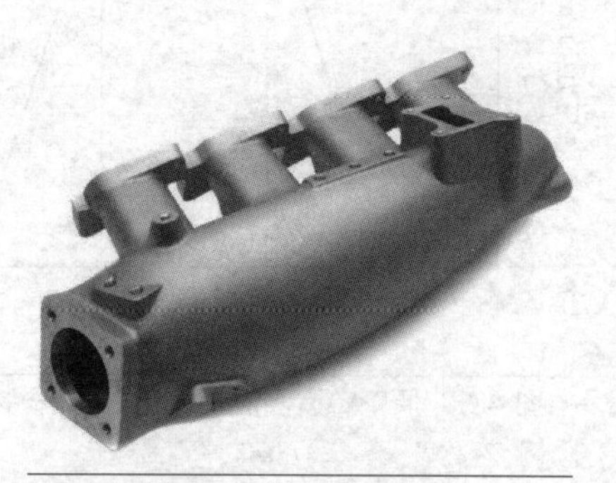

图 4-6　排气进气歧管

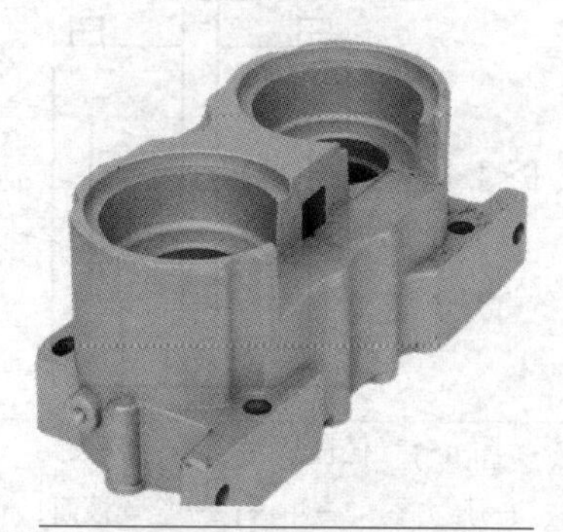

图 4-7　汽车齿轮箱

4.2 低压铸造工艺设计

低压铸造的特点之一，就是浇注系统与位于铸型下方的升液管直接相连。充型时，金属液从内浇口引入，并自下而上地充型；凝固时，铸件则是自上而下地顺序凝固。为保证铸件顺序凝固，内浇口应尽量设在铸件的厚壁部位，由浇注系统对厚壁部位进行补缩。离浇口比较远且体积比较大，不能满足顺序凝固条件的部位，可设置过渡浇道，以起冒口补缩作用。

4.2.1 铸型种类的选择

低压铸造可使用各种铸型，如金属型、砂型、石墨型、陶瓷型、石膏型、熔模铸造型壳等。铸型选择主要根据铸件的结构特点、精度要求和批量等来考虑。铸件精度要求高，形状一般、批量较大的铸件，可选用金属型。铸件内腔复杂、不能用金属芯时，可使用砂芯。大、中型铸件精度要求不高，单件或小批量生产时可采用砂型。铸件精度要求较高、成批生产时可使用壳型。精度要求较高的大中型铸件适宜用陶瓷型。铸件形状复杂，精度要求高的中小件适宜采用熔模型壳。对特殊要求的单件、小批生产的铸件可采用石膏型、石墨型。

使用不同铸型时，铸件的加工余量、收缩率和起模斜度等工艺参数的选择，可分别参照金属型铸造、砂型铸造、陶瓷型铸造和熔模铸造等铸件工艺设计部分。

4.2.2 分型面的选择

低压铸造分型面的选择除了遵循重力铸造分型面选择的原则外，还应考虑如下几点。

① 若采用水平分型金属型时，开型后铸件应留在包紧力较大的上型中，以便于顶出

铸件。

② 分型面的选择，应有利于设置浇注系统和气体排出。

4.2.3 浇注系统设计

（1）内浇道

低压铸造浇注系统应满足顺序凝固的要求，还应保证金属液流动平稳，除渣效果好，并能提高生产效率，节约金属液，浇注后便于清除浇冒口。

① 内浇道截面积。内浇道截面积可按式（4-2）计算，试模后根据生产实践进行修正。

$$A_{内}=G/\rho vt \tag{4-2}$$

$$t=h/v_{升}$$

式中 $A_{内}$——内浇道截面积，cm^2；

G——铸件质量，g；

ρ——合金密度，$g \cdot cm^{-3}$；

v——内浇道出口处的线速度，$cm \cdot s^{-1}$，当 $v \leqslant 15cm \cdot s^{-1}$ 时，可实现金属液平稳充型；

t——充型时间，s；

h——型腔高度，cm；

$v_{升}$——升液速度，$cm \cdot s^{-1}$，一般 $v_{升}=1 \sim 6cm \cdot s^{-1}$，复杂薄壁件取上限。

② 内浇道形状。内浇道一般为圆形，若受零件形状的限制，也可设计成异形浇道。为防止内浇口处的金属液冷却凝固堵塞浇道，内浇道的截面尺寸最好是该部位铸件壁厚尺寸的两倍以上，内浇道的高度越低，来自浇道金属液的热量、压力传递损失越小，补缩效果越好，越容易获得顺序凝固。但此处是升液管和铸型接触固定的部位，因铸件结构差异，内浇道高度会有些波动，一般情况下为 30 ～ 40mm。

低压铸造的浇注系统主要结构形式有单升液管单浇口、单升液管多浇口及多升液管多浇口三种形式，如图 4-8 所示。

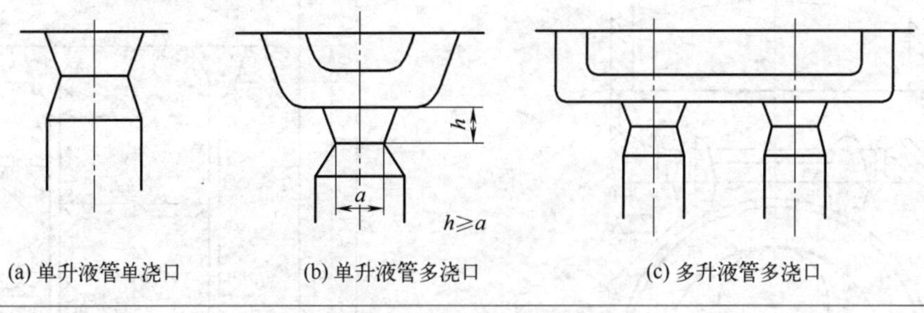

图 4-8 浇注系统的结构形式

对较大的、有多处热节的铸件，可采用多个内浇道，使铸件各部位都有补缩的来源，以达到良好的补缩效果。对于箱体类铸件如图 4-9 所示的缸盖（材质 ZL104），采用升液管（直浇道）、横浇道和 5 个内浇道。图 4-10 的缸体（材质 ZL104）使用升液管、横浇道和 8 个内浇道。图 4-11 的箱体也采用了类似的浇注系统。对于壳体和筒体铸件，当铸件直径小于 400mm 时可采用 1 个升液管，如图 4-12 所示，而铸件直径大于 400mm 时就可采用 2 个升液管，如图 4-13 所示。低压铸造一般不设冒口，若必须设置，也应该设置为暗冒口，如图 4-14 所示。

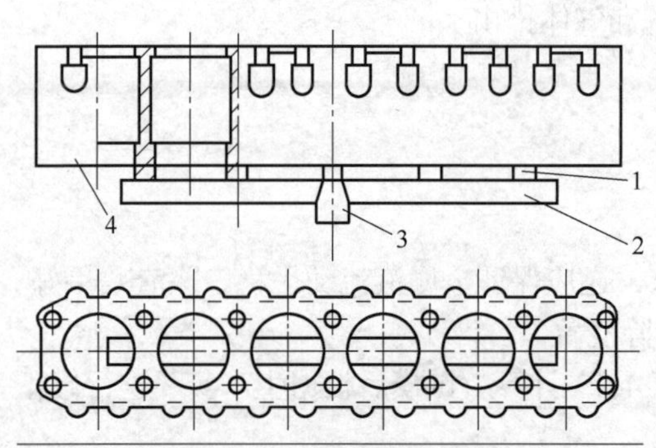

图 4-9　铝合金缸盖示意图

1—内浇道；2—横浇道；3—升液管；4—铸件

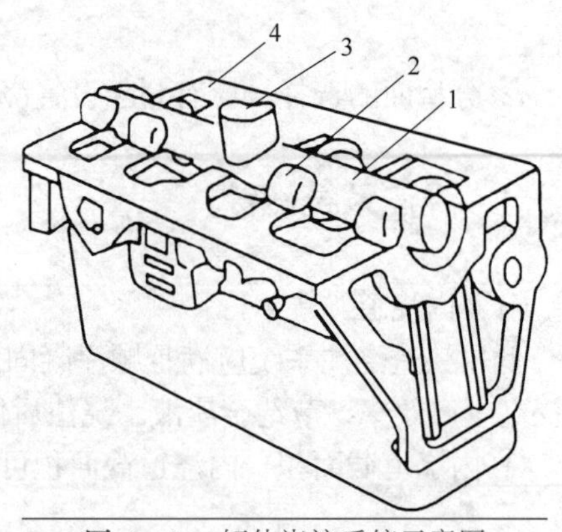

图 4-10　缸体浇注系统示意图

1—横浇道；2—内浇道；3—升液管；4—铸件

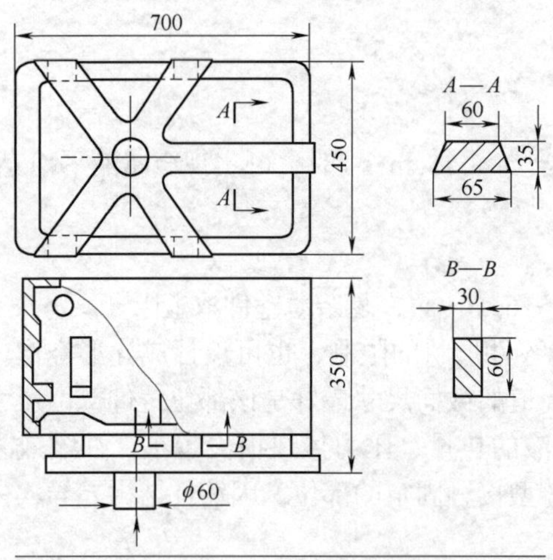

图 4-11　箱体铸件浇注系统示意图

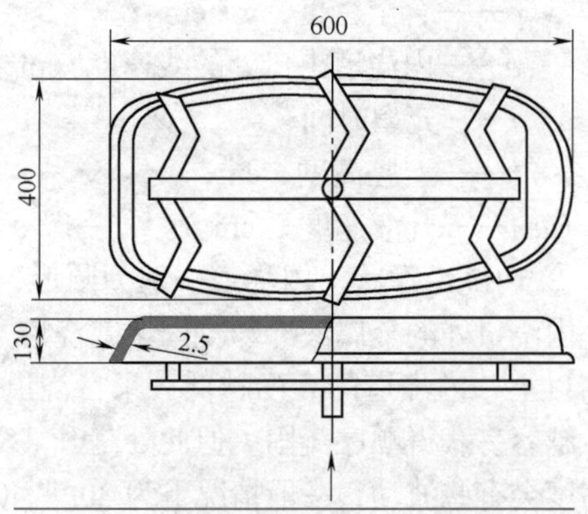

图 4-12　壳体铸件浇注系统示意图

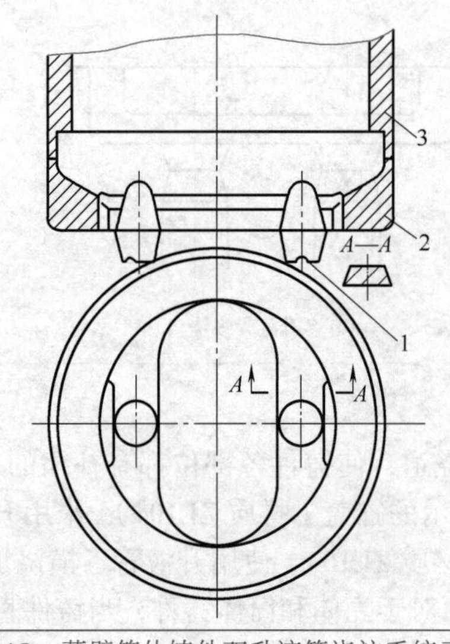

图 4-13　薄壁筒体铸件双升液管浇注系统示意图

1—升液管；2—环形浇道；3—铸件

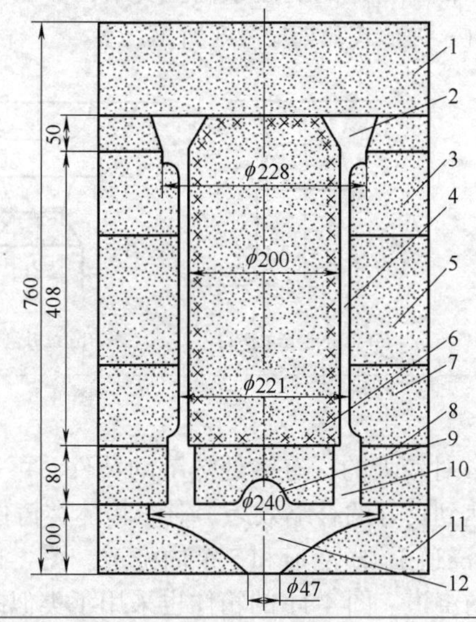

图 4-14　潜水泵铝合金壳体砂型低压铸造

1—箱盖；2—冒口；3—上型；4—铸件型腔；5—中箱；6—型芯；7—下型；8—内浇道型；9—集渣包；10—内浇道；11—底型；12—喇叭形浇道

（2）横浇道及升液管截面积

内浇道截面积确定之后，按照比例，可选择横浇道和升液管出口处截面积。对于易氧化的金属应采用开放式浇注系统，对不易氧化的金属常采用封闭式浇注系统。但对于使用单个内浇道的铸件一般采用：

$$A_{升液管出口}:A_{横}:A_{内}=(2\sim2.3):(1.5\sim1.7):1 \tag{4-3}$$

式中 $A_{升液管出口}$——升液管出口截面积，cm^2；

$A_{横}$——横浇道截面积，cm^2；

$A_{内}$——内浇道截面积，cm^2。

4.2.4 升液管设计

升液管材质有多种，如氮化硅陶瓷、碳化硅陶瓷、钛酸铝陶瓷、铸铁、无缝钢管等，目前多采用铸铁材质。铸铁升液管最大的优点是成本较低，但有两个明显的缺点：①铁质易污染金属液，影响产品的质量；②使用寿命短，易黏结铝液，造成升液管堵塞。近来陶瓷升液管使用越来越多。陶瓷升液管的优点是耐腐蚀性强、无渗漏，其缺点是韧性及抗热冲击性能差、成本较高。升液管应具有良好的气密性，使用前需经0.6MPa的水压检测。升液管的高度以升液管底端离坩埚底部的距离为50～100mm为基准予以确定。升液管内径一般在ϕ70mm左右，出口处的形状做成上小下大的锥度，能起一定的撇渣作用。

4.3 低压铸造工艺参数选择

正确制订低压铸造的浇注工艺，是获得合格铸件的先决条件。根据低压铸造时金属液充型和凝固过程的基本特点，在制订工艺时，主要是确定压力的大小、加压速度、浇注温度以及采用金属型铸造时铸型的温度和涂料的使用等。

4.3.1 加压工艺参数选择

金属液平稳地充型及在合理的压力下结晶是保证薄壁铸件铸造质量好坏的关键，诸如浇不足、冷隔、缩孔、缩松等铸造缺陷与低压铸造过程的充型、凝固过程密切相关。而充型和凝固过程很大程度上取决于加压工艺，所以设计合理的加压工艺至关重要。

低压铸造时，金属液充填铸型的过程是靠坩埚中液体金属表面上气体压力作用来实现的。所需气体的压力可用式（4-4）确定

$$p=\mu\rho gH \tag{4-4}$$

式中 p——充型压力，Pa；

H——金属液上升的高度，m；

ρ——金属液密度，$kg\cdot m^{-3}$；

g——重力加速度，$m\cdot s^{-2}$；

μ——充型阻力参数，μ=1.0～1.5。

阻力小取下限，阻力大取上限。低压铸造的加压过程可分为升液、充型、增压、保压、卸压等几个阶段。加在密封坩埚内金属液面上的气体压力的变化过程如图 4-15 所示。

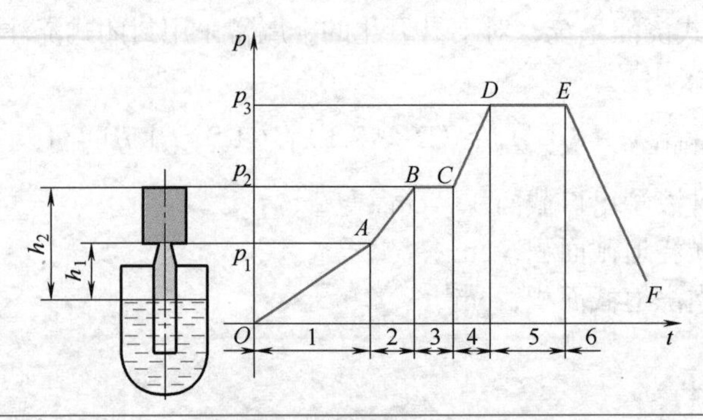

图 4-15　低压铸造浇注

（1）升液压力和升液速度

① 升液压力。升液压力 p_1 是指当金属液面上升到浇口，高度为 h_1 时所需要的压力。升液压力可参照式（4-4）写为

$$p_1=\mu\rho g h_1 \tag{4-5}$$

式中　p_1——升液阶段所需压力，Pa；

h_1——金属液面至浇道的高度，m。

在升液过程中，升液高度 h_1 将随着坩埚中金属液面下降而增加，对应的压力 p_1 值也应随之增大。

② 升液速度。升液速度是指升液阶段金属液上升至浇口的速度。升液压力是在升液时间内逐渐建立起来的。随着压力增大，升液管中液面升高。因此，增压速度实际上反映了升液速度。增压速度可用式（4-6）计算

$$v_1=p_1/t_1 \tag{4-6}$$

式中　v_1——升液阶段的增压速度，Pa•s^{-1}；

t_1——升液时间，s。

升液速度缓慢些为好，以防止金属液自浇口流入型腔时产生喷溅，并使型腔中气体易于排出型外。一般情况下，对于铝合金升液速度一般控制在 5 ～ 15cm•s^{-1}。

（2）充型压力和充型速度

① 充型压力。充型压力 p_2 是指在充型过程中，金属液上升到铸型型腔顶部（高度为 h_2）时所需的气体压力。显然，如果充型压力小，铸件就浇不足。充型压力可按式（4-7）计算

$$p_2=\mu\rho g h_2 \tag{4-7}$$

式中　p_2——充型压力，Pa；

h_2——型腔顶部与坩埚中金属液面的距离，m。

同样，所需的充型压力 p_2 随着坩埚中金属液面的下降而增大。

② 充型速度。充型速度 v_2 是指在充型过程中，金属液面在型腔中的平均水平的平均上升速度，取决于通入坩埚内气体压力增加的速度。充型速度可按式（4-8）计算

$$v_2=\frac{p_2-p_1}{t_2} \tag{4-8}$$

式中　v_2——充型阶段的增压速度，Pa·s^{-1}；

p_1，p_2——分别为升液和充型压力，Pa；

t_2——充型时间，s。

充型速度关系到金属液在型腔中的流动状态和温度分布，因而直接影响铸件的质量。充型速度慢，金属液充填平稳，有利于型腔中气体的排出，铸件各处的温差增大。充型速度太慢，则会使金属液温度下降而使黏度增大，造成铸件冷隔及浇不足等缺陷。充型速度太快，充填过程金属液流不平稳，型腔中气体来不及排出，会形成背压力，阻碍金属液充填。一旦充型压力超过背压力，会产生紊流、飞溅和氧化，从而形成气孔、表面“水纹”和氧化夹杂等缺陷。

铸件的壁厚、复杂程度以及铸型的导热条件不同，充型速度也不同。采用湿砂型浇注厚壁件时，充型速度可低些，一般保持金属液在升液管中的上升速度即可。用湿砂型浇注薄壁件时，为了防止铸件产生冷隔或浇不足，常需适当提高充型速度。

金属型低压浇注厚壁铸件时，由于铸件壁厚，型腔容易充满，同时为了让型腔中的气体有充裕时间逸出，充型速度可低些。采用金属型和金属芯浇注薄壁铸件时，由于金属型冷却速度大并能承受较高的压力，在不产生气孔的前提下，充型速度应尽可能高些。

（3）增压压力和增压速度

① 增压压力。金属液充满型腔后，在充型压力的基础上进一步增加的压力，称为增压压力（或结晶压力），可用式（4-9）、式（4-10）计算

$$p_3=p_2+\Delta p \tag{4-9}$$

$$p_3=Kp_2 \tag{4-10}$$

式中　p_3——增压压力，Pa；

Δp——充型后继续增加的压力，Pa；

K——增压系数，一般取1.3～2.0。

压力越大，则补缩效果越好，越有利于获得组织致密的铸件。增压压力可根据铸件结构、铸型种类、加压工艺来选定。例如采用湿砂型时，增压压力就不能太大，一般在0.04～0.07MPa。压力太大不仅影响铸件的表面粗糙度和尺寸精度，还会造成粘砂、胀箱甚至跑火等缺陷。薄壁干砂型或金属型干砂芯，增压压力可取0.05～0.08MPa，金属型（芯）增压压力一般为0.05～0.1MPa，对于有特殊要求的铸件可增至0.2～0.3MPa。

② 增压速度。为使压力能够起到补缩作用，还应根据铸件的壁厚及铸型种类确定增压速度。增压速度可用式（4-11）计算

$$v_3=\frac{p_3-p_2}{t_3} \tag{4-11}$$

式中　v_3——建立增压压力的增压速度，Pa·s^{-1}；

t_3——增压时间，s。

增压速度对铸件质量也有影响，如用砂型浇注厚壁铸件时，铸件凝固缓慢，若增压速度很大，就可能将刚凝固的表面层压破。但如用金属型浇注薄壁铸件，铸件凝固速度很快，若增压速度很小，增压就无意义。因此增压速度应根据具体的情况选定。一般对于采用金属型、金属芯的低压铸造，增压速度取10kPa·s^{-1}左右；对于采用干砂型浇注厚壁铸件时，增压速度取5kPa·s^{-1}左右。

（4）保压时间

保压时间是指自增压结束至铸件完全凝固所需的时间。保压时间的长短不仅影响铸件补缩效果，而且还关系到铸件的成形，因为液体金属的充填、成形过程都是在压力作用下完成的。当浇注厚大铸件时，若保压时间不足，铸件未完全凝固就卸压，型腔中的金属液会回流至坩埚中，导致铸件“放空”而报废。若保压时间过长，则增加浇道残留长度，不仅降低工艺出品率，而且由于浇道冻结，铸件出型困难，并增加升液管与浇道接口处的清理工作量，影响生产效率。保压时间与铸件结构特点、合金的浇注温度、铸型种类等因素有关。生产中常以铸件浇道残留长度来确定保压时间，一般浇道残留长度以 20 ～ 50mm 为宜。

4.3.2 浇注温度及铸型温度

（1）浇注温度

低压铸造时，液态金属是在压力作用下充型的，因而充型能力高于一般重力浇注，而且，因浇注在密封状态下进行，液态金属热量散失较慢，所以其浇注温度可比一般的铸造方法低 10 ～ 20℃。对于具体的铸件而言，浇注温度仍必须根据其结构、大小、壁厚及合金种类、铸型条件来正确选择。

（2）铸型温度

当采用非金属铸型（如砂型、陶瓷型、石墨型等）时，铸型温度一般为室温或预热至 150 ～ 200℃。采用金属型铸造铝合金铸件时，金属型工作温度一般为 200 ～ 250℃（如气缸体、气缸盖、曲轴箱壳、透平轮等），薄壁复杂件，应预热至 300 ～ 350℃(如增压器叶轮、导风轮、顶盖等)。

4.3.3 涂料

低压铸造时，铸型、升液管以及坩埚都应涂刷涂料。在浇注过程中，升液管长期浸泡在金属液中，容易受到金属液的侵蚀，缩短升液管的使用寿命。采用铸铁坩埚和升液管时，会导致铝合金液中铁含量增加，降低铸件的力学性能。因此，在坩埚内表面，以及升液管的内、外表面都应涂刷一层较厚的涂料。

4.4 Cosworth 工艺

4.4.1 工艺原理

Cosworth 铸造工艺（cosworth process，CP），也称砂型低压铸造工艺，1978 年由英国 Cosworth 铸造公司发明并申请了专利。该工艺采用锆砂与 SO_2 固化呋喃树脂成形，采用可编程控制的电磁泵来实现可控压力下控制铝液充填铸型的速度，使铝液自下而上平稳地充填铸型。它主要用于生产一级方程式赛车的高质量的 Cosworth DFV 铝合金缸体、缸盖等铸件。其工艺原理如图 4-16 所示。

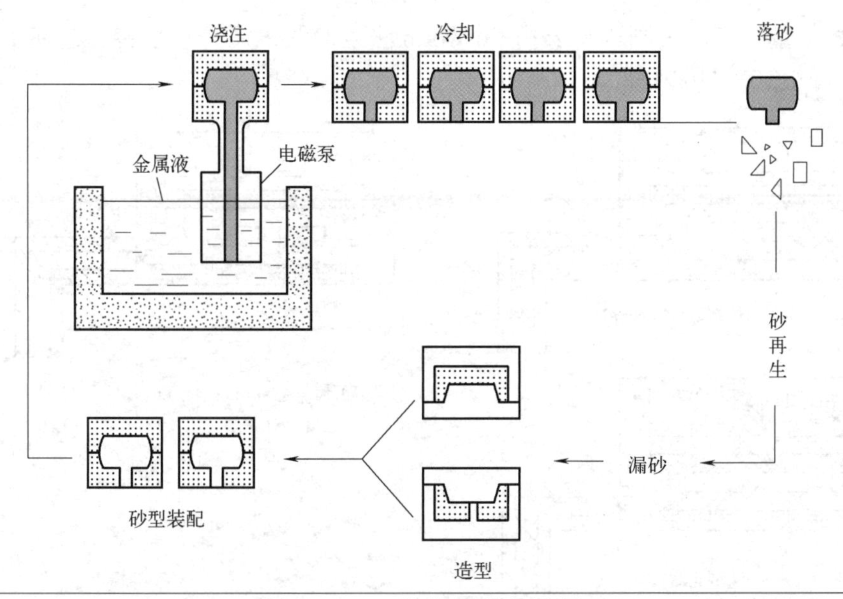

图 4-16　CP 法基本原理示意图

4.4.2　工艺特点

Cosworth 铸造的工艺特点如下。

① 该工艺采用低压铸造的原理，通过电磁泵精密地控制金属液充型速度，极大地避免了浇注时紊流的产生，使得卷气、氧化夹杂等缺陷降到最低。

② 采用锆砂呋喃树脂冷芯盒法造型制芯，锆砂的热膨胀系数小，铸件的尺寸稳定且精度高。

③ 锆砂的热容量大，产生的冷却速度类似于金属型，对铝合金的晶粒细化十分有利，可提高合金的力学性能。

④ 与金属型相比，其成本降低 10% ～ 20%，铸件性能有很大提高，尤其是疲劳强度提高明显，适用于复杂薄壁铝合金铸件的生产。

该工艺的实质就是高精度、可控气氛、低压砂型铸造，适用于制造薄壁、高致密度、复杂的铝合金铸件，并使生产环境得到了根本的改善。

4.4.3　工艺应用

在 Cosworth 工艺的初期，其主要目的是降低铝合金液体的扰动，减少夹杂、卷气而产生的内在缺陷，提高砂型的冷却速度，改善铸件的内在质量，因而同普通低压铸造工艺一样，生产率很低，只能用于赛车部件的生产。1988 年美国福特汽车公司从英国引进这一技术，随后在此基础上发明了翻转充型法，如图 4-17 所示。

铸型翻转工艺主要原理是将原来的底注式浇注变为下侧注式浇注。金属液通过电磁泵从下侧浇口浇注到铸型中，直至铸型充满。铸型翻转 180°，此时下侧浇口转到了上面，电磁泵的充型压力降低，使泵的浇口脱离铸型。铸型内的金属液在自重的作用下结晶凝固，不至于使金属液从下侧浇口流出而报废，不仅提高了生产率，而且优化了冶金组织，使之更适用于大批量生产。美国福特公司 Cosworth 法生产线采用铸型翻转工艺使生产率达到 100 型 /h，每年生产 110 万型。

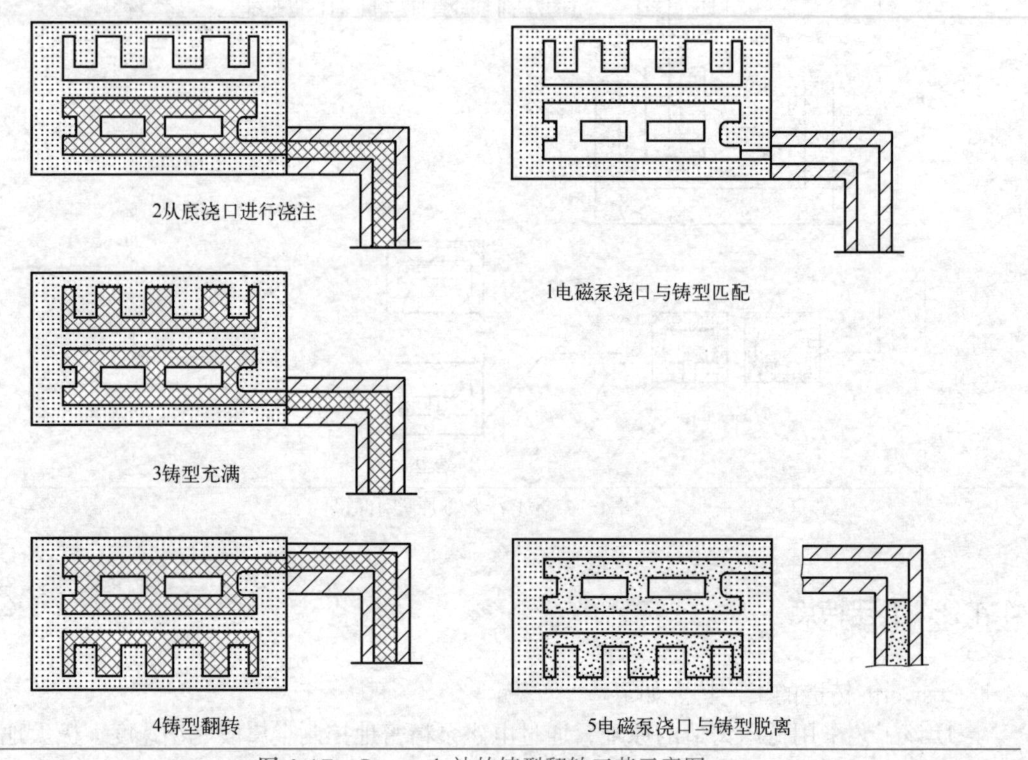

图 4-17 Cosworth 法的铸型翻转工艺示意图

4.5 低压铸造设备

4.5.1 低压铸造机

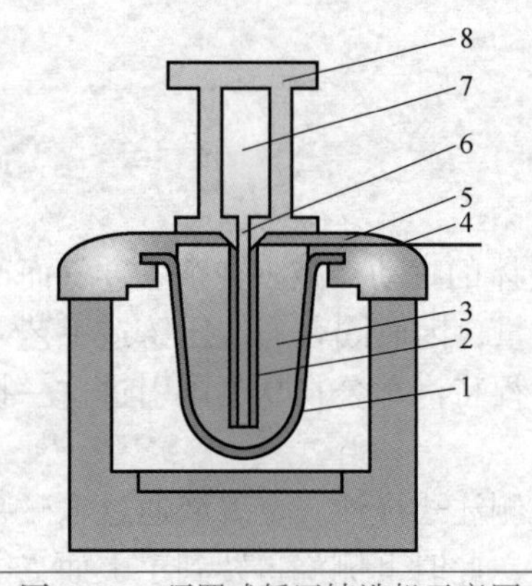

图 4-18 顶置式低压铸造机示意图

1—坩埚；2—升液管；3—金属液；4—进气管；5—密封管；6—浇道；7—型腔；8—铸型

低压铸造机主要由保温炉及密封堆埚系统、机架及铸型开合机构和液面加压控制系统三部分组成。按铸型与保温炉的连接方式，可分为顶置式低压铸造机和侧置式低压铸造机。

图 4-18 为顶置式低压铸造机的结构示意图，它是目前使用最广泛的低压铸造机型。特点是结构简单，操作方便，但生产效率较低，因一台保温炉上只能放置一副铸型，保温炉利用率低。生产结构复杂的铸件需要向下抽芯时，无法设置抽芯机构。

图 4-19 为侧置式低压铸造机示意图。它将铸型置于保温炉的侧面，铸型和保温炉由升液管连接。一台保温炉同时可为两副以上的铸型提供金属液，生产效

率提高。此外，装料、撇渣和处理金属液都较方便，铸型的受热条件也得到了改善。但侧置式低压铸造机结构复杂，限制了其应用。

电阻保温炉在低压铸造生产中应用最普遍，如图 4-20 所示，其结构简单、操作方便，但电阻丝易断，维修工作量较大，而用硅碳棒的电阻炉则克服了此问题。电阻保温炉适用于铝、镁合金。工频和中频感应炉耗电省、熔化率高，适用于铝、镁、铜合金及铸铁和铸钢熔炼、保温，越来越受到重视。

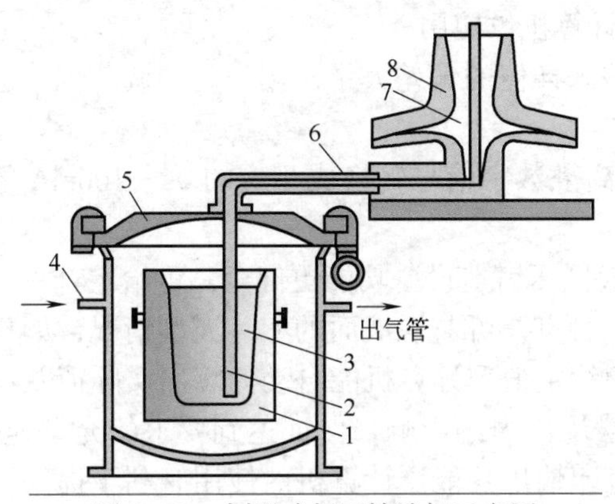

图 4-19　侧置式低压铸造机示意图

1—坩埚；2—升液管；3—金属液；4—进气管；5—密封管；6—浇道；7—型腔；8—铸型

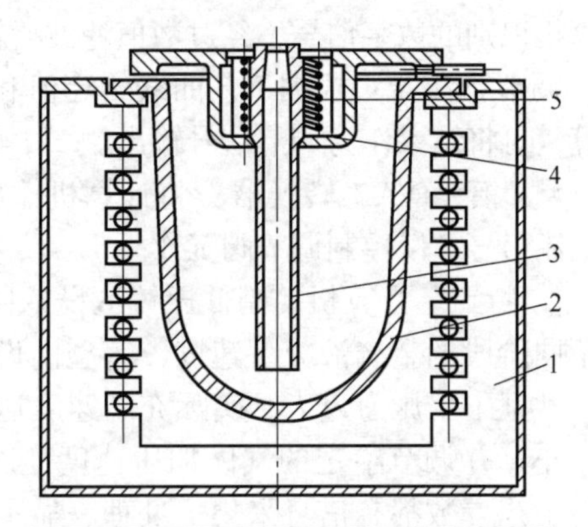

图 4-20　电阻保温炉及密封坩埚系统

1—电阻炉；2—坩埚；3—升液管；4—坩埚盖；5—加热套

4.5.2　自动加压控制系统

（1）液面加压控制系统

液面加压控制系统是低压铸造机控制系统的重要组成部分，其作用是实现充型速度自由可调，坩埚液面下降、气压泄漏可以补偿，保压压力可调，连续生产时工艺再现性好。

液面加压控制系统的类型很多，如定流量手动系统、定压力自动控制系统、DKF-1 液面加压控制系统、随动式液面加压系统、803 型液面加压系统、CLP-5 液面加压闭路反馈控制系统、LPN-A2 型继动式液面加压控制系统、Z1041 微机液面加压控制系统等。

（2）计算机控制低压铸造设备

① 原理。计算机控制低压铸造设备由工艺过程控制器、工艺曲线发生器、A/D 数模转换器、调节算法器、D/A 数模转换器、工艺参数及控制参数设定和低压铸造设备组成，如图 4-21 所示（图中 T 表示电源变压器中性点直接接地）。为使工艺过程按工艺要求进行，并达到控制精度，需将各种工艺参数和控制参数输入，作为给定值。输入由计算机键盘完成。

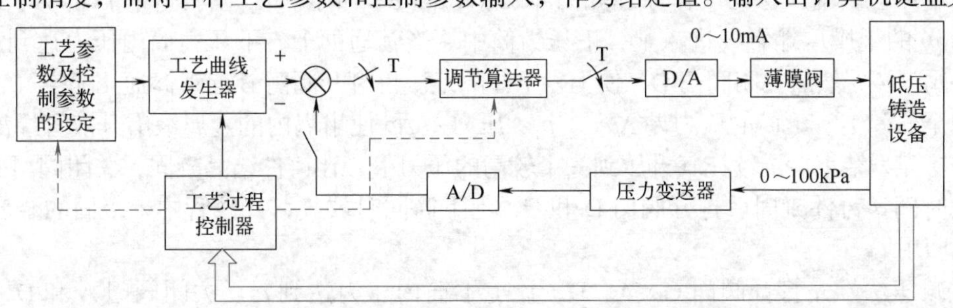

图 4-21　低压铸造设备计算机控制系统原理

工艺过程控制器：检测各工艺参数的状态变化，产生控制工艺流程的指令，为整个系统的正常工作提供一个逻辑时序。工艺参数包括炉温、工作压力、充型时间、凝固时间、冷却时间等。

工艺曲线发生器：根据低压铸造的数学模型，不断产生相应时刻的加压工艺要求的给定压差值。

模 / 数（A/D）转换器：按系统提供的采样周期，将压力变送器测出的电流信号转变成计算机识别的数字信号，经过数值滤波后输入计算机供使用。

调节算法器：根据工艺曲线给定值和压差采样值的偏差大小，按一定的调节规律进行运算，再将结果作为调节信号输出。

数 / 模（D/A）转换器：将计算机输出的离散数字信号转换成相应的 0 ～ 100mA 的连续电流信号，以控制调节阀工作。

② 特点。计算机控制低压铸造设备比一般低压铸造设备功能更健全，可给定升液、充型不同阶段的金属液充型速度。铸型内设置了触点，可监视液面的实际充型情况，如排气不好、型中反压力过大、实际充型速度达不到给定值。计算机能自动计算出实际值及反压力大小，并调节给定的气体加压速度，以补偿反压力的影响，保证达到要求的充型速度。对各工艺参数都有信息采集、处理、显示和打印输出功能。计算机的使用有利于提高铸件质量。

4.6 其他反重力铸造成形工艺

4.6.1 差压铸造

差压铸造又称反压铸造（counter gravity die casting），是在低压铸造的基础上发展起来的，其实质是低压铸造和压力下结晶两种工艺的结合，充填成形是低压铸造过程，而铸件凝固是在较高压力下的结晶过程。与低压铸造相比，其铸件的致密度、抗拉强度和伸长率均有较大的提高。

（1）概述

① 差压铸造的工作原理。差压铸造是金属液在差压作用下，充填到预先有一定压力的铸型中，进行结晶、凝固而获得铸件的一种工艺方法，原理如图 4-22 所示，差压铸造按压差产生的方法不同，可分为增压法和减压法两种。

a. 增压法。增压法的工作原理如图 4-22（a）、（b）所示。首先打开阀门 G、A、D，使压力为 p_0 的干燥压缩空气进入上、下压力筒中。当互通的上、下压力筒内压力达到 p_1 时，先关闭阀门 A，然后关闭阀门 D，使上、下筒隔绝。再打开阀门 B 向下筒通压缩空气，使之压力增至 p_2。上、下筒的压力差 $\Delta p=p_2-p_1$。压力差 Δp 使坩埚内的金属液沿升液管经浇道进入型腔。充型结束后继续充气升压到一个较高的压力下，让铸件结晶凝固，关闭阀门 B，保压一段时间。铸件凝固后打开阀门 D 和 C，上下筒同时放气，升液管中未凝固的金属液靠自重流回坩埚。

b. 减压法。先打开阀门 G、A、D，让上下筒内压力达到 p_3。关闭阀门 A 和 D，打开阀门 C 使上压力筒压力由 p_3 降至 p_4，如图 4-22（c）所示。此时上下筒的压力差 $\Delta p'=p_3-p_4$。

压力差使金属液充型。充型结束后关闭阀门 C，保压一段时间。待铸件完全凝固后，打开阀门 D 和 C，上下筒同时放气，升液管中未凝固的金属液靠自重流回坩埚。

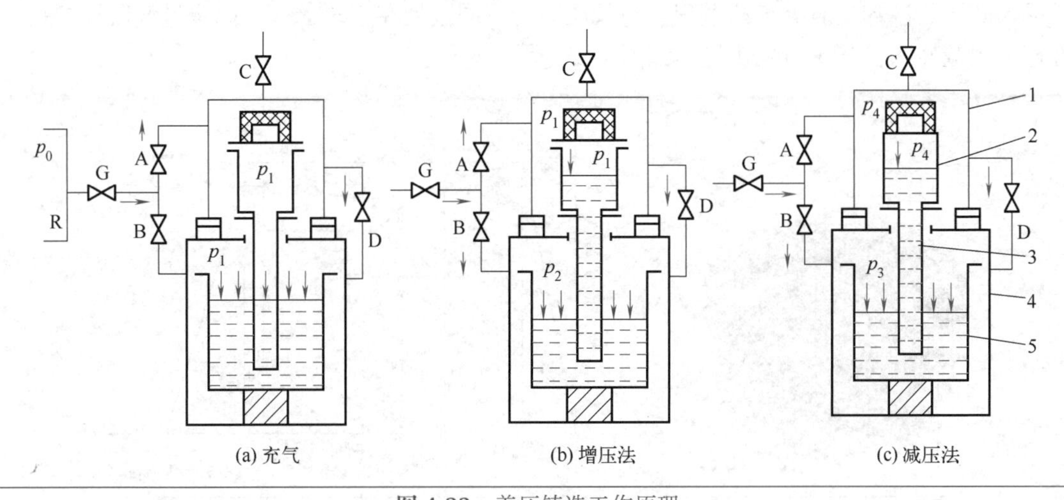

图 4-22　差压铸造工作原理

1—上压力桶；2—铸型；3—升液管；4—下压力桶；5—坩埚

② 差压铸造的特点如下。

a. 充型速度可以调节。低压铸造虽可调节充型速度，但型腔内空气受热膨胀，给金属液的反压力是变动的，较难控制准确的充型速度。而差压铸造的充型压力和型腔内的反压力均可调节，从而可获得最佳充型速度。同时，型腔内有较高的反压力，不容易引起金属液喷射、飞溅，能平稳充型。这对生产质量要求高的大型复杂铸件是很有利的。

b. 可获得轮廓清晰、尺寸精确的铸件。差压铸造时，可调节压差 Δp，从而获得轮廓清晰、尺寸精确的铸件。这对生产薄壁铸件是很有利的，现已用此法生产壁厚仅 0.50mm 的波导管。

c. 铸件晶粒细，组织致密，力学性能好。由于金属液在压力下结晶凝固，铸件组织致密，力学性能好。

d. 可以实现控制气氛浇注。可以控制金属液和铸型型腔上部气体分压，如能使有害气体分压趋于零，则可生产出有害气体含量非常低的铸件。另外，高压下能提高气体的溶解度，如在钢中溶入 N_2，以提高合金钢强度和耐磨性。

③ 应用。差压铸造适用于薄壁复杂的中大铸件或小铸件，铸型可选择石膏型、石墨型、壳型、金属型、砂型等。适用于铝合金、锌合金、镁合金、铜合金、铸铁和铸钢，可用于单件、小批及批量生产中。

差压铸造生产的铸件很多，如电机壳、阀门、叶轮、气缸体、轮毂、导弹舱体、增压器涡轮、波导管、飞机和发动机的油泵壳体等。国内已用该法生产出直径 ϕ540mm、高 890mm、壁厚 8 ～ 10mm 的大型薄壁复杂整体舱铸件。

图 4-23 和图 4-24 为采用差压铸造成形的铝合金转向节和空气差压表铝铸件。

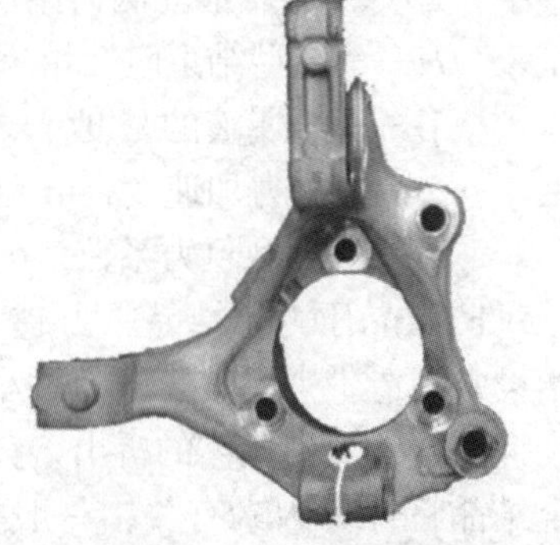

图 4-23　铝合金转向节

（2）差压铸造浇注工艺

① 差压铸造浇注工艺过程。差压铸造浇注工艺一般包括同步进气、升液、充型、保压结晶、卸压、冷却延时等工艺过程。与低压铸造不同之处在于多了一个同步进气阶段。目前普遍采用减压法，其压力变化过程如图 4-25 所示。

图 4-24　空气差压表铝铸件

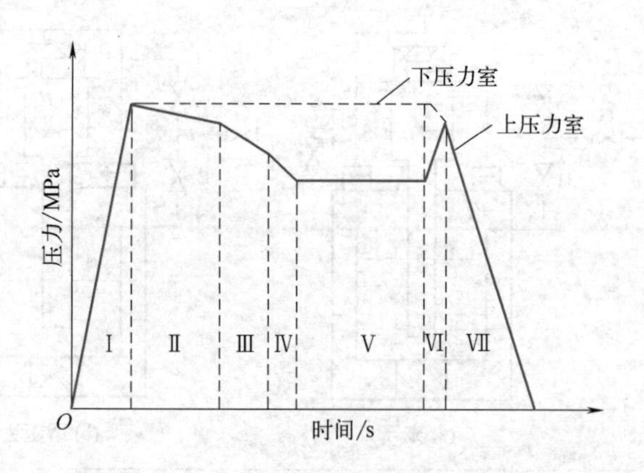

图 4-25　差压铸造浇注工艺过程

Ⅰ—同步进气；Ⅱ—升液；Ⅲ—充型；Ⅳ—保压；Ⅴ—上下压力室互通；Ⅵ—卸压；Ⅶ—冷却

同步进气（充气）阶段，即在液面加压控制系统作用下，对坩埚所在的压力室和铸型所在的压力室同时通入压缩空气，在此过程中要求两压力室的压力差尽量小，不能超过某一要求范围，直至达到设定压力。

同步进气阶段完成后，隔离两压力室，通过减少铸型压力室的压力（减压法），在上、下两个压力室之间形成一定的压力差，并作用在金属液面上，完成升液、充型及保压凝固过程，其充型过程和低压铸造的充型过程相同。

保压结束后，上、下压力室互通，卸压，完成一个浇注过程。

因此差压铸造过程所需控制的参数除了低压铸造提及的浇注工艺参数外，还应对同步进气阶段的参数如同步进气速度、同步进气时间及最终压力进行控制。

② 工艺参数选择。

a. 充型压力差 Δp。Δp 的大小与铸件的高度、铸件形状等因素有关，可按式（4-12）计算：

$$\Delta p=\mu\rho gH \quad (4\text{-}12)$$

式中　Δp——金属液充满铸型所需压力差，Pa；

H——充型结束时，坩埚液面至铸件顶端的距离，m；

ρ——金属液的密度，$kg\cdot m^{-3}$；

g——重力加速度，$m\cdot s^{-2}$；

μ——充型阻力系数，μ=1.2 ～ 1.5，阻力小取下限，阻力大取上限。

b. 结晶压力。结晶压力越大，铸件越致密，铸件力学性能也越好。但结晶压力过大会给设备制造带来困难。压力过小，会降低差压铸造的挤滤作用及塑性变形作用，不利于补缩和抑制金属液中气体的析出，铸件易产生疏松和显微气孔。结晶压力的大小和铸件结构、合金结晶特性等因素有关，一般为 0.3 ～ 1.0MPa，共晶合金为 0.3 ～ 0.4MPa，固溶体合金取 0.6 ～ 0.8MPa。N_2 的质量分数为 0.6% 的合金钢结晶压力可达 1.2 ～ 1.6MPa。

c. 升液速度。升液速度应较慢，保持金属液平稳、缓慢升液，避免喷溅、翻滚。

d. 充型速度。充型速度决定了铸件质量，一般充型速度应比升液速度略快，但不宜过快，这样有利于补缩，使液流平稳，减少二次夹杂的产生。充型速度与铸件复杂程度、壁厚、大小和合金种类有关，还与所用铸型种类有关。充型速度常通过试验决定。如用金属型生产复杂铝铸件，充型速度可快一些；而用砂型浇注厚大铝铸件时，充型速度则需慢些；浇注镁合金铸件则比铝合金铸件充型速度要小些。

图 4-26 为 ZM5 镁合金壳体铸件，铸件直径为 508mm，高为 1030mm，采用缝隙式浇注系统，沿圆周方向均匀分布 8 条缝隙浇道，铸型为砂型，其充型速度仅为 $2.8cm \cdot s^{-1}$。而生产 ZL102 铝合金长为 190mm，宽为 100mm 的有热节的薄壁平板铸件时，用石膏铸型，充型速度达 $8cm \cdot s^{-1}$。

e. 保压时间。保压时间应大体上与铸件凝固时间相同。因此，保压时间与铸件大小、壁厚、合金种类及结晶压力等有关。铸件壁厚越厚，合金结晶温度范围越宽，保压时间就越长。砂型比金属型保压时间长。结晶压力越大，保压时间越短。一般来说，差压铸造比低压铸造的保压时间要短。

f. 浇注温度。由于金属液是在压力下充型，所以差压铸造浇注温度比一般重力铸造可低些。如浇铝合金铸件时，浇注温度可降低 30 ～ 60℃。

③ 差压铸造设备。差压铸造设备主要由主机、气压控制及供气三部分组成，气压控制部分是全机的核心部分。

a. 主机。主机（图 4-27）包括上压力罐、下压力罐、中隔板、锁紧机构、电阻炉、坩埚、升液管及控制系统等。为使设备保持密封，中隔板的上下两面应垫耐高温的石棉板、石棉绳、石墨盘根或硅橡胶圈。

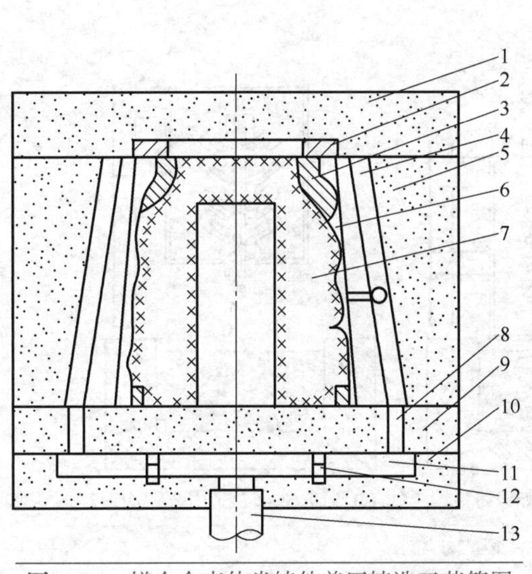

图 4-26　镁合金壳体类铸件差压铸造工艺简图

1—上型；2—冷铁；3—成形冷铁；4—缝隙式浇道；5—中型；6—型腔；7—砂芯；8—内浇道；9—下型；10—底型；11—横浇道；12—过滤网；13—直浇道

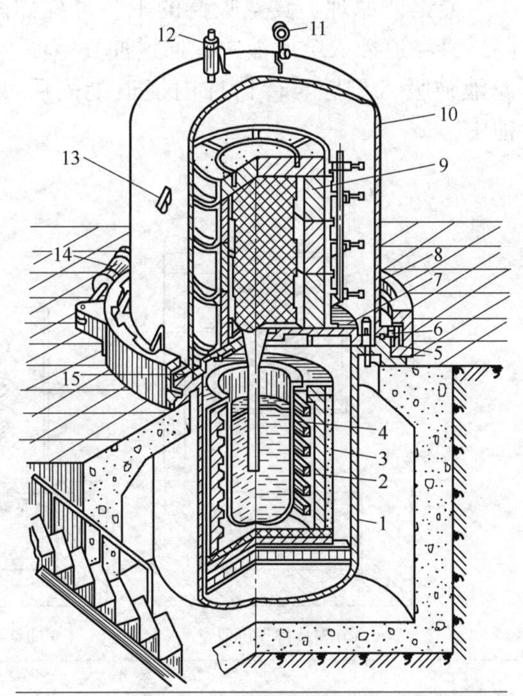

图 4-27　差压铸造主机简图

1—下压力罐；2—坩埚；3—电阻炉；4—升液管；5—滚珠；6—定位销；7—中隔板；8—卡环；9—铸型；10—上压力罐；11—压力表；12—安全阀；13—吊耳；14—气缸；15—O 形圈

b. 气压控制。气压控制有两种：手动控制液面加压系统和微机控制液面加压系统。手动控制液面加压系统的工作原理与低压铸造机相似。微机控制液面加压系统由控制元件、传感器、数学模型、控制算法、计算机系统等构成。

c. 供气部分。供气部分由气水分离器、储气罐、空气干燥器、空气电热器和气源组成。

4.6.2 真空吸铸

真空吸铸作为一种新型反重力精密成形方法，以其优良的充型能力，在薄壁铸件生产领域得到越来越广泛的应用。

（1）结晶器真空吸铸工艺

早在 20 世纪 40 年代，苏联就已经在生产中应用了真空吸铸工艺。其基本原理为：将连接于真空系统的金属水冷结晶器插入液态金属中，由抽真空装置（真空泵或喷射管）在结晶器内造成负压，吸入液体金属，因结晶器内壁四周有循环水冷却，液体金属在真空下，沿结晶器内壁顺序向中心凝固，待固体层达到一定尺寸后，切断真空，中心未凝固的液体金属流回坩埚，形成筒形或棒状的铸件。铸件的长度取决于真空度，厚度则取决于凝固时间。此工艺一般用于生产与结晶器内径尺寸大致相同的圆棒材或圆筒类铸件。

（2）熔模真空吸铸

① CLA 法。CLA 法（countergravity low pressure casting）由美国 Hichiner 公司的 G.D. Chandley 和 J.N.Lamb 在 1971 年发明，于 1975 年在美国取得专利，之后在世界范围内得到广泛应用。

a. 工艺原理。真空吸铸的工艺过程如图 4-28 所示，将型壳置于密封室内，密封室下降，直浇道插入金属液中，通过抽真空使型壳内形成一定的负压。在压力差的作用下，金属液被吸入型腔。待铸件内浇道凝固后，去除真空，直浇道内未凝固的金属液流回熔池中。

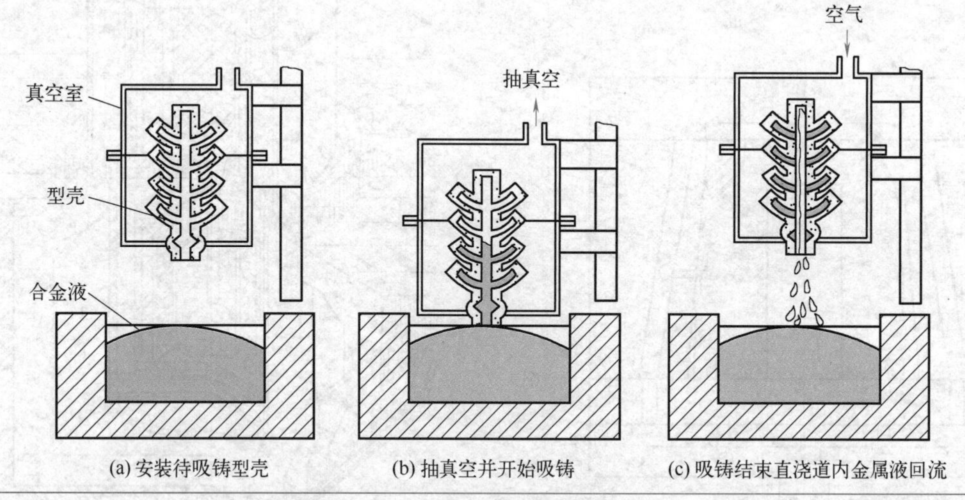

图 4-28 真空吸铸工艺过程示意图

CLA 法主要工艺参数有真空度、型壳强度和透气性、浇注系统等，其中真空度是吸铸过程顺利进行的关键，一般控制在 -0.06 ～ -0.03MPa，太大会引起型壳吸爆，太小则充型不好。真空度的建立方式有两种：一种是直接将真空泵与吸铸室连接，通过真空泵实现真空度的建立和控制；另一种是在真空泵与吸铸室之间加预真空罐，通过调节预真空罐的真空度来控制吸铸室的真空度。图 4-29 为 CLA 法装置示意图。

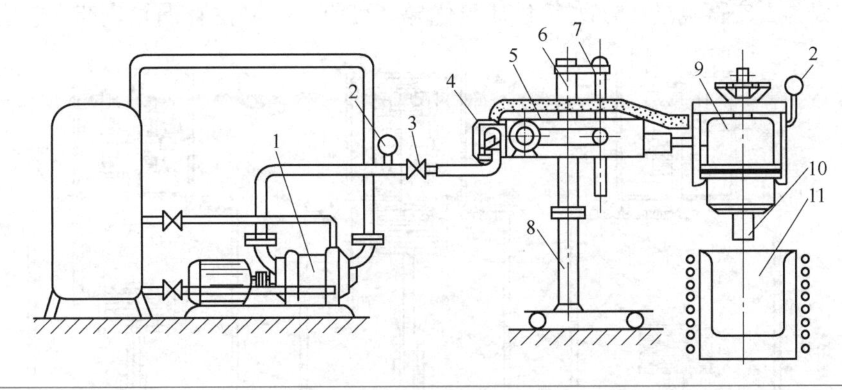

图 4-29 CLA 法装置示意图

1—真空泵；2—真空表；3—电磁阀；4—操纵阀；5—横臂；6—立轴；7—丝杠；8—支架；9—吸铸室；10—直浇道；11—熔炉

b. 工艺特点。CLA 法的工艺特点如下。

（a）减少废品、提高了铸件质量。真空吸铸时金属液充型平稳，同时金属液是从液面下吸入的，非常干净，减少了气孔和夹渣。可以采用较低的浇注温度，铸件晶粒细化，力学性能提高。

（b）良好的充型性能。一般熔模铸件壁厚不小于 1.5mm，而真空吸铸时因型壳中无气体反压力，铸件最薄处可达 0.3mm。

（c）显著提高了金属液利用率和工艺出品率。

（d）克服了低压和差压铸造的弊端。CLA 法在负压下充型，抑制紊流的产生，而且不需要加压，不会因多次加压排气而在液面产生较厚的氧化物层影响铸件质量。此外，CLA 法机构和操作相对简单。

c. 应用。CLA 法现已应用于国防、汽车、电子等精密零件的制造中，适用于普通碳素钢、不锈钢、高温合金、铝合金等多种合金。例如：铝合金潜望镜壳体，外形尺寸 210mm × 150mm × 85mm，壁厚仅为 1.2mm，最薄处为 0.75mm；镍基高温合金测温管铸件，壁厚为 1 ～ 4mm，长为 60mm；钛合金汽轮机叶片，壁厚可达 1mm，质量优良；整体式不锈钢镜架壁厚仅为 0.3mm。熔模真空吸铸还用于制造艺术品铸件。

CLA 法自发明以来，经过多年的研究和改进，在其基础上出现了 CLV 法、CLI 法（易氧化合金真空吸铸技术）、CPV 法（真空吸铸加压凝固技术）、VAC 法（砂型真空吸铸技术）、CV 法（带止流结构）、C3 法（离心真空吸铸）等多种真空吸铸方法，在铸造复杂薄壁铸件领域具有很大的应用和发展价值。

② CLV 法。

a. 工艺原理。CLV 法（countergravity lowpressure vacuum melting）的工艺过程如图 4-30 所示。熔炼室和吸铸室由一个阀门隔开，当金属在真空下熔化后，将氩气充入真空熔炼室和吸铸室，并使它们保持相同气压。打开阀门，升高熔炼炉，使型壳浇道插入金属液中。然后降低吸铸室的氩气压力，进行吸铸。保持一定时间后卸压，使直浇道中金属液流回坩埚中。熔炼炉降至原位，关闭阀门，一次吸铸过程完成。

b. 工艺特点及应用。CLV 法吸铸的整个过程，金属液都处在真空或惰性气体保护中，氧化夹杂和气孔等缺陷大大减少，铸件质量优异。但是，CLV 法工艺过程较复杂，对设备控制要求较高。加拿大 MCT 公司利用 CLV 法生产汽轮机燃烧室衬里，最薄处可达 0.38mm，氧化夹杂物仅为真空浇铸的 15%，铸件质量优异。目前，CLV 法在涡轮生产中应用较多。

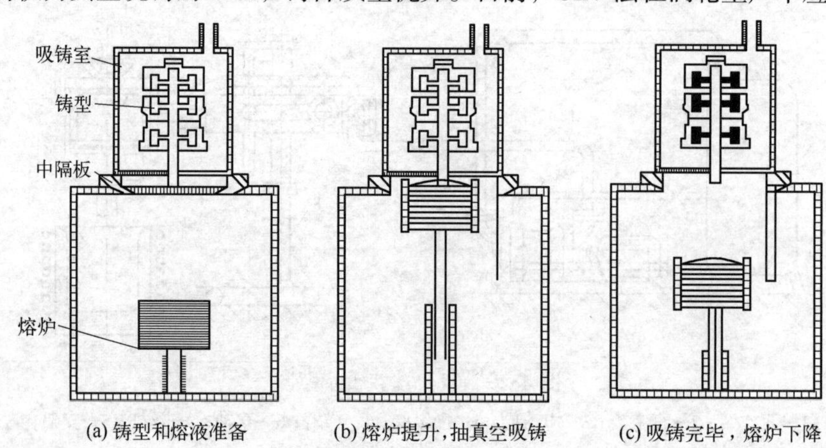

图 4-30　CLV 法工艺过程示意图

c. CPV 法。CPV（countergravity positivepressure vacuum casting）即真空吸铸加压凝固技术。合金在高真空或惰性气体保护下进行熔炼，吸铸完毕后向金属液面通惰性气体进行加压，使铸件在压力下进行凝固的一种方法。CPV 法弥补了 CLA 法补缩能力的不足，特别适于铸造形状极为复杂的易氧化合金铸件，铸件晶粒细小，形状规则，金属氧化夹杂少，表面质量优良，目前在汽车、火车、船舶等的发动机和飞机的起动机配套零件生产中得到较多应用。

4.6.3 调压铸造

调压铸造是在真空条件下的差压铸造和调节压力下结晶这两种工艺方法相结合的产物。调压铸造法汲取了传统反重力铸造方法的优点并加以改进提高，使充型平稳性、充型能力和顺序凝固条件均优于普通差压铸造，因而可铸造壁厚更薄、力学性能更好的大型薄壁铸件，适用于大型复杂薄壁铸件的生产。

（1）工艺原理

调压铸造装置如图 4-31 所示。调压铸造主机与差压铸造相近，但多出一套负压控制系

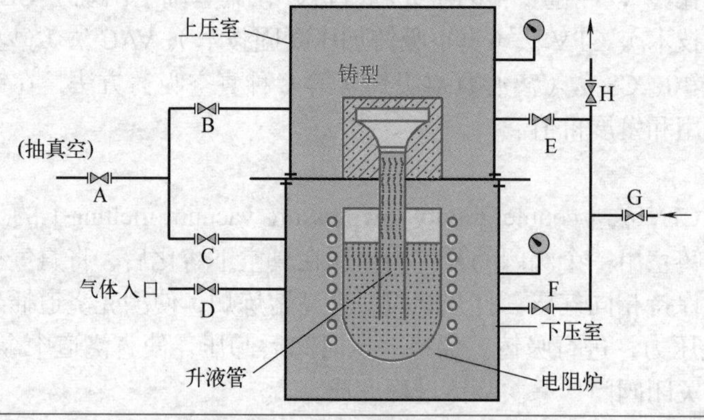

图 4-31　调压铸造工作原理图

统。其与差压铸造最大的区别在于不仅能够实现正压的控制，还能够实现负压的控制。装置包括两个相互隔离的内部气体压力独立可控的压力室，以及实现气体压力调控的控制设备。其中下压力室内安装坩埚以容纳金属液，温控系统采用保温炉对金属液温度进行控制。上压力室中安装铸型，型腔通过升液管与金属液连通。两压力室同时通过管道分别与正压控制系统和负压控制系统相连，将气体导入或导出各压力室，以实现压力室内气压从负压到正压的精确控制。因需要实现更为复杂的气压调整曲线，调压铸造装置对控制系统控制精度的要求有大幅度提高。

调压铸造技术的工艺原理则可描述如下：首先使型腔和金属液处于真空状态，并且对金属液保温并保持负压；充型时，对型腔下部的液态金属液面施加压力，但型腔仍保持真空，将坩埚中的金属液沿升液管压入处于真空的型腔内；充型结束后迅速对两压室加压，始终保持下部金属液和型腔之间的压力差恒定，以避免铸型中未凝固的金属液回流到坩埚中导致铸件缺陷；保持正压一段时间，使金属液在压力下凝固成形，待型腔内的金属液完全凝固后，即可卸除压力，升液管内未凝固的金属液回流到坩埚中。

（2）浇注工艺过程

调压铸造浇注工艺一般包括同步抽真空、升液、充型、增压、同步进气、保压结晶、卸压、冷却延时等工艺过程。

同步抽真空阶段，在真空系统作用下，对上、下压力室同时进行抽真空，直至达到设定的真空度。一般来说，在抽真空阶段，要求上、下压力室互通，保证上、下压力室抽真空速度相同，压差为零，以避免出现金属液的上下波动。

同步抽真空阶段结束后，隔离两压力室，通过增加下压力室的压力来完成升液、充型、增压过程，这一阶段与低压铸造时相同。然后迅速对上、下压力室同时通入气体加压，并要求始终保持下部金属液和型腔之间的压力差恒定，保压结晶一段时间后，上、下压力室互通，而后进行卸压处理，升液管内未凝固的金属液回流到坩埚中，完成一个浇注过程。图 4-32 所示为调压铸造浇注过程工艺曲线。

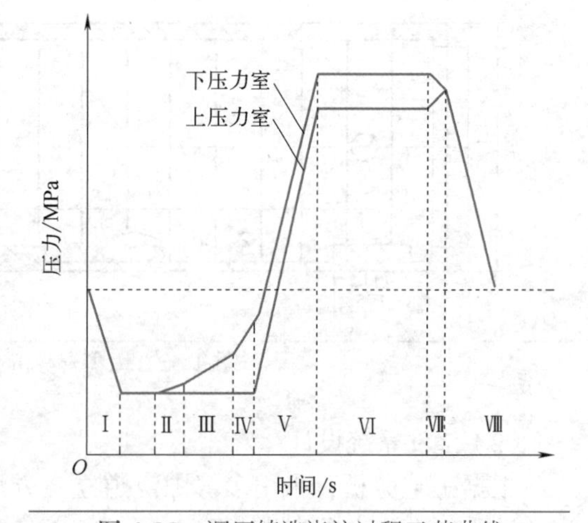

图 4-32　调压铸造浇注过程工艺曲线

Ⅰ—同步抽真空；Ⅱ—升液；Ⅲ—充型；Ⅳ—增压；Ⅴ—上下压力室同步增压；Ⅵ—保压；Ⅶ—上下压力室互通；Ⅷ—卸压

（3）工艺特点

调压铸造的工艺特点如下。

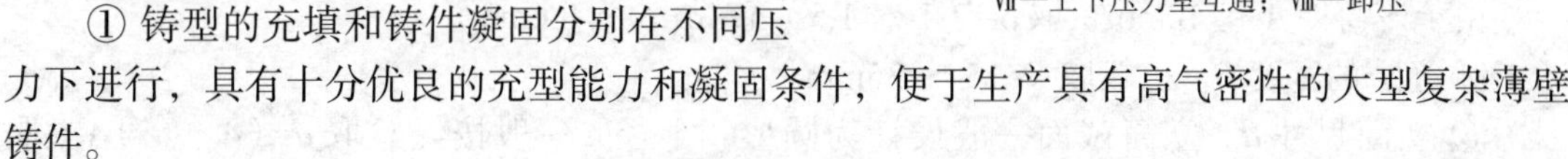

① 铸型的充填和铸件凝固分别在不同压力下进行，具有十分优良的充型能力和凝固条件，便于生产具有高气密性的大型复杂薄壁铸件。

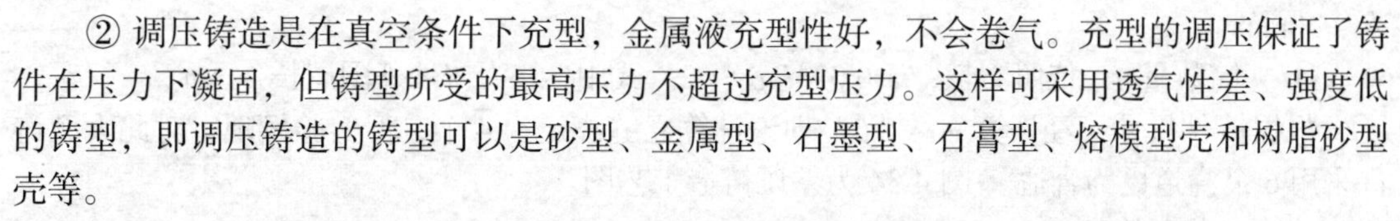

② 调压铸造是在真空条件下充型，金属液充型性好，不会卷气。充型的调压保证了铸件在压力下凝固，但铸型所受的最高压力不超过充型压力。这样可采用透气性差、强度低的铸型，即调压铸造的铸型可以是砂型、金属型、石墨型、石膏型、熔模型壳和树脂砂型壳等。

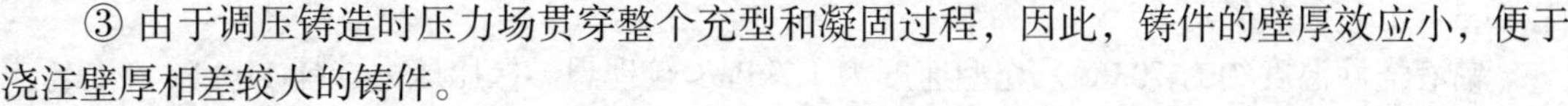

③ 由于调压铸造时压力场贯穿整个充型和凝固过程，因此，铸件的壁厚效应小，便于浇注壁厚相差较大的铸件。

（4）应用

调压铸造技术可生产薄壁、复杂的高精度铸件，适用于非铁合金和黑色金属，尤其适用于铝、镁合金的铸件，目前已成功应用于航空类铝合金铸件的工程化生产。沈阳铸造研究所采用调压铸造研制生产了整体壁厚仅为 2mm 的大型薄壁高强度铝合金铸件，采用该技术生产的铝合金舱体的力学性能及内部质量均达到美国军标 AMS-A-21180 的要求。

4.7 反重力铸造成形应用实例

4.7.1 大型薄壁筒体件反重力铸造成形

（1）筒体铸件结构特点

如图 4-33 所示，大型薄壁铸件外径为 556mm，内径为 540mm，壁厚为 8mm，内部有 12 条分布均匀的环状加强筋，还有 4 个直径不等的凸台，材质为 ZL101A。根据铸件特点，选用差压铸造工艺。

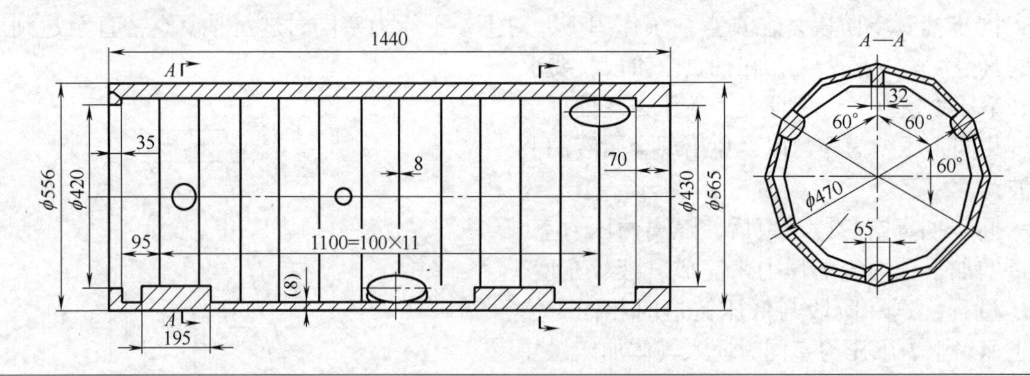

图 4-33 大型薄壁筒体铸件结构特点示意图

（2）浇注系统设计

根据工艺分析，采用多缝隙浇道立浇方法，在外形内侧均布垂直缝隙式浇道。缝隙内浇道设计方法及计算结果如下。

① 缝隙厚度 δ。当铸件型腔壁厚 $\Delta \geqslant 10$mm 时，取 δ=(0.8～1.0)Δ；当 $\Delta < 10$mm 时，取 δ=（1～1.5）Δ。在实际生产中，有时为了将热量引向立筒与冒口，取 $\delta \geqslant 1.5\Delta$。

由于该铸件 $\Delta < 10$mm，取 δ=（1～1.5）Δ，故 $\delta \approx 9.6$mm。

② 缝隙的宽度 B。一般取 B=15～35mm。

③ 立筒尺寸 d。立筒截面一般设计为圆形，半径 a 一般按经验取 d=(4～6)Δ。取 $d \approx 40$mm。

④ 立筒数量 n。依照文献，$n=0.024P/\delta \approx 2$。式中，$P$ 为铸件外围周长，mm。

根据铸件尺寸，经计算 $n \approx 3.5$，理论计算立缝浇道为 4 个，但实验发现，对此大型铸件采用 6 个浇道更为合适。图 4-34 为差压铸造工艺图。

（3）工艺参数确定

铝液浇注温度约为 703℃，充型速度为 1.7kPa/s 较理想。保压压力选择 110kPa 左右。

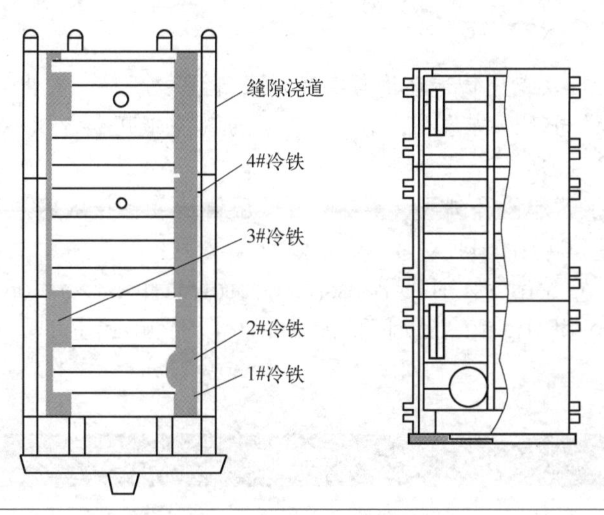

图 4-34　筒体件差压铸造工艺图

4.7.2　薄壁壳体反重力铸造成形

图 4-35 所示为四面体结构壳体类铸件，尺寸为长（260 ～ 280）mm × 宽（140 ～ 150）mm× 高（120 ～ 150）mm，最小壁厚 3mm，最大壁厚 10mm。

综合分析，该四面体结构壳体类铸件宜采用底注式浇注系统，如图 4-36 所示。它由升液管、横浇道、内浇口、冒口组成。升液管尺寸 ϕ80mm ～ ϕ90mm；其横浇道采用喇叭形，基本尺寸 40mm×25mm；采用 4 个内浇道，基本尺寸选为 40mm×25mm，位置选定在四面体结构件的 4 个侧面的中心位置。这种浇口能使合金液平稳充型，又具有除渣的作用。在四面体结构件的 4 个侧面的上方放置 4 个明冒口，基本尺寸为 60mm×30mm，置于 4 个侧面上方的中心位置。为了能使金属液在浇注充型过程中有利于型腔中气体从排气道排出，应该尽量使金属液在升液管里缓慢上升，上升速度要控制在 500m·s^{-1} 的速度以内，以确保型腔气体的有利排出。经计算最大充型压力 $p_{充}$=0.418MPa，对应的升压速度为 1.4kPa/s。

图 4-35　低压铸造四面壳体类铸件

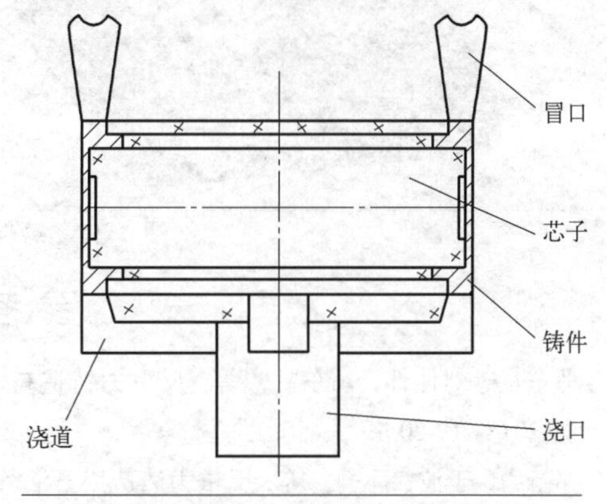

图 4-36　低压铸造工艺方案示意图

拓展阅读材料

[1]　中国机械工程学会铸造分会 . 铸造技术路线图 [M]. 北京：中国科学技术出版社，

2016.

[2] 董秀琦.低压及差压铸造理论与实践[M].北京:机械工业出版社,2003.

[3] 马岚波,税国彦,苗治全,等.高温合金真空低压铸造技术研究进展[J].铸造,2020,69(11):1190-1197.

[4] 康敬乐,丁苏沛,孙剑飞,等.中国低压铸造装备技术的发展与展望[J].中国铸造装备与技术,2016(04):1-11.

[5] M. Bedel, A. Sanitas, M.E. Mansori. Geometrical effects on filling dynamics in low pressure casting of light alloys[J]. Journal of Manufacturing Processes, 2019, 45: 194-207.

习题

1.简述低压铸造的工艺特点。

2.低压铸造浇注系统设计应使铸件按什么原则凝固?如何保证达到此原则?

3.低压铸造保压时间如何确定?为什么要保压?

4.根据低压铸造铸件形成特点,为了保证铸件质量,应控制哪些工艺参数?

5.用金属型进行低压铸造生产薄壁和厚壁铸件,其液面加压规范有何区别?

6.列举几种反重力铸造技术工作原理的异同点。

7.如图4-37所示,该大型薄壁镁合金构件为三角形框架结构,整体薄壁,最小壁厚4mm,其余位置不超过6mm;构件内表面存在大量安装凸台,壁厚突变严重;构件内表面要求精确铸出无加工余量;构件轮廓尺寸大(870mm×450mm×420mm)。请判断此零件是否可以用低压铸造方法铸造出来,并简要说明理由。

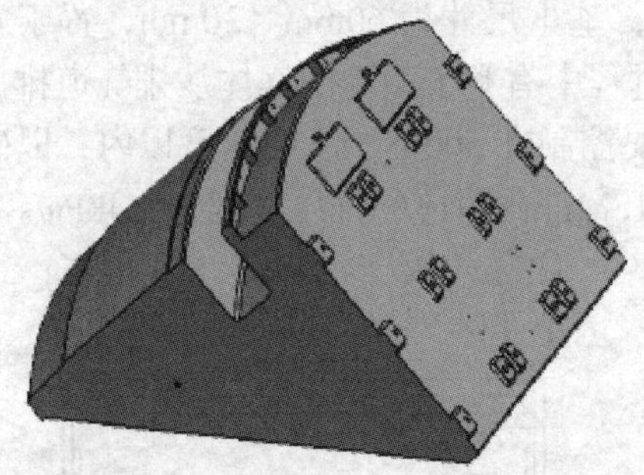
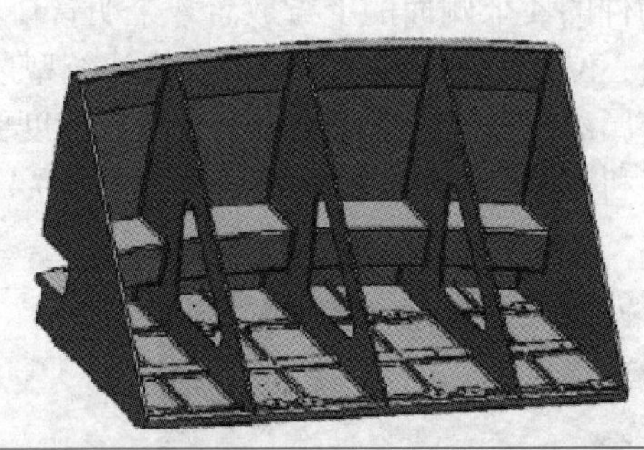

图4-37 铸件结构三维造型图

参考文献

[1] 马东良,刘佳佳,马东辉,等.反重力铸造技术研究进展与发展展望[C].2018重庆市铸造年会论文集.2018:19-20.

[2] 郭新力,于波,孙逊,等.反重力铸造用升液管的研究进展与应用[C].第十三届全国铸造年会暨2016中国铸造活动周论文集.2016:764-770.

[3] 李新雷,郝启堂,介万奇.反重力铸造装备技术的应用与发展[J].铸造技术,2011,32(03):380-383.

[4] 中国机械工程学会铸造分会.铸造技术路线图[M].北京:中国科学技术出版社,2016.

[5] 王先飞,潘龙,崔恩强,等.铝合金大型薄壁平板件反重力铸造技术研究[J].航天制造技术.2020(05):9-12.

第 5 章

压力铸造

5.0 概述

压力铸造，简称压铸（die casting），是指在高压作用下，将液态或半液态金属以高的速度压入铸型型腔，并在高压下凝固成形而获得轮廓清晰、尺寸精确铸件的一种成形方法。

高压和高速是压铸的两大特点，也是其区别于其他铸造方法的基本特征。压铸压力通常在 4 ～ 500MPa，充填速度为 0.5 ～ 120m/s，充填时间很短，一般为 0.01 ～ 0.2s。同时，由于铸造设备和模具的造价高昂，压铸工艺特别适合制造大量的中小型铸件。同其他铸造技术相比，压铸件的表面更为平整，拥有更高的尺寸一致性，如图 5-1 所示。

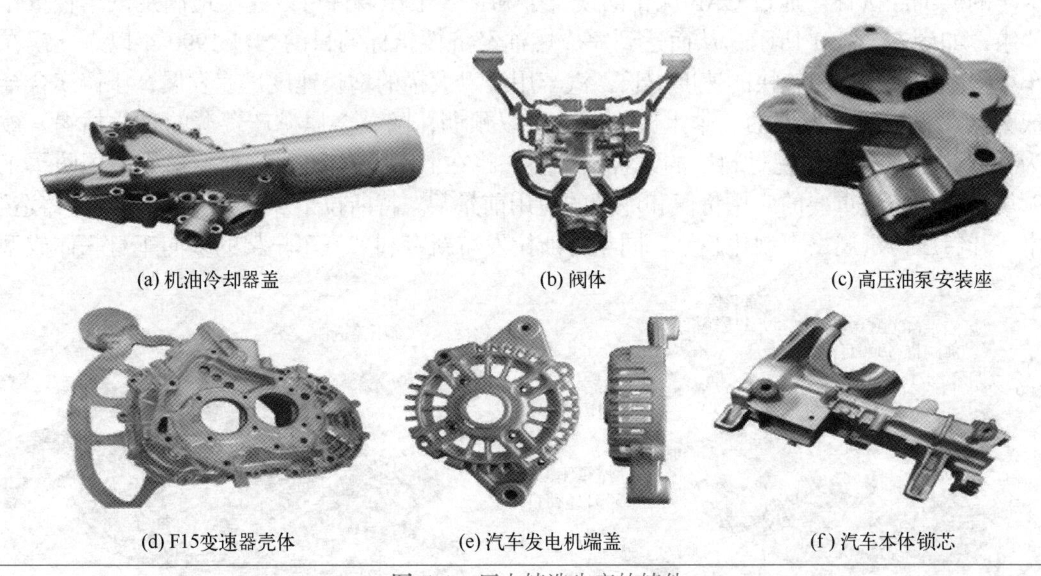

(a) 机油冷却器盖　(b) 阀体　(c) 高压油泵安装座　(d) F15变速器壳体　(e) 汽车发电机端盖　(f) 汽车本体锁芯

图 5-1　压力铸造生产的铸件

1838 年，为了制造活字印刷的模具，人们发明了压铸设备。第一个与压铸有关的专利颁布于 1849 年，它是一种用来生产印刷机铅字的小型手动机器。1885 年，奥托·默根特勒发明了 Linotype 排字机，这种机器能够将一整行文字压铸成一个单独的铅字，它给印刷界带来了前所未有的革新。在印刷业进入大规模工业化后，传统的手压字模已经被压铸取代。1900年左右，铸字排版进入市场使得印刷业自动化技术进一步提高，因此有的时候在报社内能看见十多台压铸机。随着消费产品的不断增长，奥托的发明获得了越来越多的应用。人们可以利用压铸大批量地制造零部件产品。1966年，通用动力发明了精速密压铸工艺，这种工艺有时也被称作双冲头压铸。随着压铸机、压铸工艺、压铸型及润滑剂的发展，压铸合金也从铅发展到锌、铝、镁、铜和铁合金。随着压铸合金熔点的不断增高，压铸件应用范围也在不断扩大。对于压铸方式的发展，从操作方式上来讲，经历了手动→气动→液动→半自动→全自动的发展过程；从压铸方式讲，经历了普通铸造→真空铸造→精密铸造→充氧铸造→半固态铸造等过程。

压力铸造在我国约起始于20世纪40年代。1958年前后，我国引进了捷克的Polak系列立式压铸机，从此压铸工艺在我国得到迅速发展。在这以后的十年中，我国不但自行设计制造了压铸模，掌握了常规压铸生产工艺，而且对一些新工艺，如真空压铸和黑色金属压铸进行了研究，压铸件的应用范围扩展到农机、机床、办公用具、军工等领域。至20世纪90年代，我国的压铸技术达到相当水平，可以自行设计和制造出成系列的、性能良好的压铸产品，如图5-2（a）所示。随着我国汽车、摩托车、家用电器、计算机等工业的发展，对压铸件的需求量日益增加，以生产优质、精密、大型压铸件的压铸企业也得到了高速的发展。同时，近年来有一大批模具企业推广应用了计算机技术，陆续引进了相当数量的CAD/CAE/CAM系统（如美国EDS公司的UG、美国PTC公司的Pro/Engineer、英国Deltacam公司的DUCT5等用于压铸模的专用软件）。这些系统软件的引进使我国模具行业实现了CAD/CAE/CAM集成，取得了一定的技术经济效益，促进与推动了我国压铸模具CAD/CAE/CAM技术的发展[1]。

1975年美国颁布了CAFE（Corporate Average Fleet Economy）法规，要求提高轿车和轻型卡车的燃油经济性。通过CAE优化的镁合金和铝合金压铸件可以完美地满足汽车轻量化的要求，如图5-2（b）所示，从而达到完成燃油经济性指标的目的。自1990年以来，镁在汽车中的应用就一直以较快的速度增长，汽车用镁以大幅的增长速度迅速发展，压铸镁合金已成为汽车材料技术发展的一个重要领域。可以预期，随着金属矿产资源的日益枯竭，被誉为“21世纪的绿色工程材料”的镁合金材料，将在汽车、3C产品、航空航天、国防军工等领域具有越来越重要的应用价值和广阔的应用前景[2]。特斯拉于2019年提出“一体铸造”技术，开启压铸机规格大型化趋势。同年特斯拉发布新专利“汽车车架的多向车身一体成型

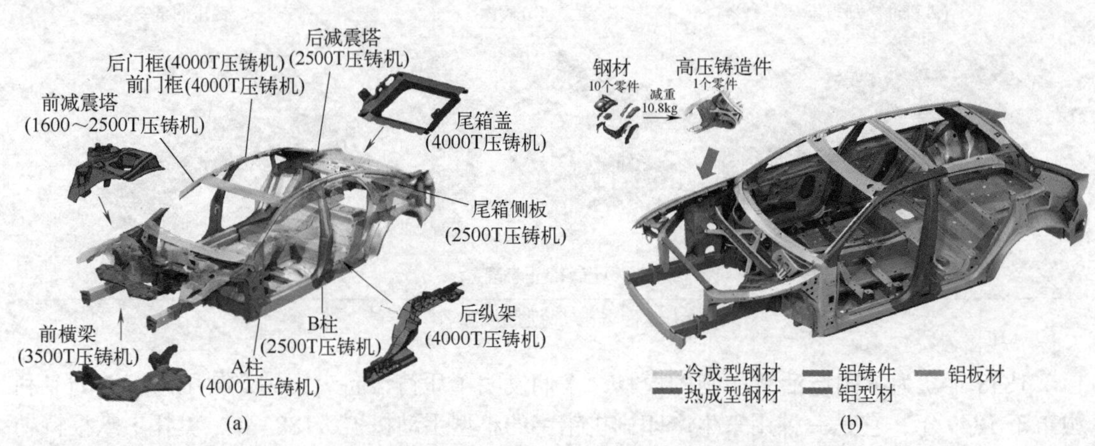

图5-2 压铸件在大型车身结构件上的可行应用

铸造机和相关铸造方法”，提出了一种车架一体铸造技术和相关的铸造机器设计。一体式压铸技术的成功应用，使特斯拉缩短了复杂的车身制造过程，大大降低车身的制造成本，从而使产品具有更大的市场竞争力。

随着我国汽车工业的迅猛发展，一方面对汽车用压铸件的需求量日益提升，另一方面为了应对环境污染以及资源紧张的发展现状，对汽车用压铸件的质量要求和应用范围提出了更高的要求。压力铸造工艺也面临着一些新的困难和挑战[3]：

① 压铸铝、镁合金的质量需要进一步提高。当前传统的压铸铝合金塑性较差，不适合进行下一步的热处理及焊接等后续工艺，而且传统的压铸镁合金绝对力学性能较低，耐腐蚀性及高温性能较差，均难以满足汽车构件对力学性能的要求。

② 高真空压铸工艺一般要求压射过程中，型腔有效真空压力＜ 5kPa，以大幅度减少铸件中气孔的存在，从而满足后续热处理及焊接工艺的要求。现阶段国内高真空压铸技术水平不高，对真空压铸中影响型腔真空压力的诸多环节缺乏系统深入的理论分析和实验研究，高真空压铸工艺尚不成熟。

③ 可溶型芯压铸技术克服了传统压铸过程中分型面对零件形状设计过程中的束缚，可大批量、规模化生产具有复杂孔及内腔的零件。国内对于可溶型芯压铸技术的工业基础及研究工作基本处于空白。需要发展可溶型芯压铸技术来应对这方面的挑战。

④ 随着人力成本的上升及物联网的发展，各国均在大力发展智能制造技术。相比之下，我国压铸行业整体水平不高、自动化程度较低，在数据分析和智能控制阶段基本处于空白。

近些年，国内压铸行业龙头企业发展迅猛。在 2020 年国内冷室压铸机企业市场份额中，力劲科技集团有限公司以近 50% 的市场份额排名第一，其次是广东伊之密精密机械股份有限公司，市场占有率为 14%。这得益于我国相关企业在该领域取得的多项重大进展。例如，压铸件大型化和一体成型技术的成熟，催生了巨型压铸机的需求市场。早在 2019 年，力劲集团全球首发了当时世界最大的 6000T 超大型智能压铸单元。时隔 2 年，在 2021 年 4 月，力劲集团又面向全球首发了世界最大的 DREAMPRESS 9000T 巨型智能压铸单元，如图 5-3 所示。有别于传统的三板式、两板式压铸机，力劲 DREAMPRESS 9000T 巨型智能压铸单元在技术和结构上取得了很大突破，性能更卓越，应用范围更广，可以充分满足汽车制造、大型重型压铸件及多部件的一体化生产工艺要求，持续引领全球超大型压铸装备制造技术的发展。

图 5-3 国产 DREAMPRESS 9000T 巨型压铸设备

5.1 工艺分析

5.1.1 压铸的工艺特点

在压铸工艺中，熔体填充铸型的速度每秒可达十几米甚至上百米，压射压力高达几十兆帕甚至数百兆帕。由于高速高压，压铸必须采用金属模具。上述特性决定了压铸工艺自身的主要优点，包括：

① 可以得到薄壁、形状复杂，且轮廓清晰的铸件。

② 可生产高精度、尺寸稳定性好、加工余量少及高光洁度的铸件。

③ 铸件组织致密，具有较好的力学性能；表 5-1 是压铸与其他铸造方法生产的铝合金、镁合金铸件的力学性能比较。

表 5-1 不同铸造方法生产的铝合金、镁合金铸件的力学性能比较

合金种类	压铸			金属型铸造			砂型铸造		
	抗拉强度/MPa	伸长率/%	硬度HBW	抗拉强度/MPa	伸长率/%	硬度HBW	抗拉强度/MPa	伸长率/%	硬度HBW
铝合金	200 ~ 220	1.5 ~ 2.2	66 ~ 86	140 ~ 170	0.5 ~ 1.0	65	120 ~ 150	1 ~ 2	60
铝硅合金（含铜 0.8%）	200 ~ 300	0.5 ~ 1.0	85	180 ~ 220	2.0 ~ 3.0	60 ~ 70	170 ~ 190	2 ~ 3	65
镁合金（含铝 10%）	190	1.5	—	—	—	—	150 ~ 170	1 ~ 2	—

④ 生产效率高，容易实现机械化和自动化操作，生产周期短。

⑤ 采用镶铸法可以省去装配工序并简化制造工艺。

⑥ 铸件表面可进行涂覆处理。

除上述优点外，压铸也存在不足：

① 压铸件常有气孔及氧化夹杂物存在，由于压铸时液体金属充填速度极快，型腔内气体很难完全排除，从而降低了压铸件的质量；

② 不适合小批量生产，主要原因是压铸机和压铸模具费用昂贵，压铸机效率高，小批量生产不经济；

③ 压铸件尺寸受到限制，因受到压铸机锁模力及装模尺寸的限制而较难压铸大型压铸件；

④ 压铸合金种类受到限制，目前主要适用于低熔点的压铸合金，如锌、铝、镁、铜等有色合金。

5.1.2 压铸机的分类

压铸机分类方法很多，按使用范围分为通用压铸机和专用压铸机；按锁模力大小分为小型机（≤ 4000kN）、中型机（4000 ~ 10000kN）和大型机（≥ 10000kN）；通常，主要按机器结构和压射室（以下简称压室）的位置及其工作条件加以分类，各种类型压铸机的分类及特点如表 5-2 所示。

表 5-2　压铸机的分类及特点

类别	结构形式	简图	特点
冷室压铸机	卧式	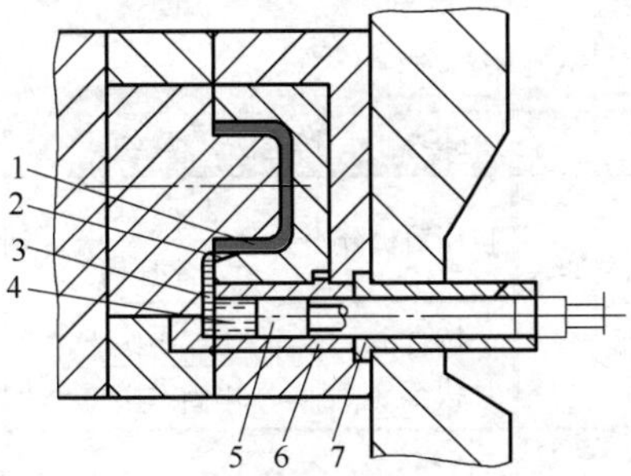 1—铸件；2—内浇道；3—横浇道；4—余料；5—压射冲头；6—浇口套；7—压室	1. 设置有中心和偏浇道位置； 2. 操作程序少，生产效率高，易实现自动化； 3. 适用于压铸非铁合金和钢铁金属； 4. 采用中心浇道时模具结构复杂； 5. 金属在压室内空气接触面大，压射时易卷入空气和氧化夹渣； 6. 金属液进入型腔时转折少，压力损耗小
	立式	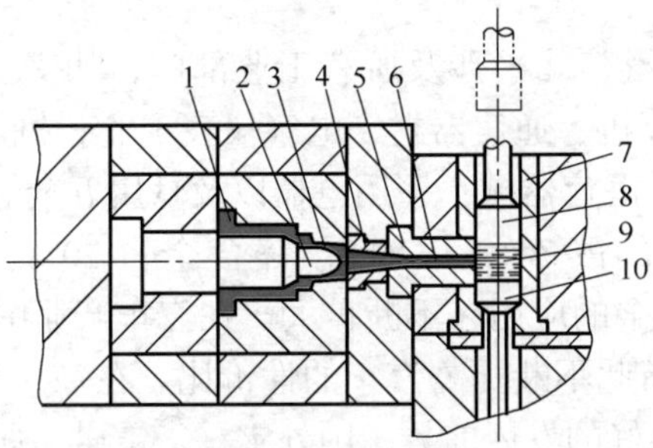 1—铸件；2—分流器；3—内浇道；4—浇口套；5—喷嘴；6—直浇道；7—压室；8—上压射冲头；9—余料；10—下压射冲头	1. 易于设计中心浇道； 2. 压射机构直立，占地面积小； 3. 金属液进入型腔时经过转折，压力损耗较大； 4. 切断余料机构复杂，维修不便
	全立式	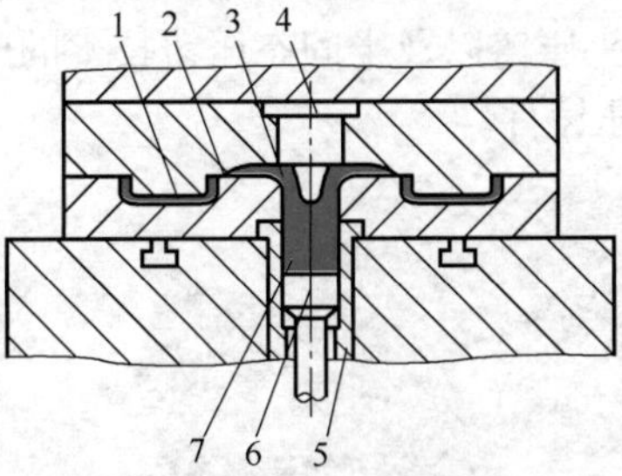 1—铸件；2—内浇道；3—直浇道；4—分流器；5—压室；6—压射冲头；7—余料	1. 模具水平放置，广泛用于压铸电机转子类零件； 2. 占地面积小； 3. 金属液进入型腔时转折少，流程短，压力损耗小
热室压铸机	活塞式	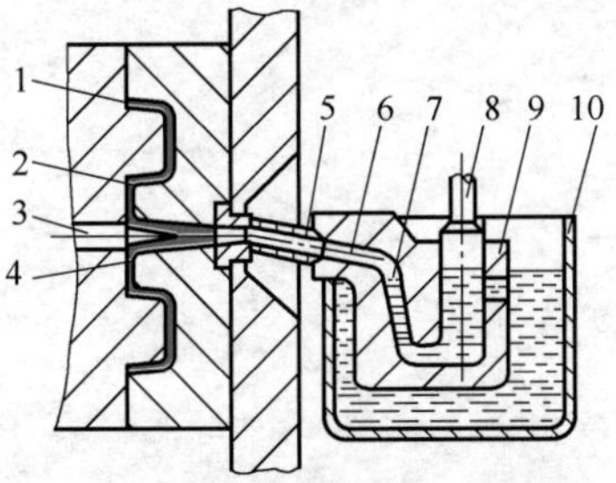 1—铸件；2—内浇道；3—分流器；4—直浇道；5—喷嘴；6—浇道；7—金属液；8—压射冲头；9—浇壶；10—炉体	1. 压铸过程全自动，生产效率高； 2. 压射比压较低； 3. 金属液从液面下进入型腔，杂质不易卷入

5.1.3 压铸方法的分类

常见的压铸方法分类见表 5-3。

表 5-3 压铸方法分类

<table>
<tr><th colspan="3">压铸方法分类</th><th>说明</th><th colspan="2">压铸方法分类</th><th>说明</th></tr>
<tr><td rowspan="4">按压铸材料分</td><td colspan="2">单金属压铸</td><td rowspan="4">目前主要是非铁合金</td><td rowspan="2">按压铸机分</td><td>热室压铸</td><td>压室浸在保温坩埚中</td></tr>
<tr><td rowspan="3">合金压铸</td><td>铁合金</td><td>冷室压铸</td><td>压室与保温炉分开</td></tr>
<tr><td>非铁合金</td><td rowspan="2">按合金状态分</td><td>全液态压铸</td><td>常规压铸</td></tr>
<tr><td>复合材料</td><td>半固态压铸</td><td>一种压铸新技术</td></tr>
</table>

5.1.4 应用概况

压铸件应用范围和领域十分广泛，几乎涉及所有工业部门，如交通运输领域的汽车、造船、摩托车工业；电子领域中计算机、通信器材、电气仪表工业；机械制造领域的机床、纺织、建筑、农机工业；国防工业；医疗器械；家用电器以及日用五金等均有应用。

压铸件所用材料多为铝合金，占 70% ～ 75%，锌合金占 20% ～ 25%，铜合金占 2% ～ 3%，镁合金约占 2%。但镁合金的应用在不断扩大。在汽车产业中镁合金的应用逐年增加，这不仅能减轻汽车净重，也借此不断提高汽车的性价比。在 IT 产业中的电子、计算机、手机等大量应用镁合金，具有很好的发展前景。国外宝马、雷诺、通用、本田等企业在 20 世纪 90 年代已经开始大量使用压铸机进行铝合金缸体缸盖的生产。国内，广州东风本田发动机公司在 2001 年从日本宇部引进了国内第一条压铸生产线。

压铸件的质量由几克到数十千克，其尺寸从几毫米到几百上千毫米。随着科学技术的发展，真空压铸、抽气加氧压铸、双冲头压铸以及半固态压铸技术的成熟应用，压铸件的应用范围将不断扩大。图 5-4 是几个典型压铸件。

(a) V8发动机缸体　(b) 铝合金油壳　(c) 摩托车压铸件

图 5-4 典型压铸件

5.2 压铸成形原理

5.2.1 工艺原理

（1）卧式冷室压铸机压铸工艺原理

卧式冷室压铸机压铸工艺原理如图 5-5 所示。动型和定型合型后，金属液浇入压室，压射冲头向前推进，将金属液经浇道压入型腔冷却凝固成形。开型时，余料借助压射冲头前伸的动作离开压射室，和铸件一起贴合在动型上，随后顶出取件，完成一个工作循环。

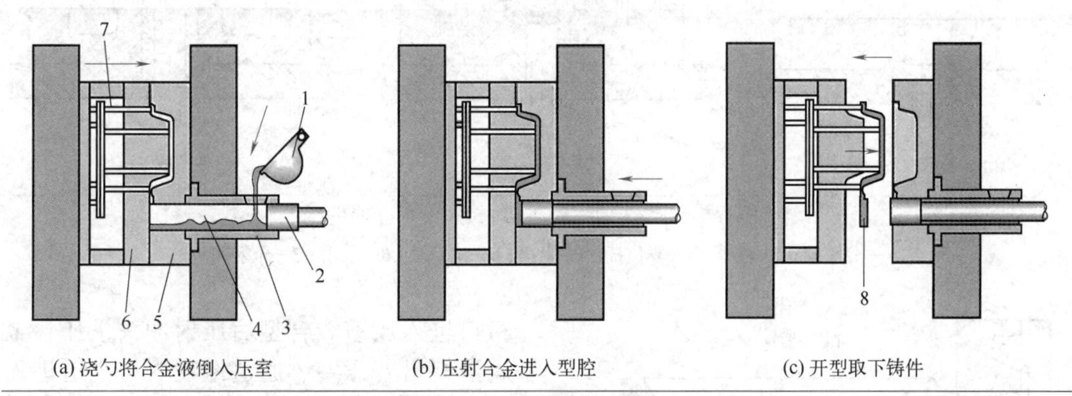

(a) 浇勺将合金液倒入压室　(b) 压射合金进入型腔　(c) 开型取下铸件

图 5-5　卧式冷室压铸机压铸工艺原理

1—浇勺；2—压射冲头；3—压室；4—合金；5—定型；6—动型；7—顶杆机构；8—浇注余料和铸件

（2）立式冷室压铸机压铸工艺原理

立式冷室压铸机压铸工艺原理如图 5-6 所示。动型和定型合型后，浇入压室的金属液被已封住喷嘴口的返料冲头托住，当压射冲头向下接触到金属液面时，返料冲头开始下降（下降高度由弹簧或分配阀控制）。当打开喷嘴时，金属液被压入型腔。凝固后，压射冲头退回，返料冲头上升，切断余料并将其顶出压室。开型取件后恢复原位，完成一个工作循环。

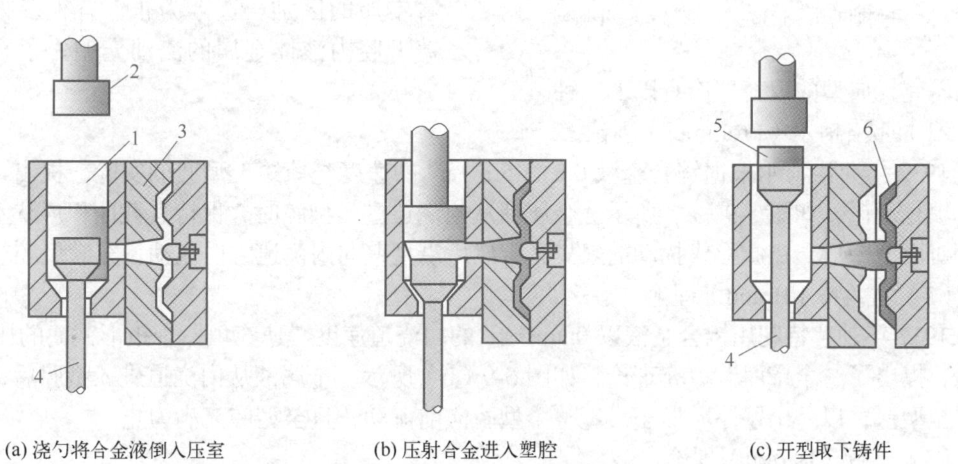

(a) 浇勺将合金液倒入压室　(b) 压射合金进入塑腔　(c) 开型取下铸件

图 5-6　立式冷室压铸机压铸工艺原理

1—压室；2—压射冲头；3—压型；4—反料冲头；5—余料；6—铸件

（3）全立式冷压室压铸机压铸工艺原理

全立式冷压室压铸机压铸工艺原理如图 5-7 所示。将液态金属浇入压室后动型和定型合型，压射冲头上压将液态金属压入型腔，冷凝后开型顶出铸件，完成一个工作循环。

（4）热压室压铸机压铸工艺原理

热压室压铸机压铸工艺原理如图 5-8 所示。当压射冲头上升时，坩埚内的金属液通过进

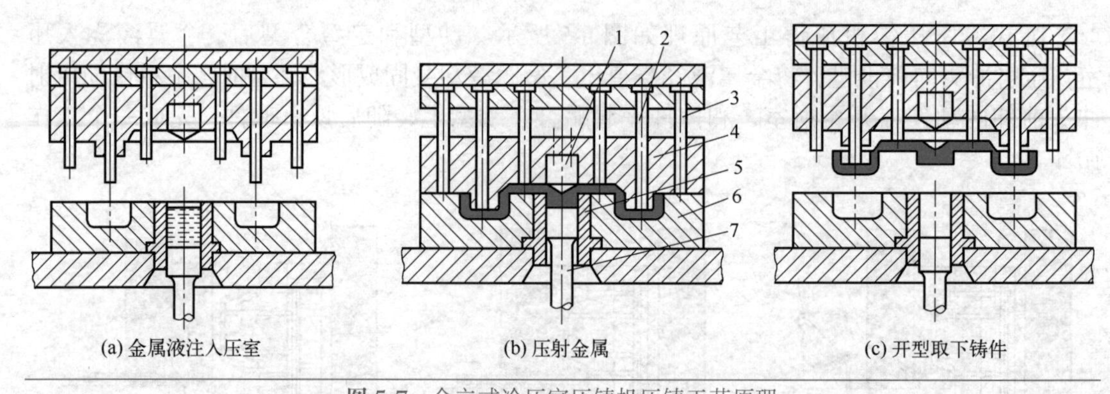

图 5-7　全立式冷压室压铸机压铸工艺原理

1—分流锥；2—推杆；3—复位杆；4—上模；5—浇口套；6—下模；7—压射冲头

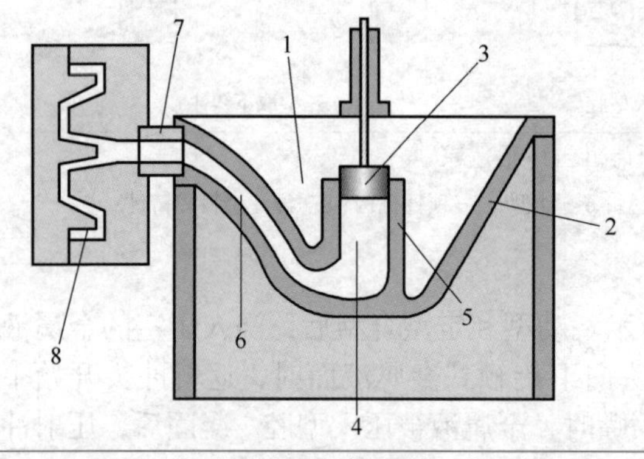

图 5-8　热压室压铸机压铸工艺原理

1—液态金属；2—坩埚；3—压射冲头；4—压室；5—进料口；6—通道；7—喷嘴；8—压铸型

料口进入压室。合型后压射冲头下压，金属液则沿着压室、通道经喷嘴与浇道进入压铸型。保压冷却凝固成形，压射冲头回升，随后开型取件，完成一个工作循环。

5.2.2　填充理论

如前所述，高压和高速填充压铸型是压铸的最大特点。液态金属在压铸型型腔中的流动也与砂型、金属型及低压铸造有着本质的区别。迄今为止，有很多人对压铸型腔内液体金属的流动充型作了较为深入的研究，典型的填充理论有以下三种。

（1）弗洛梅尔（Frommer）理论

1932 年弗洛梅尔根据锌合金液 0.5 ～ 5m • s^{-1} 的速度充填矩形型腔的实验，提出了“喷射”填充理论，如图 5-9（a）所示。金属液从内浇道进入型腔时，保持其截面积形状不变撞击到对面型壁后，在此形成扰动的聚集区，然后沿型壁向内浇道方向流动，充满型腔。

（2）勃兰特（Brand）理论

1937 年勃兰特利用铝合金液以 0.3m • s^{-1} 的内浇道速度慢速充填一个矩形截面的压铸 型实验，提出了“全壁厚”填充理论，如图 5-9（b）所示。金属液从内浇道进入型腔后，随即扩展至型壁，以“全壁厚”形态沿着整个型腔向前流动，直至型腔充满为止。

（3）巴顿（Barton）理论

1944 年巴顿在研究弗洛梅尔和勃兰特等人的充填理论之后提出了“三阶段”填充理论，如图 5-9（c）所示。金属液以接近内浇道的形状进入型腔，撞击到对面的型壁，并在该处沿型壁向型腔四周扩展流向内浇道，形成铸件薄外壳。随后进入的金属液沉积在薄壳层内的空间进行充填，直至充满铸型。

从流体力学和传热学角度出发，影响金属液充填形态的主要因素是压力、通过内浇口的流量及金属液的黏度（受温度影响）。现代实验方法均成功地验证了上述三种理论的正确性及适用性。在金属液黏度一定的条件下，当内浇口截面积很小、压射压力大时，金属液的填充形态趋向于弗洛梅尔理论，目前广泛使用的普通压铸机即基于此种理论。而当内浇口截面积大且压射压力不太高时，便可获得勃兰特的“全壁厚”充填方式，超低速压铸技术就是勃兰特理论的具体应用。

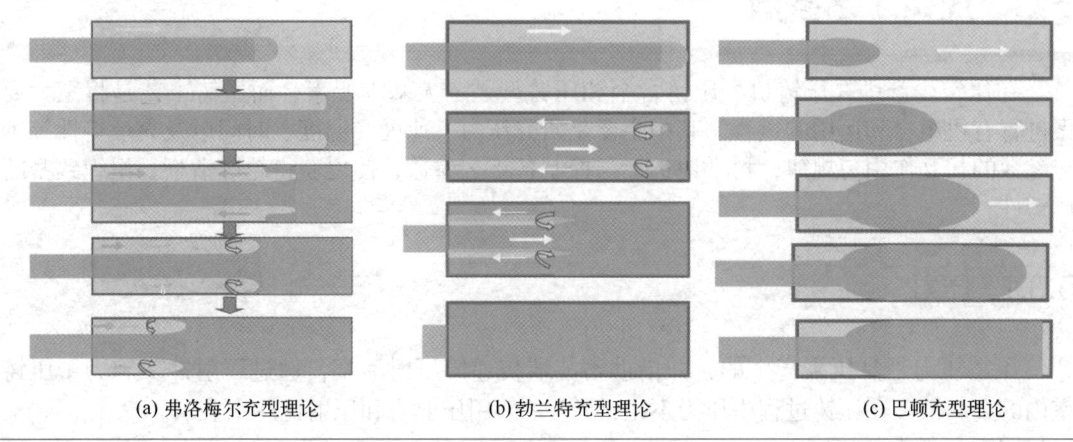

图 5-9　充型理论

5.2.3　能量转换

压铸填充过程中，金属液流动时间极短，只有 0.03 ～ 0.08s，致使通过传导和辐射消散热量的时间极短，大部分热量被压铸型吸收。金属流的运动速度非常高，其动能在瞬间减小为零，这些能量势必会转化为其他形式的能量。如对压铸型的热冲击导致压铸型热应力以及作用在金属内部的热能。先假定流动金属的大部分动能变成热能，即假定压铸型吸收的应变能与压射金属吸收的热量相比很小，来定性地理解压射过程中的这种动能转换成的热能。这些动能包括内浇口的摩擦、靠近型壁的黏滞阻力、填充时的湍流、压铸型完全填充时瞬时冲击。根据流动金属的动能以及能量转换原理得

$$\Delta T=\frac{p}{427\rho c} \tag{5-1}$$

式中　ΔT——压射过程中铸件内可能的最大升温，℃；

p——作用于液体上的压力，Pa；

ρ——液体金属的密度，$kg \cdot m^{-3}$；

c——液体金属的比热容，$J \cdot (kg \cdot K)^{-1}$。

5.2.4　充型的连续性

压铸填充过程中，金属液遵循连续性原理，即满足质量守恒定律。设 A 是流线型流体的截面积（可以是变化的），ρ 为金属液密度，v 是流体流经该截面积的速度，由流体力学可知

$$\rho Av= 常数 \tag{5-2}$$

将金属液视为不可压缩液体，其密度不变，因此，当金属液体经过一个变截面的通道时，金属液体流经任何一个截面的金属体积（或流量）是不变的。式（5-2）即为压铸过程的流动

连续性原理。它不仅可以应用于全封闭的通道，也适用于填充阶段型腔内的无阻碍流动。

5.3 压铸工艺参数

在压铸生产中，压铸机、压铸合金和压铸型是三大基本要素，而压铸工艺是将三大要素进行有机组合和运用的过程。其中主要是研究压力、速度、温度、时间以及充填特性等工艺参数的相互作用与规律，科学地选择与控制各工艺参数，使之获得轮廓清晰、组织致密的压铸件。

5.3.1 压力

压铸压力是高压泵产生的，并借助蓄能器传递给压射活塞，通过压射冲头施力于压铸室内的金属液。在压铸过程中压力不是常数，一般用压射力和压射比压来表示。

（1）压射力

压射力是指压铸机的压射机构推动压射活塞（压射冲头）运动的力，即压射冲头作用于压室中金属液面上的力。压射力的大小，取决于压射缸的截面积和工作液的压力，可用式（5-3）计算：

$$F_y=P_g\pi D^2/4 \quad (5\text{-}3)$$

式中 F_y——压射力，N；

P_g——压射缸内的工作液压力，MPa；

D——压射缸的直径，mm。

有增压机构的压射压力为：

$$F_y=P_{gz}\pi D^2/4 \quad (5\text{-}4)$$

式中 P_{gz}——增压时，压射缸内的工作液压力，MPa。

压射力的变化与作用见图5-10及表5-4。

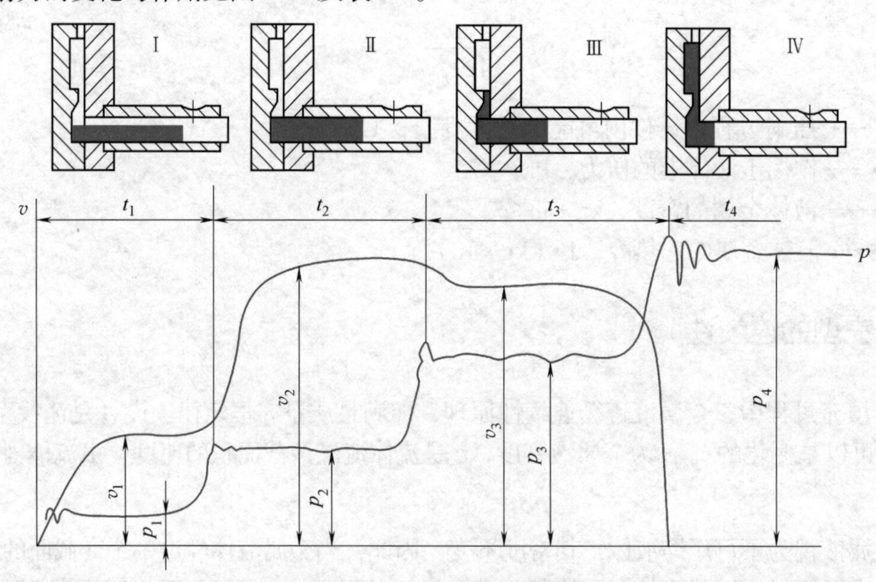

图5-10 压铸不同阶段压射冲头运动速度与压力变化

表 5-4　压射力的变化与作用

压射阶段	压射压力	压射冲头	压射过程	压力作用
Ⅰ 第一阶段 t_1	p_1	v_1	压射冲头以低速前进封住浇料口，推动金属液，压力在压室内平稳上升，使压室内空气慢慢排出	克服压室与压射冲头、液压缸与活塞之间的摩擦力，称为慢压射第一阶段
Ⅱ 第二阶段 t_2	p_2	v_2	压射冲头较快前进，金属液被推至压室前端，充满压室并堆积在内浇道前沿	由于内浇道在整个浇注系统中阻力最大，压力 p_1 升高，足以突破内浇道阻力，此阶段后期，由于内浇道阻力产生第一个压力峰，也称为慢压射第二阶段
Ⅲ 第三阶段 t_3	p_3	v_3	压射冲头按要求的最大速度前进，金属液充满整个型腔与排溢系统	金属液突破内浇道阻力，充填型腔，压力升至 p_3，在此阶段结束前，由于水锤作用，压力升高，产生第二个压力峰，即快压射速度，称为第三阶段
Ⅳ 第四阶段 t_4	p_4	v_4	压射冲头的运动基本停止，但稍有前进	此阶段为最后增压阶段，压铸机没有增压时，此压力为 p_3，有增压时，压力为 p_4，压力作用于正在凝固的金属液上，使之压实，消除或减少缩松，提高铸件密度

（2）压射比压

比压是压室内金属液在单位面积上所受的压力，即压射力与压室截面积的比值。充填时的比压称为压射比压，用于克服浇注系统和型腔中的流动阻力，特别是内浇口的阻力，达到内浇口应具有的速度。有增压机构时，增压后的比压称为增压比压，它决定了压铸件最终所受的压力和压型的胀型力。压射比压计算式为

$$p_b=F_y/A_g=4F_y/(\pi d^2) \quad (5\text{-}5)$$

式中　p_b——压射比压，MPa；

F_y——压射力，N；

d——压射冲头直径，mm；

A_g——压室冲头受压面积，mm^2。

压铸过程中采用较高的比压，除易得到轮廓清晰、表面光洁和尺寸精确以及带有花纹、图案、文字等的压铸件外，还可改善压铸件的致密度，从而提高压铸件的抗拉强度和硬度。

采用较高的比压还可获得较高的充填速度，保证金属液的流动性，相对降低浇注温度，有利于减少压铸件的缩孔和缩松，并可提高压型的寿命。但过高的比压会使压铸型受金属液强烈地冲刷并增加合金粘模的可能性，反而降低压型寿命。

由式（5-5）可见，比压与压铸机的压射力成正比，与压射冲头直径的平方成反比，所以比压可通过调整压射力和冲头直径来实现。

选择比压要考虑的因素见表 5-5。各种压铸合金的计算比压见表 5-6，通常计算比压要高于实际比压，其压力损失折算系数 K 见表 5-7。

表 5-5　选择比压要考虑的因素

因素	选择条件	说明
压铸件结构特性	壁厚	薄壁件选用高比压，厚壁件增压比压要低
	铸件形状复杂程度	形状复杂件选用高比压，形状简单件增压比压选低
	工艺合理性	工艺合理性好，比压选低
压铸合金特性	结晶温度范围	结晶温度范围大，选用高比压，结晶温度范围小，增压比压选低
	流动性	流动性好，选用较低比压，流动性差，压射比压要高
	密度	密度大，压射比压、增压比压均应高，反之则均应低
	比强度	要求比强度大，压射比压要高，反之压射比压要低
浇注系统	浇道阻力	浇道阻力大，浇道长，转向多，在同样的截面积下，内浇道厚度小，增压比压应高些
	浇道散热速度	散热速度快，压射比压要选高，反之压射比压要选低
排溢系统	排气道分布	排气道分布合理，压射比压、增压比均选高
	排气道截面积	排气道截面积足够大，压射比压、增压比均选高
内浇道速度	要求内浇道速度	内浇道速度高，压射比压要选高
温度	金属液与压铸型温差	温差大压射比压要高，温差小压射比压要低

表 5-6　各种合金选用的计算压射比压　　单位：MPa

合金	铸件壁厚＜ 3mm		铸件壁厚＞ 3mm	
	结构简单	结构复杂	结构简单	结构复杂
锌合金	30	40	50	60
铝合金	35	45	55	60
铝镁合金	35	45	50	60
镁合金	40	50	60	70
铜合金	50	60	70	80

表 5-7　压力损失折算系数 K

条件	K 值		
直浇道导入口截面积 A_1 与内浇道截面积 A_2 之比（A_1/A_2）	＞ 1	=1	＜ 1
立式冷室压铸机	0.66 ～ 0.70	0.72 ～ 0.74	0.76 ～ 0.78
卧式冷室压铸机	0.88		

5.3.2　速度

（1）压射速度

压室内压射冲头推动金属液移动的速度，称为压射速度或压射冲头速度。压射速度分为慢压射速度和快压射速度两个阶段。

① 慢压射速度。慢压射速度又分为两个阶段，第一阶段的作用是排出压射室内的空气，将金属液推至压室前端，封住浇料口。第二阶段，冲头继续前进，将金属液推至内浇道前沿。慢压射速度的确定，一般按压室内的充满度而定，见表 5-8。

表 5-8　慢压射速度的选择

压室充满度 /%	压射速度 /(cm·s^{-1})	压室充满度 /%	压射速度 /(cm·s^{-1})
≤ 30	30 ～ 60	＞ 60	10 ～ 20
30 ～ 60	20 ～ 30	—	—

② 快压射速度。快压射速度先确定充填时间，然后按式（5-6）计算：

$$v_{yh} = \frac{4V}{\pi d^2 t} \times \left[1 + (n-1) \times 0.1\right] \tag{5-6}$$

式中　v_{yh}——快压射速度，cm·s^{-1}；

V——型腔容积，cm^3；

n——型腔数量；

d——压射冲头直径，cm；

t——充填时间，s。

此压射速度为获得最佳质量的最低速度，一般压铸件可提高 1.2 倍，对有较大镶嵌件或大压型压铸小铸件时可提高到 1. 5 ～ 2 倍。

（2）充填速度

充填速度是指金属液通过内浇口进入型腔的速度，也称内浇口速度。充填速度是和液体流量与内浇口等紧密相关的。较高的充填速度即使采用较低的比压也能将金属液在凝固之前迅速充填型腔，获得轮廓清晰、表面光洁的铸件，并提高金属液的动压力。

充填速度过高时，金属液呈雾状充填型腔，易卷入空气形成气泡，或黏附型壁与后进入的金属液难以熔合而形成表面缺陷和氧化夹杂，加快压铸型的磨损。

① 充填速度的选择。一般推荐的充填速度见表 5-9。不同的充填速度对压铸件的力学性能有一定影响。

表 5-9　推荐充填速度

铸件质量 /g	充填速度 / (cm·s^{-1})			
	锌合金	铝合金	镁合金	铜合金
＜ 500	20 ～ 40	30	40 ～ 75	30 ～ 40
500 ～ 1000		40		
1000 ～ 2500		50		
＞ 2500		60		

② 充填速度与压射速度和压力的关系。根据等流量连续流动原理，充填速度与压射速度有关。在同一时间内金属液以压射速度流过压室的体积与以充填速度流过内浇口截面的体积相等，其计算式为

$$Av = A_n v_c$$

$$v_c = v\frac{A}{A_n} = \frac{\pi d^2 v}{4A_n} \tag{5-7}$$

式中　v_c——充填速度，cm·s^{-1}；

v——压射速度，cm·s^{-1}；

A——压室面积，cm^2；

A_n——内浇口截面积，cm^2；

d——压射冲头直径，cm。

从式（5-7）可知，充填速度与压射冲头直径的平方和压射速度成正比，与内浇口截面积成反比。因此，可以通过改变上述三个因素调节充填速度。

依照水力学原理，压射比压与充填速度的关系可用式（5-8）表示：

$$v_c = \sqrt{2gp_b / \rho} \quad (5\text{-}8)$$

式中 v_c——充填速度，$cm \cdot s^{-1}$；

g——重力加速度；

p_b——压射比压，MPa；

ρ——合金密度，$g \cdot cm^{-3}$。

由于液体金属为黏性液体，它流经浇注系统时，因流速或流向改变以及摩擦阻力而引起动能损失，故式（5-8）可改写成：

$$v_c = \mu\sqrt{2gp_b / \rho} \quad (5\text{-}9)$$

式中 μ——阻力系数，其值可取 0.3 ～ 0.6。

5.3.3 温度

合金的浇注温度、压型的工作温度在压铸过程中应予以重视，它们对于充填、成形和凝固过程及压铸型的寿命和稳定生产等都有很大的影响。

（1）浇注温度

浇注温度通常用保温炉中液体金属的温度来表示。浇注温度过高，合金凝固收缩大，易使压铸件产生裂纹或晶粒粗大，还可能造成粘型，过低又易产生浇不足、冷隔和表面流纹等缺陷。浇注温度一般应高出合金液相线 20 ～ 30℃。确定浇注温度时应与压力、压铸型温度及充填速度综合考虑。压铸中常采用较低的浇注温度，这样可使铸件收缩小，不易产生裂纹，减少缩孔和缩松，不粘型，使压型寿命提高。压铸合金浇注温度的推荐值见表 5-10。

表 5-10 压铸合金浇注温度推荐值　　单位：℃

合金		铸件壁厚≤ 3mm		铸件壁厚＞ 3mm	
		结构简单	结构复杂	结构简单	结构复杂
锌合金	含铝	420 ～ 440	430 ～ 460	410 ～ 430	420 ～ 440
	含铜	520 ～ 540	530 ～ 550	510 ～ 530	520 ～ 540
铝合金	含硅	610 ～ 630	640 ～ 680	590 ～ 630	610 ～ 630
	含铜	620 ～ 650	640 ～ 700	600 ～ 640	620 ～ 650
	含镁	640 ～ 660	660 ～ 700	620 ～ 660	640 ～ 670
镁合金		640 ～ 680	660 ～ 700	620 ～ 660	640 ～ 680
铜合金	普通黄铜	850 ～ 900	870 ～ 920	820 ～ 860	850 ～ 900
	硅黄铜	870 ～ 910	880 ～ 920	850 ～ 900	870 ～ 910

注：锌合金浇注温度不宜超过 450℃，否则会晶粒粗大。

（2）压铸型的工作温度

压铸型的工作温度对压铸件质量的影响与合金浇注温度相类似。压型温度过高或过低会影响铸型使用寿命和生产的正常进行。生产中应将压型温度控制在一定范围内，这就是压型的工作温度。通常在连续生产过程中，压铸型吸收金属液的热量若大于向外散失的热量，其温度就会不断升高，可采用空气或循环冷却液（水或油）进行冷却。首次压铸时，为提高铸型寿命，应对压铸型预先加热至 150 ～ 180℃。压铸型工作温度大致可按式（5-10）计算：

$$t_{\mathrm{m}}=\frac{1}{3}t_{\mathrm{j}}\pm\Delta t \tag{5-10}$$

式中　t_{m}——压铸型工作温度，℃；

t_{j}——金属液浇注温度，℃；

Δt——温度波动范围，一般取 25℃。

不同压铸合金的压铸型预热温度和连续工作温度见表 5-11。对薄壁复杂铸件取上限，对厚壁简单件取下限。

表 5-11　不同压铸合金的压铸型预热温度及连续工作温度　　单位：℃

合金	温度	铸件壁厚≤ 3mm		铸件壁厚＞ 3mm	
		结构简单	结构复杂	结构简单	结构复杂
铅锡合金	连续工作保持温度	85 ～ 95	90 ～ 100	80 ～ 90	85 ～ 100
锌合金	预热温度	130 ～ 180	150 ～ 200	110 ～ 140	120 ～ 150
	连续工作保持温度	180 ～ 200	190 ～ 220	140 ～ 170	150 ～ 200
铝合金	预热温度	150 ～ 180	200 ～ 230	120 ～ 150	150 ～ 180
	连续工作保持温度	160 ～ 240	250 ～ 280	150 ～ 180	180 ～ 200
铝镁合金	预热温度	170 ～ 190	220 ～ 240	150 ～ 170	170 ～ 190
	连续工作保持温度	200 ～ 220	260 ～ 280	180 ～ 200	200 ～ 240
镁合金	预热温度	150 ～ 180	200 ～ 230	120 ～ 150	150 ～ 180
	连续工作保持温度	180 ～ 240	250 ～ 280	150 ～ 180	180 ～ 220
铜合金	预热温度	200 ～ 230	230 ～ 250	170 ～ 200	200 ～ 230
	连续工作保持温度	300 ～ 330	330 ～ 350	250 ～ 300	300 ～ 350

5.3.4 时间

压铸生产时，充填时间、增压时间、持压时间和留型时间，每个时间都不是孤立的，而是与比压、充填速度、内浇口截面积等因素相互制约，密切相关。

（1）充填时间

自金属液开始进入型腔到充满为止所需的时间称为充填时间。充填时间的长短取决于压铸件的体积大小、壁厚及复杂程度。对壁厚大而简单的压铸件充填时间要长，反之充填时间则短。对一定体积的压铸件，充填时间与内浇口截面积和内浇口线速度成反比，因此，内浇口薄，阻力大，会延长充填时间。充填时间的选择见表 5-12。

表 5-12　铸件的平均壁厚与充填时间

铸件平均壁厚 δ/mm	充填时间 t/s	铸件平均壁厚 δ/mm	充填时间 t/s
1.0	0.010 ～ 0.014	5.0	0.048 ～ 0.072
1.5	0.014 ～ 0.020	6.0	0.056 ～ 0.064
2.0	0.018 ～ 0.024	7.0	0.066 ～ 0.100
2.5	0.022 ～ 0.032	8.0	0.076 ～ 0.116
3.0	0.028 ～ 0.040	9.0	0.088 ～ 0.138
3.5	0.034 ～ 0.050	10.0	0.100 ～ 0.160
4.0	0.040 ～ 0.060	—	—

（2）增压时间

增压时间是指金属液充型结束至增压压力形成所需的时间。就压铸工艺角度来说，增压时间越短越好。增压时间应根据压铸合金的凝固时间决定，尤其是内浇口的凝固时间，增压建压时间必须小于内浇口凝固的时间，否则金属液一旦凝固，压力将无法传递，即使增压也起不了压实作用。但增压时间是由压铸机压射系统性能决定的，不能任意调节，目前先进压铸机的增压时间已达到 0.01s 以内。

（3）持压时间

持压时间是金属液充满型腔至内浇口完全凝固，压射系统继续保持压力的时间。持压时间的长短决定于压铸件的合金性质和厚度。对高熔点合金，结晶温度范围宽，而且壁厚的压铸件持压时间要长，反之则短。持压时间不足易使铸件产生缩孔、缩松，若内浇道处的金属未完全凝固，撤了持压，由于压射冲头退回，未凝固的金属液可能被抽出，在内浇道近处出现孔洞。但持压时间不能太长，时间长会影响生产率。立式压铸机持压时间长，切除余料困难。

（4）留型时间

留型时间是指持压结束到开型顶出铸件的这段时间。留型时间的长短决定于铸件出型温度的高低。若留型时间太短，铸件出型温度太高，可能强度低，顶出时铸件易变形，铸件中存在的气体膨胀可能造成铸件表面鼓泡；但留型时间太长，铸件出型温度太低，收缩大可能产生开裂或抽芯，顶出阻力大，也会降低生产率。一般留型时间越短越好。

在压铸工艺参数中，压力、充填速度、温度和时间各参数既相互制约又相互呼应，在实践中应综合分析，合理选择或计算确定。

5.4　压铸件工艺设计

5.4.1　压铸件结构工艺性

① 尽量消除铸件内部侧凹，以方便压铸模制造。

② 可利用肋减小铸件壁厚或使壁厚均匀，以减少铸件气孔、缩孔或变形。

③ 尽量消除铸件上的深孔、深腔。

④ 设计的铸件要便于脱模、抽芯，减少模具上的活动块等。压铸件结构设计改进实例如表 5-13 所示。

表 5-13　压铸件结构设计改进实例

结构要求	不合理	合理	说明
消除内部侧凹	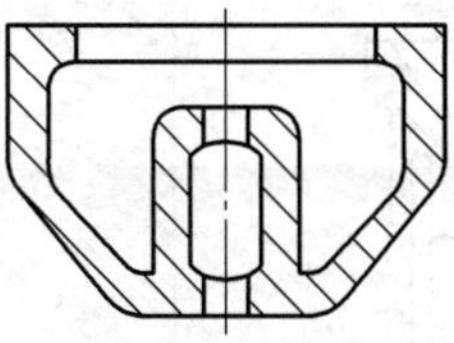	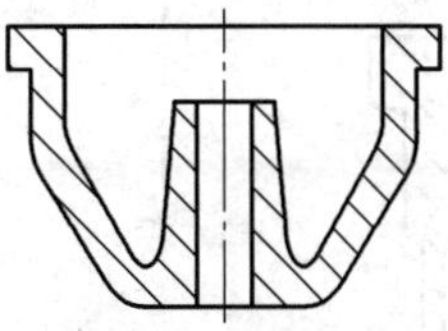	压铸模制造简单、方便
	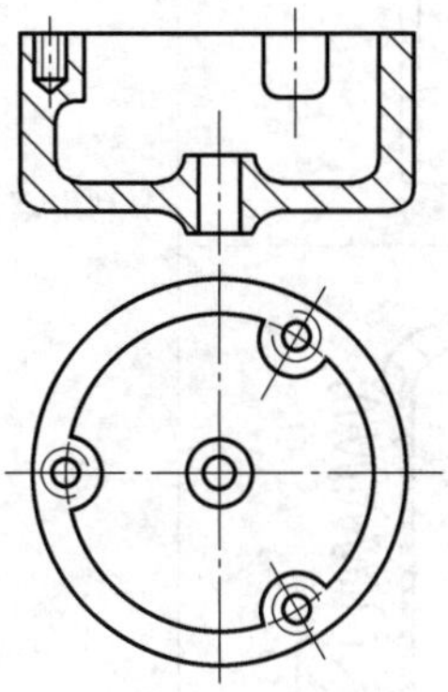	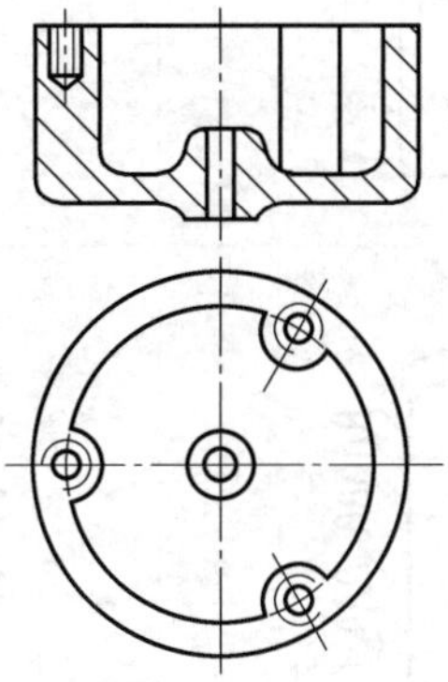	
	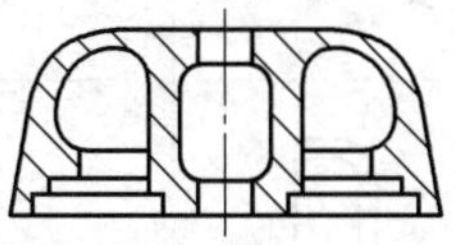	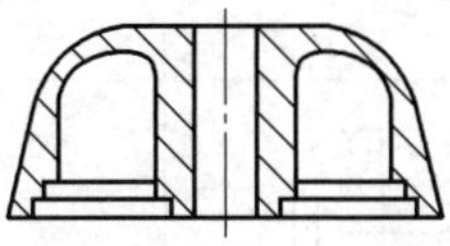	
改善壁厚，减少铸件气孔、缩孔或变形	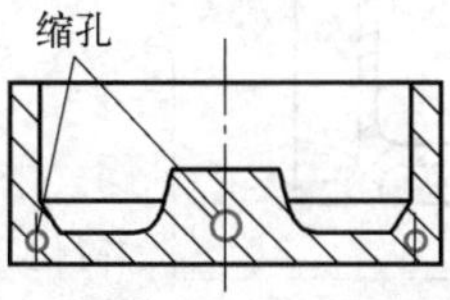 缩孔	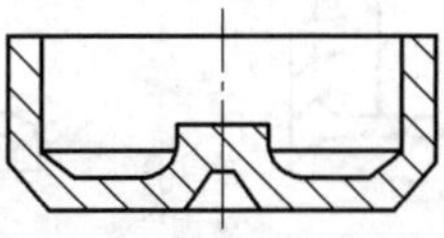	利用肋减少壁厚或使壁厚均匀，提高铸件致密性，减少气孔
	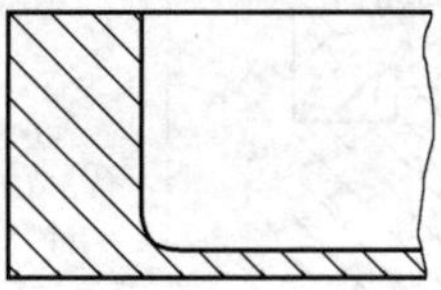	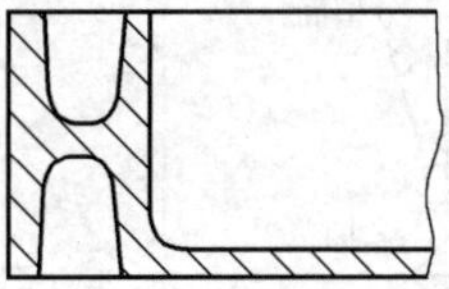	
	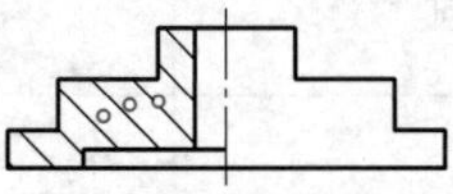	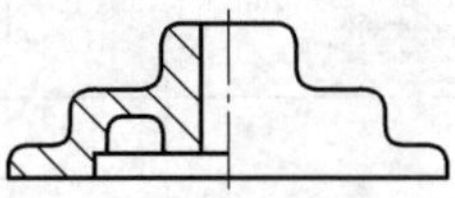	
	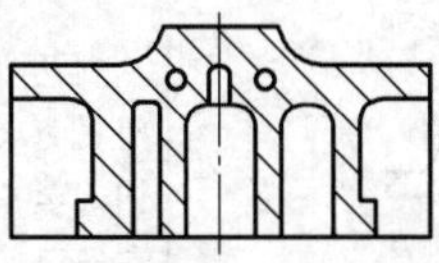	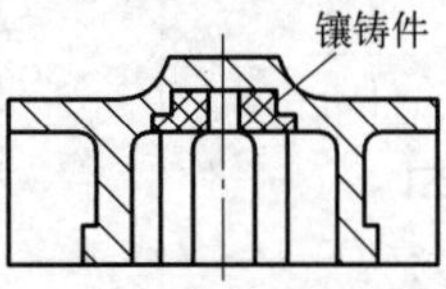 镶铸件	利用镶铸件消除厚截面
消除深腔	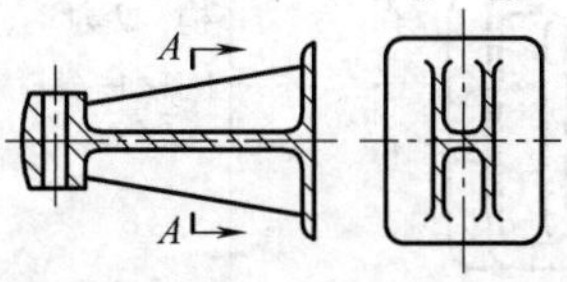 A—A A A	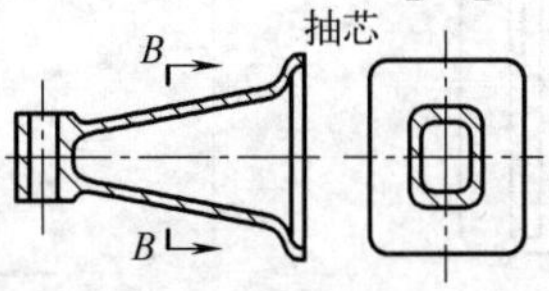 抽芯 B—B B B	利用肋，消除深腔，使铸件易脱模

续表

结构要求	不合理	合理	说明
消除深腔	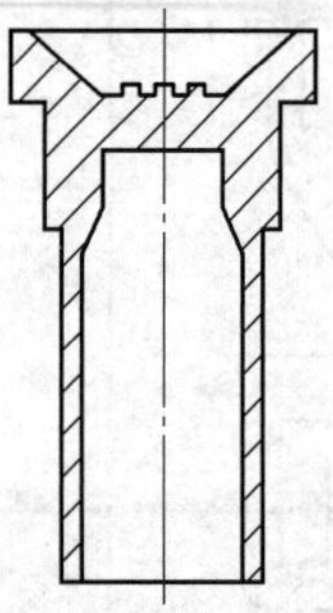	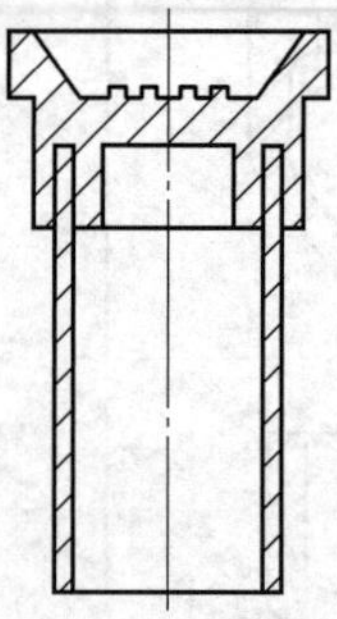	利用镶件消除深腔
	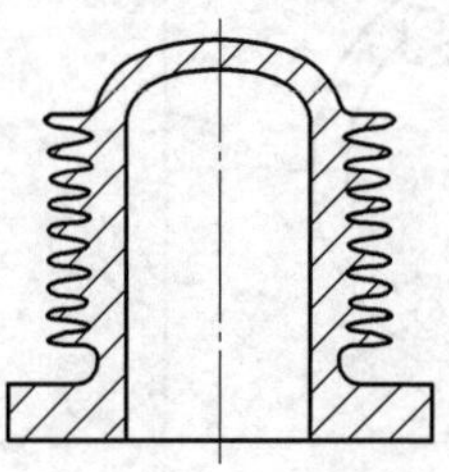	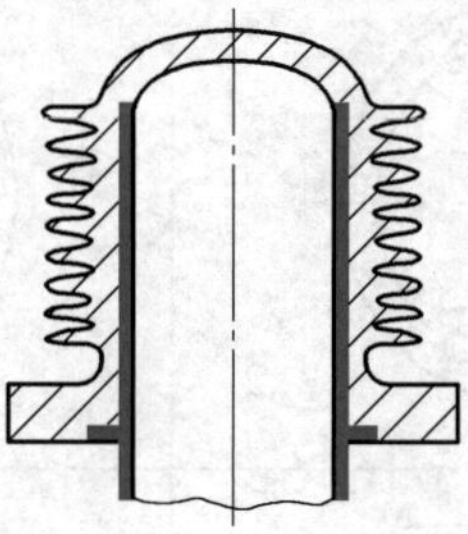	
减少抽芯	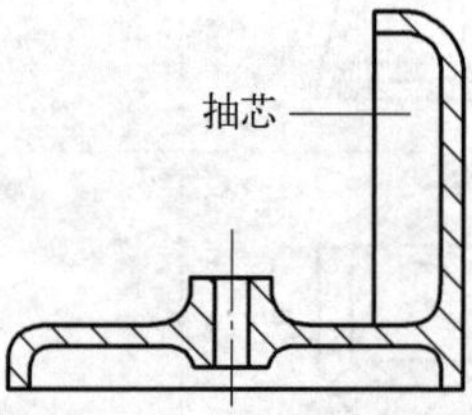 抽芯	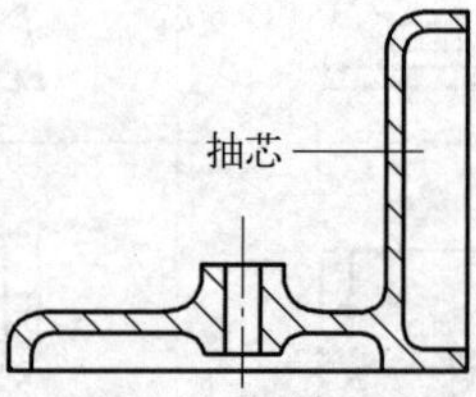 抽芯	简化压铸模制造，便于脱模
	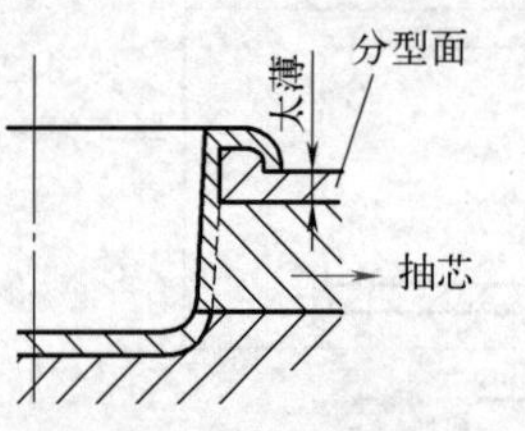 太薄 分型面 抽芯	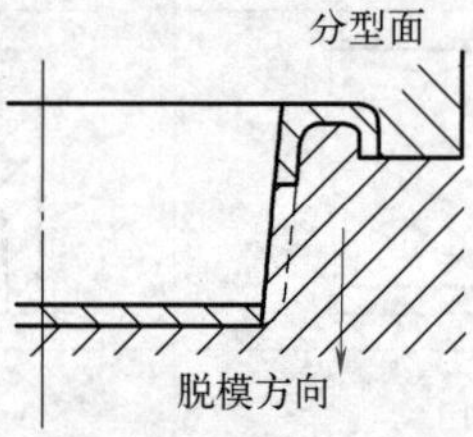 分型面 脱模方向	
	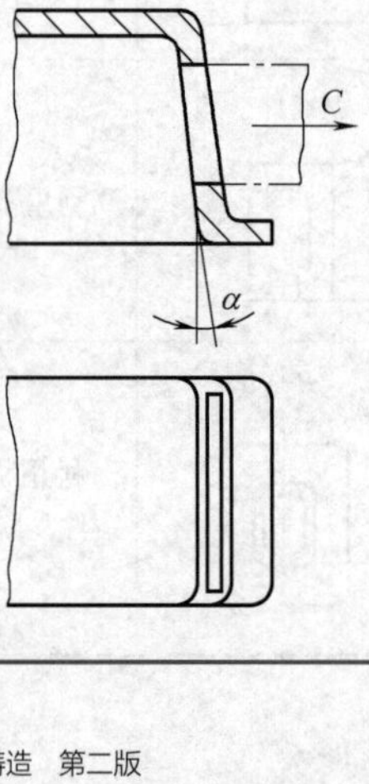 C α	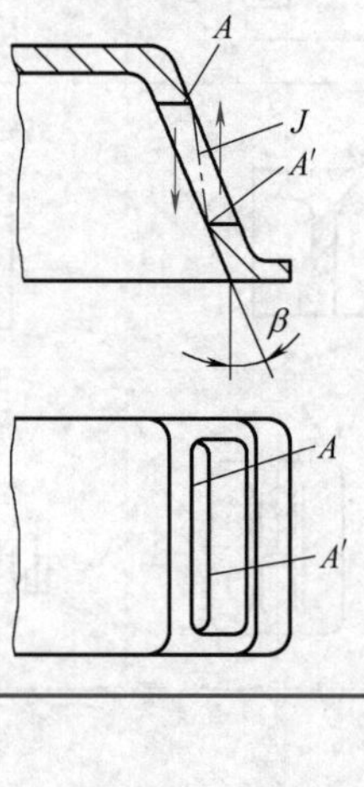 A J A' β A A'	斜度为α时，侧孔要采用抽芯C的方法；当斜度加大至β时，侧孔A端和A'端各自能在动模与定模的成形部分，则可省去抽芯结构，J为动、定模成形部分的接合线

续表

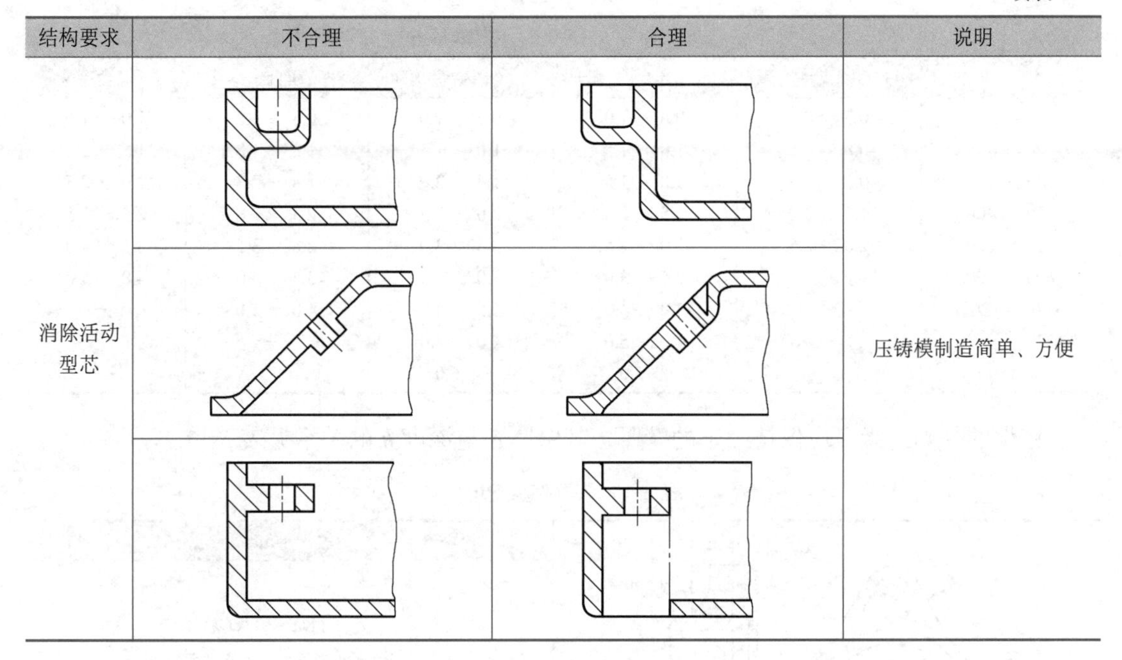

结构要求	不合理	合理	说明
消除活动型芯			压铸模制造简单、方便

5.4.2 壁厚和肋

（1）压铸件壁厚

不同壁厚的压铸件，其密度和强度是不一样的，如铝合金压铸件，其密度和强度见表 5-14，因此，压铸件设计时必须合理确定铸件壁厚，尽量使铸件壁厚均匀，消除尖角，不宜太薄或过厚。

表 5-14　不同壁厚时铝合金压铸件的密度和强度

铸件壁厚 /mm	密度 /（g/cm^3）	铸件壁厚 /mm	抗拉强度 /MPa
2	2.86	2	270.0
5	2.78	3	240.0
7	2.74	6.5 ～ 8.6	175.0

压铸件合理的壁厚见表 5-15，压铸件表面积相应的最小壁厚推荐值见表 5-16。

表 5-15　压铸件合理壁厚

	a/cm×b/cm	壁厚 s/mm			
		锌合金	铝合金	镁合金	铜合金
a　b　δ	≤ 25	0.8 ～ 4.5	1.0 ～ 4.5	1.0 ～ 4.5	1.5 ～ 4.5
	25 ～ 100	0.8 ～ 4.5	1.5 ～ 4.5	1.5 ～ 4.5	1.5 ～ 4.5
	100 ～ 400	1.5 ～ 4.5（6）	2.5 ～ 4.5（6）	2.5 ～ 4.5（6）	2.5 ～ 4.5（6）
	＞ 400	1.5 ～ 4.5（6）	2.5 ～ 4.5（6）	2.5 ～ 4.5（6）	2.5 ～ 4.5（6）

注：1. 在比较优越的条件下，合理壁厚范围可取括号内的数据。

2. 根据不同使用要求，压铸件壁厚可以增厚到 12mm。

表 5-16　推荐压铸件表面积相应的最小壁厚

压铸件表面积 /cm^2	最小壁厚 /mm				
	铅锡合金	锌合金	铝合金	镁合金	铜合金
≤ 25	0.5 ～ 0.9	0.6 ～ 1.0	0.7 ～ 1.0	0.8 ～ 1.2	1.0 ～ 1.5
25 ～ 100	0.8 ～ 1.5	1.0 ～ 1.5	1.0 ～ 1.5	1.2 ～ 1.8	1.5 ～ 2.0
100 ～ 250	0.8 ～ 1.5	1.0 ～ 1.5	1.5 ～ 2.0	1.8 ～ 2.3	2.0 ～ 2.5
250 ～ 400	1.5 ～ 2.0	1.5 ～ 2.0	2.0 ～ 2.5	2.3 ～ 2.8	2.5 ～ 3.5
400 ～ 600	2.0 ～ 2.5	2.0 ～ 2.5	2.5 ～ 3.0	2.8 ～ 3.5	3.5 ～ 4.0
600 ～ 900	—	2.5 ～ 3.0	3.0 ～ 3.5	3.5 ～ 4.0	4.0 ～ 5.0
900 ～ 1200	—	3.0 ～ 4.0	3.5 ～ 4.0	4.0 ～ 5.0	—
1200 ～ 1500	—	4.0 ～ 5.0	4.0 ～ 5.0	—	—
＞ 1500		＞ 5.0	＞ 6.0	—	—

铸件的外侧边缘，应保持一定的壁厚，其壁厚 δ 与深度 h 的关系见表 5-17。

表 5-17　铸件边缘壁厚

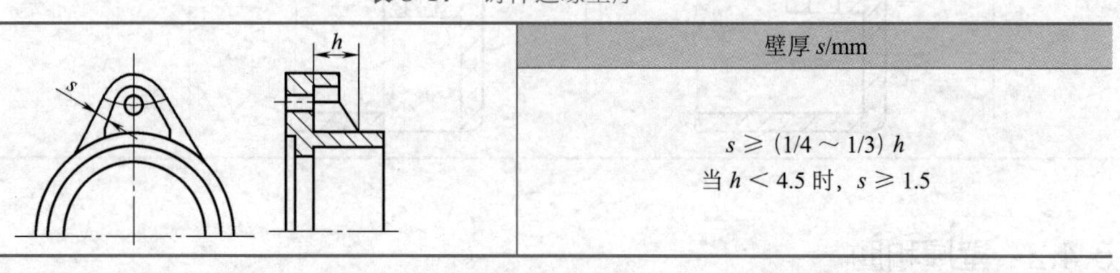

	壁厚 s/mm
	$s \geqslant (1/4 \sim 1/3)\ h$ 当 $h < 4.5$ 时，$s \geqslant 1.5$

（2）铸件的肋

设计肋的目的是增加零件的强度和刚性，同时改善压铸的工艺性，使金属的流路顺畅，消除因单纯依靠加大壁厚而过分聚集金属引起的气孔、裂纹和收缩缺陷。一般采用的肋结构与铸件壁厚的关系见表 5-18。

表 5-18　肋的结构与铸件壁厚的关系　单位：mm

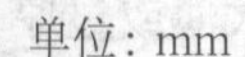

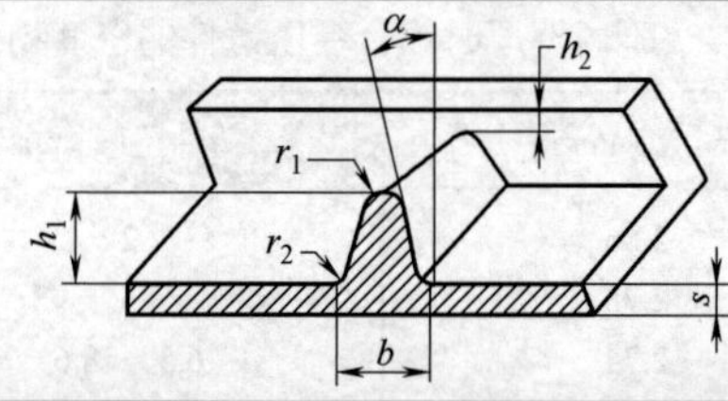

结构尺寸	说明
$b=(1.0 \sim 1.4)\ s$	b——肋的根部宽度
$h_1 \leqslant 5s$	s——铸件壁厚
$h_2 \geqslant 0.8\text{mm}$	h_1——肋的高度
$\alpha \leqslant 3^\circ$	h_2——肋端距离壁端高度
$r_1=(0.5b\cos\alpha - s\sin\alpha)\ /\ (1-\sin\alpha)$	α——斜度
$r_2=\frac{1}{3}(b+s) \sim \frac{2}{3}(b+s)$	r_1——外圆半径
	r_2——内圆半径

5.4.3　铸造圆角

在压铸件壁与壁的连接处，不论是直角，还是锐角或钝角，都应设计成圆角。只有当预计选定为分型面的部位上才不采用圆角连接，而是必须为尖角。采用圆角，不仅有利于金属液流动，便于成形，减少涡流，而且可以防止在尖角处产生应力集中，有利于保证铸件质量。对模具来说，可以消除尖角处的应力集中而延长使用寿命。铸造圆角半径的计算见表5-19。

表5-19 铸造圆角半径的计算　　单位：mm

两相连壁的厚度	图例	圆角半径	说明
相等壁厚		$r_{min}=Kh$ $r_{max}=h$ $R=r+h$	对锌合金铸件，K=1/4；对铝、镁、铜合金铸件，K=1/2
不同壁厚		$r \geqslant (h+h_1)/3$ $R=r+(h+h_1)/2$	

肋高度h_1、斜度α和圆角半径r_1的关系见表5-20。

表5-20 肋高度h_1、斜度α和圆角半径r_1的关系

h_1/mm	α	r_1/mm	h_1/mm	α	r_1/mm
≤20	3°	≤0.527b−0.05s	>30～40	2°	≤0.518b−0.36s
>20～30	2° 30′	≤0.522b−0.046s	>40～60	1° 30'	≤0.513b−0.027s

注：s为铸件壁厚；b为肋的根部宽度。

5.4.4 铸孔与铸槽

压铸工艺的特点之一是能直接铸出比较深的小孔，对一些精度要求不是很高的孔，可以不必再进行机械加工就能直接使用，从而节省了机械加工工时。铸孔最小孔径及孔径与孔深的关系见表5-21。

表5-21 铸孔最小孔径及孔径与孔深的关系　　单位：mm

合金	最小孔径d		深度为孔径d的倍数			
	经济上合理	技术上可能	不通孔		通孔	
			$d>5$	$d<5$	$d>5$	$d<5$
锌合金	1.5	0.8	6d	4d	12d	8d
铝合金	2.5	2.0	4d	3d	8d	6d
镁合金	2.0	1.5	5d	4d	10d	8d
铜合金	4.0	2.5	3d	2d	5d	3d

铸件上的螺纹孔常常是先压铸出符合要求的型芯孔，然后加工（多数是攻螺纹）制成螺纹孔。对于锌合金和铝合金铸件，也有的在预制的型芯孔中直接用螺钉拧装而省去攻螺纹的工序，这种预制孔的直径可按有关规定压铸出。铸造槽隙、槽深原则上可参考铸孔，但不能太大。其尺寸见表5-22。

表5-22 槽隙、槽深尺寸　　单位：mm

压铸合金类型	锌合金	铝合金	镁合金	铜合金
最小宽度b	0.8	1.2	1.0	1.5
最大深度H	12	10	12	10
厚度h	12	10	12	8

5.4.5 螺纹与齿轮

在一定的条件下，锌、铝、镁合金的铸件可以直接压铸出螺纹。压铸螺纹的表层具有耐磨和耐压的优点，故其尺寸精度、形状的完整性及表面粗糙度方面虽然比机械加工的稍差，但对一般用途的螺纹来说并无多大影响，因而还是被常常采用。可压铸的螺纹尺寸见表 5-23。

表 5-23 可压铸的螺纹尺寸　　单位：mm

合金	最小螺距	最小螺纹外径		最大螺纹长度（螺距的倍数）	
		外螺纹	内螺纹	外螺纹	内螺纹
锌合金	0.75	6	10	8	5
铝合金	1.0	10	20	6	4
镁合金	1.0	6	14	6	4
铜合金	1.5	12		6	

压铸齿轮的最小模数可按表 5-24 选取，对精度要求高的齿轮，齿面应留有 0.2 ～ 0.3mm 的加工余量。

表 5-24 压铸齿轮的最小模数　　单位：mm

压铸合金类型	锌合金	铝、镁合金	铜合金
最小模数 m	0.3	0.5	1.5

5.4.6 网纹及图案

在压铸件上可以压铸出各种凸纹、网纹、文字、标志和图案。通常压铸的网纹、文字、标志和图案都是凸体的，因为在模具上加工凹形的网纹、文字、标志和图案比较方便，铸件上的凸纹、网纹、文字、标志和图案均应避免尖角，笔画和图形亦应尽量简单，以便于模具加工和延长模具使用寿命。

压铸凸纹或直纹，其纹路一般应平行于脱模方向，并且有一定的起模斜度。推荐的凸纹与直纹的结构尺寸见表 5-25。

表 5-25 凸纹与直纹结构尺寸　　单位：mm

简图	零件直径 D	凸纹半径 R	凸纹节距 t	凸纹高度 h
	＜18	0.5 ～ 1.0	$5R$ ～ $6R$	$0.8R$
	18 ～ 50	0.8 ～ 4.0	$5R$	
	50 ～ 80	1.0 ～ 5.0	$5R$	
	80 ～ 120	2.0 ～ 6.0	$4R$ ～ $5R$	

续表

简图	零件直径 D	凸纹半径 R	凸纹节距 t	凸纹高度 h
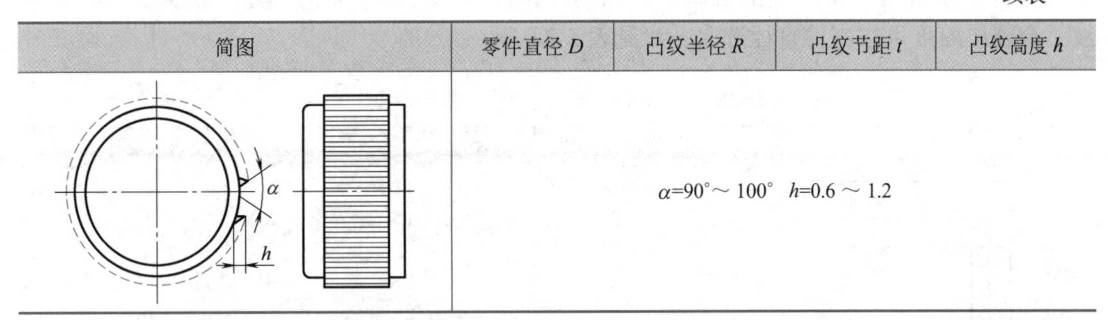	α=90°～100°　h=0.6～1.2			

压铸文字的大小一般不小于 GB/T 14691—1993 规定的五号字体。文字凸出高度应大于 0.3mm，线条宽度一般为凸出高度的 1.5 倍，常取 0.8mm，线条间最小距离为 0.3mm，起模斜度为 10°～15°。图案设计应力求简单。

5.4.7 嵌铸

把金属或非金属的零件（嵌件）先嵌放在压铸模内，再与压铸件铸合在一起。这样既可充分利用各种材料的性能（如强度、硬度、耐蚀性、耐磨性、导磁性、导电性等），以满足不同条件下使用的要求，又可弥补因铸件结构工艺性差而带来的缺点，以及解决具有特殊技术要求零件的压铸问题。

铸入的嵌件的形状很多，一般为螺杆（螺栓）、螺母、轴、套、管状制件、片状制件等。其材料多为铜、钢、纯铁和非金属材料，也有用性能高于铸件本体金属的，或者用具有特种性质的（如耐磨、导电、导磁、绝缘等）。

嵌件在铸件内必须稳固牢靠，故其铸入部分应制出直纹、斜纹、滚花、凹槽、凸起或其他结构，以增强嵌件与压铸合金的结合。嵌件的固定方法见表 5-26 和表 5-27。

表 5-26　轴类嵌件的固定方法

螺钉头	螺栓	开槽	凸台滚花	十字槽	十字头

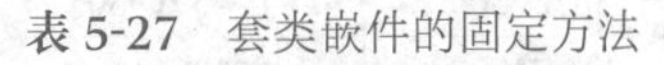

表 5-27　套类嵌件的固定方法

平槽	凸缘削平	六角环槽	尖锥销槽	滚花环槽

嵌件周围应有一定厚度的金属层，以提高铸件与嵌件的包紧力，并防止金属层产生裂纹，金属层厚度可按嵌件直径选取，参见表 5-28。

表 5-28　嵌件直径及周围金属层最小厚度　　单位：mm

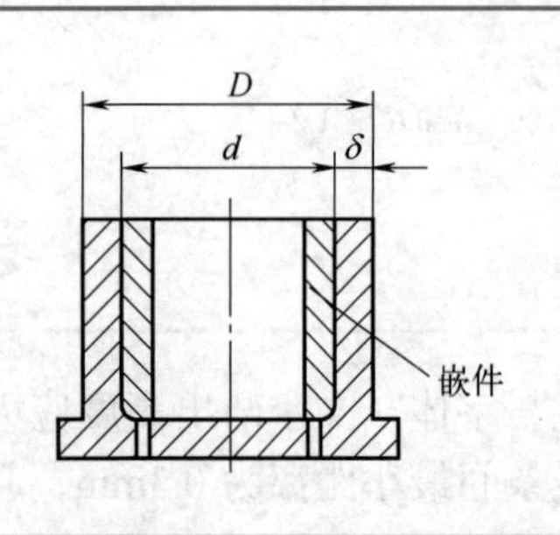

嵌件直径 d	周围金属层最小厚度 δ	周围金属层外径 D
1.0	1.0	3
3	1.5	6
5	2	9
8	2.5	13
11	2.5	16
13	3	19
16	3	22
18	3.5	25

嵌件包紧部分不允许有尖角，以免铸件发生开裂。设计铸件时，要考虑到嵌件在模具中的定位，要保证嵌件在受到金属液冲击时不脱落、不偏移。嵌件应有倒角，以利于安放并避免铸件裂纹。同一铸件上嵌件数不宜太多，以免压铸时因安放嵌件而降低生产率和影响正常工作循环。带嵌件的压铸件最好不要进行热处理和表面处理，以免嵌件在铸件中松动和产生腐蚀。嵌件在压铸前最好能镀以耐蚀性保护层，以防止嵌件与铸件本身产生电化学腐蚀。

5.4.8 铸造斜度

为了保证铸件能顺利地从压铸模型腔中取出，铸件最好设计有必要的铸造斜度。铸造斜度也称为起模斜度。

铸造斜度在 GB/T 8844—2017 中称为起模斜度，在 GB/T 13821—2009、GB/T 15114—2009、GB/T 15117—1994 中均称为铸造斜度。铸件无特殊要求时，内侧壁（承受铸件收缩力的侧面）的起模斜度见表 5-29（GB/T 8844—2017），对构成铸件外侧壁的起模斜度取表 5-29 中数值的二分之一。圆形孔的起模斜度见表 5-30（GB/T 8844—2017）。文字符号的起模斜度取 10°～ 15°。当图样中未注起模斜度方向时，按减少铸件壁厚方向制造。

表 5-29　铸件内侧壁的起模斜度

起模高度 /mm		≤ 3/＞ 3 ～ 6	＞ 6 ～ 10/ ＞ 10 ～ 18	＞ 18 ～ 30/ ＞ 30 ～ 50	＞ 50 ～ 80/ ＞ 80 ～ 120	＞ 120 ～ 180/ ＞ 180 ～ 250
起模斜度	锌合金	3° /2° 30′	2° /1° 15′	1° 15′/1°	0° 45′/0° 30′	0° 30′/0° 15′
	镁合金	4° /3° 30′	3° /2° 15′	1° 30′/1° 15′	1° /0° 45′	0° 30′/0° 30′
	铝合金	5° 30′/4° 30′	3° 30′/2° 30′	1° 45′/1° 30′	1° 15′/1°	0° 45′/0° 30′
	铜合金	6° 30′/5° 30′	4° /3°	2° /1° 45′	1° 30′/1° 15′	1° /—

表 5-30　圆形孔的起模斜度

起模高度 /mm		≤ 3/＞ 3 ～ 6	＞ 6 ～ 10/ ＞ 10 ～ 18	＞ 18 ～ 30/ ＞ 30 ～ 50	＞ 50 ～ 80/ ＞ 80 ～ 120	＞ 120 ～ 180/ ＞ 180 ～ 250
起模斜度	锌合金	2° 30′/2°	1° 30′/1° 15′	1° /0° 45′	0° 30′/0° 30′	0° 20′/0° 15′
	镁合金	3° 30′/3°	2° /1° 45′	1° 30′/1°	0° 45′/0° 45′	0° 30′/0° 30′
	铝合金	4° /3° 30′	2° 30′/2°	1° 45′/1° 15′	0° /0° 45′	0° 35′/0° 30′
	铜合金	5° /4°	3° /2° 30′	2° /1° 30′	0° 15′/1°	—

各类合金铸件的最小铸造斜度见表 5-31。

表 5-31　最小铸造斜度

合金种类	锌合金	镁、铝合金	铜合金
铸件内腔	0° 20′	0° 30′	0° 45′
铸件外壁	0° 10′	0° 15′	0° 30′

5.4.9　加工余量

因压铸件表面层很细密，所以要尽力减少铸件的加工余量，能不机械加工的地方，最好不要加工。压铸件的加工余量见表 5-32。

表 5-32　压铸件加工余量（RMA）（GB/T 6414—2017）　　单位：mm

铸件基本尺寸	要求的机械加工等级		
	B	C	D
＜40	0.1	0.2	0.3
40 ～ 63	0.2	0.3	0.3
63 ～ 100	0.3	0.4	0.5
100 ～ 160	0.4	0.5	0.8
160 ～ 250	0.5	0.7	1.0
250 ～ 400	0.7	0.9	1.3
400 ～ 630	0.8	1.1	1.5
630 ～ 1000	0.9	1.2	1.8
1000 ～ 1600	1.0	1.4	2.0
1600 ～ 2500	1.1	1.6	2.2
2500 ～ 4000	1.3	1.8	2.5

5.5　分型面的确定

5.5.1　分型面的形式

分型面是动模和定模的分界面。分型面的形式与位置对整个压铸模具结构有重要影响。分型面确定后，压铸模具的基本结构随之确定。分型面有以下几种形式：平直分型面、倾斜分型面、阶梯分型面、曲面分型面等，如图 5-11 所示，图中箭头表示分型方向。对于复杂

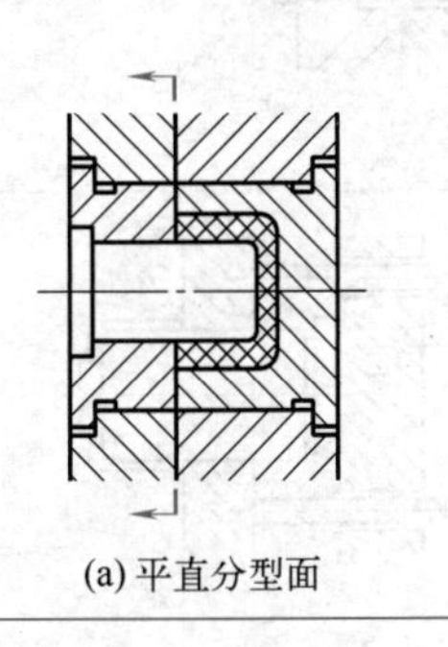

(a) 平直分型面

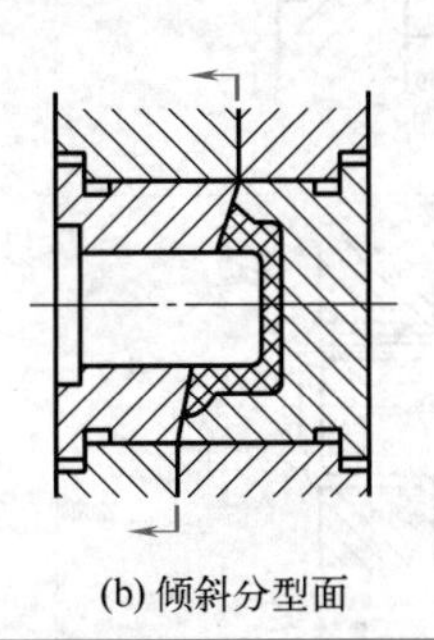

(b) 倾斜分型面

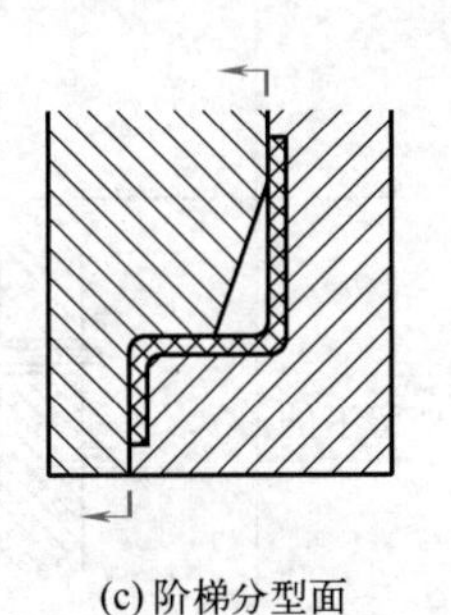

(c) 阶梯分型面

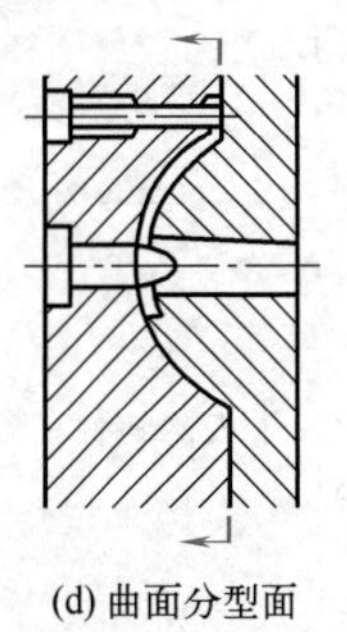

(d) 曲面分型面

图 5-11　分型面的基本形式

压铸件，还有双分型面、三分型面及复合分型面等结构。由于压铸件结构千差万别，分型面形式也多种多样。

5.5.2 分型面的确定原则

确定分型面时需考虑以下几点：

① 浇注系统的布置及内浇道的位置和方向；

② 定模与动模各自所包含的成形部分；

③ 排气条件的优劣；

④ 铸件几何形状及起模斜度的方向；

⑤ 成形部分零件的镶拼方法；

⑥ 铸件尺寸的精度；

⑦ 生产时模具清理工作和清理效果；

⑧ 铸件表面美观和修整工作。

5.5.3 分型面的选择

分型面的选择见表 5-33。

表 5-33 分型面的选择

原则	不合理	合理
便于分型和取出铸件，分型面选在外轮廓尺寸最大的断面处	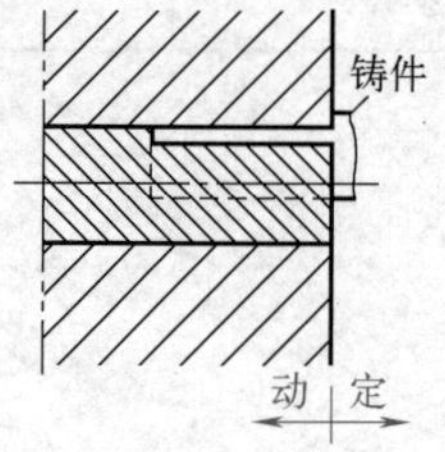 铸件 动 定	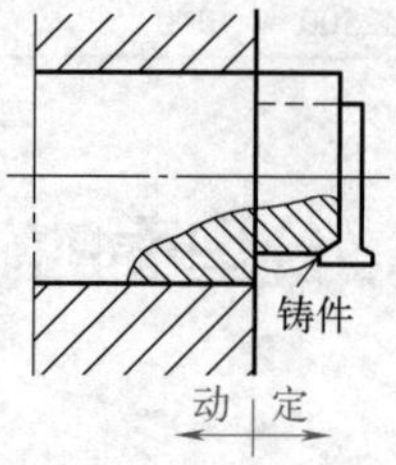 铸件 动 定
开模后应使铸件留在动模内，故铸件包紧力较大部分应放在动模部分	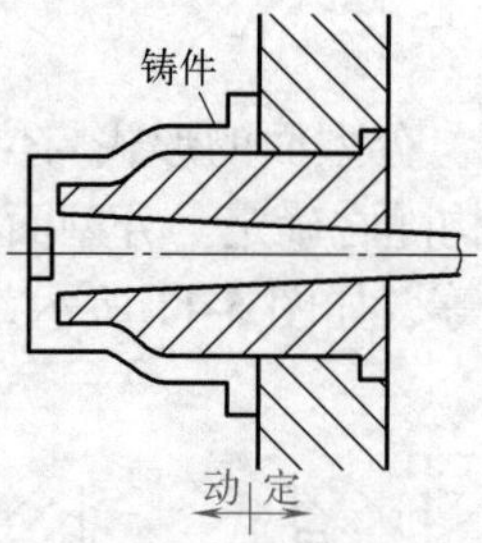 铸件 动 定	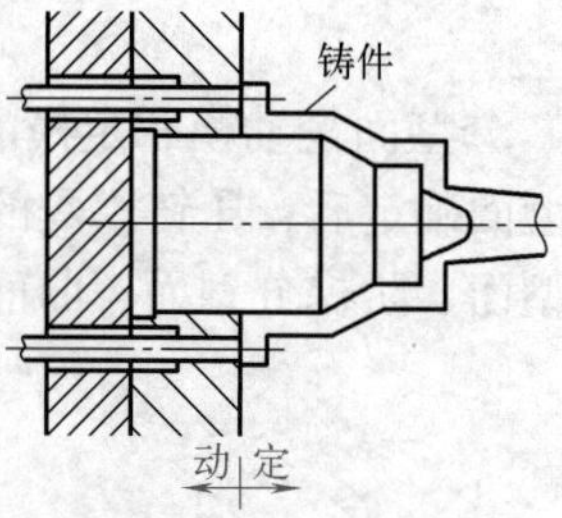 铸件 动 定
应便于去除铸件在分型面处留下的痕迹	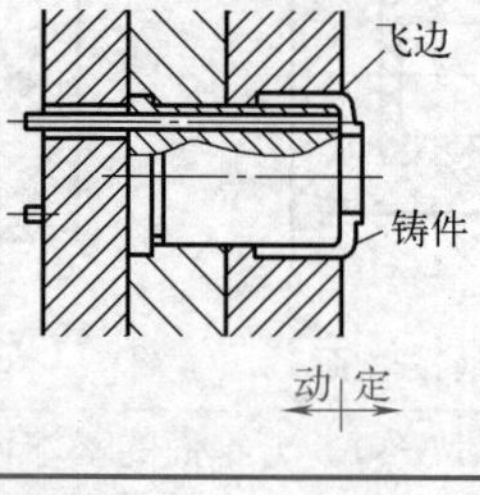 飞边 铸件 动 定	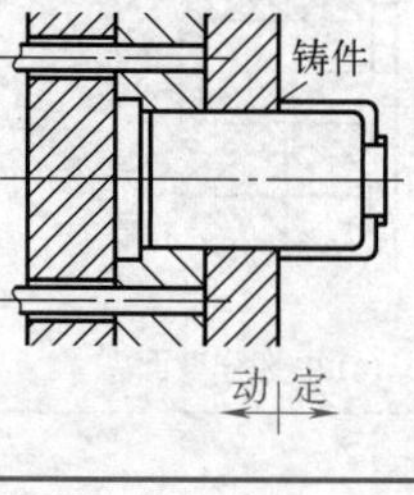 铸件 动 定

续表

原则	不合理	合理
保证铸件的精度，要求同心度高的表面放在同一半模内	铸件 动 定	铸件 动 定
使型腔有良好的排气条件，分型面设在金属流动的末端	铸件 动 定	铸件 动 定
尽量减少对抽芯机构的压力	铸件 动 定	铸件 动 定
清理模具容易	铸件 动 定	铸件 动 定
使模具制造简单，尽量采用平直分型面	铸件 动 定	铸件 动 定

5.6 浇注系统设计

5.6.1 设计原则

浇注系统的设计原则见表 5-34。

表 5-34　浇注系统的设计原则

原则	不合理	合理
金属液进入型腔后不要立即封闭分型面	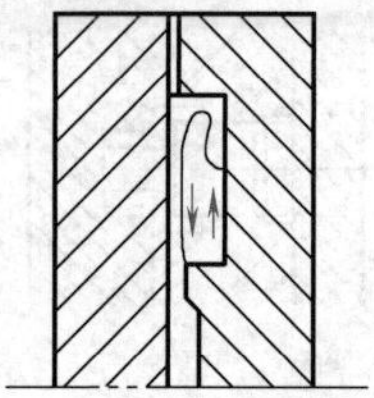	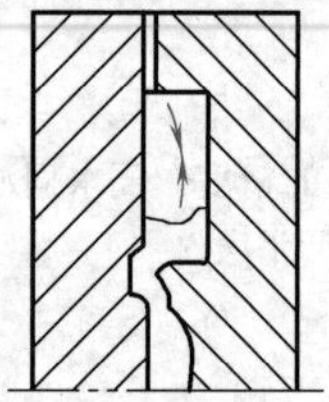
尽量避免金属液正面冲击型芯或型壁，以防止模具局部过热引起粘附金属和磨损	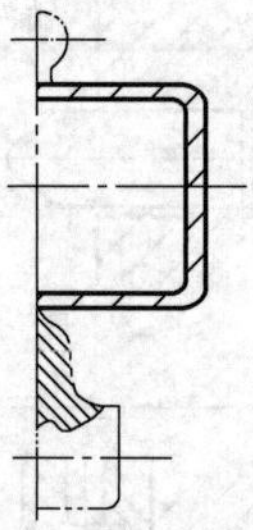	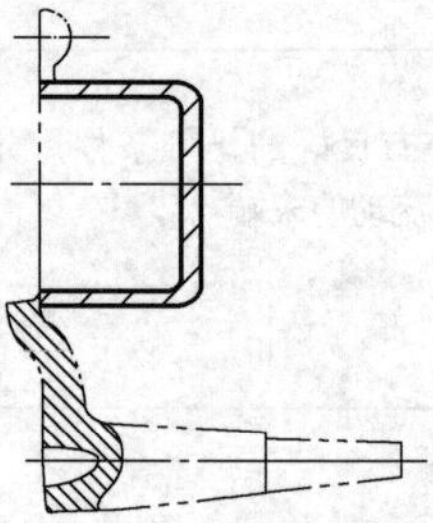
尽量采用单个内浇道，不要用多个内浇道，以免多股金属流发生撞击，产生包气	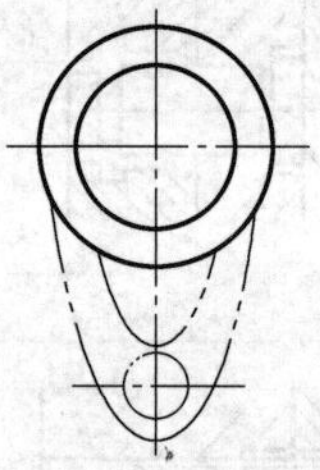	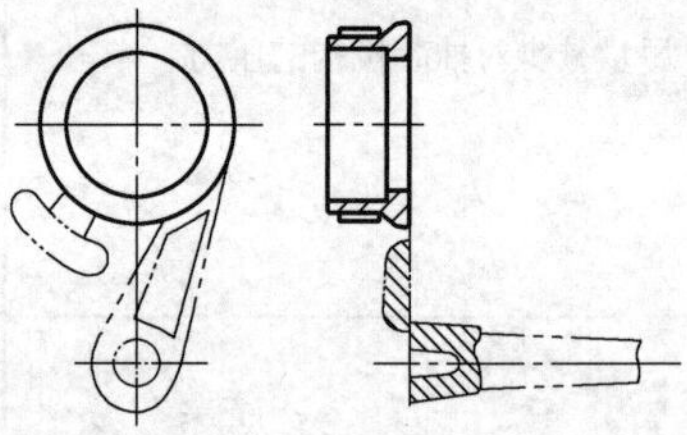
尽量减少金属液流动动能的损失，因此流程要短，弯折次数少	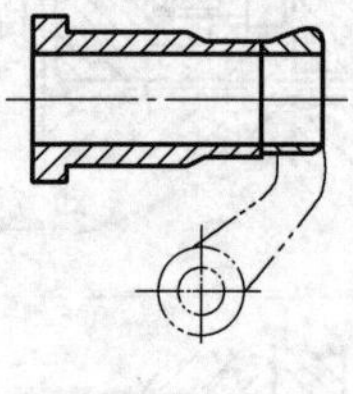	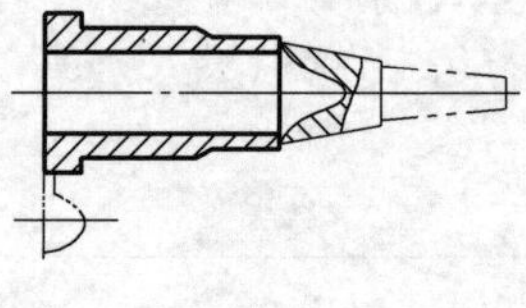
内浇道应设置在铸件壁厚部位，以传递最终静压力和补缩	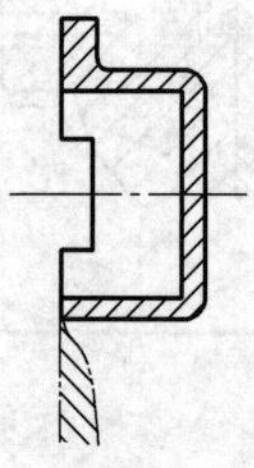	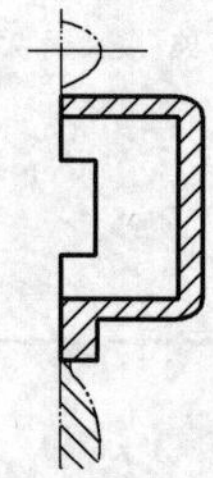
勿使内浇道的布置造成铸件的收缩变形	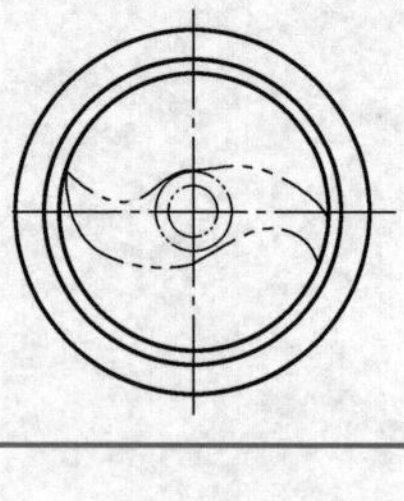	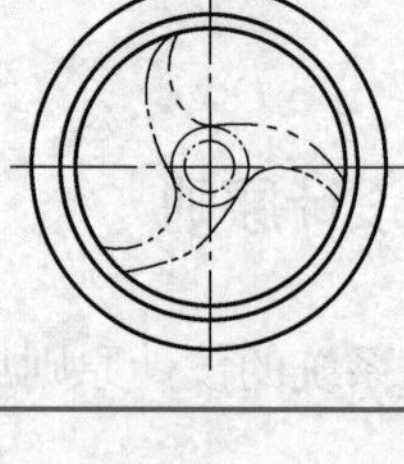

续表

原则	不合理	合理
从铸件上去除内浇道要容易或设置在待加工表面上	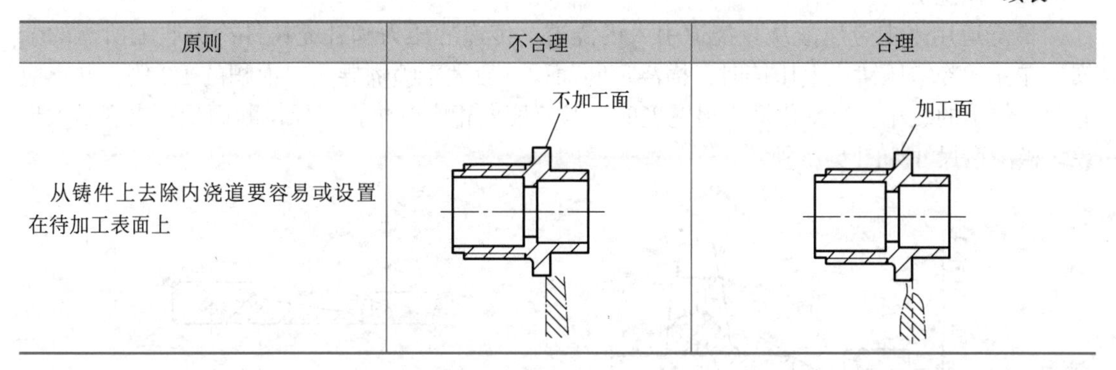 不加工面	加工面

5.6.2 浇注系统的组成

（1）直浇道

① 立式压铸机的直浇道由喷嘴、浇口套和分流锥构成。分流锥用来承受金属液的冲击和调节直浇道的断面积，保证金属液的填充速度。各部分尺寸关系如图 5-12 所示。喷嘴的导入口直径（d_0），一般取压室直径（d）的 $\frac{1}{8} \sim \frac{1}{5}$。

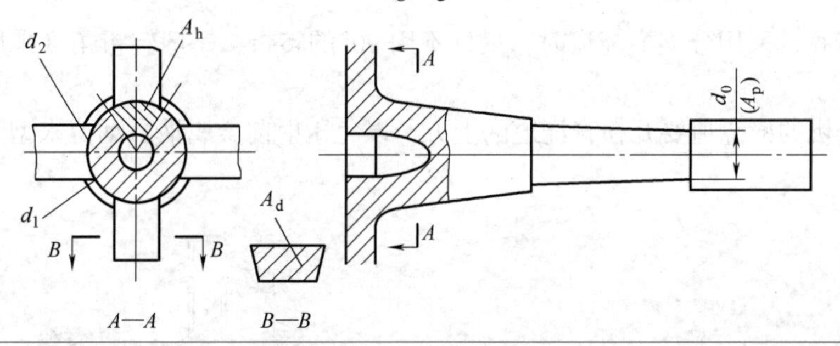

图 5-12　立式压铸机直浇道尺寸

直浇道环形面积与喷嘴导入口断面积的关系见式（5-11）、式（5-12）。

$$\frac{\pi}{4}\left(d_1^2-d_2^2\right)=(1.1\sim1.3)\frac{\pi d_0^2}{4} \quad (5\text{-}11)$$

$$\frac{d_1-d_2}{2}\geqslant 3 \quad (5\text{-}12)$$

② 卧式压铸机的直浇道由浇口套和分流锥构成。浇口套的内径即为直浇道直径。由于压铸机的压射力是一定的（或可作几级调整），所以它的直径决定了压射金属的比压并影响流动速度和填充时间。当铸件壁薄，形状简单，要求较小的比压时，应选择较大的直径；当铸件壁厚，形状复杂，要求较大比压时，应选择较小的直径。各部位尺寸关系如图 5-13 所示。

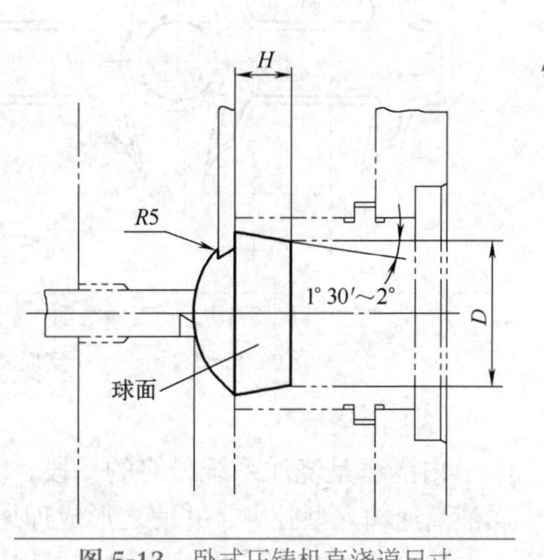

图 5-13　卧式压铸机直浇道尺寸

（2）横浇道

横浇道用来把金属液从直浇道引入内浇道，传递静压力和补充铸件冷凝收缩所需的金属。在立式冷室压铸机上压铸时，横浇道断面积一般大于喷嘴导入口面积的 1.2 倍，并不应有忽大忽小的变化。当变化横浇道宽度时，其厚度做相应变化，以保持断面积不出现增大现象。横浇道尺寸如图 5-14 所示。

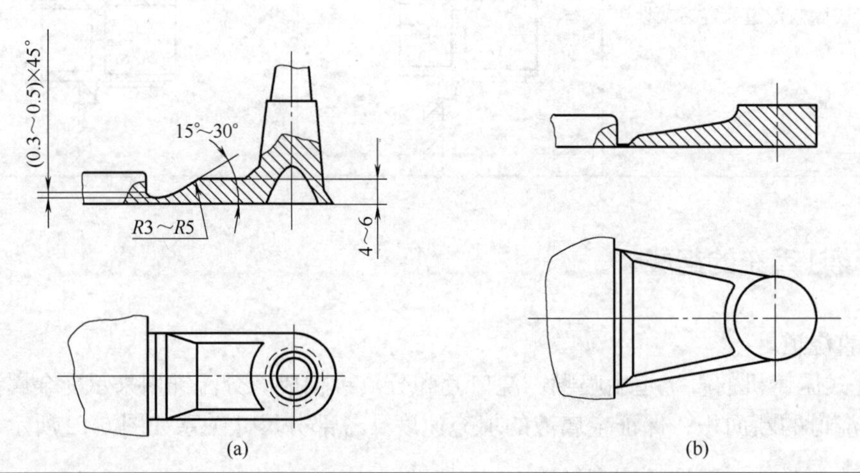

图 5-14　横浇道尺寸

当一模多腔，采用分支横浇道时，最好不用 90° 的转折，一般转折角度采用 80° ～ 85°，如图 5-15 所示。

卧式压铸机的横浇道要开在直浇道的上方，以免压射前金属液自动流入型腔，如图 5-16 所示。

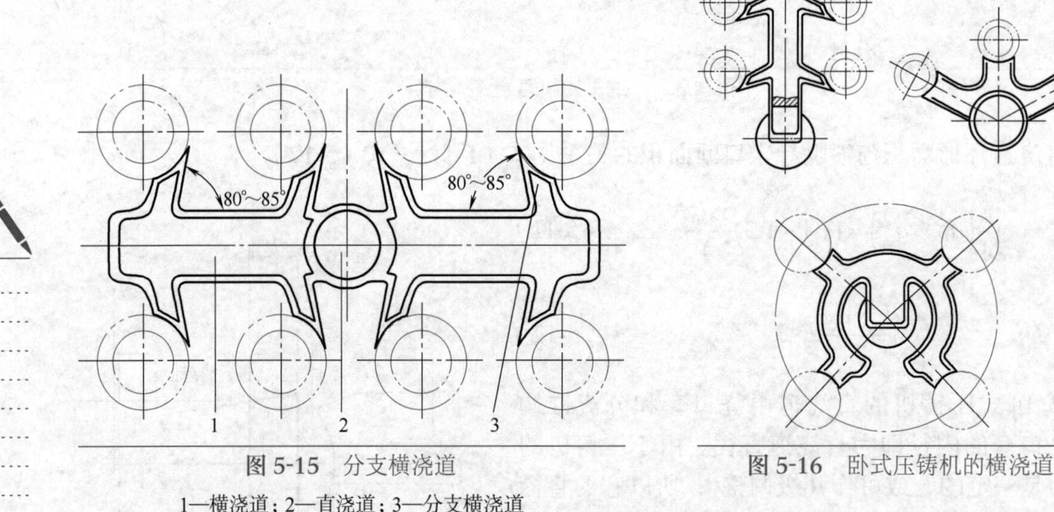

图 5-15　分支横浇道

1—横浇道；2—直浇道；3—分支横浇道

图 5-16　卧式压铸机的横浇道

（3）内浇道

内浇道是浇注系统最终的一段，直接与型腔相通。它的作用是使横浇道输送的低速金属液高速输入型腔中，并使之形成理想的流态而顺序地填充至型腔。

内浇道的位置、形状和大小可以决定金属液的流速、流向和流态，对铸件质量有直接关系。薄的内浇道，金属液流速高，对填充薄壁和形状复杂零件有利，能获得外形清晰的铸件。但过薄会使金属液呈喷雾状高速流入型腔，与空气混合在一起，金属液滴与型腔接触后很快地凝固，在铸件表面形成麻点和气泡，并由于冲刷型面，容易和型腔产生粘附现象；内浇道增厚，金属液流入速度相对降低，有利于排除型腔中的气体及传递静压力，使铸件结晶致密，表面光洁。但内浇道过厚会使流速过分降低，延长填充时间，金属液温度下降，使之与型腔接触表面形成硬皮，造成铸件轮廓不清晰，成形不良，并给切除浇注系统增加困难。

① 内浇道断面积的计算：这种计算方法是使金属液以一定的速度和在预定的时间内充满型腔而得来的，见式（5-13）

$$F_{内}=\frac{Q}{\rho vT} \tag{5-13}$$

式中 $F_{内}$——内浇道面积，mm^2；

Q——铸件质量，g；

ρ——液态金属的密度，（$g\cdot cm^{-3}$），见表 5-35；

v——内浇道处金属液的流速，（m/s），见表 5-36；

T——填充型腔时间，s，不同壁厚不同材料的铸件均不一样，为了计算方便，可参考表 5-37。

表 5-35 液态金属密度值

合金种类	铅合金	锡合金	锌合金	铝合金	镁合金	铜合金
ρ/（$g\cdot cm^{-3}$）	8 ～ 10	6.6 ～ 7.3	6.4	2.4	1.65	7.5

表 5-36 不同情况下的流速值

比压 /（$kgf\cdot cm^{-2}$）①	壁厚 /mm		
	1 ～ 4	4 ～ 8	＞ 8
	流速 v/（m/s）		
＜ 200	56	45	34
＞ 200 ～ 400	37.5	30	22.5
＞ 400 ～ 600	18.75	15	11.25
＞ 600 ～ 800	15	12	9
＞ 800 ～ 1000	11.25	9	6.75
＞ 1000	7.5	6	4.5

① $1kgf\cdot cm^{-2}$=0.0980665MPa；1kgf=9.80665N。

表 5-37 不同情况下的填充型腔时间

合金种类	铸件壁厚均匀	铸件壁厚不均匀
	时间 T/s	
铅合金、锡合金	0.072	0.108
锌合金	0.060	0.090
铝合金	0.054	0.081
镁合金、铜合金	0.048	0.054

② 内浇道厚度，可参考表 5-38 选用。

表 5-38　内浇道厚度

铸件壁厚 /mm	0.6 ～ 1.5		1.5 ～ 3		3 ～ 6		＞ 6
合金种类	复杂件	简单件	复杂件	简单件	复杂件	简单件	厚度百分比 /%
	内浇道厚度 /mm						
锌合金	0.4 ～ 0.8	0.4 ～ 1.0	0.6 ～ 1.2	0.8 ～ 1.5	1.0 ～ 2.0	1.5 ～ 2.0	20 ～ 40
铝合金	0.6 ～ 1.0	0.6 ～ 1.2	0.8 ～ 1.5	1.0 ～ 1.8	1.5 ～ 2.5	1.8 ～ 3.0	40 ～ 60
镁合金	0.6 ～ 1.0	0.6 ～ 1.2	0.8 ～ 1.5	1.0 ～ 1.8	1.5 ～ 2.5	1.8 ～ 3.0	40 ～ 60
铜合金		0.8 ～ 1.2	1.0 ～ 1.8	1.0 ～ 2.0	1.8 ～ 3.0	2.0 ～ 4.0	40 ～ 60

③ 内浇道宽度。内浇道宽度，可根据断面积和厚度求得。但内浇道宽度对填充状态有影响，适当的宽度便于排气并可避免涡流产生。对于形状简单的铸件可参考图 5-17 所示。

④ 内浇道长度。内浇道长度，一般取 2 ～ 3mm。过长会使金属液流阻力加大，压力不易传递；过短会发生喷溅现象，使内浇道处磨损加快。为了在去除浇注系统时不致损伤铸件本体，在内浇道与型腔连接处制成（0.3 ～ 0.5）×45º 的倒角，如图 5-14 所示。

（4）点浇注系统

点浇注系统适用于外形对称、壁厚均匀、高度不大、顶部无孔的罩壳类铸件。点浇注系统是顶浇注系统的一种特殊形式，它克服了顶浇注系统存在的缺点，金属液以高速沿整个型腔均匀充填。点浇注系统的结构如图 5-18 所示。

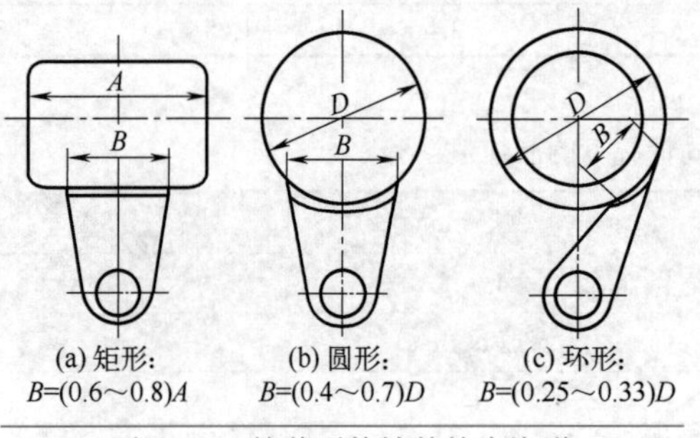

图 5-17　简单形状铸件的内浇道

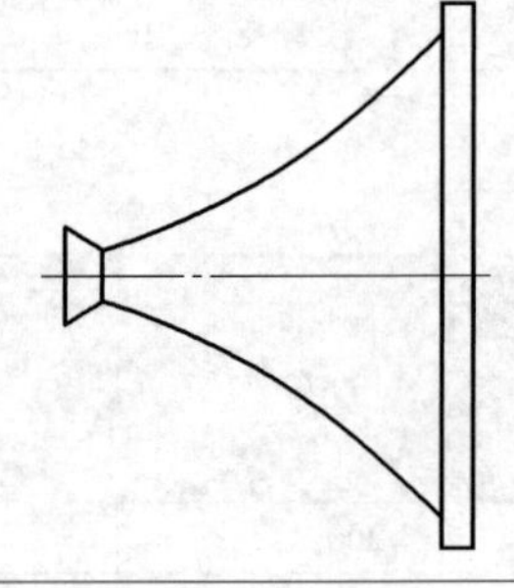

图 5-18　点浇注系统的结构

点浇注系统的直径很小，多为 3mm 左右，铸件顶面增大，其直径应相应增加。点浇注系统直径的选择见表 5-39。

表 5-39　点浇注系统直径的选择

铸件投影面积 F/cm²		≤ 80	＞ 80 ～ 150	＞ 150 ～ 300	＞ 300 ～ 500	＞ 500 ～ 750	＞ 750 ～ 1000
直径 d /mm	简单铸件	2.8	3.0	3.2	3.5	4.0	5.0
	中等复杂铸件	3.0	3.2	3.5	4.0	5.0	6.5
	复杂铸件	3.2	3.5	4.0	5.0	6.0	7.5

注：表中数值适用于铸件壁厚在 2.0 ～ 3.5mm 范围内的铸件

点浇注系统其他部分尺寸的选择见表 5-40。

典型铸件点浇注系统设计示例如图 5-19 所示。

表 5-40 点浇注系统其他部分尺寸的选择

直径 d/mm	< 4	< 6	< 8
厚度 h/mm	3	4	5
出口角度 α/ (°)	50 ～ 90		
进口角度 β/ (°)	45 ～ 60		
圆弧半径 R/mm	30		

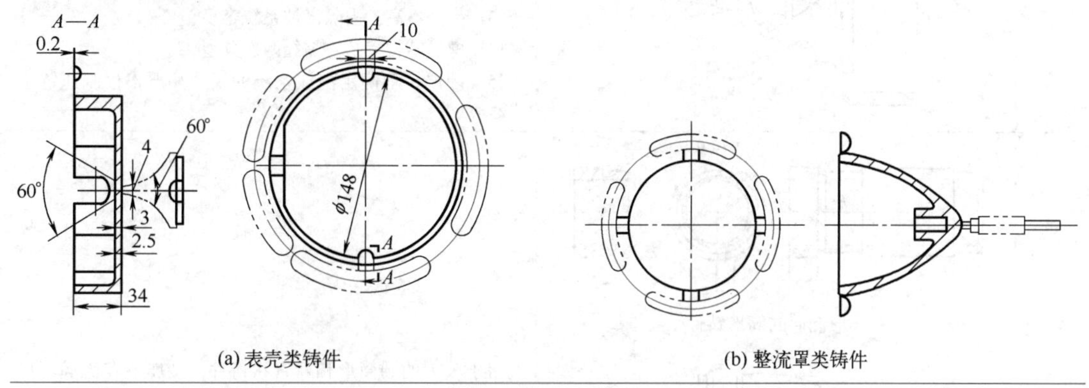

(a) 表壳类铸件　　(b) 整流罩类铸件

图 5-19 典型铸件的点浇注系统

5.6.3 浇注系统的种类及特点

浇注系统的种类及特点见表 5-41。

表 5-41 浇注系统的种类及特点

种类	图例	特点
中心浇注系统	立式压铸机采用中心浇注系统的铸件；卧式压铸机采用中心浇注系统的铸件	当铸件的中心处有足够大的通孔时，可在中心设置分流锥和浇注系统，特点是： (1) 金属液流程短； (2) 不增加或很少增加铸件的投影面积； (3) 便于排除深腔部位的气体； (4) 有利于模具热平衡； (5) 模具外形尺寸小； (6) 机器受力均衡
侧浇注系统		浇注系统设置在铸件的侧面，是应用最广泛的一种，特点是： (1) 对铸件的流入部位适应性强，从铸件的外部或内侧流入，适用于各种形状的铸件； (2) 可用于一模多腔； (3) 去除浇注系统比较容易
顶浇注系统		直接在铸件顶部开设浇注系统，它的浇注系统只有直浇道一个单元，用于较大壳体类零件，其顶部没有通孔，不能设置分流锥的铸件。其特点除具备中心浇注系统的优点外，还有如下缺点： (1) 金属液直冲型芯，使型芯容易龟裂和粘附金属； (2) 铸件与浇注系统相连部位很厚实，容易形成缩孔； (3) 去除浇注系统较困难

续表

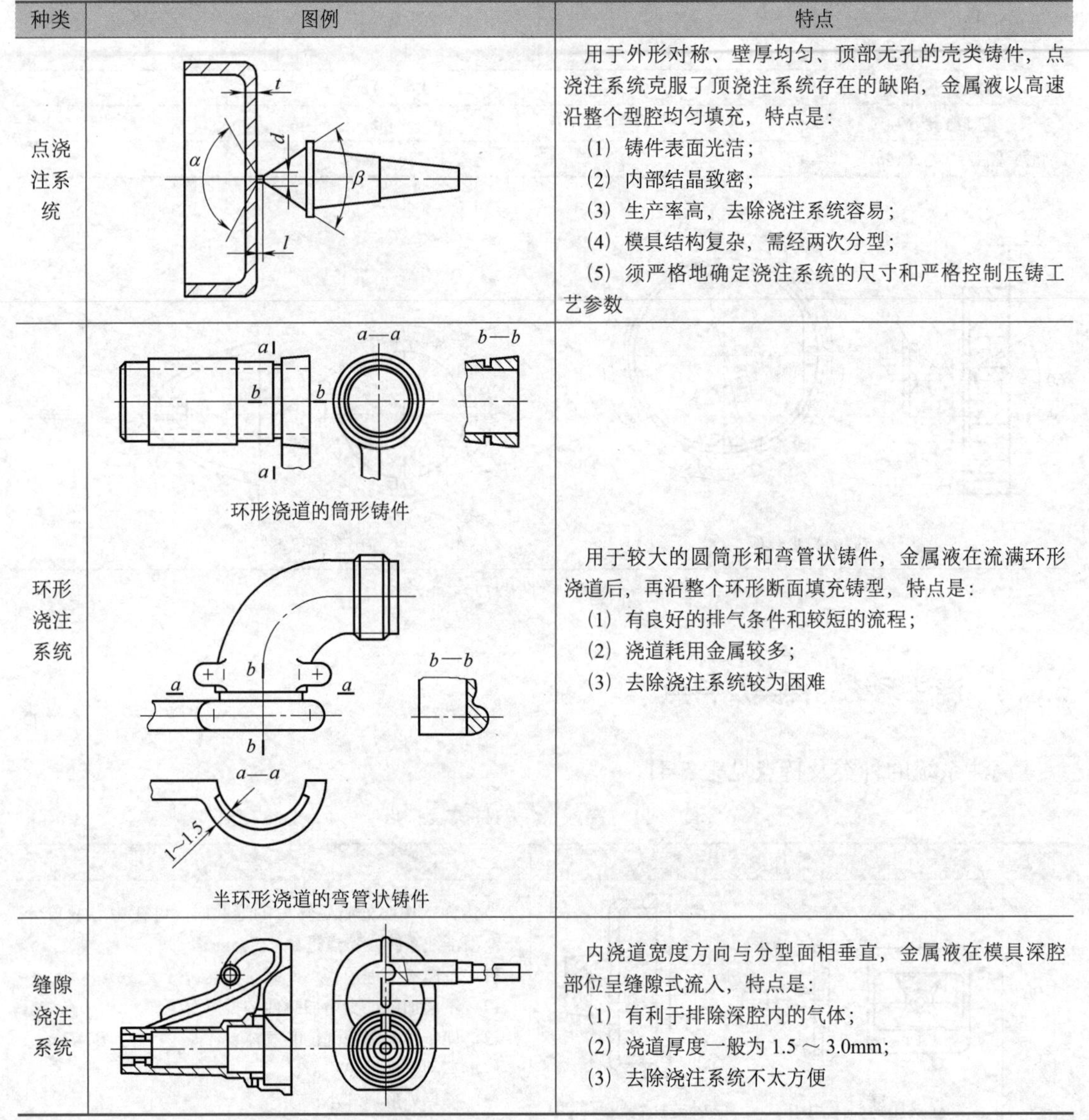

种类	图例	特点
点浇注系统		用于外形对称、壁厚均匀、顶部无孔的壳类铸件，点浇注系统克服了顶浇注系统存在的缺陷，金属液以高速沿整个型腔均匀填充，特点是： （1）铸件表面光洁； （2）内部结晶致密； （3）生产率高，去除浇注系统容易； （4）模具结构复杂，需经两次分型； （5）须严格地确定浇注系统的尺寸和严格控制压铸工艺参数
环形浇注系统	环形浇道的筒形铸件 半环形浇道的弯管状铸件	用于较大的圆筒形和弯管状铸件，金属液在流满环形浇道后，再沿整个环形断面填充铸型，特点是： （1）有良好的排气条件和较短的流程； （2）浇道耗用金属较多； （3）去除浇注系统较为困难
缝隙浇注系统		内浇道宽度方向与分型面相垂直，金属液在模具深腔部位呈缝隙式流入，特点是： （1）有利于排除深腔内的气体； （2）浇道厚度一般为 1.5 ～ 3.0mm； （3）去除浇注系统不太方便

5.6.4 溢流槽

为了排除和减少铸件内的残渣和气孔，在设计浇注系统的同时，应考虑设置溢流槽。

（1）溢流槽的作用

① 容纳最先进入型腔的冷金属液和混于其中的气体、残渣，消除铸件的冷隔、气孔和夹渣；

② 提高模具的局部温度，以达到模具的热平衡；

③ 增加薄壁铸件的强度，防止脱模时变形；

④ 溢流槽下面设置顶杆，使铸件表面没有顶杆痕迹；

⑤ 可作为加工基准和装夹的定位部位。

（2）溢流槽的设计要点（表 5-42）

表 5-42　溢流槽的设计要点

<table>
<tr><th>设计要点</th><th>图例</th></tr>
<tr><td rowspan="4">使溢流槽容纳最先进入型腔的冷金属液和混于其中的气体、残渣，以利于消除铸件的气孔、冷隔和夹渣等缺陷</td><td> 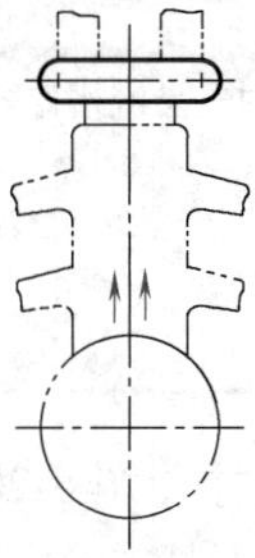设在金属液最先冲击的部位</td></tr>
<tr><td> 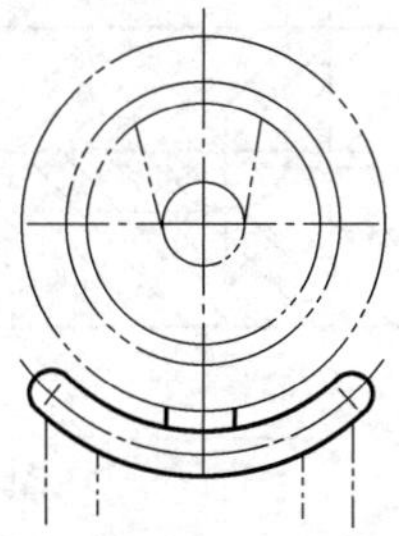设在两股金属液的汇合处</td></tr>
<tr><td> 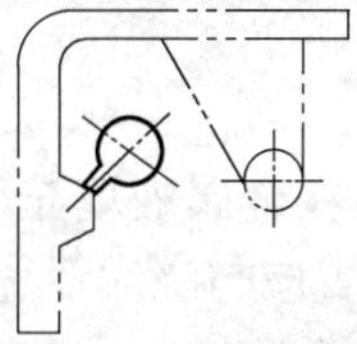设在铸件较厚、容易形成涡流的部位</td></tr>
<tr><td> 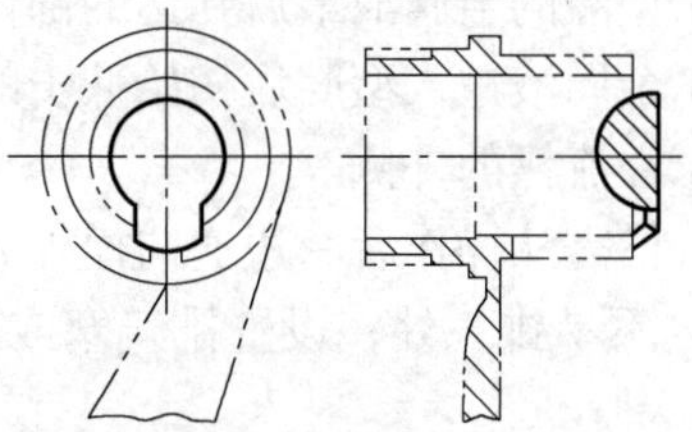设在铸件最后成形部位</td></tr>
<tr><td>在型腔温度较低部位开设溢流槽，用以达到模具的热平衡</td><td rowspan="2"> 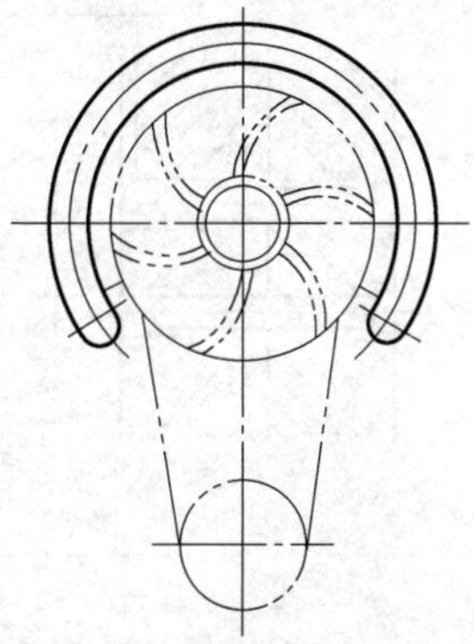</td></tr>
<tr><td>防止薄壁铸件脱模时变形，开设溢流槽增加铸件的刚性</td></tr>
</table>

续表

设计要点	图例
铸件表面不允许设置顶杆时，溢流槽作为铸件脱模的顶动部位	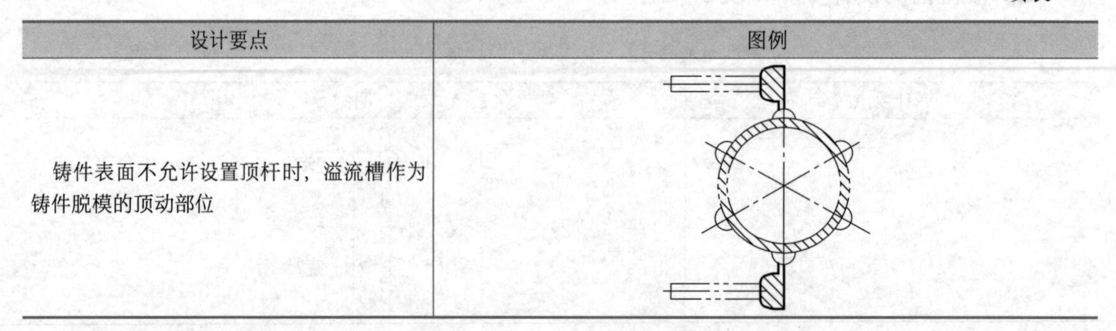

（3）常用溢流槽尺寸（图 5-20）

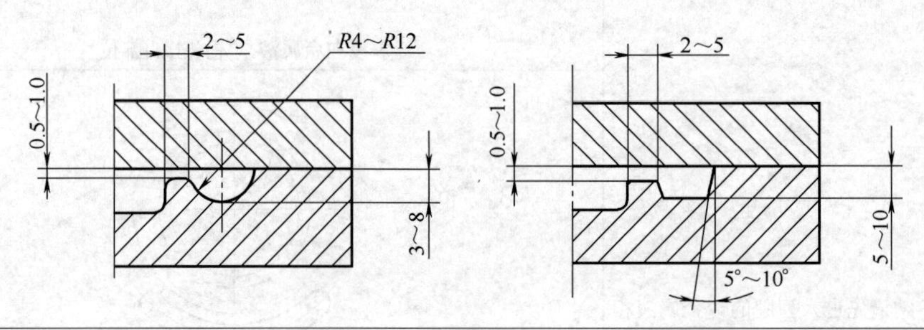

图 5-20　常用溢流槽尺寸

5.6.5　排气槽

排气槽的作用是在金属液填充型腔过程中，使气体排出型腔而不留在铸件内。排气槽的布置和溢流槽的设置应与浇注系统的设计总体考虑。

（1）排气槽的设计要点

① 设置于型腔的金属液最后到达的部位。

② 设置于金属液进入型腔后初始冲击的部位。

③ 设置于溢流槽的外侧。

④ 如排气槽需从操作者一边通向模外时，必须在排出口处设有防护板。

⑤ 深腔内不易排气处，设置排气塞或利用型芯、顶杆的配合间隙排除气体，如图 5-21 所示。

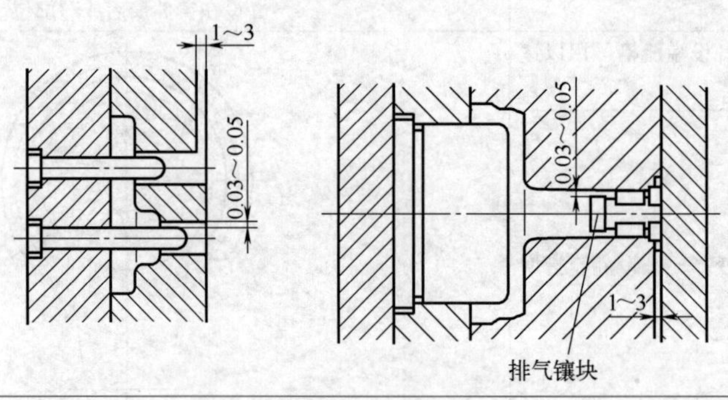

图 5-21　排气槽

⑥ 排气槽应做成曲折形，防止金属液溅出。

⑦ 排气槽尽量分布在分型面上，不影响铸件的脱模。

（2）排气槽尺寸（见图 5-22、表 5-43）

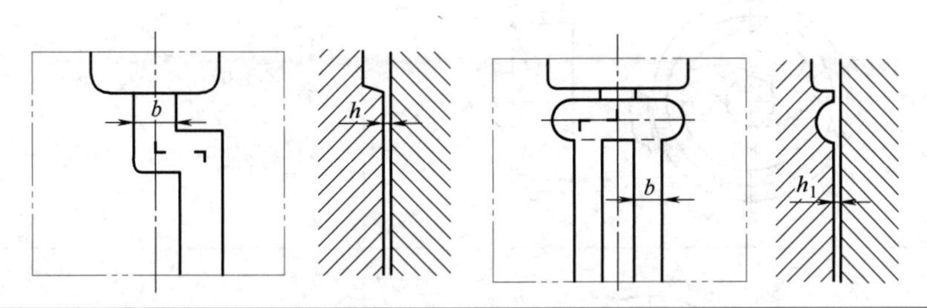

图 5-22　排气槽尺寸

表 5-43　排气槽尺寸

合金种类	h	h_1	b
锌合金	0.05 ～ 0.08	＜ 0.1	6 ～ 20
铝合金、镁合金	0.08 ～ 0.10	＜ 0.15	6 ～ 20
铜合金	0.10 ～ 0.15	＜ 0.20	6 ～ 20

排气槽断面积的总和最好大于内浇道断面的一半，排气槽在分型面上所占面积不得大于整个分型面的一半。

5.6.6　充填位置的选择

压铸件的充填位置和液流方向是决定铸件质量的重要因素。各类铸件的充填位置图例见表 5-44。

表 5-44　铸件充填位置图例

铸件类型	填充流态图例	说明
圆形		内浇道宽度 B=0.6D（铸件直径）
		内浇道从中间向上扩散导入，内浇道宽度随孔深之增加而减小，一般 B= (0.4 ～ 0.6) D

续表

铸件类型	填充流态图例	说明
	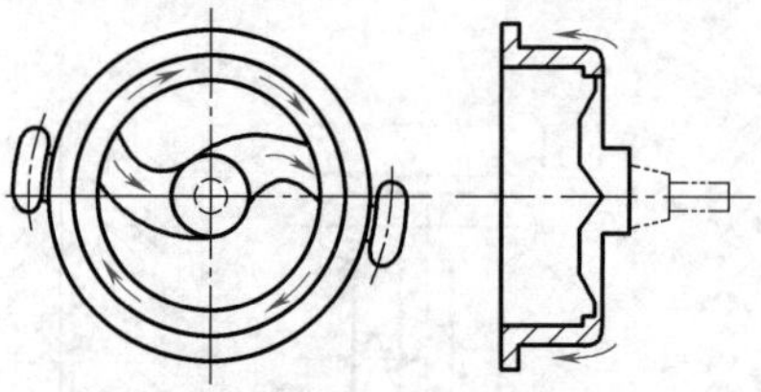	(1) 铸件中间孔大，有条件设置浇注系统； (2) 金属液从型腔深入流向分型面，有利于排气； (3) 有利于热平衡
大圆环形	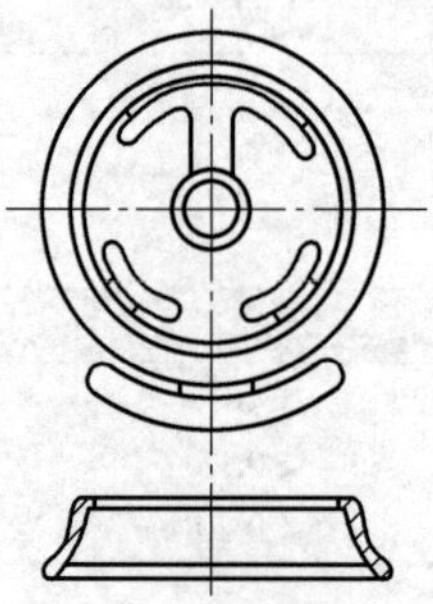	具有很小的内浇道断面积，最易冷却，能获得高的生产率
	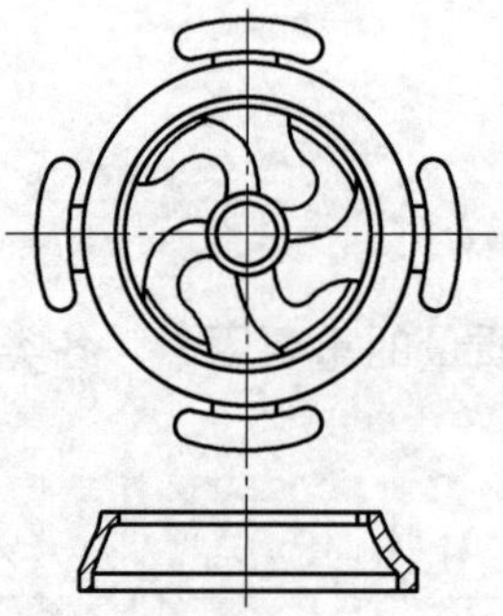	从切线方向导入金属
小圆环形	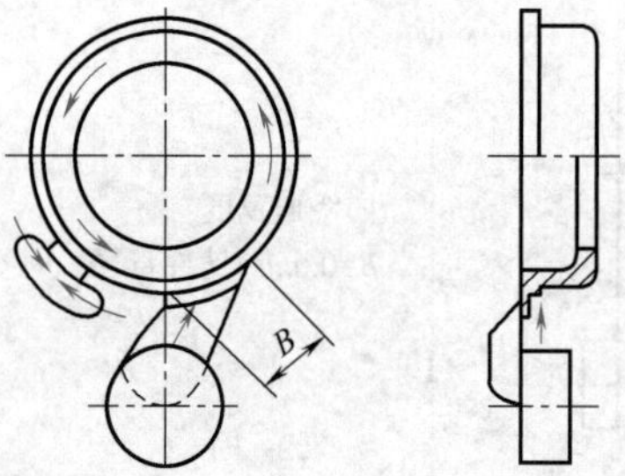	金属液沿型芯切线方向导入，内浇道宽度 $B=(0.25\sim0.30)D$，金属液顺型腔周缘顺序充填
带肋的圆形	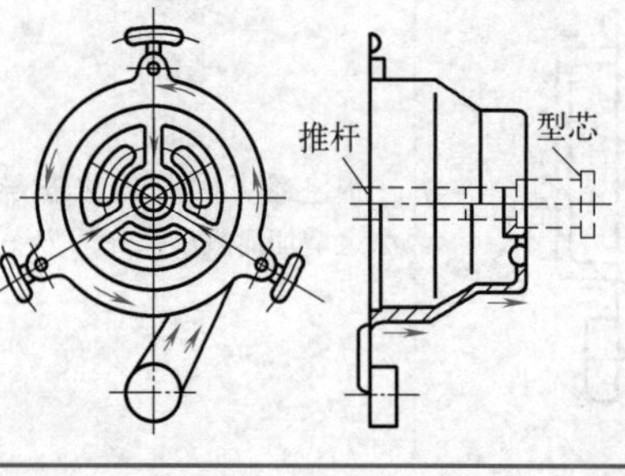	采用上旋式外切线内浇道，使金属液充满底部型腔后，再由肋条流入凸台

续表

铸件类型	填充流态图例	说明
带肋的圆形	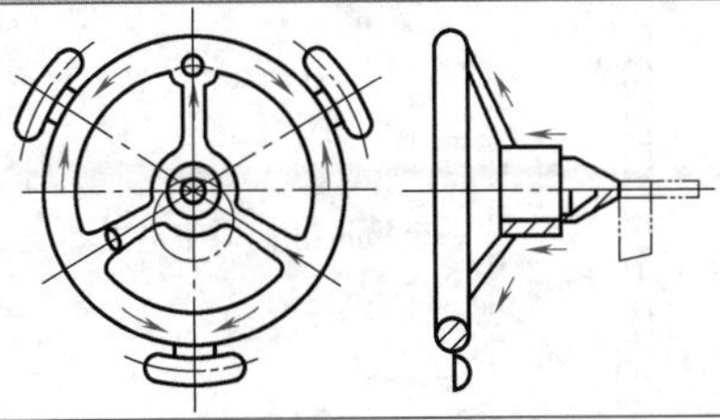	金属液由三条肋条流入
矩圆筒形	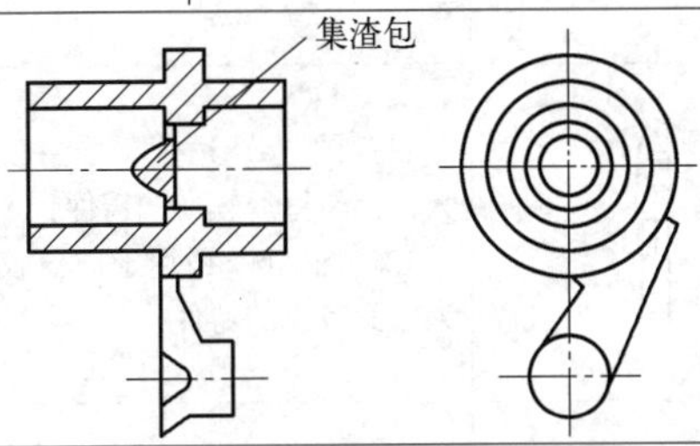 集渣包	流程短
	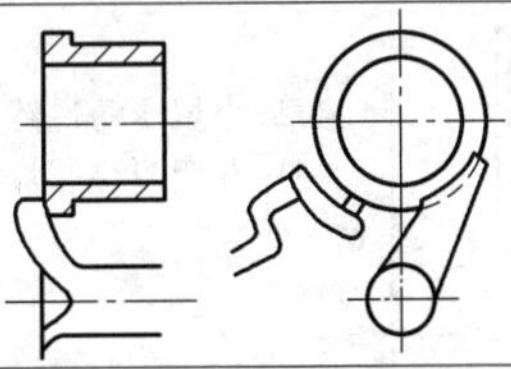	排气、排渣顺利
高圆盖形	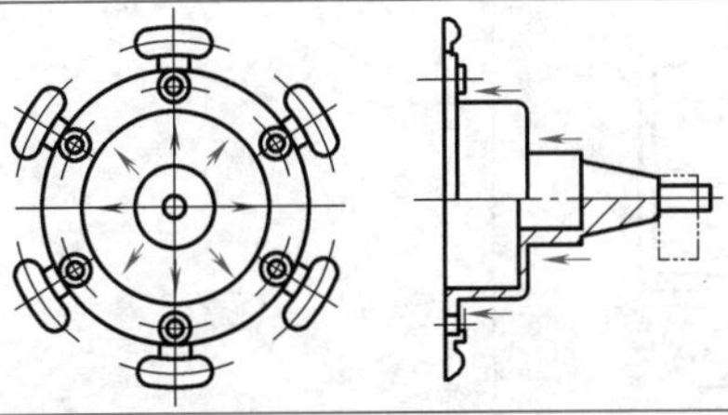	(1) 金属液从中间深腔端部导入，排气好； (2) 四周溢流槽为聚集各小型芯汇合来的不良金属液用
螺纹类	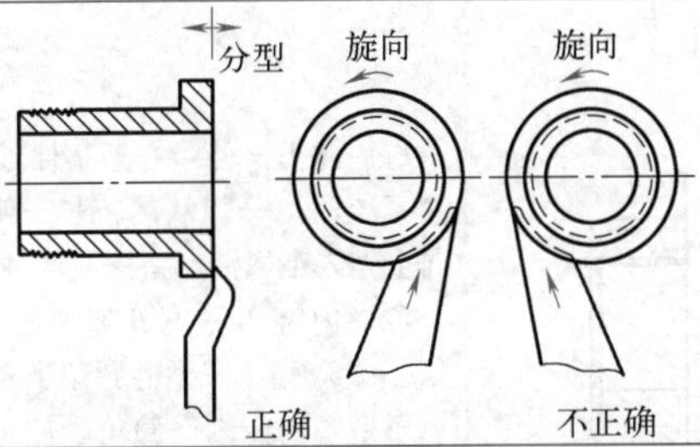 分型　旋向　旋向	(1) 金属液顺着螺纹旋向或顺着齿形导入，否则流路不顺，压不光； (2) 便于去掉内浇道，使用广泛
长管形	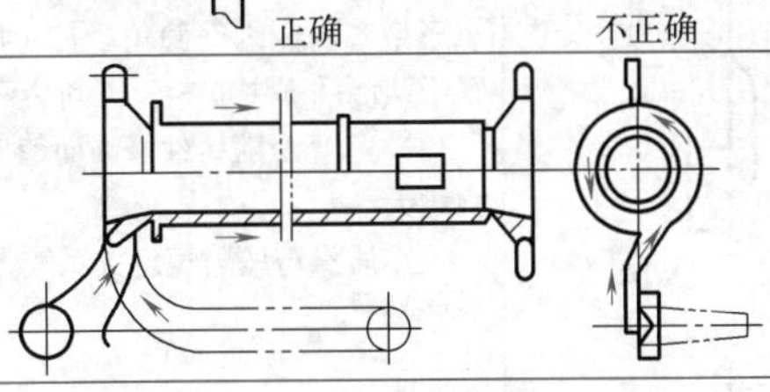 正确　不正确	(1) 一端导入金属液，避免了冲击、旋流、粘附等，有利于排气； (2) 立式压铸机的布置有利于热平衡
弯管形	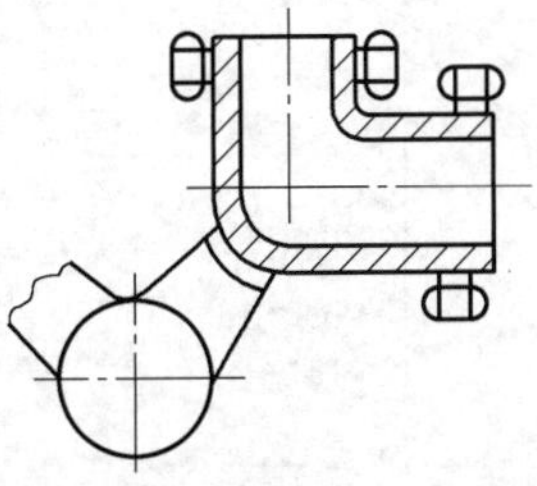	图示有利于成形，若内浇道开在一端不利于充填

续表

铸件类型	填充流态图例	说明
平板形	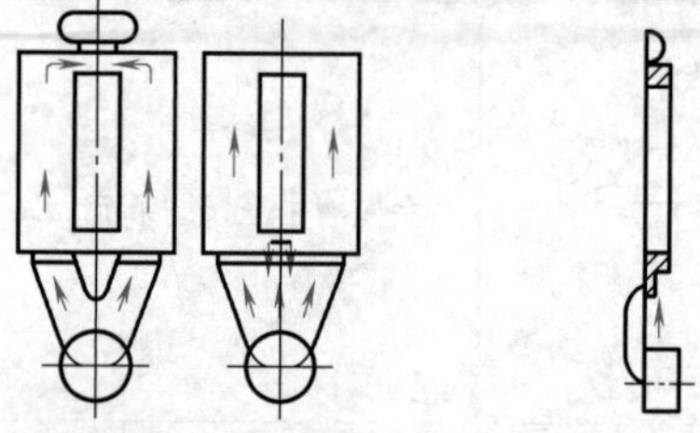 (a) 良好 (b) 一般	充填良好，但中间型芯受冲击易产生粘附
方框形	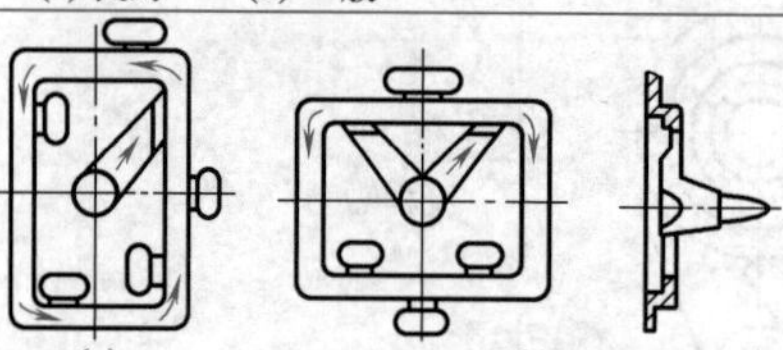 (a) (b)	(1) 图 (a) 适用于质量较小，外轮廓尺寸较大，但是壁厚较薄的铸件； (2) 图 (b) 适用于质量较大，外轮廓尺寸也大，又较厚的铸件
框架类	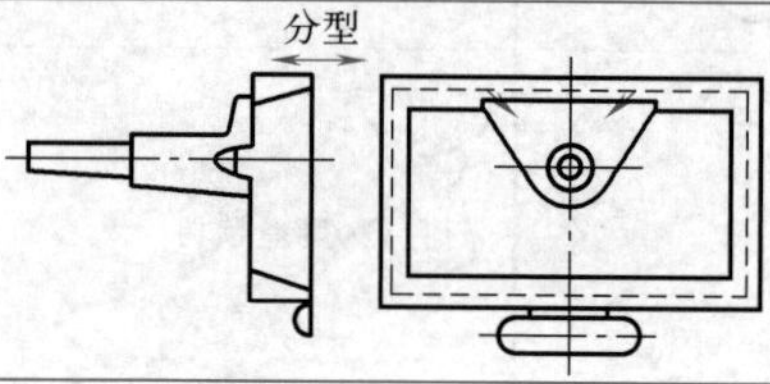 分型	(1) 小型压铸件的反内浇道； (2) 在两股金属液汇合处设置溢流槽
匣形件	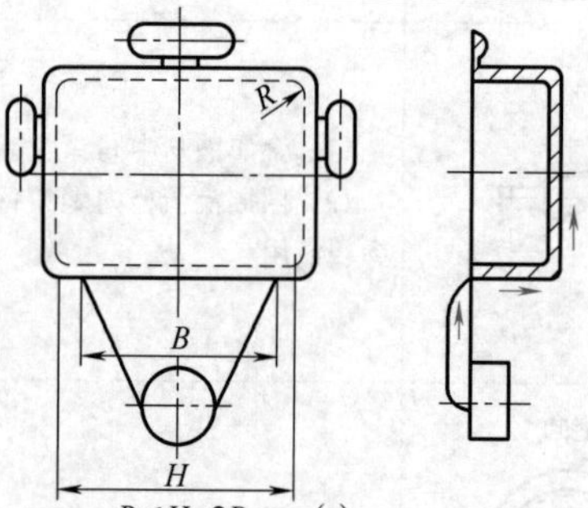 R B H $B<H-2R$ (a) R B H $B<H-2R$ (b) H B 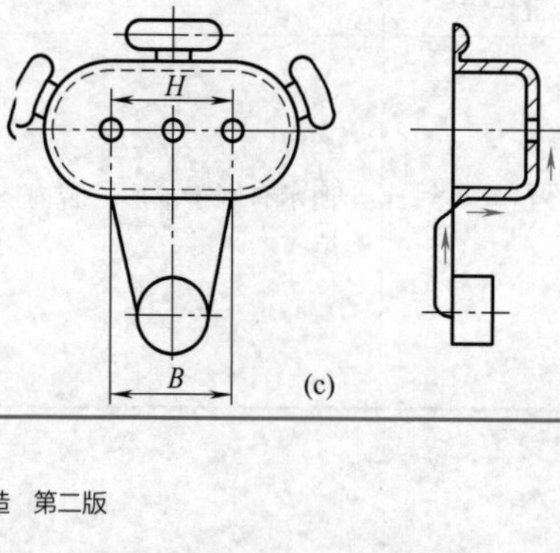 (c) 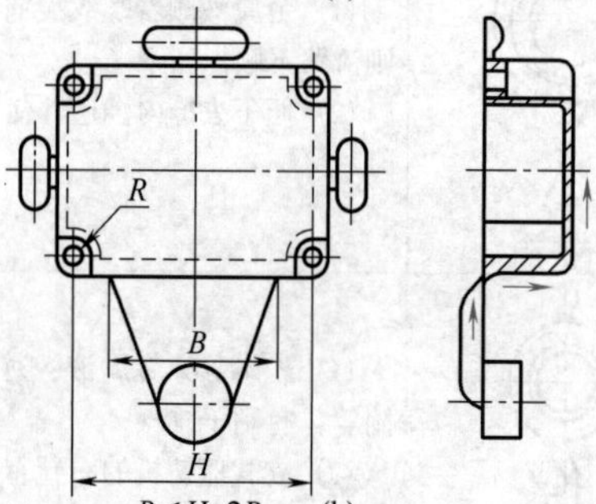	(1) 此类铸件中心无条件或不允许设置中心浇注系统时，一般从其较长一侧设置侧浇注系统，向上导入金属液以首先充填型腔深处； (2) 内浇道宽度 B 随型芯之形状而改变：图 (a)，B 应略小于型芯圆角半径；图 (b)，B 应略小于型芯两侧内凹圆角半径；图 (c)，B 应近似等于两侧圆弧中心距，否则会产生包气及涡流； (3) 宽度 B 随铸件增高而趋向于缩小，而溢流槽增大； (4) 质量与压射速度关系较大

续表

铸件类型	填充流态图例	说明
支架类	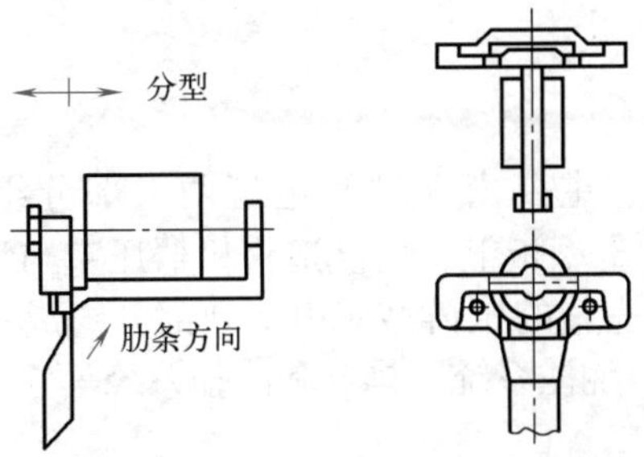 分型 肋条方向	侧浇注系统，金属液从肋条导入较宜
一模多铸	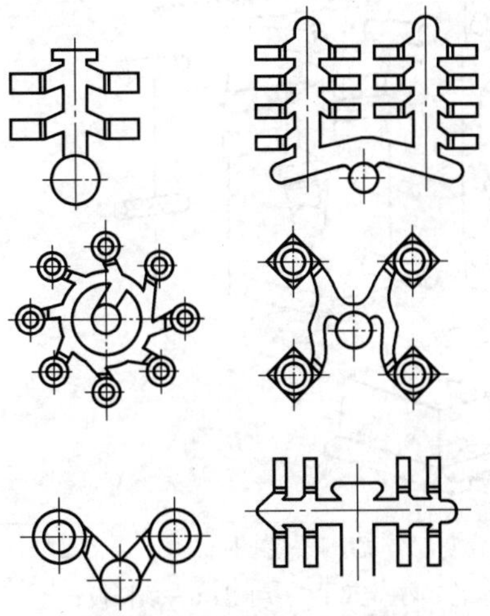	用于卧式压铸机
	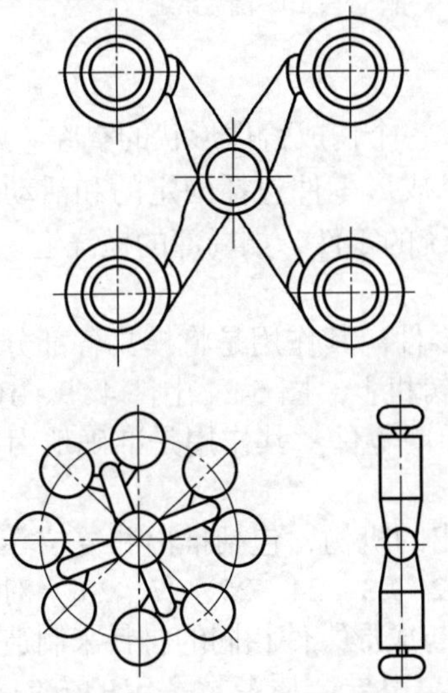	适用于热压室压铸机或立式压铸机

5.7 压铸型的设计

压铸型是主要的工艺装备，设计时必须全面分析铸件结构，熟悉压铸机操作过程特性及工艺参数可调节的范围，分析液态金属充填特点，还要考虑经济效果和制造条件等。只有这样，才能设计出符合实际，满足生产要求的压铸型。

5.7.1 压铸模具结构

压铸型的基本结构和金属型相似。它主要由动型和定型两大部分组成，其结构如图 5-23、图 5-24 所示。定型固定在机器的定型板上，由浇道将机器压室与型腔连通。动型随机器的动型座板移动，完成开合动作。完整的压铸型应由下列部分组成：型体部分、型腔、定位装置、抽芯机构、顶出铸件机构、浇注系统、排气和冷却系统等。

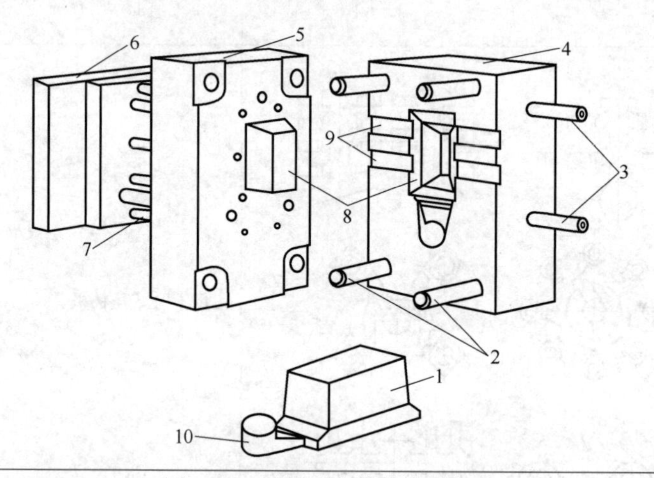

图 5-23 压铸型总体结构示意图

1—铸件；2—导柱；3—冷却水管；4—定型；5—动型；6—顶杆板；7—顶杆；8—型腔；9—排气槽；10—浇注系统

（1）压铸型的结构单元

① 成形部分。定模与动模合拢后，形成一个构成铸件形状的空腔（成形空腔），通常称为型腔，而构成型腔的零件即为成形零件。成形零件包括固定的和活动的镶块与型芯。有时，又可以同时成为构成浇注系统和排溢系统的零件，如局部的横浇道、内浇道、溢流槽和排气槽等部分。

② 模架。包括各种模板、座架等构架零件。其作用是将模具各部分按一定的规律和位置加以组合和固定，并使模具能够安装到压铸机上。图 5-24 中件 4、9、10 等属于这类零件。

③ 导向零件。图 5-24 中件 18、21 为导向零件。其作用是准确地引导动模和定模合拢或分离。

④ 推出机构。它是将铸件从模具上脱出的机构，包括推出和复位零件，还包括这个机构自身的导向和定位零件，如图 5-24 中件 22、23、24、25、27、28。对于在重要部位和易损部位（如浇道、浇口处）的推杆，应采用与成形零件相同的材料来制造。

⑤ 浇注系统。与成形部分及压室连接，引导金属液按一定的方向进入铸型的成形部分，它直接影响金属液进入成形部分的速度和压力，由直浇道、横浇道和内浇道等组成，如图 5-24 中件 14、15、16、17、19。

⑥ 排溢系统。排溢系统是排除压室、浇道和型腔中的气体的通道，一般包括排气槽和溢流槽，而溢流槽又是储存冷金属和涂料余烬的处所。有时在难以排气的深腔部位设置通气塞，借以改善该处的排气条件。

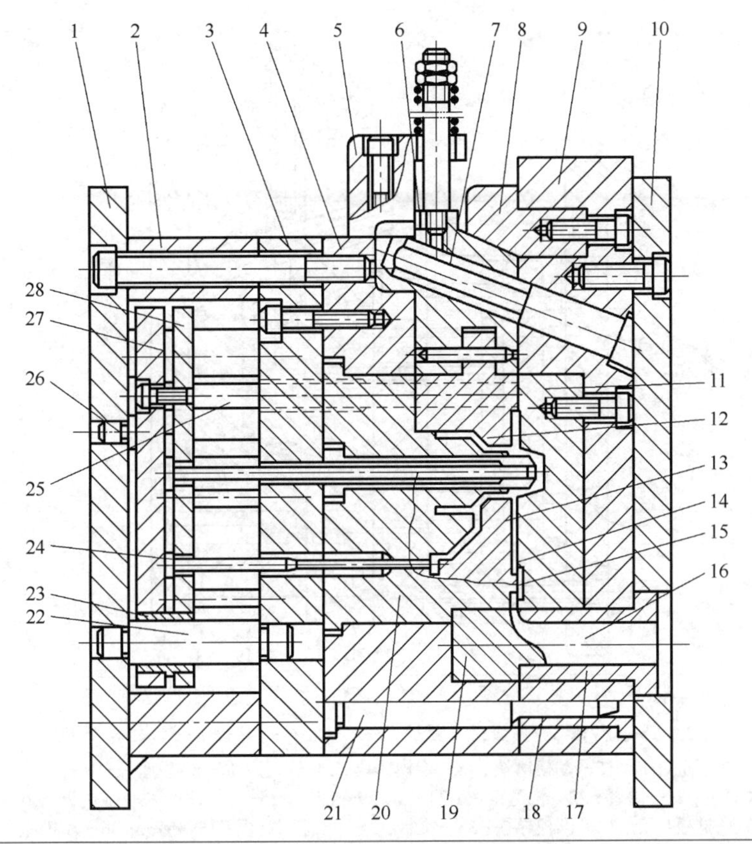

图 5-24　压铸型基本结构

1—动模座板；2—垫块；3—支承板；4—动模套板；5—限位块；6—滑块；7—斜销；
8—楔紧块；9—定模套板；10—定模座板；11—定模镶块；12—活动型芯；13—型腔；
14—内浇道；15—横浇道；16—直浇道；17—浇口套；18—导套；19—导流块；
20—动模镶块；21—导柱；22—推板导柱；23—推板导套；24—推杆；
25—复位杆；26—限位钉；27—推板；28—推杆固定板

⑦ 其他。除前述的各结构单元外，模具内还有其他零件，如紧固用的螺栓、销钉以及定位用的定位件等。

上述的结构单元是每副模具都必须具有的。此外，由于铸件的形状和结构上的需要，在模具上还常常设有抽芯机构，以便消除影响铸件从模具中取出的障碍。抽芯机构也是压铸型中十分重要的结构单元，其形式是多种多样的。另外，为了保持模具的温度场的分布符合工艺的需要，模具内又设有冷却装置或冷却 - 加热装置，对实现科学地控制工艺参数和确保铸件质量来说，这一点尤其重要。对于具有良好的冷却（或冷却 - 加热）系统的模具，还能使模具的使用寿命有所延长，有时往往可以延长 1 倍以上。

（2）压铸型结构实例

卧式冷室压铸机偏心浇注系统压铸型的基本结构如图 5-25 所示；卧式冷室压铸机中心浇注系统压铸型的基本结构如图 5-26 所示；立式冷室压铸机用压铸型的基本结构如图 5-27 所示；全立式压铸机用压铸型的基本结构如图 5-28 所示；热室压铸机用压铸型的基本结构如图 5-29 所示。

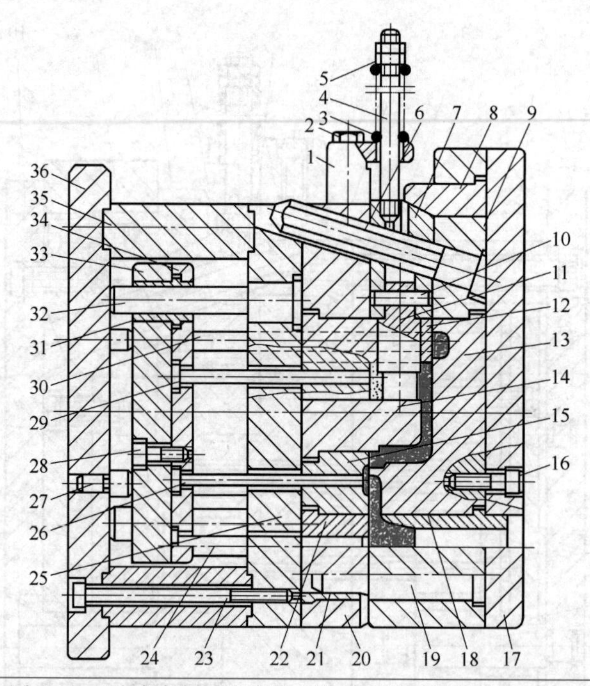

图 5-25　卧式冷室压铸机偏心浇注系统压铸型的基本结构

1—限位块；2，16，23，28—螺钉；3—弹簧；4—螺栓；5—螺母；6—斜销；7—滑块；8—楔紧块；9—定模套板；10—销；11—活动型芯；12，15—动模镶块；13—定模镶块；14—型芯；17—定模座板；18—浇口套；19—导柱；20—动模套板；21—导套；22—浇道镶块；24，26，29—推杆；25—支承板；27—限位钉；30—复位杆；31—推板导套；32—推板导柱；33—推板；34—推板固定板；35—垫板；36—动模座板

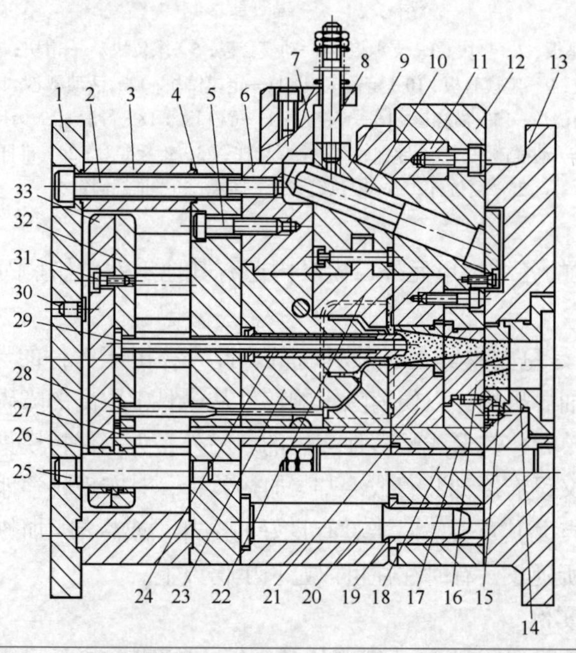

图 5-26　卧式冷室压铸机中心浇注系统压铸型的基本结构

1—动模座板；2，5，31—螺钉；3—垫块；4—支承板；6—动模套板；7—限位块；8—螺栓；9—滑块；10—斜销；11—楔紧块；12—定模活动套板；13—定模套板；14—浇口套；15—螺旋槽浇口套；16—浇道镶块；17，19—导套；18—定模导柱；20—动模导柱；21—定模镶块；22—活动镶块；23—动模镶块；24—分流锥；25—推板导柱；26—推板导套；27—复位杆；28—推杆；29—中心推杆；30—限位钉；32—推杆固定板；33—推板

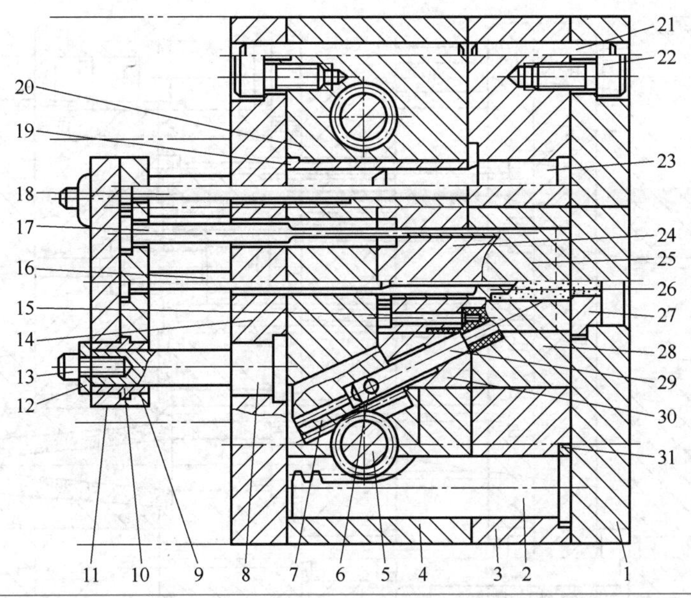

图 5-27　立式冷室压铸机用压铸型的基本结构

1—定模座板；2—传动齿条；3—定模套板；4—动模套板；5—齿轴；6，21—销；7—齿条滑块；8—推板导柱；9—推杆固定板；10—推板导套；11—推板；12—限位垫圈；13，22—螺钉；14—支承板；15—型芯；16—中心推杆；17—成形推杆；18—复位杆；19—导套；20—通用模座；23—导柱；24，30—动模镶块；25，28—定模镶块；26—分流锥；27—浇口套；29—活动型芯；31—止转块

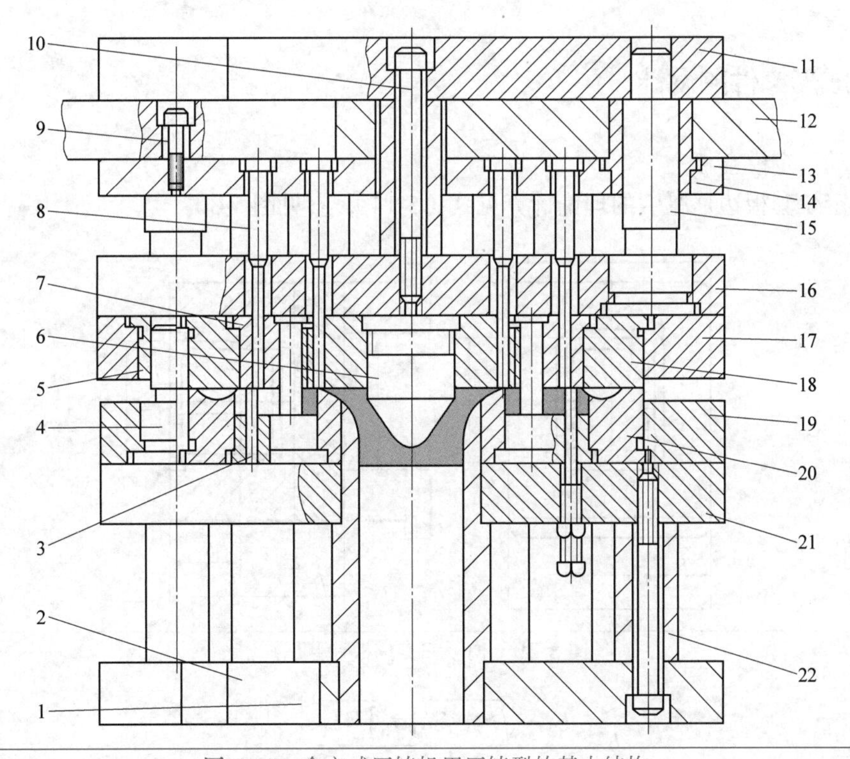

图 5-28　全立式压铸机用压铸型的基本结构

1—压室；2—座板；3—型芯；4—导柱；5—导套分流锥；6—分流锥；7—1 号动模镶块；8—推杆；9，10—螺钉；11—动模座板；12—推板；13—推杆固定板；14—推板导套；15—推板导柱；16—支承板；17—动模套板；18—2 号动模镶块；19—定模套板；20—定模镶块；21—定模座板；22—支承柱

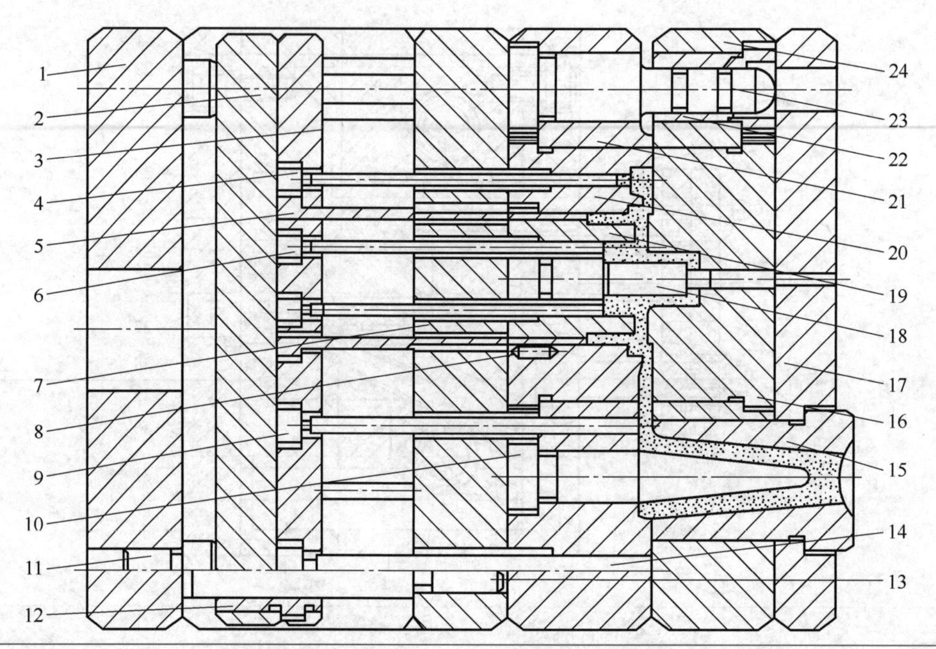

图 5-29　热室压铸机用压铸型的基本结构

1—动模座板；2—推板；3—推杆固定板；4，6，9—推杆；5—扇形推杆；7—支承板；8—止转销；10—分流锥；11—限位钉；12—推板导套；13—推板导柱；14—复位杆；15—浇口套；16—定位镶块；17—定模座板；18—型芯；19，20—动模镶块；21—动模套板；22—导套；23—导柱；24—定模套板

5.7.2　成形零件的设计

（1）动、定模套板

动、定模套板边框厚度的理论计算见式（5-14），参见图 5-30。

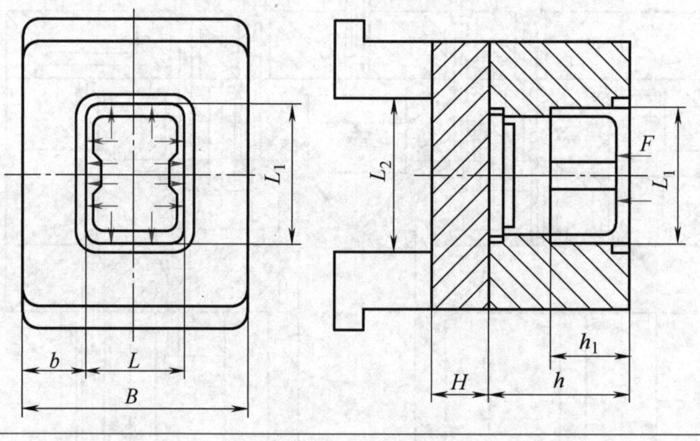

图 5-30　模板和支撑板计算用图

$$b \geqslant \frac{F_2 + \sqrt{F_2 + 8h[\sigma_b]F_1L_1}}{4h[\sigma_b]} \tag{5-14}$$

$$F_1 = ph_1L_1$$
$$F_2 = ph_1L$$

式中　　　　b ——模板边框厚度，cm；

h，h_1，L，L_1 ——随铸件大小而定，cm；

$[\sigma_b]$ ——模板材料的许用抗拉强度，45 钢调质后可取 2000 ～ 2500kgf·cm^{-2}（注：1kgf·cm^{-2}=0.0980665MPa；1kgf=9.80665N）；

p——机器比压，kgf·cm^{-2}，对于铝合金、镁合金 p=250 ～ 400kgf·cm^{-2}，锌合金 p=400 ～ 600kgf·cm^{-2}，铜合金 p=600 ～ 1000kgf·cm^{-2}。

动、定模套板边框厚度推荐尺寸如图 5-31 所示，详见表 5-45。

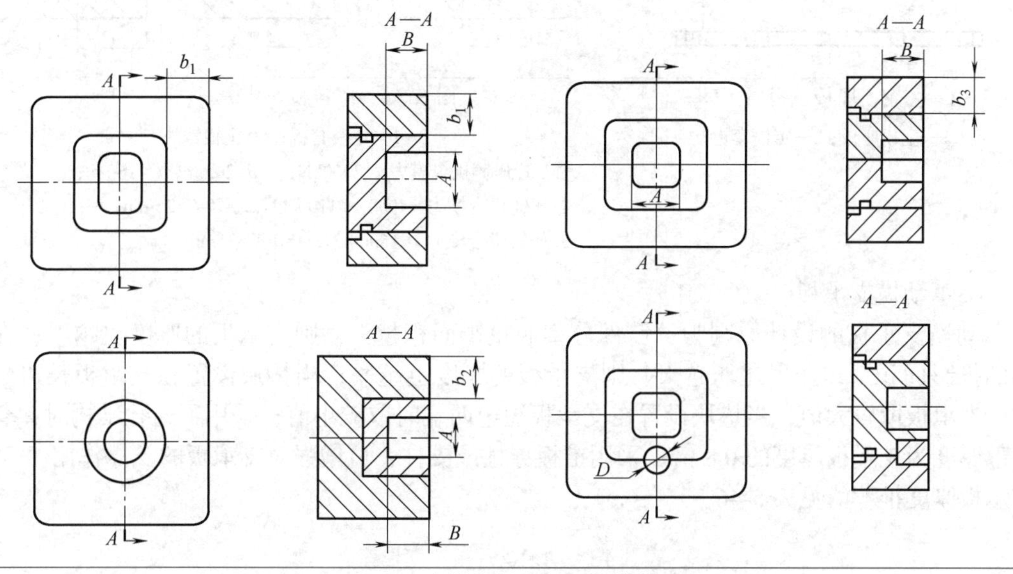

图 5-31　动、定模套板边框厚度推荐尺寸图

表 5-45　动、定模套板边框厚度的推荐尺寸

$A\times B$ 侧面	套板边框厚度			$A\times B$ 侧面	套板边框厚度		
	b_1	b_2	b_3		b_1	b_2	b_3
＜ 80×35	40 ～ 50	30 ～ 40	50 ～ 65	＜ 350×70	80 ～ 110	70 ～ 100	120 ～ 140
＜ 120×45	45 ～ 65	35 ～ 45	60 ～ 75	＜ 400×100	100 ～ 120	80 ～ 110	130 ～ 160
＜ 160×50	50 ～ 70	45 ～ 55	70 ～ 85	＜ 500×150	120 ～ 150	110 ～ 140	140 ～ 180
＜ 200×55	55 ～ 80	50 ～ 65	80 ～ 95	＜ 600×180	140 ～ 170	140 ～ 160	170 ～ 200
＜ 250×60	65 ～ 85	55 ～ 75	90 ～ 105	＜ 700×190	160 ～ 180	150 ～ 170	190 ～ 200
＜ 300×65	70 ～ 95	60 ～ 85	100 ～ 125	＜ 800×200	170 ～ 200	160 ～ 180	210 ～ 250

（2）定模座板

定模座板一般不作强度计算，设计时应考虑的主要问题有：

① 要留出紧固螺钉或安装压板的位置，借此使定模固定在压铸机定模安装板上。使用紧固螺钉时，应在定模座板上设置“U”形槽，如图 5-32 所示，“U”形槽的尺寸视压铸机定模板的“T”形槽尺寸而定。

使用压板固定模具时安装槽的推荐尺寸如图 5-33 所示。

② 浇口套安装孔的位置与尺寸要与所选用的压铸机精确配合。

③ 当定模套板为不通孔时，要在定模套板上设置安装槽，其尺寸参见图 5-33。

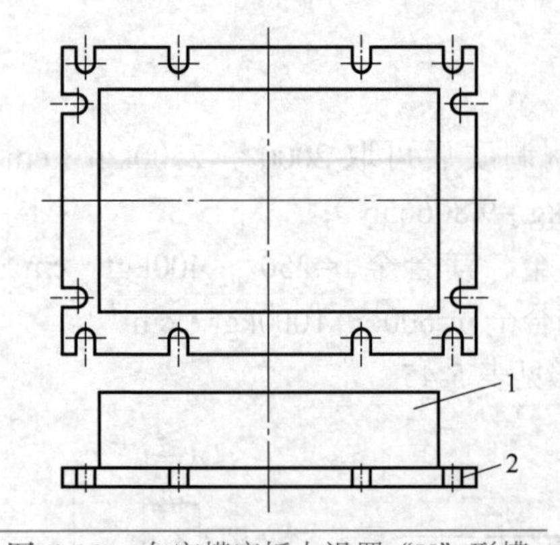

图 5-32 在定模座板上设置“U”形槽

1—定模座板；2—定模套板

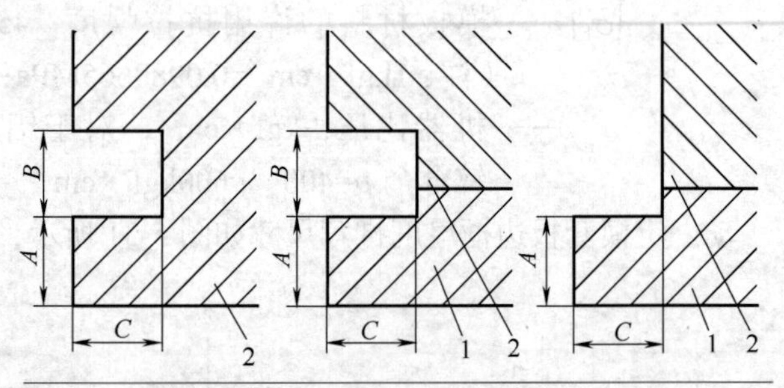

图 5-33 压铸型安装槽的推荐尺寸

1—定模套板；2—定模镶块

注：1. 压铸机合模力≤ 2000kN；$A=B=20$mm，$C=16$mm；

2. 压铸机合模力 =4000 ～ 11000kN；$A=B=C=25$mm；

3. 压铸机合模力≥ 15000kN；$A=B=C=35$mm

（3）动模支承板

动模支承板的设计原则为：铸件分型面投影面积越大，则支承板的厚度也越厚；在相同的投影面积下，压射比压越大，则支承板的厚度也越厚；当垫块设置在支承板长边两边时，支承板取较大值，当垫块设置在支承板短边两端时取较小值；采用不通孔结构时，套板底部厚度为支承板厚度的 0.8 倍；采用推板导柱或支柱，可增强对支承板的支撑作用。动模支承板厚度推荐值见表 5-46。

表 5-46 动模支承板厚度推荐值

支承板所受总压力 F/kN	支承板厚度 H/mm	支承板所受总压力 F/kN	支承板厚度 H/mm
160 ～ 250	25、30、35	1250 ～ 2500	60、65、70
250 ～ 630	30、35、40	2500 ～ 4000	75、85、90
630 ～ 1000	35、40、50	4000 ～ 6300	85、90、100
1000 ～ 1250	50、55、60		

支承板厚度 H 可按式（5-15）计算

$$H=\sqrt{\frac{FL}{2B[\sigma]}} \tag{5-15}$$

式中 H——动模支承板厚度，mm；

F——动模支承板所受总压力，N，$F=pA$，其中 A 为铸件在分型面上的投影面积（包括浇注系统及溢流槽的面积，mm^2），p 为压射比压，MPa；

B——动模支承板的长度宽度，mm；

L——垫块间距，mm；

$[\sigma]$——钢材的许用抗弯强度，MPa。

动模支承板材料为 45 钢，回火状态，静载弯曲时可根据支承板结构情况，$[\sigma]$ 分别按 135MPa、100MPa、90MPa 三种情况选取。

（4）推板与推杆固定板

推板与推杆固定板厚度推荐尺寸见表 5-47。

表 5-47　推板与推杆固定板厚度推荐尺寸

推板的平面面积长 × 宽 / (mm×mm)	推板厚度 / mm	推杆固定板的厚度 /mm	推板的平面面积长 × 宽 / (mm×mm)	推板厚度 / mm	推杆固定板的厚度 /mm
≤ 200×200	16 ～ 20	12 ～ 16	＞630×900 ～ 900×1600	40 ～ 50	16 ～ 20
＞200×200 ～ 250×630	25 ～ 32	12 ～ 16	＞900×1600	50 ～ 63	25 ～ 32
＞250×630 ～ 630×900	32 ～ 40	16 ～ 20			

推板的厚度如图 5-34 所示，可按式（5-16）计算

$$H \geqslant \sqrt[3]{\frac{FCK}{12.24B}} \times 10^{-7} \tag{5-16}$$

式中　H——推板厚度，cm；

F——推板负荷，N；

C——推杆孔在推板上分布的最大跨距，cm；

B——推板宽度，cm；

K——系数，cm^3，$K=L^3-C^2L/2+C^3/8$，其中 L 为压铸机推杆跨距，cm。

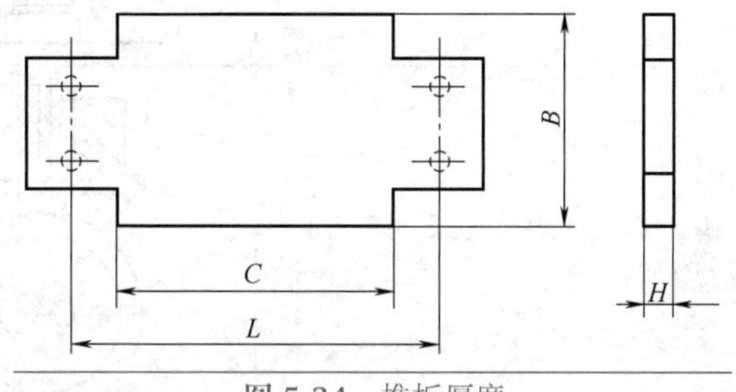

图 5-34　推板厚度

（5）镶块

型腔部分大多数采用镶块拼合而成，其优缺点如下：

① 优点。

a. 节约贵重的耐热合金钢。

b. 将型腔的内表面转变为外表面，便于机械加工。

c. 减小了热处理时的变形。

d. 动、定模板可以不随型腔淬火，因而导柱、导套孔的位置不受热处理变形的影响。

e. 镶块拼合配合表面有缝隙，有利于排除型腔中的气体。

f. 便于压铸型的修理与更换，不致因一处损坏而使整个模具报废。

② 缺点。

a. 模具的热扩散变差。

b. 增加了镶块与模板的配合面，有时增加了加工的工作量。

c. 使模板强度降低，因而增加了模具的外轮廓尺寸。

d. 装设冷却装置较困难。

e. 镶块拼合的缝隙，增加了铸件飞边的加工量。并在高压金属液长期的作用下，使铸件尺寸精度不易保证。

综合上述优缺点看出，在加工条件许可的情况下，尽可能采用整体镶块。镶块的设计要点见表 5-48。

（6）型芯

型芯被铸件收缩时包紧，为了减小脱模力，一般均制出起模斜度。型芯的固定方法见表 5-49。

表 5-48　镶块的设计要点

设计要点	图例	
	不合理	合理
固定可靠，能承受金属液的冲击	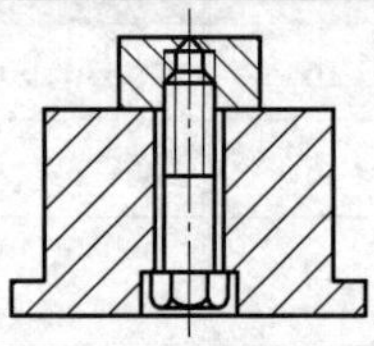	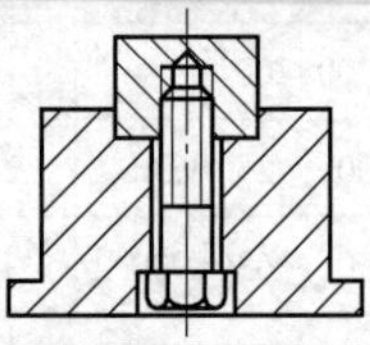
不使铸件产生横向飞边，否则影响铸件的出模		
避免使铸件表面留下印痕	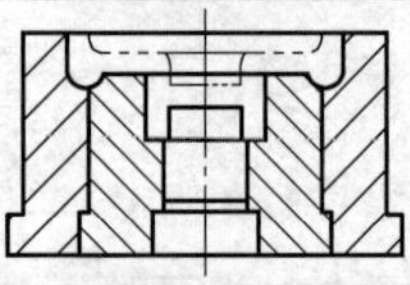	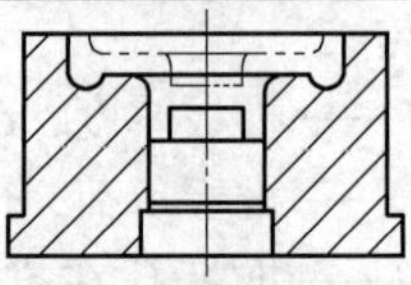
保证模具有足够的强度，避免出现尖角与薄壁	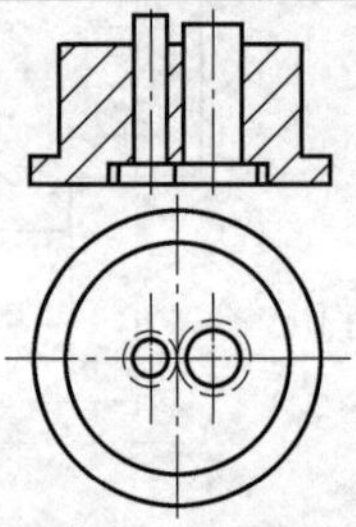	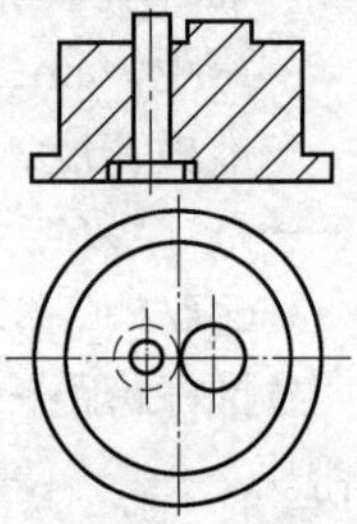
在金属液冲击易损处，设置可换镶块	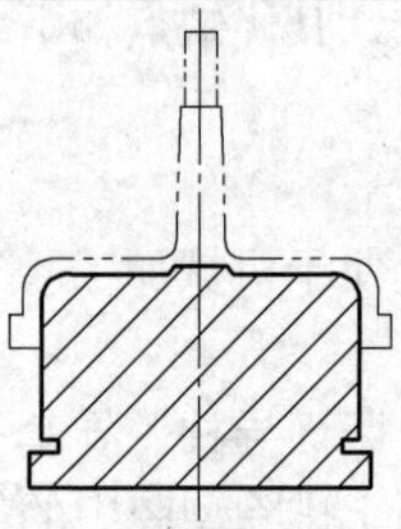	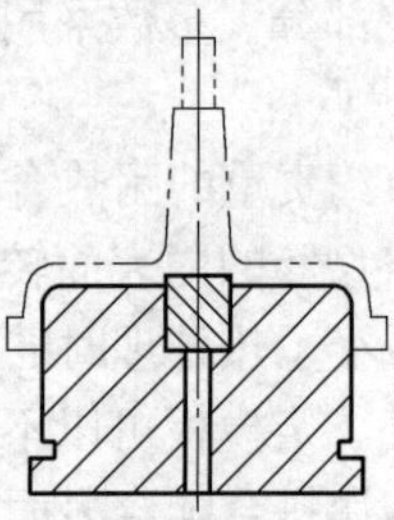
为了便于加工，镶块采用拼合办法	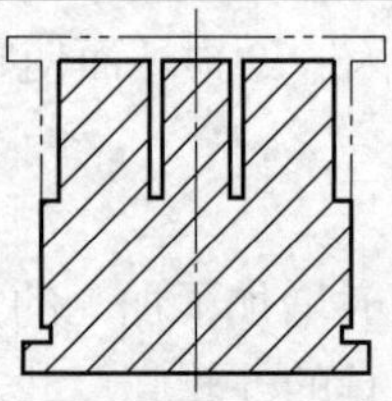	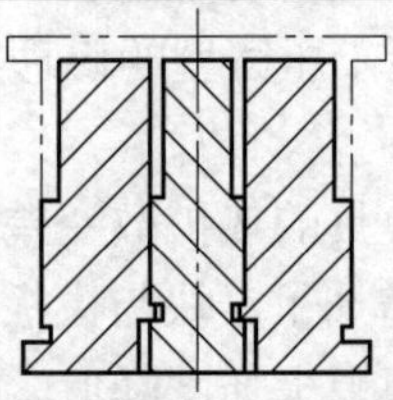
圆镶块的位置在生产中不允许转动时，需要有可靠的定位措施 图 (a) 所示结构加工简便；图 (b) 所示结构定位可靠，加工比较困难	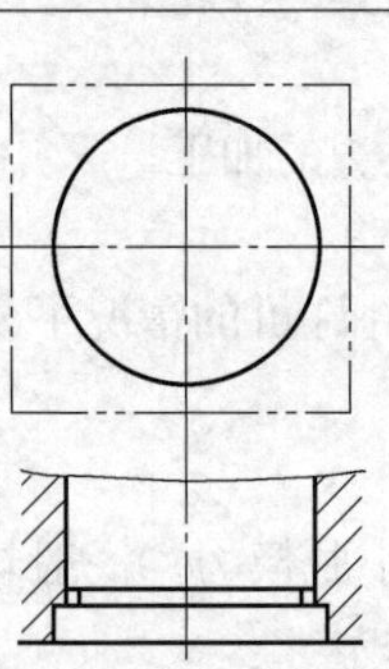	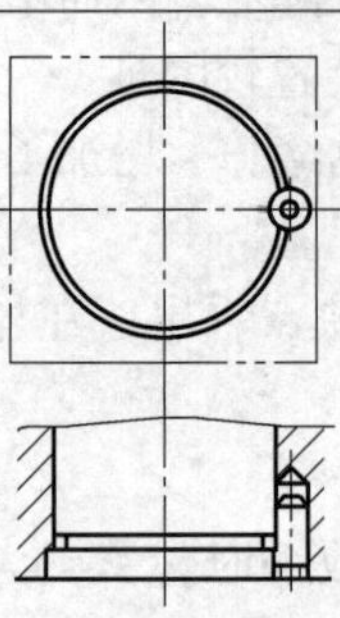 (a) 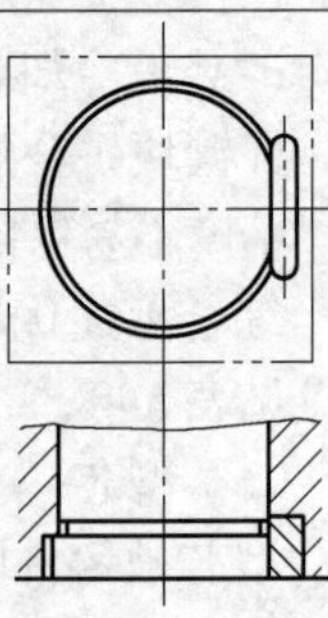　(b)

表 5-49 型芯固定方法

固定方法	应用特点	固定方法	应用特点
	用支承板压紧，是型芯固定常用的方法		用于顶板顶出铸件时，与顶板配合使用
	厚模板时，减少孔的配合面长度		用于模板较厚，型芯数量较少时，可省去压板
	型芯直径很小时，减短其长度，用圆柱销顶齐		铸出的通孔，孔内无飞边；直径较小时，为承受金属液冲击增加了支承面；同心度好
	型芯直径较大时，用螺钉紧固，比较简单紧凑	A A—A A	型芯位置较集中的多型芯的固定

（7）嵌件的定位

铸入嵌件在模具内的定位要稳固可靠，不致因金属液的冲击而变更其位置，故要求模具与嵌件的配合间隙不超过 0.08 ～ 0.12mm，一般利用嵌件上精度较高的表面来定位。为了便于安放，配合间隙也应不小于 0.02 ～ 0.04mm。尽量避免安置在深腔和顶出元件的上部，如果必须设置在顶出元件上部时，则应采用在合模前先将顶出元件恢复原位的液压模座。嵌件的定位方法如图 5-35 所示。

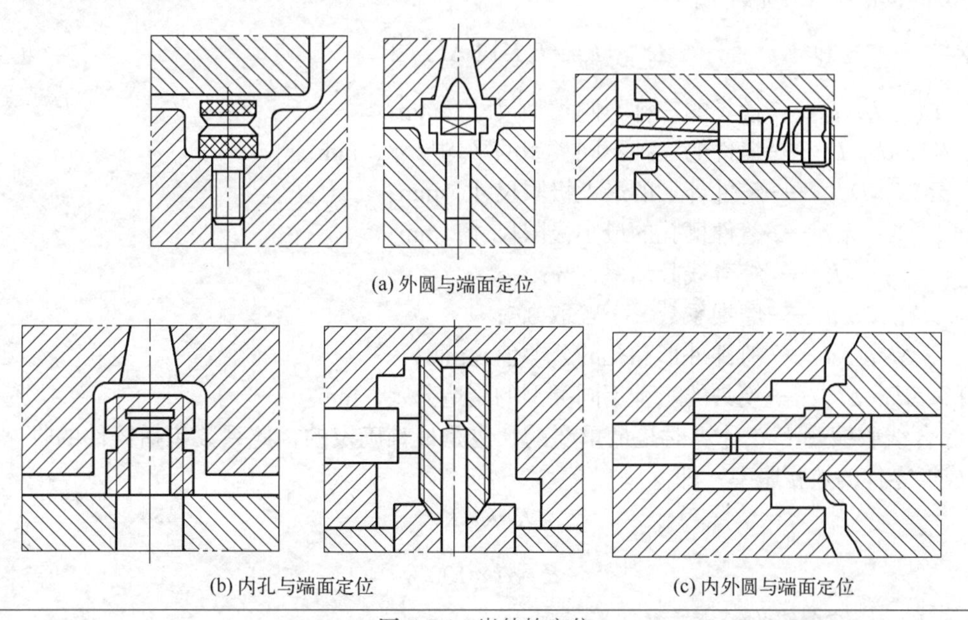

图 5-35 嵌件的定位

5.7.3 型腔尺寸的计算

影响铸件精度的因素很多，要精确地计算成形尺寸是困难的。有些因素是难以用公式表达的，而且这些因素在压铸时并不一定完全出现，故简单的计算公式只能列入影响较大的和可以用数学公式计算的项目。在实际生产中往往通过对计算公式中的可变因素取上限或下限的方法加以调整。

简单的计算公式如式（5-17）～式（5-19）（参见图 5-36）。

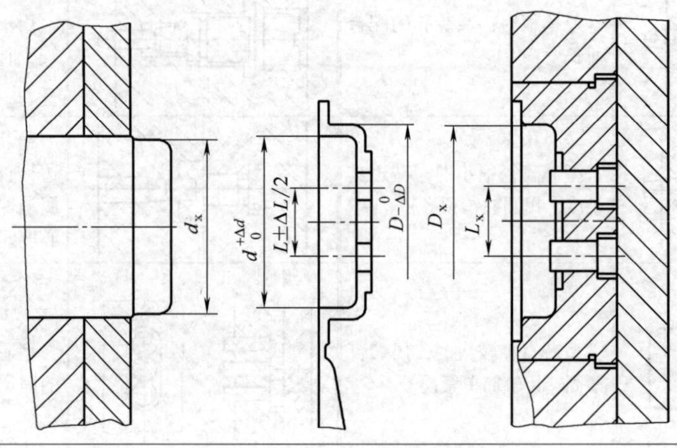

图 5-36 型腔尺寸计算参考图

① 磨损后逐渐变大的尺寸

$$D_x = (D_{max} + D_p K - n\Delta D) + \Delta D_x \tag{5-17}$$

② 磨损后逐渐变小的尺寸

$$d_x = (d_{min} + d_p K + n\Delta d) - \Delta d_x \tag{5-18}$$

③ 同向磨损（中心距离）尺寸

$$L_x = (L_p + L_p K) \pm \Delta L_x / 2 \tag{5-19}$$

式中 D_x，d_x，L_x——模具的三种不同类型尺寸，mm；

D_p，d_p，L_p——铸件的三种不同类型的平均尺寸，mm；

D_{max}——铸件外形的最大极限尺寸，mm；

d_{min}——铸件槽孔的最小极限尺寸，mm；

K——综合线收缩率，%；

n——磨损系数，一般取 0.7；

ΔD，Δd——铸件外形和孔的公差值，mm；

ΔD_x，Δd_x，ΔL_x——模具的三种不同类型的制造公差，mm。

综合线收缩率 K 在计算时是最重要的，也是最难确定的，此系数包括铸件的收缩率及模具成形零件的热膨胀率，即

$$K=K_1-K_2$$

$$K_2=\alpha t \times 100\%$$

式中 K——综合线收缩率，%；

K_1——铸件的线收缩率，%；

K_2——模具成形零件的热膨胀率，%；

α——模具材料的线胀系数，对于 3Cr2W8V 为 1.06×10^{-5}（℃$^{-1}$）（20 ～ 200℃）；

t——模具工作温度与常温 20℃之差，℃。

在实际运算时，用 K_1 与 K_2 之差不但烦琐，而且 K_1 的测定也较困难。而用综合线收缩率计算比较简便。各种压铸合金的综合线收缩率 K 值，见表 5-50。

表 5-50　综合线收缩率 K　　单位：%

合金种类	自由收缩	受阻收缩
铅合金、锡合金	0.4 ～ 0.5	0.3 ～ 0.4
锌合金	0.50 ～ 0.65	0.4 ～ 0.6
铝合金	0.50 ～ 0.75	0.45 ～ 0.65
镁合金	0.60 ～ 0.85	0.50 ～ 0.75
铜合金	0.7 ～ 1.0	0.60 ～ 0.85

模具的制造公差 ΔD_x、Δd_x、ΔL_x，根据铸件尺寸精度的保证程度和模具的制造工艺性而定，一般取铸件公差 ΔD、Δd、ΔL 的 1/3 ～ 1/5，特殊情况可取 1/8。

5.7.4　抽芯机构

（1）抽芯力

抽芯力是克服铸件在冷凝收缩时，对被包围表面产生的包紧力，以及克服抽芯机构各活动配合表面的摩擦力所需之力。估算抽芯力时可参考图 5-37。

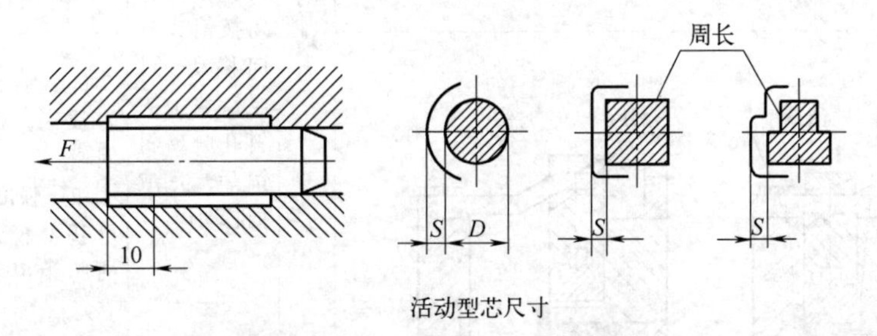

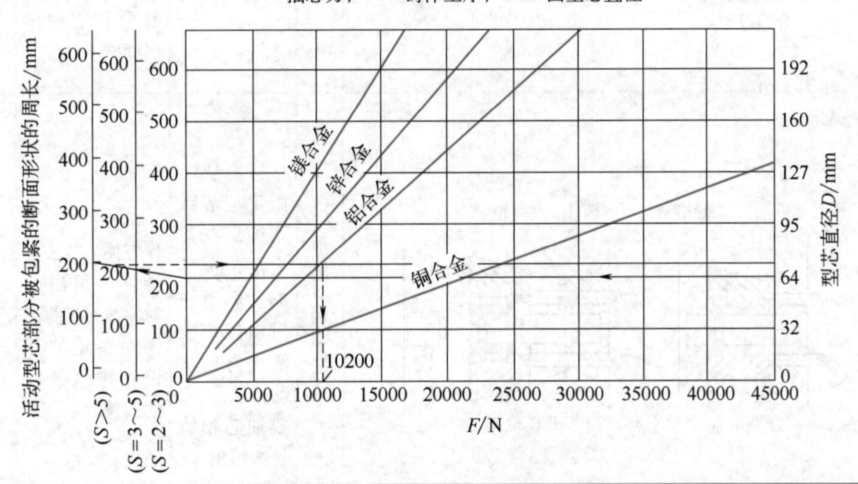

图 5-37　型芯长 10mm 的抽芯力

应用示例：圆型芯直径为 64mm，成形长度为 24mm，壁厚为 5.5mm 的铝合金铸件。

根据芯型直径，由斜线查得型芯长 10mm 时的抽芯力为 10200N。所以长为 24mm 的抽芯力为

$$F=10200\times 2.4=24480\ (\mathrm{N})$$

（2）抽芯机构的分类

抽芯机构的分类见表 5-51。

表 5-51　抽芯机构的分类

名称	图例	动力来源	动作过程	结构特点	应用范围
斜销抽芯	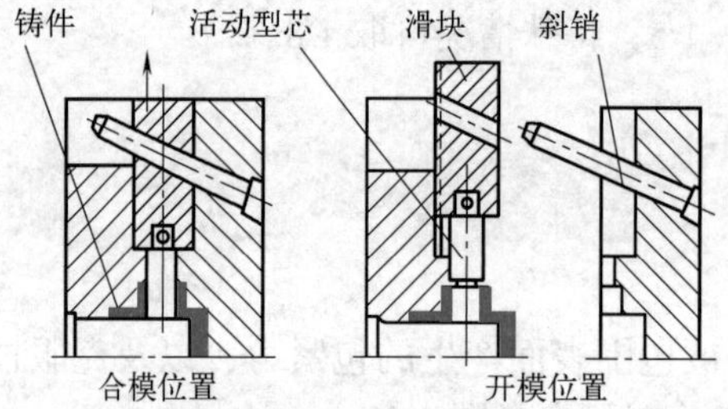 铸件 活动型芯 滑块 斜销 合模位置 开模位置	机器的开模力	开模时，带有活动型芯的滑块与斜销作相对运动的同时，沿斜销的斜角按箭头方向移动，直至滑块上的斜孔脱离斜销后，完成抽芯动作	结构简单、紧凑，生产效率高，动作安全可靠，劳动强度低	抽芯距离小于 40mm 时通常采用
	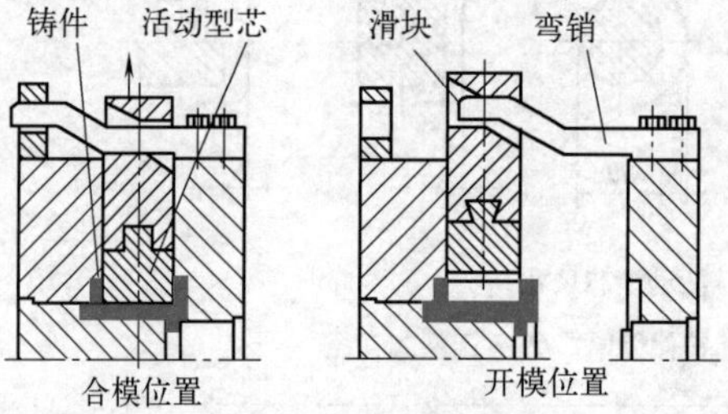 铸件 活动型芯 滑块 弯销 合模位置 开模位置			(1) 结构较为复杂，制造困难； (2) 强度高，可获得较大的抽芯距离和抽芯力； (3) 可以控制型芯的抽出时间	开模行程短，而抽芯距离大，活动型芯离分型面较远，抽芯阻力大
斜滑块抽芯	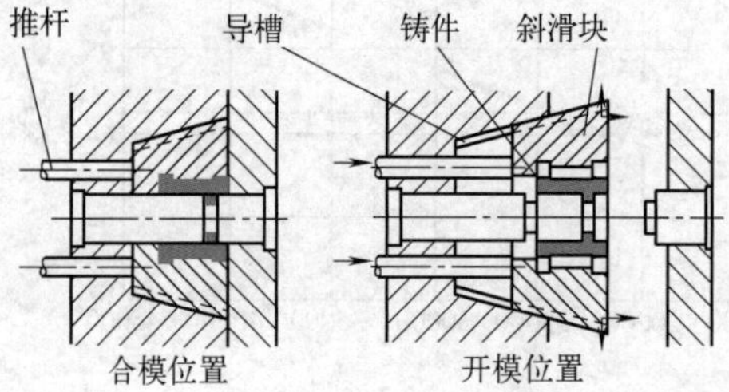 推杆 导槽 铸件 斜滑块 合模位置 开模位置	顶出机构的推力	斜滑块上固定型芯或型腔，在开模后，顶杆推动斜滑块沿斜导槽按箭头方向移动，从而完成抽芯和铸件的顶出	结构紧凑，操作方便，抽芯与铸件的顶出同时完成，有助于浇注系统的开设和排气条件的改善	侧面有不深于（或不高于）30mm 凹凸复杂的中、小型铸件

续表

名称	图例	动力来源	动作过程	结构特点	应用范围
齿轮抽芯	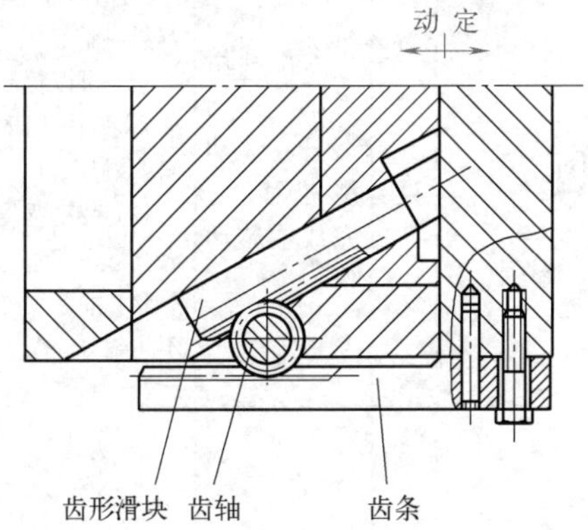 动 定 齿形滑块 齿轴 齿条	机器开模力	开模时，齿轴做相对运动，使齿轴转动，同时又带动齿形滑块连同型芯移动，直至齿轴脱离固定齿条后，完成抽芯动作	结构较为复杂，劳动强度低，效率高；抽芯后齿条与齿轴脱离，故需装有定位装置，使滑块停留在脱离的位置上	(1) 活动型芯与分型面成一交角时； (2) 需要同时抽出几个不同方向的型芯时
	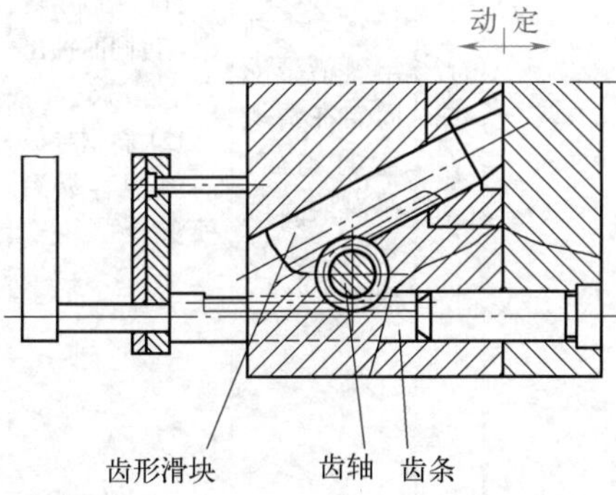 动 定 齿形滑块 齿轴 齿条	顶出机构的推力	开模后，固定在顶杆板上的齿条，借顶出机构的顶出动作，使齿轴转动，同时带动齿形滑块连同型芯移动，直至顶出动作停止，完成抽芯动作	结构复杂，制造困难；抽芯后齿条与齿轴不脱离，故可以不设置定位装置；抽芯距离受顶出距离的限制	
	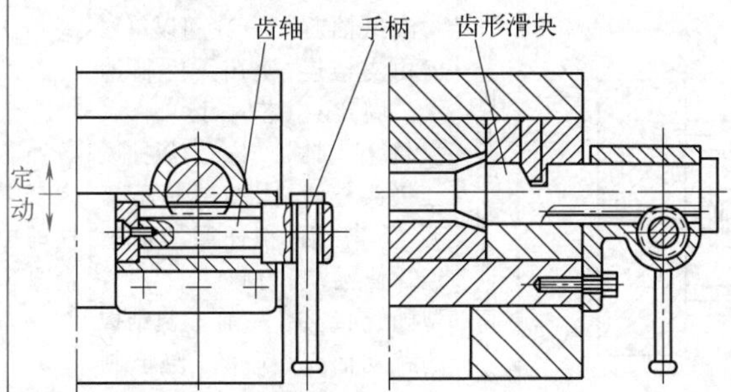 齿轴 手柄 齿形滑块 定 动	手工	人工利用手柄，转动齿轴，同时又带动齿条型芯移动，直至型芯全部抽出	(1) 结构复杂； (2) 可以控制抽芯距离和时间的顺序； (3) 劳动强度大，效率低； (4) 需装有锁紧定位装置，保证型芯在压铸时的准确位置	(1) 抽芯距离大，而缺少液压设备时； (2) 抽芯方向与分型面成一交角时

续表

名称	图例	动力来源	动作过程	结构特点	应用范围
螺杆抽芯	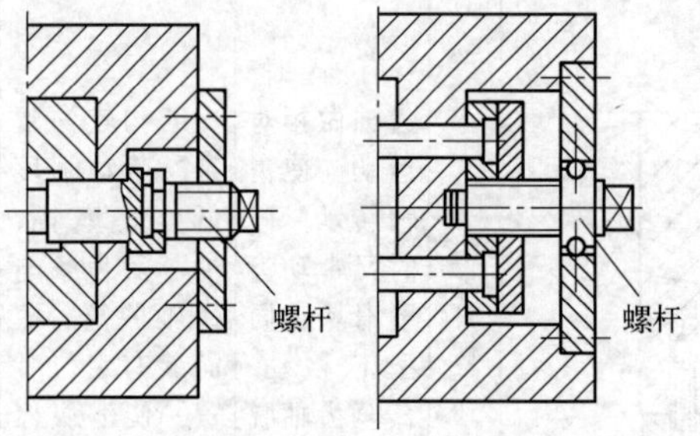 螺杆 螺杆	手工	人工利用手柄，转动螺杆，带动型芯移动，完成抽芯动作	(1) 结构简单，容易制造；(2) 可以控制抽芯距离和时间的顺序；(3) 劳动强度大，效率低；(4) 抽芯动作不可靠	所需抽芯力不大的短距离抽芯
斜槽抽芯	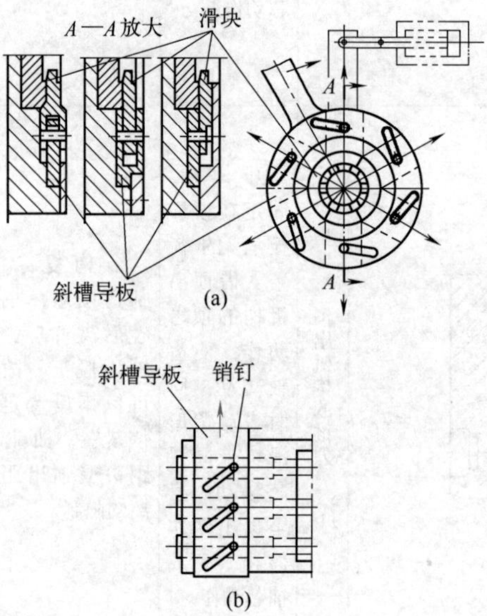 A—A放大 滑块 斜槽导板 A A (a) 斜槽导板 销钉 (b)	手工或液压	拉动手把，带动斜槽导板移动，利用斜槽带动固定在滑块上的销钉，使滑块直线移动，完成抽芯动作	(1) 结构复杂，可同时抽出几个型芯；(2) 斜槽导板的斜槽容易磨损变形	同时抽出几个型芯的特殊情况下
液压抽芯	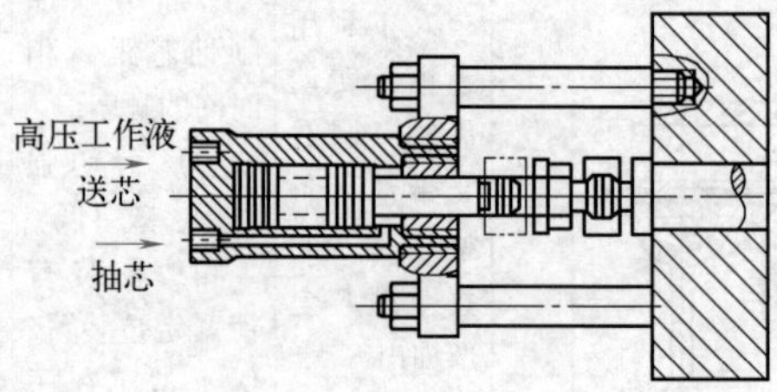 高压工作液 送芯 抽芯	机器管道中的高压工作液	液压抽芯器由支架连接，固定在模具上，其连接头与活动型芯相连，使活块型随连接头的移动而完成抽芯动作	(1) 抽芯力大，传动平稳；(2) 可以单独使用，控制抽芯时间；(3) 可以抽拔大的抽芯距离和任意的抽芯方向；(4) 模具结构简单，便于制造与修理；(5) 需严格控制操作程序	抽芯距离大或需在开模前抽芯的情况下

5.7.5 推出形式

（1）推出形式

推出形式见表 5-52。

表 5-52　推出形式

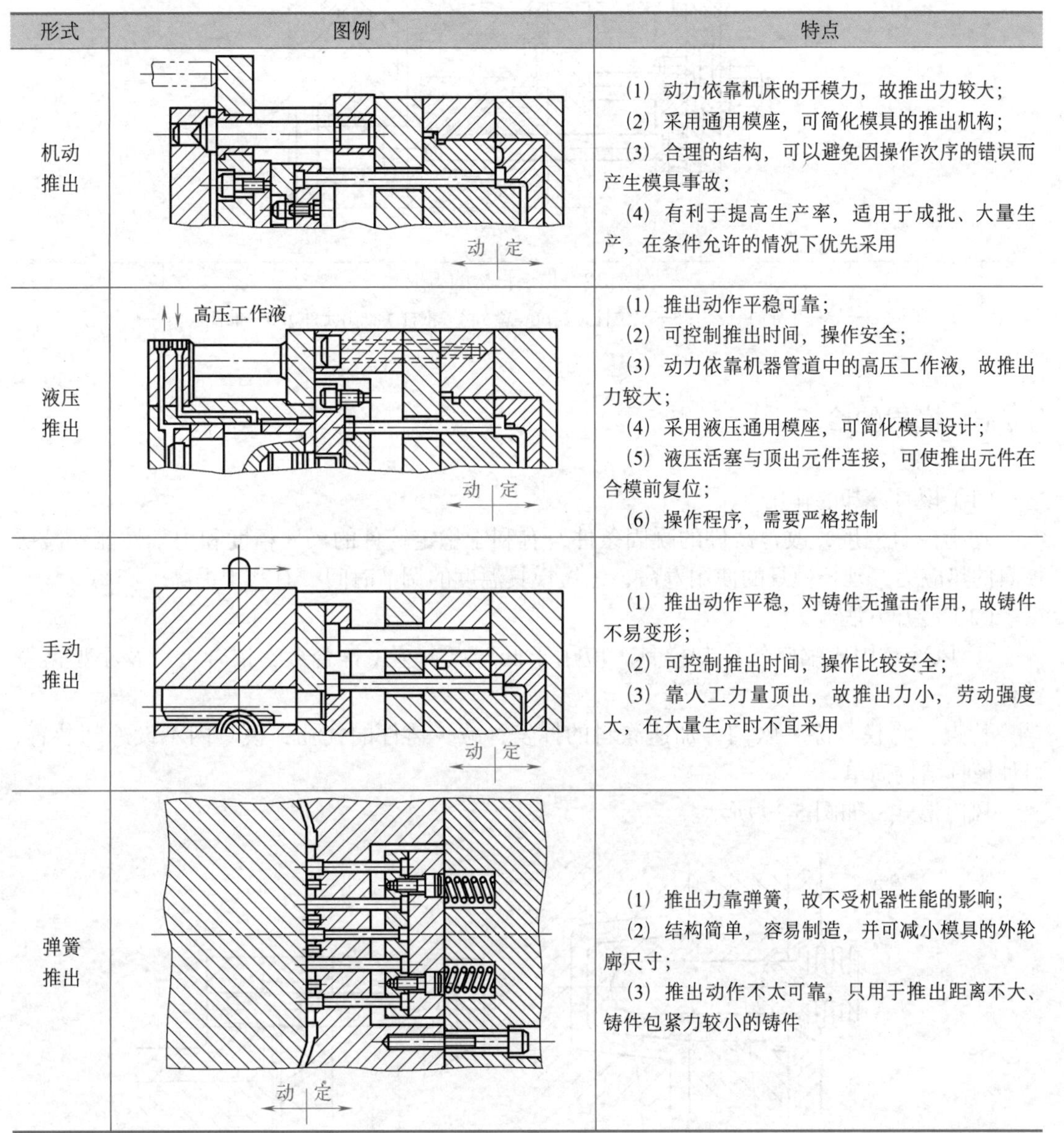

形式	图例	特点
机动推出	动 定	（1）动力依靠机床的开模力，故推出力较大； （2）采用通用模座，可简化模具的推出机构； （3）合理的结构，可以避免因操作次序的错误而产生模具事故； （4）有利于提高生产率，适用于成批、大量生产，在条件允许的情况下优先采用
液压推出	高压工作液 动 定	（1）推出动作平稳可靠； （2）可控制推出时间，操作安全； （3）动力依靠机器管道中的高压工作液，故推出力较大； （4）采用液压通用模座，可简化模具设计； （5）液压活塞与顶出元件连接，可使推出元件在合模前复位； （6）操作程序，需要严格控制
手动推出	动 定	（1）推出动作平稳，对铸件无撞击作用，故铸件不易变形； （2）可控制推出时间，操作比较安全； （3）靠人工力量顶出，故推出力小，劳动强度大，在大量生产时不宜采用
弹簧推出	动 定	（1）推出力靠弹簧，故不受机器性能的影响； （2）结构简单，容易制造，并可减小模具的外轮廓尺寸； （3）推出动作不太可靠，只用于推出距离不大、铸件包紧力较小的铸件

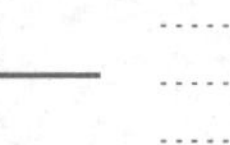

（2）推出机构的组成

推出机构的组成如图 5-38 所示。

① 推出元件。使铸件脱模，如顶杆、推板。

② 导向装置。支承顶杆板的质量，使各顶出元件均能保持一定的配合间隙，保证顶出动作平稳。

③ 复位装置。使推出元件推出后，能在合模时或合模后恢复到原来的位置。

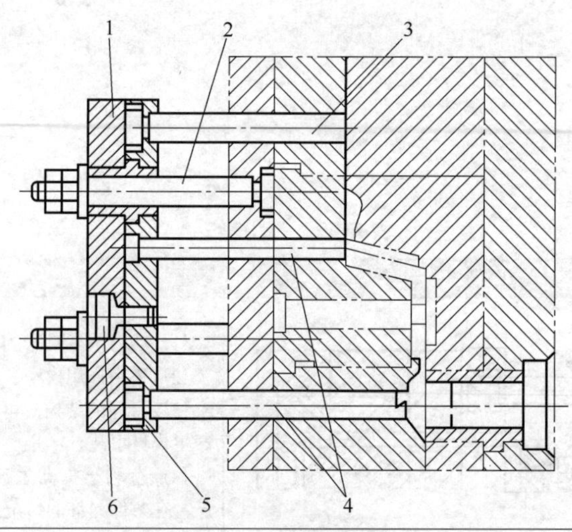

图 5-38　推出机构的组成

1—压板；2—导杆（导向装置）；3—复位杆（复位装置）；4—推杆（推出元件）；5—推杆板；6—螺钉

5.7.6　模具的冷却

（1）模具冷却的作用

均衡模具温度，改善铸件的凝固条件，有利于稳定铸件的尺寸精度和力学性能；减缓模具的热应力，延长模具的使用寿命；缩短模具温度的调节时间，有利于提高生产率。

（2）冷却方法

① 风冷。用压缩空气冷却模具。应用于低熔点合金（锌合金、铝合金）及小型薄壁铸件。

特点：将模具涂料吹匀，加速涂料的挥发，减少铸件的气孔；模具内不设冷却装置，可使模具结构简单。

风冷形式，如图 5-39 所示。

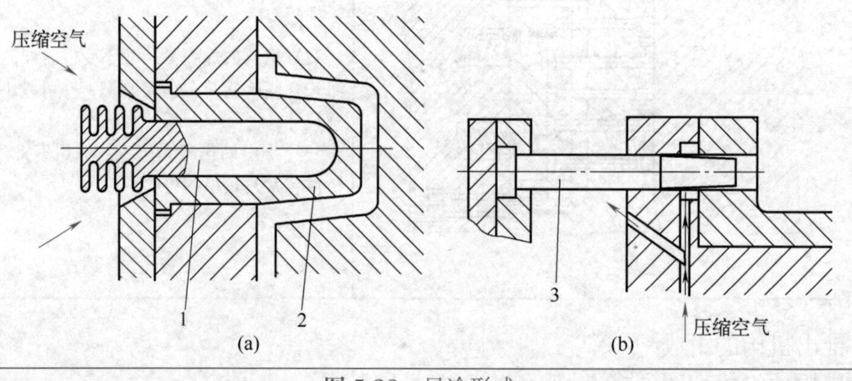

图 5-39　风冷形式

1—铜散热塞；2—大型芯；3—活动型芯

② 水冷。用循环水冷却模具。应用于大量生产的厚壁铸件和具有大、中型镶块的模具，及压铸铜合金等较高熔点金属的模具。

特点：冷却速度快，可提高生产率和铸件内部质量，但温度不易调整，模具内外温差大，易使型腔表面龟裂。增加了模具的复杂程度，且模具孔洞增多，降低了强度。

设计要点：

a. 冷却水道不得通过镶块接缝或其他眼孔。镶块需要冷却时，水管应接在镶块上。

b. 水道边距为 10 ～ 15mm，最小不得小于 5mm，水道孔一般取 ϕ8mm，不宜过大。

c. 水道流路应顺利通畅，大模具进出水路，尽量分出多路，以便于对温度的调节。

d. 对于多镶块模具，冷却通道必须通过各镶块交接处时，应利用纯铜管作冷却通道，并在缝隙内填入低熔点合金，增加散热效果。

e. 水道接头应尽可能在模具下面或侧面，其尺寸应尽量标准化，以便接装水管。

f. 水道孔很长时，应考虑加工的可能性和方便程度。

水冷形式，见表 5-53。

表 5-53　水冷形式

冷却部位	图例	冷却部位	图例
分流锥冷却	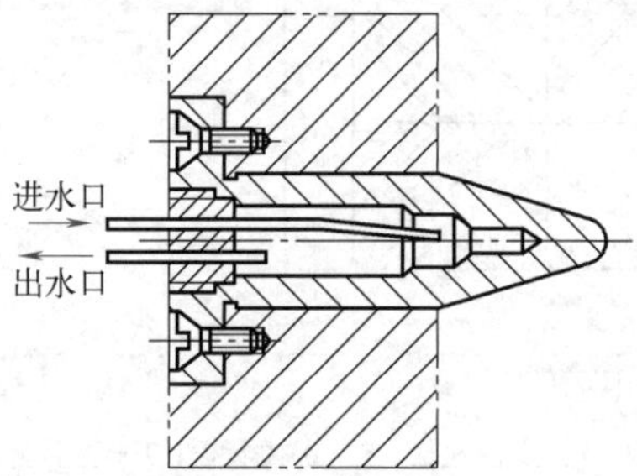 进水口 出水口	镶块冷却	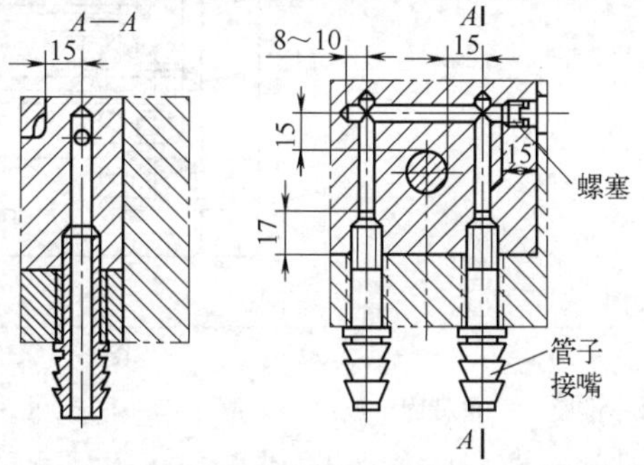 A—A 15 8～10 A 15 15 17 15 螺塞 管子接嘴 A
大型芯冷却	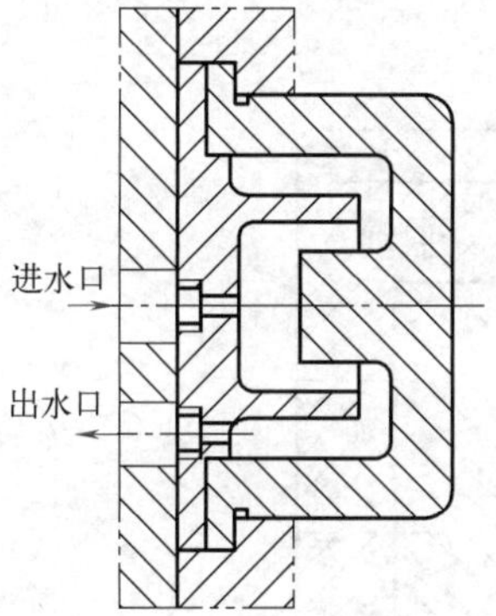 进水口 出水口	模壳冷却	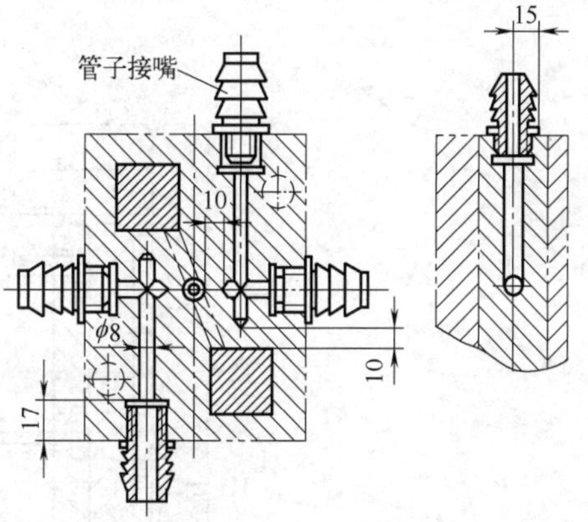 管子接嘴 10 ϕ8 17 10 15
压射头冷却	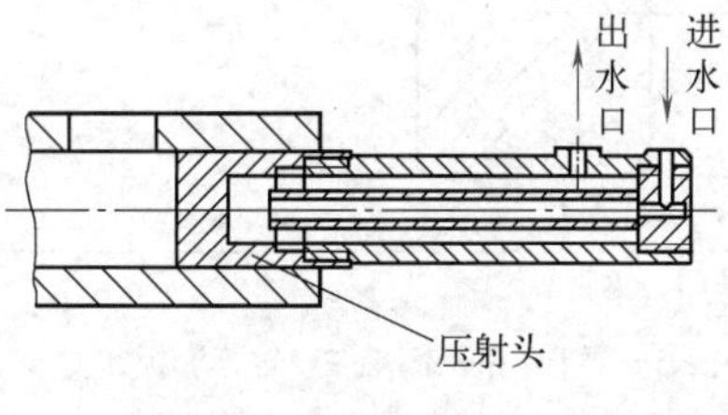 出水口 进水口 压射头	多块冷却	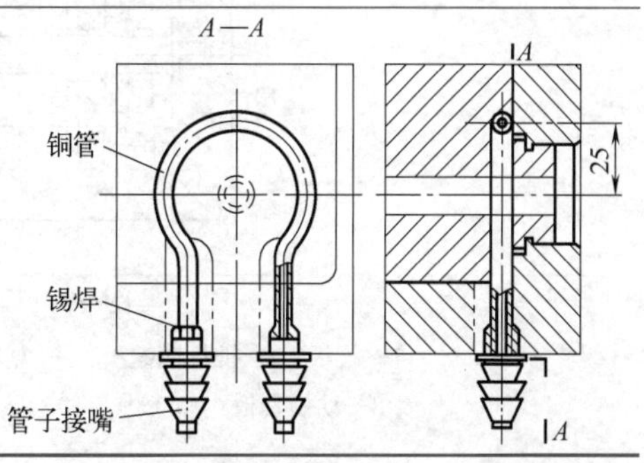 A—A 铜管 锡焊 管子接嘴 A 25 A

5.8 压铸型技术要求

5.8.1 压铸型零部件的尺寸精度

① 压铸型零部件的配合公差如图 5-40 和图 5-41 所示。

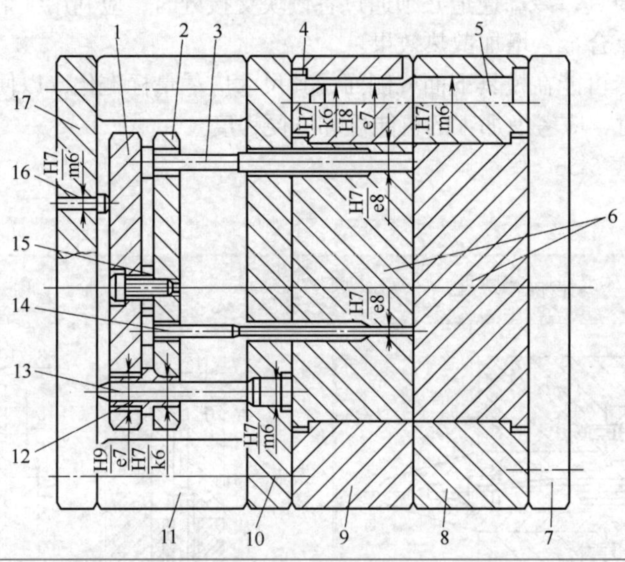

图 5-40 配合公差选用示例（一）

1—推板；2—推杆固定板；3—复位杆；4—导套；5—导柱；6—镶块；7—定模座板；8—定模套板；9—动模套板；10—支承板；11—垫块；12—推板导套；13—推板导柱；14—推杆；15—推板垫圈；16—限位钉；17—动模座板

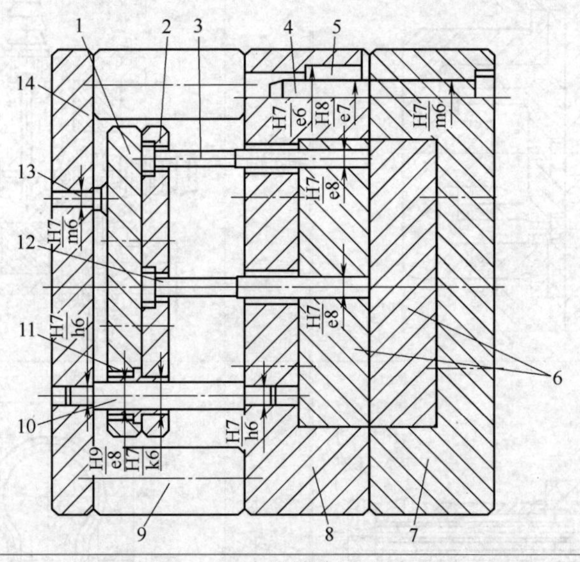

图 5-41 配合公差选用示例（二）

1—推板；2—推杆固定板；3—复位杆；4—导柱；5—导套；6—镶块；7—定模套板；8—动模套板；9—垫块；10—推板导柱；11—推板导套；12—推杆；13—限位钉；14—动模座板

② 结构零件的轴向配合。镶块、型芯、导柱、导套、浇口套与套板的轴向偏差值如图 5-42 所示。

③ 推板导套、推杆、复位杆、推板垫圈和推杆固定板的轴向配合偏差值如图 5-43 所示。

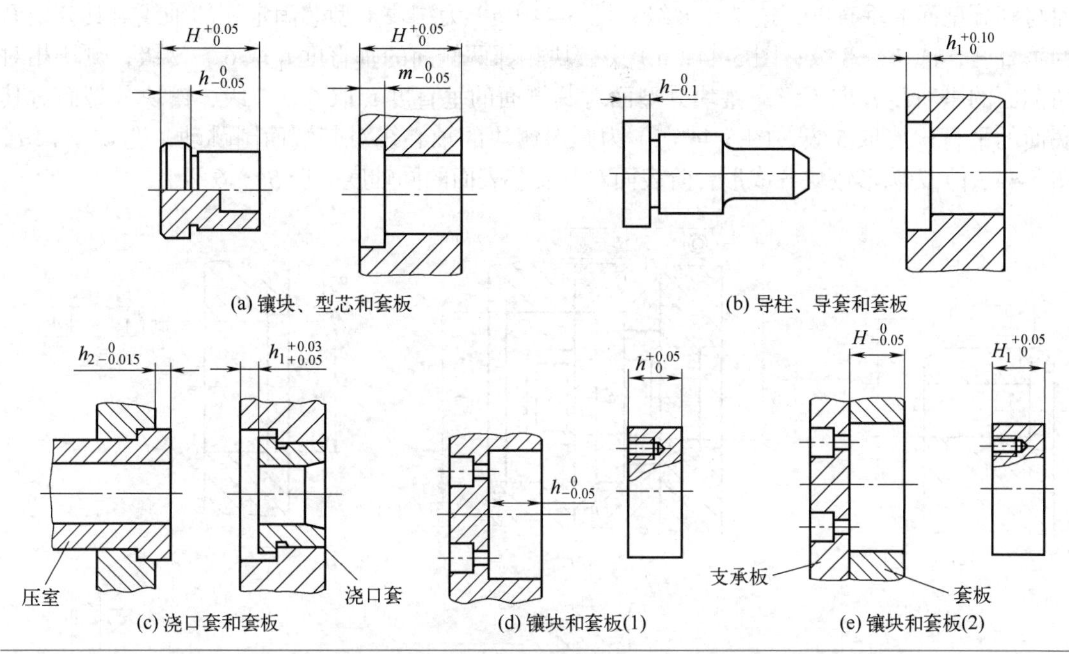

图 5-42　镶块、型芯、导柱、导套、浇口套与套板的轴向偏差值

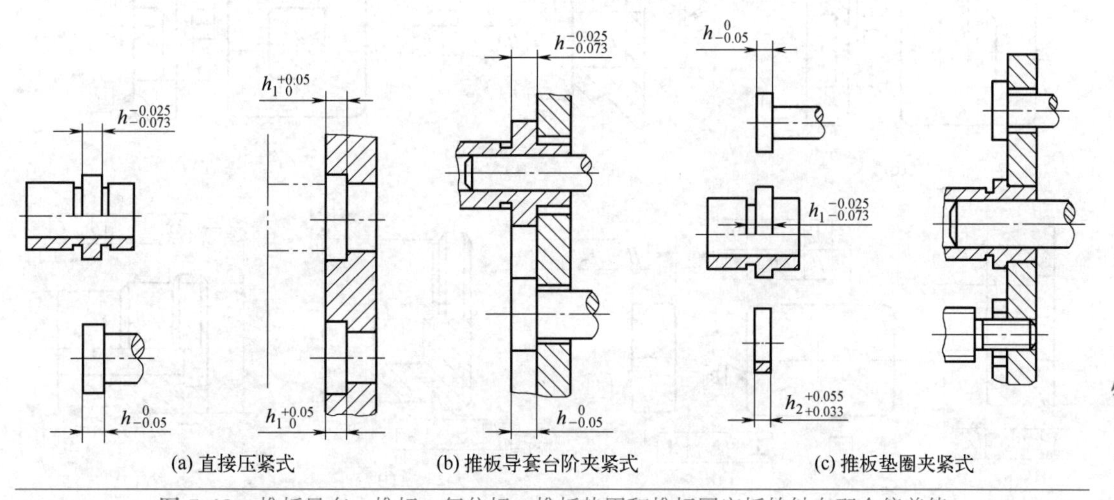

图 5-43　推板导套、推杆、复位杆、推板垫圈和推杆固定板的轴向配合偏差值

④ 形位公差。形位公差是零件表面形状和位置的偏差，压铸型成形部位或结构零件的基准部位，其形状和位置的偏差范围，一般均要求在尺寸的公差范围内，在图样上不再另加标注。

套板、镶块和有关固定结构部位的形位公差和参数如图 5-44 所示（GB/T 1184—1996），图 5-44（a）为导柱或导套安装孔的轴线与套板分型面的垂直度公差，选 5 ～ 6 级；图 5-44（b）为套板上型芯固定孔的轴线与其他各板上孔的公共轴线的同轴度，圆型芯孔选 6 级，非圆型芯孔选 7 ～ 8 级；图 5-44（c）为通孔套板上镶块圆孔的轴线与分型面的端面圆跳动

（以镶块孔外缘为测量基准），选 6 ～ 7 级；图 5-44（d）为通孔套板上镶块孔的表面与其分型面的垂直度，选 7 ～ 8 级；图 5-44（e）为不通孔套板上镶块圆孔的轴线与分型面的端面圆跳动（以镶块孔外缘为测量基准），选 6 ～ 7 级；图 5-44（f）为不通孔套板上镶块孔的表面与其分型面的垂直度，选 7 ～ 8 级；图 5-44（g）为镶块上型芯固定孔的轴线对其分型面的垂直度，选 7 ～ 8 级；图 5-44（h）中镶块相邻两侧面的垂直度 t_1 取 6 ～ 7 级，镶块相对两侧面的平行度 t_2 取 5 级，镶块分型面对其侧面的垂直度 t_3 取 6 ～ 7 级，镶块分型面对其底面的平行度 t_4 取 5 级；图 5-44（i）为圆形镶块的轴心线对其端面圆跳动，选 6 ～ 7 级；图 5-44（j）为圆形镶块各成形台阶表面对其安装表面的同轴度，选 5 ～ 6 级。

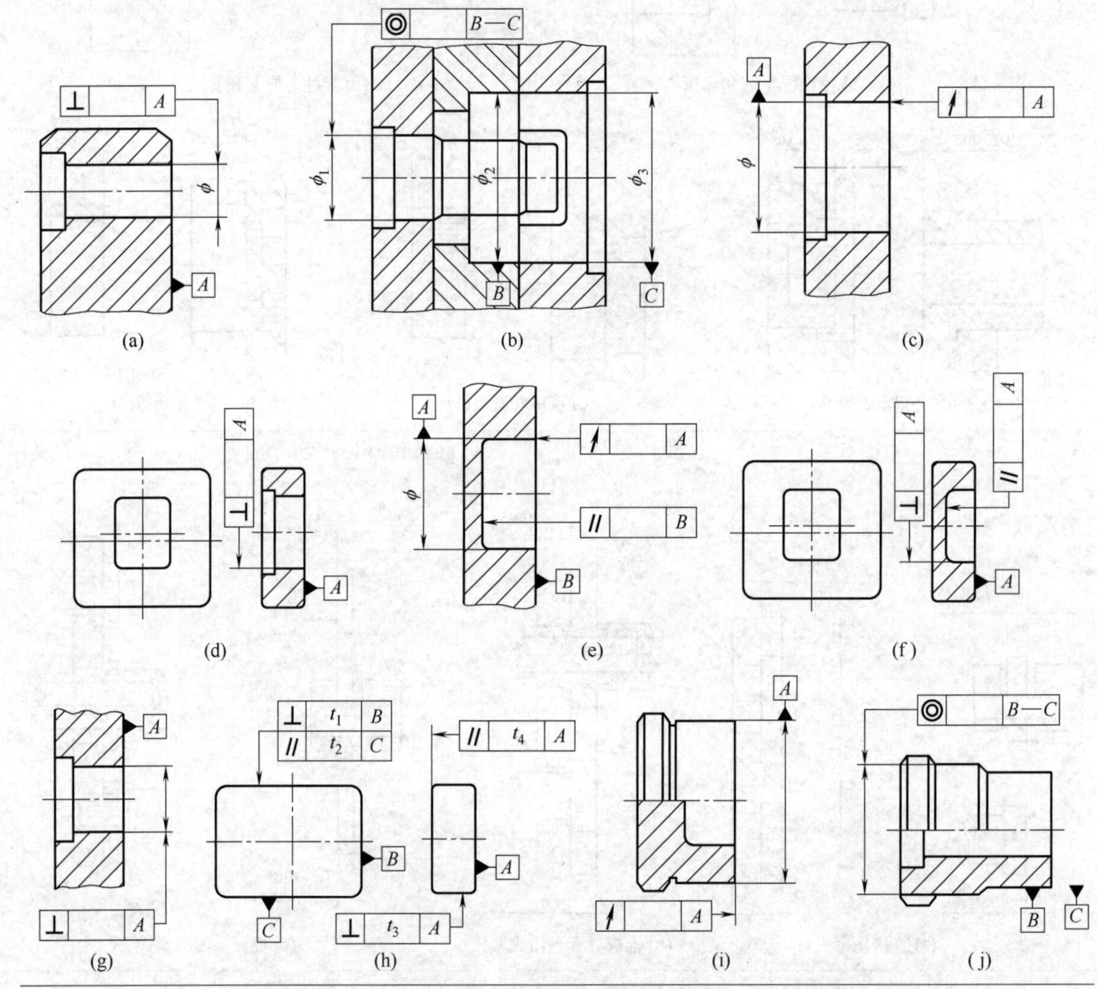

图 5-44　套板、镶块和有关固定结构部位的形位公差和参数

⑤ 未注公差尺寸的有关规定。成形部位未注公差尺寸的极限偏差见表 5-54（GB/T 8844—2017）。成形部位未注角度和锥度偏差见表 5-55（GB/T 8844—2017）。成形部位转接圆弧未注公差尺寸的极限偏差见表 5-56（GB/T 8844—2017）。

表 5-54　成形部位未注公差尺寸的极限偏差　　单位：mm

基本尺寸	≤ 10	＞ 10 ～ 50	＞ 50 ～ 180	＞ 180 ～ 400	＞ 400
极限偏差	±0.03	±0.05	±0.10	±0.15	±0.20

表 5-55　成形部位未注角度和锥度偏差

锥体母线长度或角度短边 /mm	≤ 6	> 6 ～ 18	> 18 ～ 50	> 50 ～ 120	> 120
极限偏差 / (′)	±30	±20	±15	±10	±5

表 5-56　成形部位转接圆弧未注公差尺寸的极限偏差　　　　单位：mm

基本尺寸		≤ 6	> 6 ～ 18	> 18 ～ 30	> 30 ～ 120	> 120
极限偏差	凸圆弧	0 −0.15	0 −0.20	0 −0.30	0 −0.45	0 −0.60
	凹圆弧	+0.15 0	+0.20 0	+0.30 0	+0.45 0	+0.60 0

⑥ 压铸型各结构件工作部位的表面粗糙度，可参照表 5-57 选用。

表 5-57　各种结构件工作部位推荐的表面粗糙度

分　类		工作部位	表面粗糙度 Ra/μm
成形表面		型腔和型芯	0.40/0.20/0.100
受金属液冲刷的表面		内浇道附近的型腔、型芯、内浇道及溢流槽流入口	0.20/0.100
浇注系统表面		直浇道、横浇道、溢流槽	0.40/0.20
安装面		动模和定模座板，模脚与压铸机的安装面	0.80
受压力较大的摩擦表面		分型面、滑块楔紧面	0.80/0.40
导向部位表面	轴	导柱、导套和斜销的导滑面	0.40
	孔		0.80
与金属液不接触的滑动件表面	轴	复位杆与孔的配合面，滑块、斜滑块传动机构的滑动表面	0.80
	孔		1.6
与金属液接触的滑动件表面	轴	推杆与孔的表面，卸料板镶块及型芯滑动面，滑块的密封面等	0.80①/0.40
	孔		1.6①/0.80
固定配合表面	轴	导柱和导套，型芯和镶块，斜销和弯销，楔紧块和模套等固定部位	0.80
	孔		1.6
组合镶块拼合面		成形镶块的拼合面，精度要求较高的固定组合面	0.80
加工基准面		划线的基准面、加工和测量基准面	1.6
受压紧力的台阶表面		型芯、镶块的台阶表面	1.6
不受压紧力的台阶表面		导柱、导套、推杆和复位杆台阶表面	3.2/1.6
排气槽表面		排气槽	1.6/0.80
非配合表面		其他	6.3/3.2

① 为异形零件允许选用的表面粗糙度。

5.8.2　压铸合金的选择及热处理

压铸型型腔直接与高温、高压和高速充填的金属液接触，在短时间内温度变化很大，压铸型的工作环境十分恶劣，因此对压铸型材料的选择应慎重。压铸型主要零件的材料选用及热处理要求见表 5-58。

表 5-58　压铸型主要零件材料的选用及热处理要求

<table>
<tr><th colspan="2" rowspan="2">零件名称</th><th colspan="3">压铸合金</th><th colspan="2">热处理要求</th></tr>
<tr><th>锌合金</th><th>铝、镁合金</th><th>铜合金</th><th>压铸锌、铝、镁合金</th><th>压铸铜合金</th></tr>
<tr><td rowspan="2">与金属液接触的零件</td><td>型腔镶块、型芯、滑块中成形部位等成形零件</td><td>4Cr5MoSiV1
3Cr2W8V
(3Cr2W8)
5CrNiMo
4CrW2Si</td><td>4Cr5MoSiV1
3Cr2W8V
(3Cr2W8)</td><td rowspan="2">3Cr2W8V
(3Cr2W8)
4Cr3Mo3W2V
4Cr3Mo3SiV
4Cr5MoSiV1</td><td rowspan="2">44 ~ 48
HRC</td><td rowspan="2">38 ~ 42
HRC</td></tr>
<tr><td>浇道镶块、浇口套、分流锥等浇注系统</td><td colspan="2">4Cr5MoSiV1
3Cr2W8V
(3Cr2W8)</td></tr>
<tr><td rowspan="4">滑动配合零件</td><td>导柱、导套（斜销、弯销等）</td><td colspan="3">T8A
(T10A)</td><td colspan="2">50 ~ 55HRC</td></tr>
<tr><td rowspan="2">推杆</td><td colspan="3">4Cr5MoSiV1，3Cr2W8V（3Cr2W8）</td><td colspan="2">45 ~ 50HRC</td></tr>
<tr><td colspan="3">T8A（T10A）</td><td colspan="2">50 ~ 55HRC</td></tr>
<tr><td>复位杆</td><td colspan="3">T8A（T10A）</td><td colspan="2">50 ~ 55HRC</td></tr>
<tr><td rowspan="3">模架结构零件</td><td>齿轮、齿轴、齿条</td><td colspan="3" rowspan="3">45</td><td colspan="2">45 ~ 50HRC</td></tr>
<tr><td>动、定模套板</td><td colspan="2">30 ~ 35HRC</td></tr>
<tr><td>支承板，垫块，动、定模底板，推板，推杆固定板</td><td colspan="2">25 ~ 32HRC</td></tr>
</table>

注：1. 表中所列材料，先列者为优先选用。

2. 压铸锌、镁、铝合金的成形零件经淬火后，成形面可进行软氮化或氮化处理，氮化层深度为 0.08 ～ 0.15mm，硬度≥ 600HV。

5.8.3　总装技术要求

① 模具分型面对定、动模座板安装平面的平行度应符合表 5-59 的规定。

表 5-59　模具分型面对定、动模座板安装平面的平行度　　单位：mm

被测面最大直线长度	≤ 160	160 ～ 250	250 ～ 400	400 ～ 630	630 ～ 1000	1000 ～ 1600
公差值	0.06	0.08	0.10	0.12	0.16	0.20

② 导柱、导套对定、动模座板安装平面的垂直度应符合表 5-60 的规定。

表 5-60　导柱、导套对定、动模座板安装平面的垂直度　　单位：mm

导柱、导套有效长度	≤ 40	40 ～ 63	63 ～ 100	100 ～ 160	160 ～ 250
公差值	0.015	0.020	0.025	0.030	0.040

③ 在合模位置，复位杆端面应与其接触面贴合，允许有不大于 0.05mm 的间隙。

④ 模具所有活动部分应保证位置准确，动作可靠，不得有歪斜和卡滞现象。要求固定的零件不得相对蹿动。

⑤ 浇道转接处应光滑连接，镶拼处应密合，未注起模斜度应不小于 5°，表面粗糙度 $Ra \leqslant 0.4\mu m$。

⑥ 滑块运动应平稳，合模后滑块与楔紧块应压紧，接触面积应不小于 3/4，开模后限位应准确可靠。

⑦ 合模后分型面应紧密贴合，如有局部间隙，其间隙应不大于 0.5mm（排气槽除外）。

⑧ 冷却水路应畅通，不允许有渗漏现象，进水口和出水口应有明显标记。

⑨ 模具应设吊环螺钉，确保安全吊装。起吊时模具应平稳，便于装模。

⑩ 在非工作面上打上零件号、压铸型图号及制造日期。

5.9 压铸涂料的选用

5.9.1 涂料的作用

为了减小铸件从模具中顶出的阻力，以及使压铸过程中受摩擦部分，如滑块、顶出元件、导滑元件、压射冲头和压室等在高温下具有润滑性，可以使用润滑材料和稀释剂的混合物，称为涂料。涂料的作用如下。

① 预防粘模。

② 减小模具的导热、保持合金液的流动性，从而改善金属的成形性。

③ 降低金属液对模具的冲刷作用、改善模具的工作条件。

④ 减小铸件与模具成形部分（特别是型芯）之间的摩擦，从而减少型腔的磨损，延长模具使用寿命、提高铸件表面粗糙度。

⑤ 对压铸型的活动部分、压射冲头与压室起润滑作用。

5.9.2 对涂料的要求

① 有良好的高温（300 ～ 400℃）润滑性能。

② 对模具和压铸件无腐蚀性。

③ 发气性要小，挥发点要低，在 100 ～ 150℃时，稀释剂能很快挥发。

④ 涂覆性好，不易堆积。

⑤ 性能稳定，在空气中不应使稀释剂很快挥发而变稠。

⑥ 无特殊气味、无毒，在高温下不分解出有害物质及残留污物。

⑦ 价格便宜，来源方便。

⑧ 配制或使用简便。

5.9.3 涂料的选择及喷涂

压铸涂料种类很多，工厂可以购买成品或自行配制，表 5-61 列出了一些压铸涂料的配方及用途。

表 5-61　压铸涂料的配方及用途

类别	涂料用原材料	配比	配制方法	使用范围
油基	30 号、50 号锭子油	100%	成品	压铸锌合金
	机油 石墨	(90 ～ 95)% (5 ～ 10)%	200 ～ 300 目石墨加入机油中均匀搅拌	压铸铝合金、铜合金 压射活塞、压室和易咬合处
	机油 二硫化钼	95% 5%	二硫化钼加入机油中均匀搅拌	压铸镁合金
	油剂胶体石墨	100%	成品	压铸铝合金
	氧化铝粉 煤油	5% 95%	氧化铝粉加入煤油中均匀搅拌	压铸铝合金
水基	氟化钠 水	3% 97%	氟化钠加入 70 ～ 80℃水中均匀搅拌	压铸铝合金（防粘型有特效），但对铸型、铸件腐蚀，对人有害
	氧化锌 水玻璃 水	5% (1 ～ 2)% (93 ～ 94)%	水玻璃加入 60 ～ 70℃水中搅拌均匀后，再加入氧化锌均匀搅拌	压铸锌合金、大中型铝合金件
有机高分子	天然蜂蜡	100%	块状或< 35℃的液态	压铸锌合金、铜合金
	蜂蜡 机油或二硫化钼	(60 ～ 70)% (30 ～ 40)%	将蜡熔化，混入机油或二硫化钼，搅拌均匀，倒入硬纸做的圆筒内，凝成笔状，或熔融态	各种合金的压铸
	聚乙烯 煤油	(3 ～ 5)% (95 ～ 97)%	小块聚乙烯放入煤油中，加热至 80℃左右，熔化	压铸铝合金
	硅橡胶 铝粉 汽油	(3 ～ 5)% (1 ～ 3)% (92 ～ 96)%	将硅橡胶溶于汽油中，使用时加入铝粉搅拌	压铸铝合金
	铝粉 猪油 银色石墨 煤油 樟脑	12% 80% 1.5% 2.5% 4%	在熔化的猪油中加入煤油，然后依次加入铝粉、樟脑、石墨，搅拌均匀，使用时加热至 40℃左右，呈液态	铝合金螺纹孔压铸，型芯

水基胶体石墨和油基胶体石墨是常用的压铸涂料，使用这两种涂料应注意的是，水基胶体石墨在铸型温度不够高时，不易粘附在型腔壁上，会使润滑效果不佳，而且它较易积聚在型腔的凹角、深槽中，对铸件质量和尺寸精度有不利的影响。而油基胶体石墨在喷涂时产生的蒸汽易在型腔中形成液质薄膜，压铸时在金属高温影响下易形成气体，产生反压力阻碍金属液的充型，使铸件表面产生流纹。被卷入铸件内部的气体会降低铸件的致密度。油基胶体石墨弥漫于工作场所环境中的微粒，对人体呼吸器官有害，较易污染压铸机。对上面提到的情况应予注意。

常用毛刷或喷涂的方法把涂料带至铸型工作面上。用毛刷刷涂后，最好用压缩空气吹匀，或用干净的纱布擦匀。喷涂时应使涂料分布均匀，要注意避免涂料在铸型型腔个别部位的积聚，应待涂料载体挥发完后才合型。同时还应注意排气槽不被涂料堵塞。一般，冲头和压室每刷涂或喷涂一次可连续压铸 3 ～ 5 次。型腔、浇道部位每刷涂或喷涂一次可连续压铸 3 ～ 8 次。压铸大型件时，常是每压铸一次就喷涂一次涂料。根据铸型的工作情况，有时只需对铸型的特定部位涂涂料即可。

随着喷涂涂料自动化的发展，常用市售水基乳状的涂料，在用水稀释后，涂料应能均匀弥散，并且在放置时不能聚集分层。喷涂这种涂料时，对铸型有冷却的作用，对需要加强冷却的铸型，可使用高稀释度的涂料，而对于需冷却较小的压铸型，可使用较浓稠的涂料。

5.10 压铸件缺陷分析

压铸件的缺陷种类很多，缺陷的形成原因也是多方面的。铝合金压铸件常见的缺陷分析及其改善措施见表5-62。

表5-62 铝合金压铸件常见的缺陷分析及其改善措施

种类	特征	形成原因	改善措施
压铸件表面呈网状	该网状结构突出在压铸件表面，通常出现在铜压铸件表面	模具老化	突起网状表面说明模具已热疲劳，模具材料选择不当或热处理工艺不合适均会造成模具早期龟裂，模具使用前的预热可以增加模具寿命
气孔	封闭气孔（该气孔存在于压铸产品内部而在压铸件没有机加工前通常很难发现）	(1)金属浇入温度太高；(2)活塞速度太快；(3)充填率太低；(4)注射压力低；(5)料头过薄；(6)模具温度太低；(7)浇铸系统结构不合理；(8)溢流槽或排气槽堵塞；(9)脱模剂用量过大	(1)保持正确的浇注温度；(2)降低活塞速度以降低铝液紊流程度，同时也改善脱气；(3)减少活塞直径；(4)增加注射压力，改善密封和进料系统；(5)增加料头厚度；(6)缩短压铸周期，加强冷却；(7)清理溢流槽和排气槽；(8)减少脱模剂用量以降低气体含量
	开放及半封闭气孔（该类气孔出现在压铸件表面，这些表面气孔通常是由压铸金属内包含高压气体或空气释放造成）	(1)金属浇入温度太高；(2)活塞速度太快；(3)充填率太低；(4)注射压力低；(5)料头过薄；(6)模具温度太低；(7)浇铸系统结构不合理；(8)溢流槽或排气槽堵塞；(9)脱模剂用量过大	(1)保持正确的浇注温度；(2)降低活塞速度以降低铝液紊流程度，同时也改善脱气；(3)减少活塞直径；(4)增加注射压力，改善密封和进料系统；(5)增加料头厚度；(6)缩短压铸周期，加强冷却；(7)清理溢流槽和排气槽；(8)减少脱模剂用量以降低气体含量
缩孔	形状不规则，表面呈粗糙、暗色的孔洞	(1)铸件凝固收缩，压射力不足；(2)铸件结构不良，壁厚不均匀；(3)溢流槽容量不足；(4)余量饼太浅；(5)冲头返回太快	(1)提高压射力；(2)改进结构；(3)加大溢流槽容量；(4)增厚余料饼；(5)保证一定的持压时间
压铸件带有脱模剂痕迹	压铸件上的脱模剂痕迹通常发暗，与冷流动相互关联	(1)金属液温度很低；(2)模具温度过低；(3)脱模剂用量过大	(1)提高金属液温度；(2)改善模具温度（不是最有效措施）；(3)减少脱模剂用量，特别是锤头冷却剂用量应减少
压铸件飞边	金属液从模具分型面流出产生飞边，也可能产生于压铸件的抽芯部位或推杆部位与模具之间的位置	(1)金属液温度过高；(2)锁模力太小；(3)注射力太高；(4)活塞速度过快；(5)动、静模没有平行；(6)模具产生变形；(7)金属液残留在分型面上；(8)模具温度不均，局部过高	(1)降低金属液温度使金属液流速减缓；(2)保证锁模力；(3)注射力不可超过锁模力与铸件总投影面积之比；(4)降低活塞速度；(5)检查模具装配；(6)调整动静模平行度；(7)清理分型面；(8)加强模具局部温度过高处的冷却
压铸件产生裂纹、变形	可能由于在压铸件还是很热的情况下就从模具中取出产生	(1)开模取件太早；(2)推件力太大；(3)模具表面过分粗糙；(4)模具产生变形；(5)脱模剂用量太少	(1)增加冷却凝固时间，确保压铸件凝固后被推出；(2)降低推件力；(3)打磨模具表面；(4)矫正模具的变形；(5)增加脱模剂用量

续表

种类	特征	形成原因	改善措施
未充满	型腔局部注射压力不足	(1) 金属液温度过低；(2) 金属液量过少；(3) 活塞速度太低；(4) 注射压力太小；(5) 模具温度过低；(6) 排气槽堵塞；(7) 注射时间过长	(1) 控制金属液温度；(2) 检查浇杯，太少的金属液会使料头过薄；(3) 加快活塞速度特别是第二阶段的速度；(4) 增加注射力；(5) 减轻模具冷却强度；(6) 清理溢流槽和排气槽；(7) 缩短单件注射周期
压铸件表面塌陷	凹陷通常是浅的，这些浅凹陷的表面是光滑的，经常出现在压铸件厚的部位或拐角部位	(1) 金属液温度太高；(2) 注射压力过低；(3) 模具温度太高	(1) 调节浇铸温度；(2) 增加注射压力；(3) 在对应压铸件凹陷部位的模具部位加强冷却，延长单件注射周期
过冷流动	金属没有完全熔结在一起	(1) 金属浇入温度过低；(2) 活塞速度太慢；(3) 模具温度太低；(4) 注射时间过长；(5) 排气槽堵塞；(6) 脱模剂用量过大	(1) 提高浇铸温度；(2) 增加活塞速度以保证注射时金属液维持在高温；(3) 减小单件注射周期；(4) 加强冷却；(5) 检测溢流槽和排气槽；(6) 减少脱模剂用量
压铸件表面有流旋线、变色	压铸件表面清晰地呈现金属凝固前流动曲线，这类问题有时会在过冷流动后发生，通常在初期压铸生产中发生	(1) 金属液温度过低；(2) 活塞速度太慢；(3) 模具温度太低；(4) 脱模剂用量过大	(1) 提高浇铸温度；(2) 增加活塞速度以保证注射时金属液维持高温；(3) 减小单件注射周期；(4) 减少脱模剂用量
气泡	表面光滑、形状规则或不规则的孔洞	(1) 金属液夹裹气体较多；(2) 金属液温度过高；(3) 模具温度过高；(4) 压铸涂料过多；(5) 浇注系统不合理，排气不畅	(1) 增加缺陷部位的溢流槽和排气孔，减小冲头速度；(2) 保证正确的温度；(3) 控制模具温度；(4) 涂料少且均匀；(5) 修改浇注系统
夹杂	铸件表面或内部形状不规则的内有杂物的空穴	(1) 炉料不净，太高的非金属夹杂含量会产生沉淀；(2) 合金净化不足，没有足够的助熔剂帮助除渣；(3) 舀取合金液时带入熔渣及氧化物；(4) 模具不清洁	(1) 保证炉料干净；(2) 合金净化，选用便于除渣的熔剂；(3) 防止熔渣及气体混入勺中；(4) 注意模具清洁

5.11 压铸新技术

5.11.1 真空压铸

使用普通压铸法时，金属液在高压、高速下形成铸件，型腔中的气体很难排出型外，往往被卷入铸件中。为解决普通压铸法的铸件易产生气孔，不能进行热处理的问题，出现了真空压铸新工艺。

真空压铸是利用辅助设备将压铸型腔内的空气抽出形成真空状态，将金属液压铸成形的方法。

真空压铸法与普通压铸法相比具有以下特点：①气孔率大大降低；②真空压铸的铸件硬度高，微观组织细小；③真空压铸件的力学性能较高。

近来，真空压铸以抽除型腔中的气体为主，主要有两种形式：①从模具中直接抽气；

②置模具于真空箱中抽气。采用真空压铸时，模具的排气道位置和排气道面积的设计至关重要。排气道存在一个“临界面积”，其与型腔内抽出的气体量、抽气时间及充填时间有关。当排气道的面积大于临界面积时，真空压铸效果明显；反之，则不明显。

真空压铸需要在很短时间内达到所要求的真空度，因此必须先设计好预真空系统，如图 5-45 所示。根据型腔的容积确定真空罐的容积和选用足够大的真空泵。

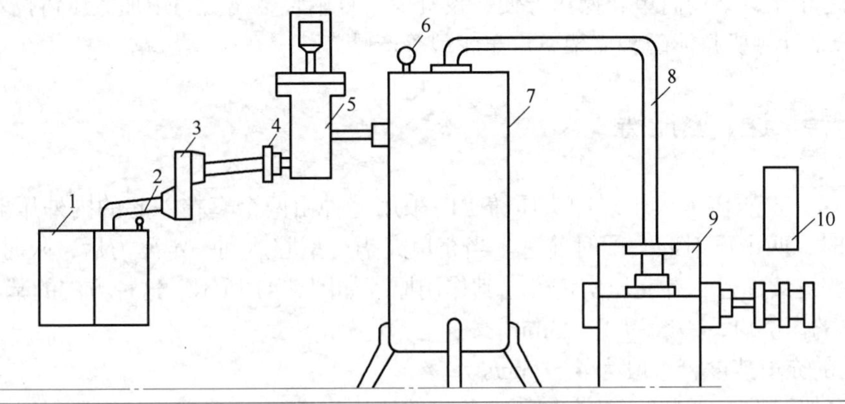

图 5-45　预真空系统示意图

1—压铸型；2—真空表；3—过滤器；4—接头；5—真空阀；6—电真空表；7—真空罐；8—真空管道；9—真空泵；10—电动机

5.11.2　加氧压铸

加氧压铸是将干燥的氧气充入压室和型腔取代其中的空气与其他气体后进行压铸的一种工艺方法。加氧压铸一般仅应用于铝合金，其工艺原理是基于铝合金压铸时，铝与氧气发生以下反应：

$$4Al+3O_2 = 2Al_2O_3$$

从而消除或大大减少气孔，提高铸件的致密度。反应生成的 Al_2O_3 颗粒（粒径< 1μm）弥散分布在铸件内部，既不影响铸件的力学性能，也不影响铸件的机加工性能。

加氧压铸工艺如图 5-46 所示。合型过程中，当动型、定型之间达到一定间距时开始加氧，合型完毕后需继续加氧一定时间，然后关闭氧气进行压铸。采用加氧压铸工艺时应特别注意浇注系统和排气系统的合理设计，避免产生氧气孔。

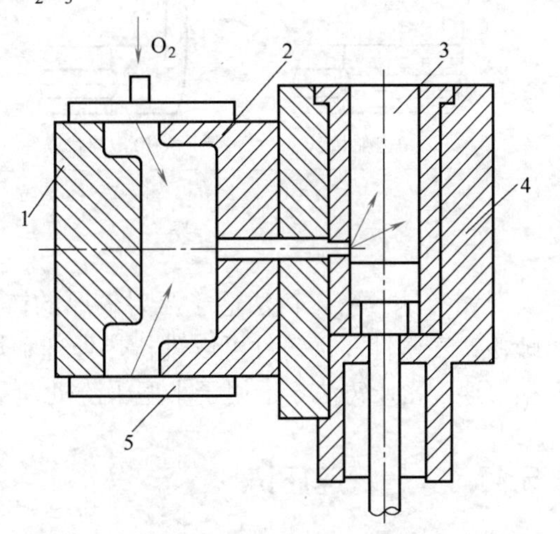

图 5-46　加氧压铸工艺示意图

1—动型；2—定型；3—压室；4—反料活塞；5—分配器

加氧压铸工艺参数对铸件质量影响很大，应严格控制。加氧开始时间视铸件大小及复杂程度而定，一般在动型、定型相距 3 ～ 5mm 时开始加氧，略停 1 ～ 2s 再合型，合型后要继续加氧一定时间。加氧压力一般为 0.4 ～ 0.7MPa，加氧结束后应立即压铸。压铸型预热温度应略高一些，一般为 250℃，以使涂料中的气体尽快挥发排除。

加氧压铸的特点是气孔缺陷消除或显著减少，铸件致密度提高，力学性能增强。铝合金加氧压铸件比普通压铸件铸态强度可提高 10%，伸长率增加 0.5 ～ 1 倍；因压铸件内无气孔，所以可进行热处理，从而进一步提高力学性能，热处理后强度能提高 30% 以上，屈服极限增加 100%，冲击性能也显著提高；压铸件可在 290 ～ 300℃的环境中工作；加氧压铸与真空压铸相比，结构简单、操作方便、投资少。日本轻金属公司用加氧压铸技术生产出了 AZ91 镁合金计算机整体磁头支架、汽车轮毂等产品。

5.11.3 精、速、密压铸

精、速、密压铸（双压射冲头压铸）时采用一种由两个套在一起的内外压射冲头。在开始压射时，两个压射冲头同时前进。当充填完毕，型腔达到一定压力后，限时开关启动，内压射冲头继续前进，补充压实铸件，其作用原理如图 5-47 所示。这种方法的基本特征是：

① 厚的内浇口，一般为 3 ～ 5mm。

② 低的充填速度，一般为 4 ～ 6m/s。

③ 压铸后用内压射冲头补充加压，此时的比压为 3.5 ～ 100MPa。内压射冲头的行程为 50 ～ 150mm。

④ 控制铸件顺序凝固。这样可使充型时液态金属平稳地充填型腔，使液态金属在型内由远及近地向内浇口方向顺序凝固，从而使压射冲头更好地起到压实作用。同理，在铸件的厚壁处，也可在压铸型上另设补压冲头，对铸件进行补充压实，以获得致密的组织。其结构如图 5-48 所示。

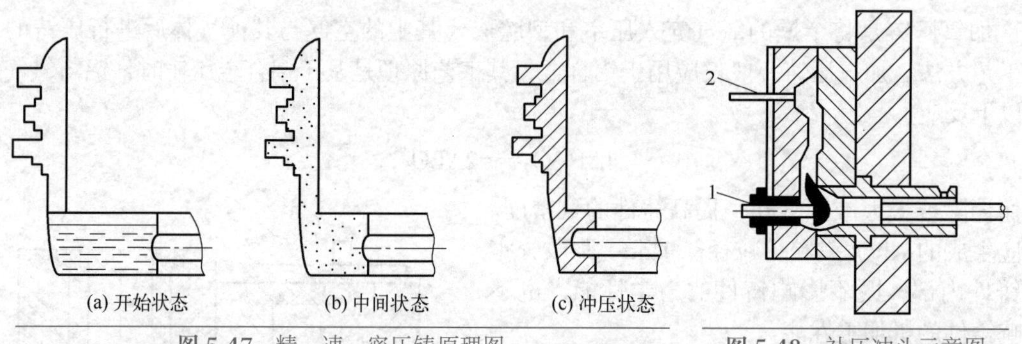

图 5-47　精、速、密压铸原理图

图 5-48　补压冲头示意图

1—补充冲头；2—顶杆

精、速、密压铸法适于压射较厚的铸件，铸件各部分强度分布均匀，铸件内无气孔和疏松，气密性高，铸件可以进行热处理和焊接。但由于内浇口厚，必须使用专用机床切除。精、速、密压铸法不适用于小型压铸机，一般用于合型力为 4000 ～ 6000kN 的压铸机。

5.11.4 超低速压铸

压铸时理想流态应是慢压射冲头慢速前进，排出压室中的气体，直至合金液充满压室，再选择合适的快压射速度，在合金液不凝固的情况下充满型腔，然后压射冲头以高速、高压施加于合金液上，使压铸件在静压力作用下凝固，以获得表面光洁、轮廓清晰、内部组织致密的压铸件。

超低速压铸属于层流填充压铸法，它与普通压铸的区别在于采用截面较大的内浇口和极低的冲头移动速度（0.05 ～ 0.15m/s），以确保金属液平稳地填充型腔而不卷入气体。从原理上讲，超低速压铸实际就是间接式挤压铸造方法。超低速压铸的优点是卷入的气体少；铸件可进行 T6 热处理或焊接加工。但其缺点是：①金属液在压射室停留时间长，流动性下降，易引起铸件外观缺陷；②填充过程长，压射室型壁形成激冷层容易卷入铸件中，影响铸件的力学性能；③生产效率较低，不能充分发挥压铸的技术优势。超低速压铸工艺在生产高性能轿车零部件上得到了应用，如方向盘支柱、发动机支架等。

5.12 压铸件生产案例

5.12.1 压铸件的简介

压铸零件材料为 ADC12 铝合金，铸造精度 CT6，平均壁厚约为 6mm，有较多棱角起伏。其实物如图 5-49 所示，其二维图如图 5-50 所示。

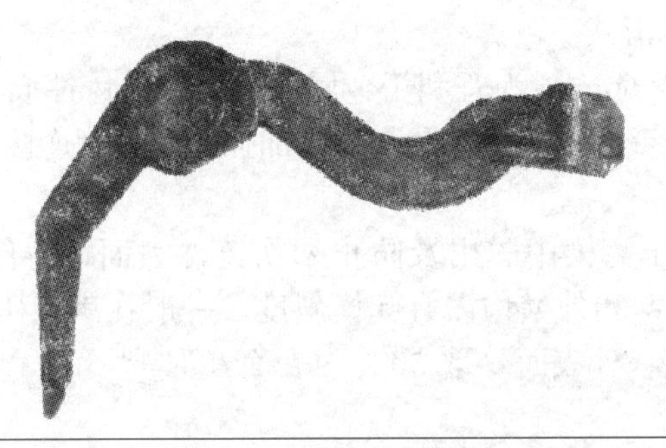

图 5-49 压铸件实物图

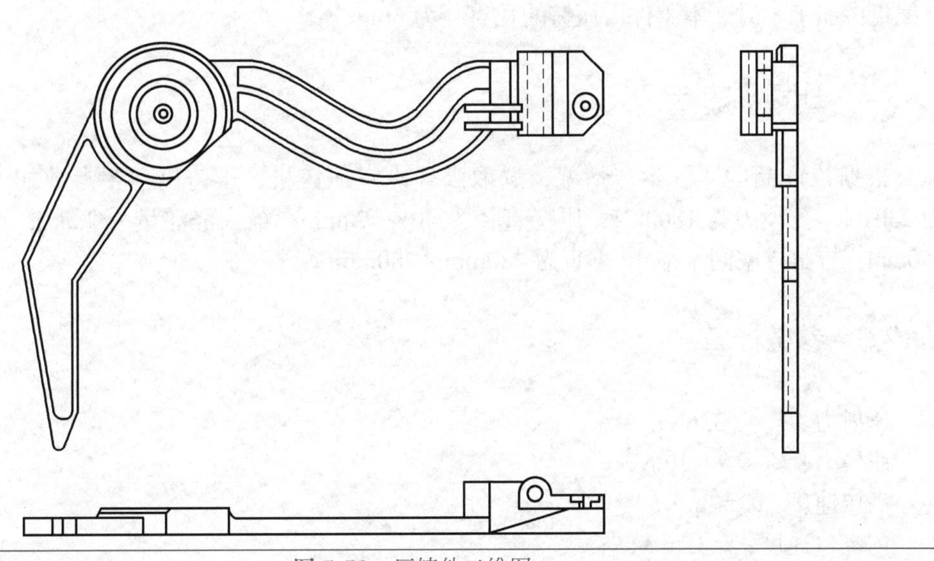

图 5-50 压铸件二维图

5.12.2　压铸件的精度、表面粗糙度及加工余量的确定

（1）压铸件尺寸精度的确定

GB/T 6414—2017《铸件尺寸公差》中规定了压力铸造生产的各种铸造金属及合金铸件的尺寸公差。对于成批量和大量生产的铝合金压铸件，其尺寸公差一般为 CT5 ～ CT7。由于此铸件尺寸比较小，压铸精度较高，长度尺寸、圆角半径尺寸、角度、孔中心距尺寸等尺寸公差都取 0。

（2）表面粗糙度的确定

压铸件的表面粗糙度可达到 $Ra2.5$ ～ 0.63μm，要求高的达到 $Ra0.32$μm。随着模具使用次数的增加，压铸件的表面粗糙度逐渐增大。本压铸件的粗糙度取 0.63μm。

（3）加工余量的确定

当压铸件某些部位尺寸精度或形位公差达不到设计要求时，可在这些部位适当留取加工余量，用后续的机械加工来达到其精度要求。由于本压铸件尺寸小，表面组织致密、强度高，精度高，故没有加工余量。

5.12.3　压铸件基本结构单元设计

（1）壁的厚度及连接形式

本铸件的平均壁厚为 6mm，为有利于金属液流动和压铸件成型，避免压铸模产生应力集中和裂纹，压铸件壁与壁连接采用圆角与隅部加强渐变过渡连接。

（2）起模斜度

为了便于压铸件从压铸模中脱出及防止划伤铸件表面，铸件上所有与模具运动方向（即起模方向）平行的孔壁和外壁均需有起模斜度。一般在满足压铸件使用要求的前提下，起模斜度为可能取大一些，外表面 α 取 30′，内表面 β 取 1°。

（3）压铸孔

对于一些精度要求不是很高的孔，可以不必进行机械加工就可以直接使用，从而节省金属机械加工工时。本零件需压铸的孔直径为 5mm。

5.12.4　压铸机的选取

根据该产品的实际生产情况，选取卧式冷室压铸机，压铸机主要参数如下：压射力为 230kN；合模力为 1800kN；压室直径为 40 ～ 70mm；最大浇注量为 2.5kg；动模板行程 350mm；拉缸内空间水平 × 垂直为 480mm × 480mm。

5.12.5　参数计算

压射力：F_y=16336N；

胀模力：F_Z=9.9 × 10^5N；

高压速度：v_{yh}=2m・s^{-1}；

内浇口速度：v=35m・s^{-1}；

ADC12 的浇注温度为 680℃；

模具预热温度 150 ～ 180℃，因本设计压铸过程中模具温度会升高，喷脱模剂有降温的作用，吸热和散热基本保持不变，故不需进行预热。

5.12.6 浇注系统及推出结构的分布

该压铸件所用的卧式冷室压铸机浇注系统的结构及推出系统的分布，如图 5-51 所示。

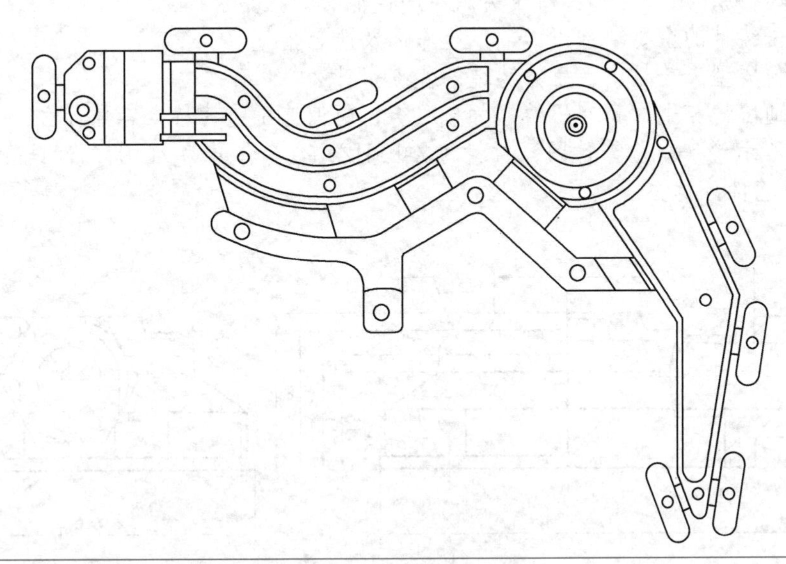

图 5-51 压铸机的浇注系统结构及推出系统的分布

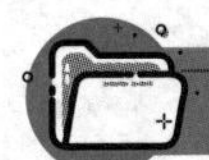

拓展阅读材料

[1] 刘志明，王平原，李杰 . 压力铸造技术与应用 [M]. 天津：天津大学出版社，2010.

[2] 王栓强，曹静，来东 . 压力铸造 [M]. 北京：航空工业出版社，2018.

[3] 卫飞龙，常涛 . 浅谈压力铸造的全自动化生产 [J]. 铸造设备与工艺，2021，000（001）：40-42.

[4] 周黎明，戴维，杨仁康 . 铝合金压力铸造技术在发动机试制中的应用 [J]. 时代汽车，2016（09）：56-57+61

[5] K.Dou，E. Lordan，Y.Zhang，et al.A Novel Approach to Optimize Mechanical Properties for Aluminium Alloy in High Pressure Die Casting（HPDC）Process Combining Experiment and Modelling[J].Journal of Materials Processing Technology，2021，296：117193.

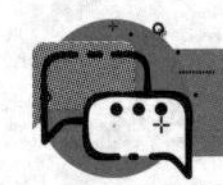

习题

1. 什么是金属压力铸造？主要应用在哪些场合？

2. 何为压射比压？试分析压射比压的高低对压铸件质量和压铸型使用寿命的影响。

3. 充填理论主要有哪几种？其基本内容及发生的条件是什么？研究充填理论有什么实际意义？

4. 压铸机分哪些种类？怎样选用压铸机？

5. 压铸工艺参数包括哪些内容？

6. 压铸温度规范包括哪些主要参数？它们对铸件质量及压型寿命有哪些影响？

7. 什么是分型面？如何选择分型面？

8. 压铸型为什么要开设溢流槽？在什么部位开设溢流槽？

9. 压铸涂料的作用是什么？对压铸涂料的性能有哪些要求？

10. 试述压铸件的主要缺陷形式、产生原因及改善措施。

11. 与其他成型工艺相比，压力铸造的优点是什么？

12. 与普通压铸相比，真空压铸、加氧压铸、超低速压铸的特点各是什么？

13. 如图所示为一端盖零件图，材料为ZALSi12，合金代号为ZL102，试结合零件图对铸件结构进行工艺性分析。

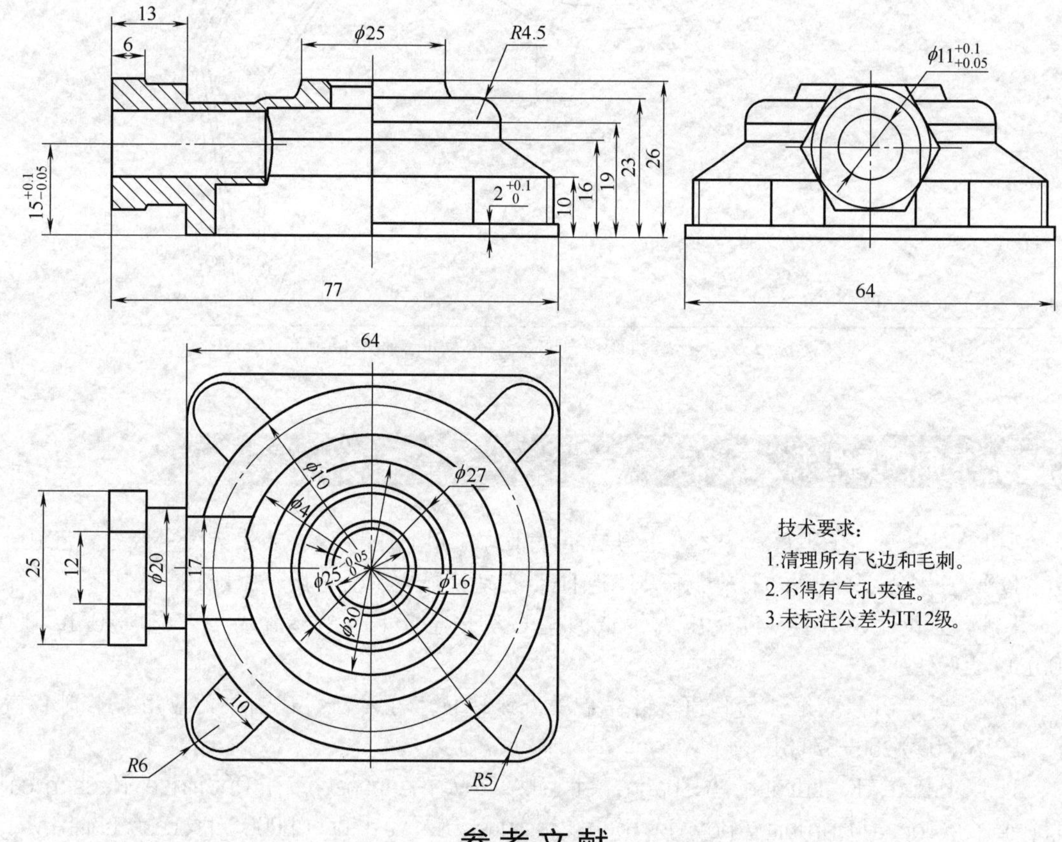

参考文献

[1] 周健波，田福祥．我国压力铸造技术的现状与发展[J]. 电加工与模具，2006, B05: 5.

[2] 郭建烨，于超，张艳丽．机械制造技术基础[M]. 北京：北京航空航天大学出版社，2016.

[3] 中国机械工程学会铸造分会．铸造技术路线图[M]. 北京：中国科学技术出版社，2016.

第 6 章

离心铸造

6.0 概述

离心铸造（centrifugal casting）是将液体金属注入高速（通常 250 ～ 1500r/min）旋转的铸型内，使金属液做离心运动充满铸型从而形成铸件的技术和方法。

由于离心运动使液体金属在径向能很好地充满铸型并形成铸件的自由表面，不用型芯就能够获得圆柱形的内孔，且有助于液体金属中气体和夹杂物的排除，并影响金属的结晶过程，因此能够显著改善铸件的力学性能和物理性能。

早在 1809 年，英国人埃尔恰尔特就申请了第一个离心铸造的专利。1849 年，英国安德鲁逊克制造了第一台离心铸造机，而后生产了长达 3.6m、直径为 75mm 的离心铸铁管。1857 年德国人汉内・贝士麦提出用立式离心铸造生产轮圈。1862 年英国人惠尔利和鲍韦尔制作出了铸造轮圈的立式离心铸造机。1914 年巴西人代拉夫得和阿伦斯研究水冷型离心铸管法成功。1917 年美国人莫尔创造了砂型离心铸管法，1920 年开始用于大量生产。1950 年在瑞典开始用涂料金属型离心铸造法生产主要用于下水道的小口径铁管。20 世纪 30 年代以后离心铸造法逐步推广应用于生产汽缸套、炮身、鼓轮等铸件。在 20 世纪 40 年代出现了用离心铸造法生产双金属复合冶金轧辊的工艺。20 世纪 50 年代美国离心铸管公司建立了树脂砂型离心铸管法。

目前，离心铸造主要用来生产长管、发动机汽缸套、各种铜套、各种合金轴瓦、造纸机滚筒、双金属轧辊、加热炉滚道和异形铸件等。此外，离心铸造还可用于诸如生产叶轮等异形铸件、造纸、无缝管坯、干燥滚筒等。离心铸造机如今已实现了高度自动化、机械化，一些机械化离心铸管厂已实现了十几万吨的年产量。一些离心铸造生产的产品实例如图 6-1 所示。

当前，世界各国在冶金工业、矿山开采、交通出行、提灌机械设备、航空公司、国防安全、车辆等领域中均选用离心铸造工艺，来生产钢、铁及非铁碳合金铸件。其中尤以离心式铸铁排水管、燃气轮机汽缸套和联轴器等铸件的生产更为广泛。对一些成形数控刀片和传动齿轮类铸件，还可以对实体熔模型壳选用向心力浇筑，既可以提升铸件的精密度，又能提升铸件的物理性能。目前，我国铸件每年产量达到 1500 万吨以上，其中大概有 220 万吨是用离心铸造的方法生产加工的，约占了铸件产品总量的 15%。

(a) 水泵叶轮

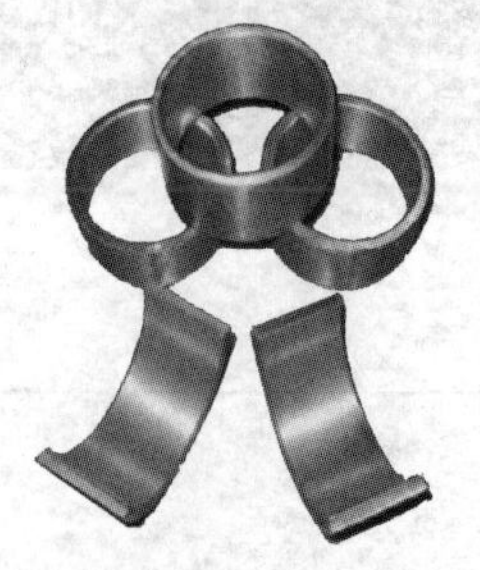

(b) 双金属轴瓦

(c) 双金属轧辊

图 6-1　离心铸造产品图

离心铸造作为一种传统的特种铸造技术，在各种铸造方法中仅次于砂型铸造，具有其他铸造技术不可替代的优点，如不需砂芯即可获得中空铸件、金属液利用率高、铸件组织致密、易于产生梯度材料等。当前，离心铸造在工艺及产品开发方面取得的突破主要有：

① 在工艺设计方面，现阶段已经对离心铸造转速计算、铸造缺陷控制、计算机仿真以及电磁离心铸造等方面都取得了一定的成果。在实际生产中，可以根据产品的质量要求和生产实际情况进行正确选择。

② 在产品方面，离心铸造已经不再仅局限于传统铸铁管类生产，出现了许多以中高合金钢、钛合金等为主要材料的新产品。此外，出现了新型材料例如梯度功能材料和复合材料的离心铸造。

随着科学技术与生产能力的发展，目前已有高度自动化的离心铸造设备和新型的离心铸造工艺应用于铸件的生产，离心铸造技术得到了广泛的应用。洛阳双瑞精铸钛业有限公司最新开发了一种新型钛合金离心铸造工艺，即真空倾斜式离心浇注，其能够有效地减少某底板铸件内部的缩孔缺陷，如图 6-2 所示，进而显著提高钛合金铸件的产品质量 [1]。

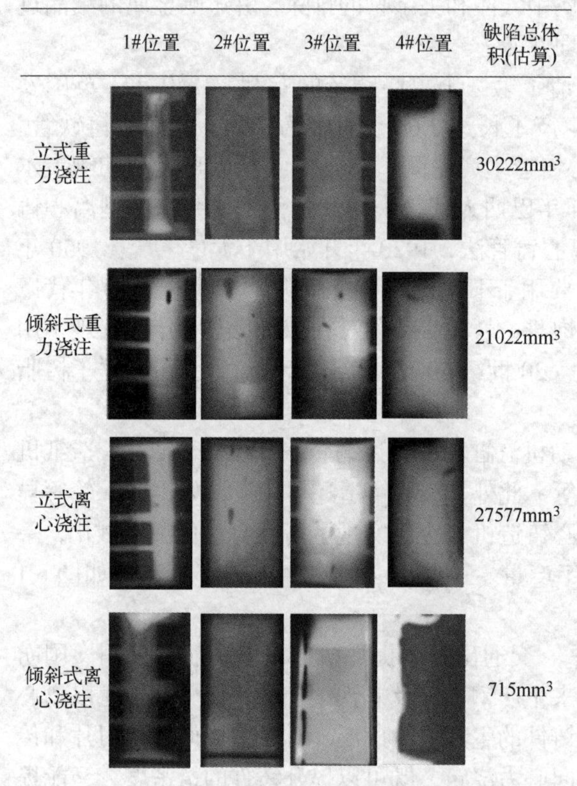

图 6-2　离心铸造不同浇注方式铸件内部缩孔缺陷比较

当前，虽然离心铸造技术不断进步，但随着装备制造业的发展，特别是航空航天、军工、能源等产业对铸件的要求更趋于严苛，离心铸造工艺也面临一些困难和挑战：

① 镁合金离心铸造技术没有得到研究者的足够重视，其工艺方法和机理的研究还有很大的空间。镁合金离心铸造理论和现有工艺方法需进一步开发和完善，需对镁合金凝固组织进行有效控制，以完善工艺参数特别是离心转速，以获得细小均匀微观组织，同时基础理论的研究也须给予足够的重视 [2]。

② 大型双金属环件工艺成为离心铸

造发展的必然趋势，但界面问题始终是任何双金属复合工艺的关键性问题，复合工艺不同，界面复合机理存在差异，而目前的研究大多是对复合现象的描述，在双金属复合的微观机理方面还有待深入探索[3]。

③ 国外相关企业比较注重核心工艺的研发，而国内企业则偏重附属设备和辅助技术的研发，由于缺乏核心工艺技术，国内企业在面临国际竞争时往往处于劣势。我国对于离心铸造领域的研究起步较晚，且缺乏整个行业的规范引导，造成了国内离心铸造领域的研发实力不足[4]。

目前，随着我国众多精密构件的研制进展，我国离心铸造的工艺水平及工业化进程也在加速提升。新兴铸管股份有限公司作为国内产量最大的铸管生产厂家，在离心铸造技术方面具有国内主导甚至领先地位，在离心铸造领域具有较深厚的技术积累、研发创新能力较强。2022年沈阳铸造研究所有限公司薛松海团队为提高合金液纯净度，通过使用真空自耗电极凝壳炉对K4169叶轮（图6-3）进行离心浇注，模拟结果显示使用真空自耗电极凝壳炉对合金叶轮进行实际浇注，叶轮充型完整，叶片部位无内、外部缺陷，无需进行补焊，铸件质量良好[5]。

图6-3 K4169合金叶轮示意图

6.1 离心铸造分类

离心铸造必须采用离心铸造机，以提供使铸型旋转的条件。根据铸型旋转轴线在空间的位置，离心铸造分为立式离心铸造和卧式离心铸造两种。

（1）立式离心铸造

立式离心铸造的铸型是绕垂直轴旋转的，如图6-4所示。由于铸型的安装及固定比较方便，铸型可采用金属型，也可采用砂型、熔模型壳等非金属型。立式离心浇注主要用于生产圆环类铸件，也可用来生产异形铸件，如图6-5所示。

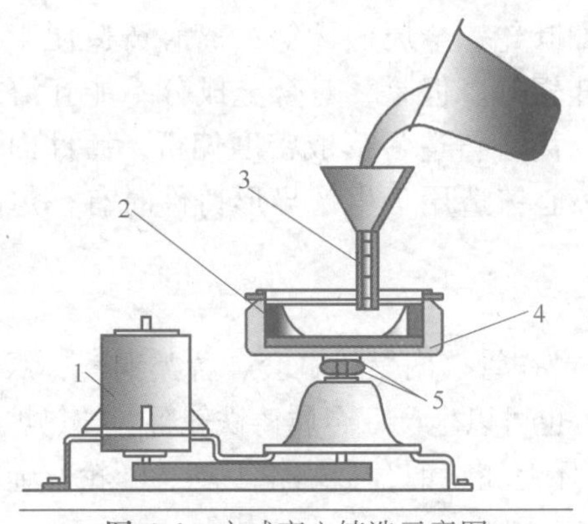

图6-4 立式离心铸造示意图

1—电动机；2—金属型；3—定量烧杯；4—外壳；5—轴承

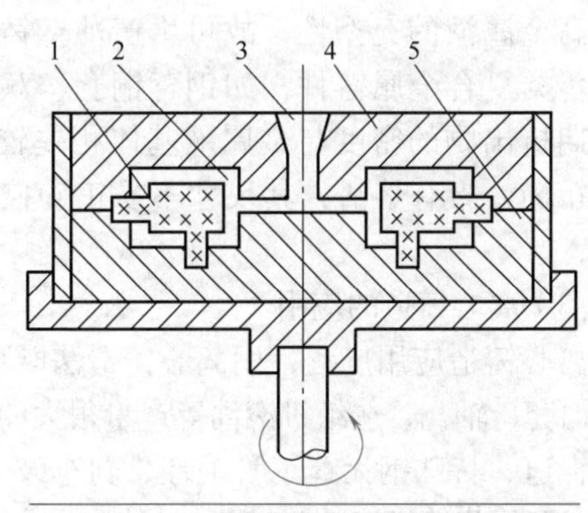

图6-5 立式离心浇注异形铸件示意图

1—型芯；2—型腔；3—浇道；4—上型；5—下型

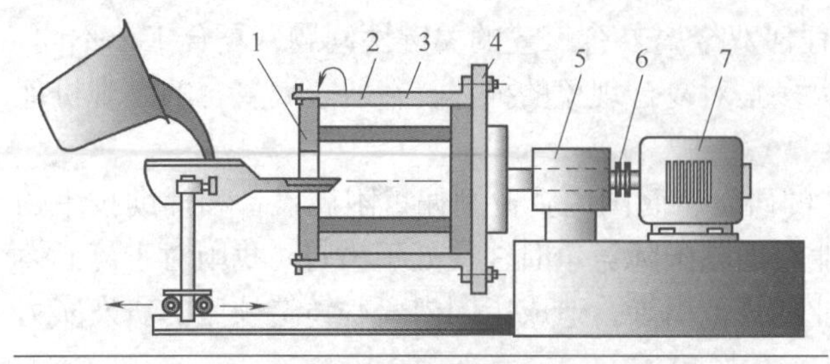

图 6-6　卧式离心铸造示意图

1—前盖；2—金属型；3—衬套；4—后盖；5—轴承；6—联轴器；7—电动机

（2）卧式离心铸造

卧式离心铸造的铸型是绕水平轴或与水平线交角很小的轴旋转浇注的，如图 6-6 所示。卧式离心铸造铸型可采用金属型，也可采用砂型、石膏型、石墨型、陶瓷型等非金属型。它主要用于生产套筒类或管类铸件。

（3）离心力与铸型材料分类

离心铸造按离心力应用情况可分为真正离心铸造、半真离心铸造和非真离心铸造三类。不用型芯，仅靠离心力使金属液与铸型型壁贴紧成型的方法称为真正离心铸造，其特点是铸件轴线与旋转轴线重合；半真离心铸造的中心孔可以由型芯形成，但铸型形状仍然是轴对称的，离心力不起成型作用，仅帮助充型与凝固，铸型转速较低；非真离心铸造的铸件形状不受限制，利用旋转产生的离心力增加金属液凝固时的压力，铸件轴线与旋转轴不重合，转速更低。目前，应用较多的还是真正离心铸造的水平离心铸造法。

离心铸造按铸型材料可分为金属型离心铸造、砂型离心铸造、衬耐火材料金属型离心铸造及其他材料铸型离心铸造。离心铸造中，金属型可在不同温度下工作，按铸型温度可分为冷模离心铸造和热模离心铸造。将金属型密闭在水套中，通冷却水冷却来控制金属型在工作时处于低温状态的离心铸造方法，称为水冷金属型或冷模离心铸造；不采用冷却或在空气中冷却时，金属型工作温度较高，此种方法则称为热模离心铸造。

（4）离心铸造的特点

与其他铸造方法相比，离心铸造具有如下特点。由于液体金属是在旋转状态下，靠离心力的作用完成充填、成型和凝固过程，所以离心铸造的铸件致密度较高，气孔、夹渣等缺陷少，故其力学性能较高；生产中空铸件时可不用型芯，生产长管形铸件时可大幅度改善金属充型能力，简化管类和套筒类铸件的生产过程；离心铸造中几乎没有浇注系统和冒口系统的金属消耗，大大提高了铸件出品率；离心铸造成型铸件时，可借离心力提高金属液的充型性，故可生产薄壁铸件，如叶轮、金属假牙等；离心铸造便于制造筒、套类复合金属铸件，如钢背铜套、双金属轧辊等。但是，对合金成分不能互溶或凝固初期析出物的密度与金属液基体相差较大时，离心铸造易形成密度偏析，铸件内孔表面较粗糙，聚有熔渣，其尺寸不易正确控制。离心铸造用于生产异形铸件时有一定的局限性。

（5）离心铸造的应用

离心铸造应用广泛，用离心铸造法既可以生产铁管、内燃机缸套、各类铜套、双金属钢背铜套、轴瓦、造纸机滚筒等产量很大的铸件，也可以生产双金属铸铁轧辊、加热炉底耐热钢辊道、特殊钢无缝钢管毛坯、刹车鼓、活塞环毛坯、铜合金蜗轮毛坯、叶轮、金属假牙、小型阀门等经济效益显著的铸件。

几乎所有铸造合金件都可用于离心铸造生产，铸件最小内径可为 8mm，最大直径达 3m，最大长度为 8m，铸件质量可为几克至十几吨。

6.2 离心铸造原理

6.2.1 离心力和离心力场

离心铸造时，假设金属液中某个质量为 m（kg）的质点 M，以一定的旋转角速度为 ω（rad/s）作圆周运动，旋转半径为 r（m），如图 6-7 所示，则此质点旋转时产生的离心力 F 为

$$F = m\omega^2 r = \pi^2 mn^2 r / 900 \approx 0.011mrn^2 \quad (6\text{-}1)$$

式中 n——转速，r/min。

离心铸造时产生离心力的旋转金属所占空间称为离心力场，在此力场中每一金属质点都受到式（6-1）所示的离心力的作用。

离心力场中单位体积液体金属的质量即为它的密度 ρ，这部分液体金属产生的离心力称为有效重度 γ'，计算公式为

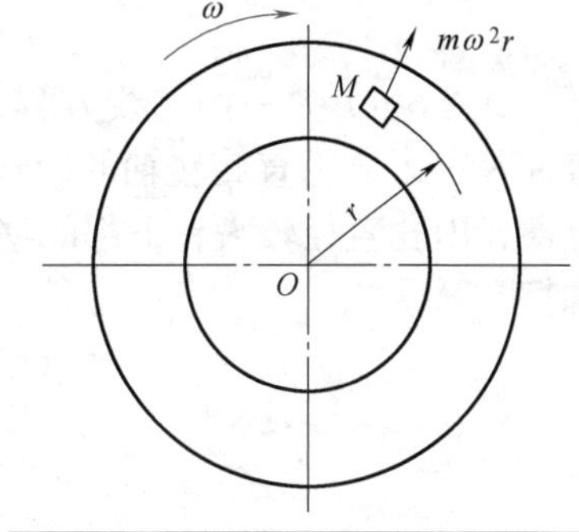

图 6-7 离心力场的示意图

$$\gamma' = \rho\omega^2 r = \gamma\omega^2 r / g \quad (6\text{-}2)$$

式中 γ——金属的重度，N/m³。

有效重度大于一般重度的倍数，称为重力系数 G。即

$$G = \omega^2 r / g \quad (6\text{-}3)$$

离心铸造时，重力系数的数值为几十至一百多。

6.2.2 离心力场中液体金属自由表面的形状

离心铸造时，在离心力的作用下，与大气接触的金属液表面冷凝后最终成为铸件的内表面，这一表面称为自由表面。离心力场中液体金属自由表面的形状主要由重力和离心力的综合作用决定。

（1）立式离心铸造时自由表面的形状

立式离心铸造时，金属液的自由表面为回转抛物线形。如在铸型上截取轴向断面，可得如图 6-8 所示的图形。

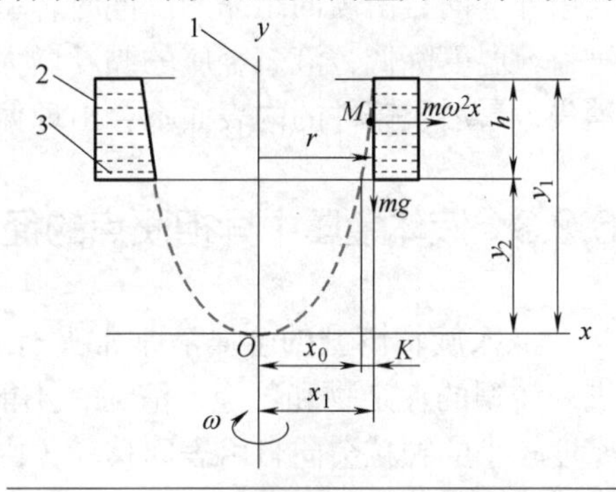

图 6-8 立式离心铸造时液体金属轴向断面上自由表面的形状

1—金属轴；2—断面；3—金属液

取金属液自由表面上的某一质点 M，因自由表面与大气接触，是一个等压面，所以由水力学中的欧拉公式可知，当液体质点受力在等压面上作微小位移时，应满足

$$X\mathrm{d}x + Y\mathrm{d}y + Z\mathrm{d}z = 0 \quad (6\text{-}4)$$

式中 X，Y，Z——质点在 x、y、z 轴方向上所受的力，N；

dx，dy，dz ——质点在 x、y、z 轴方向上微小位移的投影，m。

由式（6-1）及重力知：$X=m\omega^2x$，$Y=mg$，由于自由表面为一回转面，故 z 方向合力为 0。将 X、Y 值代入式（6-4）得

$$m\omega^2 x\mathrm{d}x + mg\mathrm{d}y = 0 \tag{6-5}$$

移项积分后，得

$$y = \frac{\omega^2}{2g}x^2 \tag{6-6}$$

式（6-6）为一抛物线方程，因此，在立式离心铸造的旋转铸型中，液体金属的自由表面是一个绕垂直旋转轴的回转抛物面，故凝固后的铸件沿着高度存在着壁厚差，上部的壁薄，内孔直径较大，下部的壁厚，内孔直径较小，其半径相差数值 K（m）可用式（6-7）估算

$$K = x_1 - \sqrt{x_1^2 - \frac{0.18h}{(n/100)^2}} \tag{6-7}$$

式中　n——铸型转速，r/min；

x_1——铸型上部金属液内孔半径，m；

h——铸件高度，m。

由此可知，当铸型转速不变时，铸件越高，壁厚差越大；当铸件高度一定时，提高铸型的转速，可减少壁厚差。

若已知铸件高度和允许的壁厚差，则可用式（6-8）估算所需铸型转速

$$n = 42.3\sqrt{\frac{h}{x_1^2 - x_2^2}} \tag{6-8}$$

式中　x_2——铸件下部的内孔半径，m。

（2）卧式离心铸造时自由表面的形状

卧式离心铸造时，液体金属自由表面的形状为一圆柱面，由于离心力和重力场的联合作用，其轴线在未凝固时向下偏移一段很小的距离，而在金属液的凝固过程中，因液态金属是由外壁向自由表面结晶的。同时，型壁上同一圆周上各处冷却速度相同，随着凝固过程的进行，温度降低，液态金属的黏度增大，所以内壁金属液各处厚度趋于均匀，偏移现象逐渐消失，最后，铸件的内表面不会出现偏心。

6.2.3　液体金属中异相质点的径向运动

浇入旋转铸型的金属液常常夹有密度与金属液本身不一样的异相质点，如随金属液体进入铸型的夹杂物和气泡、渣粒，不能互溶的合金组元及凝固过程中析出的晶粒和气体等。密度较小的颗粒会向自由表面移动（内浮），密度较大的颗粒则往型壁移动（外沉），它们的沉浮速度为

$$v = \frac{d^2(\rho_1 - \rho_2)\omega^2 r}{18\eta} \tag{6-9}$$

式中　v ——颗粒的沉浮速度，正值为沉，负值为浮，m/s；

d ——异相质点颗粒直径，m；

ρ_1，ρ_2 ——金属液和异相质点颗粒的密度，kg/m^3；

η ——金属液的动力黏度，Pa·s。

与一般重力场铸造比较，异相质点的沉浮速度增大 $G=\omega^2 r/g$，故离心铸造时，渣粒、气泡等密度比金属液小的质点能很快浮向自由表面，减少铸件内部污染，提高铸件的致密度，但铸件内易形成密度偏析，如离心铸铁件中的硫偏析，离心铸钢件中的碳偏析，离心铅青铜件中的铅偏析等。改善铸型冷却条件，可减轻偏析的产生。

6.2.4 离心铸件在液体金属相对运动影响下的凝固特点

在离心铸件的断面上常会发现两种独特的宏观组织，即倾斜的柱状晶和层状偏析。

（1）离心铸型径向断面上金属液的相对运动对铸件结晶的影响

由于离心铸造时，金属液是浇入正在快速旋转的铸型中，在它与型壁接触之前，本身没有与铸型同样方向的旋转初速度，而是被铸型借助于摩擦力带动而进行转动的。由于惯性的作用，进入型内的金属液在最初一段时间内往往不能与铸型做相同速度的转动，而有些滞后，越靠近自由表面，滞后现象越严重，随着时间的推移，滞后现象会逐渐减弱，直至消失。

这种径向相对运动会阻碍异相质点内浮外沉，使凝固时结晶前沿的液固相共存区增大，在结晶前沿上的金属液相对流动还会使离心铸件径向断面上出现倾斜状柱状晶，如图 6-9 所示，柱状晶的倾斜方向与铸型旋转方向一致。

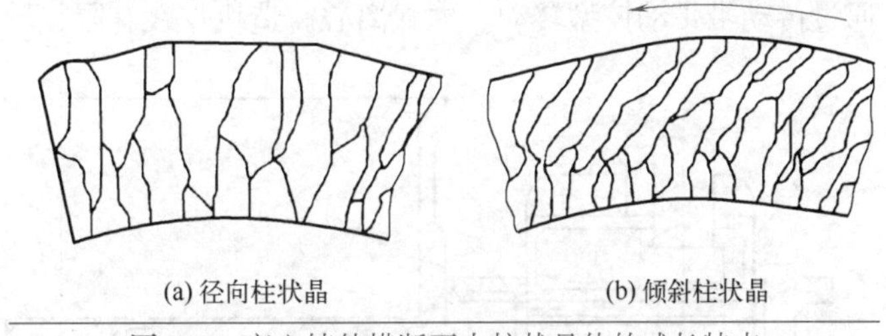

图 6-9　离心铸件横断面上柱状晶体的成长特点

（2）离心铸型轴向断面上金属液的相对运动对铸件结晶的影响

离心铸型轴向断面上金属液的相对运动分两种运动。

在卧式离心铸造时，浇入型内的金属液有从掉落的铸型区段（落点）向铸型两端流动填充铸型的过程（轴向运动），此运动结合由惯性引起的转动速度的滞后，使金属液沿铸型壁的轴向运动成为一种螺旋线运动，如图 6-10 所示。此螺旋线的旋转方向与铸型的旋转方向相反，图中螺旋线上的箭头表示金属液自落点向两端流动的方向。故离心铸件外表面上常有螺旋线形状的冷隔痕迹。

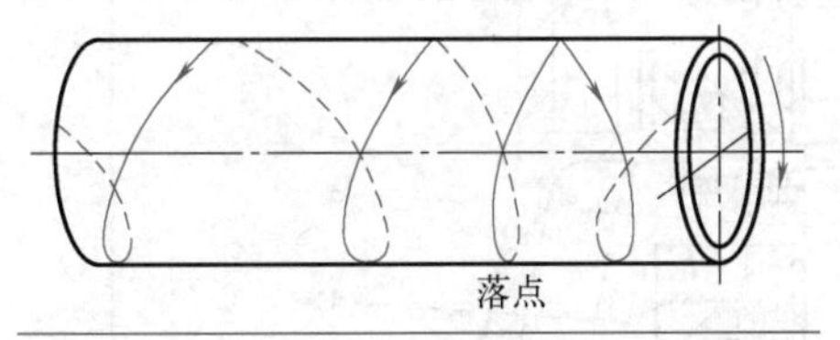

图 6-10　金属液在铸型壁上的螺旋线形轴向运动图

在生产较长的管状离心铸件时，进入铸型的液体金属除了沿四周方向覆盖铸型内表面外，金属液还会沿内表面以一股液流的形式层状地在铸件上作轴向流动，以完成充填成型过程，如图 6-11 所示。图中数字表示各层金属液的流动次序，即第一层金属液作轴向流动时，由于铸型的冷却作用，使温度降低，液体金属的黏度增大，流动速度减小，而内表面温度较高，第二股流便在第一股流上流动并超越第一股流的前端，继续向前流动一段距离，依次类推。由于层状流动时温度降低较快，各液层的金属均按各自条件进行凝固，因而各层的金相组织、组元的分布也会有所不同，所以常在铸件断面上出现层状偏析，且大多以近似于同心圆环的形式分层，如图 6-12 所示。

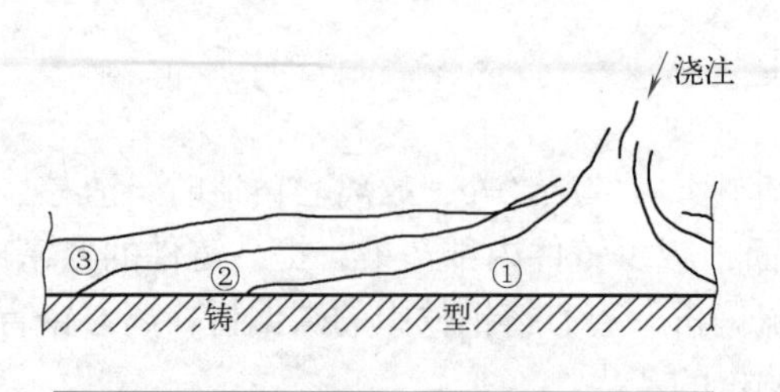

图 6-11　离心铸型纵断面上液体金属层状流动示意图

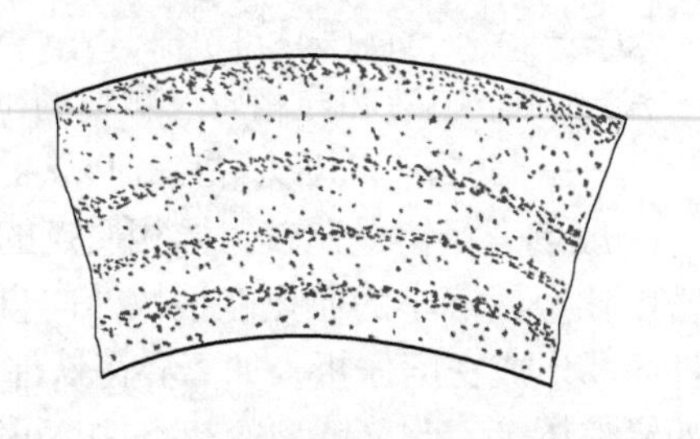

图 6-12　离心铸件横断面上的层状偏析

6.3　离心铸造机

离心铸造机的结构形式有很多，总体来说，离心铸造机可分为立式离心铸造机和卧式离心铸造机，卧式离心铸造机又有悬臂式和滚筒式两种。

立式离心铸造机的基本结构如图 6-13 所示。机身安装在地坑中，上层轴承座可通水冷却。铸件最大外径 3000mm，最大高度 300mm。主轴最大载重 25000N，铸型最高转速 500r/min。铸型安装在垂直主轴（或与主轴固定在一起的工作台面）上，主轴的下端用止推轴承和径向轴承限位，上方用径向轴承限位。上下轴承均安装在机座上，主轴安装带轮，启动电动机，通过传动带带动铸型转动。立式离心铸造机仅在有限领域使用，装备多为自行设计制造。

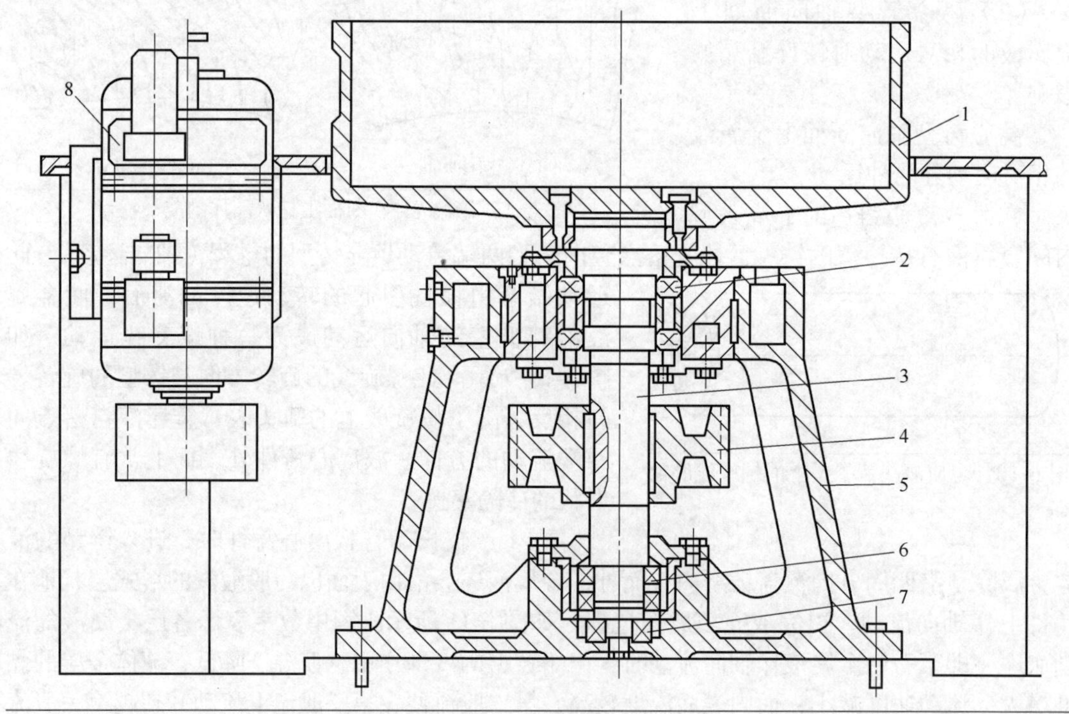

图 6-13　立式离心铸造机

1—铸型套；2，6，7—轴承；3—主轴；4—带轮；5—机座；8—电动机卧式悬臂离心铸造机的基本结构图 6-14 所示。铸型安装在水平的主轴上，主轴由安装在机座上的轴承支撑，在主轴的中部或端部有带轮，当电机启动时，通过传动带带动主轴使铸型转动。浇注槽装在悬臂回转架上。凝固后的铸件用汽缸通过顶杆将铸件和内型套一起顶出。铸件最大直径 400mm，铸件最大长度 600mm，铸件最大质量 120kg，铸型转速 250 ～ 1250r/min，电机功率为 3 ～ 10kW（上限为带轮装在主轴端部，下限为带轮装在主轴中部），可生产各种中小型缸套、铜套等套筒类铸件。

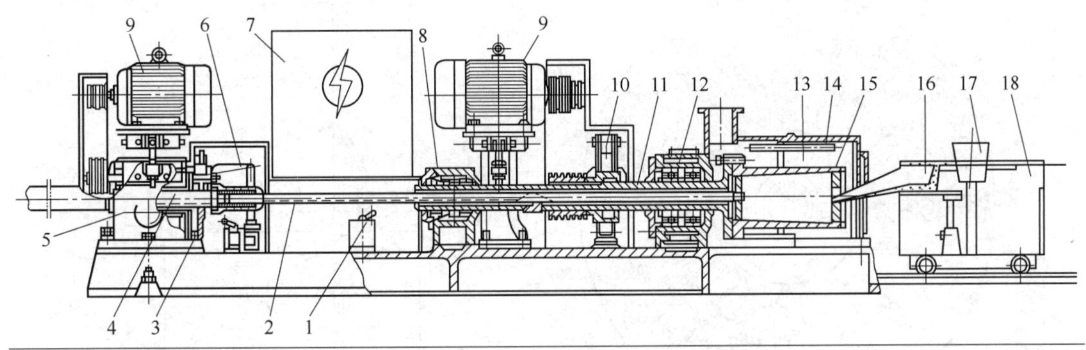

图 6-14 卧式悬臂离心铸造机

1—限位开关；2—顶杆；3—机座；4—齿条；5—变速箱；6—顶杆制动器；7—电器箱；8—后轴承架；9—电动机；10—主轴制动器；11—主轴；12—前轴承架；13—喷水管；14—防护罩；15—铸型；16—浇注流槽；17—定容浇包；18—浇注车

滚筒式离心铸造机的结构示意图如图 6-15 所示。两支承轮中心与铸型中心连线的夹角为 90° ～ 120°，支承轮轴承间距离可横向调整，以满足不同直径铸件浇注的需要。铸件最大直径 1100mm，铸件最大长度 4000mm，特殊情况可达 8000mm，铸型转速 150 ～ 800r/min。用于生产各种直径的管状铸件，如各种铸铁管、造纸机滚筒、轧钢机轧辊等。

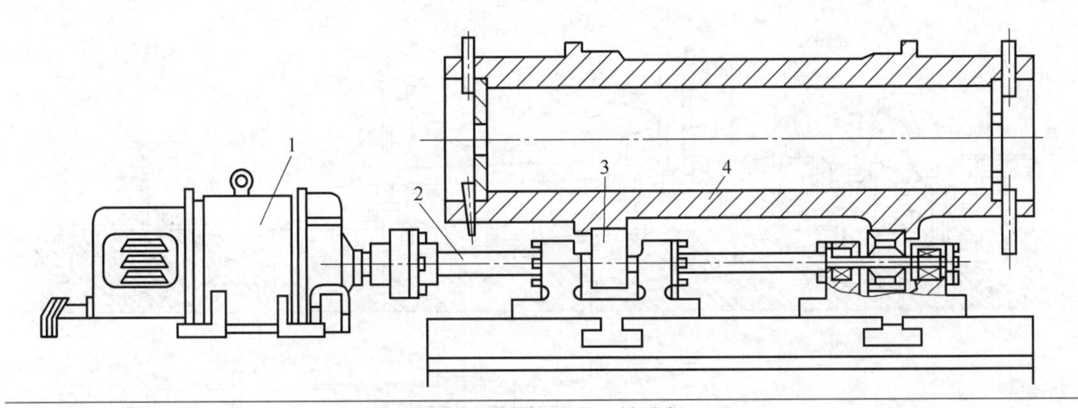

图 6-15 滚筒式离心铸造机

1—电动机；2—轴；3—托轮；4—铸型

多工位卧式离心铸造机如图 6-16 所示，它是按生产工序的要求，由多台小型悬臂式离心机安装在回转盘上组合而成。回转盘由汽缸驱动作间歇式转动，每转一工位完成相应的工序。每工位均有一小电机带动铸型旋转，浇注槽和汽缸顶杆只有一套，且位置固定，用于生产小型缸套，生产效率高。

卧式水冷金属型离心铸造机的结构如图 6-17 所示，是将金属铸型完全浸泡在一定温度的封闭冷却水中，以提高冷却速度和生产效率的一种离心铸造机。其特点是金属管模的冷却强度较大，金属液凝固速度较快，组织中存在渗碳体，断面多为白口，机械化、自动化程度较高。水冷金属型离心铸造机分二工位和三工位两种机型，使用最广泛的是二工位机型。水冷金属型离心铸造机的结构复杂，主要由浇注系统、机座、离心机、拔管机、液压站、桥架、运管小车及控制系统 8 个部分组成。国内外通常用来生产直径在 1000mm 以下的铸管。

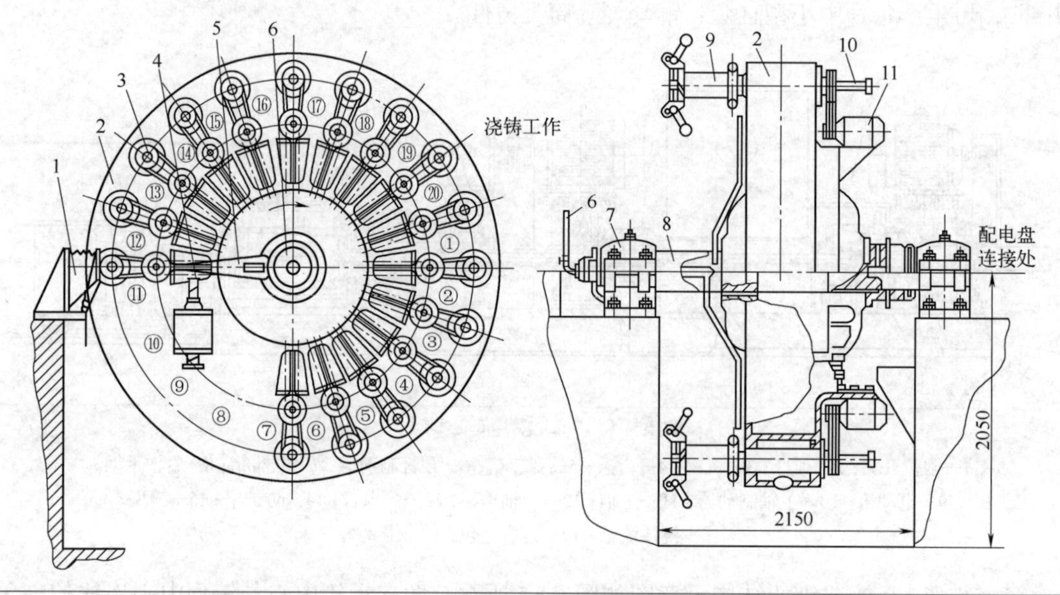

图 6-16　多工位卧式离心铸造机

1—单机制动阀；2—大转盘；3—单机带轮；4—驱动大转盘汽缸；5—转盘摇臂；6—冷却水管；7—轴承座；8—主轴；9—铸模；10—顶杆；11—电动机

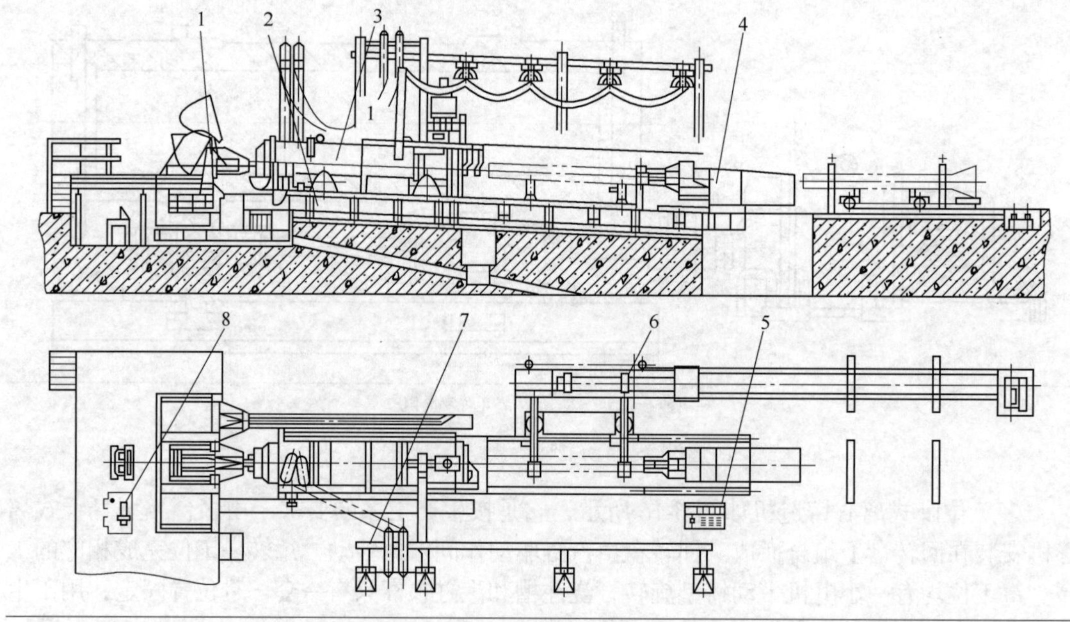

图 6-17　卧式水冷金属型离心铸造机

1—浇注系统；2—机座；3—离心机；4—拔管机；5—控制系统；6—运管小车；7—桥架；8—液压站

6.4 离心铸造工艺

6.4.1 铸型转速的选择

铸型转速是离心铸造的重要因素，不同的铸件，不同的铸造工艺，铸件成型时的铸型转速也不一样。过低的铸型转速会使立式离心铸造时金属液充型不良，卧式离心铸造时出现金属液雨淋现象，也会使铸件内出现疏松、夹渣、铸件内表面凹凸不平等缺陷；铸型转速太高，铸件上易出现纵向裂纹、偏析，砂型离心铸件外表面会形成胀箱等缺陷；太高的铸型转速也会使机器出现大的振动，磨损加剧，功率消耗过大。故铸型转速的选择原则应是在保证铸件质量的前提下，选取最小的数值。

实际生产中，常用一些经验公式计算铸型转速，一般转速在＜15%的偏差时，不会对浇注过程和铸件质量产生显著的影响。生产中，当铸件外半径对铸件内半径的比值不大于1.5时，铸型转速广泛采用康斯坦丁诺夫公式计算，即

$$n=\beta\frac{55200}{\sqrt{\gamma^{r_0}}} \quad (6\text{-}10)$$

式中 n ——铸型转速，r/min；

γ ——铸件合金重度，N/m^3；

r_0 ——铸件内半径，m；

β ——对康斯坦丁诺夫公式的修正系数，具体取值见表6-1。

表6-1 康斯坦丁诺夫公式修正系数

离心铸造类型	铜合金卧式离心铸造	铜合金立式离心铸造	铸铁	铸钢	铝合金
β	1.2～1.4	1.0～1.5	1.2～1.5	1.0～1.3	0.9～1.1

在实际生产中，为了获得组织致密的铸件，可根据金属液自由表面上的有效重度或重力系数来确定铸型的转速，计算公式为

$$n=29.9\sqrt{\frac{G}{r_0}} \quad (6\text{-}11)$$

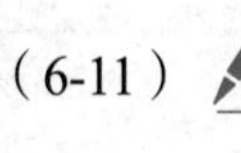

式中 G—— 重力系数，可按表6-2选取。

表6-2 重力系数 G 的选用

铸件合金种类	重力系数 G
铜合金	40～110
铸铁	45～110
铸铜	40～75
ZL102	50～90

此外也可采用综合系数来计算铸型的转速（凯门公式），计算公式为

$$n=\frac{G}{\sqrt{r_0}} \quad (6\text{-}12)$$

式中，G 为综合系数，由铸件合金及铸型的种类、浇注速度等因素决定，具体数值见表 6-3。

表 6-3 综合系数的选用

铸件合金种类	铸件名称举例	G
铝合金	—	13000 ～ 17500
青铜	—	17000
黄铜	圆环	13500
铸铁	汽缸套	9000 ～ 13650
铸钢	—	10000 ～ 11000

此外，当采用非金属铸型离心铸造时，铸型的转速应根据非金属铸型可承受的最大离心力［式（6-8）］来计算。

6.4.2 离心铸型

离心铸造时，几乎可以使用铸造生产中各种类型的铸型（如金属型、砂型、石膏型、石墨型、硅橡胶型等）。设计离心铸型时，应根据合金种类、铸件的收缩率、铸件的尺寸精度、起模斜度、加工余量以及铸型特点而定。但离心铸件内表面和套筒形铸件的两端面常较粗糙，且易聚积渣子，尺寸不易控制，故应有较大的加工余量。离心铸造时，铸件内表面加工余量与浇注定量的准确度及金属液的纯净程度有关。离心铸件具体的加工余量值见表 6-4、表 6-5。

表 6-4 离心铸件的加工余量　　单位：mm

铸件外径	青铜			黄铜、铝青铜			铸铁		
	外表面	内表面	端面	外表面	内表面	端面	外表面	内表面	端面
≤ 100	2 ～ 4	3 ～ 5	3 ～ 5	3 ～ 5	4 ～ 6	4 ～ 6	2 ～ 3	3 ～ 5	3 ～ 5
101 ～ 200	3 ～ 5	3 ～ 6	4 ～ 6	4 ～ 6	5 ～ 7	5 ～ 8	3 ～ 4	4 ～ 6	4 ～ 6
201 ～ 400	4 ～ 6	4 ～ 7	4 ～ 8	5 ～ 7	5 ～ 8	6 ～ 10	4 ～ 5	5 ～ 7	5 ～ 7
401 ～ 700	5 ～ 7	5 ～ 8	6 ～ 9	6 ～ 8	6 ～ 10	7 ～ 12	5 ～ 6	6 ～ 9	6 ～ 9
701 ～ 1000	6 ～ 8	6 ～ 10	6 ～ 10	6 ～ 9	7 ～ 15	8 ～ 16	6 ～ 8	7 ～ 12	7 ～ 12
＞ 1000	6 ～ 10	7 ～ 12	8 ～ 20	7 ～ 12	＞ 12	15 ～ 25	7 ～ 10	8 ～ 15	10 ～ 20

表 6-5 离心铸钢件的加工余量　　单位：mm

铸件外径	外表面	内表面	端面
100 ～ 200	5 ～ 7	6 ～ 8	15 ～ 20
201 ～ 400	7 ～ 8	8 ～ 10	20
401 ～ 700	8 ～ 10	10 ～ 12	20

悬臂式离心铸造机常用的有单层与双层两种金属型结构。

单层金属型的结构如图 6-18（a）所示，铸型本体为一空心圆柱体，铸型后端有中心孔或法兰边，如图 6-18（b）所示，以便把铸型安装在主轴上。铸型的前端有端盖，用夹紧装置将其固紧。打开端盖时，拧松螺钉，并将卡块转动使之与端盖脱开。每个铸型沿圆周均布三个夹紧装置。

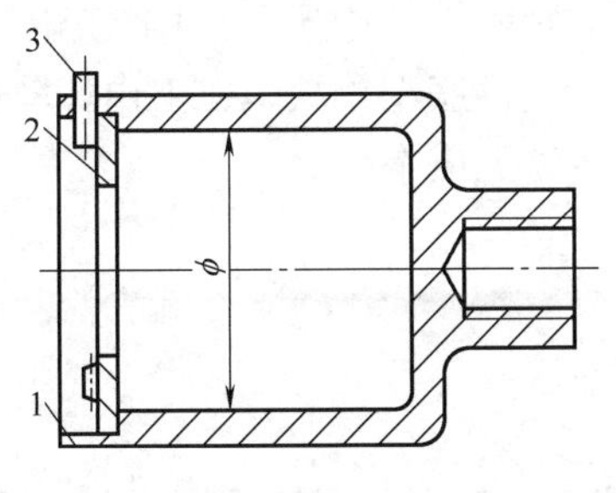

(a) 单层结构金属型

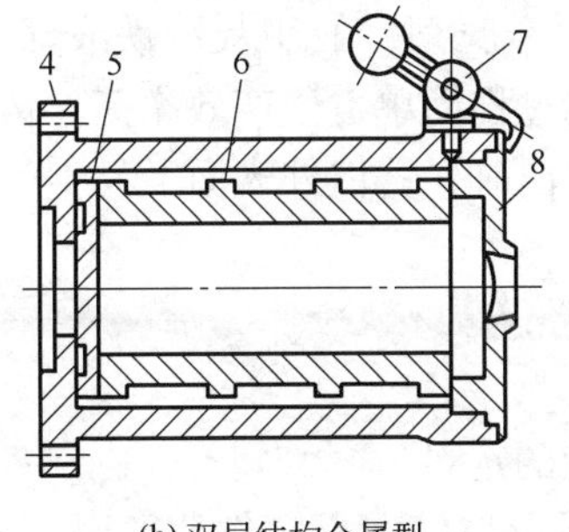

(b) 双层结构金属型

图 6-18　悬臂式离心铸造机常用金属型

1—金属型；2，8—端盖；3—销子；4—外型；5—底板；6—内型；7—离心锤

双层金属型的结构如图 6-18（b）所示，在铸型（外型）内加一衬套（内型）作为铸件成型部分。因此，当生产不同外径的铸件时，只要调换相应内径的衬套，而不需要更换整个铸型。铸型底部有一圆孔，穿过转轴中心的顶杆，通过圆孔可将底、衬套连同铸件一起顶出铸型。为了便于操作，衬套由左右两部分构成，并在与外型的配合面做出锥度和留出 1 ～ 2mm 的间隙。其端盖紧固方法有销子和离心锤两种。采用锥形销子紧固端盖，是一种比较简便的方法。图 6-19 为离心锤紧固端盖装置，采用时必须注意使离心锤紧固装置对端盖的作用力大于铸型中液体金属对端盖作用的离心压力，才能紧固端盖。单层铸型或双层铸型内型的最小壁厚不低于 15mm，壁厚一般为铸件厚度的 0.8 ～ 5 倍。双层铸型的外型壁厚见表 6-6，内外型之间间隙不小于 1mm。

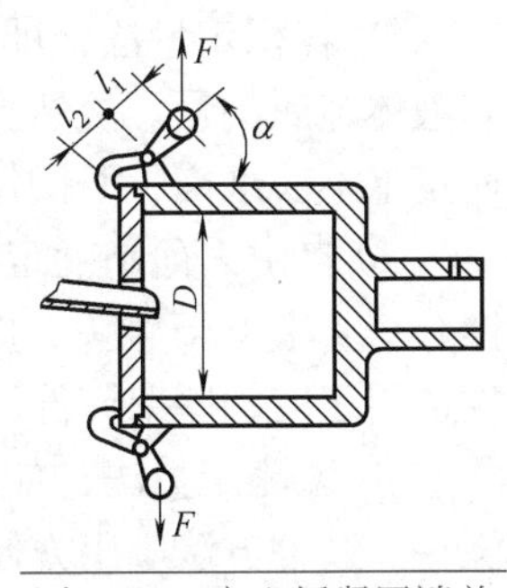

图 6-19　离心锤紧固端盖装置

表 6-6　双层铸型外型壁厚　　单位：mm

外型内径	100 ～ 200	200 ～ 300	300 ～ 400	400 ～ 500	500 ～ 600	600 ～ 700	700 ～ 800
外型壁厚	20 ～ 25	20 ～ 30	25 ～ 35	30 ～ 40	35 ～ 45	40 ～ 50	45 ～ 55

滚筒式离心铸造机上常采用单层金属型，为了防止铸型的轴向移动，可在轮缘的外侧对称地做出挡圈，利用离心铸造机上的支承轮侧阻止铸型的轴向移动，如图 6-20 所示。也可将铸型轮缘沿四周做出凹槽，如图 6-21 所示，利用支承轮的圆柱面防止铸型轴向移动。

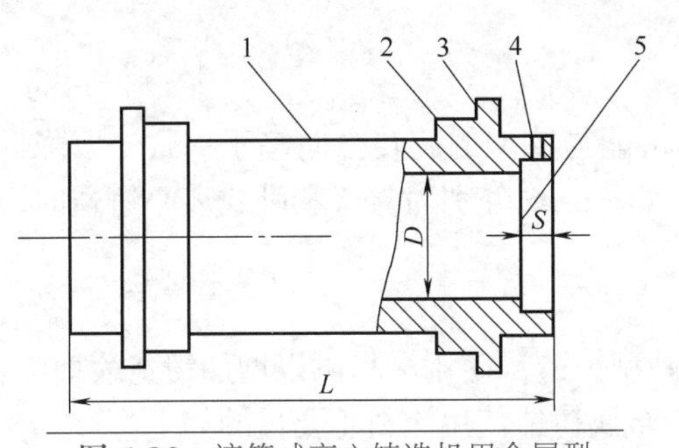

图 6-20　滚筒式离心铸造机用金属型

1—型体；2—轮缘；3—挡圈；4—销孔；5—止口

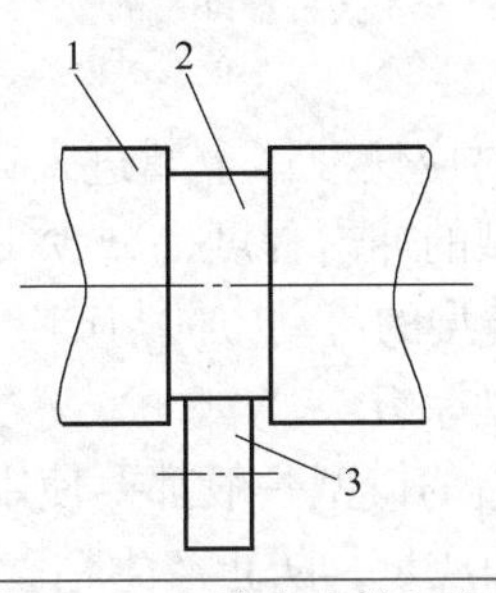

图 6-21　凹槽防止轴向移动

1—铸型；2—轮缘；3—支承轮

离心铸造用金属型一般用灰铸铁或球墨铸铁做成，主要用于生产管状、筒状、环状离心铸件，其工艺过程简单，生产效率高，铸件无夹砂胀型等缺陷，工作环境也得以改善。但是铸件上易产生白口，铸件外表面上易生气孔，铸型成本高。

6.4.3 离心浇注

（1）金属液的定量

离心铸造所浇注的空心铸件的壁厚完全由所浇注的液体金属的量决定，因此浇注时必须严格控制。为了控制浇入铸型中的液体金属的量，主要采取以下方法：

① 质量定量法，即在浇注前，事先准确地称量好一次浇注所需金属液的质量，然后进行浇注。这种方法定量准确，但操作麻烦，需要专用称量装置，适于单件、小批量生产。

② 容积定量法，即用一定内形的浇包取一定容积的金属液，一次性浇入铸型之中来控制液体金属的量。虽然这种方法由于受到金属液温度、熔渣和浇包内衬的侵蚀等因素的影响而定量不够准确，但操作方便易行，在大量生产、连续浇注时应用较为广泛。

③ 自由表面高度定量法，如图 6-22 所示，将导电触头 3 放置于铸型内一固定位置，液体金属 4 上升至触头，电路接通，指示器 5 发信号，即停止浇注。这种方法定量不大准确，仅适用于较长厚壁铸件的浇注。

④ 溢流定量法，如图 6-23 所示。在端盖上开浅槽，浇注时如见端盖内孔发亮，即停止浇注。这种方法应用方便，但易出现金属液自端盖飞出现象，适用于浇注小铸件。

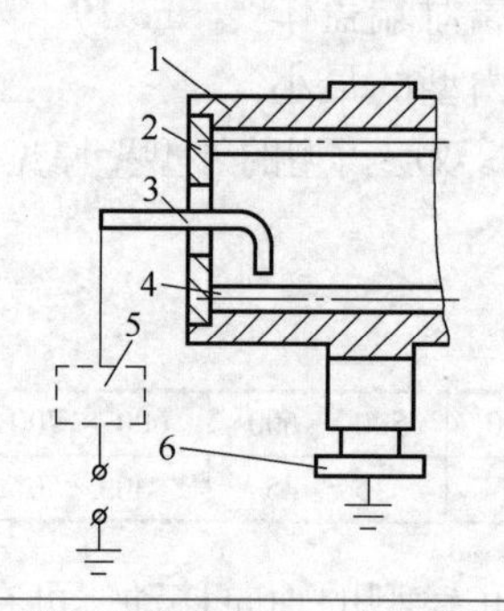

图 6-22　控制液体金属自由表面高度的定量法

1—铸型；2—端盖；3—触头；4—液体金属；5—指示器；6—机座

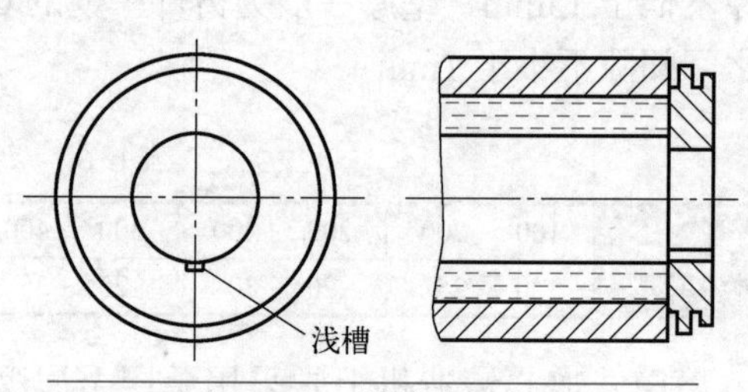

图 6-23　溢流定量法

在浇注时应使液体金属进入铸型的流向尽可能与铸型的旋转方向趋于一致，以降低液体金属对铸型的冲击程度，减少飞溅。图 6-24 和图 6-25 分别为立式和卧式离心铸造时，液体金属进入铸型的流动方向与产生飞溅的关系。

（2）铸型涂料

离心铸造的铸型一般都要使用涂料。对于砂型铸造，使用涂料可以增加铸造表面强度，改善铸件表面质量，防止产生粘砂等铸造缺陷。金属铸造使用涂料主要目的如下。

① 可以保护模具，减少金属液对金属型的热冲击作用，延长使用寿命；

② 防止金属铸件的激冷作用，防止铸件表面产生白口；

③ 使铸件脱模容易；

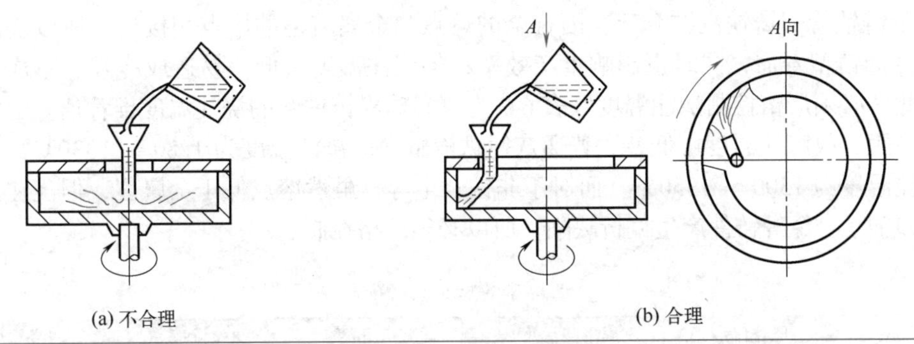

图 6-24　立式离心铸造浇注时液体金属的流向与产生飞溅的关系

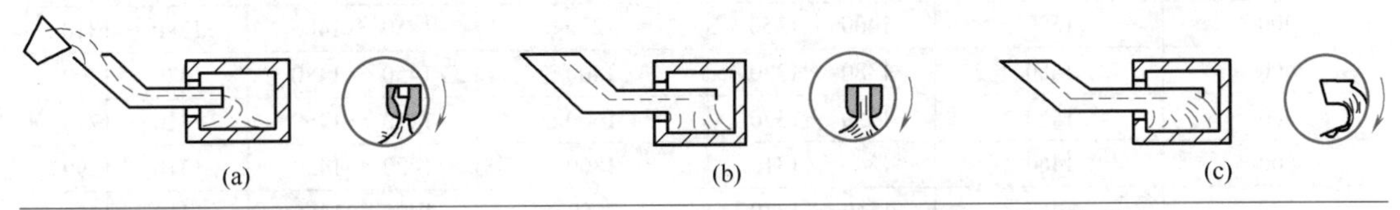

图 6-25　卧式离心铸造浇注时液体金属的流向与产生飞溅的关系

④ 获得表面光洁铸件；

⑤ 增加与金属液之间的摩擦力，缩短金属液达到铸型旋转速度所需的时间。

铸型涂料应具备以下几点要求：

① 有足够的绝热能力，保温性好，导热性低，延长金属型寿命；

② 较高的耐高温性能，不与金属液发生反应，不产生气体；

③ 与金属型有一定的黏着力，干燥后不易被金属液冲走；

④ 容易脱模；

⑤ 来源广，混制容易，储存方便，涂料稳定。

离心铸造用涂料的组成与重力铸造基本相似，但不如重力铸造使用得多。离心铸造的耐火材料主要是硅石粉和硅藻土。膨润土既作为黏结剂，也作为悬浮剂使用，最好选择钠基膨润土或活化膨润土。涂料的载体一般是水，为了提高润滑性和悬浮性，有利于起模，离心铸造有时也使用洗衣粉作助剂。

（3）浇注时的模温

离心浇注之前金属模具要进行预热处理，使温度升高，充分干燥，以避免在浇注时产生大量气体，减少对金属液的激冷作用。同时，提高铸件质量，以及减缓对模具的热激，保护模具。

金属型预热的方法主要有，使用木材、焦炭等燃烧加热；使用煤气和油等燃烧加热；使用窑加热；内模可放在炉上进行加热。金属型在预热时要力求均匀，在有些情况下，需要将模具保持一定的工作温度，从而保证铸件质量，提高模具使用寿命。

（4）浇注工艺

离心浇注的浇注工艺主要包括浇注温度、浇注速度、脱模温度等。

离心铸造的浇注温度可比重力铸造时的浇注温度低 5 ～ 10℃。这是因为离心铸件大多为管状、筒状或环状，且金属铸型较多，在离心力作用下加强了金属液的充型能力。浇注温度过高，降低模具使用寿命，使铸件产生缩孔、缩松、晶粒粗大、气孔等铸造缺陷；浇注温度过低，会产生夹杂、冷隔等缺陷。

对于铸铁管和铸铁汽缸套等，因合金的熔点与金属铸型的熔点相接近，所以浇注温度过高会降低铸型寿命，同时也影响生产效率；但浇注温度过低，易造成冷隔、不成型等缺陷。因此，必须严格控制浇注温度。表 6-7 为离心球墨铸铁管的浇注温度推荐值。通常汽缸套较铸管短，故浇注温度可低些，普通灰铸铁汽缸套的浇注温度为 1280 ～ 1330℃，合金灰铸铁浇注温度为 1300 ～ 1350℃。而对于非铁合金等，虽然熔点低于金属型，但浇注温度过高会使如轴承合金等铸件产生偏析缺陷，所以必须严格控制。

表 6-7　离心球墨铸铁管的浇注温度推荐值

DN/mm	球化温度 /℃	扇形包温度 /℃	*DN*/mm	球化温度 /℃	扇形包温度 /℃
100	1520	1460 ～ 1380	900	1460	1340 ～ 1310
200	1500	1420 ～ 1360	1000	1460	1340 ～ 1310
300	1500	1400 ～ 1350	1200	1450 ～ 1480	1340 ～ 1310
400	1460	1380 ～ 1330	1400	1450 ～ 1480	1330 ～ 1300
500	1460	1350 ～ 1320	1600	1410 ～ 1460	1310 ～ 1290
600	1460	1340 ～ 1310	1800	1420 ～ 1450	1310 ～ 1290
700	1460	1340 ～ 1310	2000	1420 ～ 1450	1310 ～ 1290
800	1460	1340 ～ 1310	2200	1420 ～ 1450	1310 ～ 1290

离心铸造的浇注速度可参考表 6-8 选择。开始浇注时，应注意使金属液能快速铺满整个铸型，在不影响转速的情况下，除了含铅较高的铜合金外，都应尽快浇注。铸件越大，浇注速度也应越快。

表 6-8　浇注速度选择

合金种类	铸件质量 /kg	浇注速度 /kg · s^{-1}
铸铁	5 ～ 20	1 ～ 2
	20 ～ 50	2 ～ 5
	50 ～ 150	5 ～ 10
	150 ～ 400	10 ～ 20
	400 ～ 800	20 ～ 40
铸钢	100 ～ 300	10 ～ 17
	300 ～ 1000	17 ～ 25
青铜	20 ～ 50	2 ～ 5
	50 ～ 100	5 ～ 10
	100 ～ 200	10 ～ 15
	200 ～ 400	15 ～ 25
	400 ～ 800	25 ～ 35
	800 ～ 1500	35 ～ 50
	1500 ～ 2500	50 ～ 70
黄铜	20 ～ 50	＜4
	50 ～ 100	4 ～ 8
	100 ～ 200	8 ～ 10
	200 ～ 400	10 ～ 15
	400 ～ 800	15 ～ 25
	800 ～ 1500	25 ～ 30
	1500 ～ 2500	40 ～ 60

离心铸造的铸件在凝固结束后应尽快从铸型中取出，以减少金属型温度上升，延长使用寿命。判断的方法是观察铸件的内表面颜色，呈现暗红色即可取出。

6.5 离心铸造工艺实例

6.5.1 铸铁汽缸套的离心铸造工艺

汽缸套的工作条件要求其具有较高的耐磨性、高温耐腐蚀性，常采用合金铸铁制造。缸套的零件结构简单，毛坯形状为圆套筒，十分适合采用离心铸造进行生产。汽车、拖拉机等中小型汽缸套主要在悬臂式离心铸造机上进行生产，而船舶、机车等大型汽缸套则主要使用滚筒式离心铸造机。汽缸套的生产一般采用金属型离心铸造和砂型离心铸造，铸型结构如图 6-26 所示。

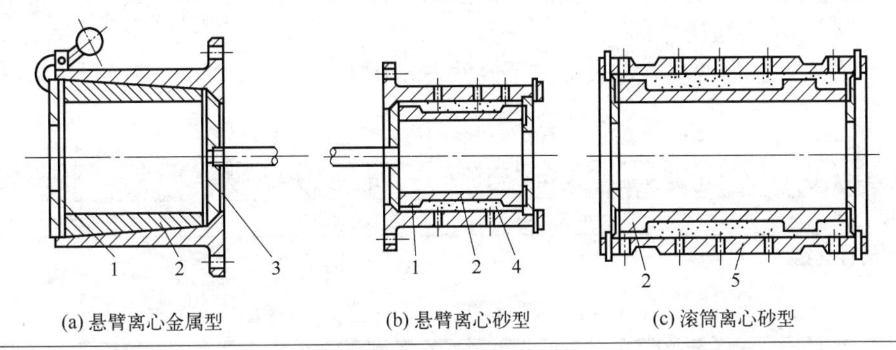

图 6-26　汽缸套离心铸型

1—石棉垫；2—铸件；3—推板；4—砂芯；5—砂衬

铸铁汽缸套的离心铸造工艺如下。

（1）工艺设计

离心浇注汽缸套由于无型芯，合金的收缩为自由收缩，所以收缩率主要是根据铸铁本身特点而定。

铸型一般为灰铸铁、球墨铸铁及耐热铸铁制作的单型结构，壁厚一般为缸套壁厚的 1.2 ～ 2.0 倍。结构力求简单，便于制造铸型和取出铸件。

小缸套的加工余量一般取外表面 2 ～ 5mm，内表面 3 ～ 7mm，端面 3 ～ 7mm（不含卡头）。

（2）涂料

多为水基涂料，耐火材料多为硅石粉和鳞片石墨粉，黏结剂为黏土和树脂等，每浇注一件滚挂一次。涂料要均匀，并在型壁上充分干燥。小缸套的涂料厚度约 1 ～ 2mm，大缸套的涂料厚度约 2.5 ～ 4mm。为防止端面产生白口，要在铸型的里端垫上直径比铸型型腔大 1mm 的石棉片。

（3）浇注工艺及参数的选择

① 铸型温度。涂覆涂料前铸型要预热至 150℃以上，生产时铸型的温度控制在 200 ～ 350℃。浇注后铸型外壁应进行水冷和空冷，以延长铸型寿命，提高生产效率，水冷

时间为 60 ～ 150s。

② 金属液定量。小缸套在连续生产时多采用浇包容积定量法，一般一个小包浇注一个缸套。

③ 浇注温度。离心浇注小缸套的出炉温度一般要求大于或等于 1400℃，以保证浇注时温度可以达到 1300 ～ 1360℃，大缸套的浇注温度可适当低些，为 1270 ～ 1340℃。

④ 铸型转速。一般按重力系数 G 计算铸型转速，大缸套 G 取 40 ～ 60，中小缸套 G 取 50 ～ 80。

⑤ 浇注速度。尽可能提高浇注速度，以保证充型。不同质量铸铁缸套的浇注速度见表 6-9，小缸套的浇注速度为 2 ～ 10kg/s。

表 6-9 不同质量铸铁缸套的浇注速度

缸套质量 /kg	5 ～ 20	20 ～ 50	50 ～ 150	150 ～ 400	400 ～ 800
浇注速度 / ($kg \cdot s^{-1}$)	1 ～ 2.5	2.5 ～ 5	5 ～ 10	10 ～ 20	20 ～ 40

⑥ 铸件出型温度。为了减缓铸件冷却速度，浇注后要求出型温度要高，一般为 700 ～ 850℃，并在保温坑中缓慢冷却。

中小型及大型缸套的离心铸造工艺参数见表 6-10 和表 6-11。

表 6-10 中小型缸套的离心铸造工艺参数

重力系数 G	浇注温度 /℃	铸型温度 /℃	出型温度 /℃
40 ～ 90①	≈1400	≈250	700 ～ 800

注：①铸件内径越小，G 应越大。

表 6-11 大型缸套的离心铸造工艺参数

涂料厚度 /mm	浇注温度 /℃	刷涂料时铸型温度 /℃	浇注时铸型温度 /℃	铸件回火温度 /℃
1 ～ 4	1300 ～ 1340	180 ～ 250	120 ～ 300	600 ～ 660

6.5.2 铸铁管的金属型离心铸造工艺

铸铁管是一种需求量很大的铸件，主要用来输送水、燃气、污水、雨水、泥浆、酸、碱等化工液体，有时还要求承受一定压力，耐腐蚀，长期埋在地下不易损坏等。铸铁管的主要生产方法有离心铸造、半连续铸造和砂型铸造。

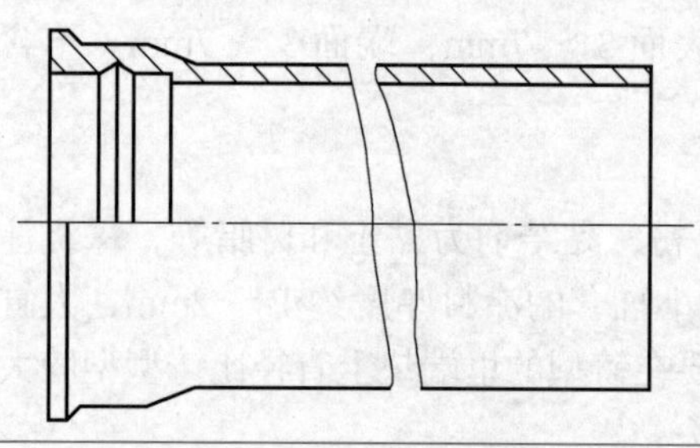

图 6-27 铸铁管形状示意图

铸铁管的形状如图 6-27 所示，其内径为 50 ～ 2600mm，长度为 1 ～ 8m，壁厚为 4 ～ 20mm。材料可以是灰铸铁，但是目前大多采用的是以铁素体为基体的球墨铸铁，它具有较好的可塑性，能承受较高的工作压力，其壁厚比灰铸铁壁厚薄 1/3 ～ 1/4。

铸铁管离心铸造的工艺主要有水冷金属型离心铸造法和涂料金属型离心铸造法两种。其铸造生产过程大致相同，如图 6-28 所示。

如图 6-28（a）所示，浇注前固定的长浇注槽 6 接近承口砂芯 2，将铁水倒入固定容积的扇形浇包 7。

如图 6-28（b）所示，浇注时开动机器使铸型 9 转动，此时扇形浇包以等速倾转使铁水均匀地通过浇注槽注入型内，待承口周围充满后，使铸型随离心机向左沿导轨 1 等速移动，铁水亦均匀地充填相应的部位。

至浇注完毕时，铸型与浇注槽脱离开，如图 6-28（c）所示。金属型可用水进行强制冷却，待铸件冷凝后，制动装置使铸型停止转动。随后，将专用的钳子伸入铸型的末端卡住铁管承口的内表面。铸型随离心机向右移动，铁管从金属型中取出，而浇注槽又进入铸型中，如图 6-28（d）所示。从而完成一次浇注循环，准备再次浇注。

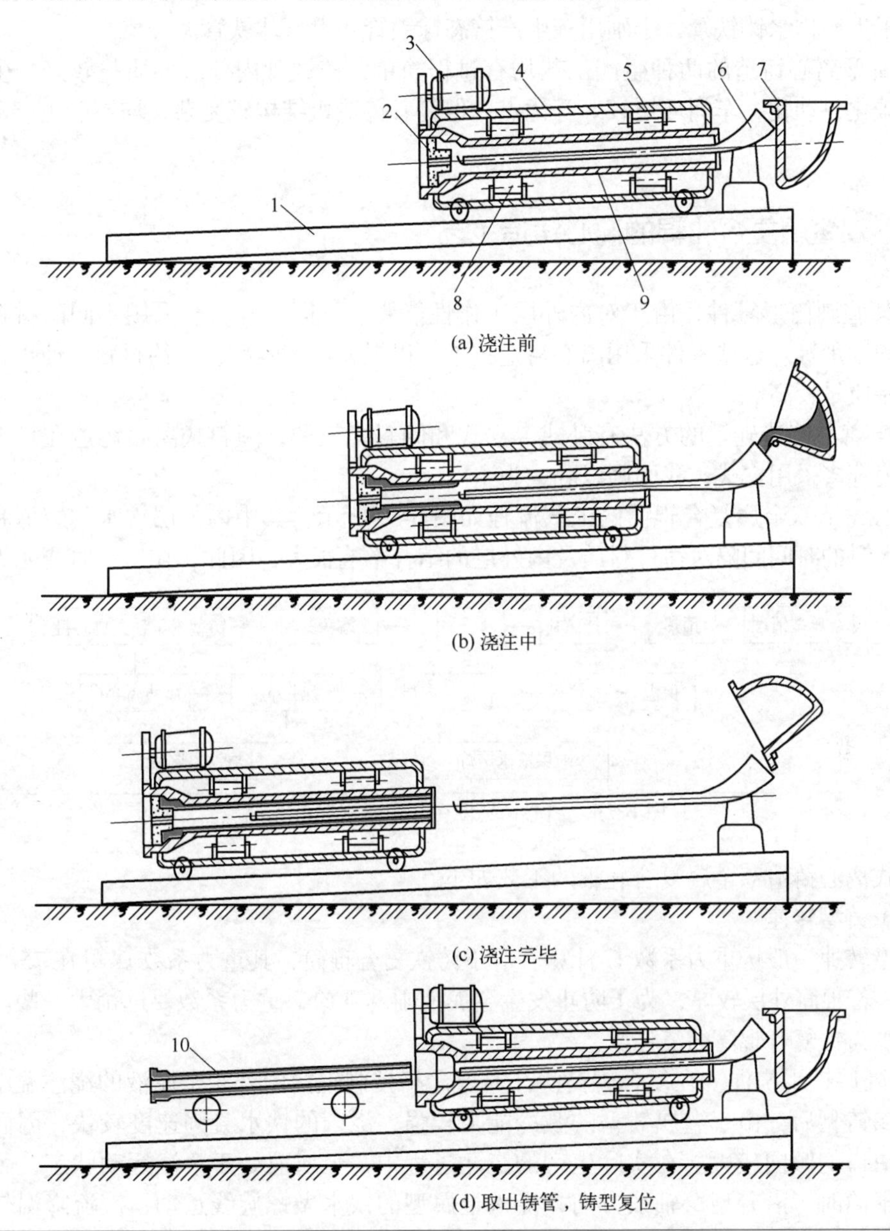

图 6-28　铸铁管金属型离心铸造工艺过程示意图

1—导轨；2—承口砂芯；3—电动机；4—机罩；5，8—托轮；6—浇注槽；7—扇形浇包；9—铸型；10—铸管水冷金属型离心铸造法铸型的内表面无绝热材料，外表面用水冷却，生产效率高，生产设备占地面积适中，但是铁管需热处理，虽不需要造型辅助设备，但需昂贵的热处理炉，铸型制造技术要求高，价格高。主要用于生产公称口径不大于300mm的灰铸铁管和球铁管，可生产的最大铸铁管口径为1800mm，长度为8m。

涂料金属型离心铸造法又称热模法，其铸型壁上有薄的绝热涂料层。涂料的成分为77%的石英粉、7.7%的铝钒土、7.7%的滑石粉、7.6%的纳基膨润土及适量的水。喷涂料时金属型温度为200～300℃。热模法生产的铸态球铁管的材质伸长率一般可达5%，如不用热处理炉，则生产设备占地适中，但生产效率较低，若生产排水管，则生产效率高。所以广泛应用于生产排水铸铁管，个别用于生产铸态球铁管和大型球铁管。

金属型离心铸造的两种生产工艺均有过程简单，铸铁管内外表面质量较好，生产过程易于机械化自动化，车间环境较好等优点。但离心铸造机结构较复杂，均不能生产双法兰铸铁管。

6.5.3 双金属复合轧辊的离心铸造工艺

对某些圆筒形零件，由于对内外层工作性能要求不同，有时会采用不同的材料，如轧辊、滑动轴承等。这些零件采用离心铸造技术可以提高生产效率，节约材料，使工艺过程简单，产品质量较高。

生产离心铸造轧辊的方法有卧式、立式和倾斜式三种，倾斜式离心铸造在日本用得较多，欧美等多采用立式，我国则以卧式为主。

离心铸造双金属复合辊筒的工艺流程如图6-29所示，其中内外层铁水的熔炼和浇注内外层铁水时的时间间隔对铸件材质及内外层的结合影响很大，因此，在生产时要尤为注意。

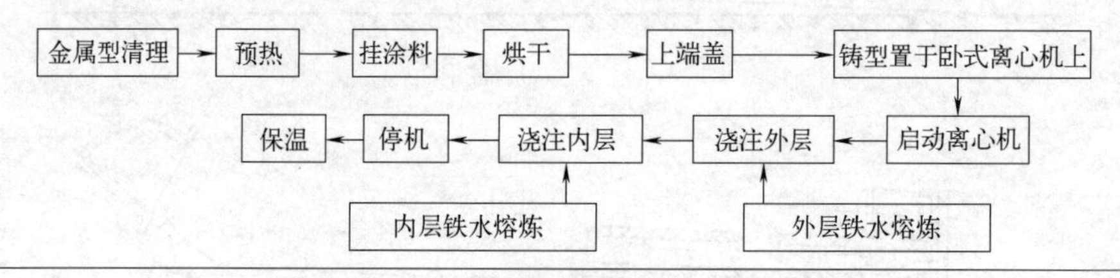

图6-29　离心铸造双金属复合辊筒工艺流程

卧式离心铸造双金属复合轧辊的工艺如下。

（1）铸型转速

铸型转速一般按重力系数 G 计算。对于铸铁复合辊筒，其重力系数 G 可在75～150之间取值，若辊筒外层较厚，为了防止发生金属液雨淋现象，重力系数要选稍大一些。

（2）铸铁复合辊筒的浇注工艺

① 外层铁水浇注。在复合辊筒浇注时要严格控制辊筒内外层金属液的浇注温度。铁水浇入金属铸型后，由于金属铸型的激冷能力较强，浇入的铁水凝固速度较快，因而外层铁水形成白口的倾向较大。在实际生产的浇注过程中，金属液处于紊流运动状态，卧式离心机生产辊筒时，沿着型壁轴线方向，浇入金属型的铁水做螺旋线运动，液流降温较快，故浇注温度不能太低。另外与重力浇注时渣质的上浮速度相比，在离心条件下，渣质的上浮速度较快，所以其浇注温度可比重力浇注时低5～10℃，一般复合辊筒外层的浇注温度为1350～1370℃。

浇注时，浇注速度应先快后缓再快，即在开始浇注的 6 ～ 8s 内，采用较大的浇注速度，使浇口杯中的铁水液面尽快达到顶部，这样进入金属型中的铁水的流量可达到最大值，在金属型内很快就能使凝固层达到 15 ～ 20mm 的厚度，之后再将浇注速度减缓，使浇口杯内的液面高度缓慢降低，最后快速浇完，以保持液面在某一高度。辊筒外层的浇注时间一般为 30 ～ 50s。

② 内层铁水浇注。当外层铁水的内表面处于凝固态时，即外层凝固一段时间后就可浇入内层铁水。内外层铁水浇注的时间间隔为 8 ～ 10min 时，即可浇入内层铁水，而内层铁水的浇注温度一般为 1300 ～ 1320℃。

在内外两层铁水浇注后分别覆盖玻璃渣作为保护渣。生产中所使用的玻璃渣密度为 2.2 ～ 2.5g/cm^2，熔点低于 1200℃，软化点为 574℃，高温下流动性好，在浇注内层铁水后能被重熔，在离心力的作用下可以“浮向”自由表面，从而防止因玻璃渣不能浮出而造成结合层夹渣缺陷的发生。

在浇注完辊筒外层后，适当变换铸型的转速，使铁水在交变加速度下凝固，可使离心铸件径向断面的倾斜柱状晶得到有效控制。当浇注辊筒内层的铁水时，由于内径变小，需适当提高铸型转速，缓慢平稳浇注至结束。

外径为 250 ～ 300mm 的双金属空心铸铁轧辊的卧式离心浇注工艺参数，见表 6-12。

表 6-12　ϕ250 ～ 300mm 双金属空心铸铁轧辊的卧式离心浇注工艺参数

浇注外层铁液	浇注温度 1327 ～ 1370℃，铸型转速 580r/min
铁液凝固时间	5 ～ 7min
浇注内层铁液	浇注温度 1280 ～ 1320℃
水冷铸型	浇注后 10 ～ 15s
铸型停转	铸铁内表面温度为 700℃
缓冷	18 ～ 25h

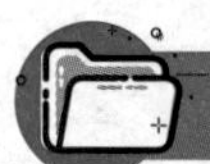

拓展阅读材料

[1]　中国机械工程学会铸造分会 . 铸造技术路线图 [M]. 北京：中国科学技术出版社，2016.

[2]　孙志娟，李小飞 . 特种铸造技术 [M]. 北京：冶金工业出版社，2013.

[3]　胡海涛，左家斌，黄东，等 . 浇注系统对离心铸造 TiAl 合金叶片成形的影响 [J]. 铸造，2021，70（09）：1054-1059.

[4]　梁增辉，申勇，何齐书，等 . 浅谈离心铸造的应用及其特点 [J]. 中国设备工程，2020（21）：232-234.

[5]　A.D.Pradeep，T.Rameshkumar.Review on centrifugal casting of functionally graded materials[J].Materials Today：Proceedings，2020.

习题

1. 简述离心铸造的特点。

2. 离心铸造主要应用于哪类零件，请试举例。

3. 试述离心铸件在液体金属相对运动影响下的凝固特点。

4. 离心铸造铸型的转速对铸件质量有哪些影响？确定原则是什么？

5. 图 6-30 为 TiAl 合金涡轮的 3 种浇注方式浇注系统三维模型，请说出你认为最合理的浇注方式，并给出理由。

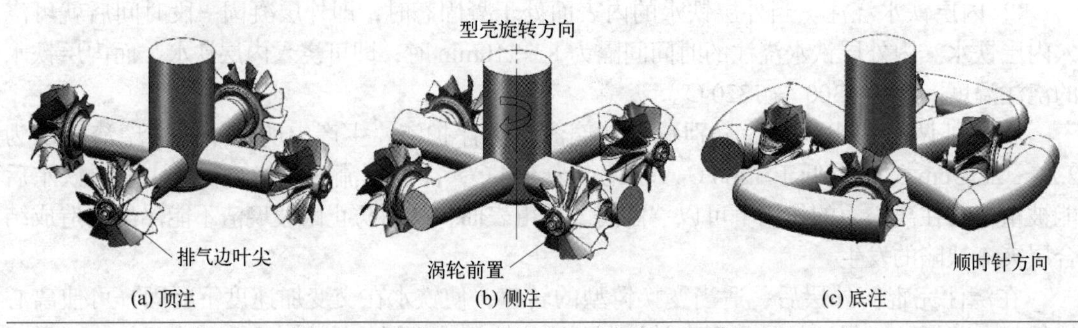

图 6-30 涡轮的 3 种浇注方式浇注系统三维模型

参考文献

[1] 贾国成，麻毅，常化强，等. 倾斜式离心铸造对钛合金铸件质量的优化 [J]. 铸造技术，2022，43（05）：385-388.

[2] 王艳光，彭晓东，赵辉，等. 离心铸造镁合金的研究现状及展望 [J]. 热加工工艺，2011，40（23）：22-24+29.

[3] 裴蒙蒙，齐会萍，秦芳诚，等. 双金属复合环形构件制造技术研究进展 [J]. 铸造技术，2021，42（01）：53-60.

[4] 冯硕，宋卫华，张瑞红，等. 金属离心铸造领域国内外专利技术对比分析 [J]. 冶金管理，2021（15）：72-73.

[5] 薛松海，龚燚，史昆，等.K4169 合金叶轮真空自耗电极凝壳炉离心铸造工艺研究 [J]. 铸造，2022，71（04）：458-461.

第7章

其他特种铸造

7.1 石膏型精密铸造

7.1.1 概述

石膏型熔模精密铸造（plaster investment casting）是指采用可熔性材料制取与所需零件形状和尺寸相近的熔模，用石膏浆料灌制铸型，经干燥、脱蜡、焙烧后即可浇注铸件的方法。石膏型熔模精密铸造是将石膏型铸造与熔模铸造相结合而形成的一种新的特种铸造方法。

（1）工艺流程

石膏型熔模精密铸造工艺流程如图7-1所示，将熔模组装，并固定在专供灌浆用的砂箱平板上，在真空下把石膏浆料灌入，待浆料凝结后经干燥即可脱除熔模，再经烘干、焙烧成为石膏型，在真空下浇注获得铸件。

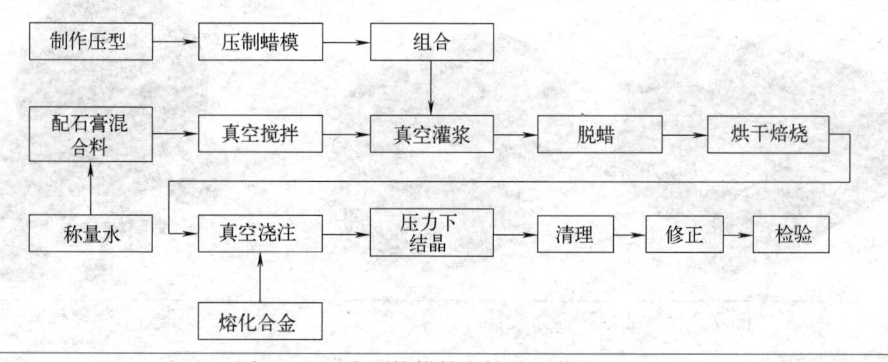

图7-1 石膏型熔模精密铸造工艺流程图

石膏型熔模精密铸造中所采用的熔模与普通熔模铸造所用的可熔性熔模模样相同，只是用石膏造型代替用耐火材料制壳。该法利用石膏浆料对熔模的良好复印性和石膏型热导率小而有利于合金液对铸型的充填等特点，来铸造薄壁、复杂铝合金优质精密铸件。

（2）工艺特点

石膏型熔模精密铸造的工艺特点如下。

① 石膏浆料的流动性很好，凝结时有轻微的膨胀，所制铸型轮廓清晰、花纹精细。可铸出小至 0.2mm 间隔的凹凸花纹。该工艺与一般熔模铸造不同，不受涂挂工艺的限制。可灌注大中小铸型。

② 石膏型的导热性能很差，浇入型腔的金属液保持流动时间长，故能生产薄壁复杂件，最小壁厚可达 0.5 ～ 1.0mm。但铸件凝固时间长，致使铸件产生气孔、针孔、疏松、缩孔的倾向大。通过采用细化合金晶粒和使合金液在压力下结晶的工艺，可以克服石膏型的导热性能差所造成的铸件晶粒粗大、缩孔、疏松等缺陷，细化晶粒，提高铸件的力学性能和气密性能。

③ 石膏型透气性极差，应合理设置浇注系统及排气系统，防止浇不足、气孔等缺陷。

④ 石膏型溃散性好，易于清除。

⑤ 石膏型的耐火度低，故适于生产铝、锌、铜、锡、金和银等合金的精密复杂铸件。

（3）应用范围

石膏型熔模精密铸造适合生产尺寸精度高、表面光洁的精密铸件，特别适宜生产大型复杂薄壁铝合金铸件，也可用于锌、铜、金和银等合金。铸件最大尺寸达 10000mm，质量为 0.03 ～ 900kg，壁厚为 0.8 ～ 1.5mm（局部可为 0.5mm）。铸件尺寸精度为 CT4 ～ CT6 级、表面粗糙度为 *Ra*0.8 ～ 6.3μm。该法已被广泛用于航空、航天、兵器、电子、船舶、仪器、计算机等行业的薄壁复杂件制造，也常用于艺术品铸造中。典型铸件如燃油增压器、泵壳、波导管、叶轮、塑料成形模具、橡胶成形模具等。

图 7-2 和图 7-3 列举了采用石膏型熔模精密铸造生产的燃油增压器泵壳和整体叶轮。美国 TEC-CAST 公司（泰克公司）用该法生产的波音 767 客机的燃油增压器泵壳，重 6.3kg，材质为 365 铝合金。该铸件外形复杂，内部有多个变截面的弯曲油路歧管，并要求很高的气密性以防止高压时漏油，中心孔距离要求保持 ±0.25mm 的公差，原来由多个加工件组合而成，制造周期长，成本高。泰克公司采用 22 个分体蜡模组合成一个整体蜡模，并使用 12 个可熔型芯，铸造出整体精铸件，大大缩短了加工周期，降低了成本。美国泰克公司利用石膏型熔模铸造技术铸造的铝合金整体叶轮，由几十个叶片和轮壳组成，是发动机增压器、离心泵和压缩机等的关键零件。

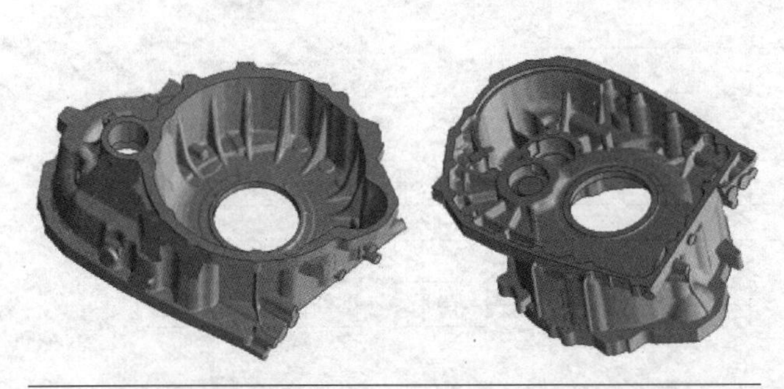

图 7-2　燃油增压器泵壳图

图 7-3　整体叶轮

7.1.2　石膏型铸造工艺

（1）模样制作

模样的制作是石膏型精密铸造工艺的核心环节之一，铸件尺寸精度和表面粗糙度首先取决于模样的制备工艺和制备过程，包括蜡料的选择、配比和配制，蜡模修补、组合和检查等。石膏型精密铸造用的模样主要是熔模，也可使用气化模、水溶性模（芯）。普通熔模制备工艺流程如图 7-4 所示。

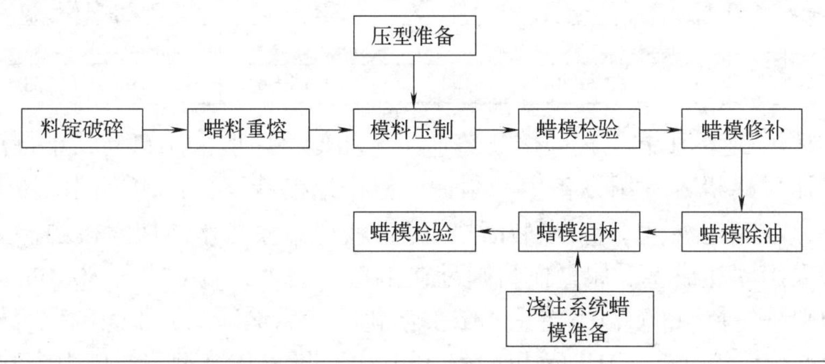

图 7-4　普通熔模制备工艺流程

① 模料。石膏型精密铸造用模料的种类很多，其中蜡基和松香基模料应用最为广泛。对一般中小型铸件也可使用熔模铸造通用模料，而大中型复杂铸件，尺寸精度和表面粗糙度要求高的铸件，则应使用石膏型精密铸造专用模料。当无法用金属芯制作复杂内腔时，就得使用水溶芯或水溶石膏芯来制作内腔。常用的水溶性模（芯）料有尿素模料、无机盐模料、羰芯等。

对模料的基本要求如下：

模料强度高、韧性好，能承受石膏浆灌注的作用力而不变形损坏；

模料线收缩小，保证熔模尺寸精确，防止模样厚大部分缩陷和裂纹，同时可减小脱蜡时石膏型所受张力；

熔点低、流动性好以利于成型和脱蜡。

表 7-1 是国内目前石膏型精密铸造专用模料配比及性能，表 7-2 和表 7-3 为常见水溶性模芯的成分与性能。

表 7-1　石膏型精密铸造专用模料配比及性能

模料名称	配比（质量分数）/%					性能				
	硬脂酸	松香	石蜡	褐煤蜡	EVA	软化点/℃	线收缩率/%	灰度 /%	压铸温度/℃	脱蜡温度/℃
48#	60 ～ 40	30 ～ 20	5 ～ 20	5 ～ 20	1 ～ 5	67.5	0.3 ～ 0.35	0.026	51 ～ 55	85 ～ 100
48T#	60 ～ 40	30 ～ 20	5 ～ 20	5 ～ 20	1 ～ 5	61.6	0.4 ～ 0.45	0.034	53 ～ 57	85 ～ 90
996c	—	—	—	—	—	80	0.7 ～ 0.9	<0.02	52 ～ 63	95 ～ 100

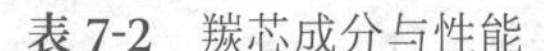
表 7-2　羰芯成分与性能

序号	配比（质量分数）/%				性能		
	聚乙二醇（分子量）	碳酸氢钠（工业）	滑石粉（工业）	增塑剂	压注温度/℃	收缩率/%	锥入度
1	50~60（1540：6000）1：9	20~25	25~20	—	—	0.43	2.0
2	50	20	30	—	—	0.52	1.2
3	55（2000~600）	35	—	10	66	—	—
4	50（4000）	35		15	66		

表 7-3　水溶石膏芯和陶瓷芯的成分与性能

名称	配比（质量分数）%					性能			
	石膏混合料	硫酸镁	氯化钠	刚玉粉	粗制聚乙二醇	抗压强度 /MPa	烧结收缩率 /%	表面粗糙度 *Rz*/μm	发气量 / $(cm^3 \cdot g^{-1})$
水溶石膏芯	100	16～25	—	—	—	—	—	—	—
水溶陶瓷芯			60～70	7～14	24～28	15～18	3～4	0.8～3.4	2～5

② 熔模制作。熔模压制工艺同熔模铸造工艺相似，一般采用自动、半自动的气动或液压压蜡机、高压压蜡机等专用设备生产制造。根据蜡模特点，选用不同的压力、流量、注射和保压时间，在一定温度下将模料压注成型，获得熔模。水溶尿素模料、无机盐模料及水溶石膏芯均采用灌注成型。尿素模料则是在 110～120℃下用 25～50MPa 高压压制成型的。羰芯压制则是先在 100℃以下将聚乙二醇溶化，然后徐徐加入干燥的混合模料，边加边搅拌，加完后继续搅拌 0.5～1h，静置除气 4h 以上，即可压制型芯，压力为 0.4～0.6MPa，模料温度为 65～75℃，压型温度为 25～30℃。水溶陶瓷芯一般是将各组分先混制成可塑性坯料，再加压成型，经 700℃左右烧结后待用。

（2）石膏型制造

① 石膏浆料的制备。

a. 石膏。石膏型铸造常用石膏为半水石膏，半水石膏作为石膏混合料中的“黏结剂”，其质量对石膏混合料的性能有决定性影响。半水石膏分为 α 半水石膏和 β 半水石膏，它们的微观结构基本相似，但是在宏观性能上却有较大差异，见表 7-4。α 半水石膏具有致密、完整而粗大的晶粒，故总比表面积小。β 半水石膏因多孔，所以比表面积大。在配成相同流动性的石膏浆料时 α 半水石膏所需的水更少，浆料凝固后的强度更高，因此石膏型铸造中主要采用的是 α 半水石膏。表 7-5 为国内外一些高强度石膏的性能。

表 7-4　两种半水石膏的性能

种类	晶粒平均粒径 $/10^{-10}m$	密度 / $(g \cdot cm^{-3})$	总比表面积 / $(m^2 \cdot g^{-1})$	石膏型性能		
				相同流动时水固比	石膏浆料凝结时间 /min	干燥抗压强度 /MPa
α 半水石膏	940	2.73～2.75	1	0.4～0.5	15～25	40～43
β 半水石膏	388	2.62～2.64	8.2	0.65～0.75	8～15	13～15

表 7-5　国内外一些高强度石膏的性能

石膏名称	水固比（水 / 石膏）	凝固时间 /min	凝固膨胀率 /%	7h 抗压强度 /MPa	干燥抗压强度 /MPa	硬度 HBS
上海高强石膏	0.27～0.29	8～15	0.07～0.09	31～35.5	60～70	17～21
上海超高强石膏	0.21～0.22	6～10	—	40～50	90～100	20～24
上海铸造石膏	0.34	8～13	0.1±0.4	19.61（2h 后）	5.88（残余抗压）	—
眉山 α 半水石膏	0.4	—	—	—	40.7	—
应城 β 半水石膏	0.4	—	—	—	42.1	—
美国 Denste-25 石膏	0.29～0.31	30～35	0.049	31.4	42.7	—
德国合成硬石膏	0.23	9±1.5	12	—	—	15.3～17.3（24h 后）
英国硬石	0.27	10	0.23	32.4（2h 后）	84.3	—
日本 SSS 超硬石膏	0.20	9	0.03	52	110	—

b. 填料及添加剂。为使石膏型具有良好的强度，减小其收缩和裂纹倾向，控制其线膨胀率等，需要在石膏浆料中添加适当的填料和添加剂，石膏型铸造中常用的石膏填料和添加剂及其性能分别见表 7-6 和表 7-7。

表 7-6 石膏型用填料及其性能

名称	熔点 /℃	密度 / $(g \cdot cm^{-3})$	线胀系数 / K^{-1}	加入填料后石膏混合料强度 /MPa		
				7h	烘干 90℃、4h 后	焙烧 700℃、1h 后
硅砂	1713	2.6	12.5×10^{-6}	0.5	1.3	0.2
石英玻璃	1713	2.2	0.5×10^{-6}	—	—	—
夕线石	1800	3.25	$(3.1 \sim 4.3) \times 10^{-6}$	1.5	2.8	0.65
高岭土类熟料	1700 ～ 1790	2.4 ～ 2.6	5×10^{-6}	2.4	3.8	0.86
莫来石	1810	3.08 ～ 3.15	5.3×10^{-6}	2.3	3.4	0.86
铝矾土熟料	1800	3.1 ～ 3.5	$(5.0 \sim 5.8) \times 10^{-6}$	2.6	4.0	0.85
刚玉	2050	3.99 ～ 4.02	8.6×10^{-6}	2.0	3.5	0.65
氧化锆	2690	5.73	$(7.2 \sim 10) \times 10^{-6}$	—	—	—
锆砂	<1948	4.5 ～ 4.9	4.6×10^{-6}	—	—	—

表 7-7 石膏型用添加剂及其作用

类别	作用	具体添加物
增强剂	增强石膏型湿强度、焙烧强度和烧后强度	以硫酸盐为主体的复合增强剂、硫酸镁、硅溶胶等
缓凝剂	减缓石膏浆料凝结时间	硼砂及硼酸、柠檬酸、醋酸等有机酸及其可溶性盐类如琥珀酸钠、磷酸盐、碱金属硼酸盐等，蛋白胶、皮胶、石灰活化的皮胶及纸浆废液、硅溶胶等
促凝剂	加速石膏浆料凝结时间	Na_2SiF_6、NaCl、NaF、$MgCl_2$、$MgSO_4$、Na_2SO_4、$NaNO_3$、KNO_3、少量二水石膏等
减缩剂	减少石膏型收缩和裂纹倾向	$BaCl_2$、$CO(NH_2)$、$Al(NO_3)_3$、$Fe(NO_3)_3$、$Be(NO_3)_2$、$ZrO(NO_3)_2$、$Mn(NO_3)_2$、琥珀酸钠、柠檬酸盐、NaCl、$BaCl_2$、$MgSO_4$ 等
消泡剂	消除气泡，减少铸件积瘤	水基消泡剂、精铸专用消泡剂
发泡剂	生产发泡石膏型用	阴离子型表面活性剂、渗透剂、非离子型表面活性剂等

c. 石膏浆料制备。图 7-5 为石膏浆料制备用设备结构示意图。浆料配制过程应严控真空度和搅拌时间，这两工艺参数对浆料质量影响较大。石膏浆料制备的一般步骤如下：

（a）配料。按照预定的配比配制石膏浆料，成品石膏粉料只需按照所需粉液比注入液态水，并根据铸件对型壳的不同要求，适当添加一定量的增强剂、消泡剂等，即可配制石膏浆料。

（b）加料。配料计算好后，一般是先注入所需的液体及添加剂，搅拌均匀后，边搅拌边加入成品石膏粉料。

（c）真空搅拌。待粉料加完后，立刻合上搅拌室顶盖抽真空，并继续搅拌。真空度应在 30s 达到 0.05 ～ 0.06MPa，搅拌 2 ～ 4min，搅拌机转速 250 ～ 350r/min。

（d）灌注石膏浆料。石膏浆料的初凝时间一般为 5 ～ 8min，搅拌必须在初凝前结束，开始灌注到抽真空状态的灌注罐中，灌注时应尽量保持真空状态，以减少铸件积瘤的发生。

② 石膏型的制备。

a. 灌浆。中小型铸件一般采用图 7-5 的设备真空灌浆，其步骤如下：

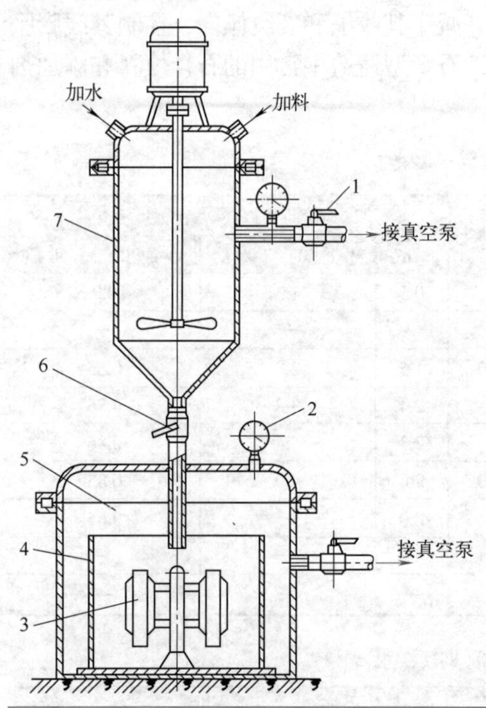

图 7-5　石膏浆料制备用设备示意图

1—真空阀；2—真空表；3—熔模树组；4—砂箱；5—灌浆室；6—二通阀；7—搅拌室

（a）先将熔模树组放入灌浆室中，将真空抽到 0.05 ～ 0.06MPa。

（b）开启与搅拌室连接的二通阀，使浆料平稳地注入箱框中，灌浆时间取决于熔模树组大小及复杂程度，时间一般不超过 1.5min。灌浆时应尽量将浆料引到底部，逐渐上升，以利于气体排出，浆料不应直冲蜡模。

（c）灌浆完成后立即冲入气体，取出石膏型，保证其静止 1 ～ 1.5h，使其有一定强度。此期间切忌振动和其他外加载荷，否则会损害石膏型的强度、精度，甚至使石膏型破裂。

（d）取型完成后应迅速冲洗搅拌室，防止因清洗不干净，残留的石膏会在下批浆料搅拌时加速浆体凝固。

当铸件体积大于灌浆设备容积时，允许在大气环境下灌浆，但灌浆时要注意砂箱与底板之间的密封，并应对底板加以轻微振动以防止裹气；除此之外，还要充分考虑非真空环境下产生的铸件积瘤，必要时需采取开设工艺排气孔、预灌浆料等措施。

b. 干燥和脱蜡。普通熔模：将灌制好的石膏型放在通风环境下自然干燥 12h 以上，以保证熔模的干燥。对厚度大的石膏型，或环境温度低、湿度大时，需增加自然干燥时间。然后用蒸汽或远红外线脱蜡，脱蜡温度 100℃左右，脱蜡时间视砂箱大小及蜡模情况而定，一般为 1 ～ 2h。不用水溶性石膏芯的石膏型常用蒸汽脱蜡，模料中不含聚苯乙烯填料时蒸汽温度不高于 110℃，模料中含聚苯乙烯填料时蒸汽温度不高于 100℃，温度过高，石膏型会出现裂纹。不能将石膏型浸入热水中脱蜡，这会损害石膏型的表面质量。有水溶性石膏芯的石膏型应采用远红外线加热法脱蜡，脱蜡时应使直浇道中的蜡料先熔失，保证排蜡通畅。对粗大的直绕道，在脱蜡前可先用电烙铁等熔失部分蜡料，减少加热时的膨胀，加快浇道蜡的排除。使脱蜡后的石膏型在 80 ～ 90℃流动空气中，干燥 10h 以上，或放在大气中干燥 24h 以上方可装炉焙烧。

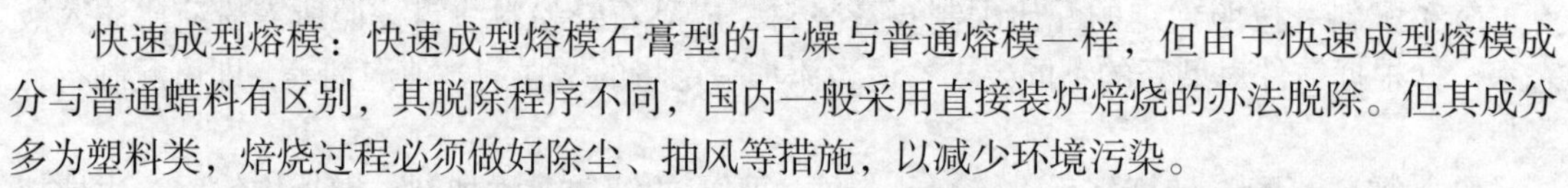

快速成型熔模：快速成型熔模石膏型的干燥与普通熔模一样，但由于快速成型熔模成分与普通蜡料有区别，其脱除程序不同，国内一般采用直接装炉焙烧的办法脱除。但其成分多为塑料类，焙烧过程必须做好除尘、抽风等措施，以减少环境污染。

c. 焙烧。熔模石膏型需将脱蜡时渗入石膏型内的残蜡烧尽，焙烧温度约为 700℃。石膏在焙烧过程中要发生一系列的相变，伴随有体积的急剧变化，加之石膏型热导率小，所以焙烧应采用阶梯升温，每段保温一定时间，以使内外壁温度均匀一致。

焙烧常使用电、天然气或油加热。石膏型焙烧工艺需根据壁厚适当调整，一般壁厚 <50mm 的石膏型其焙烧工艺曲线如图 7-6 所示，即 80 ～ 100℃保温 8h → 150℃保温 5h → 300℃保温 2h → 700℃保温 4h，升（降）温速率不大于 50℃ /h。

（3）浇注

石膏型导热性差，合金浇注温度一般可低于其他铸造方法，但需根据铸件大小、壁的厚薄、浇注方法等适当调整，石膏型铸件浇注温度一般为 690 ~ 750℃。浇注石膏型铸件时，石膏型一般要保持一定的温度，石膏型温度过低，浇注时受金属液的激热作用易产生裂纹等缺陷。石膏型温度过高则铸件凝固速度慢，易出现粗大组织。生产实践表明，石膏型工作温度为 150 ~ 350℃，大型复杂薄壁铸件可取上限，中小型、壁稍厚的铸件则取下限。

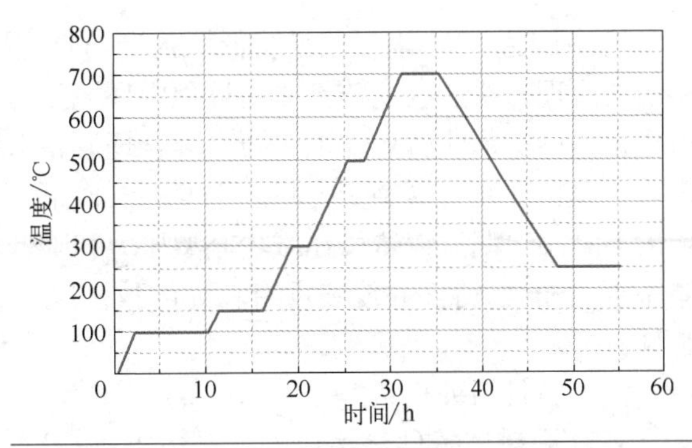

图 7-6 壁厚小于 50mm 石膏型的焙烧工艺曲线

根据石膏型铸件的结构特点可采用不同的浇注工艺，常用的浇注工艺有以下几种。

① 重力浇注。该工艺不需要特殊设备，合金液在重力下注入型腔。但该工艺对浇注系统的设计要求较高，铸件较易产生内部缺陷，只适用于透气石膏型，一般石膏型精密铸造很少采用此工艺。

② 低压浇注。该工艺是将合金液在一定的充型压力下注入石膏型腔，然后在一个稍高于充型压力的状态下使其结晶初凝。该方法可使复杂薄壁铸件成型并提高铸件出品率，适用于大批量复杂薄壁铸件的生产。目前，此工艺应用比较普遍。

③ 真空浇注加压凝固。该工艺是在浇注前将型腔内抽成真空，真空度达到 -0.08MPa 左右，然后将金属液浇入型腔，浇注结束后，立即增加压力，在极短时间内达到 0.5 ～ 0.6MPa（或更高）。该工艺能在保证薄壁铸件成型的前提下，提高铸件冶金质量，抑制气体析出，加强浇冒口对铸件的补缩，增加铸件致密度，保证铸件外形轮廓清晰，适用于生产各型号薄壁铸件，但对设备的要求较高。目前，该工艺是国内外石膏型精密铸造的主流工艺。图 7-7 是真空浇注加压凝固设备示意图。

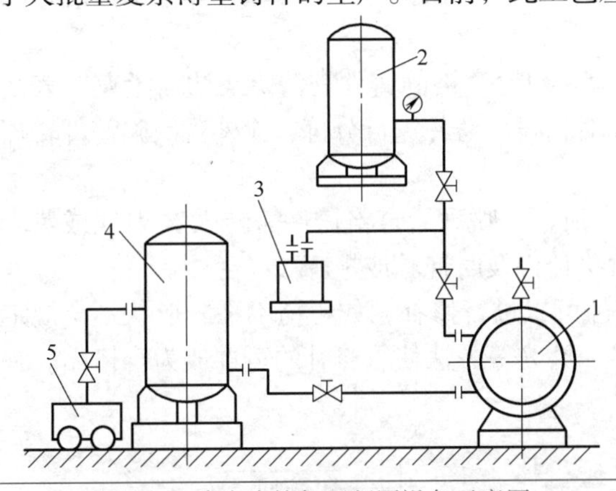

图 7-7 真空浇注加压凝固设备示意图

1—真空加压浇注罐；2—预真空罐；3—真空泵；4—贮气罐；5—空压机

石膏型真空浇注加压凝固操作要点见表 7-8。

表 7-8 石膏型真空浇注加压凝固操作要点

工序	操作要点
准备	(1) 将真空罐抽气至真空度为 1kPa 以上； (2) 贮压罐充气至压力为 0.6 ～ 0.8MPa
铸型和浇包就位	(1) 将铸型从保温炉转移至浇注罐底盘上； (2) 将浇包连同合金液迅速移至浇注罐内浇包架上
真空浇注	(1) 关闭浇注罐，打开真空泵、真空罐及浇注罐的阀门，真空度平衡后，关闭真空罐与浇注罐间的阀门，真空泵继续抽真空至达到要求的真空度，关闭阀门，总时间不要超过 60s； (2) 通过手轮转动浇包架，将金属液浇入铸型，同时从观察孔监视浇注情况
加压凝固	(1) 浇注完毕后先去除真空，然后迅速打开充气阀直至到达要求的压力，总的操作时间不应超过 45s； (2) 铸件完全凝固后打开放气阀，取出铸型

④ 调压浇注。该工艺是将低压铸造与真空铸造相结合的一种铸造工艺。它是利用压差铸造的原理，通过改变铸件成型过程中环境压力来适应复杂薄壁铸件成型工艺特性。该工艺可根据铸件的形状特点、工艺要求等合理调整型腔内压力，使金属液在压差作用下有控制地进入型腔，并在石膏型受力状态不变的条件下，及时提高铸件凝固时的环境压力，使铸件在压力下凝固。调压铸造可在减少充型压力和降低浇注温度条件下使薄壁铸件成型，可铸出壁厚小于 1mm 的铸件并使铸件有较高的致密度。调压浇注适合于生产有厚壁部分的复杂薄壁铸件。

（4）铸件后处理

石膏型精密铸件浇注成型后，还需进行清理、修补、热处理、矫正、检验等工作，才能获得合格铸件。

① 清理。石膏型铸造铸件清理工作包括去石膏、去浇注系统、初检、喷砂等工作。

首先要脱除石膏型或石膏芯。石膏型的残留强度不高，整体石膏可通过专用油压机将石膏及铸件整体从砂箱中压出，铸件内腔及凹陷处的石膏一般采用高压水枪清除，但要防止因高压冲击而造成铸件变形。国内外常用不大于 5MPa 的高压水清除石膏型。脱除可溶性石膏芯则可将铸件浸泡在水中一定时间使其溃散清除。然后用喷砂去除铸件表面残留的石膏或氧化皮。喷砂所用粒度大小、形状及喷砂压力均应合适，以防破坏铝铸件表面质量。

石膏清除后，需去除铸件上的浇注系统。一般采用锯床切割辅以普通铣床粗铣浇口的方法去除浇注系统。

浇注系统去除后，需对铸件进行外观初检，初检合格的铸件需清除飞边、毛刺、表面积瘤等，并对清理后的铸件进行初喷砂处理，对初喷后铸件进行分拣，无外观缺陷铸件转探伤处理，有缺陷的铸件及时挽救或报废。

对高要求的精密铸件，为避免不必要工序浪费，喷砂后合格铸件需转入 X 射线或荧光探伤，检测内部质量，合格后转热处理；不合格铸件及时挽救或报废。

② 修补。对有缺陷但尚不属于废品的铸件可以进行修补，如粗糙不平、形状不合规定等，可修平、磨光等。总之，通过补焊、修平、磨光等方法使可修补的铸件成为合格品。一般铝合金铸件的补焊工艺如图 7-8 所示。

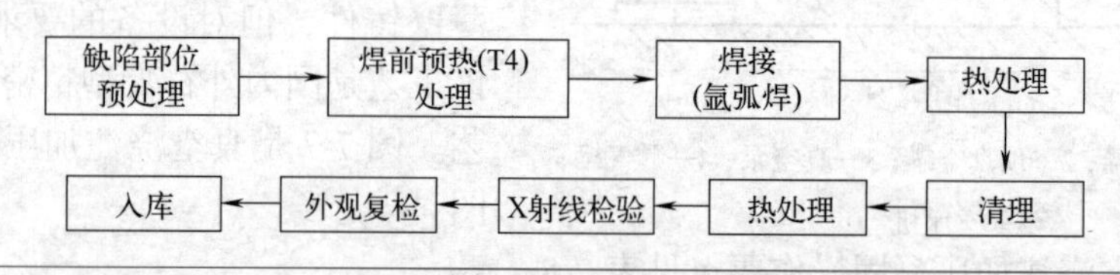

图 7-8　一般铝合金铸件补焊工艺流程图

③ 热处理。对石膏型精密铸件来说，石膏型导热性差，铸件内部组织一般较粗大，其铸态力学性能往往低于砂铸或其他精密铸造。热处理是恢复其力学性能最有效的途径。

④ 矫正。复杂薄壁铸件在铸造过程中常出现变形现象，如变形量不大，可通过矫正来处理。矫正是在精确的专用矫正夹具中进行，主要目的是使铸件形状、尺寸合格，但要防止出现其他缺陷如裂纹等。铝合金铸件在矫正前需经 T4 处理，使铸件有良好的延性及变形能力，然后再经冰冷处理，最后进行矫正。

⑤ 检验。检验是确保铸件合格的最后保障。石膏型精密铸造工序众多，周期较长，工序检验尤为重要。铸件后处理阶段，外观检验在清理各个阶段逐件检验，入库前按规定比例抽检；内部质量一般需要用 X 射线机、荧光探伤机、工业 CT 等专业检验设备进行。

7.1.3 石膏型铸件工艺设计

（1）铸件结构工艺设计

铸件结构工艺性对生产过程及铸件成品率的影响极大，因此分析铸件结构是否适合石膏型熔模铸造生产要求，是进行石膏型铸件工艺设计的基础。石膏型精密铸件结构设计应尽量满足以下条件。

① 铸件壁厚尽量均匀。做好壁厚的过渡设计，尽量减少热节，尤其避免热节集中。

② 铸件要利于顺序凝固。石膏型透气性差，顺序凝固尤为重要，否则较易发生缩松、孔洞类缺陷。

③ 尽量避免大平面，减少不透孔。大平面和不透孔往往给灌浆造成麻烦，易出现憋气、石膏掉块、积瘤和水纹等铸造缺陷。

④ 铸件应尽量避免薄壁、大口径深腔设计。石膏密度较低，高温焙烧易造成悬臂型芯变形或断裂，造成铸件壁厚不均或不成型。

⑤ 合理设置工艺筋、工艺孔。为保证熔模铸件质量，应根据需要在铸件设计上设置必要的工艺筋和工艺孔，以防止铸件变形，减少热节，利于铸件成型。

⑥ 合理设置机械加工工艺台。石膏型精密铸造往往用于生产薄壁、异形、复杂铸件，铸件设计初期必须考虑此类铸件后续机械加工的困难，要铸出必要的机械加工工艺台待用。

（2）关键工艺参数选择

① 加工余量。石膏型铸件加工余量的选择与普通熔模铸造类似，一般与铸件外形尺寸、铸件结构和加工方法有关。外形尺寸较大、结构复杂、薄壁易变形的铸件，机械加工余量应大一些。表 7-9 为 GB/T 6414—2017 规定的石膏型铸件通用单边机械加工余量简表。

表 7-9　石膏型铸件通用单边机械加工余量简表

铸件最大尺寸 /mm	＜63	63～100	100～160	160～250	250～400	400～630
机械加工余量 /mm	0.3～0.5	0.5～1	0.8～1.5	1～2	1.3～2.5	1.5～3

② 铸造公差。石膏型铸件铸造公差的选择与普通熔模铸造类似，但其精度更高。表 7-10 为石膏型铸件通用铸造公差简表。

表 7-10　石膏型铸件通用铸造公差简表

铸件基本尺寸 /mm	铸件公差等级			
	CT4	CT5	CT6	CT7
≤10	±0.13	±0.18	±0.26	±0.37
10～16	±0.14	±0.19	±0.27	±0.39
16～25	±0.15	±0.21	±0.29	±0.41
25～40	±0.16	±0.23	±0.32	±0.45
40～63	±0.18	±0.25	±0.35	±0.50
63～100	±0.20	±0.28	±0.39	±0.55
100～160	±0.22	±0.31	±0.44	±0.60
160～250	±0.25	±0.36	±0.50	±0.70
250～400	±0.28	±0.39	±0.55	±0.80
400～630	±0.32	±0.45	±0.60	±0.90

③ 收缩率。影响石膏型精密铸件尺寸的因素较多，如熔模的收缩、石膏型胶凝膨胀和脱水收缩、合金的收缩等。这几方面的综合影响称为石膏型精密铸件的综合收缩率，其中前三项的数据见表 7-11，部分非铁合金的铸造收缩率见表 7-12。

表 7-11　石膏型精密铸件的综合收缩率

熔模收缩 /%	石膏型胶凝膨胀 /%	石膏型脱水收缩 /%
0.4 ～ 0.6	0	0 ～ 0.5

表 7-12　部分非铁合金的铸造收缩率

合 金 种 类	收缩率 /%	
	阻碍收缩	自由收缩
铝硅合金	0.8 ～ 1.0	1.0 ～ 1.2
铝铜合金［ω (Cu) =7% ～ 12%］	1.4	1.6
铝镁合金	1.0	1.3
镁合金	1.2	1.6
锡青铜	1.2	1.4
无锡青铜	1.6 ～ 1.8	2.0 ～ 2.2
锌黄铜	1.5 ～ 1.7	1.8 ～ 2.0
硅黄铜	1.6 ～ 1.7	1.7 ～ 1.8
锰黄铜	1.8 ～ 2.0	2.0 ～ 2.3

石膏型精密铸件的综合收缩率 A 的计算公式为：

$$A=(a+b+d)\times 100\% \tag{7-1}$$

式中　a——熔模收缩率；

b——石膏型胶凝膨胀率；

d——铸造合金收缩率。

④ 铸造斜度。石膏型精密铸件一般不需要设置铸造斜度，特殊情况可参考熔模铸件的铸造斜度。

（3）浇注系统设计

石膏型精密铸件浇注系统及冒口设计可参考熔模铸造或砂型铸造，同时应注意以下几点：

① 石膏导热性差，金属液保持流动性时间长，故浇注系统截面积尺寸可比砂型铸造减少 20% 左右。

② 石膏型透气性差，浇冒系统设计应保证有良好的排气能力，在顶部和易憋气处开设出气口，使型腔中气体能顺利排出。

③ 石膏型铸件冷却慢，对壁厚不均匀的铸件，一般内浇道开在厚处并要合理地设置冒口，保证补缩。

④ 要保证金属液在型腔中流动平稳，避免出现涡流、卷气现象。

⑤ 浇注系统应尽可能不阻碍铸件收缩，以防止造成铸件变形和开裂。

⑥ 石膏型精密铸造脱蜡时，浇注系统应先熔失，减小熔模对石膏型的膨胀力。

7.2 陶瓷型铸造

7.2.1 概述

陶瓷型铸造（ceramic mold casting）是 20 世纪 50 年代由英国人诺尔・肖氏首先研究成功，经不断改进而发展起来的一种精密铸造方法，又称陶瓷型精密铸造或肖氏铸造（shaw

process casting)，它是在砂型铸造和熔模铸造基础上发展起来的铸造方法。陶瓷型铸造自诞生以来，被广泛应用于金属尤其是模具的铸造中。为弥补肖氏工艺的不足，先后出现了一些新的铸造方法，如尤涅开斯脱（unicast）工艺、复合肖氏工艺、肖特（schott）制造工艺和谢兰姆开斯脱（coramcast）工艺。

（1）工艺过程

陶瓷型铸造是使用硅酸乙酯水解液作黏结剂的陶瓷浆料，经灌浆、结胶、硬化、起模、喷烧和焙烧等工序而制成铸型，用于生产铸件的成形方法。陶瓷型铸造又分整体陶瓷铸型和复合陶瓷铸型两大类。

① 整体陶瓷铸型全部由陶瓷浆料灌注而成，成形工艺流程如图 7-9 所示。整体陶瓷型所用陶瓷浆料太多，成本高，而且透气性差，型壁太厚时喷烧铸型易产生较大的变形，适用于生产小型铸件和制造陶瓷芯或砂型中的陶瓷镶块。

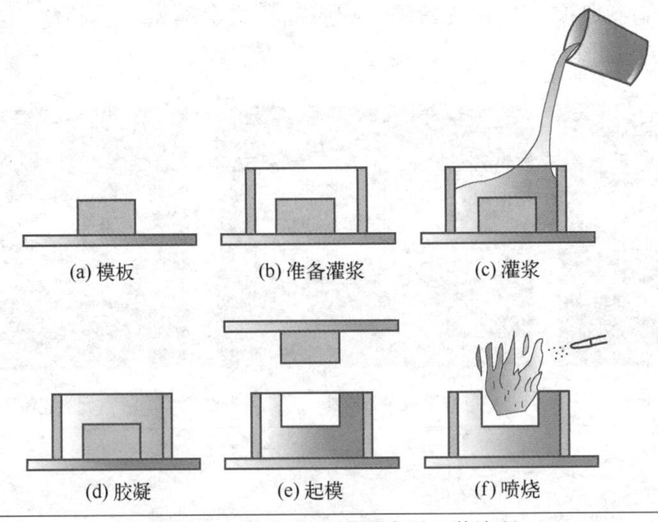

图 7-9　整体陶瓷铸型成形工艺流程

② 复合陶瓷铸型又称带底套的陶瓷铸型，即仅在铸型型腔表面薄薄一层用陶瓷浆料，其余部分铸型采用水玻璃砂底套或金属底套。水玻璃砂底套制作方便，透气性好，成本低，应用较普遍。其工艺流程如图 7-10 所示。

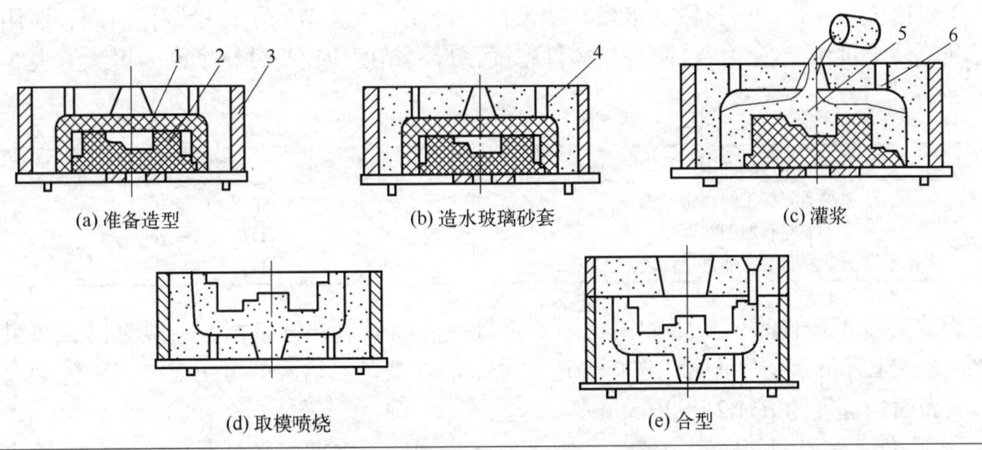

图 7-10　复合陶瓷铸型成形工艺流程

1—辅助母模；2—铸件母模；3—砂箱；4 —水玻璃砂套；5—陶瓷浆料；6—排气孔

（2）工艺特点

陶瓷型铸造的工艺特点如下。

① 陶瓷型生产的铸件尺寸精确、表面光洁。陶瓷铸型的型腔表面采用的是与熔模铸造型壳相似的陶瓷浆料，母模在浆料硬化后起模，因此铸型精确而光洁。所生产的铸件尺寸精度为 CT5 ～ CT7，表面粗糙度为 *Ra*3.2 ～ 12.5μm，远优于砂型铸件。

② 适用于各种铸件。陶瓷铸型高温化学稳定性好，能适应各种不同铸造合金（如高温合金、合金钢、碳钢、铸铁和黑色金属等）铸件的生产，对铸件的重量和尺寸没有什么限制，可生产几十克到几十吨的铸件。特别适合于生产各种合金的模具。

③ 陶瓷铸型制作工艺简单，不需要复杂的工艺装备和设备，投资少。

（3）应用概况

陶瓷型铸造已成为大型厚壁精密铸件生产的重要方法，如图 7-11 所示，广泛用于冲模、锻模、铸造模、玻璃器皿模、塑料器具模、橡胶品模、金属型、热芯盒、工艺品等表面形状不易加工的铸件生产。

(a) 瓶盖模具

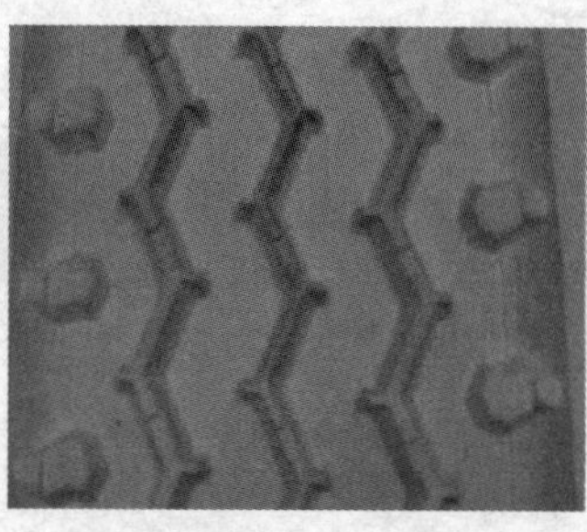

(b) 平板轮胎模具

(c) 陶瓷铸造型芯

图 7-11　陶瓷型铸造模具

7.2.2　陶瓷型铸造工艺

（1）母模与底套

① 母模。传统的陶瓷型用母模有木模、石膏模和金属模。近年来为快速生产铸件，也有使用快速成形制作的塑料模、纸模、蜡模作为母模，大大节约了母模制作时间，多用于试生产和单件小批生产。为保证陶瓷型铸件精度，母模精度应比铸件精度高，可参考表 7-13。

表 7-13　母模各部分尺寸精度

母模的部位	尺寸精度
零件不需加工的自由表面	IT9 ～ IT11 级
零件有加工的面	IT8 ～ IT9 级
零件不需加工，而由铸件直接保证的工作面	IT7 ～ IT8 级

影响陶瓷型铸件表面质量的主要因素是母模表面质量和分型剂。一般母模表面粗糙度为 *Ra*1.6 ～ 1.7μm。经验证明，选择合适的分型剂如聚苯乙烯液就可明显改善陶瓷型表面质量，其表面粗糙度为 *Ra*1.2 ～ 1.65μm。

② 底套。陶瓷型的底套一般都采用水玻璃砂制作。水玻璃砂可采用二氧化碳硬化或有机酯硬化。目前生产上应用最广的是水玻璃砂底套陶瓷型。水玻璃砂套有强度高、透气性

好、制作简便等优点。制作底套时应设 $\phi30 \sim 50$mm 的灌浆孔和 $\phi10$mm 左右的排气孔。对于批量小、尺寸大的铸件，制作底套的模型可用母模贴黏土层或橡胶层等形成，黏土层或橡胶层的厚度即为陶瓷浆料层的厚度。陶瓷层的厚度则根据铸件大小和铸造合金不同而不同，见表 7-14。在批量生产时应制造专用的底套制作模型。

表 7-14　陶瓷型灌浆厚度的选用　　单位：mm

合金种类	中、小件	大件
铸铝	5 ～ 7	8 ～ 10
铸铁、铸铜	6 ～ 8	8 ～ 12
铸钢	8 ～ 10	10 ～ 15

（2）陶瓷浆料用原材料

陶瓷浆料主要组成为耐火材料、黏结剂、催化剂、分型剂等。

① 耐火材料。耐火材料是陶瓷浆料中的骨干材料，应有足够耐火度、热化学稳定性、小的热膨胀系数以及合理的粒度分布。耐火材料不应与金属液及硅酸乙酯水解液发生化学反应，因此，要根据生产铸件的合金种类来选择耐火材料。同时，由于硅酸乙酯水解液呈酸性，必须严格控制耐火材料中的碱金属、铁等的氧化物含量。

耐火材料的粒度粗细及其分布对陶瓷浆料中耐火材料与黏结剂的比例，即粉液比有很大影响。而粉液比又直接影响着陶瓷型的收缩、变形及表面致密程度。浆料中耐火材料越多，即粉液比越高，陶瓷型表面就越致密，表面粗糙度值也就越低；同时，陶瓷浆料在凝固时的收缩也就越小，所制陶瓷型尺寸变化也越小，陶瓷型强度越高（图 7-12、图 7-13）。实验证明，粒度分散的耐火材料其紧实密度较大，在配浆料时，这种粉料的临界加入量相应较高，即粉液比大，如图 7-14 所示，易得到性能较好的陶瓷型。

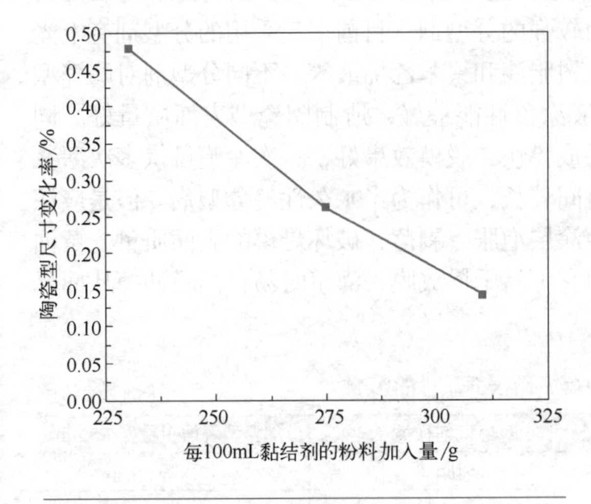

图 7-12　陶瓷型耐火材料加入量与尺寸变化率的关系

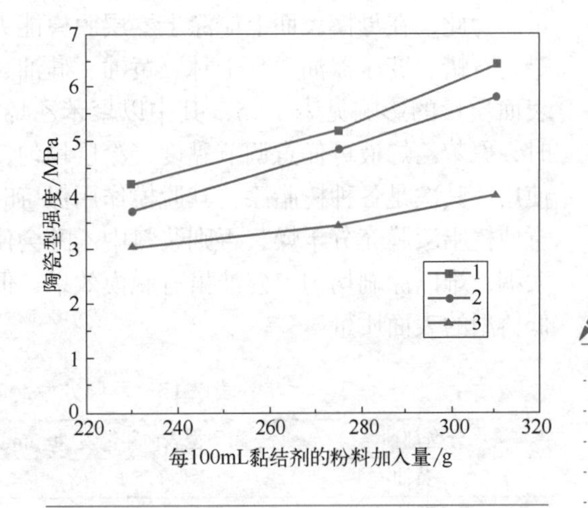

图 7-13　陶瓷型耐火材料加入量与强度的关系

对铸造尺寸精度和表面粗糙度要求高的合金钢锻模、压铸模、玻璃器皿模具，应采用耐高温的、热稳定性好的刚玉粉、锆砂粉或碳化硅作为陶瓷型浆料的耐火材料。对铸铁件或铸铝件，可采用价格较便宜的铝矾土或石英粉作为耐火材料。

② 黏结剂。陶瓷型铸造常用的黏结剂是硅酸乙酯水解液。原硅酸乙酯只有经过水解反应才具有黏结能力。所谓水解反应就是硅酸乙酯和水及溶剂乙醇，通过盐酸

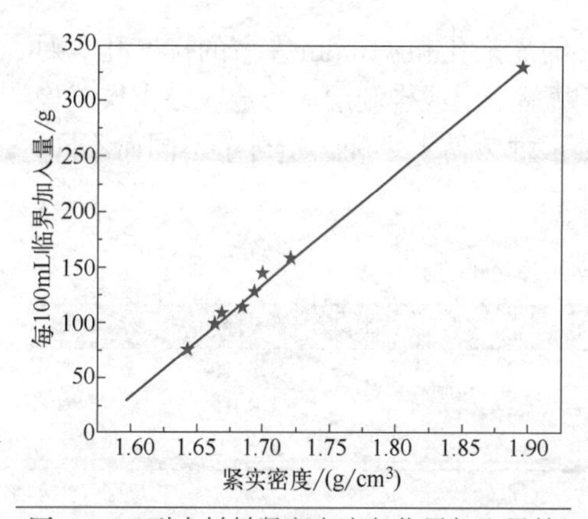

图 7-14 耐火材料紧实密度与临界加入量的关系

的催化作用而发生的反应，其反应方程式为

$$(C_2H_5O)_4Si+2H_2O \longrightarrow SiO_2+4C_2H_5OH$$

水解反应的实质是硅酸乙酯中的乙氧基团（C_2H_5O）被水中的羟基（OH）所取代的过程，使有机的硅酸乙酯转变为无机的硅酸胶体溶液，水解后得到的硅酸胶体溶液就称为硅酸乙酯水解液。

水解过程影响着硅酸乙酯液的质量。为保证黏结剂质量，需对水解加入物的质量、加入数量、水解方法等严加控制。

陶瓷型铸造通常用硅酸乙酯 32（30% ～ 40% SiO_2）和硅酸乙酯 40（38% ～ 42% SiO_2）。硅酸乙酯 40 比硅酸乙酯 32 的强度高。

③ 催化剂。用硅酸乙酯水解液配成的陶瓷浆料往往需要很长的时间才能胶凝，为提高生产率，在制造陶瓷型的浆料中必须加入催化剂来缩短胶凝时间。

陶瓷型常用催化剂有两类：无机催化剂，如 $Ca(OH)_2$、MgO、NaOH、$Mg(OH)_2$、Na_2CO_3；有机催化剂，各种有机胺，如醇胺、环己胺、甲基胺等。国内目前多用无机碱性催化剂，如 $Ca(OH)_2$、MgO，而国外则多用有机催化剂。两类催化剂的不同是：无机催化剂起模时间短、操作困难；有机催化剂则可使陶瓷型在一个较长的时间范围内起模，并提高陶瓷型强度，从而大大改善其起模性能。不同催化剂的加入量各不相同，为使浆料搅拌均匀并便于灌浆，大件结胶时间应控制在 8 ～ 15min，中小件控制在 4 ～ 6min 为宜。

④ 分型剂。由于硅酸乙酯水解液粘附能力较强，其中的乙醇对许多物质的溶解能力又较大，因此陶瓷型浆料很容易粘附在母模表面上，造成起模困难，严重影响铸型的表面质量。为此，在母模表面上应涂上一层脱模能力较强的分型剂。目前广泛采用的分型剂有上光蜡、石蜡、变压器油、凡士林、黄油、硅油、树脂漆和聚苯乙烯液等。不同分型剂对陶瓷型表面质量的影响见表 7-15，其中以聚苯乙烯液涂覆性能最好，所制陶瓷型表面质量好。同时，聚苯乙烯液可任意调节黏度，涂层均匀，成膜快，脱模效果好，一次涂膜可供多次灌浆使用。其次是各种树脂漆，其脱模作用保持时间较长，可作为半永久性的分型剂。但是应注意使树脂漆膜充分干燥，否则浆料中乙醇会使涂层泡胀、剥落，破坏母模的表面质量。黄油太稠，难以涂刷均匀。硅油虽有脱模效果，但它不易干燥成膜，灌浆时易将油膜冲掉从而降低铸型的表面质量。

表 7-15 不同分型剂对陶瓷型表面质量的影响

分型剂种类	陶瓷型表面粗糙度 Ra/μm	分型剂种类	陶瓷型表面粗糙度 Ra/μm
黄油	5.1	树脂漆	3.9
硅油	5.5	聚苯乙烯液	1.9

（3）陶瓷型制作

① 陶瓷浆料的配制。国内常见的陶瓷浆料有硅石浆料、锆石浆料、高岭石浆料、铝矾土浆料和刚玉浆料。为防止陶瓷型开裂可加入质量分数为 10% 的甘油硼酸溶液，如每 100mL 水解液加入质量分数为 3% ～ 5% 的甘油硼酸溶液。有时为提高陶瓷浆料的透气性，可在 100g 耐火材料中加 0.3g 的双氧水。

浆料中耐火粉料与硅酸乙酯水解液的配比要适当。若粉料过多，则浆料太稠，流动性差，难以成形，即使勉强成形，铸型也容易产生大的裂纹。若粉料太少，则浆料太稀，陶瓷型容易出现分层，收缩大，强度低。

配制浆料时，先将耐火材料与粉状催化剂混合均匀，然后将附加物倒入水解液中，最后将备好的水解液倒入容器中，随后倒入粉料，同时不断进行搅拌。

② 灌浆。由于浆料中加有催化剂，浆料中黏结剂很快就会从溶胶状态转变为凝胶状态，即胶凝，浆料黏度也随之增大（见图 7-15）。从开始黏度增大至迅速增大之前，图 7-15 中 BC 段称结胶苗子，此时需立即进行灌浆。图 7-15 中 CD 段称结胶时间。灌浆过早（图 7-15 中 AB 段），易冲走母模表面的分型剂，引起粘模。同时，由于灌浆后浆料凝固时间长，耐火材料容易沉淀，造成分层和铸型开裂。灌浆太迟，浆料流动性太差，铸型内腔轮廓不清晰，表面质量差。

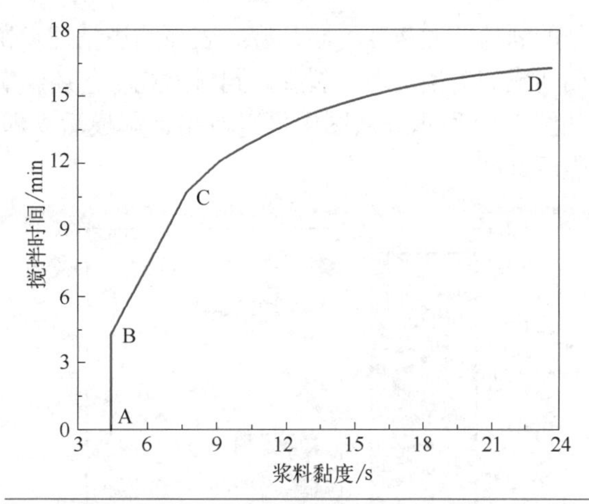

图 7-15　浆料黏度随搅拌时间的变化

为掌握好结胶时间，可先配小样观察黏度变化规律。黏度的测定用流杯黏度计。找到 AB、BC 段的数据，作为生产中控制灌浆和起模时间的参考。结胶时间可用催化剂加入量来调整，为使铸造工艺能顺利进行，小件结胶时间应控制在 4 ～ 6min，中大件应控制在 8 ～ 15min 为宜。灌浆速度不宜太快，以免卷入空气，最好边灌浆边振动，以改善浆料的流动性，使浆料中的气泡易于上浮，不附着在母模表面造成铸型表面气孔缺陷。

③ 起模。浆料固化后，尚处于弹性状态时就应起模。此时用砂型硬度计测试硬度在 80 ～ 90HV。一般起模时间约等于 2 倍结胶时间。起模过早因浆料固化不完全，强度较低，陶瓷型会出现大量裂纹而报废。起模太迟，浆料已无弹性，易起坏铸型。

为保证铸型精度和质量，陶瓷型起模时不允许上下左右敲击母模，这就需要较大的起模力才能起出模样。生产中常用机械起模，如中小件起模用的螺旋双钩起模器（图 7-16），大件起模用的螺钉起模器（图 7-17）等。

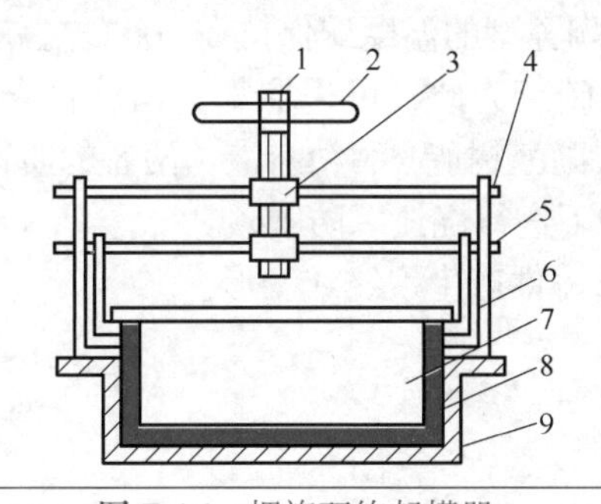

图 7-16　螺旋双钩起模器

1—螺杆；2—旋柄；3—螺母；4—支架；5—滑动臂；6—起模钩；7—模样；8—陶瓷型；9—砂底套

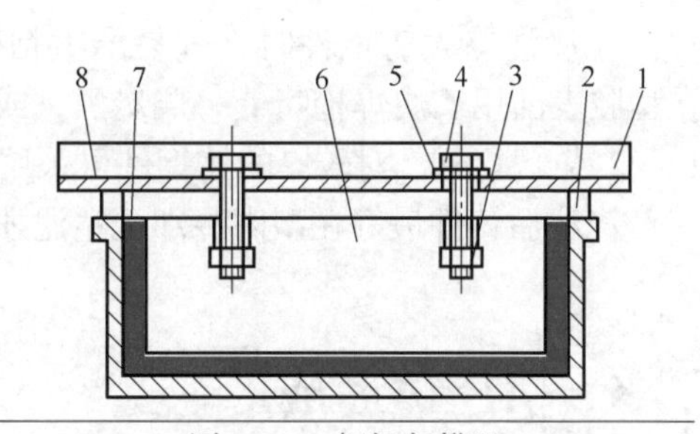

图 7-17　螺钉起模器

1—角铁架；2—垫块；3—螺母；4—起模螺钉；5—垫圈；6—模样；7—陶瓷型；8—砂底套

④ 喷烧。起模后要立即点火喷烧陶瓷型，使酒精燃烧起来，均匀地挥发，从而使陶瓷型表面有一定的强度和硬度，并出现均匀密布的显微裂纹。这样的陶瓷层表面不会影响铸件表面粗糙度，但可提高陶瓷层的透气性和尺寸稳定性。如取模后不立即点火喷烧，陶瓷层内

外的酒精挥发速度不同，型腔表面的酒精挥发快、收缩大，内部的酒精挥发慢、收缩小，从而造成陶瓷型出现大裂纹。同时喷烧工艺还影响到陶瓷型尺寸的变化和强度大小，如图 7-18 和图 7-19 所示。从图中可以看出，起模后立即点火喷烧的陶瓷型尺寸变化率是最小的，而强度最高。

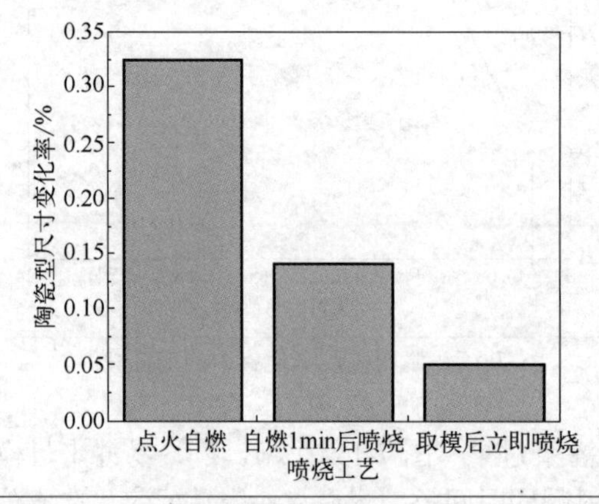

图 7-18　陶瓷型喷烧工艺与尺寸变化率的关系

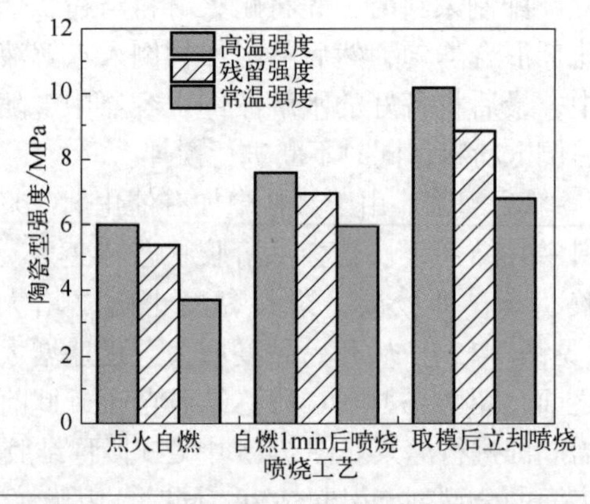

图 7-19　陶瓷型喷烧工艺与强度的关系

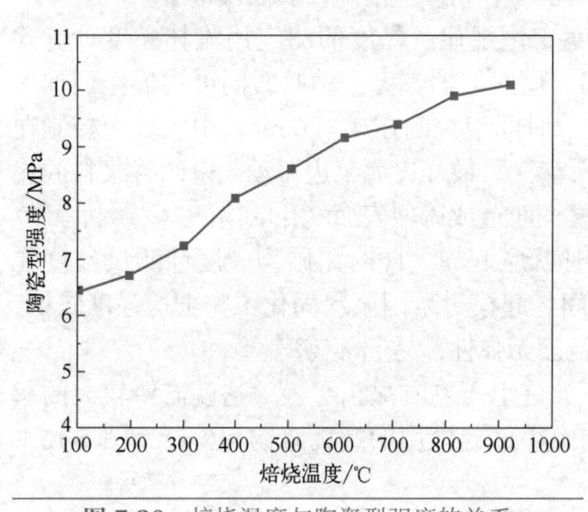

图 7-20　焙烧温度与陶瓷型强度的关系

⑤ 焙烧。焙烧的目的是去除陶瓷型中残余的乙醇、水分和少量的有机物，并使硅酸胶体脱水，最后形成体型结构，并进一步提高陶瓷层的强度。焙烧温度与陶瓷型强度的关系如图 7-20 所示。不同合金对铸型强度要求不同，陶瓷型焙烧温度也可不同。铸钢件铸型焙烧温度应大于 600℃，铸铁件铸型焙烧温度大于 500℃，铸铝和铸铜件铸型焙烧温度则可在 350 ～ 450℃。焙烧时间由铸型厚度决定，铸型越厚时间越长。

⑥ 浇注。陶瓷型常采用热型浇注。浇注时陶瓷型的温度应保持在 200℃左右。

在浇注厚大铸钢件时，容易产生粘砂或表面脱碳。为此，可采取如下措施：合箱前，在型腔表面用乙炔焊枪喷上一层炭黑，或者喷涂一层酚醛树脂 - 酒精溶液（两者的质量比为 1 ： 2 或 1 ： 4），对较厚的铸钢件可采用在氮气保护下进行浇注以防脱碳。

浇注后铸件最好在型内冷却至室温才开箱，以防铸件产生裂纹或变形。

7.3 挤压铸造成形

7.3.1 概述

挤压铸造（squeeze casting）也称“液态模锻”（liquid metal forging），这一概念最早出现在 1819 年的一项英国专利中，第一台挤压铸造设备于 1931 年诞生在德国，随后挤压铸造在苏联得到较广泛的应用，但直到 20 世纪 60 年代才开始在北美、欧洲和日本获得应用。北美压铸协会（NADAC）对挤压铸造的定义为：采用低的充型速度和最小的扰动，使金属液在高压下凝固，以获得可热处理的高致密度铸件的铸造工艺，关于挤压铸造的影像资料请扫描二维码查看。

挤压铸造成形

（1）工艺原理及特点

① 工艺原理。挤压铸造工艺流程如图 7-21 所示，它是将一定量的液体金属（或半固态金属）浇入金属型腔内，通过冲头以高压（50 ～ 100MPa）作用于液体金属上，使之充型、成形和结晶凝固，并产生一定塑性形变，从而获得优质铸件。

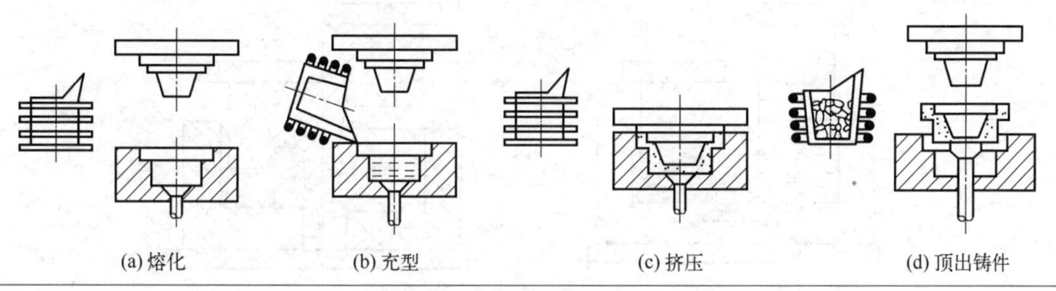

图 7-21　挤压铸造工艺流程示意图

② 工艺特点。挤压铸造的工艺特点如下。

a. 由于液态金属在较高的压力下凝固，不易产生气孔、缩孔和缩松等内部缺陷。铸件组织致密，晶粒细小，可以进行热处理。力学性能高于其他普通压铸件，接近同种合金锻件水平。

b. 铸件尺寸精度较高，表面粗糙度值较低，铝合金挤压铸件尺寸精度可达 CT5，表面粗糙度可达 $Ra3.2 \sim 6.3\mu m$。

c. 适用的材料范围较宽，不仅是普通铸造合金，也适用于高性能的变形合金，同时也是复合材料较理想的成形方法之一。

d. 材料利用率高，节能效果显著。

e. 便于实现机械化、自动化生产，生产效率较高。

f. 生产结构复杂件或薄壁件有困难。

（2）应用概况

挤压铸造技术作为一种先进的金属成形工艺，已经广泛地应用于航空、航天、军事等领域金属铸件的制造。挤压铸件包括汽车、摩托车、坦克车轮毂；发动机的铝活塞、铝缸体、铝缸头、铝传动箱体；减振器、制动器铝铸件；压缩机、压气机、各种泵体的铝铸件、自行车曲柄、方向轴、车架接头、前叉接头；铝镁或锌合金光学镜架、仪表及计算机壳体件；铝合金压力锅、炊具零件；铜合金轴套；石墨纤维增强铝基复合材料卫星波导管、SiC/Al 复合材料战术导弹发动机壳体、鱼雷、水雷外壳等。图 7-22 所示为部分挤压铸件。

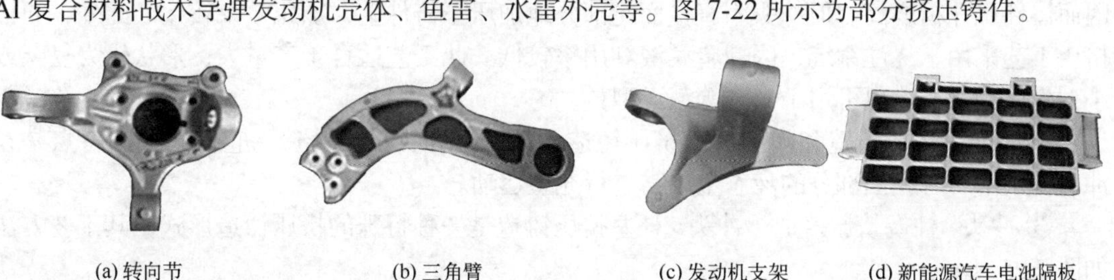

图 7-22　部分挤压铸造铝合金铸件

（3）挤压铸造分类

① 直接冲头挤压。直接冲头挤压工艺原理如图 7-23 所示。在合型时将成形冲头插入液态金属中，使部分金属液向上流动，充填由凹型和冲头形成的封闭型腔，继续升压和保压直至铸件完全凝固。

直接挤压铸造工艺特点是：加压时金属液进行充型流动，冲头直接挤压在铸件上；无浇注系统；金属液凝固速度快，所获得的铸件组织致密、晶粒细小；但浇注金属液必须精确定量。适用生产形状简单的对称结构铸件，如卡钳、主气缸等。

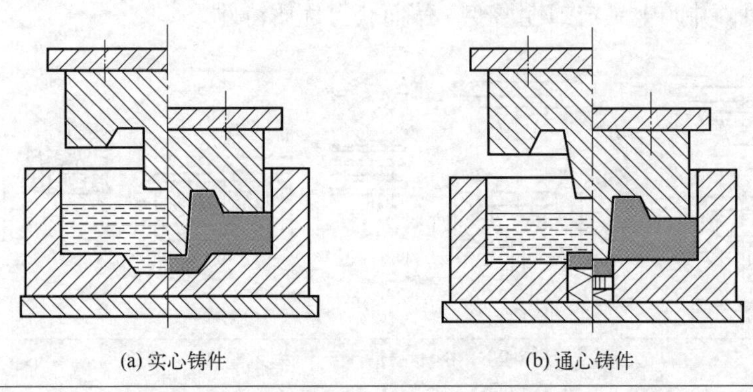

图 7-23 直接冲头挤压工艺原理示意图

② 间接冲头挤压。间接冲头挤压铸造和超低速压铸工艺类似，冲头施加的高压通过内浇道中的金属液传递到铸件上。图 7-24（a）为早期的间接冲头挤压铸造示意图，它也是采用成形的冲头将浇入凹型中的部分金属液挤入合型闭锁型腔中，继续加压直至凝固。此时，冲头的作用除将金属液挤入型腔外，还通过由冲头和凹型组成的内浇道，将压力传递到铸件上。现代的挤压设备通常采用较大的压射筒，压射挤压活塞可以控制液体金属的射入速度。在注射后期，压射活塞通过浇道对型腔中的金属施加高压，如图 7-24（b）所示。

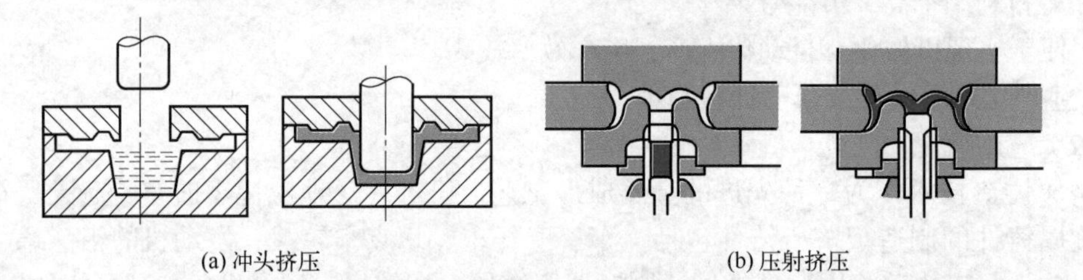

图 7-24 间接冲头挤压铸造

间接挤压铸造工艺中，由于铸件是在已合型闭锁的型腔中成形，不必精确定量金属液，因而铸件尺寸精度高。但冲头不直接而是部分地加压于铸件上，加压效果较差。此外，间接挤压工艺采用了浇注系统，因此金属液利用率较低。此工艺适合于产量大，形状较为复杂或小型零件的生产，也可用于生产等截面型材。

直接冲头挤压铸造和间接冲头挤压铸造，都属于冲头挤压铸造。它们的共同特点是在冲头作用下，有相当部分的液态金属需进行充型运动。

③ 冲头 - 柱塞挤压铸造。冲头 - 柱塞挤压铸造是一种特殊的挤压铸造形式，其工艺方法如图 7-25 所示。

该工艺的特点是：加压冲头带有凹窝，在合型加压时，大部分金属液不发生位移，少部分金属液直接充填到冲头的凹窝中，并在冲头端面和凹窝内表面的压力下凝固。这种铸件受凹窝冲头直接的挤压力，加压效果也较好。但上部的冷却条件与柱塞挤压和冲头挤压均有不同。冲头下压时，为避免破坏已形成的结晶硬壳而造成新的表面缺陷，在设计中要使冲头的外周在挤压时原则上不能降到自由浇注液面以下，这样就限制了充填凹窝的金属液的数量。

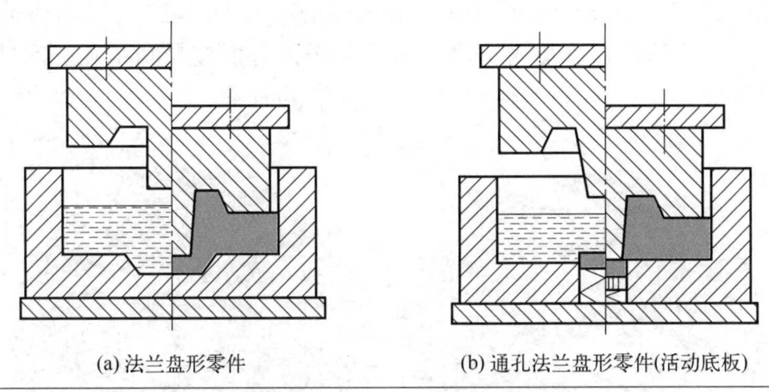

图 7-25　冲头 - 柱塞挤压铸造

④ 局部加压凝固。对于大型铸件，采用间接挤压铸造工艺时，施加的压力对远离冲头的部位很难起到压力补缩作用，因此，对这些部位实行局部加压的方法，以期达到减少该部位缩孔、缩松的目的，如图 7-26 所示。

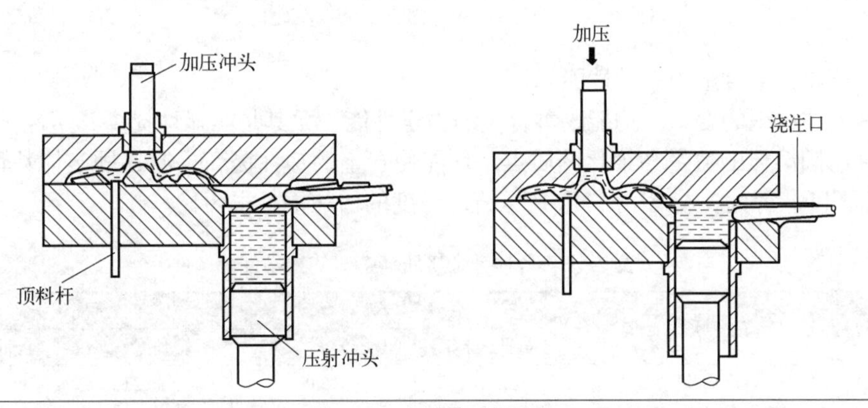

图 7-26　局部加压凝固

7.3.2　挤压铸造合金的组织与性能

（1）挤压铸造的合金组织

Al-Si 系合金在高机械压力下结晶时，会发生共晶点向富硅、高温方向移动，并扩大相区。再加上压力的机械作用和加速冷却的作用，因而与普通铸造相比，挤压铸件的铸态组织将发生如下变化。

① 对亚共晶和共晶型合金，增加 α 树枝晶的比例，相应减少 α+Si 共晶体数量；对过共晶型合金，增加 α+Si 共晶体数量，而相应减少初晶硅的比例。

② 使 α 树枝晶或共晶组织细化。

③ 增加硅在共晶体中的数量，使其中硅质点细化并局部球化，对过共晶合金还能使初晶硅细化并提高其分布的均匀性，因而挤压铸造下的压力结晶可起到与钠、磷等变质处理相类似的效果。

值得注意的是，在金属液凝固过程中施加挤压压力，会使枝晶间的浓缩金属液强行挤出，在最后凝固的部位形成异常偏析。试验证明，为了消除偏析，可以改变凝固方向和加压方向之间的关系；或者将偏析部分移至铸件以外的部位。图 7-27 为挤压铸造前后的微观组织比较，挤压铸造后，其形核率显著提高，减小了铸件一次枝晶间距和二次枝晶间距，铸件晶粒组织得到明显细化，从而有利于挤压件力学性能的改善。

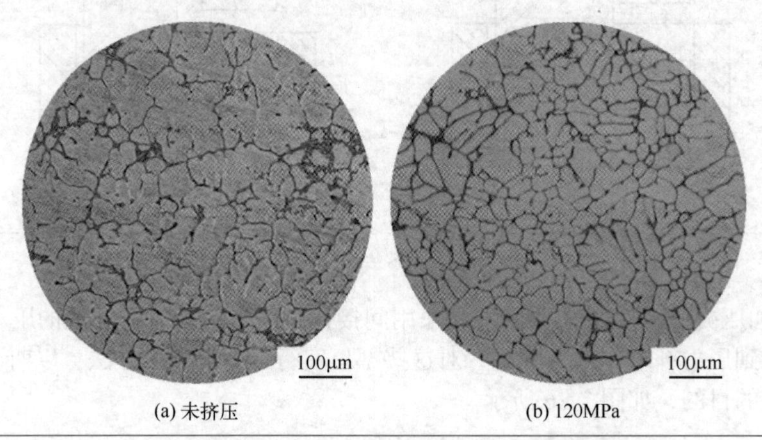

(a) 未挤压　　(b) 120MPa

图 7-27　Al-Si-Cu-Mg 铝合金的微观组织比较

（2）挤压铸造合金的力学性能

所有上述组织的变化，均能改善合金的力学性能，尤其是明显地提高其塑性（表 7-16）。因为增加 α 固溶体的数量和细化硅质点，均能使合金的塑性提高，但 α 固溶体数量的增加，却使强度下降，因而，Al-Si 系合金挤压铸件强度的增加不是很明显。

表 7-16　各种合金挤压铸造时的力学性能

合金牌号	热处理状态	挤压铸造		金属型铸造	
		抗拉强度 σ_b/MPa	断后伸长率 δ/%	抗拉强度 σ_b/MPa	断后伸长率 δ/%
ZL101	淬火及时效	252	15.0	≥ 210	≥ 2
ZL105	淬火及时效	358	11.3	335	6.4
ZL110	人工时效	220	1.0	180	0.5
ZL108	淬火及时效	230 ～ 290	2.4 ～ 0.7	190 ～ 250	1.0 ～ 1.4
ZL201	淬火及时效	458	16.7	336	2.6
ZCuSn10Zn2	—	340 ～ 370	18 ～ 45	≥ 50	≥ 5
ZA43	—	414.5	2.0	260.5	1.0
45 钢	正火	558	23.0	450	22.5

7.3.3　挤压铸造工艺

（1）比压

比压是挤压铸造中最重要的工艺参数。比压是指对铸型中液态金属单位面积上所施加的平均挤压力。铸件在这种挤压力的作用下结晶，有利于消除缩孔、缩松和气孔等铸造缺陷，获得较好的内部组织和较高的力学性能。比压低时，铸件内部缺陷不能完全消除，只有达到某一临界压力，才能获得完好铸件。压力过高则会影响模具寿命，浪费能源。

比压的大小与合金种类、挤压方式、铸件形状和大小等有关。挤压铸造非铁合金铸件的比压小于黑色合金铸件；直接冲头挤压的比压小于间接冲头挤压；形状简单的铸件比压小于形状复杂和薄壁铸件。根据生产经验，采用柱塞挤压或间接冲头挤压的非铁合金铸件的比压可选用 60 ～ 100MPa；直接冲头挤压的比压可选用 25 ～ 50MPa。黑色金属铸件的比压约比有色金属铸件大两倍。

（2）加压开始时间

金属液浇入铸型（直接挤压）或压室（间接挤压）至冲头开始加压的时间间隔称为加压开始时间。对于小件、薄件或复杂件，此值应尽量小些为好。生产中一般掌握在 15s 以内。对于直接挤压法生产的简单实心件或厚大件，金属液冷却到液相线以下加压，有利于获得最佳力学性能。在此情况下宜适当延时，通常停留 10 ～ 20s，再开始加压。

（3）加压与充型速度

金属液充型时挤压冲头的运动速度称为加压速度。充型速度是指金属液在低铸造压力（或压铸压头）的作用下，进入并充满型腔时的流动速度。在铸型已确定的情况下，冲头的加压速度决定了金属液的充型速度。生产中金属液充型速度应控制在 $0.8\text{m}\cdot\text{s}^{-1}$ 以下。充型过快，金属液易产生涡流，卷入气体，使铸件在热处理时起泡；充型速度太低，金属液又不能充满铸型。为此，对于直接冲头挤压铸造，一般用冲头的速度进行控制，厚壁铸件的冲头速度可慢些，宜控制在 $0.1\text{m}\cdot\text{s}^{-1}$ 左右。薄壁或小铸件的冲头速度可快些，为 0.2 ～ $0.4\text{m}\cdot\text{s}^{-1}$。对于间接冲头挤压铸造，常按充型速度进行控制，对厚壁铸件充型速度可控制在 0.5 ～ $1\text{m}\cdot\text{s}^{-1}$；对薄壁铸件充型速度可控制在 0.8 ～ $2\text{m}\cdot\text{s}^{-1}$。

（4）保压时间

保压时间是指从开始加压到铸件完全凝固的时间。保压时间的确定，通常取决于合金种类、铸件的尺寸大小、断面厚度以及铸型传热条件。保压时间过短，在铸件芯部尚未完全凝固时就卸压，会使芯部得不到压力补缩，而出现缩松、缩孔等缺陷；保压时间过长，会使起模困难，降低模具使用寿命。

（5）浇注温度

挤压铸造所采用的浇注温度比同种合金的砂型铸造、金属型铸造略低一些。一般控制在合金液相线以上 50 ～ 100℃。对形状简单的厚壁实心铸件可取温度下限；对形状复杂或薄壁铸件应取上限。浇注温度一般控制在较低值，这样能使金属内部气体易于逸出，且一旦施压后，还能使金属液同时进入过冷状态，获得同时形核的条件，进而获得等轴晶组织的铸件。

（6）温度

模具温度过高或过低都会直接影响铸件质量和模具寿命。模具温度过低，铸件质量难以得到保证，易产生冷隔和表面裂纹等缺陷。模具温度过高，容易发生粘模，降低模具寿命，还会使铸件起模困难。

适宜的模具温度主要取决于合金的种类、铸件形状和大小。

对薄壁件应适当提高模具的预热温度和合金的浇注温度。

在实际大批量连续生产时，模具温度往往会超出允许的范围，必须采用水冷或风冷措施。

（7）铸型涂料

为了防止铸件粘焊铸型，使铸件能顺利地从型腔中取出，以降低铸件表面粗糙度，提高铸型的寿命，减缓金属液在加压前的结壳速度，以利于金属液在压力下充型，在挤压铸型的表面一般都必须喷涂涂料。在挤压铸造中不能采用涂料层来控制铸件的凝固，因为施加在金属液上的高压将使涂料层剥落，引起铸件产生夹杂缺陷，为此，采用 50μm 左右的薄层涂料。涂料的种类及成分主要根据铸件的形状、尺寸大小、合金种类、铸型材料和对铸件的工艺要求来决定。对非铁合金铸件，大多数采用胶状石墨涂料，包括水基和油基胶状石墨涂料两种。水基涂料的组成主要有氧化锌、胶状石墨、水玻璃和水。油基涂料的组成主要有胶状石墨、机油（也有锭子油、植物油）、黄蜡或松香等。需热处理的挤压铸件，应避免使用有机涂料。

7.3.4 铸型设计

挤压铸造铸型的主要作用是：使金属液成形，对正在结晶的金属直接施加机械压力，进行铸件的热交换。因此，挤压铸造铸型在功能上有别于其他铸造方法的铸型，如金属型的主要作用是成形与散热，但无加压作用，而压铸型主要是承受金属液压射的流体动压力；但挤压铸型主要承受的是金属液的静压力。设计时要充分考虑到挤压铸造低速充型和高机械压力补缩这两个特点。

挤压铸型设计在许多方面与压铸型类似，因此可参考压铸型设计。但设计挤压铸型时应注意以下几点。

① 充分发挥挤压铸造的压力传递的特点，获得高致密度的铸件。挤压铸造时压力需一直保持到金属液凝固完毕，挤压过程中冲头将其附近的金属液挤压到远处凝固收缩所形成的空间内。因此，应形成远离冲头的部位先凝固，冲头附近的部位最后凝固的顺序凝固模式，这一点在挤压铸造中对压力的顺序传递非常重要。另外，为了确保金属液的补缩，最好是冲头附近的零件截面积大，远离冲头的地方截面积小，即形成一个“倒金字塔”的形状。因此在设计铸型时应仔细考虑加压位置、浇道、浇口和排气结构及尺寸大小。

② 加压位置的选择。间接挤压铸造一型多件时，很多情况下冲头的移动方向和铸件的位置方向几乎垂直，当铸件形状复杂时，压力很难传送到铸件远端。因此在冲头压力不足时，可设置补充加压机构，即局部加压装置以消除收缩引起的孔洞缺陷，具体可参考压铸中的局部加压工艺。

③ 浇口及浇道设计。对于间接挤压，金属液的充型速度要小，以避免产生紊流，因此内浇口的截面积要大。此外内浇口截面积大也有利于挤压压力的传递。

④ 排气设计。在间接挤压铸造工艺中，金属液填充是由于高压力并未施加于金属液上，因此当型腔中排气不畅时，便会形成背压而阻碍金属液的填充。为了提高金属液的充型能力，必须在型腔中设置排气槽。有关排气槽的设计可参考压铸型的设计。但是在金属液填充完毕，挤压压力施加于金属液之后，金属液有可能从排气槽飞溅到铸型之外。一般情况下，排气槽厚度在 0.1 ～ 0.15mm，在挤压压力小于 100MPa 时不会产生飞溅。

7.3.5 挤压铸造技术新发展

（1）半固态挤压铸造

半固态挤压铸造是将制备好的具有特殊流变性的半固态金属浆料定量注入敞开的模具

型腔内，随后借助于冲头的压力作用，使其强制充型、凝固、补缩并产生少量塑性变形，从而获得所需的零件或毛坯。由于挤压铸造产品的优质特性，半固态挤压铸造受到产业界的关注。

（2）金属基复合材料挤压铸造

金属基复合材料是以金属为基体，添加诸如高性能纤维、晶须颗粒等增强材料而成的复合材料。但是由于增强材料与基体材料的润湿性差而难于用一般方法复合，这样挤压铸造就成为金属基复合材料成形的最佳方法之一。目前已成功用于生产汽车铝活塞、连杆、喷气发动机叶轮、飞机发动机扇形叶片等。美国已把挤压铸造的复合材料应用于航空工业和兵器中。

（3）在挤压铸造工艺中应用人工神经网络

挤压铸造工艺参数的确定主要靠经验，而且这些参数很难确定，人工神经网络是一个比较新的学科，在非线性系统、错误诊断、预测、自适应控制等方面已取得了很大成功。但我国才刚刚起步，应加强对人工神经网络预测挤压铸造工艺参数的研究。

7.4 半固态铸造成形

7.4.1 概述

（1）半固态铸造成形基本原理

在普通铸造过程中，初晶以枝晶方式长大，当固相分数达到10%～20%时，枝晶就形成连续网络骨架，失去宏观流动性。所谓半固态金属铸造，就是在金属凝固过程中，对其施以剧烈的搅拌或扰动，或者通过其他方法改变初生固相的形核和长大过程，得到一种液态金属母液中均匀地悬浮着一定球状初生固相的固液混合浆料，这种固液混合浆料在固相分数达60%时仍具有良好的流变特性，从而可利用压铸、挤压、模锻等工艺实现半固态金属的成形。图7-28为ZA12合金在铸态和半固态下的组织形貌。

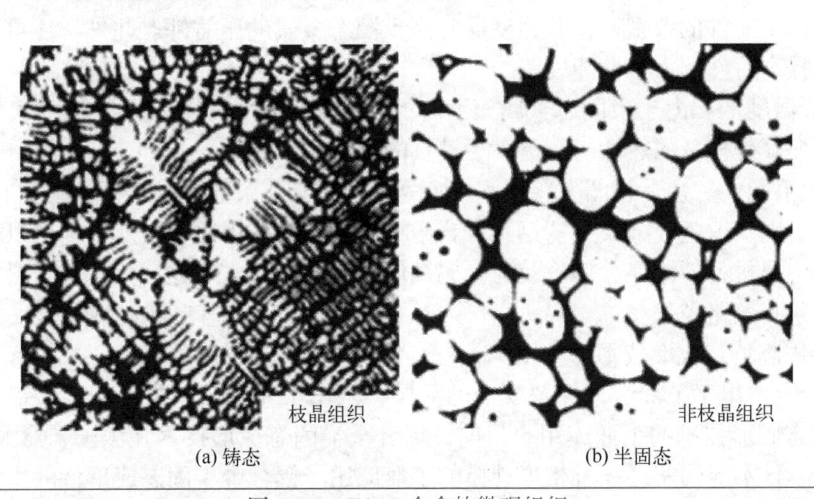

图 7-28 ZA12合金的微观组织

（2）半固态铸造成形技术的分类

目前，半固态铸造成形工艺方法主要分两大类：流变铸造和触变铸造。

① 流变铸造。利用剧烈搅拌等方法制备出预定固相分数的半固态金属浆料，并对半固态金属浆料进行保温，将该半固态金属浆料直接送往压铸机或挤压机等成形设备进行铸造成形，这种成形过程称为半固态金属的流变铸造。流变铸造充型前，浆料已成半固态，虽然黏度较高，但具有良好的流动性，充型流态为层流，因此可以制造尺寸精确、形状复杂、没有内部孔隙的高质量零部件。但由于流变铸造工艺所用半固态金属浆料的保存和输送不方便，因而该技术的进展很缓慢。

② 触变铸造。利用剧烈搅拌等方法制备出球状晶的半固态金属浆料，将该半固态金属浆料进一步凝固成键坯或坯料，再按需要将金属坯料分切成一定大小，把这种切分的固态坯料重新加热至固液两相区，然后利用机械搬运将该半固态坯料送往成形设备（如压铸机、挤压机等）进行铸造成形，这种成形过程称为半固态金属的触变铸造。由于坯料输送方便，易于实现自动化操作，因此触变铸造是目前半固态铸造的主要成形方法。图 7-29 为半固态铸造工艺流程图。半固态金属流变铸造技术应用较少，与触变铸造相比，流变铸造更节约能源、流程更短、设备更简单。因此，流变铸造技术仍然是未来半固态金属铸造技术的一个重要发展方向。

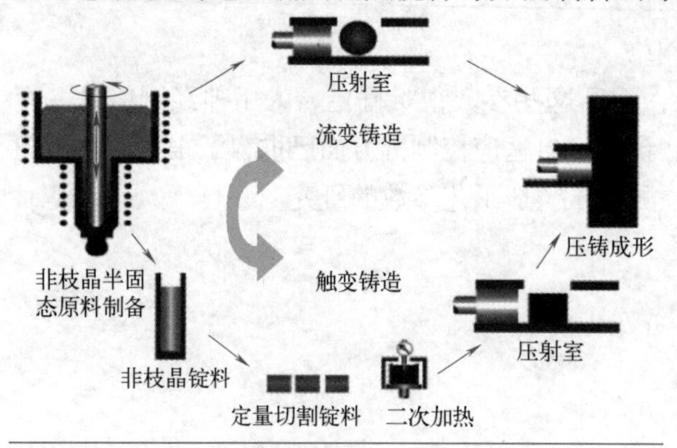

图 7-29　流变铸造和触变铸造工艺流程图

（3）半固态铸造成形的特点

与其他成形技术相比，半固态铸造成形有以下特点。

① 易于近终化成形。半固态浆料的凝固收缩小，铸件的尺寸精度高，可以进行零件的近终化（net-shape）成形，大幅度减少零件毛坯的机械加工量，简化生产工艺、降低生产成本。

② 铸件综合性能提高。半固态金属充型平稳，不易产生湍流和喷溅，减少了疏松、气孔缺陷，提高了铸件的致密性，其强度通常高于液态金属的压铸件。此外，还可以通过热处理来进一步提高铸件的力学性能。

③ 成形温度低。由于半固态金属充型时的温度低于液态金属成形，因而大大减轻了对成形装置，尤其是模具的热冲击，提高了模具的寿命。

④ 适用范围广。凡是相图上存在固 - 液两相区的合金系都可以进行半固态成形，如铝、镁、锌、锡、铜、镍基合金及不锈钢、低合金钢等。同时，半固态成形工艺可以改善制备复合材料中非金属材料的漂浮、偏析及与金属基体不润湿的技术难题，为复合材料的制备和成形提供了一条有效路径。

（4）半固态铸造成形技术的应用

① 铝合金。出于节能、环保及安全的需要，汽车工业开始大量使用轻质铝合金，因而促进了半固态成形技术的工业应用。目前，铝合金半固态成形技术在美国、意大利、瑞士、法国、德国、日本等国家已经有相当规模的工业应用。铝合金半固态成形件的主要市场是汽车工业，如汽车的制动总泵体、转向节、摇臂、发动机活塞、悬挂支架件、座椅支架、轮

毂、传动系统零件、燃油系统零件和汽车空调零件等。这些零件已应用于Ford、Chrysler、Volvo、BMW、Fiat和Audi等世界名牌轿车上。图7-30所示为半固态铸造成形汽车零件。

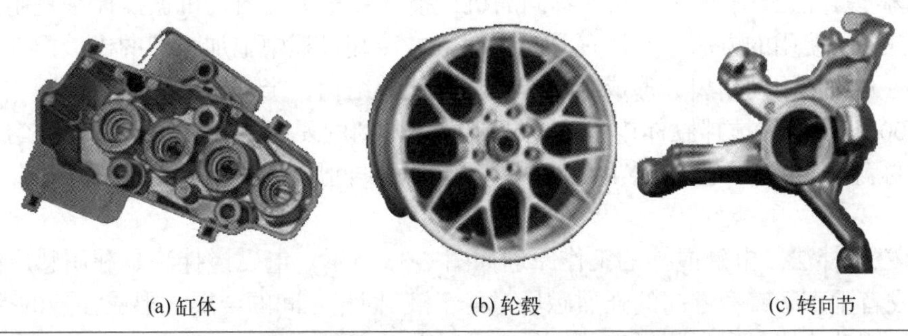

(a) 缸体　(b) 轮毂　(c) 转向节

图7-30　半固态铸造成形汽车零件

② 镁合金。由于镁合金具有较高的比强度和比刚度，易回收再利用，导热性好，有较好的电磁屏蔽性等，因此镁合金半固态成形技术在汽车、电子仪器、消费类电子产品、手动工具、计算机、自行车等行业得到不断应用。手机、笔记本电脑和一些家用电器的外壳采用镁合金半固态成形件，可以令产品更薄，结构更紧凑，外形更具质感，能显著增强产品的散热能力和抗振能力，有效地减轻对人体和周围环境的电磁辐射危害。图7-31所示为半固态成形电子产品外壳。

图7-31　半固态成形电子产品外壳

③ 在复合材料制备方面的应用。金属基复合材料是近年来迅速发展的新材料。以前多采用常规铸造法、粉末冶金法、浸透等制备方法。这些方法制备复合材料存在的主要问题是非金属与金属之间的润湿难、成本高，而且质量不稳定，这就阻碍了金属基复合材料的推广和应用。

半固态金属在液固两相区有很好的黏性和流动性，并且通过选择适当的加热温度并加强金属浆料的搅拌，利用半固态金属黏度可以调整的优点，阻止加入颗粒的上浮、下沉，克服了大部分增强材料与金属母液不润湿而难以复合的问题，提高了非金属与金属之间的界面结合强度，成功地将增强材料加入半固态金属中制备出均匀的复合材料，随后可进行半固态成形加工，用这种方法制造出来的材料成本低，耐磨性和比强度高，为复合材料的制备提供了一种崭新的重要方法。

7.4.2　半固态铸造金属浆料的制备

（1）液相法

无论是半固态金属的流变铸造还是触变铸造，都包含半固态金属浆料的制备和半固态金属成形两部分。其核心问题就是如何制备等轴、细小、均匀、非枝晶的半固态合金浆料或坯料。下面介绍几种常用的半固态金属浆（坯）料的制备方法。

① 机械搅拌法。图 7-32 为几种不同的机械搅拌装置示意图。机械搅拌法是制备半固态浆（坯）料最早使用的方法，其原理是在金属液的冷却过程中施加强烈的机械搅拌，树枝晶因受到剪切力的作用而断裂，形成细小的近球形微观结构，半固态金属浆料中固相颗粒尺寸在 50 ～ 100μm。但在搅拌腔体内部往往存在搅拌不到的死区，影响了浆料的均匀性，而且搅拌叶片的腐蚀问题以及它对半固态金属浆料的污染问题，都会对半固态铸坯带来不利的影响。

② 电磁搅拌法。电磁搅拌的工作原理如图 7-33 所示。电磁搅拌法是利用感应线圈产生的平行于或者垂直于铸型方向的强烈磁场对处于液 - 固相之间的金属液形成强烈的搅拌作用，产生剧烈的流动，使金属凝固析出的枝晶充分破碎并球化。

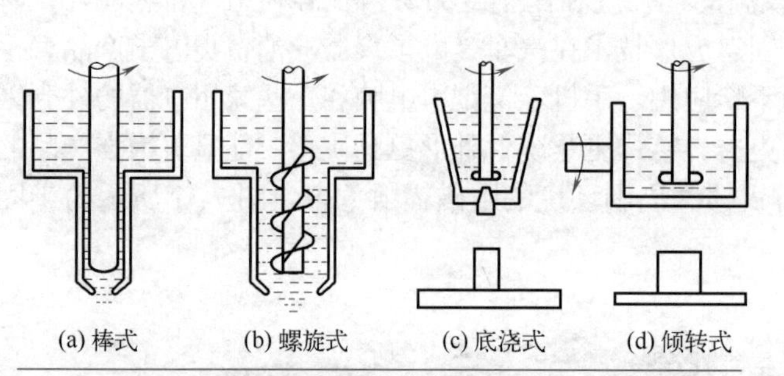

图 7-32　机械搅拌装置示意图

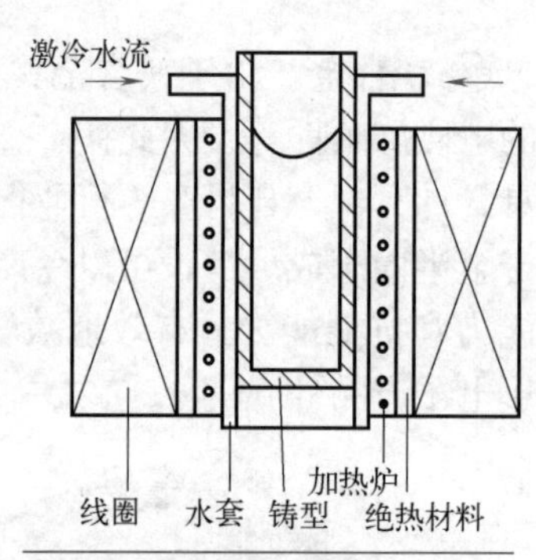

图 7-33　电磁搅拌装置示意图

与机械搅拌法相比，电磁搅拌的突出优点是不用搅拌器，不会污染金属浆料，也不会卷入气体，生产效率高，且电磁搅拌参数控制方便灵活，是目前工业化生产中应用最为广泛的方法。

③ 超声处理法。超声处理法由 V.I.Dobatkin 等提出，其原理为：在液态金属中加入细化剂，并使用超声处理，由于超声的空化作用，使枝晶组织变为半固态组织。超声在介质中传导的时候，产生周期性的应力和声压变化，在局部产生周期性高温高压效应，使液体产生空化和搅动。一般认为，超声可产生气蚀作用，促进形核，且可使枝晶臂断裂，成为新的结晶核心，促进半固态颗粒状初生相的生长，而抑制树枝晶的发展。超声处理法的优点是对熔体污染较小，但其工艺较为复杂，设备投资大。

④ 液相线铸造法。金属液在液相线附近温度浇注时，熔体内大量准原子集团在一定的过冷度下迅速长大，形成稳定的结晶核心；随着温度的降低，过冷度增大，生成大量的晶核；晶核的长大相互抑制，最后在熔体内生成细小的非枝晶组织。

液相线铸造法要求严格控制工艺条件，否则得到的半固态浆料组织不均匀，一部分初生相容易长大成为枝晶，导致浆料组织恶化。液相线铸造法具有工艺简单、适用合金范围广、生产效率高等优点，尤其对变形铝合金半固态浆料的制备具有极其重要的意义，对流变铸造的应用及发展将起到积极的推动作用。

⑤ 喷射成形法。喷射成形是利用惰性气体将金属熔体雾化，这些极细小的金属熔滴高速飞行，在尚未完全凝固前被喷射到激冷沉积器上，快速凝固成组织非常细小的具有一定几何形状的坯料。喷射成形沉积坯料的组织与金属或合金的流变组织非常相似，将该坯料重新加热至金属的固液两相区，就可以进行触变成形。

喷射成形工艺制备半固态坯料成本高，只适合制备高级或难熔合金坯料和成形高级零件毛坯。

⑥ 紊流效应法。紊流效应法又称被动搅拌法，这种方法迫使过热金属液通过一个特制的冷却装置，该装置中设有许多迂回曲折的通道，或者是装满耐火材料小球的钢管，当该金属熔体通过这个特制的冷却装置时，金属熔体一边不断地凝固，一边不断地受到激烈剪切作用或处于激烈的紊流之中，使凝固析出的初生固相呈球状，半固态合金熔体具有较低的黏度，可以直接成形，也可以制备成半固态坯料，如图 7-34 所示。为了使金属熔体顺利通过特制的冷却装置，需要使用压缩空气或电磁泵来驱动金属熔体的流动。

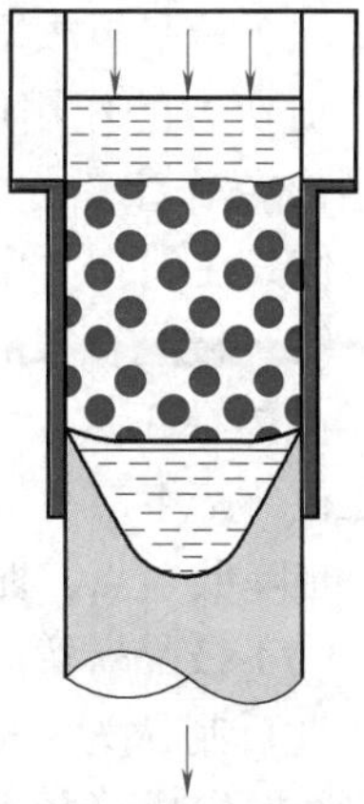

图 7-34　紊流效应制备半固态金属示意图

（2）固相法

① 应变诱发熔化激活法（SIMA）。SIMA 法是一种较成熟的制备半固态浆料的工艺方法，其工艺过程是将常规铸造枝晶组织在高温下通过锻造、挤压等塑性加工方法破碎枝晶组织，再施加一极限变形量的冷加工进行材料制备，而后加热至两相区，如图 7-35 所示。在加热过程中，合金首先发生再结晶，形成亚晶粒和亚晶界，随后晶界处低熔点溶质元素和低熔点相熔化，导致近球形固相被低熔点共晶相包围，形成半固态成形所需浆料。该法实质是塑性变形使晶粒破碎，重新再结晶球化，获得等轴细小晶粒组织。SIMA 法适用于各种合金系列，尤其对采用液相法制备易于氧化的材料和较高熔点的非枝晶合金具有独特优越性，已成功地应用于不锈钢、工具钢和铜合金等。但是该工艺生产成本高，要获得高质量的浆料工序较多，目前只限于小型零件的生产。

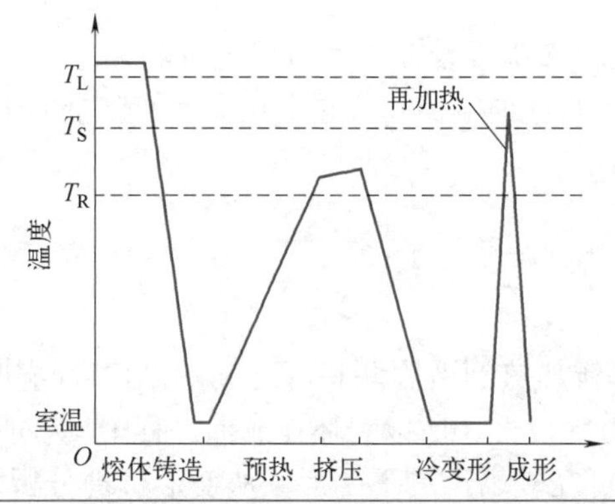

图 7-35　应变诱发熔化激活法工艺原理示意图

② 粉末冶金法。该法工序主要有：利用金属雾化技术制备金属粉末；将不同种类的金属粉末按一定比例加入合适的液体介质中，进行搅拌混合，制成金属粉末悬浮体；液体沉淀后将多余液体倒出，对沉淀金属粉末混合体进行缓慢加热干燥和真空处理；对干燥的粉末混合体在烧结温度以下冷压实或预成形；将冷压实或预成形后的坯料重新加热到固液两相区的温度范围进行适当保温，便可获得半固态金属坯料。

该法制备出的半固体坯料晶粒细小，合金种类限制也较小。此外，该法在复合材料的半固态技术研究中颇具优势，可以通过选择金属粉末等级、筛分增强相和控制融合条件等，获得良好的半固态金属复合材料。但该法实施起来比较复杂，成本非常高，如混合体加热不当，将会产生新的枝晶或者发生晶粒粗化现象。

7.4.3　半固态金属组织形成机理

由于半固态金属或合金组织形成过程研究很困难，目前尚未形成统一和确定的理论。Flemings 等将众多解释归结为三种机制。

（1）枝晶臂根部断裂机制

剪切力的作用使枝晶臂在根部断裂，最初形成的树枝晶是无位错和切口的理想晶体，很难依靠沿着自由浮动的枝晶臂的速度梯度方向产生的力来折断。因此，必须施加强力搅拌，使其在剪切力作用下从根部折断。

（2）枝晶臂根部熔断机制

晶体在正常长大的过程中，由于枝晶臂受到流体的快速扩散、温度升降引起的热震动及在根部产生应力的作用，有利于枝晶根部发生熔断。同时，固相中枝晶臂根部溶质含量较高，也降低熔点，促进此机制的作用。

（3）枝晶臂弯曲机制

此机制认为，枝晶臂在流动应力下发生弯曲，产生位错导致发生塑性变形。在两相区，位错间发生攀移并相互结合形成晶界，当相邻晶粒的倾角超过 20° 时，液相将侵入晶界并迅速渗透，从而使枝晶臂与主干分离。

Vogel 等认为，在凝固初期，晶体以枝晶形式生长。高温下枝晶很软，一般不会断裂，而是弯曲。Hellawell 等认为搅动不能使枝晶折断，只能使其发生弹性或塑性弯曲，而流动造成的温度扰动是流变铸造中晶粒细化的主要原因。Y.H.Ryoo 等分析了过共晶 Al-Si 合金半固态铸造时初生相形状的变化，认为颗粒间的摩擦、破碎与粗化使初生硅由尖角状、杆状变成球状。

总之，无论是哪种变形机制，都认为半固态组织来源于枝晶，而且搅拌都将阻止初始形成的小枝晶晶粒向粗大枝晶的形态发展，同时晶体的等轴生长和合并生长也促使合金初生相向球形或椭球形的形态发展和长大。

7.4.4 半固态合金的力学行为

半固态金属铸造主要是采用流变铸造的铸锭重新加热到液固两相区之间的温度，再进行压铸或挤压成形。实践证明，由于半固态金属具有触变性，所以铸坯在成形过程中具有明显的超塑性效应和充填性能，而且变形抗力也小，可在较高速度下变形。从变形机理分析，其变形过程是一个从塑性变形到超塑性变形的过程。

半固态合金最重要的特点是具有球形的初生相微粒，在液固两相温度区间内，其球形的初生相仍然保持为固相颗粒。因此，半固态合金的变形有自己独特的性质，主要是利用这一特性来形成零件。为了进一步促进半固态合金成形技术的应用，需对其在半固态下的力学特性进行研究，即流变应力的变化规律。

（1）半固态合金的流变性

所谓流变性是指流体在流动变形过程中的力学性质。表观黏度是影响半固态合金流变性的最主要因素，因此，一般都是通过研究半固态金属的表观黏度来研究其流变学性能。

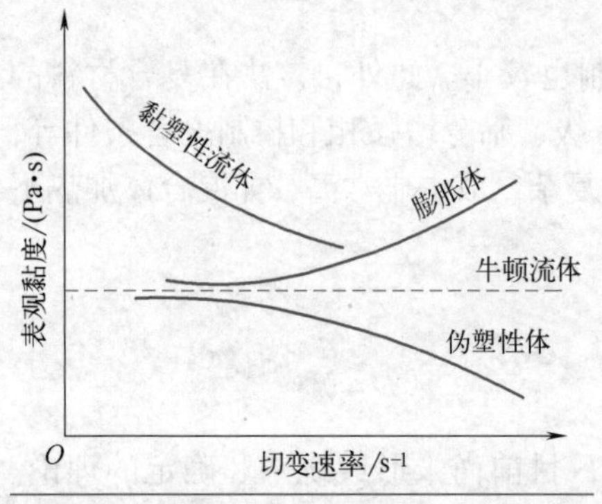

图 7-36 表观黏度随切变速率变化曲线

全液态合金属于牛顿流体，它的黏度是一常数，不随切变速率变化，如图 7-36 所示。但是，大量实验表明，半固态合金不属于牛顿流体，而属于伪塑性体，它的黏度不再是常数，而是随切变速率而改变。

影响流变性的主要因素是固相体积分数、剪切速率和冷却速度。有研究表明，在连续冷却条件下，半固态合金的表观黏度随冷却速度的降低和剪切速率的增大而降低；在恒温或恒定体积分数条件下，连续搅动合金浆液可使其黏度降低并最终达到稳定。

（2）半固态合金的触变性

物体黏度与切变时间的依赖关系在流变学中称为物体的触变性或反触变性。具有触变性的物体称为触变性物体。

具有触变性的物体，当作用在它上面的切应力一定时，其表观黏度会随着切变时间的延长而降低，表现为切变速率不断增加；或当作用在它上面的应变速率一定时，随着切变时间的延长，物体的表观黏度降低，表现为切变应力的逐步变小。当这种物体在切变一段时间以后，除去外力，变小的物体黏度又会逐渐恢复到原来的数值。

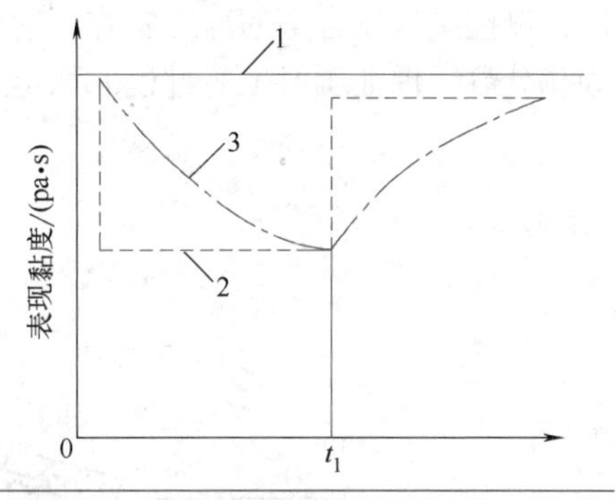

图 7-37　三种物体的表观黏度与时间的关系曲线

1—牛顿流体；2—黏塑性流体；3—触变性流体

图 7-37 所示为牛顿流体、黏塑性流体、触变性流体（伪塑性体）这三种物体的表观黏度与时间的关系曲线。对牛顿流体而言，只要切变速率小于层流变紊流的极限值，其表观黏度不随时间而变化，表现为一个常数；对于黏塑性流体而言，只要作用的切应力超过屈服极限值，在一定切变速率情况下，一开始流动（t=0 时），其表观黏度立即下降至一定值，而后不随时间发生变化，在 $t=t_1$，撤去切应力，物体的表观黏度瞬间上升，并呈现固体的流变性能特点，不随时间而变化。可是对触变性物体而言，如在时间 t=0 时，对它施加一切应力，使产生的切变速率不随时间而变化，则随着时间的推移，表观黏度按一定的规律下降，向某一数值渐进；当 $t=t_1$ 时，撤去切应力，则表观黏度又随着时间的延伸而逐渐增高，向某一数值渐进。

7.4.5　半固态金属流变铸造技术

由于半固态流变铸造具有节约能源、生产周期短、成本低和铸件品质高等优点，半固态金属浆料的流变铸造技术再次成为主要研究方向，许多新型的流变铸造技术正在取得突破性进展。下面简要介绍几种半固态金属流变铸造工艺。

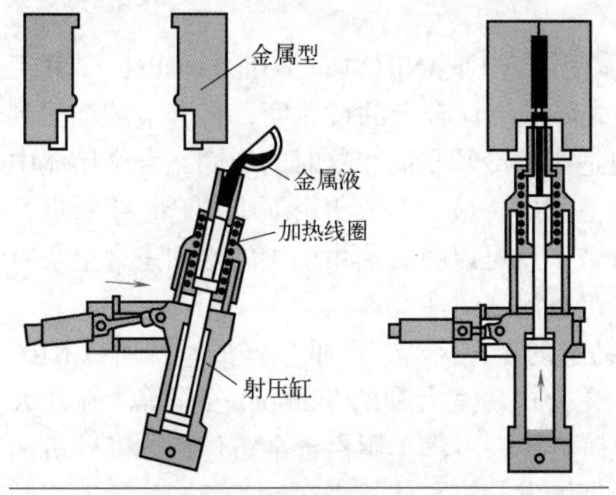

图 7-38　流变挤压铸造工艺示意图

（1）压室制备浆料式流变挤压铸造工艺

为了避免半固态铝合金浆料的存储和输送，日本 Hitachi 金属有限公司的 Shibata 等提出了一种新的流变挤压铸造技术：在 250kN 立式挤压铸造机的压室中制备半固态铝合金浆料，然后直接挤压铸造成形如图 7-38 所示。

（2）双螺旋机械搅拌式流变铸造工艺

在单螺旋机械搅拌式流变射铸的研究开发过程中，英国 Brunel 大学的 Dr.Z.Fan 等于 1999 年提出了双螺旋机械搅拌式（rheo molding process by two screws，RPTS）流变射铸工艺。双螺旋机械搅拌式流变射铸设备主要包括液态合金供料机构、双螺旋机械搅拌机构、压射机构和中央控制机构，如图 7-39 所示。供料机构能够保证向双螺旋机械搅拌机构提供温度和数量合适的液态合金；液态合金一旦进入搅拌系统，一边被双螺旋搅拌桶强烈地搅拌，一边被快速冷却到预期的固相分数，当半固态合金浆料到达输送阀时，初生固相已经转变为球状颗粒，并均匀分布在低熔点的液相中；当输送阀打开时，半固态合金浆料进入压室，被压入模具型腔，并在模具中完全凝固；在双螺旋搅拌机构中设置了许多的加热和冷却通道，可以准确地控制合金浆料的温度，控温精度可达 ±1℃；在合金供料器中布置有加热源，以控制液态合金的温度；在压射机构中也布置有加热源，以控制压室中半固态合金浆料固相分数，保证压射工艺过程的稳定。

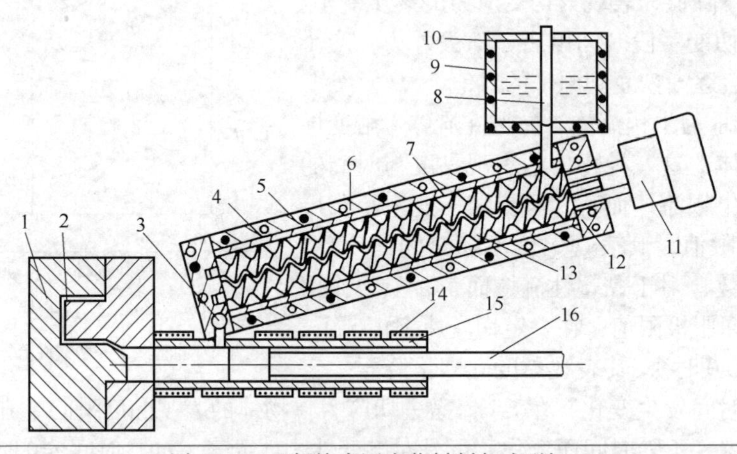

图 7-39 双螺旋半固态浆料制备成形机

1—模具；2—型腔；3—输送阀；4—冷却通道；5，9，14—加热源；6—搅拌桶；7—内衬；8—塞杆；10—坩埚；11—驱动系统；12—端盖；13—双螺旋；15—压射室；16—活塞

双螺旋机械搅拌式流变射铸工艺所具有的最大优点是：可以获得很高的剪切速率（如 $5200s^{-1}$），或获得高强度的紊流。在大剪切速率或高强度紊流下，半固态合金浆料中的初生固相尺寸非常细小、圆整，分布均匀，很少发现初生固相的集聚现象。

双螺旋流变射铸工艺还可以转变为流变混合工艺，利用其高剪切速率消除密度偏析，混制互不相熔的合金相，使软质点均匀分布在硬的基体上，制备轴承材料，如 Zn-Pb 合金。双螺旋流变射铸工艺还可以转变为双螺旋剪切液相线铸造工艺及双螺旋剪切挤压工艺。

（3）低过热度倾斜板浇注式流变铸造工艺

1996 年，日本宇部株式会社开发了一种新流变铸造工艺 NRC（new rheo casting），其工艺如图 7-40 所示。NRC 技术路线的核心是：首先降低浇注合金的过热度，将合金液浇注到一个倾斜板上，合金熔体流入收集坩埚，再经过适当的冷却凝固，这时的半固态合金熔体中的初生固相就呈球状，均匀分布在低熔点的残余液相中，最后对收集坩埚中的合金浆料进行温度调整，以获得尽可能均匀的温度场或固相分数，就可以将收集坩埚中的半固态合金浆料送入压铸机的压射室或挤压铸造机的压射室中，进行流变铸造。

NRC 技术的实施可以明显缩短金属半固态铸造的工艺流程，降低生产成本，所以 NRC 技术已经在一些公司投入生产，如奥地利的 LKR 公司，意大利的 Stampal 公司等。在意大利的 Stampal 公司，利用流变成形技术流变挤压铸造了许多汽车用铝合金铸件，如发动机油轨、支架、支架臂、支架盖、传动齿轮变速杆及柴油发动机泵体。

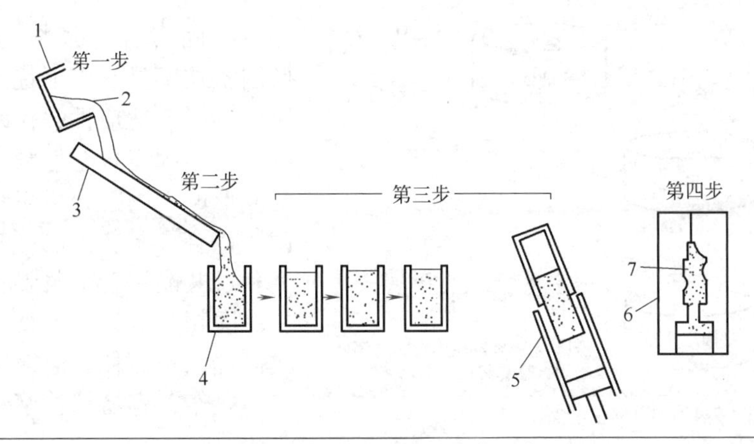

图 7-40　流变铸造 NRC 工艺示意图

1—熔化坩埚；2—合金液；3—倾斜板；4—收集坩埚；5—压射室；6—压铸型；7—铸件

（4）低过热度浇注和弱机械搅拌式流变铸造工艺

2000 年 9 月，美国麻省理工学院（MIT）的 Flemings 等提出了一种新的流变铸造技术 SSR（semi solid rheo casting）工艺过程，如图 7-41 所示。其基本原理是：将低过热度的合金液浇注到制备坩埚中，利用镀膜的铜棒对坩埚中的合金液进行短时弱机械搅拌，使合金熔体冷却到液相线温度以下；然后移走搅拌铜棒，让坩埚中的半固态合金熔体冷却到预定的温度或固相分数；最后，将坩埚中的半固态合金浆料倾入压铸机压室，进行流变压铸。

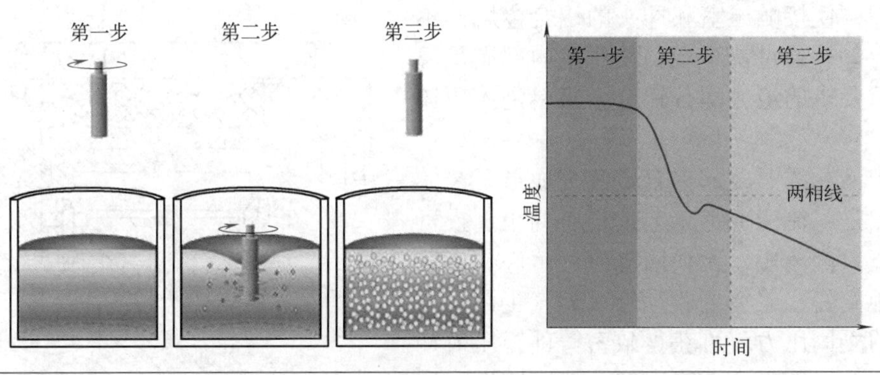

图 7-41　SSR 制浆工艺简图

这种半固态合金浆料制备技术的关键在于：要快速地使合金熔体散去过热，并同时在合金熔体中产生低强度的循环流动，使合金熔体各处均处在形核和凝固中；一旦形成一定的初生晶核，就可以停止搅拌，初生晶粒就会转变为球状晶粒。这种半固态铝合金浆料的初生晶粒中夹裹的液相很少，这会提高半固态合金浆料在成形时的流动性，便于成形复杂件。

（5）连续流变转换式流变压铸工艺

半固态合金浆料的连续流变转换制备技术（continuous rheo-conversion process，CRP）是美国 Worcester Polytechnic Institute 的 Findon 等提出的制备技术，其工艺如图 7-42 所示。其基本原理是：将两种相同或不同的合金熔体注入一个混合器中，通过对流强制冷却形核来获得具有触变结构的半固态浆料。这里的技术关键是对两种熔体的化学成分、热容量、流动强度等参数进行有效控制。

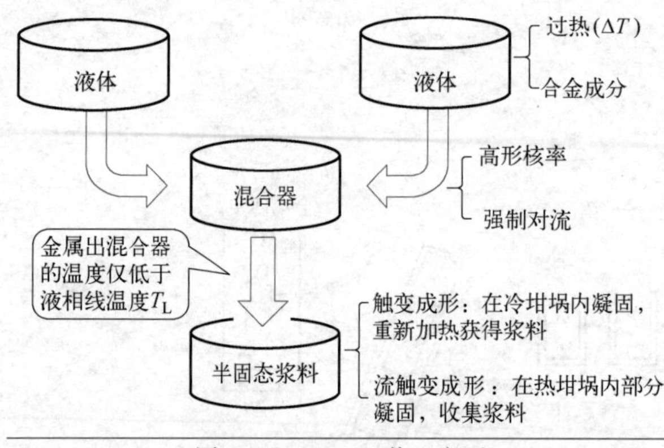

图 7-42　CRP 工艺示意图

半固态合金浆料的连续流变转换制备技术具有以下优点：制备过程简单；工艺适应性强，既可制备触变成形的半固态合金坯料，又可制备流变成形的半固态合金浆料；既可制备铸造铝合金浆料，也可制备锻造铝合金和过共晶铝合金浆料；组织控制容易；固相分数易于调整；浇注系统和废铸件回炉方便。但该反应器的结构较为复杂，容易粘挂浆料，需要不断清理。

（6）低于液相线温度的流变成形工艺

低于液相线温度的流变成形工艺（sub-liquidus casting process，SLC）是 2002 年美国 THT Presses 公司提出的一种半固态铝合金流变成形技术，如图 7-43 所示。其基本原理是：将接近液相线温度的液态金属通过一个平板多孔模压射到型腔中，控制型腔温度在液相线下一个适合形成半固态浆料的温度区间内，以实现半固态流变成形。为了控制铝合金的流变成形工艺过程，需要采取以下措施：对铝合金液进行细化处理，有利于获得球状初生晶粒，并缩短浆料的制备时间；控制铝合金液的浇注温度，使其接近液相线温度，如对于 A356 合金，浇注温度为 615 ~ 620℃；控制压室中铝合金熔体的冷却，使接触压室和冲头的铝合金熔体不会过分冷却；通过浇口板，使压室内部满足温度和组织要求的绝大部分铝合金浆料进入压铸型腔。

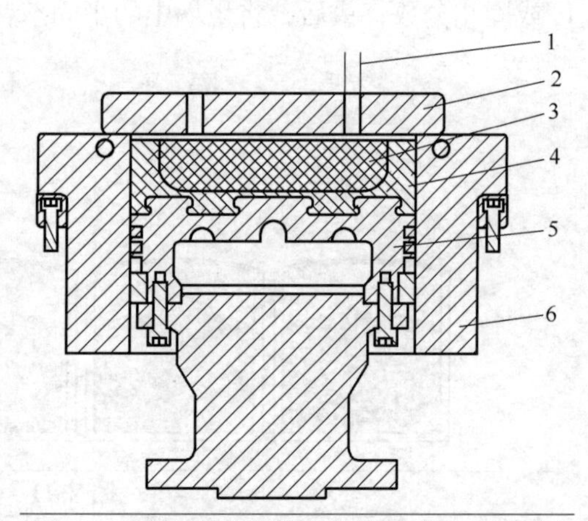

图 7-43　低于液相线温度的流变成形工艺原理示意图

1—内浇口；2—内浇口板；3—低固相率浆料；4—高固相率浆料；5—水冷冲头；6—水冷压室

低于液相线温度的铝合金流变成形工艺的主要优点是：流变成形工艺的设备简单、投资低；内浇口距离短，无须横浇道；铸件与压铸余料的距离短，浆料的收缩小、裹气少，只需要较低的凝固压力就可获得致密铸件；压射冲头行程短、惯性小，可使用较小的压铸机；压室尺寸几乎不受限制（当压室直径为 55cm 时，可压射 100kg 的浆料）；合金限制少，适用的合金种类多；铸件取出时已无浇口，节省清理费用，因而低于液相线温度的铝合金流变成形工艺的生产成本较低。

（7）低过热度浇注和弱电磁搅拌式流变成形工艺

低过热度浇注和弱电磁搅拌式流变成形工艺（low super heat pouring and weak electromagnetic stirring process，LSPWES）是北京科技大学毛卫民提出的半固态合金浆料或坯料制备技术。该制备技术的工艺路线是：将一定过热度的合金液浇入制备坩埚，同时对制备坩埚中的合金熔体进行短时低功率电磁搅拌，就可获得优良的球状初晶组织，再进行适当的后续控温冷却或均热就可以得到最终的半固态合金浆料，可方便地进行流变压铸或流变锻造成形，如图 7-44 所示。

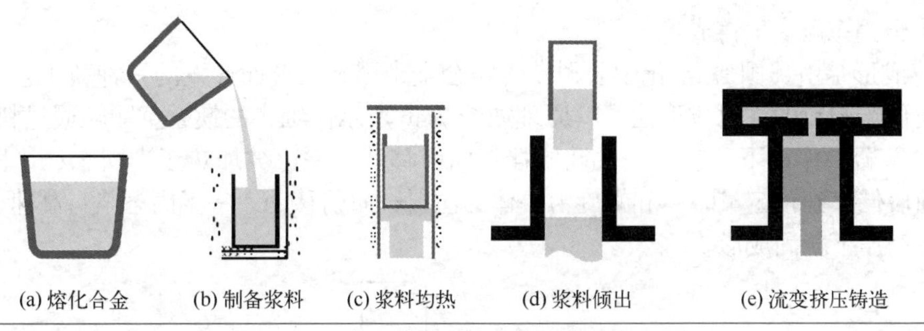

图 7-44　半固体金属流变挤压铸造示意图

低过热度浇注和弱电磁搅拌式流变成形技术明显降低了液相线铸造方法制备半固态铝合金浆料时的浇注难度，也大大降低了单纯电磁搅拌制备半固态铝合金浆料时的能耗，体现了节能降耗又操作方便的特点。目前该流变成形技术正在进行工业化试生产和应用。

7.4.6　半固态金属触变铸造技术

（1）半固态触变压铸成形工艺

半固态触变压铸成形工艺是将加热到一定温度的半固态金属坯料送入压铸机的压射室，进行压铸成形，并进行适当的保压。图 7-45 为半固态铝合金触变压铸成形工作原理图。部分重熔的半固态金属坯料具有触变性，即静止时，坯料像固体一样可以进行搬运，但受到剪切变形（一定的外力作用）后，它就会像液体一样，具有很好的流动性。在触变成形中，半固态金属能否充满型腔以及触变成形零件的最终质量等受很多因素的影响，一般包括半固态金属坯料的液相率、初生固相颗粒的形态、冲头的速度或浇道中半固态金属浆料的流动速度、冲头的压力、静态增压压力、铸型的预热温度、浇注系统的设置等。而重熔半固态金属坯料的固液相比以及初生固相颗粒的形态等实际上又受原始半固态金属坯料制备工艺和半固态金属坯料的重熔工艺的影响。

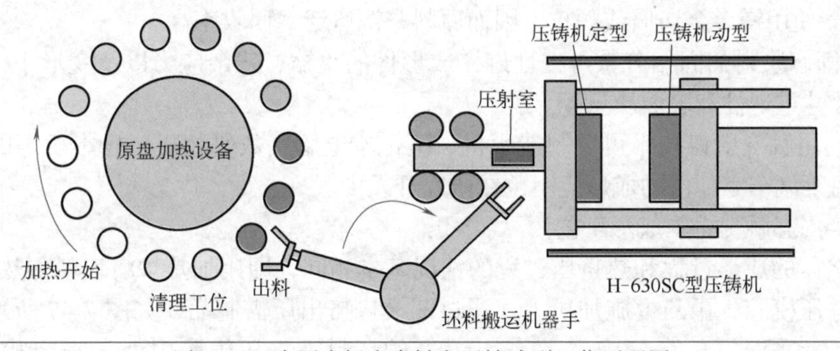

图 7-45　半固态铝合金触变压铸成形工作原理图

由于半固态金属的黏度比液态高得多，导致半固态金属在充型流动时的特点与液态金属不同，尤其是充型阻力比较大，这就要求压铸机能提供足够的冲头压射速度或浇道内金属的流速；另一方面，虽然半固态金属倾向于以稳定的流动状态充填型腔，但如果压射速度过快，也有可能造成紊流充填，导致压铸件大量裹气。同样由于表观黏度的增加，所需要的压射压力也应适当增加，否则当压射压力较低时，半固态金属可能充型不满，或压铸件的表面质量较差。

（2）半固态触变射铸成形工艺

射铸成形是由美国 Dow 化学公司专为镁合金半固态成形而开发的一种新工艺，这种成形工艺类似于塑料的注射成形法，其原理如图 7-46 所示。细小的镁合金颗粒通过料斗加入，在螺旋输送器的作用下，镁屑一边被搅拌着向前移动，一边被加热至半固态；半固态浆料在螺旋前段储存到预定量时，和螺旋为一体的注射缸向前移动，将半固态浆料高速射入模腔中，并在高压下凝固成形。

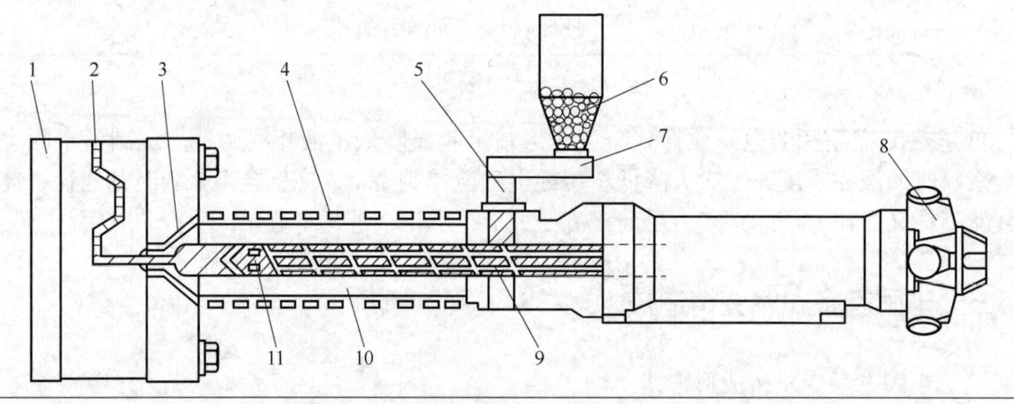

图 7-46　镁合金触变射铸工作原理示意图

1—模具；2—型腔；3—射嘴；4—加热带；5—注入口；6—粒状镁合金；7—定量供料器；8—驱动系统；9—螺旋杆；10—剪切筒；11—单向阀

触变射铸的设备主要由模具、高速射压系统、螺旋剪切系统、镁合金浆料收集系统、螺旋驱动系统、给料系统等部分组成。

镁合金射铸成形是在从原料供给到零件制造的封闭系统内一次性完成的过程，系统运行稳定性好，具有以下几个特点。

① 与镁合金压铸相比，触变射铸成形法无需熔炼、浇注及气体保护，生产过程更加清洁、安全和节能。

② 由于使用镁合金切屑或颗粒，因而原料来源广泛，回收率高。

③ 半固态浆料的固相分数可控性好，成形件的收缩、残余应力以及变形小，成形件具有极佳的尺寸重现性和表面质量等。

目前利用触变射铸技术可以制造手机、笔记本电脑、数码相机、投影机等的壳体；座椅、转向盘等汽车零部件的成形应用也在研究开发中。

（3）半固态触变挤压成形工艺

触变挤压的成形过程和热挤压过程的情况基本相同，即用加热炉将坯料加热到半固态，然后放入挤压模腔，用凸模施加压力，通过凹模口挤出所需制品，如图 7-47 所示。半固态的坯料在挤压模腔内处于密闭状态，流动、变形的自由度低，内部的固、液相成分不易单独流动，除挤压开始时部分液相成分有先行流出的倾向外，在进入正常挤压状态后，两者一起从模口挤出，在长度方向上得到稳定均一的制品。

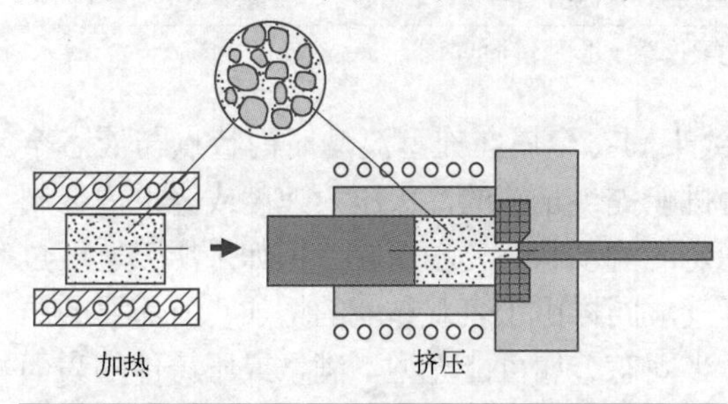

图 7-47　触变挤压成形原理示意图

触变挤压成形的优点是：扩大了复杂成形件的范围，改善了产品的成形性，无锻压效应（无织构），铝镁轻质高强合金、金属基复合材料以及钢等都可以挤压成形为复杂的几何形状、薄壁构件等。

坯料固相分数在 75% 以下时，坯料有因自重而破坏的情况，因此在加热和取出放入模腔时，应采用专用的容器或运输托架等辅件，以便保持坯料的固相分数。

7.5 连续铸造

7.5.1 概述

在结晶器（水冷金属型）的一端连续注入金属液，金属液在结晶器的型腔内连续地向另一端移动和凝固成形，在结晶器的另一端连续地拔出铸件的铸造方法称为连续铸造。

连续铸造时，当自结晶器内拔出的在空气中已凝固的铸件达到一定长度后，在不终止铸造过程的情况下，完全凝固的铸件被按一定长度地截断，移出连续铸造机外。

也有在拔出的铸件达一定长度后，停止铸造过程，取走整个铸件后，再重新开始连续铸造过程的情况。这种连续铸造称为半连续铸造。

连续铸造的特点为：

① 铸件在整个长度上的各处都在相同条件下凝固成形，故可获得长度方向上性能一致的铸件。如铸件是用来轧制轧材（如钢材）的锭坯，则所得轧材在整个长度上的性能波动将会很小。

② 结晶器中凝固的铸件断面上有很大的温度梯度，并有很好的定向凝固补缩条件，故铸件有较高的致密度。

③ 铸件断面的中部是在结晶器外采用自然冷却或用水（或水汽混合物）强制冷却情况下完成凝固的，尤其在后述方法强制冷却时，铸件表面的散热强度可比在结晶器中增大十倍以上，这可防止或减小铸件断面上的成分偏析，显著地提高铸件的力学性能，有效地提高劳动生产率。

④ 铸造过程无浇冒口系统的金属损失，因而可大大地提高铸造金属工艺出品率，可达 94% ~ 97%。

⑤ 由于铸件在整个长度上断面形状都一样，如用来作为轧制轧材的锭坯，则可基本上省去二次轧坯工艺，实现连铸连轧，节省大量能源、生产周期和其他生产消耗。

⑥ 与砂型铸造比较，连续铸造不用造型材料，使生产环境大为改善，并减少对周围环境的污染。

⑦ 较易实现生产机械化和自动化，但基建投资很大。

⑧ 本法只适用于大量生产断面形状较简单，并在长度上断面形状不变的条、杆、板、柱、线、管状的铸件，如各种合金（钢、铸铁、铜合金、铝合金等）的铸坯、线坯、管坯、板坯，供后续的轧制、拉拔成材；不同合金和不同断面形状（圆、正方、长方、六边、多齿）的实心或中空坯料，供后续机械加工制成各种零件，如螺母、齿轮、锁体、液压及气压元件、金属切削机床导轨、柴油机缸套等；也能有效地产出直接使用的铸件，如铁管。

连续铸造法最早是在 1857 年由德国人贝士麦在自己的专利中提出的，而其在工业生产中获得飞速发展则始自20世纪的40年代。机器类型由传送带式连续铸造机、半连续铸造机、采用振动的结晶器、立式连续铸造机、立弯式连续铸造机、圆弧形连续铸造机、倾斜式（准水平式）连续铸造机，一直发展到水平式连续铸造机。现在更出现了轮式连续铸造机，原先由贝士麦提出的轧辊式连续铸造机除了在20世纪曾成功地用于铸造铸铁皮外，近年来在有色合金的铸造方面也获得了发展。曾有一段时间，在我国大多数的铁管都用半连续铸造法生产（现已逐步被离心铸造法淘汰）。

目前在钢坯的生产方面，配合转炉吹氧炼钢，连续铸件的产量为最大。采用的钢液浇包容量最大可达500t，全世界有1000多台连续铸造机在生产一般碳钢、合金钢。板状钢坯的最大断面尺寸可达0.30m×2.65m。一台连续铸造机的年产量常为几百万吨。

在有色合金铸件的坯料生产方面，连续铸造法也用得很普遍，主要用于生产纯铜、铜合金、铝合金的坯料。但坯料的尺寸则比钢坯小得很多，大多采用半连续铸造法或水平式连续铸造法，而铁管的半连续铸造法目前尚有使用。

7.5.2 连续铸造钢坯

用连续铸造法生产的钢坯主要为小方坯（断面尺寸为70mm×70mm～200mm×200mm）、大方坯（断面尺寸为150mm×100mm～500mm×400mm）、板坯（断面尺寸为150mm×600mm～300mm×2640mm）、圆坯（断面直径为80～450mm）、异形坯（断面形状为工字形、八角形、空心圆等）、薄板坯（厚30～70mm）和带坯（厚度≤10mm）。

按照结晶器和铸坯在空间的位置特点，钢坯连续铸造机的形式有很多种，其结构特点如图7-48所示。

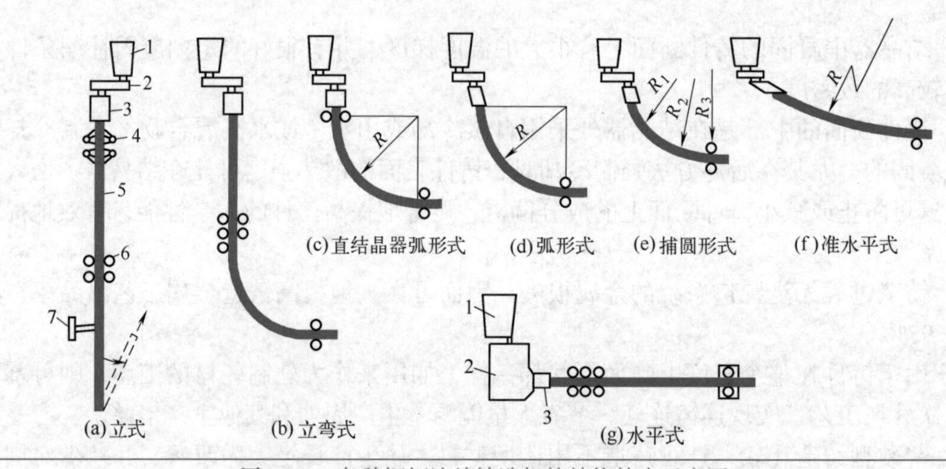

图7-48 各种钢坯连续铸造机的结构特点示意图

1—钢液浇包（钢包）；2—中间包；3—结晶器；4—对钢坯的二次冷却；5—钢坯；6—拔坯辊子；7—切割炬

由图7-48（a）可见，如果不考虑钢包，钢坯连续铸造机主要由中间包、结晶器、结晶器后对铸坯的二次冷却系统、拔坯机构、按一定尺寸把钢坯切断的机构（如切割炬7）和把钢坯移出机器的机构（如图中虚线所示处）所组成。其中中间包的作用为盛装一定高度的钢液，防止浇包钢液直接进入结晶器时可能出现的太大冲力，并可使进入结晶器的钢液流稳定，使钢液中的渣子上浮，把钢液按工艺要求分配至结晶器的指定部位，并在一个钢包中的钢液浇完需更换另一盛满钢液的浇包时，中间包中的钢液数量足够维持连续铸造机不间断工作 5 ～ 10min，以保证一包接一包地进行连续铸造钢坯的生产。

在结晶器内，钢坯只能凝成一定厚度的外壳，其中间部分的继续凝固主要依靠拔出结晶器后，在二次冷却系统中通过对钢坯表面喷水或喷水气混合物带走热量的过程中得到实现。

拔坯辊子的作用是利用摩擦力把凝固的钢坯连续等速地从结晶器内拔出，在弧形式、椭圆式、准水平式连续铸造机上还起校直钢坯的作用。在拔出钢坯至一定长度时，已完全凝固的钢坯被切割炬切成一定的长度段，被运送至机器外，或直接送入轧机被轧成一定断面尺寸的材料。在对钢坯进行切割时，切割炬随连续移动的钢坯同步移动，以保证切割缝的平齐。

① 立式钢坯连续铸造机。它是最早出现的一种钢坯连续铸造机，在此机器上结晶器垂直布置，铸坯垂直地自结晶器的下部被拔出，垂直地经历整个成形过程（见图 7-49）。其具体工作过程与弧形连续铸造机类似，见图 7-50。钢液自柱塞式浇包流出，进出中间包 1，需保证在整个浇注过程中，中间包中钢液面的高度总是不变。这一措施与中间包底部钢液出口的直径配合，保证在整个铸造过程中，进入结晶器 2 的钢液流量能保持一定值。结晶器的内壁（与钢液接触的壁）用导热性能很好的纯铜或微合金化的铜合金形成，在其另一面用循环水冷却。结晶器必须有一定的高度，以保证自结晶器下面拔出的钢坯表面有一层一定厚度的凝固壳。结晶器在工作时被驱动作上下往复的振动，以减小结晶器内已凝固的外表面与结晶器工作表面间的摩擦力。在二次冷却区 3 中，有多组喷水或喷水气混合物的喷嘴对尚未完全凝固的钢坯强制冷却。在此图上，切割成一定长度的钢坯是用翻倒机构把它放成水平后被移走的。在此种连续铸造机上铸坯的凝固和热交换的几何对称性好，故结晶组织的对称性好。凝固过程中铸坯不被弯曲，可减少铸坯中的内、外裂纹。机器结构简单，占地面积少。但机器的高度大，使厂房投资增大。运输钢包的吊车也离地太高，如载有满盛钢液的吊车一出事故，对生产场地的破坏力极大，故经常把连续铸造机的下部设置在地面以下。铸坯时，在立式连续铸造机上的钢坯自结晶器出来以后，在未充分凝透前，钢坯中部的未凝固钢液对钢坯表面凝固壳具有较大的压力，易使钢坯表面“鼓肚”，还易导致内部偏析和钢坯内裂。在此机器上的拉坯效率低，故机器生产率低。

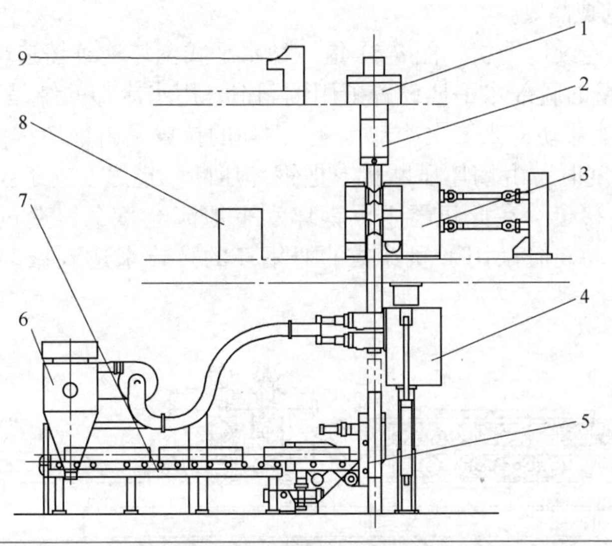

图 7-49　立式钢坯连续铸造机

1—结晶器；2—冷却水箱；3—旋转辊式牵引装置；4—双向飞锯装置；5—柱顶翻转装置；6—锯屑收集装置；7—铸锭传送装置；8—液压控制装置；9—电气控制系统

② 立弯式钢坯连续铸造机。在此种机器上，结晶器垂直布置，铸坯先是垂直移动，而后在整个断面上全部凝固，在拔坯机之后被按圆弧弯成水平流向，在水平状态下被按一定长度切断。在这种连续铸造机上，铸坯的凝固条件与立式连续铸造时相似，而机器的高度降低了，并且铸坯的规定长度也可较自由地选择，但机器的结构复杂了，并且只适用于铸造断面小于 100mm × 100mm 的钢坯，否则其优点就不明显。目前已很少采用了。

③ 弧形式钢坯连续铸造机。以结晶器的空间位置作为判断的根据，可把弧形式钢坯连续铸造机分为两种，即结晶器为直立的和结晶器内腔也为弧形的两种。弧形连续铸造机的高度可比立式连续铸造机降低很多。圆弧的半径越大，连续铸造机的高度越低，设备质量（重量）减轻越多，机器的维护更为方便，铸坯也越不易鼓肚、偏析、内裂，拉坯的速度可提得更高，相应地增加了机器的生产率。但弧形半径越大的机器占地的面积也越大，进入结晶器后钢液中夹带的渣粒越不易浮向结晶器的上部被除去，而易向钢坯的内弧表面聚集，有损于钢坯的表面质量，因此对钢液预先除渣的要求更为严格，并要进行无氧化浇注操作。与此同时，铸坯的内外弧面上的冷却条件不同，故易在铸坯内部形成中心偏析。但这种连续铸造机已越来越获得推广应用。

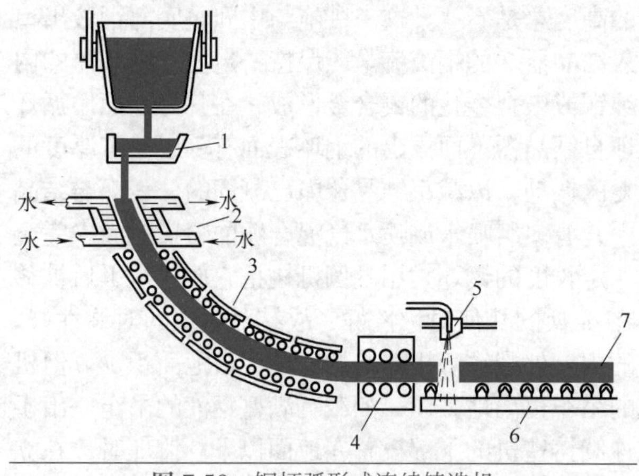

图 7-50 钢坯弧形式连续铸造机

1—中间包；2—结晶器；3—二次冷却区；4—整直 - 拔坯机；5—气割器；6—水平辊道；7—钢坯

图 7-50 是钢坯弧形式连续铸造机的简图，弧形结晶器的上下振动机构比直立结晶器复杂，在拔坯机把钢坯向水平方向拉动时，也同时把弧形的钢坯压直，处于水平状态的钢坯在移动过程中被切割成一定的长度。如在连续铸造机后紧接有轧坯机，则尚处于高温的钢坯可即刻被送往轧机，被轧成一定几何尺寸的成品。

④ 水平式钢坯连续铸造机。图 7-51 是一种水平式钢坯连续铸造机的结构简图，在此设备上中间包 1 侧壁的底部水平地设置了用铜制造、用水冷却的结晶器 2，由结晶器出口处拔出的钢坯水平地移动进入二次冷却区 3。钢坯的拉拔是由钢坯拉拔机 4 执行的，当铸出的钢坯达一定长度时，由钢坯压断机 5 把钢坯压断。辊道 6 支承拉拔出来的钢坯，并可从辊道上把钢坯移走。在此机器上，钢坯水平地流经整个铸造过程，不过结晶器不能实现往复式的振动，但采用了间歇式的对钢坯的拉拔来达到振动结晶器所要获得的效果。

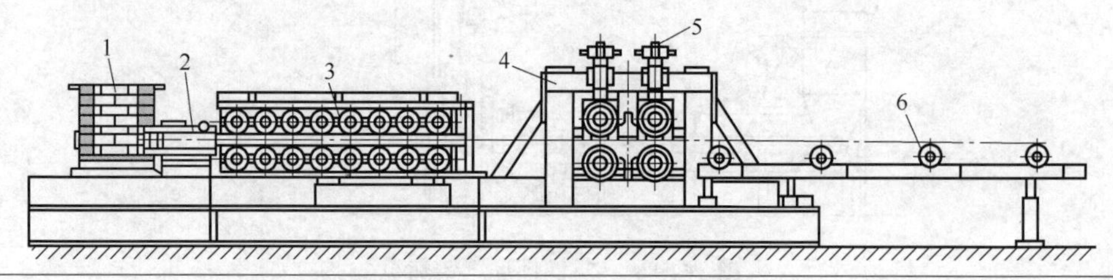

图 7-51 水平式钢坯连续铸造机简图

1—中间包；2—结晶器；3—二次冷却区；4—钢坯拉拔机；5—钢坯压断机；6—辊道

钢坯水平式连续铸造的特点为：钢坯上不会出现与承受钢液柱压力作用有关的外表面“鼓肚”，在中部也不会有裂纹。但钢坯冷却凝固速度不对称，使最后凝固区由钢坯的中心往上偏移的距离约为铸坯断面高度的 2%，这对产品质量的影响很小。铸坯的轴心区组织致密，易在铸坯的上表面出现非金属夹渣，但在这种装置上钢液中的渣子不易进入结晶器。

水平式钢坯连续铸造机的结构简单，因为二次冷却区的支架可大为简化，并且支承钢坯的构件也较简易，又没有使结晶器往复振动的机构，拔坯机和断坯机结构都轻巧了很多。水平式钢坯连续铸造机的高度最低，可直接设置在炼钢工部的跨度中，这可大大地降低生产场地建设的基建投资，并且机器的安装和维护也较容易。但对结晶器的润滑困难，不易生产大断面的钢坯，生产效率也低，对中间包水口通道处的耐火材料性能要求也高。

此外，还可对钢坯进行半连续铸造。也有关于采用结晶轮（轮式结晶器）连续铸造钢坯的报道（见图 7-52）。铜质结晶轮 7 上的轮槽和钢质环带 8 形成结晶器的型腔，它们不停转动并用水从背面冷却。由钢包 10 进入中间包 9 的钢液再经中间包底部流入由结晶轮（轮槽）与钢质环带组成的型腔中，随轮与带一起向下移动并凝固，在结晶轮的最下部位被拔坯器拉成水平状态，脱离结晶轮和环带进入布置有喷水嘴的二次冷却区，后来又进入调温炉，钢坯被轧机轧成所需断面尺寸，最后被切坯机切成一定长度的坯料。这种装置只能生产小断面的钢坯。

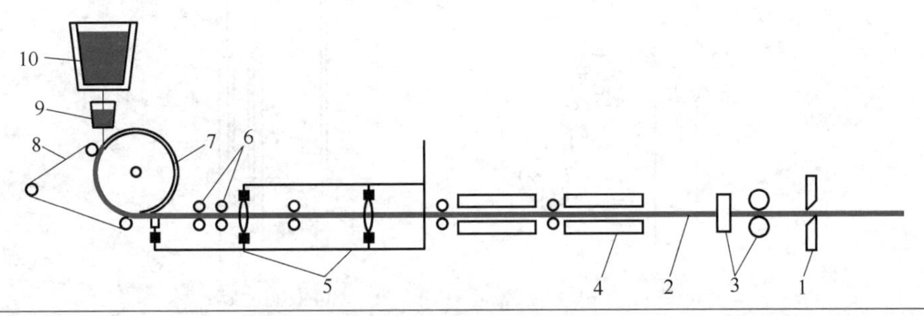

图 7-52　结晶轮式连续铸造法

1，9—中间包；2—结晶器；3—二次冷却区；4—钢坯拉拔机；5—钢坯压断机；6—辊道；7—铜质结晶轮；8—钢质环带；10—钢包

7.5.3　有色合金坯的连续铸造

有色合金坯的连续铸造生产传布得很为广泛，用连续铸造生产的有色合金坯有铝合金坯、镁合金坯、铜合金坯和镍合金坯。有时在制作大块贵重合金坯（如金、银）时，也可使用连续铸造法。大多坯材的断面形状为圆形、环形、长方形，还可以铸出多种特异的形状，如图 7-53 所示。一般圆断面坯最小直径可为 10mm，最大的可为 500mm（铜合金坯）、800mm（镁合金坯）或 1200mm（铝合金坯）；板坯的最大厚度可达 300mm（铜合金坯、镁合金坯）或 500mm（铝合

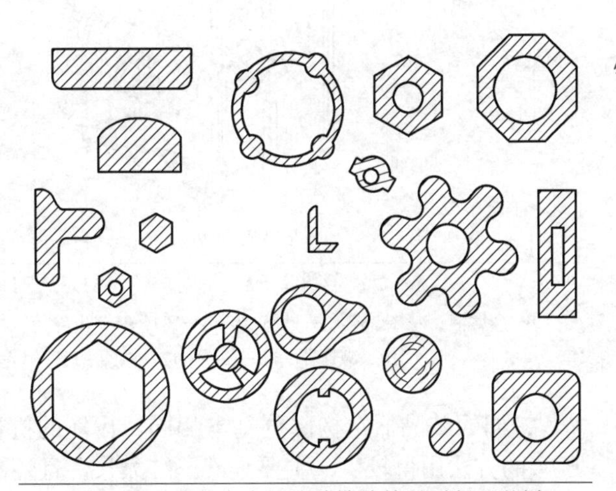

图 7-53　有色合金坯连续铸造的异形断面举例

金坯），板坯的最大宽度可达 1200mm（铜合金坯）或 2000mm（铝合金坯），在一般情况下，板坯的最小厚度为 50mm，但在采用特殊措施时，也可制造出厚度只有 6 ～ 8mm 的连续铸坯。大多数情况下圆形断面的铝合金坯的直径为 70 ～ 1200mm，铜合金坯的圆断面直径为 10 ～ 500mm。

目前几乎全部铝合金坯和镁合金坯、70% ～ 80% 的铜合金坯和约 50% 的镍合金坯是用立式半连续铸造法生产的。很多铜合金坯是用水平或连续铸造法和其他连续铸造法（如上引式连续铸造法、结晶轮式连续铸造法）生产的。

（1）有色合金坯的半连续铸造

断面尺寸较大的有色合金坯大多用半连续铸造法生产，铝合金坯的长度为 1 ～ 6.5mm，铜合金坯的长度为 4 ～ 6mm。图 7-54 示出了四种不同拔坯传动方式的有色合金坯的立式半连续铸造机的示意图。

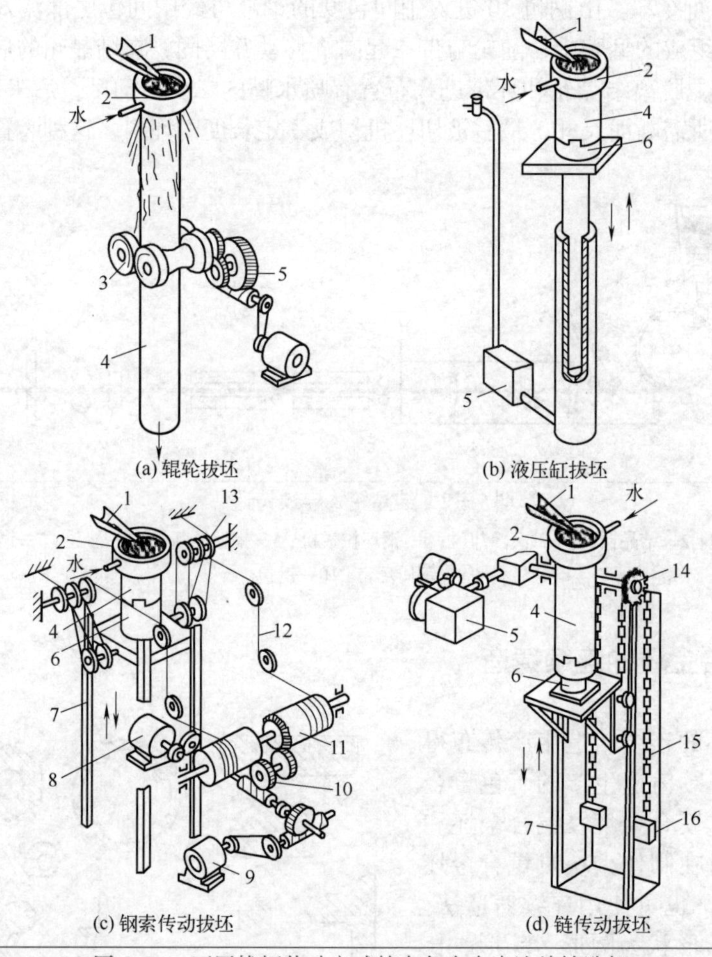

图 7-54　不同拔坯传动方式的有色合金半连续铸造机

1—金属液；2—结晶器；3—辊轮组；4—铸坯；5—齿轮传动机构；6—引坯盘；7—引坯盘导轨；8，9—电动机；10—减速器；11—鼓轮；12—钢索；13—滑轮组；14—星轮；15—链；16—对重

它们的结晶器结构部分基本相同，拔坯的机构都不一样。其中液压缸拉坯［见图 7-54（b）］的方法用得较少，主要是液压缸太长，且还需要一套复杂的液压系统，机器造价较大，且很难控制拔坯系统在工作过程中总保持等速移动。用得较多的是钢索传动拔坯和链传动拔

坯的半连续铸造机。在钢索传动拔坯半连续铸造机上［见图 7-54（c）］，变速电动机 9 通过带传动和蜗轮蜗杆传动带动了两个鼓轮作同样转速的转动，鼓轮上的两条钢索通过各自的滑轮组带动引坯盘 6 沿导轨 7 作上、下垂直方向上的移动，以实现提升引坯盘或拔坯的功能。在链传动拔坯的半连续铸造机上［见图 7-54（d）］，变速电动机通过一套变速系统使星轮 14 转动，星轮带动链 15 带动引坯盘 6 作沿导轨 7 的上下移动，提升引坯盘或实施拔坯。在这两种机器上，拔坯盘的移动速度为 1.7 ～ 28.5cm/min。直径小于 300mm 的圆形断面坯可成功地在辊轮拔坯式的半连续铸造机［见图 7-54（a）］上生产，变速电动机通过齿轮传动机构 5 带动辊轮组 3 转动，用摩擦力带动引锭上升，或带动引锭和铸坯下移。

（2）有色合金坯的水平连续铸造

一些断面尺寸较小的铜合金坯和铝合金坯常采用水平连续铸造法生产。图 7-55 示意性地给出了有色合金坯的水平连续铸造生产线，其构成与钢坯水平连续铸造生产线相似。在金属熔炼炉 1 中的金属液经流槽 2 进入保温炉 3，在保温炉靠近底部的侧壁上装有结晶器 4，从结晶器中拔出的铸坯由支承辊 5 托住，进入二次冷却区 6 继续强制冷却。铸坯由拉拔机 7 拔出结晶器，拉拔机间歇地拔坯，以减小铸坯在结晶器内滑动时所遇到的摩擦阻力。近年来为了提高铸坯的力学性能，在拔坯 - 停歇之后，又加上反推（把铸坯向保温炉方向推一段短距离）- 停歇的工序，再继续进行拉拔的工艺，但这会使拉拔机结构复杂化。也有采取把保温炉连同结晶器一起往返振动（频率 60 ～ 100 次 /min，振幅 3 ～ 10mm）进行拔坯的工艺，这使保温炉结构复杂化，保温炉内金属液也不平稳。自拔坯机中出来的铸坯被切割机 9 切成一定的长度。此图所示的熔炼炉为感应电炉，但金属也可在其他熔炼炉中熔化。而保温炉的能源既可为电，也可为燃气。

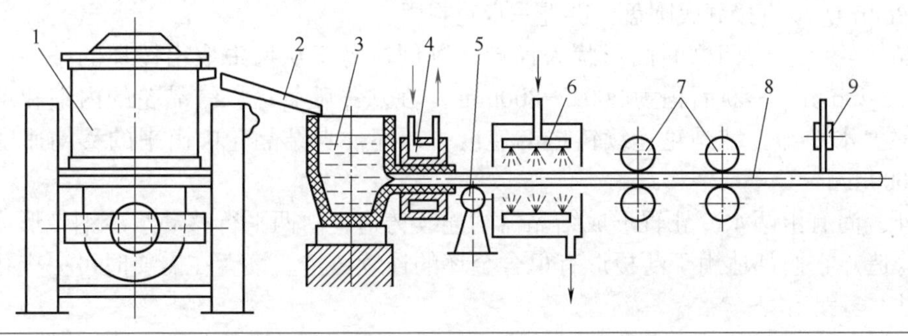

图 7-55　有色合金坯的水平连续铸造生产线

1—金属熔炼炉；2—流槽；3—保温炉；4—结晶器；5—支承辊；6—二次冷却区；7—拔坯机；8—铸坯；9—切割机

（3）铜合金坯的上引式连续铸造

上引式连续铸造是近些年来获得发展的，它在生产小断面铜合金坯方面的应用越来越广泛。其特点是把结晶器放在金属保温炉的上方，结晶器处于垂直的位置（见图 7-56），结晶器的石墨内套 3 的下端直接伸入保温炉内的金属液 5 的液面下，利用拔坯时出现的真空，金属液不断地被大气压力压入结晶器内套的型腔中，由结晶器的上部不断地拔出铸坯 1。与水平连续比较，此法的优点为可简化在工作中间更换磨损石墨内套的工作，因此在保温炉中的金属液不会妨碍石墨内套的更换，可加快拔坯速度，设备占地面积也较小。

结晶轮连续铸造有色合金和钢坯的结晶轮连续铸造相似，纯铝坯、纯铜坯也可用结晶轮式连续铸造法生产，生产此种铸坯的结晶轮连续铸造装置如图 7-57 所示。在铜质结晶轮的轮缘上制有形成型腔一部分的凹槽（见图 7-57 的 *A*—*A* 剖面图），它与环绕结晶轮轮缘的

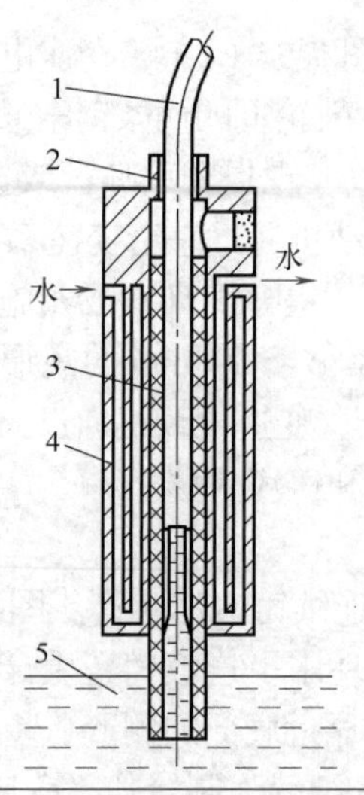

图 7-56　上引式连续铸造用结晶器结构

1—铸坯；2—密封圈；3—石墨内套；4—水冷铜套；5—金属液

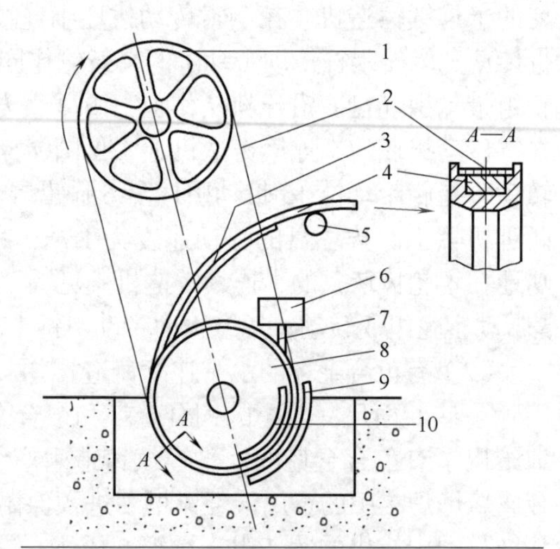

图 7-57　结晶轮连续铸坯装置简图

1—张紧轮；2—钢质环带；3—起坯刀；4—铸坯；5—托辊；6—浇包；7—浇槽；8—结晶轮；9，10—水冷喷管

钢质环带 2 形成四周封闭的型腔。金属液通过浇槽 7 进入此型腔，随转动的结晶轮进入水冷喷管 9、10，被冷却凝固成形，而后随结晶轮和环带转动至轮缘与环带脱开处，被起坯刀 3 从轮缘的槽中起出，进入轧机被轧成一定断面形状的轧材，如电力、电信、电缆行业的线材（ϕ8 ～ 12mm），或直接缠成圆盘，供进一步轧制用。

结晶轮轮缘上的凹槽断面形状为梯形，以创造易于从槽中取出铸坯的条件，槽的宽度为 30 ～ 40mm，其断面积为 200 ～ 800mm^2。在水冷喷管区，结晶轮的内壁和钢质环带的外壁都被水冷却。结晶轮连续铸造的速度（即坯件自结晶轮中出来的移动速度）可达 800 ～ 3000m/h。

此外，尚有由两水冷轧辊形成结晶器的连续铸造，由两平行移动水冷钢带形成结晶器的连续铸造，它们都适用于薄板形有色合金坯的连续铸造。读者在需要时可去查找有关资料，这里不多叙述。

7.5.4　铸铁的连续铸造

自 20 世纪 50 年代以来，铸铁管的半连续铸造曾在我国得到快速发展，只是近年来，由于用户对铸铁管质量要求的提高，铸铁管的半连续铸造才逐步为球铁管的离心铸造所替代，但目前仍有不少单位在继续用半连续铸造法生产铁管。近年来，灰口铁和球墨铸铁坯料的连续生产在我国得到了传播，本节中将简要叙述这两方面的有关内容。

（1）铸铁管的半连续铸造

在离心铸造的章节中，已简要地叙述过有关铁管的形状条件和工作性能特点，这里将直接叙述铸铁管的半连续铸造的技术内容。

图 7-58 所示为铸铁管半连续铸造工艺过程原理示意图。符合成分要求的铁液 3 由浇包 1 经浇注流槽 2 进入旋转浇杯 4，自浇杯底部的孔中流出，进入由内结晶器 6 与外结晶器工

作壁形成的环形缝隙中。内、外结晶器在工作时上、下振动，凝固的铁管被引管盘10从结晶器中拔出，当铁管铸成一定长度后，停止浇注，整个铁管自结晶器中拔出，打开引管盘上夹住铁管端面上引管铸块9的夹具，由连续铸管机上的倒管机把铁管放成水平，把铁管移出机器。而后切除铁管承口端的不齐部位，去除铁管端面上的引管铸块，经必要质量检验和后处理后，即可获得连续铸造的铸铁管成品。

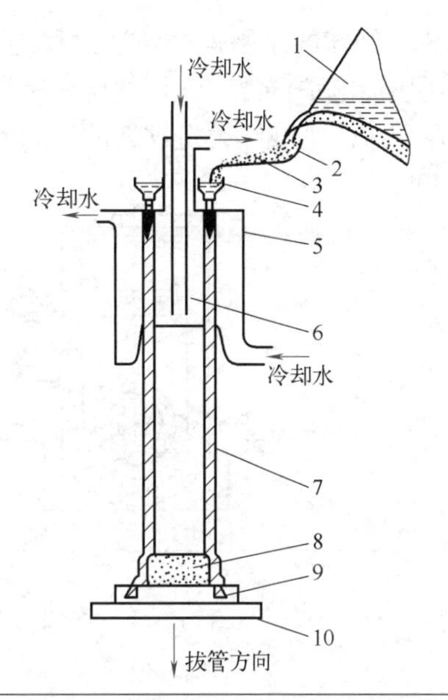

图7-58 半连续铸造铸铁管的工艺过程原理示意图

1—浇包；2—浇注流槽；3—铁液；4—旋转浇杯；5—外结晶器；6—内结晶器；7—铁管；8—承口砂芯；9—引管铸块；10—引管盘

旋转浇杯的使用是为了使铁液均匀地进入由内、外结晶器形成的型腔，使结晶器中铁液的温度在圆周上是一致的。形成管壁表面凝固壳层的铁管在结晶器中下滑时，由于温度的降低，会出现尺寸线收缩，为了防止收缩的铁管夹住内结晶器的工作表面，所以内结晶器的下部有一使其直径越向下越小的锥度。为了减小因铁管外径在结晶器内缩小而使铁管外表面与外结晶器工作壁之间出现的降低传热效率的缝隙，外结晶器圆柱形工作表面的下部也常制出使其直径越向下越小的锥度。外结晶器的最下面一段直径增大的工作表面是用来形成铁管承口的外表面的，只是在浇注开始时，当引管盘遮住结晶器下端面的时候，第一股浇入结晶器型腔中的铁液进入外结晶器工作表面最下段和承口砂芯8所形成的型腔时，这段结晶器工作表面才起导热的作用。当铁液在该段型腔凝固后，升降盘把铁管承口向下拔离结晶器以后，此段结晶器在随后的铁管圆柱部分成形的过程中便不起作用了。承口砂芯是用来形成铁管承口的非圆柱形的内壁形状的，它有一定的退让性，以免阻碍铁管承口部位的冷却收缩。形成引管铸块型腔的模具（引管板）用金属制成，它在工作时与引管盘连在一起，当开始浇注时第一股铁液先流进形成引管铸块的引管板型腔中，依靠引管铸块，引管盘的拉拔力才有可能传至凝固的铁管上，把成形铁管从结晶器中拔出。

铁管上至少其内外表面层是在结晶器中快速凝固成形的，当它们自结晶器中拔出后，铁管壁中部的高温金属迅速把其热量传给铁管壁原先温度较低的表层，此表层金属温度很快升高（颜色由黑变红），铁管壁的表面层与其中部在空气中缓慢冷却，犹如铁管的回火处理，最后可得整个断面无白口组织的铁管。

铁管半连续铸造时，旋转浇杯的转速变动范围约为10～20r/min，旋转浇杯底部漏铁液的小孔直径为5～15mm，小孔的个数为4～20个。铁液在浇注时的温度为1300～1390℃（灰铁）和1350～1400℃（球铁），自结晶器中出来时的铁管温度约为950～1050℃。结晶器的振动频率为140～240次/min，结晶器振动的振幅为4～6mm。拔管速度为1.2～2.5m/min。进结晶器的冷却水压力为0.06～0.2MPa，冷却水在进口和出口处的温度差大多为8～15℃，个别时也可达20℃。

（2）铁坯的连续铸造

圆断面、方断面的球墨铸铁和灰口铸铁的铸坯是用来进一步加工或生产各种机械零件的，如齿轮、活塞、轮轴、导轨、配重块、油缸盖、液压集成块等，常用水平连续铸造法生产。圆棒铁坯的直径为30～250mm，方铁坯的断面尺寸可为50mm×50mm～200mm×200mm。

铁坯的水平连续铸造过程与钢坯、有色合金坯的水平连续铸造过程基本一样，铁液常用感应电炉保温，铁坯的切断是先用砂轮片切一个切口，然后在压断机上压断铁坯。图 7-59 示出了水平连续铸造铁坯的示意图。

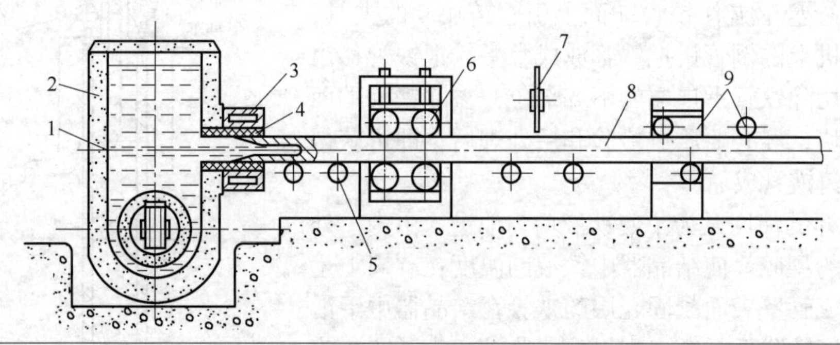

图 7-59　水平连续铸造铁坯示意图

1—铁液；2—感应保温炉；3—水冷铜结晶器；4—结晶器石墨内套；5—支承辊；6—拔坯机；7—砂轮片；8—铁坯；9—压断机

水平连铸铁坯的灰口铸铁牌号为 HT150、HT200、HT250、HT300，球墨铸铁的牌号为 QT400-5、QT450-10、QT500-7、QT600-3、QT700-2。

灰口铸铁坯水平连续铸造的工艺参数：铁液的保温温度为 1180 ～ 1250℃，结晶器出口处铁坯的温度为 850 ～ 1050℃。采用间歇拔坯工艺，每次拔坯延续时间为 1 ～ 10s，每次拔坯的长度为 2 ～ 100mm，每次停止拔坯的停歇时间为 2 ～ 20s，平均拔坯速度为 0.2 ～ 2mm。进入结晶器的冷却水温度为 20 ～ 30℃，结晶器冷却水出口处的水温升高为 10 ～ 15℃。水平连续铸造铁坯的工艺收得率可达 90% ～ 97%。

7.6　喷射成形

7.6.1　概述

喷射成形（spray forming）又称喷射沉积（spray deposition）或喷射铸造（spray casting），是利用快速凝固方法制备大块致密材料的高新科学技术。它把液态金属雾化和雾化熔滴的沉积自然地结合起来，以最少的工序直接从液态金属（合金）制取整体致密、组织细化、成分均匀、结构完整并接近零件实际形状的材料或坯件。

（1）技术原理

喷射成形的原理如图 7-60 所示。通过导液管引入雾化器的合金液在高速气流场作用下破碎成细小的熔滴，飞行过程中雾化熔滴与气体发生强烈的热交换并以较高的冷速冷却和凝固。在雾化锥前方放置以一定方式运动的沉积器，高速飞行的雾化熔滴沉积到沉积器上，形成具有规则形状的大尺寸快凝坯锭。1968 年，英国 Swansea 大学 Singer 教授提出了一种生产铝板的新工艺——喷射轧制的设想，其核心是将金属的雾化分散和凝结一次完成，这是喷射成形概念的首次提出。20 世纪 70 年代英国 Osprey 公司成功地将喷射成形原理应用于锻造毛坯的生产。1980 年，英国 Aurora 钢铁公司开始将喷射成形原理应用于高速钢和高合金钢的生产，即将熔融金属雾化并高速喷射到冷却的基底上，称之为控制喷射沉积法（CSD），其特点是微滴尺寸较大（0.5 ～ 1.5mm）。1984 年，美国麻省理工学院的 Grant 在详细研究喷射成形技术的原理和应用后，对喷射成形装置的结构进行了改进，并严格控制工艺参数，将该工艺发展成为液体动态压实技术（LDC），其特点是气体雾化压力大、液滴尺寸细小、冷却速度快，可用于铝合金和高温合金等多种材料。美国 Howmet 公司在取得 Osprey 公司许可证后，制造了自己的喷射沉积成形装置，用于重点研究高温合金涡轮盘和环用材料，他们称该技术为喷射铸造。以 Lavernia 等为代表研究的喷射共沉积技术，用于颗粒增强金属基复合材料的制备，与一般喷射成形相比，该技术增加了颗粒雾化喷吹器，用以将增强颗粒在适当的位置吹入基体金属雾流中并使二者同时沉积，从而形成快速凝固复合毛坯。

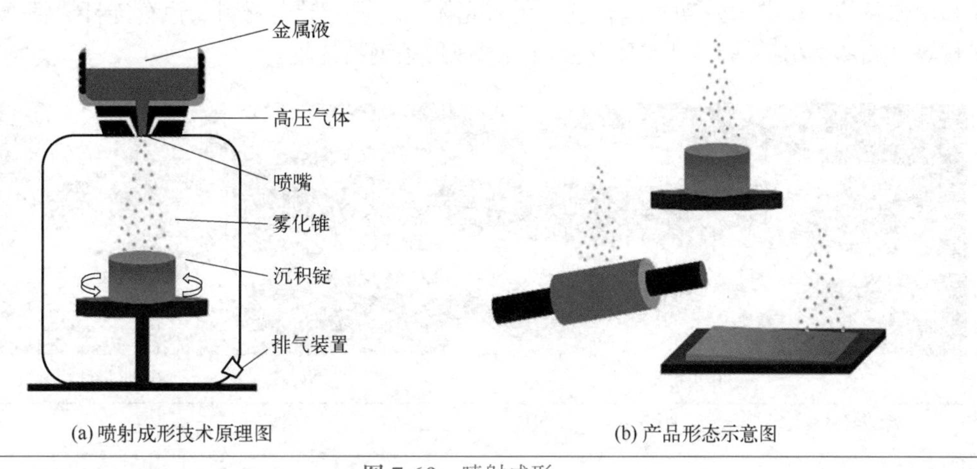

(a) 喷射成形技术原理图　　(b) 产品形态示意图

图 7-60　喷射成形

为了解决喷射成形过程中导液管和坩埚材料对金属液的污染问题，美国通用电气公司和 TeledyneAllvac 公司开发了纯净金属喷射成形工艺（CMSF），该工艺使用一个电渣精炼的熔池作为喷射成形的液态金属流熔池，使用一种称为冷壁式感应导板的无陶瓷铜漏斗型浇口来控制金属液从熔池到雾化系统的传输，并采用感应加热来避免金属液流的凝结，这就从根本上杜绝了氧化污染的可能，这一在熔化和引入系统方面的重大改进对于扩大喷射成形技术的应用范围具有特别的意义。Lawley 等提出的反应喷射成形技术则将喷射成形工艺与化学反应法制备复合材料相结合，用以生产更具优势的金属基自生复合材料。

（2）工艺特点

喷射成形技术把液态金属的雾化和雾化熔滴的沉积（熔滴动态致密固化）自然结合，直接从液态金属制取具有快速凝固组织、整体致密、接近零件实际形状的高性能材料或半成品坯件，其具有如下特点。

① 具有快速凝固组织特征和优良的力学性能。喷射成形属快速凝固范畴，因此可获得细小、均匀的等轴晶组织，材料的拉伸强度和塑性均得到明显提高。同时，喷射成形由于快速凝固作用，提高了合金元素的固溶度，抑制了初生相的粗化，大幅降低了偏析倾向，从而提高了合金的综合性能。

② 生产工序简单，成本低。喷射成形将金属的雾化和成形过程合二为一，可直接由液态金属制取快速凝固毛坯，生产工序大大简化。

③ 氧化程度小。喷射成形是在保护性气氛中瞬间一次成形的，避免了粉末冶金工艺因储存、筛分和运输等工序带来的氧化污染问题。

④ 变形能力明显改善。细晶化和偏析倾向的改善使喷射成形材料具有相对好的塑性和变形能力，这对于高合金化元素材料的塑性加工成形将有特别的意义。

⑤ 适应性强。通过改变沉积器结构形式和运动参数，可生产出不同形状的近终形坯锭，如盘、柱、管、环、板等。

（3）应用概况

喷射成形技术已广泛应用于铝合金、镁合金、铜合金、高速钢、高温合金、磁性合金、金属间化合物、金属基复合材料等多种高性能的结构材料与功能材料的制备。在工业发达国家，喷射成形技术已用于制造高性能零部件，取得了可观的经济与社会效益。应用背景为火箭和导弹壳体、尾翼、发动机涡轮盘、鱼雷壳体、轧辊、导电材料、汽车连杆、活塞及体育器材等。如图 7-61 所示，日本住友公司喷射成形条钢精轧辊。

(a) 实物图　　(b) 显微结构组织

图 7-61　日本住友公司喷射成形条钢精轧辊

7.6.2 喷射成形工艺

喷射成形制坯可以划分为五个阶段：熔化阶段、雾化阶段、喷射阶段、成形阶段和沉积坯凝固阶段，每个阶段有若干个结构因素和工艺因素，且相互作用和影响，如图 7-62 所示。

（1）熔化阶段

熔化阶段的作用是熔化合金，提供成分和质量合格的合金液并有效导流。该阶段的主要影响因素包括熔化方式、熔化气氛、结构形式（倾倒或拔塞）、导液管预热状态等。直接的工艺参数是合金温度与过热度。

视合金活泼程度和使用性能要求，可以采用真空熔化、惰性气体保护熔化和大气下熔化。一般要求的铝合金和钢多在大气下熔化；镍基合金、钛基合金、镁合金等活泼金属，必须采用真空和惰性气体保护熔化，高性能要求的铝合金和合金钢也应采用真空熔炼。具体熔化工艺可分为感应加热、电弧加热、等离子加热和电阻加热等。

（2）雾化阶段

雾化阶段是指合金液进入高速气场后被高速气体破碎的过程。气体雾化机理较复杂，一般认为，高速气流撞击大块液态金属，破坏金属表面张力的束缚，使金属雾滴从大块金属表面分离出来；在此过程中，气流周围强大而不均匀的负压场对于大块金属的撕裂作用对雾化也有贡献。

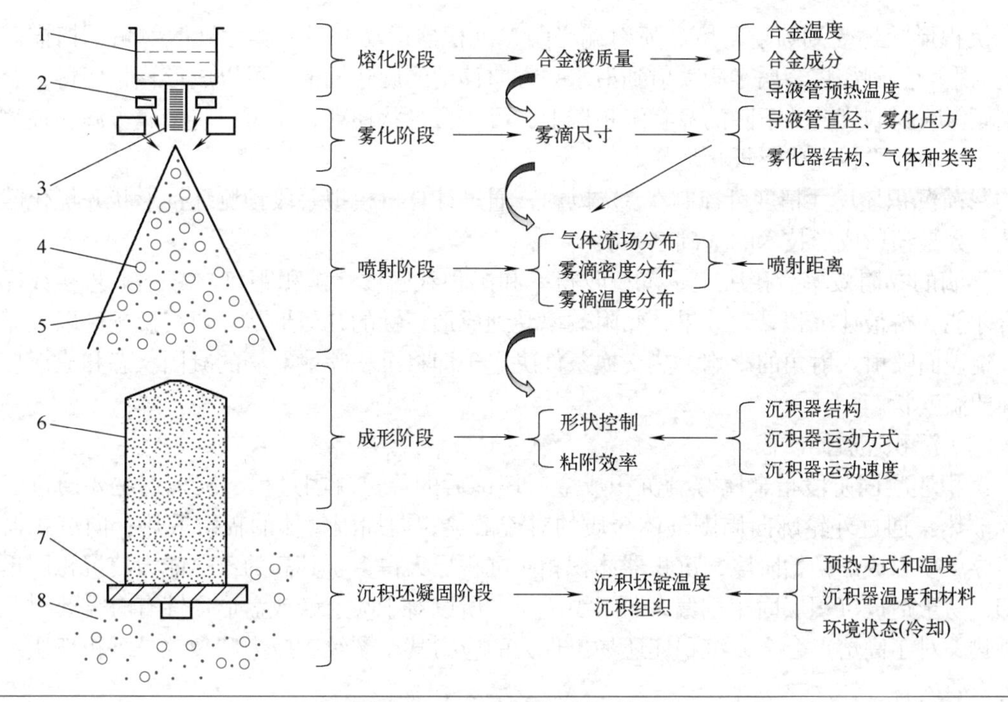

图 7-62　喷射成形过程五阶段

1—熔体；2—粒子注入器；3—气体雾化；4—液滴；5—喷射的粒子；6—沉积；7—基底；8—过喷

雾滴平均尺寸作为雾化效果的宏观表征，直接反映了合金冷却速度和效果。雾滴平均尺寸受雾化工艺参数和雾化器结构的多重影响：一般而言，气体压力越高，气体 / 金属流率比越大，合金液结晶区间越小，其碎化效果越好。而雾化锥的颗粒尺寸分布越窄，沉积过程越容易控制，收得率越高。颗粒尺寸分布主要与雾化器结构、导流管直径和合金物性等有关，需合理匹配。

（3）喷射阶段

喷射阶段是指雾化液滴被高速气体加速、冷却但未抵达沉积器前的过程。该阶段的主要控制参量是气体流场分布、雾滴密度分布、雾滴温度分布。气体流动状态决定了金属雾滴的飞行速度、轨迹和雾化锥内金属雾滴射流密度分布，而雾滴喷射密度分布影响沉积坯形状和沉积收得率。

雾滴在飞行过程中的热传输行为直接决定沉积坯的沉积效果和显微组织。喷射模型的计算结果表明，喷射雾滴温度随飞行距离的增加而降低，雾滴尺寸越小，温度下降得越快；在不同径向位置的同一尺寸的雾滴温度也不同，距雾化锥中心越近，温度越高。由此可获得喷射过程熔滴的固相分数分布。在某一飞行距离上，不同尺寸熔滴的固相分数各异，飞行距离越大，总的固相分数越高。一般认为，雾滴平均固相分数在 50% ～ 70% 之间可以获得好的沉积效果。固相分数过低会使宏观组织粗大，表面飞溅，伴有大量裹入性气孔和缩松；固相量过大则使沉积收得率大大降低，同时产生间隙性孔隙，降低颗粒间的结合强度。

固相分数对于沉积坯锭质量至关重要。固相分数与合金热物性、雾化温度、雾化器结构和雾化工艺参数、气体 / 金属流率比、雾化压力、雾化气体种类等诸多因素相关。

（4）成形阶段

成形阶段是指金属雾滴沉积黏附到成形坯锭表面的过程，黏附效率、喷射角度、偏心距、沉积器运动方式及参数、雾化与扫描方式是主要的影响因素。

沉积形状还受到喷射角度、喷射偏心距、沉积器运动方式、雾化锥散射角、扫描雾化方式的影响。例如将金属雾滴喷射到沿水平方向移动的旋转轴上，可以成形管状坯料；金属雾滴倾斜喷射到旋转并下降的盘状沉积器上，可成形盘状坯料；也可以将金属雾滴扫描喷射到往复运动的平板上成形板状坯料。

目前沉积坯尺寸精度可控制在3%以内，通过计算机模拟手段预测坯锭形状并优化匹配工艺参数是喷射成形技术的基础之一。

雾滴的黏附效率直接决定了沉积收得率和沉积致密度，沉积距离与雾化工艺参数优化组合才能获得最佳沉积黏附效果，黏附效率受到成形坯锭的几何形状、热交换条件以及雾滴向坯锭表面喷射入射角的影响。热交换条件决定于即将沉积喷射雾滴的凝固状态和成形坯锭表面的温度状态。

（5）沉积坯凝固阶段

沉积坯凝固阶段指金属雾滴沉积成金属坯锭后的传热凝固过程。沉积坯主要通过三个途径散热：通过外轮廓向周围气体介质的对流散热；向周围气体的辐射散热；向沉积器的热传导。喷射成形初始阶段，沉积器体积相对沉积层大得多，其高的蓄热能力使沉积层迅速冷却，易于造成沉积层固相量偏大而组织疏松，所以对于喷射管或盘形坯锭有时需要对沉积器预热。对于高熔点合金，沉积坯还易出现大的应力甚至裂纹，应力和裂纹是沉积坯质量控制的重要内容。

7.6.3 喷射成形装置

一般的喷射成形装置应包含熔炼部分、金属导流系统、雾化器、雾化气体控制系统、沉积器及其传动系统、收粉及排气系统。

雾化器是喷射成形装置的核心和关键部件。按雾化器数量和运动方式可分为单级雾化器、双级复合摆动雾化器、双工位双级复合摆动雾化器等。

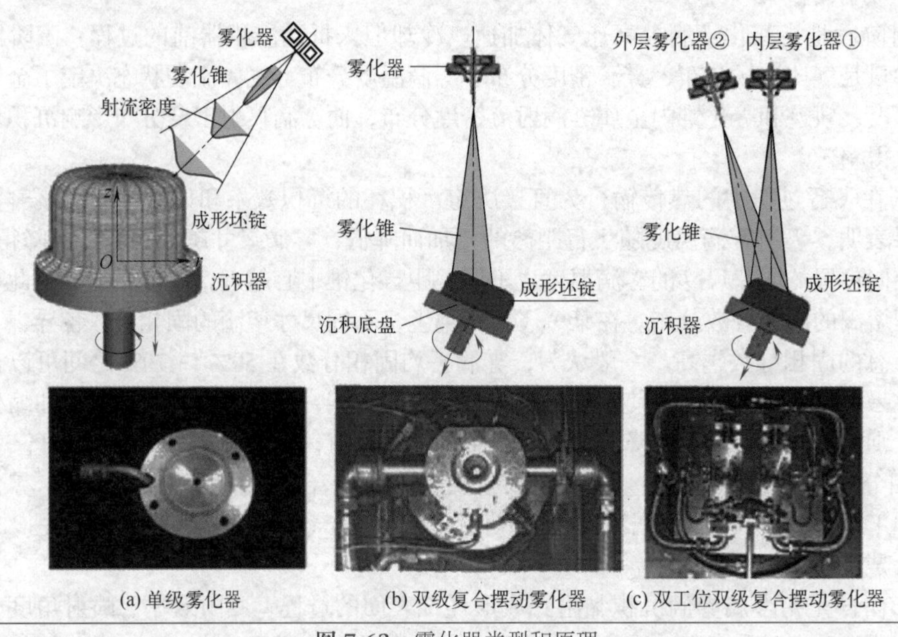

(a) 单级雾化器　(b) 双级复合摆动雾化器　(c) 双工位双级复合摆动雾化器

图 7-63　雾化器类型和原理

单级雾化器是一个不动的雾化喷嘴，雾化沉积过程中靠沉积器运动来控制成形坯锭形状，如图 7-63（a）所示，20 世纪基本采用该方式进行喷射沉积实验和成形。该种雾化器结构简单，导流连接方便，金属冷却速度高，适于实验研究。但由于雾化器没有摆动，形成的雾化锥散射角小，雾化锥内部射流密度分布不均匀，得到的成形坯锭尺寸较小，成分不均匀，坯锭形状和质量难于控制，不适于工业化生产。

图 7-63（b）为双级复合摆动雾化器，由上、下两级喷嘴组成，第一级固定不动，用于金属导流和初步雾化，第二级在电机驱动下摆动，二次雾化，并增大雾化锥散射角度，从而提高雾化锥内部雾滴分布均匀度。利用雾化器摆动可制备直径 250mm 的坯锭，坯锭致密度、均匀度较单级雾化明显提高，改善了坯锭形状可控制性。

最近出现了图 7-63（c）所示的双工位双级复合摆动雾化器。由于采用了两组雾化器，雾化锥散射宽度更大、均匀度更高，可制备超过 300mm 的大尺寸成型坯锭，生产效率也大幅提高；因雾化锥重叠，单位面积沉积的雾滴量大，可通过增加喷射距离来减小热量集中，从而削弱高速气体对沉积层的影响，避免卷气。采用双工位双级复合摆动雾化，改善了坯锭形状和质量可控性，坯锭成分与宏观组织均匀性、致密度均较单工位雾化器提高 10% 以上。

7.6.4 喷射成形孔隙产生与致密化

（1）沉积坯孔隙形成

喷射成形具有使用性能和变形性能两方面的优势，但这一工艺又不可避免地存在一定的孔隙，这是喷射成形技术的本征缺陷。通过优化工艺只能降低孔隙倾向，而不能完全消除孔隙。

喷射成形孔隙按照形成机制大体上可分为两类：间隙性孔隙和裹入性气孔孔隙。间隙性孔隙又称搭接孔隙。当喷射雾滴的固相量较大时，雾滴撞击并黏结到沉积层表面，铺展和变形不充分，沉积层组织相当于由大量球形或椭球形颗粒堆积而成，颗粒之间即为孔隙，其基本特征是形状不规则，且体积较小，如图 7-64 所示。

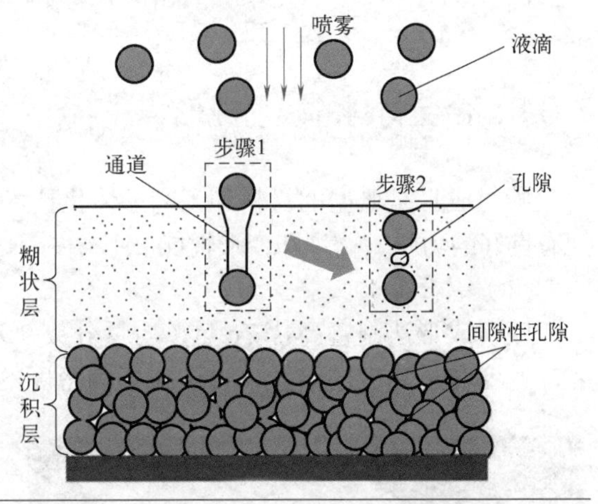

图 7-64　喷射成形合金锭坯中孔隙形成原理示意图

裹入性气孔孔隙的形成机理是：当雾滴和沉积层的温度较高时，沉积层强度较低，飞抵沉积层的速度较高的雾滴撞击沉积层并使其变形，严重者贯入沉积层，其贯入时留下的坑洞被滞后到达的雾滴覆盖，气体就被封闭裹杂在沉积层中，形成裹入性气孔。该类孔隙的基本特征是体积较大，且相对圆整。

喷射成形孔隙与合金成分有关，在工艺充分合理的条件下，密度越小则孔隙倾向越大。如高温合金和钢的致密度可达 99%，铝合金现有水平为 96% ～ 97%，镁合金的致密度则更低。

（2）致密化工艺

致密化处理对喷射成形而言是不可缺少的工序。对于不同合金体系和终成形工艺，致密化工艺包括热等静压、热压、热挤压和轧制等，目前采用最多的工艺是热挤压。

热等静压（hot isostatic pressing，HIP）是在一定温度下对成形坯锭实施各向均匀的压力以使其致密化的方法。对于喷射成形高温合金，往往首先进行热等静压致密。其原则是：保

温温度不超过 γ' 溶解温度，压力则越大越好。为降低炉内缓冷造成晶粒粗大的倾向，应尽量增大降温速率，可能时应能采取强制冷却措施。

热挤压致密化的一般原则为：在保证材料充分致密化的同时不引起材料相组成和快凝组织特性的明显改变，在此基础上合理选择挤压参数，即挤压温度、挤压速度和挤压比等。一般来说，挤压温度可以选择（0.5 ～ 0.7）T_m，挤压速度 1 ～ 5mm/s，挤压比为（10 ∶ 1）～（50 ∶ 1）。

将喷射成形与致密化过程合二为一，称喷射轧制。图 7-65 为喷射轧制工艺示意图，它以高压气体将熔融金属雾化为液滴，然后定向地高速飞向轧辊的间隙中，进而将半固态材料热变形为致密带材。利用该技术制备出宽 200mm、厚 1.6 ～ 6.4mm 的 2124 铝合金带材。实际上，最初提出的喷射成形工艺正是基于喷射轧制的设想，近期有了突破性进展。

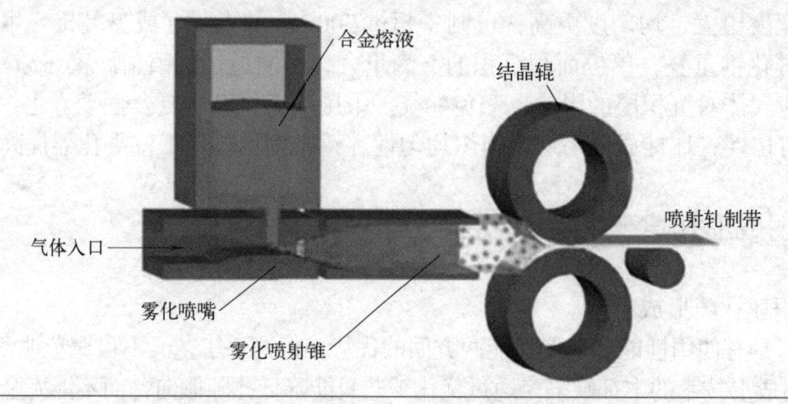

图 7-65　喷射轧制工艺示意图

7.6.5　合金材料的喷射成形

喷射成形是典型的材料和工艺一体化技术，由此产生了大量不同体系的新型合金材料，拥有良好的力学、物理和变形性能。

（1）铝合金

喷射成形法制备高含 Zn 量（质量分数 9% 以上）的 Al-Zn-Mg-Cu 系超高强铝合金，其冷却速度和过冷度的增大，合金元素固溶度的增加，结晶组织的显著细化，宏观偏析的消除，微观偏析的一定程度抑制，后续处理过程中沉淀强化相析出得更加充分等因素均有利于合金力学性能的提高。如喷射成形 + 热挤压的 7150 合金抗拉强度则超过 800MPa，同时伸长率指标也接近或超过 10%，具有良好的综合力学性能。喷射成形的 Al-Li 合金与铸锭冶金 Al-Li 合金相比，晶粒和第二相明显细化，合金的偏析程度降低，合金中的 Li 含量显著提高，在保证性能的前提下，进一步降低材料密度。如图 7-66 所示，德国 PEAK 公司从 1997 年开始每年生产百万件喷射成形耐磨高硅铝

图 7-66　德国 PEAK 公司生产的高硅铝合金发动机缸套

合金缸套，装备戴姆勒 - 奔驰公司的 V6、V8 发动机。采用此材料加工的发动机缸套，可以与热膨胀系数相同的铝合金活塞实现良好匹配，达到最佳的配缸间隙，提高发动机效率，减少噪声，降低油耗。喷射成形高硅耐磨铝合金（含 Si 15% ～ 25%）显著改善了初晶硅相的形态与分布（见图 7-67），提高了合金性能。

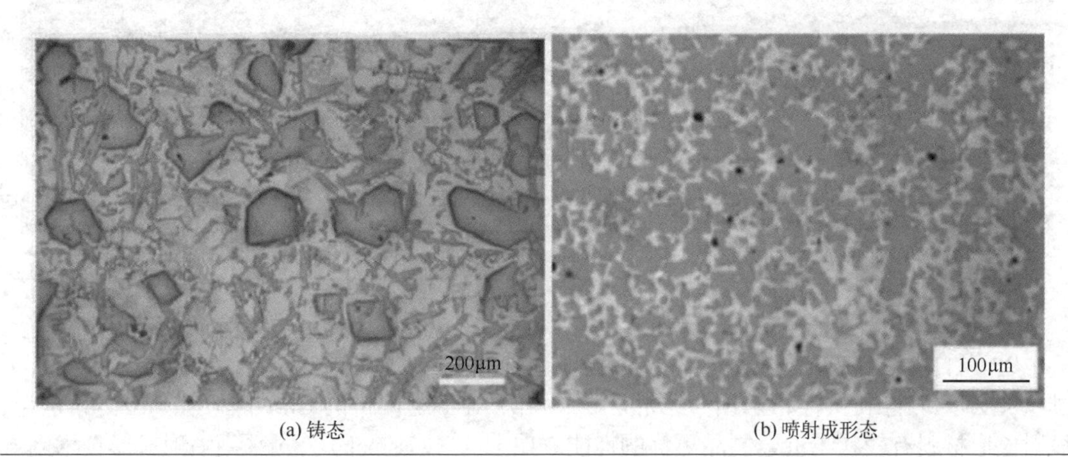

(a) 铸态　　(b) 喷射成形态

图 7-67　Al-20%Si 合金组织对比

此外，采用喷射成形技术制备铝基复合材料有其独特的优越性，能够充分发挥细小粒子的增强作用，任意调整强化粒子的体积分数，大大改善强化相与基体相之间的界面结合状态，从而获得性能更加优异的复合材料。

（2）钢铁材料

喷射成形克服了高碳高速钢铁材料中含碳量高时碳化物的粗化问题，使碳保持固溶态或细小弥散状态，保证了材料的良好力学性能。喷射成形制造的工具钢，固溶偏析范围小，形成的碳化物非常细小且均匀弥散或碳化物完全固溶于基体中，从而获得高的强度、硬度和耐磨性；喷射成形的不锈钢具有良好的抗氧化性和耐磨性。如喷射沉积 316L 不锈钢的晶粒尺寸为 10 ～ 40μm，95% 的组织为奥氏体。经轧制和退火后可获得极细的晶粒组织（约 0.1μm）、极高的屈服强度（＞ 1600MPa）和抗拉强度（＞ 1600MPa）。

（3）高温合金

目前，以美国 Howmet、P&W、GE 公司和 NAVY 公司为代表的企业在喷射成形高温合金的应用领域已取得成功。上述公司用“Spraycast-X”技术制造的大直径 Waspaloy、In718、Rene41 等高温合金涡轮环，用作航空部件，避免了采用普通铸造技术需要将许多轧环焊接在一起这种复杂工艺，并且防止了焊接操作过程中引起的显微组织退化，具有良好的费效比。图 7-68 为典型的喷射成形高温合金晶粒组织的金相照片。

（4）其他合金材料

① 镁合金。喷射成形镁合金晶粒细小，强度和塑性有大幅度提高，变形能力及耐蚀能力得到改善。近年来采用特殊的保护技术已经实现非真空下的镁合金喷射成形制备，然而镁合金沉积黏附性差，反弹严重，不但工艺收得率低，而且致密度在目前所有喷射成形材料中也最低，仅为 90% 左右，因此致密化难度增加。目前镁合金喷射成形尚未工业化，需要着重解决适于镁合金的雾化喷嘴系统以改善沉积效果，提高收得率。同时，喷射成形之后需进行有效的钝化处理以避免二次燃烧，保证安全性。

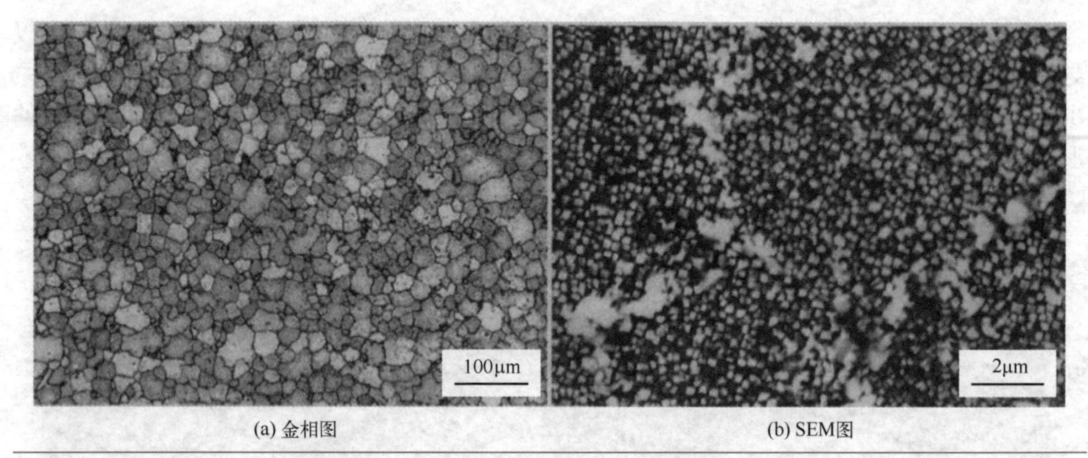

(a) 金相图　　(b) SEM图

图 7-68　喷射成形 Ni 基高温合金（GH742）组织

② 铜合金。Cheng 和 Lawley 采用喷射成形技术制备了 Cu-Zr 合金，并在合金中熔入了过量的 Zr，取得和快淬粉末冶金法相当的效果。对于易偏析的 Cu-Ni-Cr 和 Cu-Ni-Si 合金，喷射成形材料有较粉末冶金制品更优的性能。瑞士的 Swissmetal 公司采用喷射成形技术制备了 Cu-15Ni-8Sn 合金，它不但具有较高的强度，同时具有合适的导电性能，该合金可以取代 Cu-Be 合金，用作连接插件或弹簧。

③ Ti 及 TiAl 基合金。TiAl 基有序金属间化合物具有一般金属和合金无法比拟的高比模量、高比强，良好的抗高温氧化、抗蠕变和抗氢脆性能，但低的室温延展性和断裂韧度一直制约其应用。从原理上，喷射成形快速凝固是解决其塑性、韧性的有效方法。但目前的喷射成形熔化和导流结构尚未能完全解决此类高反应活性金属的氧化问题。

7.7　快速铸造

7.7.1　快速成形的主要工艺

快速成形（rapid prototyping，RP）是基于离散 - 堆积成形原理的成形方法。快速成形即快速制造，是指由产品三维 CAD 模型数据直接驱动、组装（堆积）材料单元而完成任意且具有使用功能的零件的科学技术总称。常用快速成形方法有以下几种。

（1）光固化成形工艺

SL（stereo lithography）工艺称为光固化成形或立体光刻，是最早出现的一种 RP 工艺，它采用激光一点点照射光固化液态树脂使之固化成形，是当前应用最广泛的一种精度较高的成形工艺。

（2）激光选区烧结工艺

SLS（selected laser sintering）工艺称为激光选区烧结，它采用激光逐点烧结粉末材料，使包覆粉末材料的固体黏结剂或粉末材料本身熔融粘连实现材料的成形。

（3）叠层实体制造工艺

LOM（laminating object manufacturing）或称 SSM（slicing solid manufacturing），称为叠层实体制造，它采用激光切割箔材，箔材之间靠热熔胶在热压辊的压力和热的作用下熔化并实现黏结，一层层叠加制造原型。

（4）熔融沉积成形工艺

FDM（fused deposition modeling）或称 MEM（melted extrusion modeling）工艺，称为熔融沉积成形或熔融挤压成形，它采用丝状热塑性成形材料，连续地送入喷头后在其中加热熔融并挤出喷嘴，逐步堆积成形。

（5）三维印刷工艺

3DP（three dimensional printing）工艺称为三维印刷，它采用逐点喷射黏结剂来黏结粉末材料的方法制造原型，该工艺可以制造彩色模型，在概念型应用方面很有竞争力。

（6）无木模铸造工艺

PCM（patternless casting manufacturing）工艺称为无木模铸造，它采用逐点喷射黏结剂和催化剂，即两次同路径扫描的方法来实现铸造用树脂砂粒间的黏结并完成砂型自动制造。

图 7-69 所示为一些采用快速成形技术制作的零件。

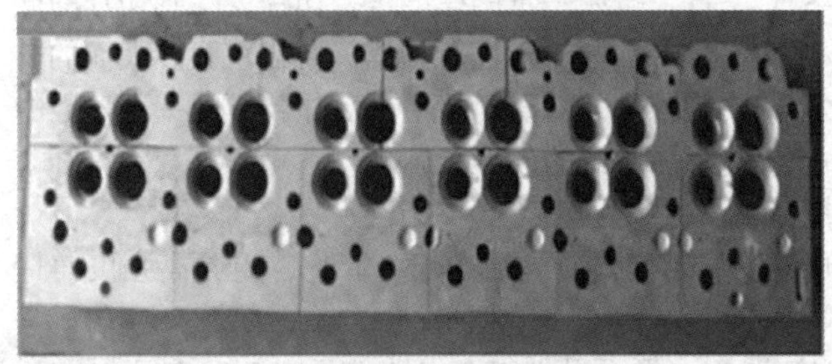

(a) 六缸柴油机缸盖铸件

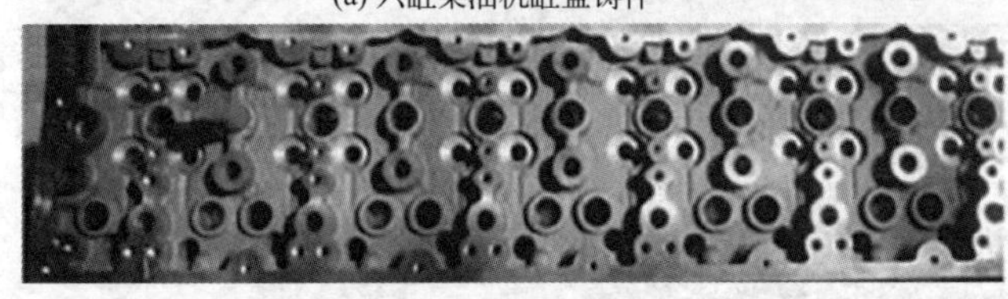

(b) 汽缸盖铸件

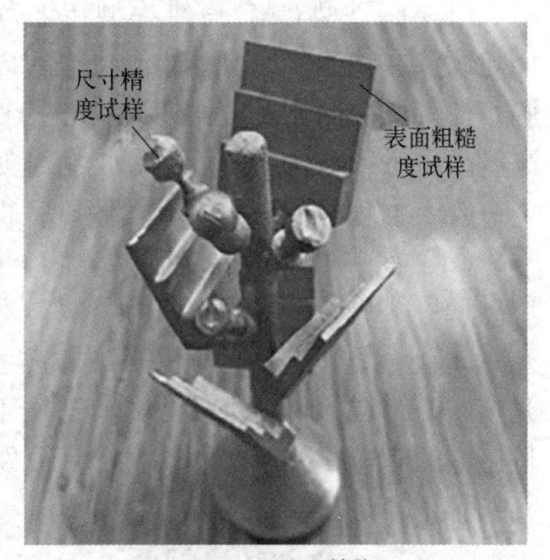

(c) A356铸件

图 7-69　快速成形制作的零件

7.7.2　快速铸造简介

快速成形技术与铸造技术相结合产生了快速铸造技术（rapid casting），它特别适用于新产品研制及单件、小批量生产。

（1）快速铸造的技术路线

① 快速制造铸型。使用专用覆膜砂，利用 SLS、PCM 和 3DP 成形工艺可以直接制造砂型和砂芯，通过浇注可得到形状复杂的金属铸件。

利用 3DP 工艺可以直接制得陶瓷型壳，经过焙烧后可以直接浇注金属液得到精铸件。这比起传统的铸造方法，省去了多道工艺过程，是对传统铸造过程的重大变革，节省了大量的成本和时间。

② 快速制造模样。利用 SL、SLS、LOM、FDM 等工艺方法成形的原型可以代替木模，不仅大大缩短了制模时间，而且制造出的原型在强度和尺寸稳定性上优于木模。特别是对于难加工、需要多种组合的木模，更显出它的优势。

利用SL、SLS、FDM塑料原型，SLS、FDM蜡原型或LOM纸原型代替传统蜡模，再用传统的熔模铸造工艺得到铸件。利用SL塑料原型代替消失模铸造中的消失模模样，再用消失模铸造工艺得到铸件。与传统熔模铸造或消失模铸造相比，缩短了产品试制周期。

③ 快速制造模具。上述两种工艺路线对于小批量生产非常有效，但对于大批量生产，用快速成形机逐个制造蜡模（或其他熔模）或陶瓷型壳，既不省时也不经济，所以不宜采用。在生产批量较大的情况下，可以利用快速成形机直接制造出模具或用制出的模具原型再翻制模具。

（2）快速制造铸型

① 直接RP铸型制造。

a. 覆膜砂SLS铸型制造。采用SLS工艺，用覆膜砂可以直接制造砂型或砂芯。砂型（芯）生产步骤如下。

（a）混制覆膜砂。

（b）将砂型CAD三维模型转化为STL文件，按照一定的厚度进行切片，得到切片的截面轮廓。在快速成形机上，激光束对砂型实心部分的覆膜砂进行扫描，熔化覆膜砂表面的树脂，使其发生固化反应而使砂粒互相黏结，得到该层的轮廓。接下来工作台下降一个截面的高度，再进行下一层的铺粉和烧结，如此反复形成所需的砂型（芯）。

（c）清理掉没有黏结的覆膜砂，得到砂型（芯）原型。

（d）在热处理炉内对砂型（芯）原型进行烘烤，使黏结剂充分固化，得到高强度铸造用砂型。

得到砂型（芯）后，采用传统砂型铸造方法便可以制得金属铸件。图7-70是不同的激光选区烧结成形材料。该法尤其适用于大型复杂铸件的生产，用于新产品试制或单件、小批量铸件的制造，如航空发动机、坦克发动机缸体、缸盖等。

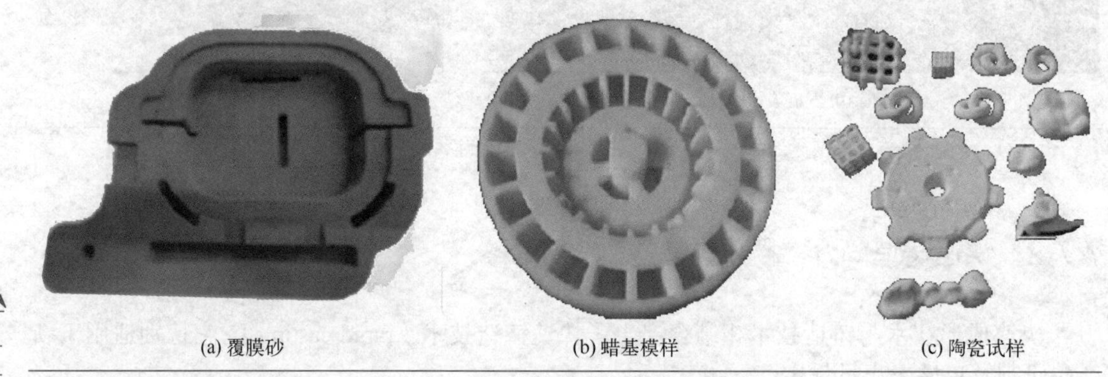

(a) 覆膜砂　　(b) 蜡基模样　　(c) 陶瓷试样

图7-70　不同的激光选区烧结成形材料

b. 无木模铸造工艺（PCM工艺）。PCM工艺路线如图7-71所示。

首先从零件CAD模型得到铸型CAD模型。由铸型CAD模型的STL文件分层，得到截面轮廓信息，再以层面信息产生控制信息。造型时，第一个喷头在每层铺好的原砂上由计算机控制精确地喷射黏结剂，第二个喷头再沿同样的路径喷射催化剂，或者采用双喷头一次复合喷射技术按照截面轮廓信息同时喷射黏结剂和催化剂。黏结剂和催化剂发生交联反应，一层层固化型砂而堆积成形。黏结剂和催化剂共同作用处的型砂被固化在一起，其他地方仍为颗粒态的干砂。固化一层后再黏结下一层，所有的层黏结完成后得到一个空间实体。

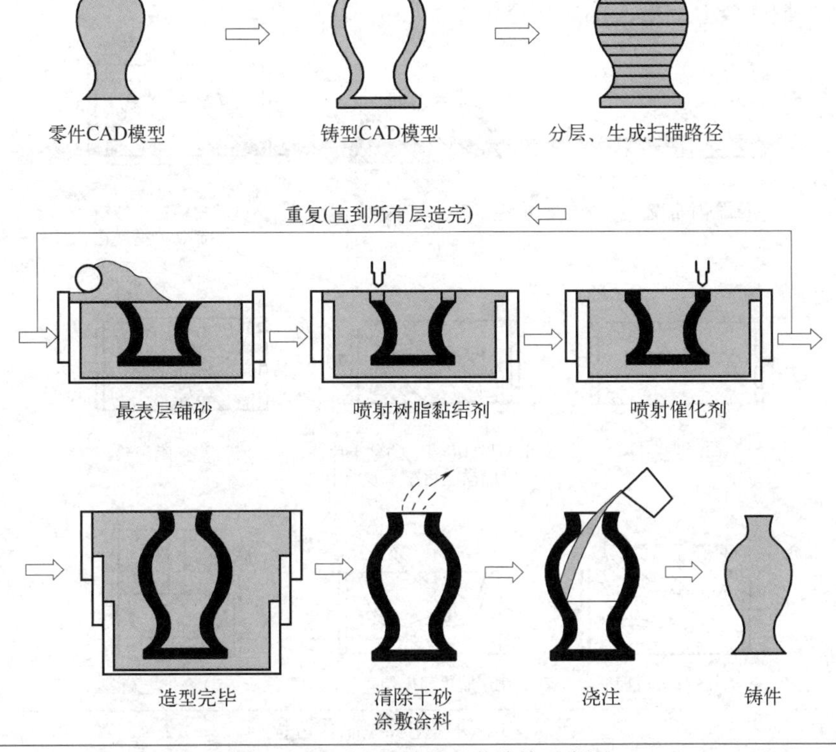

图 7-71　无木模铸造工艺路线示意图

原砂在未喷射黏结剂的地方仍是干砂，比较容易清除。清理出中间未固化的干砂就可以得到一个有一定壁厚的铸型，在砂型的内表面涂敷或浸渍涂料之后就可用于浇注金属。

由于 PCM 工艺可使原型和铸型的制造时间大大缩短，制造成本显著降低，因此，这种工艺可以用于制造大中型汽车覆盖件金属模具。

c. 直接壳型铸造工艺（DSPC 工艺）。直接壳型铸造 DSPC（direct shell production casting）工艺原理出自三维印刷 3DP 快速原型技术。用 CAD 软件设计零件，添加浇注系统，完成型壳设计。型壳是一层层制造的，每制一层先铺陶瓷粉末，按层信息喷射硅溶胶黏结剂，整个型壳制成后清除未黏结的陶瓷粉。焙烧后型壳强度增加，即可浇注铸件。图 7-72 所示为采用 DSPC 工艺制作的铸型及用该铸型制作的汽车发动机进气管铸件。

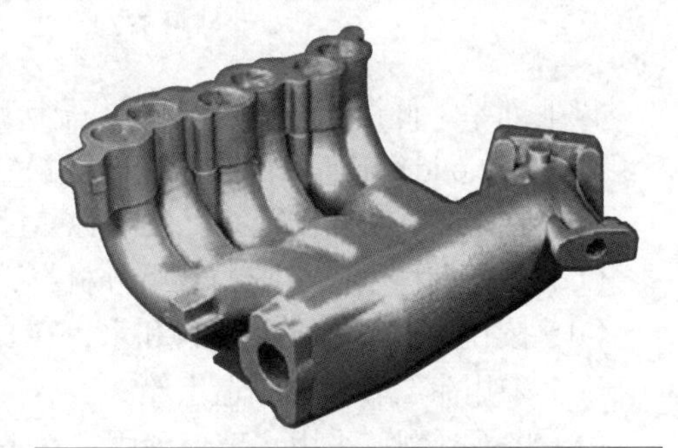

图 7-72　DSPC 工艺制作的铸件

② 间接 RP 铸型制造。

a. 快速陶瓷型铸造。快速陶瓷型是利用快速成形技术制作的母模转换成可供金属浇注的陶瓷型的技术。快速陶瓷型制作过程如图 7-73 所示。用快速成形机制作树脂或纸质母模，经防潮处理后，在母模的工作面上粘一薄层材料（如黏土片），其厚度等于所需陶瓷壳的厚度，然后将母模置于砂箱中，进行底套造型，底套造型完毕后取出母模及黏结材料，去掉母模工作面上的薄层材料后，将母模重新置于砂型中，盖上底套，这样在母模与底套之间形成一灌浆用的间隙空腔，将预先配制好的陶瓷浆料搅拌均匀后，从灌浆口灌入空腔，待陶瓷浆料胶凝后起模，起模后立即点燃陶瓷型，同时进行喷烧，固化陶瓷型，最后合上上箱，构成陶瓷铸型。

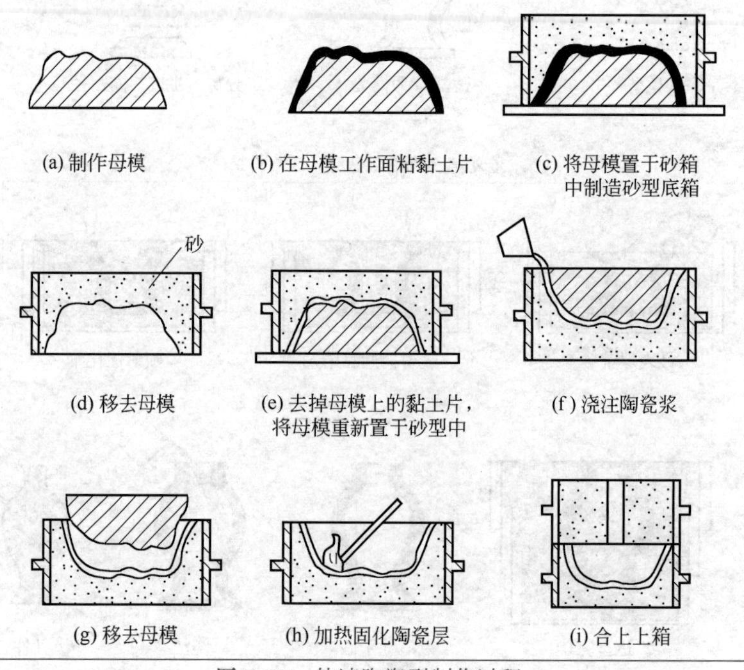

图 7-73　快速陶瓷型制作过程

b. 快速石膏型制造。快速石膏型铸造的工艺流程如图 7-74 所示。

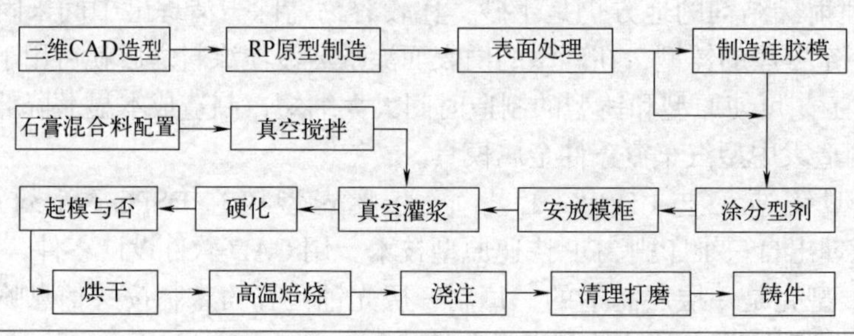

图 7-74　快速石膏型铸造工艺流程

以下列举了低熔点金属轮胎模具石膏型铸造实例，其铸造过程如下：

（a）用 Solidworks 等软件系统进行 CAD 模型造型；

（b）在 M-RPMS- Ⅲ设备上采用 LOM 工艺制造 RP 原型，850 层，然后起型、打磨；

（c）按比例称量硅橡胶的双组分材料，并混合搅拌，在真空注模机上制造出硅胶模；

（d）按比例称量石膏混合料和水，在真空灌浆设备上制备石膏型；

（e）采用涂层转移法制造上箱；

（f）将石膏型芯采用水玻璃砂固定在下箱，合箱浇注，即可制造出金属模具。

（3）快速制造模样

① LOM 工艺制模。

a. 纸质“木模”。采用叠层实体制造（LOM）快速成形工艺，在快速成形机上直接制出纸质模样。这种模样由经特殊处理的纸切割、叠加而成，它坚如硬木，表面经过喷涂清漆或环氧基涂料防潮处理后，可用作砂型铸造用模，取代传统的木模。

利用快速成形制作砂型铸造用模样的优点是，无须高水平的模样工和相应的木工机械，根据铸件的设计图样，就能在很短的时间内完成“木模”的制作，并且制作的“木模”尺寸精度高、稳定不变形、表面粗糙度值低、线条流畅，对于形状复杂的“木模”，这一优点尤为突出。用快速成形制造的“木模”，可用来重复制作 50 ～ 100 件砂型。

美国福特汽车公司利用 LOM 技术制造出 685mm 汽车曲轴模样，先分 3 块制作，然后拼装成砂型铸造用的模板，铸件尺寸精度达到 0.13mm。图 7-75 所示为利用工艺制造的“木模”。同样，利用 SL、SLS、FDM、3DP 等工艺方法制造的树脂原型也可以代替木模，用来制作模样和模板，进行造型、制芯。

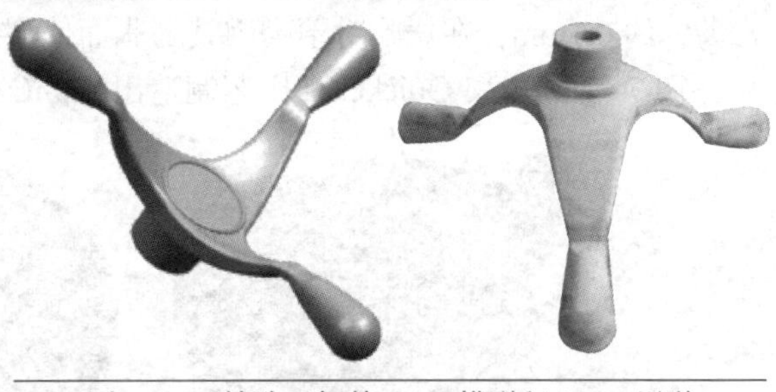

图 7-75　铸造手柄的 CAD 模型和 LOM 原型

b. 纸质“熔模”。当只需生产一件或几件熔模铸件时，也可不制作压型再压制蜡模，而直接用快速成形机制作的纸模当作蜡模。对其进行表面防潮处理后，直接制造型壳，然后脱除纸模。为了使纸模易于从型壳中脱除，在用快速成形机制作纸模时，在纸模的内壁部分用一定的激光功率切割网格线，但不要切透。这样就可方便地用喷灯燃烧和简单工具剔除相结合的办法来从型壳中去除纸模，而不损伤型壳。

② 金属模。利用快速成形技术制出树脂基或纸基模样，经表面金属喷镀后，可作为砂型铸造用“金属模”。利用震压式和震实式造型机、高压造型机造型时，由于铸模受到的压力较高，上述的“金属模”难以满足工作要求，必须使用金属面、硬背衬的铸造用模样。其制作过程示意图如图 7-76 所示。

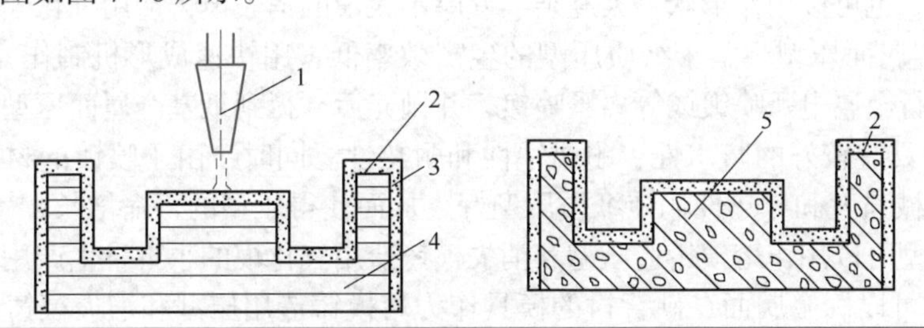

图 7-76　金属面、硬背衬铸造用模样的制作过程示意图

1—喷嘴；2—金属壳；3—分型剂；4—母模；5—背衬

利用这种方法制作铸造用模样，操作比较简单，其力学性能较好，并且由于喷镀所得铸模的轮廓表面紧贴母模的工作面，精度较易保证。

③ 基于 SLS 工艺制作蜡模。以蜡粉为原料，利用 SLS 快速成形设备，可以快捷地制造出熔模铸造用蜡模。用 SLS 直接制作铸造熔模，避免了压型的制造，对新产品的试制有特殊意义。蜡模经浸蜡后处理，表面质量可以达到精铸模要求，配合传统的熔模铸造工艺，即可进行铸件生产。得到的精铸件尺寸精度高于 0.5%。美国某公司利用此法制取了复杂六缸气缸体蜡模，然后结合熔模制造工艺生产出了合格的铝合金铸件。

④ 基于 SL 工艺制作树脂模。为了快速制作熔模和陶瓷型壳，美国 3DSystems 公司开发了一种称之为 QuickCast 的工艺。它利用立体光刻（SL）工艺获得空隙率很高的 RP 原型，然后在原型的外表面反复挂浆，得到一定厚度和粒度的陶瓷壳层，紧紧地包裹在原型的外

面，再放入高温炉中烧结陶瓷壳型，同时也烧蚀了 SL 原型，得到中空的陶瓷型壳，即可用于精密铸造。

QuickCast 工艺不使用蜡型，采用燃烧充分且发气量小的光固树脂材料制作原型，从而保证了原型具有足够的强度；并且，由于所采用的是碳氢化合物基的树脂，烧除时树脂转化为水蒸气和二氧化碳，在陶瓷型壳中无任何残留物。这种用 QuickCast 工艺制作出的熔模非常薄，约 0.1mm，在烧除时不会因其膨胀而使型壳变形，因而具有很高的精度。

图 7-77 为采用 QuickCast 工艺制造出的 SiC 铸件，这些铸件均具有相当高的精度。

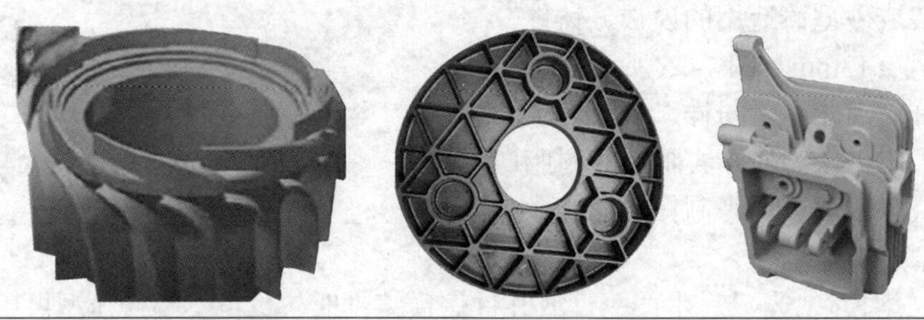

图 7-77　采用 QuickCast 工艺铸造的 SiC 铸件

（4）快速制造模具

① 纸质压型。当生产的熔模铸件不多时，利用快速成形技术，直接制作的纸质压型经喷涂“液态金属”等高分子合成材料表面处理后，得到试制或小批量生产用压型。这种压型能压制 100 件以上的蜡模。纸质压型的成本较低，制作简单，但导热性较差，压制周期较长，生产效率较低。

由于 LOM 工艺快速成形机制作的纸质模能承受 220℃的高温和一定的压力，因此经表面防水处理后，也可以用作形状不太复杂、壁厚不太薄的消失模铸造用气化模试制模具。

② 纸基金属面压型。鉴于纸质压型的生产效率低，用快速成形机制作完纸基压型后，在压型表面进行金属电弧喷镀或等离子喷镀，并抛光后，得到纸基金属面压型。

这种压型具有较好的防水性、耐腐蚀性和耐热性。同时，由于喷镀的材料为金属及其合金，压型机械强度和导热性比纯纸质压型好，从而使得压型的寿命增长，生产效率提高。所以，这种压型可以用作熔模铸造压型和消失模铸造用气化模的小批量生产用模具。

同样，也可以用金属面、硬背衬的模具作为熔模铸造用压型和消失模铸造用气化模的生产用模具。

③ 转移涂料法制作金属模具。基于快速成形技术的转移涂料法制造金属压型工艺主要步骤如下。

a. 在 LOM 工艺快速成形机上制作母模，并做适当防水处理。

b. 在 LOM 母模上涂刷脱模剂，确保脱模剂均匀成膜。

c. 在 LOM 母模上喷涂自硬转移涂料，控制好涂料的可使用时间和合理的喷涂工艺参数，控制涂料厚度为 1 ～ 2mm。

d. 采用水玻璃砂造型，吹 CO_2 气体硬化，砂型放置 2 ～ 4h，使涂料与砂型有充分的时间进行反应，建立结合强度后起模，起模时间不要过晚，否则会增加起模难度。

e. 实施平稳起模工艺，取出 LOM 母模，由于涂料与砂型的结合力大于涂料与母模的结合力，得到带有涂料层的砂型。

f. 将砂型先在 40 ～ 50℃低温烘烤 6 ～ 8h，然后在 100 ～ 140℃烘烤 8 ～ 10h，保证充分干燥。

g. 合箱浇注，得到金属模具。

浇注后得到的模具经打磨后，尺寸精度可达 CT4 ～ CT6，表面粗糙度为 *Ra*3.2 ～ 6.3μm，可以用作消失模发泡模具和精度要求不高的熔模铸造压型。

④ 用金属基合成材料或锡铋合金浇注压型。为了进一步提高压型的导热性和使用寿命，可用快速成形的制件作母模，据此浇注金属基合成材料［如铝基合成材料、构成类金属压型（图 7-78）］。由于这种压型是在室温下浇注的，避免了高温熔化金属浇注导致的较大翘曲变形，压型的尺寸精度易于保证。

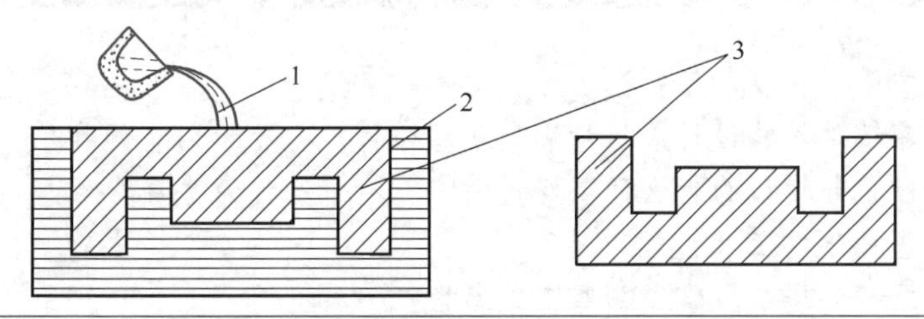

图 7-78 用金属基合成材料浇注压型的过程

1—铝基合成材料；2—母模；3—类金属铝基合成材料压型

由于纸质模耐热温度在 220℃以上，而锡铋二元共晶合金的熔点为 138℃，同样可以在纸质母模上直接浇注出金属压型。

根据蜡模形状的复杂程度，用金属基合成材料或锡铋合金浇注的压型可重复压制 1000 ～ 10000 件蜡模。

⑤ 粉末金属快速模具。粉末金属模具是一种成本较低的钢制快速模具制造方法，该工艺制作的模具可以和钢制模具生产的工件质量一样高，但模具成本只有钢制模具成本的 1/3，制作时间由几个月减少到几天。由于注射压力较高，可以制造结构复杂和薄壁的零件。粉末金属浇注方法制作的模具尺寸精度比软质模具高，模具寿命可以达到 3000 次注射，甚至更多。

⑥ 用 SLS 工艺制造金属压型。利用 SLS 工艺直接制造熔模铸造用金属压型可以分为直接烧结和间接烧结两种方法。

a. 直接金属粉末激光烧结制模。直接金属粉末激光烧结制模是利用 SLS 设备系统直接进行金属模具的制造。

b. 间接金属粉末激光烧结制模。间接金属粉末激光烧结制模工艺 RapidTool™ 是由美国 DTM 公司开发的一种快速模具技术，DTM 公司的快速成形机所使用材料的种类很多，包括蜡、聚碳酸酯、尼龙及金属等。

⑦ 硅橡胶模压型。由于硅橡胶模具具有良好的柔性和弹性，能够制作结构复杂、花纹精细、无起模斜度甚至有倒起模斜度以及具有较深凹槽类的零件，制作周期短，制件质量高，因而被广泛应用。引入快速成形技术，可以进一步缩短硅橡胶模具的制作周期。

拓展阅读材料

[1] 中国机械工程学会铸造分会 . 铸造技术路线图 [M]. 北京：中国科学技术出版社，2016.

[2] 李干，卢宏兴，罗敏，等 . 铝合金半固态流变成形技术研究进展 [J]. 精密成形工程，

2020，12（3）：29-48.

[3] 王长顺，吴思琪，闫春泽，等.SiC 陶瓷增材制造技术的研究及应用进展[J].科学通报，2022，67（11）：1137-1154.

[4] Anders E.W.Jarfors.Semisolid Casting of Metallic Parts and Structures [J]. Encyclopedia of Materials：Metals and Alloys，2022，4：100-116.

习题

1. 石膏浆料中为什么要加填料？
2. 石膏型精密铸件结构设计应尽量满足哪些条件？主要参数有哪些？
3. 陶瓷浆料硬化起模后为什么还要经过喷烧？有什么注意事项？
4. 试述陶瓷型铸造的工艺过程。
5. 为保证挤压铸件质量应掌握哪些工艺参数？为什么？
6. 设计挤压铸型需要注意哪些问题？
7. 什么是半固态成形技术？其原理是什么？
8. 哪些合金适合利用半固态成形技术成形零件，哪些合金不适合？为什么？
9. 半固态成形技术有哪些？
10. 半固态浆料制备方法有哪些？
11. 简述连续铸造的特点。
12. 连续铸造中结晶器的作用是什么？
13. 简述喷射成形的工艺原理及特点。
14. 喷射成形装置包括哪些部分？关键部件是什么？
15. 喷射成形坯锭为何要进行致密化处理？常用致密化工艺有哪些？
16. 什么是快速成形技术？快速成形方法有哪些？
17. 快速铸造的应用有哪些？

第8章

计算机技术在铸造技术中的应用

8.1 铸造过程计算机数值模拟（CAE）

8.1.1 概述

铸件的形成过程是一个液态金属充填铸型型腔，并在其中凝固和冷却的高温过程，这个过程是一个涉及物理、流体、传热、冶金、力学等因素的复杂过程。由于难以直接观察铸件在型腔中的成形过程，所以，对生产过程中的现象和本质的认识受到了极大的限制。在传统的铸件生产过程中，要获得合格的铸件，只能依靠技术人员的经验和基础理论对铸件质量的影响因素进行粗略的定性分析及反复的试制产品才能确定生产工艺。对于一些复杂或重要的铸件往往需要通过大量的浇注试验，反复摸索，才能最后定型投产，而许多铸件即使定型投产后，还会因为工艺方案存在某些不足而使废品率过高，生产不稳定。因此，如何实现精确分析铸造过程并预测铸件质量，是获得合格铸件的一个非常重要的条件。随着计算机技术在铸造技术中应用的不断发展，依靠计算机对铸造过程的数值模拟有效地解决了以上问题。通过计算机数值模拟不仅可以对铸件形成过程各个阶段的变化进行准确的计算，还可以将整个过程可视化并预测缺陷，以便生产部门修正和优化生产工艺方案。

数值模拟是指利用一组控制方程（代数或微分方程）来描述一个过程的基本参数变化关系，采用数值计算的方法求解，以获得该过程（或一个过程的某方面）的定量认识，以及对过程进行动态模拟分析，在此基础上判断工艺或方案的优劣、预测缺陷、优化工艺等。

铸造过程数值模拟主要涉及两部分，一部分为宏观传输现象的模拟，宏观尺度上（0.1～1cm）熔体冷却与凝固，可以用动量、能量及溶质守恒方程来计算。主要是指温度场、充型流动过程及应力场等的数值模拟，可预测铸造过程中的某些缺陷，如缩孔、缩松、热裂及变形等，如图8-1所示。宏观尺度的模拟技术已经比较成熟并进入工程应用阶段。

另一部分是铸件缺陷、微观组织、力学性能的模拟预测。相对于宏观模拟而言，具体是指在晶粒尺度（1μm～0.1mm）上对凝固过程进行模拟，可利用晶粒形核和生长的微观模型与宏观三传方程耦合来计算。研究表明：材料的性能不仅取决于宏观缺陷，更取决于晶粒尺寸、内部结构和溶质的显微偏析，如图8-2所示。因此随着数值模拟技术向纵深发展，凝固过程微观组织模拟日趋成为当前材料学科的研究热点。

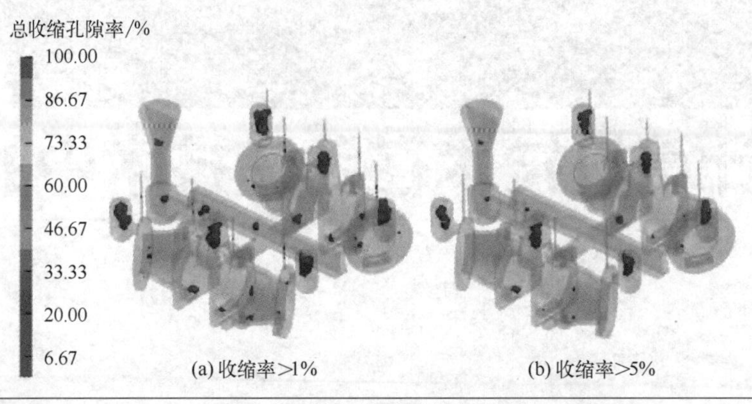

图 8-1　工艺改进后的某铸件缩松、缩孔的预测分布

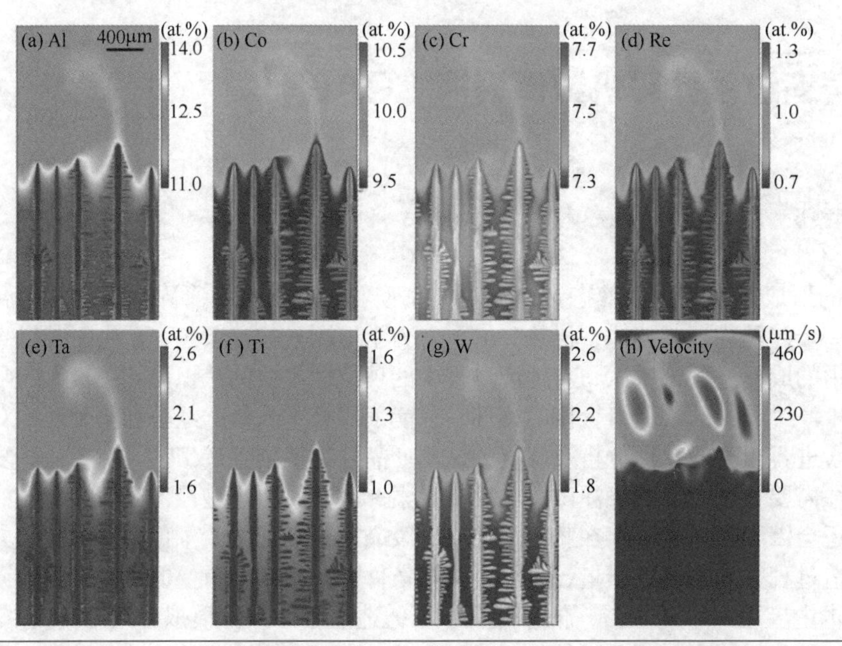

图 8-2　CMSX-4 镍基单晶高温合金熔模铸造定向凝固生长枝晶组织相场模拟

目前，市场上有很多商品化铸造过程数值模拟软件，常见的有美国的 ProCAST，德国的 Magma，韩国的 Anycasting，日本的 JScast，华中科技大学开发的华铸 CAE，清华大学的开发的 FT-Star，中北大学开发的 Castsoft 等。

8.1.2　铸造过程计算机数值模拟（CAE）的流程

铸造过程数值模拟计算的基本步骤如下：前处理、中间计算及分析、后处理，如图 8-3 所示。

（1）铸造过程数值模拟前处理

前处理部分主要为数值模拟提供铸件和铸型的几何信息、铸件及造型材料的性能参数信息和有关铸造工艺信息。

铸件和铸型的几何信息是指进行网格剖分后的铸件和铸型的图形文件，主要通过以下步骤获得：

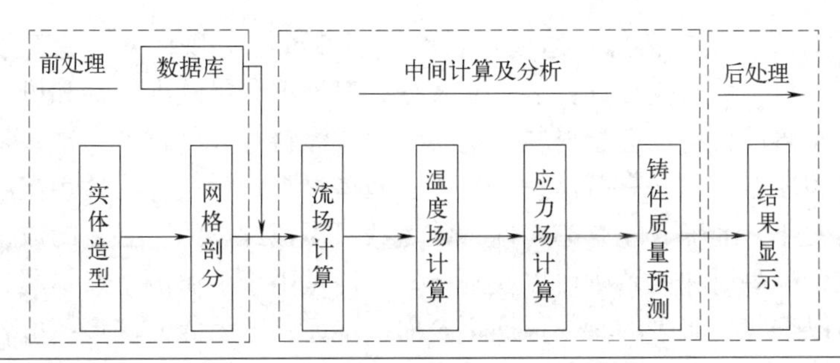

图 8-3　铸造过程数值模拟系统的组成

① 首先用三维造型软件对铸件及铸型进行造型。目前市场上常见的三维造型软件有 Pro/Engineer、Unigraphics（UG）、Solidworks、CAD、3DMAX 等，所生成的图形文件格式有 STL、IGES、PARASOLIDS 和 STEP 等，不同的铸造数值模拟软件前处理模块所要求的图形文件格式可能不同，其中 STL 文件是目前采用最广泛的一种格式。

② 将由造型软件所生成的铸件、浇注系统及铸型的图形文件导入铸造数值模拟软件前处理模块，由前处理程序对铸件、浇注系统及铸型进行网格剖分，见图 8-4 和图 8-5。网格剖分是将模拟区域做离散化处理，网格剖分是数值模拟系统中前处理技术的重要组成部分。自动网格剖分是数值模拟分析的关键模块。目前，国内外大多数铸造 CAE 软件都基于有限差分法开发了三维有限差分自动网格剖分软件。用户在使用模拟软件时，可根据铸件的实际形状，通过设置来调节网格的大小，有些模拟软件可以根据要求设置非均匀网格，以满足实际生产。网格的大小可影响计算精度和计算时间。

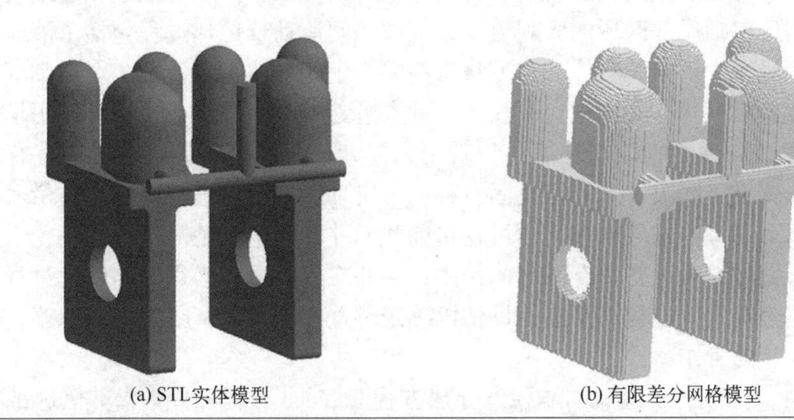
(a) STL实体模型　(b) 有限差分网格模型

图 8-4　网格剖分实例

图 8-5　某铸件非均匀网格剖分实例

网格剖分后，需要设置铸件及造型材料的性能参数信息和有关铸造工艺信息。铸件及造型材料的性能参数是数值模拟计算的直接依据，对模拟结果的准确性和可靠性起决定性作用。铸造过程涉及铸件材料、造型材料、造芯材料、涂料等多种材料，这些材料既有金属又有非金属，既有固体材料，又有散体材料，还有液体材料，材料的物性参数还要随状态、温度、组织和过程变化，准确、完整的物性参数是数值模拟计算的所必备的数据依据。材料的性能参数一般在各种手册和文章中可以找到一些，但是由于手册侧重点不同，也非针对铸造过程模拟的，所以这些手册中的参数往往不全面、不完整。因此，许多模拟软件建立了材料性能数据库，使用者可根据实际情况自己设置或从数据库选择。

（2）铸造过程数值模拟中间计算及分析

前处理之后，将进入中间计算及分析部分。铸造过程数值模拟计算主要包括以下部分：通过建立合理的数学模型及合适的数值计算方法对铸件温度场数值模拟、铸件流场数值模拟、铸件应力场数值模拟、铸件微观组织数值模拟进行计算。中间计算及分析部分是以经过前处理的网格图形文件为计算对象，根据铸造过程涉及的物理场，为数值计算提供计算模型，并根据铸件质量或缺陷与物理场的关系（判据）预测铸件质量。

一个铸造过程数值模拟软件所具有的主要功能，集中体现在中间计算过程中所包含的计算模型。这是铸造模拟软件的核心部分，直接影响到计算的准确性。

① 铸件凝固的物理模型和计算机数值求解。铸件的成形是一个复杂的非稳态物理和化学过程。其中有充型流动、传热、传质相变、凝固收缩等物理过程以及铸件与铸型相互作用的物理化学过程。高温金属液体向型腔的充型过程是非常复杂的非稳态流动。并且由完全高温液体流动逐渐转变为固液两相宏观流动，两相的比例由固相为零直至固相逐渐增加，流动停止。两相流动还包括局部区域的微观流动，如枝晶间流动。传热过程包括了液体、固体和气体（铸件凝固过程中析出的气体和造型材料高温产生的气体）的传导、对流和辐射所有的传热现象。相变包括固体 - 液体相变和固体 - 固体相变。铸件与铸型的相互作用是非常复杂的物理化学过程。铸件的收缩与补缩过程就更为复杂，至今提出的收缩机理就有宏观、微观、液体补缩、突发（溃决）式补缩及固态补缩等机理。以上过程都要满足质量、动量、能量守恒定律。以上列举的这些物理化学过程目前我们并非完全清楚。这些物理化学过程对数学模型的结果、铸件的质量并非有同等的作用，一些次要的过程必须忽略以使过程方程可以建立并求解。但是对这些过程需要进行评估以确定哪些必须考虑，哪些可以忽略，在这方面还需要开展进一步的工作。

就传热来讲，已经有了经典的非稳态导热方程 Laplace 方程和处理潜热问题的方法。液态金属充型问题可以以 Navier-Stokes 方程，包括连续方程、动量方程和能量方程为基础，同时需要处理复杂的紊流问题和金属液自由表面问题。但是对于充型完毕后凝固开始直至凝固完成期间的两相流动问题似乎还没有物理模型加以描述。似乎也还没有直接描述凝固收缩过程的较好的物理模型以及直接描述铸件与铸型相互作用的物理模型。对于铸造应力计算的力学模型主要有热弹性模型、热黏弹性模型、热弹塑性模型和热弹黏塑性模型、Heyn 模型、Perzyna 模型、统一内状态变量模型等，其中热弹塑性模型被广泛采用。

即使有了合理的物理模型及正确的数学模型，还有一个获得稳定、可靠和正确的数值解的问题。目前数值解的主要方法有有限元法、有限差分法、边界元法等。就传热方程来讲，数值解已经可以取得相当精确的结果。而充型过程则必须处理复杂的紊流问题和金属液自由表面问题，因而金属液流动计算的精确性常受到限制。应力场的热弹塑性模型可以用有限元法进行求解。对铸造微观组织的模拟，研究者们提出了多种模拟凝固组织的方法，概括起来主要分为两大类：确定性模拟模型与随机性模拟模型，但现在的发展趋势是将二者的优点结合，即形核过程采用随机性模型来描述，而晶粒的进一步生长则采用所谓的确定性模型。

② 温度场的数值模拟。在铸造成形方法中，高温液态金属由液相向固相转变，在这个过程中，高温液态金属所含有的热量必须通过各种途径向铸型和周围环境传递，逐步冷却并进行凝固，最终形成铸件产品。在此过程中热量的传递包括：金属及铸型内部的热传导，金属与大气间的辐射传热和对流传热等，实际上包含了自然界所有的三种基本传热方式。铸件的温度场模拟的任务是建立铸件凝固过程中传热的数学模型，并通过数值方法进行求解，从而得到铸件凝固过程的规律，预测铸件缺陷（缩孔、缩松）产生的可能性及位置。温度场的数值模拟是铸造过程数值模拟中最基本的部分。铸件温度场数值模拟最终目的是优化工艺设计，实现质量预测，在温度场模拟的基础上进行缩孔缩松预测则是它的重要内容。以三维温度场为主要内容的铸件凝固过程模拟技术已进入实用阶段，日本许多铸造厂采用此项技术。英国的 Solstar 系统由三维造型、网格自动剖分、有限差分传热计算、缩孔缩松预测、热物性数据库及图形处理等模块组成。

③ 铸件流场的数值模拟。铸件的流场是指铸件的充型过程。铸造充型过程在铸造生产过程中起着重要作用。许多铸造缺陷，如卷气、夹渣、缩孔、冷隔等都与充型有关。为控制充型顺序和流动方式以获得优质铸件，对流场的数值模拟很有必要。铸件流场的数值模拟是通过计算金属液充型过程中的流体流动得出的。流场的数值模拟可以分析在给定工艺条件下，金属液在浇注系统中以及在型内的流动情况，包括充型过程中自由表面的处理、流场中速度和压力的求解、紊流流动现象的处理、充型过程对凝固过程的影响、充型过程对铸造缺陷形成的影响等。

流场数值模拟一方面分析金属液在浇冒口系统和型腔中的流动状态，优化浇冒口设计并仿真浇道中的吸气，以消除流股分离和避免氧化，减轻金属液对铸型的侵蚀和冲击；另一方面分析充型过程中金属液及铸型温度变化，预测冷隔和浇不足等铸造缺陷。

流场数值模拟技术由于所涉及的控制方程多而复杂，计算量大而且迭代结果易发散，加上自由表面边界问题的特殊处理要求，使其可对中等复杂铸件进行三维流场分析，获得比较符合实际情况的初始温度场分布。

铸造流场数值模拟技术主要有四种方法。

a. SIMPLE 法，即压力连接方程半隐式方法（semi-implicit method for pressure linked equation）。SIMPLE 法由美国明尼苏达州大学的 S.V.Patankar 和 Spalding 在 1972 年提出，后来 Patankar 又对 SIMPLE 算法进行了改进，发展了 SIMPLER 法。SIMPLE 法是典型的比较全面的流场计算方法，该技术可用于计算非定域、不稳定速度场的问题，计算出的速度场不仅满足连续方程的要求，也满足动量守恒方程的要求。SIMPLE 技术的最大特点是两场（压力场、速度场）同时迭代。

b. MAC（marker and cell）法，是由美国加利福尼亚大学的 F.H.Harlow 和 J.E.Welch 于 1965 年提出的。这种方法是通过在矩形网站上建立流动方程的直接差分格式发展起来的，并于 1965 年首次应用质点漂移法求解具有自由表面的流体流动 Navier-Stokes 方程。MAC 技术求解 Navier-Stokes 方程的方法就是对动量方程两端取散度，得到反复迭代 Navier-Stokes 方程及变形后的泊松方程，从而可以求得速度场和压力场。

MAC 技术的网格和物理量离散以后的定义位置采用交错网格的方法即速度变量位于网格界面，其他变量位于网格中心。此外在流体占据的区域内还引进了一组无质量的、随流体流动的标识点，亦称示踪粒子。标识点不参与力学量的计算过程，只表明自由表面的位置。

MAC 技术的特点是在直角坐标系下求解，因而无需对方程进行变形处理，同时因为这种方法直接求解 Navier-Stokes 方程，速度边界条件容易给定。但是 MAC 法在求解 Navier-Stokes 方程时需要反复迭代 Navier-Stokes 方程和泊松方程，因而计算步骤烦琐、计算速度慢。

c. SMAC 法，即简化标示粒子法（simplifed marker and cell），是 MAC 技术的简化，它保留了 MAC 技术中用示踪粒子表示流动区域和自由表面的特点，并对解法做了改进，引入势函数的概念。

在求解 Navier-Stokes 方程时，SMAC 技术不同于 MAC 技术，它不需要通过反复迭代压力的泊松方程和 Navier-Stokes 方程来求取速度和压力，而是通过迭代求解势函数方程，进而求得速度和压力。

用 SMAC 技术计算速度场时，其离散后的差分方程的迭代中没有压力项计算，通常校正后压力项由校正势函数来替代，并用校正势函数来校正速度场。这种技术由于不求解压力的泊松方程，因而迭代求解的过程中迭代次数大大减少，数值求解速度提高。

对于三维情况来说，由于仍需设置大量示踪粒子追踪自由表面，因而储存量极大。

d. SOLA-VOF 法，即解法（solution algorithm）及体积函数法（volume of fluid），是由美国加利福尼亚大学 Los-Alamos 科学实验室发展起来的一种模拟技术。SOLA-VOF 技术不同于 SMAC 技术，它不需要求解势函数方程，压力的计算采用随机假设计算。将随机假设中的压力代入 Navier-Stokes 方程中，求取假设压力计算出来的速度，然后通过反复调整网格压力而求取新的速度，直到计算出的速度满足连续性方程为止，这时得出的速度和压力即为所求。该技术要求求解的方程只有 Navier-Stokes 方程，而压力和速度用修正公式不断修正，因而迭代速度大大加快，求解速度也相对加快。

④ 应力场的数值模拟。铸件热应力的数值模拟是通过对铸件凝固过程中热应力场的计算、冷却过程中残余热应力的计算来预测热裂纹敏感区和热裂纹的。应力场分析可预测铸件热裂及变形等缺陷。通过计算结果的分析进而优化铸件结构或铸造工艺，从而消除热裂，减小残余变形和残余应力。

热应力场数值模拟涉及随温度、应力和组织变化的塑性、蠕变、铸件 / 铸型之间的相互作用、液体静水压力、流体流动和热裂形成等，研究难度很大。铸件铸造过程热应力分析的基础是铸件铸造过程中温度场数值模拟。温度场数值模拟已经基本成熟，这为热应力数值模拟奠定了基础。铸造过程应力分析从研究对象上可以分为：铸件应力分析、型芯应力分析（尤其是压铸）。铸件凝固过程经过液态、固液两相共存区和固态三个阶段，材料的热物性能和力学性能变化都很大，而且同一时刻可能三个区域共存，因此凝固模拟涉及的应力应变本构关系非常复杂。由于固液两相区和固相区的力学行为差别很大，因此铸件凝固过程热应力数值模拟也大致分为固液两相区的模拟和凝固以后阶段的模拟两部分。目前凝固过程应力数值模拟的研究主要集中在凝固以后阶段，而在固液两相区的应力数值模拟的研究工作较少。处理的难点有边界约束条件的处理、应力分析结果的分析、材料力学本构模型的确定等。

现在关于应力场的研究多着重于建立专门用于铸造过程的三维应力场分析软件包。有些研究是利用国外的通用有限元软件对部分铸件的应力场进行模拟分析，这对优化铸造工艺和提高铸模寿命发挥了重要作用。应力场模拟分析正向实用化发展，但迄今为止，还没有一种科学方法能够准确测量金属铸件各个部位的热应力或残余应力。图 8-6 为某零件应力场的模拟结果，其中 1、2、3 为铸件的不同区域。

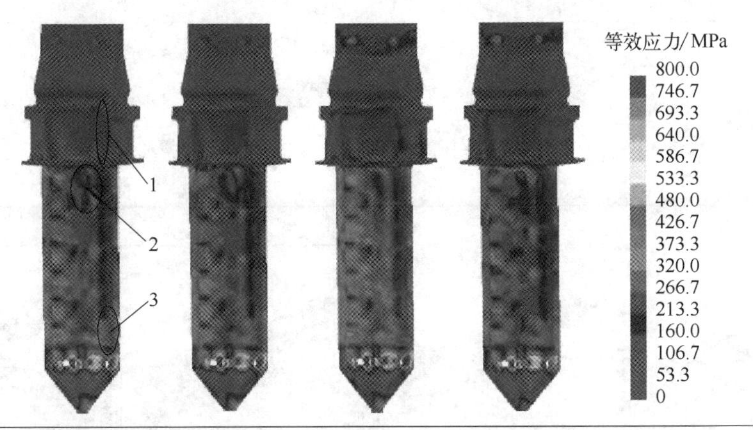

图 8-6　不同浇注温度下叶片铸件应力场模拟

⑤ 铸件微观组织模拟。铸件微观组织的模拟已成为目前世界上的研究热点之一，如果能对各种工艺参数的微观组织提前做出预测，就可以有针对性地对铸造工艺参数做出相应调整，以便得到更好的组织与性能。铸件微观组织数值模拟是计算铸件凝固过程中的成核、生长以及凝固后铸件的微观组织和可能具备的性能。铸件微观组织模拟经过了定性模拟、半定量模拟和定量模拟阶段，由定点形核到随机形核。这一研究存在的问题是很难建立一个相当完善的数学模型来精确计算形核数、枝晶生长速度及组织转变等。图 8-7 为某高温合金中定向枝晶形貌实验结果和模拟结果对比。

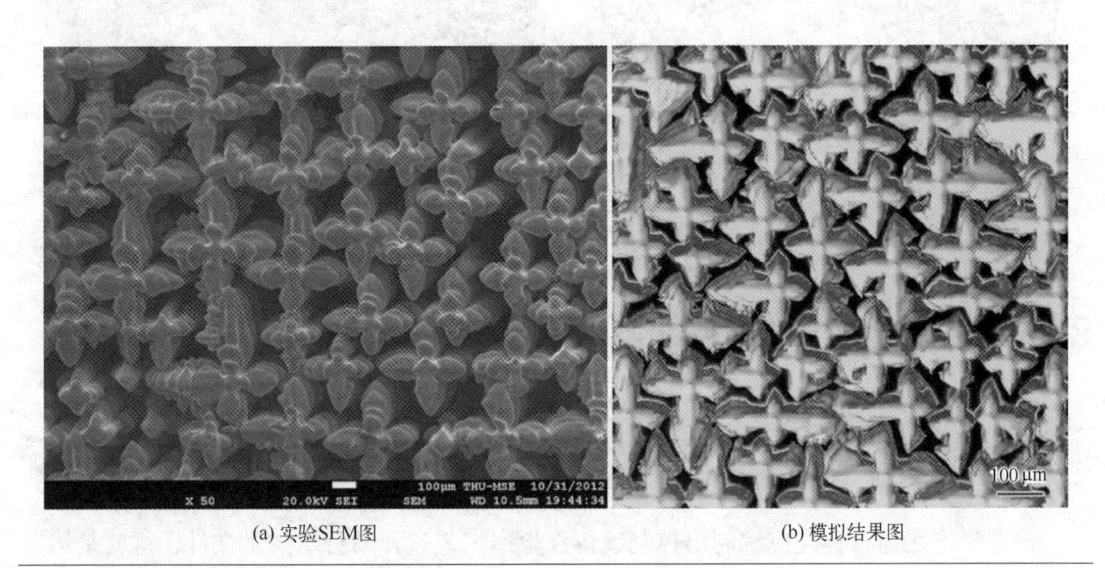

(a) 实验SEM图　　(b) 模拟结果图

图 8-7　某高温合金中定向枝晶形貌实验结果和模拟结果对比

（3）铸造过程数值模拟后处理

后处理部分的主要功能是将数值模拟计算所获得的大量数据（温度、压力和速度场、应力和变形的数据）以各种直观的图形显示出来，使整个铸造过程的流场、温度场、应力场、变形等过程通过动画的形式可视化。图 8-8 为某铸件充型过程的可视化，图 8-9 为某铸件温度场的可视化。同时，根据需要，一些模拟软件还增加了一些缩放、平移、旋转之类的图形变换操作。

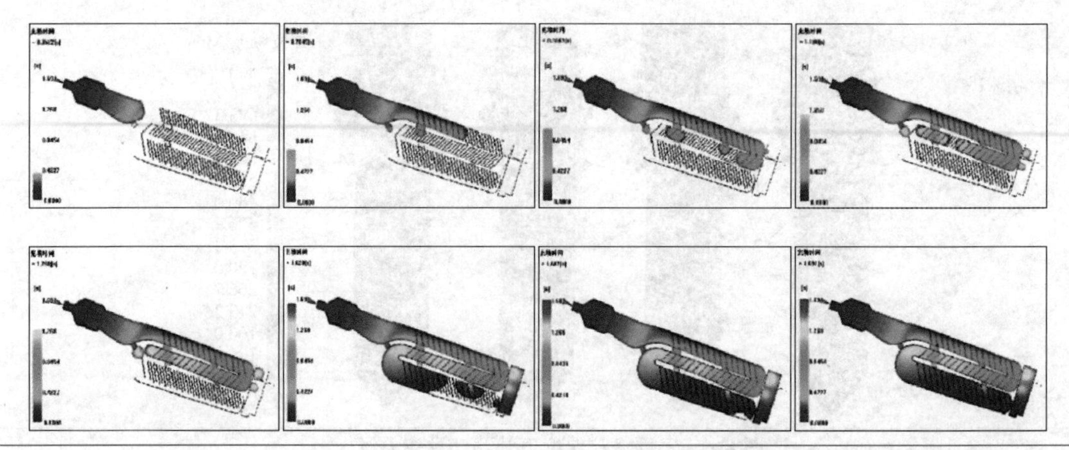

图 8-8　充型过程的可视化

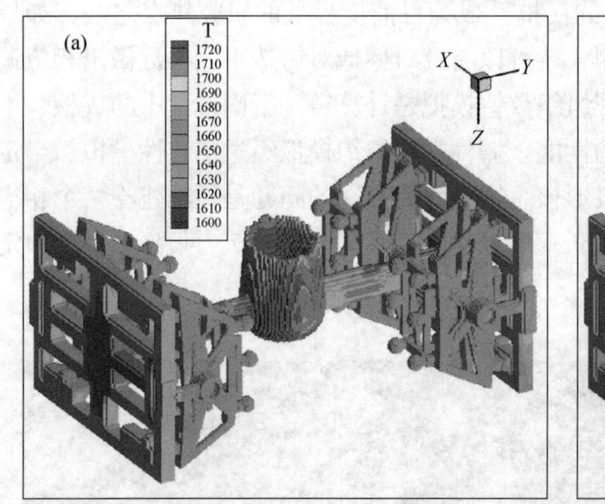

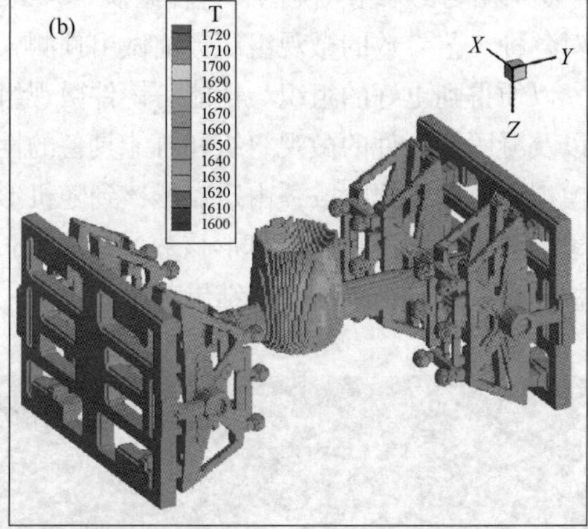

图 8-9　温度场的可视化

8.2　铸造工艺计算机辅助设计（CAD）

8.2.1　概述

铸造生产之前，首先应编制出控制该铸件生产工艺过程的科学技术文件，这就是铸造工艺设计，也就是根据铸件要求、生产批量和生产条件，以及对铸件的结构分析，确定铸造工艺方案、工艺参数和工艺规程，编制工艺卡，设计工艺装备的全过程。但由于铸造生产工艺流程长、工艺过程复杂、影响铸件质量的因素很多，长期以来多是靠经验的积累；工艺设计中有许多烦琐的数学计算和大量的查表选择工作，仅凭设计人员的个人经验和手工操作，不但要花费很多时间而且设计结果往往因人而异，难以做到最佳设计，也无法准确、动态地进行分析、预测和控制。将计算机的快速、准确和设计人员的经验、智慧结合起来的铸造工艺 CAD 的应用给铸造工艺带来巨大的变革。铸造工艺 CAD 的应用，缩短了工艺设计周期，提高了设计水平，从而提高了产品的质量和竞争力，提高了经济效益和社会效益。

铸造工艺 CAD 的概念是美国密歇根大学 Pehlke 教授及佐治亚工业大学 Berry 教授在 1983 年国际第 50 届铸造会议的凝固数值模拟专题会议上提出的，并把铸造工艺 CAD 归结为计算机模拟、几何模拟和数据库的有机结合。发展到现在，完整的或广义的铸造工艺计算机辅助设计包括工艺设计及工艺优化或铸造凝固过程模拟两个方面。其目的是铸造工作者利用计算机辅助优化铸造工艺，预测铸件质量，确定铸造方案，估算铸件成本，显示并绘制铸造工艺图、工艺卡等。经过十几年的探索和研究，计算机辅助设计在工业中得到越来越广泛的应用，也为铸造工艺设计的科学化、精确化提供了良好的工具，成为铸造技术开发和生产发展的重要内容之一。

铸造工艺计算机辅助设计即铸造工艺 CAD。狭义的铸造工艺计算机辅助设计仅包含工艺设计，即应用计算软件在计算机上设计浇注系统、冒口、冷铁、补贴、型芯等，并采用计算机进行工艺图绘制。完整的计算机工艺辅助设计应包括工艺设计和工艺优化（凝固过程数值模拟）这两个方面，也就是铸造工艺集成 CAD，如图 8-10 所示。

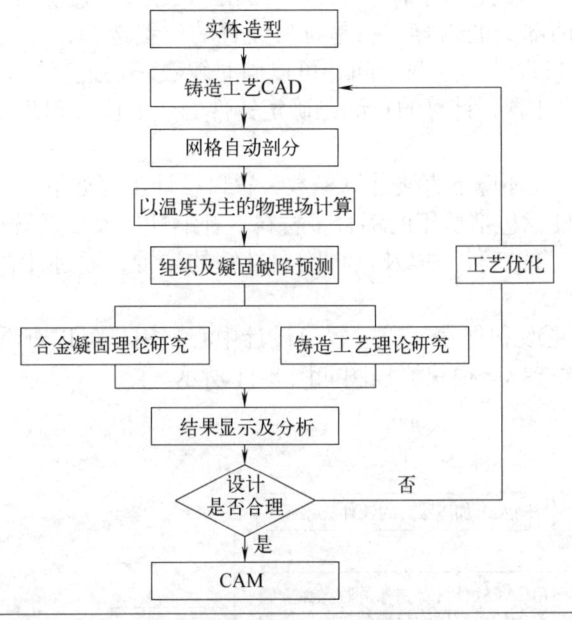

图 8-10　铸造工艺集成 CAD

铸造工艺 CAD 的流程是：首先将零件图通过数字化仪或其他图形输入设备输入计算机；然后根据要求标出浇注位置和分型面的位置，进一步绘出加工余量及不铸孔、槽的符号，以及起模斜度，并标出尺寸，形成铸件图；以此为依据进行铸件模数和重量计算，进行补缩系统和浇注系统设计；将设计计算的结果以图形方式加到铸件图上，再绘出砂芯形状，算出芯头间隙、芯头压紧环、防压环、积砂槽和芯头分块线及尺寸等，从而形成一个完整的工艺图；最后绘制出铸造工艺卡片。将图形由绘图仪输出，完全取代了手工绘制工艺图、描图、晒图等烦琐工序，而且修改、存档方便，大大提高了设计效率。

与传统的铸造工艺设计方法相比，用计算机设计铸造工艺有如下特点。

① 计算准确、迅速，消除了人为的计算误差。

② 可同时对几个不同的方案进行工艺设计和比较，从而找出较好的方案。

③ 能够储存并系统利用铸造工作者的经验，使得使用者不论其经验丰富与否都能设计出较合理的铸造工艺。

④ 计算结果能自动打印记录，并能绘制铸造工艺图等技术文件。

计算机辅助设计不仅使计算机代替了人工设计铸造工艺和绘制工艺图，而且还能优化工艺设计，提高工艺出品率。铸造工艺计算机辅助设计程序的功能主要表现在以下几方面：

① 铸件的几何、物理量计算，包括铸件体积、表面积、重量及热模数的计算。

② 补缩系统的设计计算，包括冒口的设计和计算、冷铁设计计算和设计合理的补缩通道。

③ 浇注系统的设计计算，包括选择浇注系统的类型和各部分截面积计算。

④ 绘图，包括铸件图、铸造工艺图、铸造工艺卡等图形的绘制和输出。

8.2.2 冒口CAD系统

冒口能储存一定的金属液，可对铸件进行补缩，以防止产生缩孔和缩松。冒口CAD系统，是铸造工艺CAD系统的重要组成部分。冒口的计算机辅助设计方法常用的有基本模数法、三次方程法、动态模数法、周界商法、热节圆法（比例法）、热模数法。

冒口的设计包含两部分的内容，一是冒口设置的位置选择，二是冒口尺寸的设计。用铸造CAE系统进行冒口设计，这两个问题可以同时解决。在进行冒口设计之前，首先需要对铸件凝固过程进行预计算，计算的目的是确定铸件的热节位置和铸件的收缩量，为冒口设计提供依据。

冒口设计模块在三维环境下直接计算模数，冒口设计步骤如下：

① 选择冒口的属性，包括所用的铝合金材料、补缩性质，以及冒口类型等。

② 选择冒口要补缩的铸件，以及铸件需要补缩的位置，通过计算可以查看有关铸件的详细信息。

③ 冒口设计数据更改和保存。通过冒口设计中心，用户可以查看所有的冒口类型的设计结果，从中进行最优选择。模块流程图如图8-11所示。

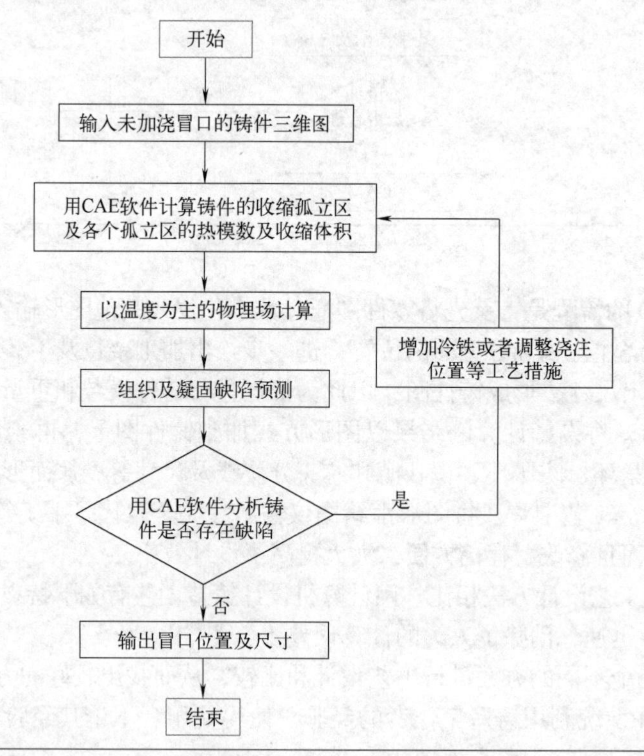

图8-11　冒口设计流程图

8.2.3 浇注系统 CAD 系统

浇注系统是铸型中将液态金属导入型腔的通道的总称。铸件的浇注系统一般由浇口杯、直浇道、横浇道和内浇道组成，浇注系统设计得正确与否对铸件品质影响很大，据统计，铸件废品中有 30% 是因浇注系统不当引起的。因此，浇注系统设计在整个铸造工艺中占据重要地位，浇注系统模块在铸造工艺 CAD 软件中也是最重要的模块之一。科研工作者们已经推导出浇注系统设计的水力学公式，但是还要和实际情况结合并加以修正。仅仅解决理论设计还不够，还要方便快捷地绘制浇注系统工艺图，这样的浇注系统模块才够完整。

浇注系统 CAD 的设计过程如下：以铸件三维实体图为背景，按照用户的设想安置浇注系统，即直浇道、横浇道以及内浇道，形成浇注系统的三维铸造工艺图，从多种方案的比较中确定最佳工艺方案。图 8-12 为浇注系统设计流程图。

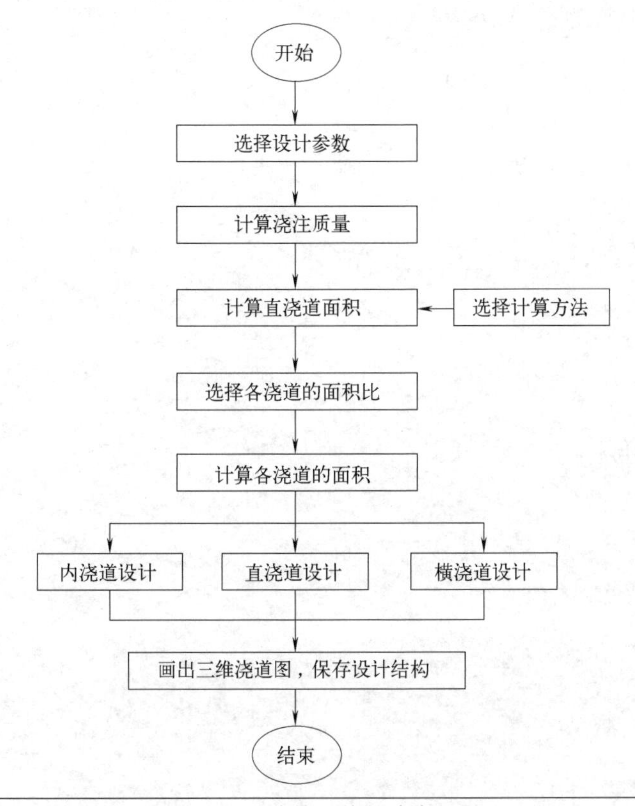

图 8-12 浇注系统设计流程图

目前，一些软件能够对企业进行很好的技术支持。例如，中北大学开发的 CAD/CAE 集成软件对某厂一重 580kg 铸钢阀体件进行相关模拟，并制定的铸造工艺方案，使该厂完成了一次性浇注成功。华中科技大学将华铸 CAE 数值模拟系统以及基于 UG 二次开发的华铸 CAD 设计系统和华铸 ERP 信息管理系统柔性地耦合在一起，实现铸造 CAD 工艺设计、CAE 数值分析与铸造信息管理于一体的多元化功能，从而有效地促进了铸造企业科学化的生产管理进程。

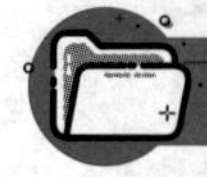

拓展阅读材料

[1] 许庆彦.熔模铸造过程数值模拟研究进展[J].铸造，2022，7(71)：803-813.

[2] 王伟，崔晓明，石博，等.铝合金轮毂连接盘挤压铸造数值模拟[J].铸造，2021，70(3)：306-310.

[3] Zhang H, Xu Q Y.Multi-scale simulation of directional dendrites growth in superalloys[J].Journal of Materials Processing Technology，2016，238：132-141.

习题

1.铸造过程数值模拟主要模拟内容有哪些？

2.前处理都包括哪些内容？

3.铸造工艺CAD主要包括哪些模块？